**Untersuchungen zur Fachsprache der Ökologie und des Umweltschutzes im Deutschen und Finnischen**

FINNISCHE BEITRÄGE ZUR GERMANISTIK

Herausgegeben von Irma Hyvärinen und Jarmo Korhonen

Band 22

PETER LANG

Frankfurt am Main · Berlin · Bern · Bruxelles · New York · Oxford · Wien

Annikki Liimatainen

# Untersuchungen zur Fachsprache der Ökologie und des Umweltschutzes im Deutschen und Finnischen

## Bezeichnungsvarianten unter einem geschichtlichen, lexikografischen, morphologischen und linguistisch-pragmatischen Aspekt

PETER LANG
Internationaler Verlag der Wissenschaften

**Bibliografische Information der Deutschen Nationalbibliothek**
Die Deutsche Nationalbibliothek verzeichnet diese Publikation in der Deutschen Nationalbibliografie; detaillierte bibliografische Daten sind im Internet über <http://www.d-nb.de> abrufbar.

ISSN 1436-6169
ISBN 978-3-631-58151-3



www.peterlang.de

## Vorwort

Die vorliegende Arbeit ist nicht ohne vielfältige Unterstützung entstanden. Dafür zu danken ist mir keine Pflicht, sondern ein persönliches Anliegen.

Ein herzlicher Dank gebührt meinem Doktorvater, Herrn Professor Dr. Jarmo Korhonen, für seine fachlichen und praktischen Hinweise, für all seine Unterstützung, für die selbstverständlich gewährte Freiheit des Arbeitens sowie für das Vertrauen, das er mir und meiner Tätigkeit entgegengebracht hat. Sehr wichtig war auch, dass er mich in zwei Fachwortschatzprojekte und in sein Lexikografieprojekt integriert hat, die mir neue Perspektiven eröffnet sowie Aufenthalte und neue Kontakte in Deutschland ermöglicht haben.

Frau Professor Dr. Irma Hyvärinen danke ich aufrichtig für ihre Anregungen und Hinweise, für wichtige theoretische und praktische Verbesserungsvorschläge sowie für die Ermutigung und Unterstützung. Insbesondere danke ich ihr wärmstens dafür, dass sie mich bereits während der Entstehungszeit der vorliegenden Arbeit in ein neues Forschungsprojekt einbezogen hat. Frau Prof. Hyvärinen und dem Germanistischen Institut der Universität Helsinki habe ich auch für Arbeitsplatz und Rahmenbedingungen während des Arbeitsprozesses zu danken.

Für viele gute Hinweise sowie Denkanstöße und für die kritische Lektüre einiger Teile der Arbeit möchte ich Frau Professor Dr. Ingrid Wiese, Universität Leipzig, meinen herzlichen Dank aussprechen. Auch unsere Diskussionen und Gespräche vor dem Hintergrund ihrer großen Sachkenntnis haben mir viel Ermutigung gegeben.

Herr Professor Dr. Albrecht Greule und Herr Professor Dr. Henrik Nikula haben die Mühe der Begutachtung dieser Doktorarbeit auf sich genommen. Ich danke ihnen sehr herzlich für die wichtigen Ratschläge, die es mir in der letzten Phase ermöglichten, die Arbeit zu verbessern.

Ganz besonders herzlich danken möchte ich Frau Dr. Ursula Lehmus, die den Gang der Untersuchung von ihren ersten Anfängen an mit viel Energie, Interesse und offenem Ohr begleitet hat. Ihr verdanke ich auch die Anregung zur Untersuchung dieses faszinierenden Fachgebiets, das sich als äußerst vielseitig erwiesen hat. Frau Dr. Lehmus möchte ich meinen wärmsten Dank auch für die sorgfältige Überprüfung der Sprache der Arbeit, ihre wertvollen inhaltlichen Kommentare sowie für die vielen interessanten gemeinsamen Diskussionen aussprechen.

Herrn Dr. Rogier Nieuweboer möchte ich sehr herzlich danken für die Überprüfung der Wörterbuchtitel, die auch die russische, estnische, litauische, lettische u. a. mir fremde Sprachen umfassen. Gedankt sei des Weiteren Herrn B. A., cand. phil. Eugene Holman für die Übersetzung des Abstracts ins Englische.

Ein besonderes Anliegen ist es mir, all jenen sehr herzlich zu danken, die sozusagen hinter den Kulissen einen unauffälligen, aber unverzichtbaren Beitrag zum Gelingen der Arbeit geleistet haben. Einen großen Dank schulde ich vor allem Frau Dr. Hannele Kohvakka und Frau mag. phil. Jana Möller-Kiero, die mich in vielfacher Weise gestützt, ermutigt und vorangetrieben haben. Von ihnen habe ich nicht nur wertvolle fachliche Unterstützung, sondern viel Verständnis auch in schwierigen Situationen erfahren, wofür ich ihnen sehr dankbar bin.

Ein aufrichtiges Dankeschön geht auch an Herrn Prof. Dr. Andrew Chesterman, Frau Dr. Ina Goy, Herrn Manfred Hahn, Frau Dr. Marion Hahn, Herrn Jouni Heikkinen, Frau Dr. Antje Heine, Frau Dr. Irmeli Helin, Frau Ritva Jauhiainen, Frau Dr. Leena Kolehmainen, Frau Briitta Korhonen, Herrn Dr. Hartmut Lenk, Herrn Joona Nissinen, Frau Pirkko-Liisa Pekkarinen, Frau Dr. Anna Rissanen, Herrn Sami Reinikainen, Frau Dr. Ulrike Richter-Vapaatalo, Frau Dr. Britta Schneider, Frau Anja Seiffert, Herrn Thorsten Seiffert, Frau Dr. Heli Tissari und Frau Dr. Marjo Vesalainen. An dieser Stelle möchte ich aber auch noch allen denjenigen Kolleginnen und Kollegen, Verwandten, Freunden und Bekannten sehr herzlich danken, die nicht namentlich genannt werden können, die mich aber auf ihre Weise bei der Entstehung dieser Arbeit unterstützt haben.

Für die großzügige finanzielle Unterstützung meiner Arbeit danke ich der *Emil-Öhmann*-Stiftung, der *Finnischen Kulturstiftung*, der Stiftung *Oskar Öflunds Stiftelse*, dem allgmeinen Entwicklungs- und Bildungsfonds von *Alfred Kordelin* sowie der *Universität Helsinki*. Nicht zuletzt danke ich Frau Professor Dr. Irma Hyvärinen und Herrn Professor Dr. Jarmo Korhonen für ihre Bereitschaft, meine Dissertation in der Reihe *Finnische Beiträge zur Germanistik* zu publizieren.

Ohne die Unterstützung meiner Familie, die mit unendlicher Geduld meine Abend-, Nacht-, Wochenend- und Urlaubsarbeitseinsätze toleriert hat, wäre diese Arbeit nie zustande gekommen. Besonders dankbar bin ich meinem Mann Mauri sowie meiner Tochter Annina, die mich immer wieder bei häuslich-familiären Aufgaben entlastet haben. Meinem Sohn Aleksi danke ich besonders dafür, dass er immer wieder für das notwendige Gleichgewicht zwischen der Arbeit und dem Alltagsleben gesorgt hat. Dank sagen möchte ich meinem Mann noch für den großzügigen computertechnischen Beistand während des ganzen Arbeitsprozesses und dafür, dass er mir Bücher aus aller Welt herangeschleppt hat.

Bleibt nur noch zu sagen, dass alle Schwächen und Fehler der Arbeit natürlich allein in meiner Verantwortung liegen.

Järvenpää, den 18. März 2008

Annikki Liimatainen

**Abstract**

Investigations on the Professional Language of Ecology and Environmental Protection in German and Finnish. Variants in Designation from a Historical, Lexicographical, Morphological, and Linguistic-pragmatic Aspect

The work integrates research in the language and terminology of various fields with lexicography, etymology, semantics, word formation, and pragmatics. Additionally, examination of German and Finnish provides the work with perspective of contrastive linguistics and the translation of texts in specialized fields. The work makes no effort to analyze the vocabulary of the field of ecology, but rather is an attempt to chart the language, vocabulary, different textual types, and essential communication-connected features of this special field using the most recent theoretical trends and the methods of contrastive linguistics. The study is descriptive, but it also attempts to answer etymological questions. It is primary concerned with internal communication within the field of ecology, but it also provides a comparison of the public discussion of environmental issues in Germany and Finland.

The work is an attempt to use textual signs to provide a picture of the literary communication used on the different vertical levels in the central text types within the field. The dictionaries in the fields of environmental issues and ecology for the individual text types are examined primarily from the perspective of their quantity and diversity. One central point of the work is to clarify and collect all of the dictionaries in the field that have been compiled thus far in which German and/or Finnish ware included as comprehensively as possible.

Ecology and environmental protection are closely linked not only to each other but also to many other scientific fields. Consequently, the language of the environmental field has acquired an abundance of influences and vocabulary from the language of the special fields close to it as well as from that of politics and various areas of public administration. The work also demonstrates how the popularization of environmental terminology often leads to semantic distortion.

Lack of ambiguity, abstractness, staticness, and objectivity are considered to be the specific features of the scientific texts produced within special fields. Traditionally, scientific texts have used the smallest number of expressions, the purpose of which is to appeal to or influence the behavior of the text recipient. Particularly in Germany, those who support or oppose measures to protect the environment have long been making concerted efforts to represent their own views in the language that they use. When discussing controversial issues competing designations for the same referent or concept are used in accordance with the interest group to which the speaker belongs. One of the objectives of the study is to sensitize recipients of texts to notice the euphemistic expressions that occur in German and Finnish texts dealing with issues that are sensitive from the standpoint of environmental policy thus making them aware of the differences in expression characteristic of different languages. The study also attempts to clarify the communicative function of euphemistic expressions as well as the manner in which they are formed.

One particular feature of the field is the wealth and large number of variants designating the same entry or concept. The terminological doublets formed by words of foreign origin and their German or Finnish language equivalents are quite typical of the field. Methods of corpus linguistics are used to determine the reasons for the large number of variant designations as well as their functionality.

**Inhaltsverzeichnis**

**Verzeichnis der verwendeten Abkürzungen und Symbole**

Verschiedene Varianten erklären sich durch ihr Vorkommen im Text und in den Belegen. Die finnischen und die schwedischen Abkürzungen werden auf Deutsch erläutert.

| | |
|---|---|
| AE | amerikanisches Englisch |
| *alt.* | alternative (synonym) |
| amer. | amerikanisch |
| amerik. | amerikanisch |
| Anal | Umweltanalytik / environmental analytical chemistry |
| Aqu | aquatische Ökosysteme / aquatic ecosystems |
| austr. | australisch |
| BE | britisches Englisch |
| bes. | besonders |
| Bod | Bodenkunde / soil science |
| Bot(.)/bot. | Botanik / botany / botaniikka eli kasvitiede |
| BS | Basissubstantiv |
| D | tysk ‚Deutsch‘ |
| d. Ä. | der Ältere |
| Da | dansk ‚Dänisch‘ |
| dän. | Dänisch |
| Darst. | Darstellung |
| de | saksa ‚Deutsch‘ |
| dt. | Deutsch |
| E | engelsk ‚Englisch‘ |
| en/engl. | englanti, englannin kielessä ‚Englisch‘ |
| et | Estnisch |
| F | fransk ‚Französisch‘ |
| *f* / f. | Femininum |
| fi/Fi | finsk ‚Finnisch‘ |
| fr | ranska ‚Französisch‘ |
| frz. | französisch |
| gen/Gen. | Genitiv |
| Geogr. | Geographie |
| Geol/geol | Geologie / geology / geologia |
| gr./grch./ griech. | Griechisch |
| graph. | graphisch |
| *harv* | harvinainen, harvoin ‚selten‘ |
| HS | Helsingin Sanomat |
| Hum | Humanökologie / human ecology |

| | |
|---|---|
| Hyd | Hydrologie und Abwassertechnik / hydrology and waste water technology |
| Ill. | illustriert |
| jh. | Jahrhundert |
| Jur | Umweltrecht / environmental law |
| KKTK | Kotimaisten kielten tutkimuskeskus |
| KKTKJ | Kotimaisten kielten tutkimuskeskuksen julkaisuja |
| kreik. | kreikka, kreikan kieli ‚Griechisch' |
| KS | Kernsubstantiv, es bezieht sich auf den Kern, d.h. das Bezugswort einer Mehrwortbenennung |
| L | Latein |
| Land | Landschaftsökologie / landscape ecology |
| lat. | latina ‚Lateinisch' |
| limnol. | limnologia ‚Limnologie' |
| LÜ | Lehnübersetzung |
| *m* | Maskulinum |
| Meteo | Meteorologie und Klimakunde / meteorology and climatology |
| meteorol. | meteorologia / Meteorologie, meteorologisch |
| Meth | Methoden der ökologischen Forschung / methods of ecological research |
| *mpl* | Maskulinum pluralis |
| *mon* | monikko ‚Plural, im Plural' |
| mtsh. | metsänhoito(työt) ‚Waldbau(arbeiten)' |
| murt. | murteessa, murteellinen ‚mundartlich' |
| *n* | Neutrum |
| Natsch | Natur- und Landschaftsschutz / nature and landscape protection |
| No | norsk ‚Norwegisch' |
| *npl* | Neutrum pluralis |
| OE | Old English |
| ON | Old Norse |
| o. V. | ohne Verlag |
| *q.v.* | see |
| ransk. | ranska ‚Französisch' |
| runok. | runokielessä ‚dichterisch' |
| ruots. | ruotsi ‚Schwedisch' |
| saks. | saksa ‚Deutsch' |
| s. | siehe |
| s., S | substantiivi, Substantiv |
| S. | Seite |
| schwed. | schwedisch |
| selbstg. | selbstständig |
| $S_G$ | Substantiv im Genitiv |

| | |
|---|---|
| SKS | Suomalaisen Kirjallisuuden Seura |
| SKST | Suomalaisen Kirjallisuuden Seuran Toimituksia |
| $S_L$ | Substantiv im Lokalkasus |
| slowen. | Slowenisch |
| $S_N$ | Substantiv im Nominativ |
| Subst.$_{GEN}$ | Substantiv im Genitiv |
| s. v. | sub verbo (lat.: „unter dem [Stich]wort") |
| sv/Sv | ruotsi, svensk ‚Schwedisch' |
| svw. | so viel wie |
| Syn. | Synonym |
| Syst | Ökosysteme / ecosystems |
| SZ | Süddeutsche Zeitung |
| TAZ | die tageszeitung |
| Tech | Umweltschutztechnik / environmental engineering |
| Tox | Umwelttoxikologie / environmental toxicology |
| TSK | Sanastokeskus TSK |
| u. | und |
| UK | unmittelbare Konstituente |
| Umw. | Umwelt / environmental issues |
| Urb | Stadtökologie / urban ecology |
| us. | usein ‚oft, häufig' |
| v. | von |
| vars. | varsinkin ‚besonders' |
| WBK | Wortbildungskonstruktion |
| yl. | yleensä ‚allgemein' |
| Zool | Zoologie / zoology |
| zw. | zwischen |

| | |
|---|---|
| ‚' | mit einfachen Anführungszeichen wird die deutsche Bedeutung finnischer Wörter angegeben |
| : | die in synonymischer Beziehung stehenden Bezeichnungen sind durch Doppelpunkt voneinander abgehoben |
| < | = seit |
| + | Pluszeichen, hinter einem Präfix daher auch Verbindung zwischen Präfix und Wortstamm |
| [ ] | Wörter in eckigen Klammern können je nach Kontext oder Überlegung des Benutzers weggelassen oder gebraucht werden |

Für Belegwörter wird durchgehend Kursivschreibweise verwendet, um anzuzeigen, dass es sich um das Wort und nicht um die gemeinte Sache handelt.

# 1 Einleitung

Den Ansatzpunkt für die vorliegenden fachsprachlich-lexikografischen Untersuchungen bildet die Betrachtungsweise des Linguisten und des Übersetzers. Die Verfasserin hat selbst mehrere Jahre als Fachübersetzerin gearbeitet und hat an der Universität Helsinki Übersetzungsunterricht gegeben. Ihr sind somit die besonderen Schwierigkeiten des fachsprachlichen Übersetzens in eine so genannte kleine und fachlexikografisch noch ungenügend erschlossene Sprache hinreichend bekannt. Da Termini[1] Hauptträger der Informationen in Fachtexten sind und somit wesentlich zum Gelingen des Wissenstransfers beitragen, ist die korrekte Anwendung von Termini im jeweiligen Kontext ohne Zweifel ein entscheidender Faktor für die gute Qualität einer Fachübersetzung. Im Hinblick darauf wurde der Versuch unternommen, die deutsche und die finnische Fachsprache des gesellschaftlich besonders bedeutsamen und seit den 1970er Jahren stets aktuellen Fachgebiets der Ökologie und des Umweltschutzes in Bezug auf deren sprachübergreifende Regularitäten und sprachspezifische Charakteristika, die fachlexikografische Dokumentation und die Fachkommunikation ausführlicher zu beleuchten.

## 1.1 Gegenstand

> In den 60er Jahren noch war die Ökologie ein unbekanntes "Orchideenfach", die Sache von wenigen Wissenschaftlern (Kim 1991, 35).

Noch vor ein paar Jahrzehnten war die wissenschaftliche Ökologie außerhalb der Biologie so gut wie unbekannt, und auch in diesem Fachgebiet führte sie nur ein Schattendasein. Seitdem ist aber die ökologische Forschungstätigkeit quantitativ beträchtlich gewachsen. Darüber hinaus hat sich das Tätigkeitsfeld qualitativ erweitert, und das nicht nur innerhalb der biologischen Wissenschaft, in der die Ökologisierung zu bemerkenswerten Ergebnissen geführt hat, sondern auch als umweltschutzorientierte Wissenschaft und in den Humanwissenschaften. In den technischen und Naturwissenschaften wie auch in der Entwicklung neuer ökologischer und sanfter Technologien ist eine verstärkte Beschäftigung mit Umweltschäden zu bemerken. In der Philosophie entbrennt die Diskussion um die Notwendigkeit einer neuen, ökologischen Ethik. In Psychologie und Soziologie häufen sich seit zwei bis drei Jahrzehnten Forschungsprogramme, die sich

---

1 Die Differenz zwischen Terminus und Fachwort soll in der vorliegenden Untersuchung keine Rolle spielen. Die Benennungen Fachwort und Terminus werden sogar in der DIN-Norm synonym verwendet: „Terminus (auch: Fachwort): Das zusammengehörige Paar aus einem Begriff und seiner Benennung als Element einer Terminologie.“ (DIN 2342 1992, 3).

mit den psychischen Aspekten der Beziehung zwischen dem Menschen und seiner Umwelt befassen (unter einer Vielzahl von Bezeichnungen wie etwa Öko-Psychologie, Behavioral Ecology, Sozioökologie, Umweltsoziologie). Öko-Psychologie beschäftigt sich beispielsweise mit der Frage, wie sich die Gestaltung eines Stadtteils, der Arbeits- oder der Freizeit-Umwelt auf die Psyche des Menschen auswirkt.

Die fachinterne Karriere erscheint allerdings bescheiden gegenüber derjenigen, die die Ökologie als umweltschutzorientierte Wissenschaft fachextern in der öffentlichen Umweltdiskussion[2] erlebt hat. In keinem anderen Begriff dürfte sich die Differenz zwischen dem Zeitgeist der Jahre seit etwa 1970 und dem aller früheren Jahre seit Beginn des Industriezeitalters so deutlich zeigen wie bei dem Begriff Ökologie. (Vgl. Trepl 1987, 11) Die Ökologie steht nicht mehr nur für die ökologische Wissenschaft, sondern auch für „einen ganzen Komplex von Werthaltungen, steht für eine Weltanschauung und ein Lebensgefühl" (ebd., 12). Diese neue Weltanschauung sieht die Idee des Fortschritts, den Gedanken von unbegrenztem Wachstum, von Recht und Macht des Menschen über die Natur als Irrtum. Sie fordert eine Rückbesinnung darauf, dass die Natur Veränderungen nur sehr begrenzt verträgt, ohne unumkehrbare Schäden zu erleiden. Mit der Gefährdung des globalen Ökosystems gefährdet die Menschheit sich selbst in ihrer Existenz. Die Ökologie spielt seit einigen Jahrzehnten eine Rolle, die als Leitwissenschaft bezeichnet werden kann. Die ökologische Wissenschaft hat eine Art diffusen Vorbildcharakter nicht nur für viele andere Wissenschaften, sondern sie hat einen leitenden Charakter auch für politische Ökologie und politische Bewegungen auf Weltanschauungsebene.

Der Gegenstandsbereich, um den es in der Umweltdiskussion geht, ist zum Teil altbekannt; neu ist in vielen Fällen nur die Betrachtungsweise, in deren Licht Gegenstände, Sachverhalte, Handlungen und Prozesse derzeit erscheinen. Die Wahl der Fachsprache der Ökologie und des Umweltschutzes als Untersuchungsgegenstand ist durch die Bedeutung und Gewichtigkeit dieses Themenbereichs motiviert. Das Fachgebiet Umwelt betrifft jetzt alle Bevölkerungsgruppen.

Die Ökologie und der Umweltschutz sind nicht nur zu einem festen Bestandteil unseres Lebens geworden, sondern sie werden zugleich auch begleitet von einer neuen Begriffswelt, aus der sich eine neue Fachsprache entwickelt hat, die u. a. über einen differenzierten Wortschatz verfügt. Termini wie etwa *ökologische Nische*, *Biotop*, *Ozonabbau*, *Altlasten*, *Artensterben*, *Grenzen der Belastbarkeit*, *Öko-Audit*, *Klimawandel*, *Emissionshandel*, *MIK*$_D$, *xerophil*, *Desertifi-*

---

2 Als Umweltdiskussion soll in der vorliegenden Arbeit die Gesamtheit der Texte verstanden werden, „in denen das Verhältnis von Mensch und natürlicher Umwelt *öffentlich*, d. h. in den Medien, definiert bzw. über die Auswirkungen menschlichen Tuns auf die Umwelt oder dessen Rückwirkungen auf den Menschen selber debattiert wird" (Jung 1996, 150f.; Hervorhebung im Original).

*kation, zwischenlagern* gehören zu diesem immer reicher werdenden Fachwortschatz.

Die Bekanntheit vieler Fachbegriffe und Termini des Umweltdiskurses scheint zu einem großen Teil auf die öffentliche Diskussion und auf Umweltskandale zurückzuführen sein. In der Umweltdiskussion kann man etwa einen klima-, abfall-, gesundheits- und energiepolitischen Teildiskurs und viele andere mehr isolieren. Die große gesellschaftliche Bedeutung des Umweltschutzes spiegelt sich sprachlich wider in der Verwendung von Termini der Fachsprache der Ökologie und des Umweltschutzes außerhalb des eigentlichen Fachgebiets und auch in dem vom konkreten Fachbezug losgelösten metaphorischen Gebrauch umweltbezogener Ausdrücke in der Alltagskommunikation. Der stürmische wissenschaftlich-technische Fortschritt im Bereich der Ökologie und des Umweltschutzes seit den 1970er Jahren ist nicht ohne Konsequenzen für die Sprache geblieben.

Die Fachsprache der Ökologie und des Umweltschutzes ist eine noch junge, sich schnell entwickelnde Fachsprache. Diese Fachsprache bietet sich aus mehreren Gründen als Fallbeispiel für eine sprachwissenschaftliche Beschreibung und Analyse an: Das weitgefächerte inhaltliche Spektrum des Fachgebiets reicht von den verschiedenen Teilbereichen der Ökologie wie Aut-[3] und Populationsökologie, Ökosystemökologie oder Evolutions- und Verhaltensökologie über die Umweltökologie bis zur modernen Umweltschutztechnik und weist demgemäß umfangreiche Überlappungen zu benachbarten naturwissenschaftlichen Disziplinen auf, was sich in Besonderheiten der Fachsprache der Ökologie und des Umweltschutzes manifestiert. Die politische und gesellschaftliche Bedeutsamkeit des ökologischen Fachgebiets bedingt sprachliche Überlappungen auch mit den Fachsprachen der Politik und der Gesellschaftswissenschaften.

## 1.2 Zentrale Fragestellungen

Die wissenschaftliche, d.h. die fachintern verwendete Fachsprache der Ökologie und des Umweltschutzes ist bislang im Vergleich zu vielen anderen Fachsprachen sehr wenig untersucht worden. Systematische einschlägige Untersuchungen zu dieser Fachsprache fehlen völlig. Auch deutsch-finnische Arbeiten auf diesem Gebiet sind selten. (Zu einer detaillierten Forschungsübersicht vgl. Abschn. 2.3.) Im Mittelpunkt der vorliegenden Arbeit steht in erster Linie die wissenschaftliche Fachsprache, es werden aber auch Aspekte der fachexternen Kommunikation berücksichtigt. Die Fachsprache wird in Bezug auf ihre Aus-

---

3 Zu den Teilfachgebieten der Ökologie s. Abschn. 3.1.

tauschbeziehungen mit dem Wortschatz der Gemeinsprache[4] untersucht. Im Vordergrund stehen dabei Prozesse der semantischen Einengung bzw. Erweiterung. Darüber hinaus soll exemplarisch belegt werden, durch welche lexikalischen Mittel die öffentliche Umweltdiskussion realisiert wird.

Die Ökologie als solche teilt sich zunächst in die eher theoretisch ausgerichtete Ökologie und in die angewandte Ökologie. Dem folgen weitere Unterteilungen in verschiedene Fachrichtungen, so dass heute eine Vielzahl von Einzeldisziplinen innerhalb der Ökologiewissenschaft entstanden ist. Diese Fachgebietsabgrenzung ist aus mehreren Gründen erklärungsbedürftig, insbesondere weil die Termini *Umwelt* bzw. *Umweltschutz* und *Ökologie* häufig fehlerhaft synonym verwendet werden. Es stellen sich hierzu folgende Fragen:

1) Sind Ökologie und Umweltschutz in einer Fächerhierarchie auf derselben Hierarchiestufe anzusiedeln, so dass eine Verbindung der beiden Fachgebiete mit der anreihenden Konjunktion *und* gerechtfertigt ist?
2) In welchem Verhältnis steht die Ökologie zum Umweltschutz?
3) Wie sind Ökologie und Umweltschutz ihrerseits von anderen Disziplinen abzugrenzen?

Diese Fragen sollen zu Beginn der Beschäftigung mit der zu untersuchenden Fachsprache beantwortet werden.

Bei der horizontalen Gliederung, wobei es sich um die Abgrenzung der verschiedenen Fachsprachen handelt, zeigt nicht jede Fachsprache die allgemeinen fachsprachlichen Besonderheiten in gleichem Maße. Die Ursache dafür liegt wohl darin, dass jede Fachsprache ihre eigenen Besonderheiten besitzt. Daraus ergeben sich die Unterschiede zwischen den einzelnen Fachsprachen. Das Ziel der vorliegenden Arbeit ist es, die Besonderheiten der Fachsprache der Ökologie und des Umweltschutzes herauszufinden.

In der vorliegenden Arbeit soll es nicht darum gehen, eine systematische Analyse des Fachwortschatzes der Ökologie und des Umweltschutzes zu leisten. Vielmehr handelt es sich darum, die wesentlichen Aspekte dieser Fachsprache zu untersuchen sowie die besondere Problematik des umwelt- und ökologiebezogenen Fachwortschatzes anhand der neuesten Erkenntnisse und Ergebnisse der linguistischen und vor allem auch der neueren Fachsprachenforschung darzustellen. Dabei wird die Fachsprache aus verschiedenen Blickwinkeln erörtert. Angesichts der Fülle der fachsprachlichen Besonderheiten muss der Gegenstandsbereich zwangsläufig eingegrenzt werden, so dass im Rahmen der vorliegenden Arbeit nur die wichtigsten Aspekte behandelt werden können.

Die Untersuchung hat zum Ziel, anhand von Beispielen einen Überblick über die Textsorten unterschiedlichen Fachlichkeits- und Fachsprachlichkeitsgrades in der deutschen und finnischen Fachsprache der Ökologie und des Umwelt-

4 Als Gemeinsprache soll in der vorliegenden Arbeit der „Kernbereich der Sprache, an dem alle Mitglieder einer Sprachgemeinschaft teilhaben" verstanden werden (DIN 2342 1992, 1).

schutzes zu bieten. Eine Bibliographie von Fachwörterbüchern zum Thema Ökologie und Umweltschutz steht bislang aus und stellt somit im Hinblick auf die Fachlexikografie wie auch für die Fachsprachenforschung ein wichtiges Forschungsdesiderat dar. Die vorliegende Arbeit setzte sich daher als Aufgabe, sich den ökologischen Fachwörterbüchern in ihrer Vielzahl und Vielfalt zu nähern. Im Anhang 1 wird versucht, eine möglichst umfassende Bibliografie über die Fachlexikografie zum Themenkomplex Umweltschutz und Ökologie für die deutsche und die finnische Sprache in der Zeitspanne von 1949 bis 2004 zu bieten.

Fachwörter und Termini gelten in der Fachsprachenpraxis in der Regel als exakt. Sie besitzen weder konventionelle Konnotationen noch rufen sie fachliche Assoziationen hervor. Im Rahmen der Arbeit wird versucht herauszufinden, welche sprachlichen und außersprachlichen Triebkräfte in der Fachsprache der Ökologie und des Umweltschutzes wirksam sind und wie sich unter ihrem Einfluss das lexikalische Ausdrucksinventar des Deutschen und des Finnischen entfaltet, strukturell gliedert und tendenziell verändert. Termini und Fachwörter werden nicht nur nach ihren Strukturtypen, sondern auch nach ihren semantischen Merkmalen analysiert und beschrieben, so dass ein relativ komplettes Gesamtbild der Lexik in der Fachsprache der Ökologie und des Umweltschutzes entstehen kann.

Die Untersuchungsergebnisse sollen zum einen zur Erschließung und Darstellung der Fachsprache der Ökologie und des Umweltschutzes bzw. zu weiteren Untersuchungen dieses sprachlichen Neulandes dienen. Zum anderen können die Ergebnisse zur Systematisierung bzw. zur Theoriebildung der Fachsprachen beitragen. Darüber hinaus strebt die Arbeit danach, einen Beitrag zu neueren Theorien der Terminologielehre, zur Wortbildungslehre und Fachlexikografie wie auch zur Erhellung der finnischen Fachsprachen zu leisten. Mit dem Versuch der Gegenüberstellung deutscher und finnischer Fachtermini aus unterschiedlichen Blickwinkeln soll ein Beitrag auch zur kontrastiven Sprachwissenschaft wie auch zur Untersuchung der deutschen und der finnischen Gegenwartssprache geleistet werden. Dem Fachübersetzen sollen die Ergebnisse der Untersuchung in erster Linie im Rahmen der übersetzungsorientierten Terminologiearbeit wie auch in der Übersetzerausbildung und der Übersetzungspraxis dienen. Die Arbeit soll vor allem zeigen, dass die Vorstellung von der Einfachheit übersetzerischer Entscheidungen im Umgang mit Termini in Fachtexten aufgegeben werden muss. Damit soll die vertikale Schichtung der Fachsprachen wie auch die textspezifische Bedeutung von fachlichen Ausdrücken unterstrichen werden.

## 1.3 Methodisches Vorgehen

Die vorliegende Arbeit verlangt einen hohen Grad an Interdisziplinarität. So greifen im Rahmen der Arbeit die Fachsprachen- und Terminologieforschung, die Fachlexikografie, Etymologie, Wortbildung, Semantik, Pragmatik und nicht zuletzt das hier erarbeitete Fach der Ökologie und des Umweltschutzes ineinander. Mit dem Versuch der Gegenüberstellung deutscher und finnischer Fachlexik aus unterschiedlichen Perspektiven leistet die Arbeit einen Beitrag auch zur kontrastiven Sprachwissenschaft und Fachübersetzung.

Die Untersuchung geht nach dem deskriptiven Prinzip vor. Um eine Fachsprache zu charakterisieren, erscheint es angebracht, sie mit anderen Fachsprachen in Bezug auf ihre Besonderheiten und etwa eintretende Übereinstimmungen zu vergleichen. Die früheren Untersuchungen zu verschiedenen anderen Fachsprachen bieten somit einen Orientierungsrahmen, der in einem Vergleich mit der Fachsprache der Ökologie und des Umweltschutzes herangezogen werden kann. Es wird aber auch versucht, die etymologischen Fragen zu beantworten. Daher läuft die diachronische Betrachtung als roter Faden durch die ganze Arbeit. Fragen bezüglich der Vorschläge zur Sprachnormung stehen dagegen nicht im Mittelpunkt des Interesses.

Das ökologische Fachgebiet gehört zu den Fachgebieten, in denen viele Termini eher Prototypen sind oder einen prototypenhaften begrifflichen Inhalt haben (ausführlicher in Abschn. 6.3). Manche Fachwörter dieser Fachsprache können sogar emotionale Nebenbedeutungen besitzen. Da darüber hinaus eine diachronische Betrachtung unentbehrlich ist, um die historische Entwicklung bestimmter Charakteristika dieser Fachsprache aufzuzeigen, erscheint es sinnvoll, dass die vorliegende Arbeit nach den Prinzipien der neueren Theorien der Fachsprachen- und Terminologielehre vorgeht, die der traditionellen Terminologielehre gegenübergestellt werden. Konzentriert sich die traditionelle allgemeine Terminologielehre auf fachsprachliche Sprachplanung, Harmonisierung und Normung, so zielen die modernen Theorien der Fachsprachen- und Terminologieforschung darauf, die terminologische Theorie zur Anerkennung und Berücksichtigung nicht nur kognitiver, sondern auch pragmatischer Faktoren und sozialer Aspekte der Sprache zu bewegen.

Die Kontrastierung der deutschen und der finnischen Fachsprache der Ökologie und des Umweltschutzes strebt zum einen danach, der einzelsprachspezifischen Beschreibung neue Angaben zu liefern. Zum anderen besteht die Aufgabe des Vergleichs der Sprache darin, Gemeinsamkeiten und Differenzen zwischen den Ausdrucksmöglichkeiten der deutschen und der finnischen – einer indogermanischen und einer finno-ugrischen – Sprache deutlich zu machen. Die Sprachen unterscheiden sich auch typologisch voneinander: Während die deutsche Sprache eine flektierende Sprache mit analytischer Tendenz ist, so gehört die finnische Sprache zu den agglutinierenden, synthetischen Sprachen. Die Kontrastierung erfolgt in der vorliegenden Arbeit sowohl auf der Wort- als auch auf der Textebene und berücksichtigt auch pragmatische Gesichtspunkte.

Die Arbeit ist in acht Kapitel untergliedert, von denen die Kapitel 4–7 jeweils eine eigenständige Materialgrundlage bzw. empirische Belege sowie eine eigene Einführung und Zusammenfassung enthalten, in denen die oben vorgestellten Ziel- und Fragestellungen näher definiert und die Ergebnisse der Diskussion zusammengefasst werden.

## 1.4 Materialgrundlage

Die empirische Materialgrundlage der vorliegenden Arbeit bilden unterschiedliche Quellen und Korpora, die einerseits zum Teil systematisch untersucht und aus denen andererseits Belege herangezogen werden. Die Primärquellen sind im Literaturverzeichnis bzw. in der Bibliographie am Anfang des Anhangs 1 aufgeführt oder an den betreffenden Stellen im Text erwähnt.

Da die zentralen Fragen der vorliegenden Arbeit eher qualitativer Art sind, wird eine quantitative Korpusauswertung nur im Kapitel 6 vorgenommen. Dabei spielen das englisch-deutsche *Fachwörterbuch Kompakt Ökologie* von *Langenscheidt* (2001) und das multilinguale Umweltwörterbuch *EnDic2004* eine wichtige Rolle. Die Wörterbücher werden systematisch auf Bezeichnungsvarianten[5] untersucht, sowohl was die Vorkommenshäufigkeit als auch was den Synonymbestand betrifft (zum Korpus s. ausführlicher Abschn. 6.6.1).

Als bibliographische Hilfsmittel für die Erfassung der Bibliographie über die Fachlexikografie der Ökologie und des Umweltschutzes dienen in erster Linie die Online-Kataloge der Umweltbibliothek Leipzig, der Fachbibliothek Umwelt des Umweltbundesamtes und insbesondere der Katalog der Deutschen Nationalbibliothek. Diese werden durch verschiedene Sammelbibliographien und Bibliothekskataloge ergänzt. Zu bibliographischen Hilfsmitteln siehe Abschn. 4.3.4.2.3 und die Bibliographie am Anfang des Anhangs 1.

---

5 Da in vielen Fachgebieten die Begriffe und Begriffssysteme zum Teil nur durch nichtwortsprachliche Symbole dargestellt werden können, wurde der Begriff der „Benennung“ auf den der „Bezeichnung“ erweitert, welche neben den wortsprachlichen Benennungen auch symbolhafte Begriffsdarstellungen durch alphanumerische Zeichen, graphische Symbole u. dgl. umfasst. Unter „Bezeichnung“ ist die Repräsentation eines Begriffs mit sprachlichen oder anderen Mitteln zu verstehen. Die Bezeichnungen lassen sich in Symbole, Formeln, Namen (zur Bezeichnung von Individualbegriffen) und Benennungen untergliedern. „Benennungen“ sind sprachliche Bezeichnungen eines Allgemeinbegriffs aus einem Fachgebiet. Benennungen sind ihrerseits weiter in Einwortbenennungen und Mehrwortbenennungen zu unterteilen. (Vgl. Galinski/Budin 1999, 2202f.; s. auch Arntz/Picht/Mayer 2002, 112; Laurén/Myking/Picht 1998, 223 u. E DIN 2342:2004-09.) Mehrwortbenennungen müssen von den fachsprachlichen Kollokationen und Fügungen unterschieden werden, die nicht lemmatisiert werden können, sondern als Kontextbelege dienen.

Der Bedarf an empirischem Material variiert je nach Fragestellung. Aus diesem Grund werden in den einzelnen Kapiteln der Arbeit Belege aus unterschiedlichen Quellen – wie aus Fachwörterbüchern, Nachschlagewerken, Atlassen, Fachzeitschriften, Fachbüchern, Standards, Handbüchern, Verordnungen, Richtlinien, Forschungsberichten, Jahresberichten, Informationsschriften der Umweltministerien, Lehrbüchern, elektronischen Korpora, allgemeinsprachlichen Wörterbüchern, Zeitungen und Zeitschriften usw. – herangezogen. Über das herangezogene Material wird an den betreffenden Stellen im Text informiert.

Verweise auf Literatur erfolgen in erster Linie durch das Autor-Jahr-System. Eine Ausnahme bilden jedoch Titel, die nur an einzelnen Stellen zur Illustration dienen, etwa wissenschaftliche und populärwissenschaftliche Artikel oder Werke, die als Beispiele für eine bestimmte Art von Untersuchungen und Publikationen angeführt werden. Solche Titel werden an der betreffenden Stelle in den Fußnoten vollständig zitiert und nicht mehr in die Bibliographie aufgenommen. Auch die ausgewerteten Zeitschriften und Zeitungen werden im Literaturverzeichnis nicht eigens aufgeführt: die Angaben sind im Text jeweils so formuliert, dass sie sich bei Bedarf mühelos nachrecherchieren lassen, z. B. *Der Spiegel* (33/1986, 122), *HS* (21.10.2004, C4). Siehe auch das Verzeichnis der verwendeten Abkürzungen und Symbole.

Kursivschreibweise wird durchgehend für Belegwörter verwendet und zeigt an, dass es um das Wort und nicht um die gemeinte Sache geht.

## 1.5 Aufbau der Arbeit

Die Arbeit gliedert sich in acht Kapitel, in denen die oben angeführten Fragen betrachtet werden. Zunächst wird im Kapitel 2.1 ein kurzer Überblick über die Fachsprachenforschung im Allgemeinen gegeben. Anschließend werden im Abschnitt 2.2 die Ergebnisse der finnischen Fachsprachenforschung erörtert. Der Abschnitt 2.3 befasst sich mit früheren Arbeiten, die sich mit linguistischen Problemen in der Fachsprache der Ökologie und des Umweltschutzes beschäftigt haben.

Da das Verständnis einer Fachsprache nur Hand in Hand mit dem Verständnis der dahinter stehenden fachlichen Realität und umgekehrt gehen kann, erscheint es sinnvoll, vor der Behandlung der Textsorten dieses Fachgebiets sowie der Erhellung der Charakteristika und Besonderheiten dieser Fachsprache im Kap. 3 einen Blick auf die Entstehung wie auch auf die fachliche Unterteilung des Fachgebiets als Teil der fachlichen Realität zu werfen. Es wird auch ein geschichtlicher Überblick über die Entwicklung der Fachgebiete der Ökologie und des Umweltschutzes gegeben, wobei die Entstehung der Fachsprache im Mittelpunkt steht. Die grundlegenden Begriffe Ökologie, Umwelt und Umweltschutz werden definiert, gegeneinander abgegrenzt und eingehend erörtert, da sie zentral für das Verständnis der Untersuchung sind.

Im Kapitel 4 geht es zum einen um die Relation von Fächern und Fachsprachen, zum anderen um Fachtextsorten und die innere Differenzierung der Fachsprache. Anhand von Textsortenbelegen wird versucht, einen Überblick über die zentralen Textsorten der schriftlichen Kommunikation unterschiedlichen Fachlichkeits- und Fachsprachlichkeitsgrades in der deutschen und finnischen Fachsprache der Ökologie und des Umweltschutzes zu bieten. Im Mittelpunkt der Untersuchung steht die Textsorte Fachwörterbuch mit ihrer Makrostruktur höherer Ordnung. Inwieweit die vertikale Schichtung in Fachwörterbüchern berücksichtigt wird, wird zum Abschluss des Kapitels anhand von Wörterbuchauszügen aus einem der neuesten Umweltwörterbücher untersucht.

Es folgen Überlegungen zur Rolle und Bedeutung von Fachwörtern bei der Vermittlung von Fachwissen an Laien. Im Kapitel 5 werden Ausdrücke aus der Fachsprache des Umweltschutzes in fachexterner Verwendung in die Betrachtung einbezogen. Danach wird anhand des Begriffssystems der atmosphärischen Deposition die Äquivalenzproblematik sowie Verfahren zur Bestimmung bzw. Erzielung begrifflicher Äquivalenz erörtert.

Anschließend wird im Kapitel 6 die andere Seite der Termini und Fachwörter, und zwar die Bezeichnung, dargestellt, wobei die Erörterung der Synonymie im Mittelpunkt steht. Das Kapitel besteht aus einer kritischen Auseinandersetzung mit dem Terminologiebegriff in der traditionellen Terminologielehre und der Widersprüchlichkeit zwischen der idealen Forderung einer Eins-zu-Eins-Relation von Benennung und Begriff und der in Fachtexten häufig auftretenden individuellen Bezeichnungs- und Bedeutungsvariation. Auf diesen Überlegungen baut die Darstellung von Umfang, Entstehung und Funktionen synonymer Bezeichnungen auf.

Das Ziel der Ausführungen im Kapitel 7 ist die Sensibilisierung für sprachliche Zusammenhänge in den brisanten Themenbereichen der öffentlichen Diskussion über Umweltprobleme. Es werden Fragen der euphemistischen Verwendung von Fachwörtern und Termini in der öffentlichen Umweltdiskussion in deutschen und finnischen Printmedien erörtert. Einen Schwerpunkt der Untersuchung bildet die Bestimmung kommunikativer Funktionen euphemistischer Bezeichnungen. Anschließend werden die verschiedenen Möglichkeiten vorgestellt, die sich zur Bildung euphemistischer Ausdrücke eignen. Zum Schluss wird der Versuch unternommen, einige Euphemismen auf Bildungsweise, Semantik und Pragmatik hin zu analysieren. Doppelt kontrastiv erscheint die Fragestellung, wie und warum sich der Sprachgebrauch der Umweltdiskussion in Deutschland und in Finnland unterscheidet.

Das Kapitel 8 bietet schließlich eine Zusammenfassung der wichtigsten Ergebnisse mit den aus ihnen zu ziehenden Schlussfolgerungen und einem Ausblick.

## 2 Fachsprachen als Gegenstand der Forschung

### 2.1 Ein Überblick über die Fachsprachenforschung

Es ist im Rahmen der vorliegenden Arbeit nicht möglich, die Entwicklung der Fachsprachenforschung ausführlich nachzuzeichnen. Zusammenfassend lässt sich jedoch feststellen, dass ein umfassenderes eigenes Forschungsgebiet für Fachsprachen sich erst im Verlauf der 1960er und 70er Jahre etabliert hat (Möhn/Pelka 1984, 2; Hoffmann/Kalverkämper/Wiegand 1998, XXVIII). In der Fachsprachenforschung steht in den 60er und 70er Jahren des 20. Jahrhunderts die Beschäftigung mit dem Fachwortschatz und der Terminologie, später das Interesse an der fachsprachlichen Morphologie und Syntax im Mittelpunkt des Forschungsinteresses. Seit der pragmatischen Wende Ende der 70er Jahre tritt auch die Beschäftigung mit dem Fachtext stärker in den Vordergrund.

Zu den häufig zitierten Überblicksdarstellungen zählen u.a. die Werke von Drozd/Seibicke (1973), Sager/Dungworth/McDonald (1980), W. v. Hahn (1983), Möhn/Pelka (1984), Hoffmann (1985 u. 1988), Gläser (1990), Albrecht/Baum (1992), Bungarten (1992 u. 1993), Fluck (1996), Roelcke (2005). Eine Übersicht über den Stand der Erforschung von Fachsprachen in wichtigen europäischen Verkehrssprachen gibt der Doppelband *Fachsprachen. Languages for Special Purposes. Ein internationales Handbuch zur Fachsprachenforschung und Terminologiewissenschaft. An International Handbook of Special-Language and Terminology Research* herausgegeben von Hoffmann, Kalverkämper und Wiegand (1. Halbband 1998, 2. Halbband 1999). Neben den Übersichtsdarstellungen und Handbüchern sollen noch die Bibliographien zur Theorie und Praxis der Fachkommunikation von Fluck (1996 u. 1998) genannt werden.

Von der jüngeren Literatur sind noch zu erwähnen u.a. H. Schröder (1993) mit einem Sammelband zu Aspekten einer Pragmatik fachbezogener Kommunikation, Göpferich (1995) mit ihrer Arbeit zur intra- und interlingual-kontrastiven Fachtextsortenlinguistik auf kommunikativ-pragmatischer Basis, Gerzymisch-Arbogast (1996), die das Thema der kontextspezifischen Variation von Termini in fachlichen Texten und ihre begriffliche Erschließung behandelt sowie Grundsatzentscheidungen für die Übersetzung von Termini in fachlichen Texten formuliert, überdies Kalverkämper/Baumann (1996), deren Sammelband sich mit den Komponenten und Relationen fachlicher Textsorten beschäftigt sowie auf die Strategien, wie sie sich typisch und generell in Fachtextsorten zeigen, bezieht. In der Arbeit von Elgert (2004) werden auf der Grundlage von kontrastiver Textanalyse, Fachsprachenforschung und Wortbildungslehre Termini eines Fachgebiets der Wirtschaftswissenschaften untersucht.

Hinzu kommt die Gründung von Reihen wie *Forum für Fachsprachenforschung* (= FFF, Tübingen), *Leipziger Fachsprachen-Studien* und *Hamburger Arbeiten zur Fachsprachenforschung* sowie Zeitschriften wie *Fachsprache*

(Wien), *English for Specific Purposes* (Ann Arbor) und *UNESCO ALSED-LSP Newsletter* (Kopenhagen).

## 2.2 Ergebnisse der finnischen Fachsprachenforschung

Es muss festgestellt werden, dass das Interesse an Fachsprachen, Fachsprachenforschung und an Fachlexikografie in den verschiedenen Sprachen eine recht unterschiedliche Tradition hat. Obwohl die Fachlexikografie[6] in Finnland ein verhältnismäßig hohes Niveau erreicht hat und die finnischen Terminologen und Linguisten zahlreiche Beiträge zur Fachsprachen- und Terminologieforschung veröffentlicht haben (s. auch Järvi/Kallio/H. Schröder 1999, 1581) – z. B. die Dissertationen von Nuopponen (1994), I. Helin (1998) und Pilke (2000), die Arbeiten von Laurén/Nordman (1987), Nordman (1992a u. 1992b), Laurén (1993), Suonuuti (1997), Nyström (2000), Nuopponen/Harakka/Tatje (2002) – müssen die finnischen Fachsprachen selbst für noch weitgehend unerforscht gehalten werden.

Eine Ursache für die Unerforschtheit der finnischen Fachsprachen könnte die noch recht kurze Geschichte des Finnischen als Schriftsprache sein[7]. In der finnischen fachsprachlichen Kommunikation hat bis Anfang des 20. Jahrhunderts das

6 Zum Forschungsstand der Lexikografie in Finnland s. Abschnitt 4.3.4.2.2.

7 Finnland ist seit dem Mittelalter zweisprachig: Zunächst diente die lateinische, später die schwedische Sprache als Kirchen-, Bildungs- und Amtssprache (Häkkinen 1994, 57–73; Korhonen/Schellbach-Kopra 1991, 2384). Was die Entwicklung des Finnischen als Schriftsprache anbelangt, sind die Reformation im 16. Jahrhundert und das nationale Erwachen im 19. Jahrhundert als die wichtigsten äußeren Anstöße zu nennen. In der schriftlich dokumentierten Geschichte der finnischen Sprache können folgende drei Zeitabschnitte unterschieden werden: 1) Altfinnisch (1540–1810), 2) Frühneufinnisch (1810–1870/1880), 3) Neufinnisch (seit 1880). Bestimmend für die Periode des Altfinnischen war, dass die finnische Schriftsprache fast ausschließlich für religiöse Zwecke verwendet wurde. Zur Zeit der schwedischen Herrschaft (Mitte des 12. Jahrhunderts bis 1809) wie auch während der russischen Herrschaft (1809–1917) war die Sprache der Verwaltung und der Intelligenz in Finnland das Schwedische. Der größte Teil der Bevölkerung war jedoch finnischsprachig. Die nächste Periode, die des Frühneufinnischen führte zu einem stärkeren Interesse an der finnischen Sprache. Man begann, das Finnische wissenschaftlich zu untersuchen und zu entwickeln. Die finnische Sprache wurde als Unterrichtssprache gebraucht. Es entstand die finnischsprachige Presse und die schöne Literatur. Die 1880er Jahre, als sich die offizielle Stellung der finnischen Sprache sowohl in der Gesetzgebung als auch auf praktischer Ebene verbesserte, werden als der entscheidende Wendepunkt gesehen. Die finnischsprachigen Lyzeen begannen damit, eine finnischsprachige Intelligenz heranzubilden. Ausschlaggebend für die derzeitige Periode, die des Neufinnischen, ist ein einheitliches Schulwesen. Für die Gesamtentwicklung der Sprache sind von besonderer Bedeutung die allgemein anerkannten Grammatiken und Wörterbücher, eine geregelte Sprachpflege sowie ein effektives Verlags- und Zeitungswesen. (Vgl. Häkkinen 1994, 11–16). In der Sprachenverordnung vom Jahre 1863 wurde das Finnische in allen Angelegenheiten, die die finnischsprachige Bevölkerung betreffen, mit dem Schwedischen für gleichgestellt erklärt (Häkkinen 1994, 54).

Schwedische und in der ersten Hälfte des vorigen Jahrhunderts die deutsche Sprache eine zentrale Rolle eingenommen. Seit 1950 ist das Englische die führende Sprache in mehreren Disziplinen. (Vgl. Järvi/Kallio/H. Schröder 1999, 1579ff.)

Die Unerforschtheit der finnischen Fachsprachen mag zum anderen darauf zurückzuführen sein, dass die Fachsprachenforscher in Finnland in erster Linie Skandinavisten, Germanisten, Romanisten, Russisten und Anglisten sind und innerhalb der Fennistik die Fachsprachenforschung bislang nur eine marginale Rolle gespielt hat (vgl. auch Järvi/Kallio/H. Schröder 1999, 1579ff.). Fachsprachenforschung und fachsprachlicher Fremdsprachenunterricht haben in Finnland noch keine besonders lange Tradition; erst ungefähr seit dem Anfang der 1970er Jahre wird auf diesem Gebiet gearbeitet (vgl. Korpimies 1984, 11). Jedoch spielt der fachsprachliche Fremdsprachenunterricht traditionell eine wichtige Rolle in den Studienprogrammen der Berufsschulen sowie der Technischen Hochschulen, der Wirtschafts- und der Fachhochhochschulen. Innerhalb der Fennistik hat sich aber bis heute noch keine bedeutende Fachsprachen- und Terminologieforschung etabliert, obwohl in Finnland in vielen Fachgebieten schon lange systematische praktische Terminologiearbeit geleistet wird. Ein Blick auf die Forschungsliteratur zeigt, dass die theoretische Fachsprachenforschung in Finnland insgesamt gesehen bislang nicht zu den bevorzugten Forschungsgegenständen gezählt werden kann.

Als relevante fennistische Arbeiten sind jedoch die Dissertation zur Terminologisierung des theoretischen Wortschatzes der Formgebung von Karihalme (1996) und die Doktorarbeiten von Kapiala (2003) und Laine (2007) zu erwähnen. Während Kapiala (ebd.) die Fachsprache der Psychiatrie thematisiert, befasst sich Laine (ebd.) mit der Entwicklung und dem Entwickeln des finnischen Fachwortschatzes der Geografie im 19. Jahrhundert. Zu nennen ist des Weiteren Niemikorpi (1996), der die strukturelle und stilistische Variation in den Fachsprachen behandelt hat. Erwähnenswert ist schließlich das noch nicht abgeschlossene Dissertationsvorhaben von Pitkänen (Univ. Helsinki), die sich mit dem Thema ‚Finnisch als Sprache der Wissenschaft. Elias Lönnrot als Schöpfer der botanischen Terminologie‘[8] beschäftigt.

Dennoch gibt es aus anderen Teilgebieten der Linguistik sowie durch kontrastive sprachwissenschaftliche Untersuchungen im Rahmen der Fremdsprachenphilologien in Finnland durchaus für die fachsprachliche Forschung relevante Ergebnisse. Dadurch werden die Aussagen auch über finnische Fachsprachen ergiebiger. Ohne genauer auf diese Untersuchungen einzugehen, sei erwähnt, dass terminologische und fachsprachlich-lexikologische kontrastive Fragen sowohl in vielen einzelnen Aufsätzen als auch in vielen Magisterarbeiten der Übersetzungswissenschaft behandelt worden sind (s. hierzu auch Piitulainen 2006, 330f.). Zu erwähnen sind jedoch die kontrastiven Arbeiten von Järventausta/H. Schröder (1992 u. 1997), in denen komplexe Nominalphrasen in deutsch- und finnischsprachigen

8 Pitkänen, Kaarina: Suomi tieteen kieleksi. Elias Lönnrot kasvitieteellisen termistön luojana.

philologischen Fachtexten analysiert werden. Alho (Univ. Helsinki) wiederum untersucht in ihrem noch nicht abgeschlossenen Dissertationsvorhaben die Eigenschaften der Benennungen und ihren Einfluss auf deren Verwendung am Beispiel der Euro-Währung im Deutschen und im Finnischen[9]. Erwähnenswert ist noch die Arbeit zur kontrastiven Rechtslinguistik von H. Mattila (2002), der als Forschungsgegenstand die juristische Fachsprache hat.

Besonders hervorzuheben ist auch die Gründung der Fachzeitschrift *Terminfo* des *Sanastokeskus TSK* (Terminologicentralen TSK; The Finnish Terminology Centre TSK) sowie die Schriftenreihe der Studiengruppe für Fachsprachenforschung, Übersetzungstheorie und Mehrsprachigkeit der Universität Vaasa, die unter dem Titel *Erikoiskielet ja käännösteoria* (Fachsprachen und Übersetzungstheorie) erscheint.

## 2.3 Der Forschungsstand im Bereich der Fachsprache der Ökologie und des Umweltschutzes

Nachdem im Abschnitt 2.1 ein kurzer Blick auf die Fachsprachenforschung im Allgemeinen geworfen wurde und im Abschnitt 2.2 der Forschungsstand der finnischen Fachsprachen behandelt wurde, soll es hier um die früheren Arbeiten gehen, die sich mit linguistischen Problemen in der Fachsprache der Ökologie und des Umweltschutzes befasst haben.

Die wissenschaftsgeschichtliche Forschung im Bereich der Ökologie und des Umweltschutzes ist, wie aus Kapitel 3.1.1 hervorgehen wird, ein junges und nur in bescheidenem Umfang vertretenes Gebiet. Im Vergleich dazu fristet die Erforschung der Fachsprache der Ökologie und des Umweltschutzes auch innerhalb der Fachsprachenforschung eine womöglich noch bescheidenere Existenz. Insbesondere die Fachsprache der Ökologie gilt laut Haß-Zumkehr (1998, 1363) bisher als nahezu völlig unerforscht.

Es muss ein Unterschied gemacht werden zwischen der Erforschung der wissenschaftlichen Fachsprache der Ökologie und des Umweltschutzes einerseits und der wissenschaftlichen Sprachkritik der umweltpolitischen Kommunikation andererseits, die seit den 1970er Jahren in erster Linie in der germanistischen Linguistik (z. B. Brauns 1986; Haß 1987a, 1989a, 1989c u. 1991; Blühdorn 1991; Jung 1989, 1994, 1995 u. 1996; Dieter 1994; Spiegel 1994) und in der nichtwissenschaftlichen Medienöffentlichkeit (z. B. Mayer-Tasch 1985) entstanden ist (s. auch Haß-Zumkehr 1998, 1363). Bei der Beschreibung der ökologischen Fachsprache müssen die Wechselbeziehungen zwischen fachlicher Kommunika-

9 Alho, Marjut: Die Eigenschaften der Benennungen und ihr Einfluss auf deren Verwendung am Beispiel der Euro-Währung. Eine quantitative und kontrastive Analyse der Terminologie im Finnischen und im Deutschen.

tion und gesellschaftlich-politischer Diskussion noch ausführlicher berücksichtigt werden als bei der Beschreibung anderer Fachsprachen (ebd.).

Die Unerforschtheit der Fachsprache der Ökologie ist zum Teil darauf zurückzuführen, dass es sich als schwierig erwiesen hat, die Wissenschaft Ökologie zu bestimmen und gegenüber anderen Fachgebieten, hier in erster Linie im Hinblick auf die Biologie, abzugrenzen (Haß-Zumkehr 1998, 1363) und so die Fachsprache in die horizontale Gliederung[10] einzuordnen. Ohne Rücksicht auf die allmählich erreichte institutionelle Selbstständigkeit wird die Ökologie laut Haß-Zumkehr (1998, 1363, 1365) in den meisten Überblicksdarstellungen immer noch als eine umfangreiche Subdisziplin der Biologie betrachtet. Eine bedeutende Rolle bei der Unerforschtheit der ökologischen Fachsprache spielen darüber hinaus die Abgrenzungsschwierigkeiten gegenüber dem gesellschaftlichen Handlungsbereich Ökologie (Haß-Zumkehr 1998, 1363). Die Grenze zwischen der ökologischen Fachsprache und der Fachsprache des Umweltschutzes ist im konkreten Einzelfall häufig ebenso fließend wie die Grenze zwischen der ökologischen Fachsprache und den benachbarten Fachsprachen. Darüber hinaus befindet sich das Verhältnis zwischen der Gemeinsprache und der Fachsprache der Ökologie und des Umweltschutzes im dynamischen Austausch. Die Gemeinsprache ist die Wurzel, aus der diese Fachsprache – wie die Fachsprachen im Allgemeinen – hervorgegangen ist. Zentrale Ausdrücke der Fachsprache der Ökologie und des Umweltschutzes sind zugleich Wörter der Gemeinsprache, die nach ihrer Übernahme in den Fachwortschatz eine Bedeutungsverengung, -erweiterung oder einen Bedeutungswandel erfahren.

Zu historischen Darstellungen der Entwicklung der Ökologie als Wissenschaft müssen u. a. die Arbeiten von Schramm (1984), Trepl (1987), Bick (1989), Worster (1994) und Morgenthaler (2000), zur Geschichte der Umweltwissenschaften die Monographie von Bowler (Originalausgabe 1992), des Umweltschutzes in Deutschland u. a. die Arbeit von Wey (1982) sowie in Finnland die Werke von Laakkonen (1999 u. 2001) und Saukkonen (2002) erwähnt werden.

Die bisherigen Arbeiten auf dem Gebiet der wissenschaftlichen Fachsprache der Ökologie und des Umweltschutzes sind nicht zahlreich. Ausgenommen Untersuchungen zu einzelnen Begriffen und Bezeichnungen (vgl. Morgenthaler 2000) hat über die Geschichte der ökologischen Fachsprache bis heute nur Haß-Zumkehr (1998) kurz in ihrem 7-seitigen Beitrag *Die Fachsprache der Ökologie im 20. Jahrhundert* geschrieben. Im Nachfolgenden wird im Abschnitt 3.1.1 versucht, die Bedingungen darzulegen, unter denen sich die Fachsprache der Ökologie und des Umweltschutzes entwickelt hat.

---

10 Das gesamte Wissen gliedert sich horizontal in einzelne Fächer und deren Fachbereiche. Die Abgrenzung der Fachsprachen gegeneinander folgt Fächergliederungen und Fachbereichseinteilungen. Die Skala der horizontalen Gliederung ergibt sich aus dem Vergleich der sprachlichen Mittel der einzelnen Fachsprachen untereinander. Zur horizontalen Gliederung der Fachsprachen ausführlicher in Abschn. 4.1.1.

Im Bereich von Morphologie und Syntax sowie der Textsorten und Textmerkmale liegt bisher nur der oben erwähnte Beitrag von Haß-Zumkehr (1998) vor. Die Wortbildung in der Fachsprache der Ökologie und des Umweltschutzes wird außer dem knappen Überblick über den Wortschatz in ökologischen Fachtexten in Haß-Zumkehr (1998) auch von M. Schröder (1993) und Liimatainen (1998, 2000 u. 2003) thematisiert.

M. Schröder (1993) veranschaulicht in ihrem Beitrag, wie aktiv das Wort *Umwelt* als Kompositionsglied innerhalb bestimmter Wortbildungsmodelle ist und wie es im Rahmen spezifischer Geschehensrelationen Bezeichnungsbedürfnisse des Sprechers befriedigt. Schröder nutzt in ihrem Schema die Wortbildungsreihe innerhalb einer Geschehensrelation als Anordnungsprinzip. Zu den Geschehensrelationen gehört u. a. die Relation AKTION und deren EIGENSCHAFT. Im Rahmen dieser Relation werden Komposita der Struktur *umwelt* + Partizip I mit der Wortbildungsbedeutung ‚Eigenschaft der Maßnahmen' gebildet, z. B. *umweltschonend, umweltgefährdend, umweltschützend, umweltschädigend.* Hochaktiv ist *Umwelt* in den Relationen, in denen es einen unmittelbaren Bezugspunkt darstellt, also u. a. als affiziertes Objekt einer HANDLUNG wie z. B. in *Umweltschutz*, *Umweltgefährdung* und *Umweltzerstörung*. Das Kompositionsglied *umwelt* hat in den entstandenen Benennungen die „Funktion des Kennzeichens", und mit seiner Hilfe „wird der Perspektivenwechsel, den die Umweltdiskussion generell inbezug auf alle möglichen Gegenstände, Sachverhalte, Verhaltensweisen und Handlungen herbeigeführt hat, ausgedrückt bzw. in einer Sprechsituation unmittelbar vollzogen" (Haß 1989a, 403; vgl. auch M. Schröder 1993, 175).

Liimatainens (1998 u. 2000) Untersuchungen bestehen in der Erhellung der Ähnlichkeiten und Differenzen zwischen den Benennungsstrukturen der deutschen und finnischen Umwelttermini. Den Analysen ist zu entnehmen, dass die Komposition in den beiden Sprachen die am häufigsten benutzte Form der Benennungsbildung ist. Während die Bildung von Wortgruppentermini im Finnischen wesentlich üblicher ist als im Deutschen, ist die Möglichkeit, Wortgruppen zu einem Einwortterminus zusammenzufassen, und deren Häufigkeit im Deutschen viel größer als im Finnischen. Im Deutschen haben die Mehrwortbenennungen in den meisten Fällen die Struktur attributives Adjektiv + Bezugswort, wohingegen im Finnischen Genitivattribute überwiegen. Der wichtigste Unterschied zwischen der Terminusbildung der beiden Sprachen besteht darin, dass sowohl die postnominale als auch die gleichzeitige prä- und postnominale Erweiterung für das Finnische für untypisch gehalten werden kann.

Was laut Liimatainen (2003) die adjektivische Wortbildung im Fachgebiet der Ökologie und des Umweltschutzes im Deutschen und im Finnischen betrifft, so manifestiert sich in der systematischen Übernahme von Wortgut mit fremder Herkunft deutlich der Aspekt der internationalen Verständigung. Besonders auffällig ist die Produktivität von aus dem Lateinischen und Griechischen entlehnten Wortelementen wie z.B. *hydro-*, *geo-*, *-phob*, *-zid*. Sehr geeignet für die attributive Funktion und daher verbreitet im ökologischen Sprachgebrauch sind vor allem die departizipiale Konversion sowie Komposita mit adjektivischem bzw. partizipialem Zweitglied. Zu den übereinzelsprachlichen Charakteristika gehört auch das hochgradig reihenhafte Vorkommen zentraler Fachwörter als Erstglied adjektivischer Komposita. Am stärksten ausgebaut sind die Reihen mit den Ausdrücken *umwelt*, *bio*, *öko*, *müll*, *abfall*, *klima* und *recycling*, die im Finnischen als Entsprechungen die Benennungen *ympäristö*, *bio*, *eko*, *luomu*, *jäte*, *ilmasto* und *kierrätys* haben.

Im Mittelpunkt der fachlexikologisch-fachlexikografischen Untersuchungen von Goy (2001) steht die neugriechische Fachsprache der Ökologie und des Umweltschutzes, die sich wesentlich unter dem Einfluss der Translation entwickelt. Am Beispiel des Themenkomplexes Abwasserbehandlung wird in der Dissertation von Goy (ebd.) ein textlinguistisches Konzept der korpusgestützten Erfassung und Aufbereitung terminologischer Daten für die zweisprachige Dokumentation im Sprachenpaar Neugriechisch–Deutsch erprobt. An einem 55 Leitbegriffe umfassenden neugriechisch-deutschen Glossar weist die Verfasserin nach, dass adäquate oder zumindest weitgehend akzeptable Benennungen, vor allem Neologismen, durch empirische Arbeitsmethoden der Fachübersetzung gewonnen werden.

Dem Gebiet der wissenschaftlichen Fachsprache der Ökologie und des Umweltschutzes sind noch die folgenden Arbeiten zuzuzählen: Anhand ihrer Korpusuntersuchungen zeigt Liimatainen (2001), dass die terminologischen Systeme in der Fachsprache der Ökologie und des Umweltschutzes sowohl im Deutschen als auch im Finnischen durch eine systemimmanente Bezeichnungsvielfalt gekennzeichnet sind. Während Calice (2007) eine Übersicht über die Geschichte der zentralen Termini zum Thema Abfallbeseitigung und Recycling in der DDR gibt, erörtert Perkonoja (2001) in ihrer Magisterarbeit und in ihren zwei Beiträgen (2002a, 2002b) die im Bereich der Ökoeffizienz und der Stoffstromanalyse vorkommenden Begriffe und Termini.

Wechselbeziehungen zwischen ökologischer Fachsprache und Gemeinsprache erläutert Toschi Nobiloni in einem Beitrag (1994), in dem in erster Linie der Aspekt der sprachlichen Innovation in Betracht gezogen wird. Räikkäläs (1984) Thema sind die vielen Lehnübersetzungen des englischen *acid rain* in der finnischen Pressesprache. Snellman (2001) und Lyytimäki (2004, 2005) geben einen kurzen Überblick über das Eindringen von Ausdrücken und Termini aus der Fachsprache der Ökologie und des Umweltschutzes in die Gemeinsprache.

Im Bereich der politischen Semantik gibt es eine Vielzahl von germanistischen Arbeiten zum Umweltvokabular. Hermanns (1990, 1991) geht in seinen Beiträgen auf die historische Semantik des Wortes *Umwelt* ein. Schwerpunkte in Hermanns Darstellung sind die Bedeutungsentwicklung des seit ca. 1800 urkundlich nachweisbaren Wortes *Umwelt* unter Einbeziehung des französischen *milieu* und des englischen und vor allem des amerikanischen Wortes *environment*, der morphosyntaktische Wandel des Wortes – als in den 70er Jahren des 20. Jahrhunderts aus *den* Umwelten *die* Umwelt wurde –, die lexikografische Darstellung von *Umwelt* sowie die deontische Bedeutung des Wortes. Unter deontischer Bedeutung ist laut Hermanns die appellfunktionale Bedeutung von *Umwelt* zu verstehen: Im Wort *Umwelt* ist „als zentrale Komponente seiner Gesamtbedeutung der Appell mitenthalten, daß die Verschmutzung der Umwelt aufhören muß, daß die Umwelt geschützt werden muß" (Hermanns 1991, 246).

Haß liefert in ihren bedeutungsanalytischen und sprachkritischen Beiträgen interessante Informationen zur Semantik zentraler Fachwörter aus dem Umweltvokabular. Zu erwähnen sind u. a. die Aufsätze *Kurze Karriere – oder: wo ist der Entsorgungspark?* (Haß 1987a), *Zum Beispiel: Recykeln* (Haß 1987b) und *Etymologie oder Begriffsgeschichte?* (Haß 1987c), in denen sie einige Schlüsselwörter in umweltpolitischen Auseinandersetzungen erörtert. Im letztgenannten Artikel beschäftigt sich Haß mit der Etymologie, Begriffsgeschichte und dem Bedeutungswandel des Wortes *Umwelt* und stellt zum Schluss zusammenfassend fest: „Mit *Umwelt* wird kein Gegenstand mehr bezeichnet, sondern die charakterisierende Sichtweise angegeben, in der die wahrnehmbare Welt nun erscheint" (Haß 1987c, 10).

Bei so umstrittenen oder problemgeladenen Themen wie denen des Bereichs Umwelt ist die Wahl der jeweiligen Darstellungsart auch ein besonderes lexikografisches Problem. In ihren Beiträgen *Öko-Lexikographie* und *Interessenabhängiger Umgang mit Wörtern in der Umweltdiskussion* stellt Haß (1989b, 1989c) dar, wie sich die gegensätzlichen gesellschaftlichen Positionen in Bezug auf zentrale Umweltthemen in zehn zwischen 1973 und 1987 erschienenen populären Umweltlexika niederschlagen. Dabei konzentriert sie sich auf die Bezeichnungsvarianten und Konkurrenzausdrücke in den Feldern *Giftmüll/Problemabfall* und *Atomkraft, -energie/Kernkraft, -energie* und darauf, wie sie von den Lexikonautoren behandelt werden. Den impliziten und expliziten Bewertungen von Wörtern in den Lexika wird die Wortverwendung im öffentlichen Sprachgebrauch gegenübergestellt. Die Bedeutungskonstitution von Begriffen in Ökologie-Lexika wird auch von Trampe/Trampe (1994) thematisiert, und zwar in spanischen und deutschen Wörterbüchern und Lexika.

Besonders eingehend widmet sich Haß (1989a) dem Umweltvokabular im Ausschnitt *Umwelt* des Lexikons *Brisante Wörter von Agitation bis Zeitgeist. Ein Lexikon zum öffentlichen Sprachgebrauch*. Die Zahl der einzelnen Artikel im Wörterbuch ist eher gering, als Ausgleich sind die einzelnen Wörterbuchartikel häufig sehr umfangreich. Es handelt sich bei diesem Werk um ein Lexikon sog. „schwerer Wörter" (Haß 1989a, 397). Im Wörterbuch werden in verständlicher, diskursiver Weise konfliktträchtige oder brisante Wörter beschrieben, die unter verschiedenen Aspekten erklärungsbedürftig sind, beispielsweise, weil mit ihnen unterschiedliche Wertsetzungen und Beurteilungen verbunden sein können, weil mit ihnen typischerweise verhüllende bzw. verschleiernde oder übertragene, metaphorische Verwendungen vorkommen, weil sie gezielt als uneindeutige Schlagworte[11] und vage Modewörter verwendet werden können oder weil sie auch Bestandteile von Fachwortschätzen sind. Charakteristisch für die in Deutschland geführte öffentliche Debatte zum Thema Umwelt ist der Streit um Wortbedeutungen und um die „richtigere" von mehreren Bezeichnungsvarianten. Laut Haß (1989a, 397) kann es nicht die Aufgabe eines Lexikons sein, bei unterschiedlichen Bezeichnungsvarianten eine endgültige Entscheidung zu treffen. Der Ausschnitt *Umwelt* aus dem Lexikon *Brisante Wörter von Agitation bis Zeitgeist* möchte aber Konflikte und Unklarheiten „soweit klären helfen, daß die Leser sich über die Verwendung vieler Wörter selbst ein Urteil bilden können" (Haß 1989a, 397).

In einem etwas späteren Beitrag thematisiert Haß (1991) kommunikative Strategien und Gegenstrategien in der Umweltdebatte. Sie erläutert diejenigen Strategien, die bei den hauptsächlichen Konfliktpunkten der Umweltdiskussion eine entscheidende Rolle spielen und die von den Kommunikationsteilnehmern selbst thematisiert werden. In der Umweltdebatte gibt es nämlich häufiger als in früheren politischen Diskussionen eine Kontroverse um die in ihr eingesetzten kommunikativen Mittel selbst, und es gibt mehr oder weniger erfolgreiche kommunikative Gegenstrategien. Zu Eigenheiten des Umweltvokabulars ist von Haß-Zumkehr noch der kurze Aufsatz *Von Umweltmessen und Öko-Schafen. Die sprachliche Konstitution von Umwelt* vom Jahre 1997 zu nennen.

Mit sprachkritischen Überlegungen zu den Auswirkungen der Wissenschaftssprache auf die Gemeinsprache befasst sich Jung in seinen Studien zur Umweltdiskussion (1989, 1994, 1995). Er konzentriert sich in seinen Beiträgen (1989, 1995) zum einen auf die Vor- und Frühphase der Entwicklung eines bundesdeutschen Umweltbewusstseins. Zum anderen wählt er einzelne, besonders herausragende Diskussionen – z. B. über Kernenergie (zur Geschichte des Diskurses über die Atomenergie s. insb. Jung 1994), Entsorgung, Waldsterben, Ozonabbau, Treibhauseffekt, Tschernobyl, nachhaltige Entwicklung – exemplarisch für allgemeine Entwicklungstendenzen des öffentlichen Sprachgebrauchs zum Thema Umwelt aus.

Jung (1989, 1995) legt eine Beschreibung der Verfachlichung des öffentlichen Sprachgebrauchs allgemein, besonders aber im Umweltbereich und der Verwissenschaftlichung der Gegenwartssprache vor, indem er am Beispiel der Umweltschutzdiskussion in Deutschland seit dem Anfang der 1970er Jahre das zunehmende Eindringen wissenschaftlicher Ausdrucksweisen und Fachvokabulars aus den betroffenen Wissenschaften Biologie und Ökologie und dem technischen Umwelt-

---

11 Für Auflistungen von Schlagworten der Umweltdiskussion sei auf die sprachlichen Jahresüberblicke in der Zeitschrift *Der Sprachdienst* wie auch auf Bär (2003) verwiesen, und, was die finnische Sprache betrifft, auf die Liste *Vuoden sanoja* (‚Wörter des Jahres') im Nachschlagewerk *Mitä Missä Milloin*. Zum Begriff *Schlagwort* s. Fußnoten 26 u. 398.

schutz in die Gemeinsprache darstellt. Bei der Ausbreitung von Fachwörtern in breitere Bevölkerungsschichten ist die wissensvermittelnde Funktion der Medien wesentlich.

Über die Brisanz und Umstrittenheit einzelner Begriffe und Ausdrücke hinaus stellt sich die Kommunikationsgeschichte der Umweltdebatte laut Jung (1995, 619f.) nicht nur als zentral für die Entwicklung der Sprachkritik in der BRD heraus. Darüber hinaus erweist sie sich als Lehrstück für die Verwissenschaftlichung der Sprache der Gegenwart und den tief greifenden Wertewandel, der in den 1970er Jahren im Verhältnis zu Naturwissenschaft und Technik überhaupt geschehen ist.

Das Thema des Beitrags *Ökologische Sprachkritik* von Jung (1996) ist der Ideologiegehalt der Ökolinguistik. In dem Beitrag werden der öffentliche Sprachgebrauch und die linguistische Sprachkritik in der Umweltdiskussion, insbesondere am Beispiel der Atom-/Kernenergiedebatte, untersucht.

Stork (1994, 1998) hat in ihren Arbeiten den morphosyntaktischen und semantischen Wandel einiger zentraler Substantive und Adjektive (u. a. *écologie*, *environnement*, *écologique*, *environnemental*, *biologique*) des französischen Umweltvokabulars seit 1968 im Rahmen der Popularisierung untersucht. Laut Stork (1998, 11) erweist sich das französische Umweltvokabular – verstanden nicht als Terminologie der ökologischen Fachsprache, sondern als Teil des gemeinsprachlichen Wortschatzes – aus verschiedenen Gründen als ergiebige Quelle für eine Sprachwandelanalyse. Das Umweltvokabular ist eines der bedeutendsten innovativen sprachlichen Felder der Gegenwart. Es ist auch ein Bereich, der sich in den letzten Jahrzehnten sprunghaft und geradezu explosionsartig gewandelt hat und einen wichtigen mentalitätsgeschichtlichen Umbruch dokumentiert. Im Zusammenhang mit dem Bedeutungswandel vollzieht sich bei *écologique* laut Stork (1994, 105f.) auch ein morphosyntaktischer Wandel. Während der Terminus technicus *écologique* nicht gradiert oder gesteigert werden kann, stößt man auf das entterminologisierte Pendant in der Bedeutung ‚umweltfreundlich' auch im Komparativ und im Superlativ. Außer den Differenzen bezüglich der Komparierbarkeit und Graduierbarkeit ergeben sich auch Unterschiede in Hinsicht auf den prädikativen Gebrauch: Das entterminologisierte *écologique* in der Bedeutung ‚umweltfreundlich' kann uneingeschränkt prädikativ verwendet werden.

Zu Euphemismen innerhalb der Umweltdiskussion gibt es die folgenden Arbeiten: Ein früher kritischer Beitrag zu euphemistischen Sprachwendungen im Natur- und Umweltschutz ist der Aufsatz von Gigon (1983), in dem er nicht nur einzelne Ausdrücke untersucht, sondern auch bestimmte Formulierungen, durch die Umweltprobleme häufig derart beschrieben werden, als ob sie Naturereignisse seien. Anhand vieler Beispiele zeigt Gigon, dass sich Natur- und Umweltschützer der Bedeutung der Wortwahl durchaus bewusst sind (z. B. Ersatz von *Unkraut* durch *Ackerwildkraut* bzw. *Ackerbegleitflora*). Trampe (1991b) thematisiert den Umgang mit Pflanzen, Tieren und Landschaft in der Sprache der Landwirtschaft. Die Sprache der Landwirtschaft ist aber nicht die Sprache der Landwirte allein. Es sind in der industriell geprägten Wirtschaftsgesellschaft verschiedene Gruppen, die das Sprache-Welt-System der Landwirte beeinflussen und es durch Verdinglichung, Tatsachenverschleierung, z. T. durch Euphemismen, weiter durch Schlagworte und durch zunehmende Ablehnung alles Bäuerlichen zu verändern versuchen. Zu diesen Gruppen gehören vor allem die chemische Industrie, Bauernverbände sowie Vertreter staatlicher und anderer Institutionen.

Blühdorn (1991) untersucht sprachliche Strategien der Verharmlosung und Verschleierung, die unter den Bedingungen eines sog. *Müllnotstandes* das Sprachverhalten bestimmter Gesellschaftsgruppen in müllbezogenen Publikationen charakterisieren. Liimatainen (2002, 2005b) analysiert in ihren Beiträgen die sprachlichen Tricks innerhalb der Umweltdiskussion in Deutschland und Finnland.

Gegenstand der kurzen Beiträge sowohl von Olt (1983) als auch von G. D. Schmidt (1984) ist der zu Beginn der 1980er Jahre zunehmende Gebrauch von Wortzusammensetzungen mit *Bio-* als Bestimmungswort. Sie (ebd.) weisen darauf hin, dass das Konfix *Bio-/bio-* als Erstglied von Komposita aus dem Bereich der exakten Naturwissenschaften, der Technik und der Wirtschaft in zunehmendem Maße eine Bedeutungserweiterung erfahren hat und eine Stellungnahme provoziert.

Schlagworte und Schlüsselwörter in der deutschen Sprache haben außer Haß und Jung (s. oben) in ihren Beiträgen auch Gallagher, Spiegel und Rödel behandelt. Wie Wörter beim Reden ihre Bedeutung erhalten, wird von Spiegel (1994) einführend in einem kurzen Beitrag erläutert. Während der Ausdruck *Nachhaltigkeit* als Schlüsselwort das Thema von Rödel (2005) ist, geht Gallagher (1993) der Wiedergabe der deutschen Prägung *Müll-Tourismus* im Französischen und im Englischen nach.

Anglizismen in deutschen Umwelt-Wörterbüchern und -zeitschriften hat Fill (2002) in seinem Beitrag thematisiert. Dieter (1994) und Välimäki (2002) stellen in ihren Untersuchungen zu Anglizismen in der politischen Ökologie und in der Umweltdebatte fest, dass die Einführung eines Fremdworts in die eigene Sprache leider zu leicht der Selbsttäuschung Vorschub leistet, dass mit dem Fremdwort auch sein Begriffsinhalt, sein sprachliches Umfeld wie auch sein entstehungsgeschichtlicher Zusammenhang mittransportiert würden.

Brauns (1986) beschäftigt sich mit dem Sprachgebrauch der Energiepolitik und der Ökologiebewegung in der BRD und in Frankreich. Mit seiner Arbeit hat Brauns nicht nur ein deskriptiv-sprachvergleichendes Ziel, sondern erhebt auch einen sprach- und ideologiekritischen Anspruch. In ihrem kontrastiv orientierten Beitrag entdeckt Chichorro Ferreira (1996) gravierende Unterschiede zwischen den Umweltdiskussionen Portugals und des deutschsprachigen Raums, die durch

Verschiedenheiten der linguistisch-kulturellen Systeme hervorgerufen werden. Die Unterschiede werden insbesondere am Beispiel der Bedeutungen von *ambiente* und *Umwelt* erhellt. Malachowa (1996) betrachtet in ihrem Aufsatz Neologismen im Bereich des Umweltvokabulars und vergleicht Wortbildungstypen und Bedeutungsveränderungen im Deutschen, Englischen, Niederländischen, Russischen und Ukrainischen.

Ökologische Diskurse in Russland und Bulgarien haben Tischer (1997) und Wullenweber (2002) untersucht und mit der westlichen ökologischen Debatte verglichen. Tischer (1997) vergleicht deutsche und russische Wörter und Wortgruppen, die mit der Thematik Umwelt, ihre Bedrohung und ihr Schutz erfasst werden können, und beleuchtet Umstände ihrer Entstehung. Die Wahrnehmung und Kommunikation von Umweltproblemen wird in Russland und in Bulgarien laut Wullenweber (2002, 108ff.) von drei Faktoren besonders geprägt, und zwar von der Größe des Landes, von der zentralistischen Struktur und vom Einfluss des westlichen ökologischen Diskurses.

Zusammenfassend lässt sich feststellen, dass die Mehrzahl der bisher erschienenen Einzeluntersuchungen eher in den Bereich der wissenschaftlichen Sprachkritik der umweltpolitischen Kommunikation als in die Erforschung der wissenschaftlichen Fachsprache der Ökologie und des Umweltschutzes einzuordnen sind. In Bezug auf die wissenschaftliche Sprachkritik der umweltpolitischen Kommunikation stellen die Untersuchungen von Haß-Zumkehr und Jung (s. oben) die wichtigsten Beiträge dar. Jedoch belegt die steigende Anzahl an Publikationen ein wachsendes Interesse der sprachwissenschaftlichen Forschung an den sprachlichen Besonderheiten der Fachsprache der Ökologie und des Umweltschutzes, was indirekt auf deren zunehmende gesellschaftliche Bedeutung seit den 1970er Jahren schließen lässt.

## 3 Grundlegende Begriffe

Nicht selten begegnen wir der Vorstellung, die Begriffe „Ökologie", „Umwelt" und „Umweltschutz" seien geschichtlich sehr neu. Moderne Umweltpolitik konnte nämlich erst entstehen, nachdem das Bewusstsein von den komplexen Vernetzungen im gesamten Naturhaushalt vorhanden war. Und für dieses Bewusstsein musste erst die Wissenschaft die Voraussetzungen schaffen und nachweisen, dass die unterschiedlichsten, anscheinend miteinander nicht verbundenen menschlichen Eingriffe in die Natur sich gegenseitig verstärkende schädliche Wirkungen auf die Umwelt haben können. Dass die Ruß- und Rauchemissionen der Industrie und das gleichzeitige Zurückweichen der Wälder zusammen eine verstärkte Verschlechterung der Luftqualität bewirkten, musste zuerst auf einem sehr hohen Niveau geistiger Arbeit erkannt werden. Darüber hinaus musste dies dann für andere nachvollziehbar gemacht werden. (Vgl. Wey 1982, 11.) Die Entwicklung des Umweltschutzes und der modernen Ökologie hat neben den tief greifenden Änderungen in der menschlichen Denkweise auch die Entwicklung von komplizierten technisch-wissenschaftlichen Problemlösungen sowie die Vorbereitungs- und Beschlussfassungspraxis des Staats und der Kommunen vorausgesetzt. Die mentalen, wissenschaftlichen und politischen Faktoren des Umweltschutzes haben somit nicht ganz plötzlich entstehen können. (Vgl. Laakkonen 1999, 8.)

Das Wissen, das die Begriffe „Ökologie" und „Umwelt" derzeit konzentriert enthalten, war früher nicht vorhanden. Daraus folgt, dass es auch keine Begriffe gab, die unseren heutigen Wahrnehmungskonzepten entsprechen. Der Begriff „Natur", der in früheren Zeiten in ähnlicher Weise für die Bezeichnung von Wechselwirkungsprozessen in der Umwelt verwendet wurde, gibt nur sehr begrenzt das wieder, was heutzutage als Einzelaspekte unter den Begriffen „Ökologie" und „Umwelt" zusammengefasst wird. (Vgl. Wey 1982, 11.)

### 3.1 Zum Begriff *Ökologie/ekologia*

Derzeit wird die Ökologie von vielen als eine Wissenschaft betrachtet, die ihre Vertreter unvermeidbar mit der Umweltbewegung in Beziehung setzt. Selbst das Adjektiv *ökologisch* wird inzwischen gebraucht, um in Texten der öffentlichen Diskussion Redegegenstände unter einem Aspekt von hoher und allgemein anerkannter Bedeutsamkeit, dem Umweltschutz, zu betrachten und zu beurteilen. (Vgl. Bowler 1997, 451.) In der wissenschaftlichen Ökologie wird unter dem Begriff jedoch ausschließlich die Lehre von den Wechselbeziehungen zwischen den Organismen untereinander und mit ihrer belebten und unbelebten Umwelt verstanden (Bowler 1997, 451; WdGm 2001, 77). Erst in den letzten Jahren hat das zunehmende Bewusstsein über die Umweltprobleme zu einer Situation geführt, in der immer mehr Ökologen ihre Wissenschaft dem Kampf gegen die Ausbeutung unserer natürlichen Umwelt widmen wollen (Bowler 1997, 451).

Die Ökologie kann als eine Naturwissenschaft definiert werden, die diejenigen Faktoren untersucht, die einen Einfluss auf die geographische Verbreitung und Verteilung von Organismen ausüben (Hanski u. a. 1998, 17). Da fast alle vorstellbaren Faktoren – von den physikalisch-chemischen Faktoren der unbelebten Natur bis hin zu den Wechselbeziehungen zwischen den Arten – auf die eine oder andere Art auf die Vielfalt und Distribution von Lebewesen einwirken, erscheint die Ökologie als eine sehr umfassende naturwissenschaftliche Disziplin. Außer als eine Wissenschaft, die die Distribution und Dichte von Organismen erforscht, kann die Ökologie auch als eine Wissenschaft definiert werden, die die Systeme und Zusammenhänge der Natur untersucht, oder als Lehre von der Gesamtheit aller Beziehungen, die ein Organismus zu seiner organischen und anorganischen Umwelt unterhält. (Vgl. Hanski u. a. 1998, 21.)

Der wichtigste Faktor, der die Umwelt gegenwärtig entscheidend verändert, ist die menschliche Tätigkeit. Demzufolge ist es unabdingbar, dass die ökologische Forschung Auskunft über die Belastbarkeit von Ökosystemen geben sowie die Folgen einseitiger Eingriffe (Störung des ökologischen Gleichgewichts, Umweltverschmutzung u. a.) aufzeigen kann. Die Erdbevölkerung wächst kontinuierlich, die Ausbeutung der natürlichen Ressourcen nimmt ständig zu, ganze Ökosysteme werden zerstört und ein massenhaftes Aussterben von Tier- und Pflanzenarten ist in vollem Gange. In diesen Zusammenhängen taucht die Ökologie täglich in Massenmedien wie auch in politischen Aussagen auf. Die Ökologie kann jedoch kaum Richtlinien für die Lösung der Umweltprobleme anbieten. Der erstrangige Auftrag der Ökologie ist vielmehr, naturwissenschaftliches Wissen über Zusammenhänge in der Natur, Kreisläufe usw. zu liefern, das die Gesellschaft dann verwenden kann, um die notwendigen eigentlichen Schutzmaßnahmen zu erarbeiten. (Vgl. Hanski u. a. 1998, 13.)

Der Eintrag im *Katalyse-Umweltlexikon* (1993) (= UL 1993) unterstreicht, dass die Ökologie nicht als eine Fachdisziplin, sondern als das Gegenteil jeder Spezialisierung betrachtet werden sollte (ebd., 507). Die Ökologie sollte eher als ein Versuch angesehen werden, die Umwelt unter Einbeziehung aller möglichen Daten aus den verwandten Einzelwissenschaften zu verstehen. Die Ökologie verbindet die gewonnenen Fachkenntnisse aus den benachbarten Wissenschaften zu einem Gesamtverständnis, wodurch Umweltprobleme aufgezeigt und Vorschläge für umweltgerechtes Handeln gemacht werden können. (ebd.)

Auch wenn die Diskussion über Umwelt und Ökologie seit den 70er Jahren besonders rege gewesen ist, ist der Begriff wie auch die Bezeichnung *Ökologie* schon älter. Obwohl die Ökologie eine vergleichsweise junge wissenschaftliche Disziplin ist, liegen ihre Grundgedanken über den Haushalt der Natur und deren Gleichgewicht länger zurück, als es im Allgemeinen angenommen wird.

Die Bezeichnung *Ökologie* stammt aus der griechischen Sprache. Sie ist eine Neubildung zu *oĩkos* m. ‚Haus, Haushaltung, Wirtschaft' (Kluge 1999, s. v. Ökologie) und *lógos* ‚(philosophische) Lehre' (D-DUW 2006, s. v. Logos). Das Wort erscheint im Englischen zum ersten Mal bereits 1858, und zwar bei dem amerikanischen Naturforscher Henry David Thoreau (1817–1862) (vgl. Koukkunen 1990, s. v. ekologia; Kluge 1999, s. v. Ökologie; Morgenthaler 2000, 250; WdGm 2001, 77; s. dazu auch Trepl 1987, 114). Thoreau war demgemäß der Erste, der das Wort *ecology* im Sinne einer Fachrichtung der Naturforschung verwendet hat (Morgenthaler 2000, 250). Das erste Mal definiert und beschrieben als Wissenschaft im heutigen Sinn wurde die *Ökologie* 1866 von dem in Jena lehrenden Zoologen Ernst Haeckel (1834–1919) (vgl. Morgenthaler 2000, 242), als er in seinem Werk *Generelle Morphologie der Organismen* (1866, Bd. 2, 286) wie folgt schrieb:

> Unter *Oecologie* verstehen wir die gesamte *Wissenschaft von den Beziehungen des Organismus zur umgebenden Aussenwelt*, wohin wir im weiteren Sinne alle „Existenz-Bedingungen" rechnen können. Diese sind theils organischer, theils anorganischer Natur [...][12]

Als Haeckel den Terminus *Ökologie* für eine Wissenschaft von den Wechselwirkungen zwischen den Organismen sowie zwischen den Organismen und deren umgebenden Außenwelt einführte, dachte er in erster Linie an die Biologie, für die er somit „eine neue ganzheitlich-dynamische Betrachtungsweise vorschlug" (Fill 1993, 1). Zur Ökologie als biologische Wissenschaft gehören alle Existenzbedingungen, die ein Lebewesen zu seiner anorganischen (z. B. Licht, Temperatur, Luftfeuchtigkeit, Wasser, Bodenbeschaffenheit) und organischen (Nahrung, Feinde, Artgenossen) Umgebung unterhält (Hist. WB Philos. 1984, Bd. 6, s. v. Ökologie).

> Die Descendenz-Theorie erklärt uns die Haushalts-Verhältnisse der Organismen mechanisch, als die nothwendigen Folgen wirkender Ursachen, und bildet somit die monistische Grundlage der Oecologie. (Haeckel 1866, Bd. 2, 287)

Die Herausbildung der Wechselwirkungen zwischen Außenwelt und Individuen erklärt Haeckel durch die Deszendenztheorie (Abstammungslehre, Evolutionstheorie) als die mechanischen Folgen der natürlichen Auslese (Selektion) im Kampf ums Dasein und schließt die Ökologie damit an die Lehre Darwins an. (Vgl. Hist. WB Philos. 1984, Bd. 6, s. v. Ökologie; Morgenthaler 2000, 242ff.; zur Deszendenztheorie siehe auch Meyers 1994, Bd. 1, 155.)

Mit dem Begriff Ökologie war ursprünglich die Wirtschaftlichkeit der Naturvorgänge gemeint. Die Blickrichtung hat sich jedoch im Laufe der Zeit ausgeweitet (Kluge 1999, s. v. Ökologie). Hat sich die Ökologie vorher in erster Linie mit der Verteilung von Lebewesen und ihrer Vergesellschaftung beschäftigt, so

12 Hervorhebungen im Original.

erweitert sich das Fach seit Mitte der 70er Jahre über seinen naturwissenschaftlichen Rahmen hinaus und wendet sich den politisch-gesellschaftlichen Interessen zu (vgl. Haß-Zumkehr 1998, 1365). Die moderne Ökologie (seit den 70er Jahren) beschäftigt sich schwerpunktmäßig mit den allgemeinen Gesetzmäßigkeiten, die innerhalb der Natur wirken, sowie mit den Wechselbeziehungen des Menschen zu seiner natürlichen Umwelt (Akt'84, s. v. Ökologie). Heutzutage sind die anthropogenen Veränderungen der Biosphäre im Begriff Ökologie als Lehre vom gesamten Lebensgeschehen in der Natur eingeschlossen. Dazu gehören die Gewinnung von Energie und Rohstoffen, die Luft-, Wasser- und Bodenverschmutzung sowie die Zerstörung von Ökosystemen. Dadurch hat der Begriff eine angewandte Seite erhalten (*angewandte Ökologie*), die ihm ursprünglich fehlte. (Vgl. Hist. WB Philos. 1984, Bd. 6, s. v. Ökologie.)

Da die Vielfalt der Wechselbeziehungen der Lebewesen überaus komplex ist, werden häufig nur bestimmte Teilbereiche der wissenschaftlichen Ökologie betrachtet. Nach der Größenordnung der betrachteten Systeme kann die Ökologie des Individuums, der Populationen und der Ökosysteme unterschieden werden: Die *Autökologie*[13] untersucht die Ansprüche des Einzelorganismus an seine abiotische und biotische Umwelt sowie die wechselseitigen Beziehungen des Organismus zu einzelnen Umweltfaktoren, die *Synökologie* die Wechselbeziehungen der Lebensgemeinschaften oder aber der Ökosysteme untereinander, die *Demökologie*[14] (Syn. die Populationsökologie) hingegen die Wechselbeziehungen zwischen artgleichen Individuen innerhalb von Populationen (vgl. Brockhaus 1998, Bd. 16, s. v. Ökologie; SUL 2000, 135, 300, 835, 1139; s. auch Heinrich/Hergt 1998, 61). Die Demökologie hat beispielsweise große Bedeutung bei der Sicherung des Überlebens gefährdeter Arten gewonnen (Brockhaus 1998, Bd. 16, s. v. Ökologie). Als der komplexeste Wissenschaftszweig hat sich in der Weiterentwicklung der Ökologie in jüngster Zeit die *Systemökologie* herausgebildet. Sie beschäftigt sich mit den Ökosystemen in ihrer gesamten Komplexität. (Vgl. Brockhaus 1998, Bd. 16, s. v. Ökologie.)

Im Teilbereich *theoretische Ökologie* werden allgemeine Gesetzmäßigkeiten erfasst. Es werden auf Grund von experimentellen Befunden bzw. Beobachtungen Theorien gebildet, die mit mathematischen Methoden in Form von Modellen dargestellt werden. (Vgl. SUL 2000, 835, 1163.) Die *angewandte Ökologie* ist ein selbstständiger Teilbereich der Ökologie und hat eine praktische Bedeutung für den Menschen. Zentrum der angewandten Ökologie ist der Natur- und Landschaftsschutz. Hierunter fallen aber auch der Umweltschutz mit Aufbau, Erhalt

13 *Autökologisch* ‚vom Einzelorganismus her', *synökologisch* ‚von der Lebensgemeinschaft, der Pflanzen- oder Tiergesellschaft oder dem Ökosystem aus'; *Syn-* bedeutet, dass sich die jeweiligen Disziplinen auf Biozönosen beziehen (Trepl 1987, 14f.).

14 Die *Demökologie* wird von manchen Autoren als selbstständiger Teil der Ökologie zwischen Autökologie und Synökologie aufgefasst, von anderen dagegen als Teil der Synökologie (SUL 2000, 300).

und Schutz der natürlichen Ressourcen sowie der Bereich des Pflanzen- und Vorratsschutzes. (Vgl. SUL 2000, 835.)

Ein bereits lange bestehender Zweig der angewandten Ökologie ist die *Agrarökologie*, in deren Mittelpunkt menschliches Wirken und Handeln steht (Bick 1989, 7). Relativ junge Teildisziplinen der Ökologie sind die *Stadtökologie* sowie die geographisch bzw. landschaftlich geprägte *Geo-* oder *Landschaftsökologie*. Die Landschaftsökologie spielt gegenwärtig vor allem bei Planungen eine zunehmende Rolle. Die Stadtökologie untersucht hingegen die ökologischen Zusammenhänge im besiedelten Bereich. (Vgl. Brockhaus 1998, Bd. 16, s. v. Ökologie.)

Andererseits werden bestimmte Großlebensräume zusammengefasst, wie etwa *terrestrische Ökosysteme* (Landlebensräume, z. B. tropischer Regenwald, arktische Tundra, Savanne, Moor, Sumpf) und *aquatische Ökosysteme* (u. a. stehende Gewässer, Fließgewässer). Darüber hinaus werden *künstliche Ökosysteme*[15] unterschieden (Stadtökosysteme, Bioreaktoren, intensiv genutzte Agrarökosysteme u. a.). (Vgl. SUL 2000, 835, 839; Brockhaus 1998, Bd. 16, s. v. Ökologie.)

### 3.1.1 Historischer Abriss der Entwicklung des Faches Ökologie und der Entstehung der Fachsprache der Ökologie und des Umweltschutzes

Wie alle anderen Fachsprachen, so sind auch die Fachsprache der Ökologie und des Umweltschutzes, ihre Textsorten und Fachwortschätze nur vor dem Hintergrund des Fachs zu verstehen, in dem die Fachsprache sich entwickelt. Daraus folgt, dass die Behandlung der Textsorten und des Fachwortschatzes zwangsläufig mit einem Blick auf die Fächer Ökologie und Umweltschutz und ihre Unterteilung verknüpft werden muss.

Wenn im Folgenden die historische Entwicklung der Fachsprache der Ökologie erläutert wird, so kann sich dies nur im wissenschaftsgeschichtlichen Zusammenhang ereignen, da die Geschichte der Wissenschaft Ökologie und die Geschichte der ökologischen Fachsprache untrennbar miteinander verbunden sind. Ohne die Entwicklung einer Fachsprache wäre eine ausreichend präzise Mitteilung von wissenschaftlichen Ergebnissen und Sachverhalten nicht möglich gewesen, weil für das Neue, was es mitzuteilen galt, zunächst die Bezeichnungen fehlten. Jeder neue Terminus stand als Kennzeichen für bestimmte Forschungsergebnisse. Diese Kennzeichen waren auf einen Terminus gebrachte Zusammenfassungen. Mit der Weiterentwicklung der ökologischen Wissenschaft hat sich auch die Fachsprache der Ökologie weiterentwickelt.

Der Zeitpunkt der Prägung und der ersten Definition des Begriffs „Ökologie“ durch Haeckel wird gerne als die Geburtsstunde der Wissenschaft Ökologie

15 Im Unterschied zu einem natürlichen oder naturnahen Ökosystem ist ein künstliches Ökosystem ein Ökosystem, das nahezu gänzlich oder völlig vom Menschen beeinflusst oder konstruiert ist (vgl. SUL 2000, 839).

verstanden, was nicht ganz einwandfrei ist (vgl. u. a. Trepl 1987, 89, 114 und Bick 1989, 1).[16] Wissenschaftliche Äußerungen und Fragestellungen, die unter dem neuen Begriff Ökologie zu subsumieren wären, kamen auch schon wesentlich früher vor. Die Wurzeln der Ökologie erstrecken sich teilweise bis auf das im Laufe der Jahrhunderte oder -tausende angefallene naturgeschichtliche Wissen von Lebensweisen der Tiere und Pflanzen und deren Bedeutung (Vuorisalo 2002, 7). Die alte Naturgeschichte sowie die so genannte Ökonomie der Tiere, von der beispielsweise im 18. Jahrhundert die Rede war, umfassten durchaus im heutigen Sinne ökologische Aussagen. Ökologische Feststellungen sind genau genommen schon die Darstellungen vom Massenauftreten Schadfraß verursachender Heuschrecken in den frühen Hochkulturen des Nahen Ostens. Damals und noch lange danach fehlten aber die naturwissenschaftlichen Erklärungsmöglichkeiten für solche Erscheinungen. (Vgl. Bick 1989, 1.)

Auf einige typisch ökologische Aspekte stößt man auch bei den antiken Schriftstellern. So macht der griechische Philosoph Aristoteles (384–322 v. Chr.), der „Vater der Naturgeschichte“ (Hertwig 1893, 5), wissenschaftliche Aussagen über Beziehungen von Tieren zu ihrer Umwelt. (Vgl. Bick 1989, 1; s. auch Hist. WB Philos. 1984, Bd. 6, s. v. Ökologie.) Die zoologisch wichtigsten Werke von Aristoteles sind die *Historia Animalium*, *De partibus* und *De generatione*, in denen die Zoologie als eine alle Bereiche umfassende Wissenschaft begründet wurde, indem Anatomie, Entwicklungsgeschichte, Physiologie und Systematik ausgeglichen berücksichtigt wurden (Hertwig 1893, 5). In der Naturkunde des römischen Gelehrten C. Plinius Secundus d. Ä. (23–79 n. Chr.) finden sich Aussagen über den Sommerschlaf von Schnecken des Mittelmeergebietes sowie über das Zusammenleben von Steckmuschel und Muschelwächter. Albertus Magnus (um 1200–1280) legte Kommentare zu den Werken von Aristoteles mit eigenen Bemerkungen zur Lebensweise einzelner Tierarten vor. Auch das Falkenjagdbuch des Kaisers Friedrich II. (1194–1250) beinhaltet ökologische Aspekte. (Vgl. Bick 1989, 1.)

Bemerkenswert in der weiteren Entwicklung sind die Arbeiten des niederländischen Naturforschers A. van Leeuwenhoeck (1632–1723), des deutschen Zoolo-

---

16 Dass die Ökologie ihren Anfang mit Haeckel und mit der Prägung des Begriffs genommen habe, ist eine nicht allgemein akzeptierte Ansicht. Einige verlegen den Anfang in die Epoche der Aufklärung und der klassischen Naturgeschichte, andere halten die Wende vom 18. zum 19. Jahrhundert für die entscheidende Zeit, wieder andere lassen die Ökologie mit der Durchsetzung des Begriffs in der Fachwelt und der zumindest gebietsweisen Institutionalisierung des Wissenschaftszweigs um 1900 beginnen. Darüber hinaus dürfte in der Öffentlichkeit heutzutage wohl die Meinung vorherrschen, die Ökologie sei erst in der Nachkriegszeit entstanden. (Vgl. Trepl 1987, 89.) Besonders in der amerikanischen Literatur erscheint die Nachkriegszeit als eine revolutionäre Phase in der Geschichte der Ökologie (ebd., 177). Laut Bowler (1997, 451) ist die Wissenschft Ökologie in den 1890er Jahren entstanden, begann aber erst in den 1960er Jahren an Boden zu gewinnen, als das ganze Ausmaß der vom Menschen angerichteten Schäden auch in der Öffentlichkeit bekannt wurde.

gen A. J. Rösel von Rosenhof (1705–1759) sowie von J. C. Schäffer (1718–1790), die ökologische Fakten über Einzeller, Insekten und den echten Kiemenfuß lieferten. Aus dem 18. Jahrhundert soll außer dem schwedischen Naturforscher C. von Linné (1707–1778) auch Georges Leclerc de Buffon (1707–1788) erwähnt werden, der in seiner Naturgeschichte viele ökologische Aspekte behandelte. (Vgl. Bick 1989, 1f.) Linnés wichtigstes Werk ist das 1735 erschienene *Systema Naturae*, das Basis für die systematische Botanik und Zoologie geworden ist, „indem es zum ersten Mal 1) eine schärfere Gliederung des Systems, 2) eine bestimmte wissenschaftliche Terminologie, die binäre Nomenclatur[17], und 3) kurz gefasste klare Diagnosen einführte“ (Hertwig 1893, 8). Linnés Werk fasste zum einen das naturgeschichtliche Wissen seiner Zeit zusammen, zum anderen beschrieb es bereits den Übergang zu einer systematisch-theoretischen Wissenschaft von Organismen. Die Namengebung im Organismenreich basiert bis heute auf der Nomenklatur Linnés. Für die Verständigung in der wissenschaftlichen Ökologie – insbesondere auf internationaler Ebene – ist die Nomenklatur unverzichtbar. (Vgl. Pörksen 1986, 72–78.) Von den naturgeschichtlichen Werken des 19. Jahrhunderts seien hier die 1839 erschienene *Allgemeine Naturgeschichte* des deutschen Naturforschers Lorenz Oken (1779–1851) sowie *Das Tierleben* (1. Aufl. 1864–69) von A. Brehm (1829–1884) erwähnt. (Vgl. Bick 1989, 1f.)

In der klassischen Naturgeschichte, die ihre Blütezeit im 18. Jahrhundert hatte, finden sich zum ersten Mal Ansätze zur Entwicklung der späteren Ökologie. In den Schriften de Buffons und von Linnés stand schon das Verstehen der Wechselwirkungen zwischen den Organismen und ihrer Umwelt im Zentrum des Interesses. (Vgl. Brockhaus 1998, Bd. 16, s. v. Ökologie.) Besonders gewichtig für Haeckel und seine Ökologie-Definition war ohne Zweifel der britische Naturforscher Charles R. Darwin (1809–1882) mit seiner Selektionstheorie (*On the origin of species by means of natural selection, or the preservation of favoured races in the struggle for life* vom Jahre 1859), die auf der natürlichen Auslese unter den Individuen einer Population beruht, sowie mit seinen Vorstellungen über die Entstehung der Arten. Darwin entwickelte die Hypothese der gemeinsamen Herkunft und der allmählichen Veränderung der Arten.[18] Wird in Darwins Selektionstheorie von natürlicher Zuchtwahl, d. h. einer natürlichen Auslese in dem überall ständig herrschenden „Kampf ums Dasein“ gesprochen, so ist unter den wirkenden Faktoren die ganze Vielfalt von Wechselbeziehungen zwischen Organismen und ihrer Umwelt erkennbar, von der Haeckel in seiner Ökologie-Definition spricht. (Hierzu

---

17 Das Prinzip der binären Nomenklatur besteht darin, dass jede Art durch zwei lateinische Namen gekennzeichnet wird. Der erste von den Namen bezeichnet die Zugehörigkeit zu einer Gattung und der zweite, meist in Form eines Adjektivs, die Art (vgl. Pörksen 1986, 77), z. B. *Digitalis grandiflora* (Großblütiger Fingerhut), *Digitalis lutea* (Gelber Fingerhut), *Digitalis purpurea* (Roter Fingerhut), *Digitalis lanata* (Wolliger Fingerhut) (Meyers 1994, Bd. 1, s. v. Fingerhut).

18 Zu Darwins Theorie von der Abstammung der Arten siehe u. a. Hertwig (1893, 20–44).

vgl. Bick 1989, 2 u. Meyers 1994 Bd. 3, s. v. Selektionstheorie. Zu Darwin siehe Hertwig 1893, 19 u. Meyers 1994 Bd. 1, s. v. Darwin.)

In Verbindung mit seinen Vorstellungen von den Aufgaben der Zoologie macht Haeckel (1869)[19] Aussagen über Tierökologie als die

> Lehre von der Ökonomie, von dem Haushalt der tierischen Organismen. Diese hat die gesamten Beziehungen des Tieres sowohl zu seiner anorganischen als zu seiner organischen Umgebung zu untersuchen, vor allem die freundlichen und feindlichen Beziehungen zu denjenigen Tieren und Pflanzen, mit denen es in direkte oder indirekte Berührung kommt; oder mit einem Worte alle diejenigen verwickelten Wechselbeziehungen, welche Darwin als die Bedingungen des Kampfes ums Dasein bezeichnet.

Wie entwickelten sich dann der Neologismus[20] und das Wissensgebiet Ökologie nach Haeckel? Der deutsche Zoologe Richard Hertwig (1850–1937) stellt in seinem weit verbreiteten Werk *Lehrbuch der Zoologie* (1893, 3f.) fest:

> Insofern als für jeden Organismus die Beziehungen zur Aussenwelt durch seine Lebensäusserungen vermittelt werden, gehört zur Physiologie, oder reiht sich ihr wenigstens an, die Lehre von den Existenzbedingungen der Thiere, die *Oekologie*, vielfach auch die *Biologie* genannt. Diese Disciplin hat besonders in der Neuzeit eine hervorragende Bedeutung gewonnen. Wie sich die Thiere über den Erdball verbreiten, wie Klima und Bodenbeschaffenheit ihre Verbreitung beeinflussen, wie durch die genannten Factoren Bau und Lebensweise der Thiere verändert werden, das sind Fragen, welche jetzt mehr denn je erörtert werden.

Aus dem oben Zitierten lässt sich zweierlei schließen: (1) Es handelt sich hier um Tierökologie, nicht um eine umfassende Ökologie im heutigen Sinne; (2) Der Disziplin Ökologie wird eine hervorragende Wichtigkeit zugeschrieben (Bick 1989, 2).

Die von Hertwig ausgesprochene Wertschätzung vertritt aber keinesfalls die allgemeine Auffassung damals (Bick 1989, 2). Der durch Haeckel eingeführte Neologismus blieb noch jahrelang unbekannt (Hist. WB Philos. 2001, Bd. 11, s. v. Umwelt). Was den Wissenschaftszweig Ökologie selbst betrifft, so nahm er zunächst keine bemerkenswerte Entwicklung (Morgenthaler 2000, 253) und wurde noch eine längere Zeit abgewertet, indem er mit einer rein beschreibenden Naturgeschichte gleichgesetzt wurde. Eine umfassende Ökologie im heutigen Sinn gab es damals noch nicht. (Vgl. Bick 1989, 2.) Für die naturgeschichtlichen Forschun-

---

19 Zitiert nach Bick (1989, 1).

20 Herberg/Kinne/Steffens (2004, XI) unterscheiden zwei Arten von Neologismen: neue lexikalische Einheiten und neue Bedeutungen. Neue lexikalische Einheiten umfassen neue Einwortlexeme und neue Mehrwortlexeme, „die in ihrer Einheit aus Form und Bedeutung im deutschen Wortschatz bis zu einem mehr oder weniger genau bestimmten Zeitpunkt nicht vorhanden waren. [...] Um eine neue Bedeutung („Neubedeutung") handelt es sich, wenn bei einer im Deutschen etablierten mono- oder polysemen lexikalischen Einheit zu deren vorhandener Bedeutung bzw. zu deren vorhandenen Bedeutungen eine neue Bedeutung hinzukommt." (ebd.)

gen waren die Lebewesen gerade nicht das, was sie für die Wissenschaft Ökologie sind: untereinander und mit ihrer belebten und unbelebten Umwelt in Wechselbeziehung stehend sowie im Raum geordnet. In der Naturgeschichte war die Ordnung der Lebewesen eine taxonomische. (Vgl. Trepl 1987, 64.)

Die Ökologie stellte auch lange nach Haeckels begrifflicher Fassung noch kein einheitliches Forschungsgebiet dar (Haß-Zumkehr 1998, 1364). Die Entwicklung verlief hinsichtlich botanischer Inhalte anders als bei einer zoologisch gewichteten Forschungsweise (Morgenthaler 2000, 253). Vielmehr gab es mehrere Wissenschaftszweige, die als ökologisch zu bezeichnen wären. Diese Teilgebiete haben sich seit dem Ende des 19. Jahrhunderts mehr oder weniger für sich bestehend entwickelt. Daraus ist zu schließen, dass die heutige Ökologie nicht auf Haeckel gründend entstanden, sondern erst relativ spät aus verschiedenen Wurzeln zusammengewachsen ist. (Vgl. Bick 1989, 2.) Was das Wiedergeben der Geschichte der Wissenschaft Ökologie mehr als das mancher anderer Disziplinen erschwert, ist eben die relative Heterogenität dieser Wissenschaft (Trepl 1987, 29).

Eine der Wurzeln der Ökologie ist die bereits erwähnte *Tierökologie*, die jedoch bis zum Anfang des 20. Jahrhunderts kein eindeutig abgegrenzter Teilbereich der Biologie war (Brockhaus 1998, Bd. 16, s. v. Ökologie). Sie befasste sich zunächst mit den Umwelteinflüssen auf die Individuen einzelner Arten (*Autökologie*), seit etwa 1925 mit Wechselbeziehungen zwischen den Organismen einer Tiergemeinschaft (*Synökologie*). Das Teilgebiet *Demökologie*, das Beziehungen einer Population zur Umwelt untersucht, entwickelte sich seit den 20er Jahren des 20. Jahrhunderts sehr rasch. Sie hat neben der Autökologie eine erhebliche praktische Bedeutung für Pflanzenschutz, Forstwirtschaft und Fischfang sowie für die Bekämpfung von krankheitsübertragenden Tieren. (Vgl. Bick 1989, 2f.)

Parallel zur Tierökologie entwickelte sich die *Pflanzenökologie*, die als zweite Wurzel der Ökologie aufgefasst werden kann. Auch die Wurzeln der Pflanzenökologie reichen weit in die Zeit vor Haeckel zurück: Ökologische Aussagen in heutiger Bedeutung finden sich seit der Antike. (Vgl. Bick 1989, 3.) Gedanken über Zusammenhänge zwischen Pflanzen und ihrer Umwelt finden sich bereits in Theophrasts *Historia plantarum*. Echte ökologische Ansätze beginnen allerdings erst im 18. Jahrhundert. (Vgl. Hist. WB Philos. 1984, Bd. 6, s. v. Ökologie.) In der Pflanzenökologie stand zunächst ebenfalls die Autökologie im Mittelpunkt, häufig eng verbunden mit pflanzengeographischen Fragen, wie beispielsweise im 18. Jahrhundert bei Linné oder bei G. Foster (1754–1794) (Bick 1989, 3). Der deutsche Naturforscher A. von Humboldt (1769–1859) hat das Zusammenleben von Organismen untersucht, hauptsächlich hat er sich aber auf biogeographischem Gebiet beschäftigt. Im 19. Jahrhundert ist das Werk von A. Kerner (1831–1898) über das Pflanzenleben hervorzuheben, das ökologische Ausführungen enthält, ohne jedoch den Terminus Ökologie zu benutzen. (Vgl. Bick 1989, 3.)

Die Theorie der Ökologie wird ausgebaut durch Hanns Reiter und den Dänen E. B. Warming (Kluge 1999, s. v. Ökologie). In der Botanik taucht die Bezeichnung Ökologie 1885 zum ersten Mal auf, als Reiter eine „Ökologie der Gewaechse" schrieb. Es sei hier aber auf den wohl wichtigsten Unterschied zu Haeckels Begriff aufmerksam gemacht: Im Unterschied zu Haeckel, für den die Ökologie Teil der Physiologie ist (Trepl 1987, 113f.), erklärt Reiter (1885, 5) Ökologie zu einem eigenen Wissenschaftszweig, der sich auf Anatomie und Physiologie stützt. Zum Namen einer existierenden und funktionierenden Wissenschaft wurde Ökologie aber erst mit dem 1896 erschienen Werk *Lehrbuch der ökologischen Pflanzengeographie*[21] von Warming, der laut Collander (1964, 65) als Gründer der modernen Pflanzenökologie betrachtet werden kann. Erst das Werk Warmings verschaffte dem Begriff Ökologie innerhalb kurzer Zeit internationale Verbreitung (vgl. Trepl 1987, 137f.). Ab Anfang des 20. Jahrhunderts taucht die Benennung *Ökologie* allmählich auch in mehreren Buchtiteln auf, wie etwa bei Clements (1905), Brockmann-Jerosch/Rübel (1912), Drude (1913), Haberlandt (1917)[22], in Finnland u. a. bei Thesleff (1920), Kotilainen (1924) und Pantsar (1933)[23]. (Zum Lemma Ökologie in Nachschlagewerken und Wörterbüchern s. Abschn. 3.1.2.)

Die parallele Entwicklung von Tier- und Pflanzenökologie ist nur dann zu verstehen, wenn man sich klar macht, wie streng die klassische Teilung des heutigen Fachgebiets Biologie in Zoologie und Botanik in Universitäten bis in die Gegenwart beibehalten wurde. Fachlich gesehen ist die getrennte Entwicklung eher als ein Hindernis zu betrachten, da sie bei der Entstehung einer umfassenden Ökologie Schwierigkeiten bereitete. Aus diesem Grunde ist es nicht verwunderlich, dass die ersten umfassenden ökologischen Arbeiten, bei denen die Wechselbeziehungen zwischen den Organismen und ihrer abiotischen und biotischen Umwelt erfasst wurden, einem anderen Fachgebiet entstammen, nämlich der *Hydrobiologie*, die als dritte Wurzel der Ökologie gerechnet werden kann. In der terrest-

---

21 Warming, Eugenius (1896): *Lehrbuch der ökologischen Pflanzengeographie: eine Einführung in die Kenntnis der Pflanzenvereine*. Berlin (dän. Orig. 1895) (vgl. Trepl 1987, 274).

22 Clements, Frederic Edward (1905): *Research Methods in Ecology*. Lincoln, Nebraska. – Brockmann-Jerosch, H./Rübel, E. (1912): *Die Einteilung der Pflanzengesellschaften nach ökologisch-physiognomischen Gesichtspunkten*. Leipzig. – Drude, Oscar (1913): *Die Ökologie der Pflanzen*. Braunschweig (= Die wissenschaftl. Sammlung von Einzeldarstellungen aus den Gebieten der Naturwissenschaft und der Technik 50). – Haberlandt, Gottlieb (1917): *Physiologie und Ökologie*. I: Botanischer Teil. Bearb. von Fr. Czapek/H. v. Guttenberg/E. Baur. Leipzig/Berlin (= Die Kultur der Gegenwart: Teil 3, Abt. 4, Bd. 3.).

23 Thesleff, Arthur (1920): *Studier öfver basidsvampfloran i sydöstra Finland med hänsyn till dess sammansättning, fysiognomi, fenologi och ekologi*. Helsingfors (= Bidrag till kännedom af Finlands natur och folk. H 79, 1). – Kotilainen, Mauno J. (1924): *Beobachtungen über die Moosvegetation und Moosflora in NW-Enontekiö in Lappland nebst einigen allgemeinen Erörterungen über die Ökologie der Hochgebirgspflanzen, besonders der Moose*. Helsingfors (= Acta Societatis pro fauna et flora Fennica, 55, 1). – Pantsar, Laini (1933): *Äyräpäänjärven vesikasvilajien ekologiaa*. Helsinki (= Annales Botanici Societatis Zoologicae-Botanicae Fennicae Vanamo; 3, 4).

rischen Ökologie wurde die umfassende Betrachtung deutlich später verwendet. (Vgl. Bick 1989, 3f.)

Die Hydrobiologie befasst sich mit den Wechselbeziehungen zwischen den wasserlebenden Organismen sowie den abiotischen Faktoren und der biotischen Umwelt. Für die Entwicklung der Hydrobiologie hatte die Tatsache eine günstige Auswirkung, dass Gewässer, vor allem Süßgewässer, räumlich geschlossene Systeme sind und somit indirekt auf eine Systembetrachtung hinlenken. So wurden bereits im 19. Jahrhundert einige grundlegende Vorstellungen über Gesamtbeziehungen zwischen Organismen und Außenwelt und systemare Verknüpfungen gewonnen. (Vgl. Bick 1989, 4.) 1877 prägte der deutsche Meeresbiologe K. A. Möbius (1825–1908) durch Erforschung der Ökologie von Austernbänken den Begriff „Biozönose“ (Lebensgemeinschaft) (Hist. WB Philos. 1984, s. v. Ökologie; Bick 1989, 4f.; Morgenthaler 2000, 262). Die Biozönose stellt den organischen Anteil eines Ökosystems (s. unten) dar, während der „Biotop“ (Lebensraum) dessen anorganische Komponente ausmacht (Meyers 1994, Bd. 2, s. v. Lebensgemeinschaft). Von Möbius' Untersuchungen gab es wichtige Ausstrahlungen auf andere ökologische Teilgebiete. Es blieb jedoch den fortgeschrittenen Methoden des 20. Jahrhunderts vorbehalten, die Wechselbeziehungen und Kreisläufe im Einzelnen aufzuklären. (Vgl. Bick 1989, 4f.)

Seit 1922 wurde für das Teilgebiet der Hydrobiologie, das sich mit den Binnengewässern beschäftigt, der Name *Limnologie* üblich. An dem Aufschwung des neuen Fachgebiets waren in der Anfangsphase in erster Linie E. Naumann (1891–1934) und der deutsche Zoologe A. Thienemann (1882–1960) beteiligt, die bald auch Grundrisse des Faches publizierten. (Vgl. Bick 1989, 4f.) Für die Entwicklung der Ökologie insgesamt ist entscheidend wichtig, dass sich in den 20er Jahren in der Limnologie eine systemare Betrachtungsweise verbreitete, die mit dem heutigen und erst später so benannten Ökosystemkonzept übereinstimmt. Der Begriff „Ökosystem“ (ecosystem) wurde 1935 von A. G. Tansley für Systeme mit Wechselbeziehungen zwischen den Organismen einer Lebensgemeinschaft sowie zwischen diesen und der Umwelt geprägt. Nachhaltig eingebürgert und verbreitet wurde der Begriff aber erst zwei Jahrzehnte später durch das Werk *Fundamentals of ecology* von Eugene P. Odum (1953). (Vgl. Trepl 1987, 186–190; Bick 1989, 4f.)

Als zur Hydrobiologie gehörend kann auch die *Meeresökologie* betrachtet werden, die auf eine lange Tradition zurückschauen kann. Außer den Beobachtungen von Möbius, der den bereits erwähnten Begriff Lebensgemeinschaft (Biozönose) einführte, wurden im Meeresbereich unzählige biozönotische Forschungen in der Bodenregion durchgeführt. Die eingehende Erforschung des Freiwasserraums (des Pelagials) der Weltmeere wurde um 1845 eingeleitet. In der Folge entwickelte sich die Planktonkunde zu hoher Blüte. Hier soll insbesondere das Werk *Plankton and productivity in the oceans* von Raymont (1963)[24] erwähnt werden, da darin der Übergang zur modernen Systembetrachtung sichtbar wird. (Vgl. Bick 1989, 4f.)

Seit den 1950er Jahren hat sich in der Ökologie das Ökosystemkonzept weitgehend eingebürgert. Dies geht davon aus, dass sich auf dem Planeten Erde abgrenzbare funktionelle Einheiten befinden, die als Wirkungsgefüge aus Lebewesen verschiedenster Art und ihrem Lebensraum (Biotop) aufzufassen sind. Die Organismen stehen sowohl miteinander als auch mit den abiotischen Faktoren des Biotops in so engem Kontakt, dass ein Ökosystem entsteht, das als ein übergeordnetes Ganzes zu verstehen ist. Die unterschiedlichen Ökosysteme der Erde bilden ein globales Ökosystem. Dieses Ökosystemkonzept entwickelte sich allmählich aus Wurzeln, die zum Teil bis in das 19. Jahrhundert reichen. (Vgl. Bick 1989, 5.)

Ab den 1960er Jahren begann dann eine intensive Untersuchung auf der Basis des Ökosystemkonzepts, die zwangsläufig zur Zusammenarbeit von Pflanzen- und Tierökologen führte. Da die umfassende Ökosystemanalyse die Zusammenarbeit weiterer – früher mehr oder weniger voneinander unabhängiger – ökologischer Disziplinen (z.B. Populationsökologie, Ökologie der Mikroorganismen) oder anderer Naturwissenschaften, etwa der Bodenkunde, Klimatologie oder Physik und Chemie benötigte, entwickelte sich die Ökologie zu einer interdisziplinären Wissenschaft. Dennoch war der Begriff Ökologie um 1960 noch recht unbekannt, weil mit ihm immer noch eine (negative) Vorstellung von beschreibender Naturgeschichte verbunden war. So führt beispielsweise das 1953 erschienene grundlegende Lehrbuch der *Allgemeinen Biologie* von Hartmann[25] den Begriff Ökologie gar nicht an. (Vgl. Bick 1989, 5f.)

Dies begann sich erst Anfang der 70er Jahre zu ändern, als die Folgen der Umweltverschmutzung global immer sichtbarer und die natürlichen Ressourcen immer knapper wurden. Die zwingende Notwendigkeit, über Ökologie Bescheid zu wissen, ist spätestens seit dem Bericht des *Club of Rome* von 1972 allgemein anerkannt (Heinrich/Hergt 1998, Vorwort u. 135). Die wissenschaftliche Ökologie gestaltete sich 1971 in Deutschland zur „Gesellschaft für Ökologie", die sich überdies auf die anderen deutschsprachigen Länder ausdehnte (Bick 1989, 6). International kann die UNO-Konferenz *Der Mensch in seiner Umwelt* von Stockholm 1972 (Heinrich/Hergt 1998, 263) als Anzeichen veränderter Einstellungen zur Ökologie betrachtet werden (Bick, 1989, 6). Der Terminus Ökologie tauchte zunehmend in der Öffentlichkeit, in politischen Aussagen, in Presse, Rundfunk und Fernsehen auf. Zum Teil flossen fachfremde Merkmale in den Begriff Ökologie ein.

Die globalen Umweltprobleme und die Notwendigkeit der Ernährungssicherung für eine stark zunehmende Weltbevölkerung brachten neue Aufträge für die

---

24 Raymont, J. E. G. (1963): Plankton and productivity in the oceans. 1st ed. Oxford/New York etc.: Pergamon (vgl. Bick 1989, 282.).

25 Hartmann, M. (1953): Allgemeine Biologie. 4. Aufl. Stuttgart: Fischer (vgl. Bick 1989, 281).

Ökologie. Die Ökologie konnte sich nicht mehr nur auf die Wechselwirkung Pflanze/Umwelt oder Tier/Umwelt beschränken, sondern musste immer mehr darauf achten, dass der Mensch im ökologischen Geschehen eine zentrale Rolle spielt und dass es entsprechend neben den natürlichen Umweltfaktoren auch anthropogene Faktoren gibt. In sehr vielen Ökosystemen der Biosphäre überwiegen die vom Menschen ausgehenden Einflüsse bei weitem. Etwas von anthropogenen Einflüssen Unabhängiges gibt es auf der Erde kaum noch. (Vgl. Bick 1989, 6; Brockhaus 1998, Bd. 16, s. v. Ökologie.)

Wendet sich die Ökologie dem Menschen zu, so ist sie nicht mehr nur eine biologische Disziplin, sondern sie muss auch Erkenntnisse der Geisteswissenschaften einbeziehen. Die auf diese Weise erweiterte Ökologie wird als *Humanökologie* bezeichnet. (Vgl. Brockhaus 1998, Bd. 16, s. v. Ökologie.) Das *Springer Umweltlexikon* (2000, 574) (= SUL 2000) definiert Humanökologie als die „Wissenschaft von der Struktur und Funktion der vom Menschen in zunehmendem Maße veränderten Natur", die die Systemeigenschaften der Ökosphäre, wie beispielsweise Strahlung, Stoffe und Medien erforscht. Zu den Hauptproblemen der humanökologischen Forschung gehören darüber hinaus die Wechselwirkungen und Veränderungen der Systemelemente sowie der Grad der Abhängigkeit des Menschen von seiner natürlichen Umwelt.

Sieht man eine grundlegende zukunftsbezogene Verpflichtung des Menschen darin, den von Organismen besiedelten Teil der Erdkugel mit ihren unzähligen Ökosystemen und die vom Menschen ausgehenden Einflüsse darin zu untersuchen, so wird man nicht imstande sein, die Einbeziehung der vom Menschen verursachten Umweltveränderungen zu übergehen. Die wesentliche Aufgabe der Ökologie ist es heute, die wissenschaftlichen Grundlagen für Umweltschutzmaßnahmen zu schaffen. Die Ökologie hat sich sowohl mit Fragen der Erhaltung einer für die Existenz des Menschen notwendigen Umwelt als auch mit Fragen der Erhaltung der Existenzbedingungen wild lebender und wild wachsender Organismen zu befassen. Die erforderlichen eigentlichen Schutzmaßnahmen zu erarbeiten, die sich ihrerseits auf umweltpolitische Entscheidungen gründen müssen, ist dann allerdings die Aufgabe des Umwelt- bzw. Naturschutzes. (Vgl. Bick 1989, 7; Brockhaus 1998, Bd. 16, s. v. Ökologie.)

Es ist also wichtig, die Aufmerksamkeit darauf zu richten, dass die Begriffe Ökologie und Umweltschutz nicht dasselbe bedeuten, obwohl die Ökologie in der öffentlichen Diskussion häufig fälschlicherweise gleichbedeutend mit Umweltschutz und Naturschutz verwendet wird (Brockhaus 1998, Bd. 16, s. v. Ökologie; Vuorisalo 2002, 9). Die wissenschaftliche Ökologie wird von der Öffentlichkeit gern als Folgeerscheinung der Industrialisierungsschäden und Umweltzerstörung bzw. Umweltverschmutzung gesehen, die von der Umweltbewegung insbesondere in den USA und in Deutschland seit Anfang der 1960er Jahre öffentlich thematisiert wird (Haß-Zumkehr 1998, 1365). Die Umweltbewegung verstand unter Ökologie die Lehre vom umweltverträglichen, an natürlichen Bedingungen orientierten Leben sowie vom sorgfältigen und bedachten Umgang des Menschen mit den natürlichen Ressourcen (WdGm 2001, 77). Seit etwa 1970 wird der Ausdruck *Ökologie* zum Schlagwort[26] der Umweltbewegung (Kluge 1999, s. v. Ökologie). Das Wort Ökologie wird laut Haß (1989a, 485) als Bezeichnung für eine bestimmte Weltanschauung, der sich an ihr ausrichtenden politischen Ökologie-Bewegung sowie ihrer Ziele gebraucht. Dieses ökologische Weltbild sieht die Idee der uneingeschränkten Industrialisierung, die Einbildung von unbegrenztem Wachstum und von der Herrschaft des Menschen über die natürliche Umwelt als Irrtum. Die Anhänger der Umweltbewegung sind davon überzeugt, dass die natürliche Umwelt Veränderungen nur sehr begrenzt verträgt, ohne nicht-umkehrbare Schäden zu erleiden, und dass der Mensch, indem er das globale Ökosystem gefährdet, als ein Teil dieses Ökosystems zugleich auch seine eigene Existenz gefährdet. (Vgl. Haß 1989a, 485f.; Brockhaus 1998, Bd. 16, s. v. Ökologie.)

Die wissenschaftliche Ökologie ist eine objektive Disziplin, die an sich nicht dazu neigt, die Umwelten nach einer Rangordnung zu ordnen. Der Umweltschutz ist dagegen eher eine gesellschaftliche Tätigkeit, die darauf zielt, einerseits den Schutz der natürlichen Natur sowie andererseits den Menschenschutz und den Schutz seiner nächsten Umgebung zu fördern. Die Ökologie ist jedoch eine gewichtige den Umweltschutz unterstützende Wissenschaft, denn in vielen Fällen können die Ökologen den Umweltschützern mit wertvollen Auskünften darüber dienen, wie die erwünschte Lage der Umwelt zu erhalten ist oder wie sie zu erreichen wäre. (Vgl. Vuorisalo 2002, 9.) Derzeit wird unter Ökologie sowohl die wissenschaftliche Beschäftigung mit den Wechselbeziehungen von Lebewesen mit ihrer Umwelt als auch die gesellschaftliche Beschäftigung mit Umweltfragen verstanden (Brockhaus 1998, Bd. 16, s. v. Ökologie).

Die *Umweltökologie* (en *environmental ecology*, fi *ympäristöekologia*) ist ein neuer Teilgebiet der Ökologie, dessen Forschungsgebiet noch teilweise unstrukturiert ist. Die Umweltökologie ist bestrebt, die mittelbaren und unmittelbaren vom Menschen ausgehenden Einflüsse auf die regionale Verbreitung und auf die Dichte der Lebewesen zu untersuchen. Die Umweltökologie berücksichtigt die Folgen von Eingriffen des Menschen auf alle Ebenen der Natur von Populationen bis hin zu Ökosystemen. Darüber hinaus untersucht sie die Frage nach den vielfältigen Strategien, mit denen verschiedene Arten auf die Umweltveränderungen reagieren können. In der Praxis werden unter Umweltökologie viele unterschiedliche ökolo-

26 Ein *Schlagwort* wird zur Komprimierung eines Programms, einer Tendenz oder ganzer Ideologien verwendet. Ein Schlagwort zeichnet sich durch scheinbare Klarheit und Prägnanz aus, ist aber in der Tat inhaltlich unscharf. Dies ermöglicht es, das Wort so häufig und in den unterschiedlichsten Situationen und Kontexten zu verwenden. Darüber hinaus ist ein Schlagwort emotional aufgeladen, polarisierend und hochfrequent. Ein Schlagwort kann positiv oder negativ wertend sein. Ein aktuelles Schlagwort ist ein Ausdruck des Zeitgeistes sowie des die Gesellschaft bestimmenden Meinungsstreits. Die Lebensdauer eines Schlagwortes kann von einigen Jahren bis zu einigen Jahrzehnten variieren. (Vgl. Sittel 1990, 182f.; Lerchner 2005, 57. S. auch Fußnote 398.)

gische Forschungsansätze verstanden, die mit den Umweltschutzfragen verbunden sind. (Vgl. Vuorisalo 2002, 9.)

Die Ökologie verhält sich zum Umweltschutz aber nicht immer wie die Theorie zur Praxis oder die Erkenntnis zum Handeln. Vielmehr bedient sich der Umweltschutz auch nicht-ökologischer Theorien. Darüber hinaus gibt es auch ökologische Kenntnisse, die nicht in den Umweltschutz einmünden.

### 3.1.2 Erstbuchungen in deutschen und finnischen Wörterbüchern und Nachschlagewerken

Im Folgenden soll der Frage nachgegangen werden, ab wann die Benennungen *Ökologie* und *ekologia* in den deutschen und finnischen Wörterbüchern bzw. Nachschlagewerken belegt sind. Die vorliegende Abhandlung soll sich in erster Linie auf einsprachige Wörterbücher und Nachschlagewerke in den beiden Sprachen beschränken. Darüber hinaus werden noch die zwei- und mehrsprachigen Fachwörterbücher mit Finnisch sowie die allgemeinen deutsch-finnischen und finnisch-deutschen Wörterbücher untersucht.

Ungeachtet der Tatsache, dass der Begriff „Ökologie" als Wissenschaft das erste Mal bereits 1866 definiert und beschrieben wurde, fehlt die Bezeichnung noch in Wörterbüchern und Nachschlagewerken des 19. Jahrhunderts, vgl. etwa *Brockhaus' Konversations-Lexikon* (1885, Bd. 12) und (1894, Bd. 12), *Deutsches Wörterbuch* von Jacob und Wilhelm Grimm (1889, Bd. 7) sowie Heynes *Deutsches Wörterbuch* (1892). Der Ausdruck Ökologie begegnet aber gleich am Anfang des 20. Jahrhunderts, und zwar 1903 sowohl in *Brockhaus' Konversations-Lexikon* als auch in Heyses *Fremdwörterbuch*. Der Begriff wird in den genannten Werken wie folgt definiert:

> **Ökologie** (grch.), derjenige Zweig der botan. Physiologie, welcher die Beziehungen der Pflanzen zu ihrer Umgebung (Klima, Boden, Tierwelt, übrige Pflanzenwelt) zum Gegenstand hat, also z. B. die Einrichtungen der Samenverbreitung, des Schutzes, der Wasserökonomie u. s. w. behandelt. Oft wird dafür der allgemeinere Ausdruck Biologie gebraucht. (Brockhaus 1903, Bd. 12, 563)

> **Ökologie** die Lehre von den Beziehungen des Organismus zur Außenwelt (Heyse 1903, 598)

Ein weiterer Frühbeleg findet sich in *Meyers Großem Konversations-Lexikon* (1906, Bd. 15, 16). Dort heißt es:

> **Ökologie** (griech., *Bionomie*), die Lehre von den Beziehungen der Organismen zur Außenwelt, zu ihrem Wohnort, zu den Organismen, mit denen sie zusammenleben, zu ihren Freunden und Feinden, ihren Symbionten und Parasiten, zu der Gesamtheit der organischen und anorganischen Existenzbedingungen. Die Ö. wird auch als *Biologie* (im engern Sinn) oder *Ethologie* bezeichnet.

Die Geschichte des finnischsprachigen Äquivalents *ekologia* (‚Ökologie‘) ist in den etymologischen Wörterbüchern und Nachschlagewerken des Finnischen nicht hinreichend dokumentiert. Der früheste der Verfasserin derzeit bekannte Beleg für *ekologia* stammt aus dem Jahre 1910. Er ist in dem Nachschlagewerk *Tietosanakirja* (1910, Bd. 2, Sp. 583f.) mit den Herkunfts- und Bedeutungsangaben

> **Ekologia** (kreik. *oikos* = asunto, ja *logos* = oppi), H. Reiterin 1885 muodostama sana, oppi kasvien ja eläinten suhtautumisesta ulkomaailmaan[27]

lemmatisiert. Obwohl der Terminus Ökologie bereits in den Schriften von Haeckel (1866, Bd. 2, 286) unumstritten nachzuweisen ist (s. auch z. B. Bick 1989, 1; Worster 1994, 192, 471; Morgenthaler 2000, 64 u. 254f.), soll der Ausdruck Ökologie laut der Definition im *Tietosanakirja* (1910) oder nach den etymologischen Angaben im NSSK/VESK (1990, s. v. ekologia) und bei Koukkunen (1990, s. v. ekologia) erst 1885 durch Reiter geprägt worden sein. Dies dürfte zumindest zum Teil auf die Bedeutungserklärung der schwedischsprachigen Entsprechung *ekologi* im Nachschlagewerk *Nordisk familjebok. Konversationslexikon och realencyklopedi* vom Jahre 1899 zurückzuführen sein, in dem folgender Eintrag steht (ebd., 610):

> **Ekologi** [...] ett af H. Reiter 1885 bildadt ord för att beteckna vetenskapen om å ena sidan djurens lefnadssätt, deras »hushållning», å den andra växternas lefnadssätt sådant det ter sig ej blott i den enskilda artens, utan framförallt i artsamlingens, växtsamhällets tillpassning efter omgifvande yttre förhållanden (värme, ljus, näring, vatten o. s. v.).

In den mono-, bi- bzw. multilingualen allgemeinen und Fachwörterbüchern für die finnische Sprache taucht der Ausdruck *ekologia* erst sehr viel später auf. So fehlt er noch in der monolingualen landwirtschaftlichen Enzyklopädie *Maatalouden tietosanakirja* (1928), findet sich aber in dem erstmals 1944 erschienenen finnisch-schwedisch-deutsch-englischen *Metsäsanakirja* (Forstwörterbuch). In der Erstauflage des Forstwörterbuchs werden außer dem Lemma *ekologia* auch die Komposita *kasviekologia* (‚Pflanzenökologie‘) und *metsäekologia* (‚Waldökologie‘) registriert. Ein weiterer Beleg begegnet in dem finnisch-schwedisch-deutsch-englischen *Maatalouden sanakirja* (Landwirtschaftliches Wörterbuch) (1958).

Der Ausdruck *ekologia* wurde auch bereits in der ersten Ausgabe von *Nykysuomen sanakirja* (= NSSK, Wörterbuch der finnischen Gegenwartssprache) lemmatisiert. Obwohl das systematische Sammeln von Material für *Nykysuomen sanakirja* hauptsächlich in den Jahren 1929–38 durchgeführt wurde (Häkkinen 1994, 121), wurde der erste Teil des sechsbändigen Wörterbuchs erst 1951 veröffentlicht. Leider enthält *Nykysuomen sanakirja* kein sprachgeschichtliches Material.

---

27 **Ökologie** ein von H. Reiter geprägtes Wort, Lehre von der Beziehung von Pflanzen und Tieren zu ihrer Außenwelt (Übersetzt von A. L.; Hervorhebungen im Original).

In den allgemeinen deutsch-finnischen Wörterbüchern wurde das Wort *ekologia* das erste Mal erst fast ein Jahrhundert nach seiner Prägung lemmatisiert. Bei Hirvensalo wird er 1963 aufgenommen und in Kataras *Finnisch-deutschem Großwörterbuch* taucht der Begriff erst 1974 in der von Schellbach-Kopra überarbeiteten Auflage auf. Bei Hirvensalo (1963) wird darüber hinaus das Kompositum *Ökotyp* (ekotyyppi) mit der Fachgebietsangabe ‚mtsh.' (Waldbau[arbeiten]) registriert. Bei Katara/Schellbach-Kopra (1974) haben auch noch das Adjektiv *ekologinen* (ökologisch, umweltmäßig) sowie die Komposita *ekosysteemi* (Ökosystem) und *ekotyyppi* (biol., Ökotypus) Aufnahme gefunden.

### 3.1.3 Bedeutungserweiterung des Begriffs *Ökologie*

Die Ökologie stellt sich als eine inter- und multidisziplinäre Naturwissenschaft dar. Einerseits ist der Kernbereich der Ökologie aus Botanik, Zoologie und Hydrobiologie erwachsen. Andererseits umfasst sie Teile vieler anderer Disziplinen. Darüber hinaus besitzt sie einen wachsenden, mehrere Disziplinen übergreifenden Einfluss.

Der von Haeckel eingeführte Terminus *Ökologie* ist weit über den ihm zugedachten naturwissenschaftlichen Rahmen hinaus erfolgreich. *Ökologie* wurde in den 1970er Jahren zum Fahnenwort[28] und gab einer Bewegung den Namen, die einer zu großen Veränderung und Ausbeutung der Natur und der natürlichen Ressourcen durch den Menschen entgegenwirken will. Als Folge davon wurde der Terminus in einem übertragenen, zumeist etwas unpräzisen Sinn immer mehr für andere Wissenschaftsgebiete verwendet. (Vgl. Fill 1993, 1.)

Bei der Verwendung der Bezeichnung *Ökologie* wird der Aspekt der Wechselwirkung, des Spiels von Gleichgewicht, Verdrängung und Rückkoppelung in den Vordergrund gestellt, was sich bei fast allen Erscheinungen der Welt beobachten lässt, wenn sie prozesshaft betrachtet werden. Die ökologische Betrachtungsweise bedeutet aber auch Betonung der Gemeinsamkeit. Entscheidend für Ökologie als wissenschaftliches Modell sind die Bevorzugung des Kleinen gegenüber dem Großen sowie die Berücksichtigung der Prinzipien der Selbstorganisation und Vernetzung. (Vgl. Fill 1993, 1.)

In den technischen und Naturwissenschaften lässt sich eine verstärkte Beschäftigung mit Umweltschäden und Umweltschutz sowie mit der Entwicklung neuer umweltschonender und sanfter Technologien bemerken. Die Bio-, Geo-, Agrar-, Forst-, Ernährungs- und Humanwissenschaften sowie Architektur und Städtebau schließen die ökologische Betrachtungsweise ein. Im Unterschied zu früher zeigt sich auch in den hermeneutischen Geschichts-, Sozial- und Politikwissenschaften

---

28 Fahnenwort: ein positiv wertendes ideologie- bzw. gruppenspezifisches Schlüsselwort, dessen Lebensdauer von einigen Jahren bis zu einigen Jahrzehnten variiert (Sittel 1990, 181f.).

ein zunehmendes Interesse an dem ökologischen Blickwinkel. Die Philosophie interessiert sich für die in der ökologischen Sicht implizite Naturphilosophie und die dazu in Beziehung stehende philosophische Anthropologie. (Vgl. Haß-Zumkehr 1998, 1365.) Innerhalb der Psychologie (Ökopsychologie) und Soziologie (Ökosoziologie) gibt es schon seit Jahren in zunehmendem Maße Projekte, die sich mit der Wechselbeziehung zwischen Mensch und Umwelt in vielerlei Hinsicht befassen (Brockhaus 1998, Bd. 16, s. v. Ökologie).

Ein bestimmter Bereich der Linguistik ist im Grunde schon immer ökologisch orientiert gewesen, und zwar jene Teile der Sozio-, Psycho- und Pragmalinguistik, die sich mit dem Nebeneinanderleben mehrerer Sprachen beschäftigen (Fill 1993, 11). Auf die Sprache wurde der Begriff „Ökologie" zum ersten Mal 1970 von Einar Haugen angewendet, als er einen Vortrag mit dem Titel *The Ecology of Language* hielt, der 1972 einem Sammelband mit Aufsätzen Haugens den Namen gab (Haugen 1972a; s. auch Fill 1993,1). Der Begriff Ökologie der Sprachen kann nach Haugen (1972b, 325) als „the study of interactions between any given language and its environment" definiert werden. Haugen ist als Begründer der Sprachökologie zu betrachten (Trampe 2002, 91), denn er war der Erste, der an die Parallele dachte, die zwischen dem Leben der Organismen in der natürlichen Umwelt und dem einer Sprache in der gesellschaftlichen und psychologischen Umwelt besteht (Fill 1993, 11 u. 1996c, 4). Haugen entnimmt der wissenschaftlichen Ökologie Prinzipien wie etwa Wechselwirkung (*interaction*) sowie Begriffe wie beispielsweise Umwelt (*environment*) und verwendet sie auf sprachliche Erscheinungen. Haugens Gedanke von der Ökologie der Sprachen wurde dann von mehreren Sozio- und Psycholinguisten aufgegriffen und weiterentwickelt (Fill 1993, 11).

Bei aller Vielfalt der Verbindungen von Ökologie mit der Sprache und der Wissenschaft von ihr unterscheidet Fill (1996c, 3) zwei Richtungen ökolinguistischer[29] Forschung: Zum einen besteht die Möglichkeit, von der Ökologie auszugehen sowie ökologische Prinzipien, Begriffe und Methoden auf die Sprache und die Sprachwissenschaft, aber auch auf andere kulturelle Systeme anzuwenden. Der Zweig der Linguistik, der aus der Ökologie entlehnte Begriffe und Prinzipien auf die Sprache überträgt, wird von Fill (1996b, X) als *ökologische Linguistik* (*ecological linguistics*) bezeichnet. Zum anderen kann von der Sprache ausgegangen werden: Die *Sprachökologie* (*language ecology*, *linguistic ecology*) erforscht die Zusammenhänge zwischen Sprache und ökologischen Fragen (Fill 1996b, X). Diese Sichtweise wird in erster Linie dann gewählt, wenn die Rolle der Sprache zur Darstellung ökologischer und Umweltthemen erforscht wird, d. h. ihre Auswirkungen auf die Verstärkung oder Lösung ökologischer Krisen, sowie auch als ein möglicher Beitrag der Linguistik zur Untersuchung und Milderung der Umweltprobleme. (Vgl. Fill 1996c, 3, 8.) Die beiden Richtungen sind aber keinesfalls

29 Fill (1996b, X) definiert *Ökolinguistik* (*ecolinguistics*) als den umfassendsten Terminus für alle Forschungszweige, die Ökologie mit Linguistik verbinden.

streng voneinander zu trennen, sondern als miteinander vernetzt und sich ergänzend aufzufassen (Fill 1996b, IX). – Ausführlicher zu Ökolinguistik, Ökologie der der Sprachen, ökologischer Linguistik und Sprachökologie s. auch u. a. Haarmann (1980), Trampe (1990) u. (1991a), Stork (1998) sowie die Autoren in Fill (1996a) und in Fill/Penz/Trampe (2002).

## 3.2 Zu den Begriffen *Umwelt/ympäristö* und *Umweltschutz/ympäristönsuojelu*

### 3.2.1 Zur historischen Semantik des Begriffs *Umwelt/ympäristö*

Nach Grimm/Grimm (1956, Bd. 11, s. v. Umwelt) ist das Wort *Umwelt* in der Bedeutung „*die den menschen umgebende welt*; [...] *seit anfang des 19. jh. verbreitet*; *zuerst in einer* 1800 *entstandenen ode bei* BAGGESEN [...], *dann bei* CAMPE (1811) [...] *als wort eigner prägung verzeichnet*; *dän.* omverden [...] *zuerst* 1822 *belegt*[30] *und als entlehnung aus dem deutschen gebucht*".[31] Ähnlich taucht *Umwelt* in dem allgemeinen Sinne ‚Welt ringsum' 1816 auch bei Goethe auf (Grimm/Grimm ebd.; WdGm 2001, 82; Paul 2002, s. v. Umwelt), deutlicher in der Bedeutung ‚Umgegend' bei Goethe dagegen im Jahre 1821 (Grimm/Grimm 1956, Bd. 11, s. v. Umwelt; Paul 2002, s. v. Umwelt). (Ausführlicher s. Haß 1987c, 8; Hist. WB Philos. 2001, s. v. Umwelt.)

*Umwelt* hat seitdem mehrere Bedeutungserweiterungen erfahren. Das Wort wird seit der Mitte des 19. Jahrhunderts zur Wiedergabe des französischen *milieu* benutzt. Seit Beginn des 20. Jahrhunderts wird *Umwelt* von dem deutschen Biologen Jakob von Uexküll in seinem Werk *Umwelt und Innenwelt der Tiere*[32] (1909) in engerem biologischen Sinne[33] verwendet. (Vgl. Haß 1989a, 532f.; AWb 1993, s. v. Umwelt-; Hist. WB Philos. 2001, s. v. Umwelt; Stötzel/Eitz 2002, 402; Paul 2002, s. v. Umwelt.) Das seit 1800 belegte Wort *Umwelt* hatte also ursprünglich die nicht definierte, konzeptfreie Bedeutung ‚Gesamtheit der Mitmenschen',

30 Ähnlich auch bei Paul (2002, 1055): *Umwelt* „kaum als Lehnübers. aus dän. *Omverden* (erst 1822 belegt)". Anders aber z. B. im D-DUW (2006): Umwelt, „die; -, -en, Pl. selten [älter = umgebendes Land, Gegend (LÜ von dän. omverden)". Im Historischen Wörterbuch der Philosophie (= Hist. WB Philos. 2001, Bd. 11, s. v. Umwelt) wird hervorgehoben, dass das Wort *Umwelt* von Baggesen erstmals im Jahre 1800 als eigene Prägung verwendet wird. Bereits 1790 benutzte Baggesen das dänische Wort *Omegn*, das er mit dem schon früher verwendeten Wort *environs* erläutert (ebd.).

31 Hervorhebungen im Original.

32 Uexküll, Jakob von (1909): *Umwelt und Innenwelt der Tiere*. Berlin: Julius Springer. (2. Aufl. 1921)

33 *Umwelt*: In der Biologie nach der Lehre v. Uexkülls der von den Sinnen erfassbare Lebensraum einer Tierart. Jede hat ihre eigene Umwelt. Die Umwelt eines Lebewesens ist einer Kugel vergleichbar, die es aus sich heraus schafft, und dieser Umwelt steht seine Innenwelt gegenüber. (Brockhaus 1934, 271)

dann auch ‚Außenwelt' und ‚umliegende Gegend' (Haß 1987c, 8; Hist. WB Philos. 2001, s. v. Umwelt; WdGm 2001, 82).

In biologische Zusammenhänge gebracht, bedeutet *Umwelt* in erster Linie die auf ein Lebewesen einwirkende Umgebung, die seine Lebensbedingungen beeinflusst (WdGm 2001, 82). Die Verwendung von *Umwelt* im Sinne Uexkülls als biologischer Terminus mit der Bedeutung „das, was ein Lebewesen aus seiner Umgebung aufnimmt, und das, was es in seiner Umgebung beeinflußt; Wechselwirkung zwischen Lebewesen und Umgebung" (Kluge 1999, s. v. Umwelt) ist bis zu Beginn der 1970er Jahre die gebräuchlichste (Haß 1989a, 533; Kluge 1999, s. v. Umwelt; Hist. WB Philos. 2001, s. v. Umwelt; Stötzel/Eitz 2002, 402f.). In Fachtexten kann *Umwelt* auch im Plural verwendet werden (Haß 1989a, 533). (Ausführlicher s. Haß 1987c, 8; Hist. WB Philos. 2001, s. v. Umwelt.) Auch nach der von Uexküll eingeleiteten Veränderung bleibt *Umwelt* noch die räumliche und soziale Umgebung des Menschen. Diese Bedeutung hat sich bis heute erhalten. (Haß 1987c, 8)

Seit Ende der sechziger, Anfang der siebziger Jahre des 20. Jahrhunderts hat *Umwelt* wahrscheinlich unter dem angloamerikanischen Einfluss eine erneute Bedeutungserweiterung[34] und Frequenzsteigerung erfahren (AWb 1993, s. v. Umwelt; s. auch Paul 2002, s. v. Umwelt). Der Bedeutungswandel des Wortes *Umwelt* ist mit der weltweiten Bewegung zur Bekämpfung der zunehmenden Luft- und Wasserverschmutzung sowie der Lärmbelästigung (Heberth 1977, 220), mit einer Veränderung des allgemeinen Bewusstseins und einem tief greifenden Wertewandel der westlichen Industrieländer in den 60er und 70er Jahren verbunden (Jung 1989, 87; Stötzel/Eitz 2002, 403). Der Neologismus im Sinne von Neubedeutung[35] findet sich zum ersten Mal 1969 in der Zeitung *Die Zeit* und im Nachrichtenmagazin *Der Spiegel*: Es lassen sich die Ausdrücke *Umwelthygiene* (Die Zeit 11.7.1969, S. 45), *Verseuchung der Umwelt* und *Umwelt-Verseuchung* (*Der Spiegel* 24.11.1969) belegen[36] (Stötzel/Eitz 2002, 404f.). Seit ca. 1970 wird *Umwelt* in der öffentlichen Diskussion als Schlüsselwort verwendet, mit dem eine besondere Sehweise unterstrichen wird. Mit der Verwendung von *Umwelt* wird „die natürliche Umgebung des Menschen als seine notwendige Lebensgrundlage und deren Gefährdung, Zerstörung und Schutz durch zivilisatorische Eingriffe" betont (Haß 1989a, 533).

Der Bericht *The Limits to Growth* von Meadows u. a. (1972) (in deutscher Sprache *Die Grenzen des Wachstums*) ist laut Hermanns (1990, 113) das entschei-

---

34 *Environment* „the surroundings of any organism, including the physical world and other organisms; [...] COMMENT: the environment is anything outside an organism in which the organism lives. It can be a geographical region, a certain climatic condition, the pollutants or the noise which surround an organism. Man's environment will include the country or region or town or house or room in which he lives; a parasite's environment will include the intestine of the host; a plant's environment will include a type of soil at a certain altitude." (Collin 1988, s. v. environmet)

35 S. Fußnote 20.

36 Eine Rubrik *Umwelt* erscheint im Nachrichtenmagazin *Der Spiegel* zum ersten Mal in der Ausgabe vom 31.8.1970, S. 3 (Kann 1976, 441).

dende historische Ereignis für die neue Verwendung sowohl des englischen Ausdrucks *environment* als – quasi gleichzeitig – auch der deutschen Entsprechung *Umwelt*. Zur Bedeutung von *Umwelt* stellt Hermanns (1991, 237) fest, dass es zunächst eine rein biologische Bedeutung für *Umwelt* gab, wobei es sich nicht um *die* Umwelt, sondern „um die vielen Umwelten von diesen oder jenen Arten von Pflanzen oder Tieren, eben um deren 'Milieus'" (ebd.) handelte. In der neuen Verwendung ist ab 1972 nicht mehr von *den* Umwelten die Rede, sondern von *der* Umwelt (wie von *the* environment). In der neuen Verwendung und Bedeutung ist der Begriff *Umwelt* im Bewusstsein der Sprecher um die Seme ‚Bedrohtheit' und ‚Verschmutzung' erweitert worden und belegt dies an einer Vielzahl von Texten. (Vgl. Hermanns 1990, 113.) Derzeit gibt es für alles Leben auf der Erde nur noch eine Umwelt, die das Überleben ermöglicht und mit deren Untergang auch der Mensch selbst untergeht (Hermanns 1990, 113 u. 1991, 238).

Zu der neuen Bedeutung des Ausdrucks *die Umwelt* gehört laut Hermanns (1991, 246) darüber hinaus, dass mit diesem Wort die Umwelt nicht nur bezeichnet und beschrieben wird „als das, was sie für uns *ist*, sondern zugleich auch als das, was [sic!] von uns *fordert*, nämlich daß wir sie schützen *müssen* und nicht immer weiter verschmutzen *dürfen*; benannt wird [sic!] also nicht bloß bezüglich *ihres* So-Seins in Bezug auf uns, sondern auch bezüglich *unseres*[37] So-Sollens in Bezug auf sie" (ebd). Im Begriff *die Umwelt* ist als zentrales Merkmal seiner Gesamtbedeutung der Appell enthalten, dass die Verschmutzung und Zerstörung der Umwelt aufhören muss, dass die Umwelt geschützt werden muss. Hermanns (1990, 114 u. 1991, 246) betrachtet den Ausdruck *die Umwelt* als deontisches Wort.

Was die lexikografische Erfassung der neuen Bedeutung von *Umwelt* betrifft, beschränkt sich z. B. das *Duden Bedeutungswörterbuch* (= D-BWB) vom Jahre 1970 noch darauf, die frühere Bedeutung von *Umwelt* zu definieren: „Lebensbereich eines Individuums; alles das, was einen Menschen umgibt und in seinem Verhalten beeinflußt". Im *Wörterbuch der deutschen Gegenwartssprache* (1976, s. v. Umwelt) finden wir beispielsweise schon eine Definition mit der neuen Bedeutung: „Pl. ungebräuchl./*Gesamtheit der natürlichen und vom Menschen geschaffenen Lebensbedingungen, die Menschen, Tiere und Pflanzen umgeben*"[38]. In demselben Wörterbuch sind die Komposita *umweltfreundlich, umweltfeindlich, Umweltschutz* und *Umweltverschmutzung* als Neuprägungen gekennzeichnet.

Das Wort *Umwelt* ist ein gutes Beispiel dafür, wie der sprachliche Wandel nicht nur neue Bezeichnungen für neue Sachverhalte hervorbringt, sondern auch Möglichkeiten des Ausdrucks für neue Betrachtungsweisen in Bezug auf altbekannte Sachen und Gegenstände ermöglicht. Das Lexem *Umwelt* ist ein gutes Exempel auch dafür, wie die Umweltthematik „in die tieferen Schichten der Sprachstruktur hineingewirkt" hat (Haß-Zumkehr 1997, 2). Mit *Umwelt* als unmit-

37 Hervorhebungen im Original.
38 Hervorhebungen im Original.

telbare Konstituente[39] (im weiteren UK) in substantivischen und adjektivischen Komposita können nahezu beliebige Sachverhalte, Gegenstände, Handlungen, Personen, Einstellungen dem Thema Ökologie und Umweltschutz zugeordnet werden, ohne dass für die Zuordnung ganze Sätze gebildet werden müssen (vgl. Haß-Zumkehr 1997, 2). Einige Beispiele: *umweltbelastend*, *umweltpolitisch*, *Umweltkriminalität*, *Umweltdelikt*, *umweltmedizinisch*, *Umweltzertifikat*, *Umweltstiftung*, *Umwelttoxikologie* (UL 1993, 659, 733, 742, 743, 747, 751, 753). Ausdrücke wie *Umweltmanagement*, *Umweltplaner*, *Umweltsünde* (LFwbKÖ 2001, 510f.), *Umwelttelefon*, *Umweltticket*, *Umweltzeichen* (UL 1993, 753f.) wären Anfang der 70er Jahre noch völlig unverständlich gewesen.

Für *Umwelt* gibt es im Finnischen als Entsprechung *ympäristö*. Das neue etymologische Wörterbuch von Häkkinen (2004, 1538) bietet für *ympäristö* die folgenden Herkunfts- und Bedeutungsangaben:

> ympäröivää aluetta, lähistöä tms. merkitsevä ympäristö on joko johdos sanasta ympäri tai sitten samasta vartalosta muodostetun vanhemman ympärystö-johdoksen variantti

Das Wort hat bei Häkkinen (ebd.) also die Bedeutung ‚umgebender Bereich, Umgegend, Umgebung o. dgl.'. *Ympäristö* ist entweder ein mit dem Suffix *-stö* aus *ympäri* ‚um, herum' abgeleitetes Substantiv (Häkkinen 2004, 1538; s. auch SSA 2000, Bd. 3, s. v. ympäri) oder aber eine Variante für das aus demselben Stamm abgeleitete ältere Wort *ympärystö*[40] ‚Umgegend, Umgebung' (Häkkinen 2004, 1538). Laut NSSK/ESK (1987, s. v. ympäristö) ist *ympäristö* ein mit dem Suffix *-stö* aus dem gemeinostseefinnischen (yleisitämerensuomalainen) Wort *ympäri* abgeleiteter Ausdruck. Der genaue etymologische Ursprung des Worts *ympäri* bleibt aber unklar (ebd.). Der Ausdruck *ympäristö* taucht im Schriftfinnischen zum ersten Mal in der Bibel vom Jahr 1642 auf (NSSK/ESK ebd.; Häkkinen 2004, 1538; s. auch SSA 2000, Bd. 3, s. v. ympäri).

Was die ältere Wörterbuch- und Nachschlagewerktradition betrifft, so ist noch z. B. im Nachschlagewerk *UUSI TIETOSANAKIRJA* (1966, Bd. 24, 196) nur die frühere Bedeutung von *ympäristö* zu finden, und zwar die Bedeutung, die der Ausdruck in der Fachsprache der Biologie hat. Am Ende des Wörterbuchartikels wird festgestellt, dass die anthropogene, die natürliche Umwelt verändernde Einwirkung besonders stark ist und das ökologische Gleichgewicht in weiten Gebieten gestört hat. Der Wörterbuchartikel enthält noch einen Verweis auf das Lemma *Naturschutz*.

---

39 Unter Konstituenten verstehen Fleischer/Barz (1995, 42) „ein Wort, eine Konstruktion oder ein Morphem, die in eine größere Konstruktion eingehen". Eine wichtigere Rolle für die Wortbildung spielt die unmittelbare Konstituente (UK), worunter „die beiden Konstituenten zu verstehen [sind], aus denen eine Konstruktion unmittelbar gebildet ist und in die sie sich auf der nächstniedrigeren Ebene zerlegen läßt" (Fleischer/Barz 1995, 43).

40 **ympärystö** s. *harv.* = ympärystä. Kirkon, järven ympärystö (NSSK 1996, Bd. 6, 735)

Der Bedeutungswandel des Ausdrucks lässt sich auch im Finnischen an der schnellen Vermehrung von Bezeichnungen mit *ympäristö* in der neuen Bedeutung erkennen. Das finnisch-deutsche Großwörterbuch von Katara/Schellbach-Kopra vom Jahre 1974 beschränkt sich zwar darauf, die frühere Bedeutung von *ympäristö* zu definieren, verzeichnet aber dazu schon 2 Komposita und 3 Mehrwortbenennungen mit *ympäristö* in der neuen Bedeutung, und zwar *ympäristön saastuttaminen* mit den deutschen Äquivalenten ‚Umweltverschmutzung, Umweltverpestung, Umweltverseuchung, Pollution'; *ympäristön saastuttamisvaarat* ‚Umweltgefahren'; *ympäristöä saastuttava* ‚umweltbelastend'; *ympäristönsuojelu* ‚Umweltschutz'; *ympäristöystävällinen* ‚umweltfreundlich'. In *UUDISSANASTO* 80 (1979, 190) finden sich 6 Komposita mit *ympäristö* als Erstglied (z. B. *ympäristömyrkky* ‚Umweltgift'; *ympäristösuunnittelu* ‚Umweltplanung') und in *Perussanakirja* (1997) schon 31 Komposita. Das Umweltwörterbuch *Ympäristösanakirja* (= YS 1998) verzeichnet dagegen schon 80 Komposita und Mehrwortbenennungen mit *ympäristö*.

### 3.2.2 Zum Begriff *Umweltschutz/ympäristönsuojelu*

Die Schädigung der natürlichen Umwelt war bereits in historischen Zeiten regional Anlass für Umweltschutzmaßnahmen (UL 1993, 748). Seit dem Mittelalter verstärkten sich die menschlichen Eingriffe in die natürliche Umwelt in bedrohlichem Maße. Vor allem die Erweiterung der landwirtschaftlichen Nutzfläche, das zunehmende Abholzen von Wäldern und die Jagd führten zu erheblichen Störungen in natürlichen Ökosystemen und natürlichen ökologischen Kreislaufprozessen, die allerdings meist räumlich beschränkt blieben. (Wey 1982, 21) Die industrielle Entwicklung steht mit der globalen Verschmutzung und Zerstörung der Umwelt, wie etwa mit dem zusätzlichen Treibhauseffekt oder dem Klimawandel, jedoch erst mit dem Beginn der industriellen Revolution in unmittelbarer Verbindung (vgl. UL 1993, 748f.).

Im Hinblick auf die zunehmenden ökologischen Bedrohungen haben die Ökologen den Umweltschutzgedanken aufgenommen, der anders als in der früheren Naturschutzbewegung vom Berücksichtigen der ökologischen Zusammenhänge ausgeht. Dadurch bildete sich eine theoretische Verbindung zwischen der Wissenschaft der Ökologie und der Umweltschutzidee. Demnach erschienen immer mehr wissenschaftliche Warnschriften über die Lage der Umwelt, die Folgen der Industrialisierung und schließlich über die Überlebensmöglichkeiten des Menschen.

Der Schutz der Umwelt wurde bereits zu Beginn der 1960er Jahre propagiert (WdGm 2001, 83), allerdings wurden damals noch die Ausdrücke *Umwelthygiene* und *Schutz der Umwelt* benutzt (Der Sprachdienst 1980, 127; AWb 1996, Bd. 3, s. v. Umweltschutz; Stötzel/Eitz 2002, 405). Das Kompositum *Umweltschutz* wurde in Deutschland erst 1969 – (wahrscheinlich[41]) als Lehnübersetzung der englischen Bezeichnung *environmental protection*[42] – durch den FDP-Politiker Peter Menke-Glückert geprägt (vgl. WdGm 2001, 83; Bär 2003, 290f.; s. auch Brockhaus 1974, 227; Förster 1974, 162).

In Bundestagsdebatten und in der Presse[43] tauchte die Benennung *Umweltschutz* zum ersten Mal 1970 auf und hat sich von da an im öffentlichen Sprachgebrauch rasch etabliert (vgl. WdGm 2001, 83; s. auch Der Sprachdienst 1980, 127; AWb, Bd. 3, s. v. Umweltschutz; Stötzel/Eitz 2002, 405f.). Laut Jung (1989, 88) sind erste Komposita mit *Umwelt* als Bestimmungsglied (*Umweltschutz*, *Umweltverschmutzung*) in der Presse eindeutig Folge eines bereits viel weiter entwickelten Umweltbewusstseins in den USA und dessen meinungs- und sprachbildender Kraft für die bundesdeutsche Umweltdiskussion.

Im Hinblick auf die zunehmende Zerstörung natürlicher Ressourcen wurde der Schutz der den Menschen umgebenden Umwelt und auch des Menschen selbst in den 1970er Jahren zentrales Thema der Politik in den westlichen Industriestaaten (Akt'00, 478). *Umweltschutz*, *Umweltverschmutzung* (Lehnübersetzung von englisch *environment pollution*) und *Luftverschmutzung* sind drei der Wörter des Jahres 1971, d.h. Wörter, die in dem Jahr besonders aktuell und häufig waren (Carstensen 1972, 50; s. auch Paul 2002, s. v. Umwelt). Der Ausdruck *Umweltschutz* wurde vor allem zum Fahnenwort der Ökologiebewegung (WdGm 2001, 83) und dürfte derzeit zu den bekanntesten Schlagworten der westlichen Industriegesellschaft gehören (Wey 1982, 17). Anfang der 1990er Jahre galt der Terminus jedoch bereits als abgegriffen. Um Aufmerksamkeit für den Umweltschutz zu erzielen, führte Bundespräsident Richard von Weizsäcker die Neubildung *Nachweltschutz* ein. (Vgl. WdGm 2001, 83.)

Für den Ausdruck *Umweltschutz* gibt es im Finnischen als Äquivalent *ympäristönsuojelu*. Die Geschichte der finnischsprachigen Entsprechung ist in den etymologischen Wörterbüchern und Nachschlagewerken des Finnischen nicht dokumentiert. Frühbelege sind aber in der finnischen Presse schon 1969 zu finden, z.B. in der Zeitschrift *Suomen Kuvalehti* (8.8.1969, S. 26), in der der Ausdruck zwar nicht als ein Kompositum vorkommt, sondern als eine Mehrwortbenennung *ympäristön suojelu* (‚Schutz der Umwelt'). Weitere Frühbelege z.B. *ympäristömme suojeleminen* (‚Schutz unserer Umwelt') und *ympäristönsuojelu* (Suomen Kuvalehti 6.3.

41 Umweltschutz: „wahrsch. nach engl. *environmental protection*" (AWb 1996, Bd. 3, s. v. Umweltschutz).

42 *Environment protection* „act of protecting the environment by regulating the discharge of waste, the emission of pollutants, and other human activities" (Collin 1988, s. v. environment).

43 Das Wort *Umweltschutz* erscheint im Nachrichten-Magazin *Der Spiegel* in der Ausgabe 27 vom 29.6.1970 auf Seite 31. *Umweltschutz* stand aber mit Sicherheit bereits einige Wochen früher in Gesetzesvorlagen der Bundesregierung. (Vgl. Kann 1976, 441.) Weitere Belege: *Umweltschutz*, *Umweltschützer* (Der Spiegel 38/1970, 194); *Umweltschutz*, *Umwelt-Schutzprogramm* (Der Spiegel 41/1970, 80).

1970, S. 34, 35). Weitere Frühbelege mit dem Wort *ympäristö* in der neuen Bedeutung: *ympäristön saastuminen* (‚Verschmutzung der Umwelt'), *ympäristömyrkky* (‚Umweltgift'), *ympäristövahinko* (‚Umweltschaden') in *Suomen Kuvalehti* (15.8.1969, S. 14, 15; 23.1.1970, S. 51; 6.3.1970, S. 35).

Der Begriff *Umweltschutz* ist mit Beginn der staatlichen Umweltpolitik ca. 1970 für Handlungen zum Schutz der Umwelt und damit der Lebensgrundlagen des Menschen und anderer Organismen geprägt worden. Der Umweltschutz, d. h. die auf Umweltforschung und Umweltrecht beruhende Gesamtheit aller Handlungen und Bestrebungen (Meyers 1994, Bd. 3, s. v. Umweltschutz), umfasst alle Maßnahmen, die ergriffen werden, um die verschmutzte und geschädigte Umwelt wieder ins ökologische Gleichgewicht zu bringen wie auch vorbeugend die Belastung der Umwelt durch chemische, physikalische, biologische, räumliche u. a. Einflüsse zu verhindern (vgl. z. B. UL 1993, s. v. Umweltschutz). Der *technisch-hygienische Umweltschutz* beinhaltet die Reinhaltung von Luft und Wasser, die Abfallbeseitigung, den Bodenschutz sowie den Schutz vor Lärm, harten Strahlen und Umweltchemikalien. Beim *biologisch-ökologischen Umweltschutz* geht es um den Naturschutz, die Landschaftspflege, das Erholungswesen sowie die Grünordnung in den Siedlungen. (Vgl. Heinrich/Hergt 1998, 229.)

Der Begriff Umweltschutz umfasst allgemein „Maßnahmen zum Schutz der Natur vor der Zerstörung durch menschliche Eingriffe (Arten-, Boden-, Klima-, Natur- und Tierschutz), zum Schutz des Menschen vor gesundheitsschädlichen Belastungen an Arbeitsplatz und Wohnort sowie durch Konsumartikel" (Akt'01, 403; s. auch Hellwig 1972, s. v. Umweltschutz). Nach dem anthropozentrischeren Ansatz besteht der Zweck des Umweltschutzes im Schutz der Lebensgrundlagen des Menschen. Bei dieser Variante handelt es sich demzufolge nicht um den Schutz der Umwelt mit Rücksicht auf die Umwelt selbst. (Vgl. SUL 2000, s. v. Umweltschutz.)

Der Umweltschutz war am Anfang fast ausschließlich den von der industriellen Tätigkeit des Menschen ausgehenden Emissionen gewidmet (UL 1993, 749), was hinsichtlich der hygienischen Probleme der Trinkwasserversorgung im 19. Jahrhundert und der noch in den 1950er Jahren schwerwiegenden Luftverschmutzungen in Industriegebieten zu verstehen ist. Hier war der *technologische Umweltschutz* von Bedeutung, zu dem u. a. Abwasserreinigung, Luftreinhaltung, Abfallbeseitigung und Lärmschutz gehören. Der *ökologische Umweltschutz* – der Schutz der natürlichen Umwelt, d. h. der Ökosysteme im weiteren Sinne – gewann erst Bedeutung, als sich in den 1960er Jahren die Erkenntnis von der Endlichkeit der natürlichen Ressourcen und von den Vernetzungen im globalen Energie- und Stoffhaushalt sowie im gesamten Haushalt der Natur durchsetzte und durch die *Roten Listen*[44] der ausgestorbenen und gefährdeten Tier- und Pflanzenarten das ge-

44 Der Begriff *Rote Liste* hat seinen Ursprung in der Arbeit der Internationalen Naturschutzorganisation IUCN (International Union for Conversation of Nature and Natural Ressources), die 1966 zum ersten Mal aussterbende Säugetiere im *Red Data Book* festhielt (UL

samte Ausmaß der vom Menschen verursachten Schäden auch in der öffentlichen Umweltdiskussion bekannt wurde. Während der klassische Umweltschutz am Anfang fast ausschließlich auf die Beseitigung entstandener Verschmutzungen und Schäden sowie auf die Minderung bereits vorhandener Belastungen zielte, konzentriert sich die moderne, vorsorgende Unweltpolitik darauf, das Auftreten von Umweltbelastungen bereits im Voraus zu verhindern oder zumindest möglichst zu vermeiden. (Vgl. Bick 1989, 266f.; SUL 2000, s. v. Umweltschutz.)

Der Umweltschutz ist ein sehr komplexes, in sich hochgradig differenziertes Fachgebiet. Die Begriffe „Natur" (luonto), „natürliche Umwelt" (luonnonympäristö) und „unbebaute Umwelt" (rakentamaton ympäristö) stehen einander inhaltlich sehr nahe, d. h. es liegt eine weitgehende begriffliche Identität vor. Die Begriffe „Kulturumwelt" (kulttuuriympäristö) und „bebaute Umwelt" (rakennettu ympäristö), wobei der Letztere als ein Teilbereich der „Kulturumwelt" zu verstehen ist, bilden den Gegensatz für die Begriffe "Natur", „natürliche Umwelt" und „unbebaute Umwelt". (Vgl. Kalliokuusi 1998, 12.) Der Schutz der bebauten Umwelt umfasst den Schutz von Gebäuden, Brücken, Straßen, Parks, Kanälen, Denkmälern usw. (YS 1998, s. v. rakennettu ympäristö). Naturdenkmäler sind besonders schützenswerte Einzelobjekte in der Natur, z. B. Quellen, Felsen, Höhlen, Wasserfälle, große Einzelbäume etc. (UL 1993, s. v. Naturdenkmal).

Das Umweltwörterbuch *Ympäristösanasto* (= YS 1998, 15) definiert den Begriff „ympäristö" (‚Umwelt') folgendermaßen:

> sellaiset ihmistä ympäröivät fyysiset, sosiaaliset ja kulttuuritekijät, jotka kuuluvat luontoon, rakennettuun ympäristöön tai muihin ihmisiin ja joiden kanssa ihminen on vuorovaikutuksessa
>
> solche den Menschen umgebenden physischen, sozialen und kulturellen Faktoren, die zu der Natur, zur bebauten Umwelt oder zu anderen Menschen gehören und mit denen der Mensch in Wechselwirkung steht [übers. von A. L.]

Geprägt durch die anthropogene Sichtweise wird die Umwelt auf diese Weise ausdrücklich als Umwelt des Menschen festgelegt (Kalliokuusi 1998, 11). Der Begriff „Natur" wird in YS (1998, 15) wie folgt definiert:

> sellainen maapallon maaperä sekä vesi- ja ilmakehä kasveineen ja eläimineen, joita ihminen on muokannut hyvin vähän tai ei ollenkaan
>
> solcher Boden sowie solche Hydro- und Atmosphäre der Erde mit den dort lebenden Pflanzen und Tieren, die der Mensch möglichst wenig oder gar nicht bebaut, be- und verarbeitet hat [übers. von A. L.]

---

1993, s. v. Rote Liste). Im Finnischen lautet die Entsprechung *Punainen kirja* (‚Rotes Buch') (vgl. z. B. Vuorisalo 2002, 133).

Daraus, dass die Natur als ein Teilgebiet der Umwelt betrachtet werden muss, folgt, dass auch der Naturschutz als ein Teilbereich des Begriffs „Umweltschutz" zu verstehen ist. Die Beziehung zwischen diesen beiden Begriffen hat man aber nicht immer auf dieselbe Weise verstanden.[45] Bis in die 1970er Jahre wurden die Begriffe „Naturschutz" und „Umweltschutz" noch entweder als auf der gleichen Abstraktionsstufe stehende nebengeordnete Begriffe betrachtet oder der Begriff „Naturschutz" wurde sogar für den Oberbegriff von „Umweltschutz" gehalten. Damals umfasste der Umweltschutz vor allem Maßnahmen, die die Belastung des menschlichen Lebensraums durch schädigende und zerstörende Einflüsse verhindern sollten. Der Naturschutz war traditionell dagegen dem Erhalt gewisser wertvoller Naturschutzgebiete oder dem Schutz und der Förderung von wild lebenden Arten gewidmet, zum Beispiel durch Artenschutzverordnungen und Rote Listen. (Vgl. Kalliokuusi 1998, 12.)

Die Figur 1 auf der nächsten Seite vermittelt einen Überblick über eine mögliche Aufgliederung des Umweltschutzes eingeteilt nach der Kategorie der Objekte/Medien (Boden, Luft, Wasser) in spezifischere Teilgebiete. (Vgl. hierzu auch UL 1993, 49, 299, 412, 488, 491, 748–750; YS 1998, 15f., 86–95; Kalliokuusi 1998, 12; Heinrich/Herg 1998; EnDic2004.)

Wie der Fig. 1 zu entnehmen ist, bildet der Begriff „Umweltschutz" den Oberbegriff für eine gewisse Gesamtheit, die sich einerseits nach dem Gesichtspunkt *Objekt* in Naturschutz und Schutz der Kulturumwelt unterteilen lässt. Der Letztgenannte kann weiter in Landschaftsschutz und Schutz der bebauten Umwelt eingeteilt werden. Andererseits erfolgt die Unterteilung nach dem Gesichtspunkt *Medien* in Luftreinhaltung, Bodenschutz und Gewässerschutz. Der Schutz der Erdatmosphäre ist begrifflich ein Teilgebiet der Luftreinhaltung, der Meeresschutz gleicherweise ein Teilgebiet des Gewässerschutzes usw.

Die Spezialisierung des Wissensgebietes Umweltschutz und Ökologie findet ihren Niederschlag auch im Bereich der Fachlexikografie. Neben den in erster Linie monolingualen Nachschlagewerken erscheinen bi- und polylinguale Fachwörterbücher und Glossare zu unterschiedlichen Teilbereichen wie Gewässerschutz, Kernenergie, Abfallbeseitigung und Luftverschmutzung. (Hierzu s. ausführlicher den Abschnitt 4.3.4.2.4 Die Vielfalt der ökologischen Fachwörterbücher.)

Weil *Umweltschutz* als ein allen Gesellschaftsgruppen gemeinsamer Ausdruck verwendet wird, ist der Begriffsinhalt zwangsläufig nicht exakt und selbstdeutig, sondern vieldeutig und vage. Deshalb wird *Umweltschutz* von vielen auch als eine leerformelhafte und nichts sagende Bezeichnung eingestuft und Sprecher, die das Wort z.B. in Wahlkampfreden, politischen Programmen oder in der Werbung verwenden, werden kritisiert. (Vgl. Haß 1989a, 548)

45 Siehe auch Stötzel/Eitz (2002, 405–407).

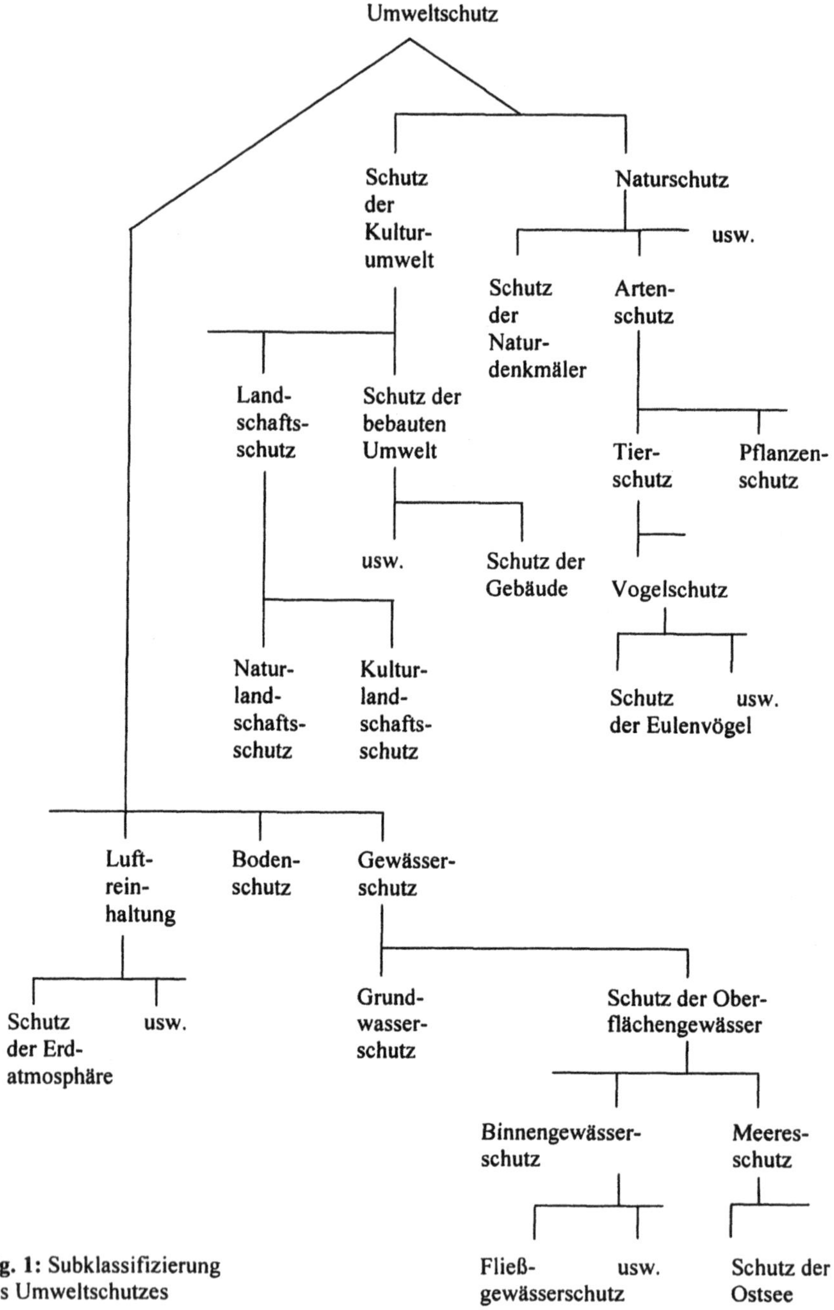


**Fig. 1:** Subklassifizierung des Umweltschutzes

### 3.2.4 Exkurs: Zur Umweltgeschichte Finnlands

Die historische Umweltforschung begann gegen Mitte der 1970er Jahre in Deutschland und in gewissem Umfang auch in der ehemaligen DDR (Jokisalo 1991, 301, 306). In Finnland ist die umweltgeschichtliche Forschung eine noch recht unbekannte Forschungsrichtung (Myllyntaus 1991a, 293). Auch die Umweltgeschichte Finnlands ist noch verhältnismäßig wenig bekannt (vgl. Myllyntaus 1991a, 293; Järventaus 2001a; Laakkonen 2003, 13). In den letzten Jahren ist auf dem Gebiet jedoch Literatur veröffentlicht worden, u. a. die Artikelsammlung *Ympäristöhistoria* im Periodikum *Historiallinen Aikakauskirja* 4/1991 sowie die Werke von Siiskonen (2000), Laakkonen u. a. (2001), Laakkonen (2001 u. 2007), Saukkonen (2002) und Huutoniemi u. a. (2006).

Die Umweltgeschichte ist eine Wissenschaft, die die langfristige Entwicklung der Wechselwirkungen von Menschen mit ihrer natürlichen und Kulturumwelt beschreibt (Myllyntaus 1991a, 291). Die historische Umweltforschung beleuchtet nicht nur die Geschichte aus einem neuen Blickwinkel, sondern sie hilft auch dem Planer von heute. Hintergrundinformationen werden beispielsweise bei der Flächennutzungsplanung benötigt, damit neue Wohngebiete nicht etwa auf alten Deponien oder auf sonst verseuchten Böden entstehen. (Vgl. Laakkonen 2003, 13.)

Häufig wird gedacht, dass der Schutz der Umwelt und die Diskussion über Umweltprobleme erst in den 1960er oder 70er Jahren begonnen hätten, jedoch reicht die Geschichte mehrere Jahrhunderte zurück (s. z. B. Myllyntaus 1991b, 321; Laakkonen 2003, 12; J. Mattila 2003). In London trat beispielsweise schon im Jahre 1273 das erste Gesetz zur Luftreinhaltung in Kraft, und in Finnland verbot 1638 der Magistrat der Stadt Turku wiederum unter Androhung einer hohen Geldstrafe, Abfälle in den Fluss Aura zu werfen. (Vgl. Laakkonen 2003, 12.) Die öffentliche Diskussion z. B. über Brandrodung, Seesenkungen und Abholzen von Wäldern ist in Finnland bis zum 18. Jahrhundert zurückzuverfolgen (Myllyntaus 1991b, 327). Seit Hunderten von Jahren wird die Natur schon geschützt, doch eigentlich wurde ihr erst im 19. Jahrhundert die richtige Aufmerksamkeit gewidmet. Die Verschmutzung, die die Industrialisierung mit sich gebracht hatte, verlangte nach einer Lösung. (Vgl. Laakkonen 2003, 12.)

Schon vor hundert Jahren gab es auch Diskussionen, die in vieler Hinsicht der Umweltdebatte von heute ähneln. Damals wurden die Verschmutzung der Gewässer, ihr Nährstoffkreislauf sowie der Schutz der Natur thematisiert (Järventaus 2001b; Ahonen 2005). Nur während der Kriege wurden die Umweltprobleme stillschweigend übergangen (Ahonen 2005). Jedoch lässt sich die Entstehung der modernen Umweltgeschichte in den westlichen Ländern auf die Jahre 1960/70 eingrenzen (Myllyntaus 1991a, 291; Louekari 2002, 48), als Umweltfragen in den gesellschaftlichen Diskussionen und Aktivitäten immer häufiger thematisiert wurden. Insbesondere haben das in den USA entstandene Umweltbewusstsein und die Umweltbewegung auch den Geschichtsforschern Anregungen gegeben, die Umwelt aus einer neuen Perspektive zu untersuchen. In Finnland interessierten aber die Umweltfragen damals nur einige wenige Historiker. Es muss festgestellt werden, dass die Erforschung der finnischen Umweltgeschichte erst später in den 1990er Jahren lebhafter wurde. (Vgl. Louekari 2002, 48, 52, 58f.)

Im 19. Jahrhundert war die Wasserversorgung in den meisten europäischen Städten schlecht organisiert, und die Abfallwirtschaft war auch nicht gerade auf einem besseren Niveau. Abfälle landeten auf den Feldern der umliegenden Provinzen, auf ungeordneten Deponien, Hinterhöfen oder in den Regenwasserkanälen. Bereits im 19. Jahrhundert wurde erkannt, dass die schlechte Wasserversorgung und Abfallbeseitigung in einem engen Zusammenhang mit der Entstehung von Krankheiten standen, aber es dauerte noch lange, bis zum Beispiel entdeckt wurde, dass sich die Cholera durch verschmutztes Wasser ausbreitete. (Vgl. Laakkonen 2003, 12.)

Gegen Ende des 19. Jahrhunderts kam in Helsinki die verpestete Luft direkt zum Fenster hinein, und die Verunreinigung des Wassers stieg einem regelrecht in die Nase. Im Vergleich zu der vor 100 bis 120 Jahren vorherrschenden Situation sind die Umweltprobleme im heutigen Helsinki geringfügig und die Ressourcen für deren Lösung groß. (Vgl. Laakkonen 2003, 12.)

Der Bau von Wasserwerken und Kläranlagen verringerte die Wasserversorgungs- und Abwasserprobleme in den Städten, obwohl das Verlegen von Wasserleitungen anfangs nicht immer Hand in Hand mit dem Bau von Kanalisation ging, und schon gar nicht mit dem von Kläranlagen. Die Abwässerreinigung in den Helsinkier Siedlungsgebieten begann im zweiten Jahrzehnt des 20. Jahrhunderts, die Abfallbeseitigung war dagegen bereits früher in Gang gekommen. (Vgl. Laakkonen 2003, 12.)

Dem Rauch und dem in der Luft schwebenden Ruß war bereits früher Aufmerksamkeit geschenkt worden. Bei der ersten 1852 für Helsinki durchgeführten Flechten-Bestandsaufnahme wurde festgestellt, dass es im Zentrum Helsinkis damals noch Flechtenarten gab, die sensibel auf Luftverunreinigungen reagieren. Dennoch verschlechterte sich die Situation rasch. Das Helsinki zu Beginn des 20. Jahrhunderts war mit seinen Hunderten von Schornsteinen eine rußverschmutzte Stadt. Im Jahre 1906 wurde von der Stadt der erste hauptamtliche Beamte für die Luftreinhaltung eingestellt. Eine erste wissenschaftliche Erklärung des Einflusses der Luftverschmutzung auf die Natur Helsinkis wurde an der Universität Helsinki 1933 gegeben. Das Zentrum der Stadt wurde damals als Flechten-Wüste erklärt – ein Umstand, der dann auch fast das ganze 20. Jahrhundert hindurch unverändert blieb. (Vgl. Laakkonen 2003, 13.)

Maßnahmen zur Reinhaltung der Luft wurden nach dem Zweiten Weltkrieg getroffen und ab den sechziger Jahren wurde mit der Verminderung von Emissionen begonnen. Der Rußgehalt der Luft sank schnell und – abgesehen von den Autos – ist die Situation in Helsinki jetzt besser als je zuvor im 20. Jahrhundert. (Vgl. Laakkonen 2003, 13.)

## 4 Textsorten in der Fachsprache der Ökologie und des Umweltschutzes unter besonderer Berücksichtigung der Textsorte Fachwörterbuch

Bis in die 80er Jahre des 20. Jahrhunderts richtete die Fachsprachenforschung ihre Aufmerksamkeit zuerst hauptsächlich auf Fachwörter und Termini sowie schließlich auch auf die fachsprachliche Syntax (vgl. Göpferich 1995, 1). Erst dann erweiterte sich der Gegenstandsbereich der Fachsprachenforschung mit der Hinwendung zum Fachtext als Manifestation fachlicher Kommunikationsprozesse. Die Fachtextlinguistik zielt darauf, auf der Basis induktiv-empirischer Erforschungen von umfangreichen Fachtextkorpora aus verschiedenen Einzelsprachen und Fachkommunikationsbereichen das funktionale Zusammenwirken von Fachtextinterna und -externa zu untersuchen, um fächerübergreifende Fachtextsorten kennzeichnen zu können. (Vgl. Baumann 1998b, 408; siehe auch Baumann 1992, 2f.) Für den Begriff „Fachtextsorte" soll im Folgenden die von Gläser (1990, 29) stammende Definition gelten:

> Die *Fachtextsorte*[46] ist ein Bildungsmuster für die geistig-sprachliche Verarbeitung eines tätigkeitsspezifischen Sachverhalts, das in Abhängigkeit vom Spezialisierungsgrad von kommunikativen Normen bestimmt ist, die einzelsprachlich unterschiedlich ausgeprägt sein können.

Laut Hoffmann (1992, 144) kann unter Fachtextsorten eine spezielle Klasse von Textsorten verstanden werden, für deren Produktion und Rezeption zugleich mit dem Alltagswissen auch noch Fachwissen erforderlich ist. Die Anforderung gilt aber auch für die Übersetzung fachsprachlicher Texte. Fachtextsorten sind – so Wiese (2001, 465) – mit der Entwicklung des jeweiligen Fachgebiets entstanden. Eine breite Textsortenvielfalt bieten in erster Linie solche Fachdisziplinen, die außer ihrer theoretischen Ausprägung auch breite praktische Tätigkeitsbereiche hervorgebracht haben und einen horizontal und vertikal in hohem Grade differenzierten Bereich darstellen. Als charakteristisches Beispiel nennt Wiese (ebd.) den Bereich Medizin, der die medizinische Forschung, die Aus- und Weiterbildung sowie die medizinische Praxis umfasst.

In der Fachsprache der Ökologie und des Umweltschutzes steht – wie in den Fachsprachen generell – der Aspekt der Informationsvermittlung im Vordergrund. Andere wichtige Textfunktionen sind die Direktive, Instruktion und Beschreibung. Selbst wenn die referentielle Funktion dominiert, muss laut Gläser (1990, 20) stets berücksichtigt werden, dass auch in Fachtexten andere sprachliche Grundfunktionen zumindest latent existieren. Da in Ökologie und Umweltschutz eine strenge Grenzziehung zwischen wissenschaftlicher und umweltpolitischer Kommunikation schwer fällt, besitzen die Fachtexte häufiger als in anderen Disziplinen einen appellativen Charakter. Informativität und Argumentation

46 Hervorhebung im Original.

der Texte betreffen nicht nur wissenschaftliche Handlungen, Abläufe, Sachverhalte und Gegenstände, sondern auch gesellschaftliche Probleme. (Vgl. auch Haß-Zumkehr 1998, 1366.)

Die Umwelt ist überall und aus diesem Grund gibt es auch überall Texte, die sich auf die eine oder andere Weise mit der Umwelt beschäftigen. Das Textsortenspektrum des Fachgebiets muss laut Haß-Zumkehr (1998, 1366) als ungewöhnlich weit aufgefasst werden. Die Vielfalt reicht von Verordnungs- und Gesetzestexten, von der Beschreibung natürlicher Zustände und der Darstellung theoretischer Modelle in wissenschaftlichen Monographien und Fachzeitschriftenartikeln über Fachwörterbücher und Standards, über technische, land-, forst- und wasserwirtschaftliche Anweisungstexte der fachinternen und interfachlichen Kommunikation bis zu problemorientierten Sachbüchern, populärwissenschaftlichen Zeitschriftenartikeln, Lehrbüchern, Atlassen und Jugendlexika in der fachexternen Kommunikation. Umweltthematik wird darüber hinaus auch beispielsweise auf Aufklebern und in literarischen Texten wie etwa in der Ökolyrik[47] behandelt.

Im Bereich der Textsorten und Textmerkmale der Fachsprache der Ökologie und des Umweltschutzes ist noch ein beträchtliches Forschungsdefizit zu verzeichnen (vgl. Haß-Zumkehr 1998, 1366). Daher besteht das Ziel der folgenden Darstellung darin, einen Überblick über die Textsorten unterschiedlichen Fachlichkeits- und Fachsprachlichkeitsgrades in der deutschen und der finnischen Fachsprache der Ökologie und des Umweltschutzes zu bieten. Es handelt sich um Texte, bei denen die Vermittlung ökologisch-umweltschützerischen Wissens im Vordergrund steht, d. h. ausschließlich um Texte des informativen Texttyps. Im Prinzip sind auch unter den expressiven und operativen Texten solche mit ökologischen und umweltschützerischen Inhalten anzutreffen, wie etwa Ökolyrik als expressiver Text oder Werbetexte für Produkte der Umweltschutztechnik als operative Texte. In den zwei letztgenannten Texttypen steht jedoch nicht die Vermittlung ökologisch-umweltschützerischen Wissens im Vordergrund. Die Hauptfunktion des expressiven bzw. des operativen Texttyps besteht vielmehr darin, ästhetischen Genuss zu bieten bzw. den Anstoß zum Kauf zu geben (vgl. Göpferich 1995, 120f.) Auch Texte der mündlichen und verschriftlichten mündlichen Kommunikation werden bei der vorliegenden Betrachtung ausgeklammert.

Zur weiteren Eingrenzung des Untersuchungsgegenstandes (Fachtexte zum Thema Ökologie und Umweltschutz) scheint es sinnvoll, das was unter Fachkommunikation verstanden wird, näher zu gliedern und zu schichten. Unter Hinzunah-

---

47 Vgl. Kim (1991) sowie z. B. Ertl, Wolfgang (1985): Ökolyrik in der DDR. Eine Beispielreihe. In: Studies in GDR culture and society. Lanham, S. 221–235 und Goodbody, Axel (1991): Deutsche Ökolyrik. Comparative Observations on the Emergence and Expression of Environmental Consciousness in West and East German Poetry. In: A. Williams/S. Parkes/R. Smit (Hrsg.): German Literature at a Time of Change 1989–1990. German Unity and German Identity in Literary Perspective. Bern u. a., S. 373–400.

me weiterer textexterner und -interner Faktoren lässt sich aus der Schichtung und Gliederung eine Typologie der Fachtextsorten entwickeln.

Mit Rücksicht auf den begrenzten Umfang der vorliegenden Arbeit wird im Folgenden darauf gezielt, anhand von Beispielen nur in die wichtigsten Textsorten der Fachsprache der Ökologie und des Umweltschutzes einzuführen, wobei die Textsorte Fachwörterbuch mit ihrer Makrostruktur höherer Ordnung im Mittelpunkt steht. Es wird in erster Linie bezweckt, eine möglichst umfangreiche Bibliographie von deutsch- und finnischsprachigen Fachwörterbüchern zum Thema Ökologie und Umwelt zusammenzustellen sowie die Vielzahl und Vielfalt der Fachwörterbücher darzustellen. Inwieweit die vertikale Schichtung in Fachwörterbüchern berücksichtigt wird, soll zum Abschluss anhand von einem der neuesten Umweltwörterbücher untersucht werden. Bis zu welchem Grad die ökologischen Fachtextsorten universelle linguistische Merkmale besitzen, die über die Fachgebiete und die Einzelsprachen hinausreichen, wäre nur durch materialintensive Untersuchungen an ökologischen Fachtexten zu ermitteln.

## 4.1 Fachtextsorten und die innere Differenzierung der Fachsprache

### 4.1.1 Zur Relation von Fächern und Fachsprachen: die horizontale Gliederung

Versucht man, den Bereich *Fachsprache* in sich zu gliedern, so gelangt man zu einer grundsätzlichen Zweiteilung: Zum einen gliedert sich das gesamte Wissen horizontal in einzelne Fächer und deren Fachgebiete[48]. Die Abgrenzung der Fachsprachen gegeneinander folgt Fächergliederungen und Fachgebietseinteilungen. Diese Fächergliederungen sind laut Roelcke (2005, 34) in der Regel unabhängig von innersprachlichen Erscheinungen zustande gekommen. Laut Hoffmann (1998a, 191) handelt es sich bei der horizontalen Gliederung um eine offene Reihe. Zum anderen sind die Fachsprachen auch in sich differenziert. Die meisten Fachsprachen sind einer vertikalen Schichtung unterworfen, womit gemeint ist, dass sie auf verschiedenen Ebenen verwendet werden (Hoffmann, ebd.).

Über die Anzahl der Fachsprachen gibt es keine Auskünfte (Fluck 1996, 16). Es herrscht laut Kalverkämper (1988, 311) Uneinigkeit über die Gesamtzahl der Fächer wie auch über die anzunehmenden Fachsprachen: Die angenommene Zahl variiert von 300[49] bis 7000. Fluck (1996, 16) und Hoffmann (1998a, 191) –

48 Zur horizontalen Gliederung von Fachsprachen siehe ausführlicher u. a. Möhn/Pelka (1984, 30–36), Hoffmann (1985, 58–62), Fluck (1996, 16f.), Roelcke (2005, 34–38), Arntz/Picht/Mayer (2002, 10–17).

49 Laut Wüster (1973, IX) ist die Zahl der Fachbereiche, und somit der Fachsprachen, auf etwa 300 geschätzt worden, oder auch viel höher, je nach Deutung des Begriffs Fachbereich.

wie auch Wiese (2001, 460) – vertreten die Meinung, dass die Zahl der Fachsprachen praktisch der Zahl der unterschiedlichen Fachgebiete entspricht. Unter Fachgebiet wäre hier aber nach Fluck (1996, 16) nicht ein Komplex wie Wirtschaft oder Medizin zu verstehen, sondern deren Teilbereiche, z. B. Geldwesen bzw. Anatomie. Die Ansicht Flucks, Hoffmanns und Wieses wird laut Kalverkämper (1998a, 11) nicht allgemein vertreten, weil hier die sprachliche Zuordnung ihr bestimmendes Maß an außersprachlichen Taxonomien nimmt. Die Bestimmung einer Fachsprache ist auf die außersprachliche Vorentscheidung über ein konstituiertes Fachgebiet angewiesen (Kalverkämper 1998b, 33). Mit Sicherheit kann davon ausgegangen werden, dass die Differenzierung und Spezialisierung in immer mehr Fächer und auf deren punktuelle Sektoren sowie die damit verbundenen neuen Berufsbilder nicht automatisch eine ganz neue dazugehörende Fachsprache mit sich bringen (Kalverkämper 1988, 311).

Wie viele Fachsprachen es gibt, ist aus der horizontalen Gliederung nicht ableitbar. Die Fachsprache kann horizontal zunächst nach Disziplinen untergliedert werden. Diese Disziplinen lassen sich jedoch nahezu grenzenlos weiter untergliedern. (Vgl. Göpferich 1995, 31.) Zu den Fachbereichen kommen innerhalb der wissenschaftlich-technischen Entwicklung ständig neue dazu und jedes von diesen Fachgebieten ist der Gegensätzlichkeit von Integration und Differenzierung ausgesetzt (Hoffmann 1998a, 191). Jede Disziplin bzw. Subdisziplin kann zwar ihre ganz spezifische Terminologie aufweisen, jedoch machen die Termini allein noch keine Fachsprache aus. Auf den Ebenen komplexerer Einheiten der Sprache wie etwa der der Syntax, der Stilistik und der Textsorten teilen sich verschiedene Disziplinen und Subdisziplinen immer häufiger ähnliche Regeln und Normen. So erfolgt die Aufgliederung der Sprache in Fachsprachen, Subfachsprachen, Subsubfachsprachen usw. auf diesen Ebenen nicht mehr entsprechend der Aufgliederung in Einzel- und Subdisziplinen. (Vgl. Göpferich 1998, 547.) Laut Roelcke (2005, 34) unterliegen die Fächergliederungen und Fachbereichseinteilungen selbst einer ganzen Reihe von fächergeschichtlichen und -politischen Bedingungen. Da eine entsprechende fachsprachliche Gliederung in eine in hohem Grade feste Abhängigkeit von wissenschafts- bzw. fachgeschichtlichen Überlegungen zu geraten droht, hält er (ebd.) nur solche Gliederungen von Fachsprachen für sinnvoll, die eine bestehende Fächergliederung vielmehr erst zur Grundlage einer Suche nach innersprachlichen Merkmalen machen, die dieser Gliederung gänzlich oder wenigstens zum Teil entsprechen.

Wegen der arbeitsteiligen Gesellschaft und Dynamik der Spezialisierungen sowie speziell vor dem Hintergrund des Subjektivierungsmerkmals bei der Modellierung der Welt in Fächer hält Kalverkämper (1998a, 11) es für kaum sinnvoll und für die Fachsprachenforschung auch für nicht wesentlich, die Anzahl der Fächer genau zu kennen und sich darüber zu streiten. Die Stärke fachsprachlicher Untersuchungen liegt in der ständig weiter fortschreitenden Differenzierung der Fachsprachen, die der zunehmenden Spezialisierung menschlicher Tätigkeiten entspricht. Die Skala der horizontalen Gliederung ergibt sich aus der vergleichenden Betrachtung der sprachlichen Mittel der einzelnen Fachsprachen untereinander.

Auch nach Auffassung von Arntz/Picht/Mayer (2002, 17) liegen Probleme bei der horizontalen Gliederung der Fachsprachen einerseits in der großen und ständig steigenden Anzahl der Wissens- und Fachgebiete. Andererseits führen die erheblichen Überlappungen zwischen den einzelnen Fachgebieten und Gemeinsamkeiten mit den anderen Fachsprachen sowie mit der Gemeinsprache zu Abgrenzungsproblemen. Wie auch Felber/Schaeder (1999, 1731) festgestellt haben, besitzen Fächer keine festen, auf alle Zeiten – und Seiten – unverrückbaren Grenzen. Darüber hinaus bilden sich dabei hierarchische stufenartige Gliederungen heraus (Arntz/Picht/Mayer 2002, 17).

Wie sich am folgenden Beispiel (Fig. 2) zeigen lässt, liegen nicht alle Fachgebiete bzw. Teilfachgebiete auf derselben Ebene:

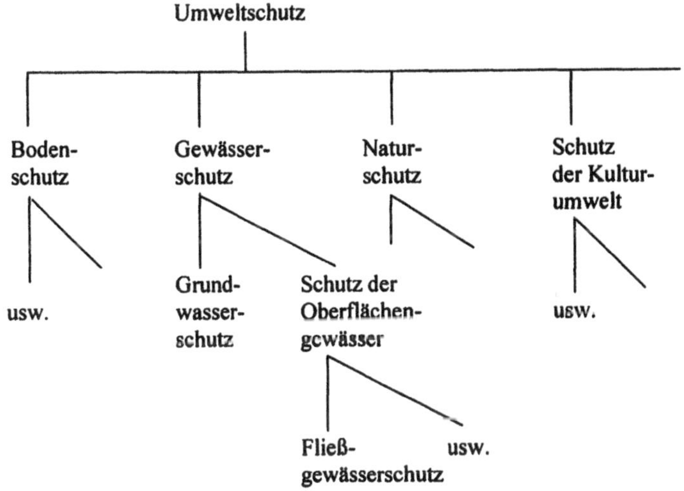


**Fig. 2**: Subklassifizierung des Umweltschutzes (ausführlicher s. Abschn. 3.2.2).

Das Fachgebiet Umweltschutz, das auf Grund seines breiten inhaltlichen Spektrums über eine große innerdisziplinäre Vielfalt verfügt, zeigt die Erscheinung der horizontalen Gliederung besonders deutlich. Seit 1970 hat der Umweltschutz eine enorme Entwicklung erfahren. Während er in den 1960er Jahren noch als Naturschutz galt, erfolgt in den letzten drei Jahrzehnten die Differenzierung in Luft-, Boden-, Gewässer- und Naturschutz, Schutz der Kulturumwelt etc. Die Aufsplitterung des Fachgebiets äußert sich in terminologischen Eigenarten und in der Vermischung der Fachsprache des Umweltschutzes mit den Fachsprachen der benachbarten Disziplinen, vgl. z. B. Gewässerschutz – Limnologie,

Gewässerschutz – Ozeanographie. Auch zu solchen Bereichen wie etwa der Umweltmedizin und dem Umweltrecht gibt es eigene Spezialisten, eine eigene Fachliteratur, bevorzugte voneinander abweichende Textsorten sowie eine eigene Fachlexik, die den übergeordneten Wissenschaften – Medizin und Jura – entstammt. Die Fachwortschätze der Umweltmedizin und des Umweltrechts enthalten aber auch umweltspezifische Terminologie, die vom Umweltschutz ausgehend in die übergeordneten Disziplinen hineingetragen wird.

Ähnlich komplex sieht die horizontale Ausdifferenzierung der Ökologie aus, die im engen Zusammenhang mit dem Erkenntniszuwachs und der Weiterentwicklung des Fachbereichs sowie dessen Aufsplitterung in eine Vielzahl von Teilfachgebieten steht. Wie in Abschn. 3.1.1 bereits erwähnt, beschränkt sich die Ökologie derzeit nicht mehr auf die Wechselwirkung Pflanze/Umwelt (Pflanzenökologie) oder Tier/Umwelt (Tierökologie), sondern achtet immer stärker darauf, wie der Mensch seine Umwelt beeinflusst. Die so erweiterte Ökologie ist die Humanökologie, die die Wechselbeziehungen zwischen dem Lebewesen Mensch und seiner Umwelt als Lebensraum untersucht. Eine andere Gliederung der Ökologie orientiert sich an der Beziehung zur Praxis. Danach kann zwischen theoretischer und angewandter Ökologie unterschieden werden. Zweige der angewandten Ökologie sind u. a. Stadt-, Agrar- und Waldökologie (Bick 1989, 7; Hanski u. a. 1998, 514). Unter angewandte Ökologie fallen aber auch der Natur-, Umwelt-, Landschafts-, Pflanzen- und Vorratsschutz (SUL 2000, s. v. Ökologie). Laut Vuorisalo (2002, 10f.) kann die wissenschaftliche Ökologie nach den Organisationsstufen der Natur in die Teilbereiche Autökologie und Synökologie (s. Abschn. 3.1) untergliedert werden. Auf Grund dieser Gliederung betrachtet Vuorisalo (2002, 11) die Populations-, Lebensgemeinschafts- und Ökosystemökologie als Teilgebiete der Synökologie.

Die Ökologie ist eine multidisziplinäre Wissenschaft, die in Bezug auf die Nachbarwissenschaften eigene Zweige entwickelt hat, z. B. die ökologische Ethik, die Öko-Philosophie, die Öko-Psychologie, die Ökolinguistik, die Ökoklimatologie und die Ökotechnik. Die ökologische Chemie untersucht die Konsequenzen, die sich aus der Verwendung und dem Verhalten anthropogener Chemikalien für die stoffliche Umweltqualität ergeben, einschließlich Persistenz, Dispersion, Bioakkumulation und Reaktionen dieser Chemikalien in allen biotischen und abiotischen Umweltbereichen (vgl. UL 1993, s. v. ökologische Chemie). Ein enger Zusammenhang besteht zwischen der ökologischen Chemie, der Umweltökologie und der Ökotoxikologie, die sich mit den biologischen Konsequenzen anthropogener Chemikalien wie etwa Pflanzenschutzmitteln für die biotische Umwelt von einzelnen Organismen bis zu Ökosystemen beschäftigt (vgl. UL 1993, s. v. ökologische Chemie; Ökotoxologie; Vuorisalo 2002, 10).

Eine vollständige, dem Bewusstsein mehrerer Personen gemeinsame Untergliederung einer Fachsprache hält Hoffmann (1985, 58) für nicht möglich, „da die produktive Tätigkeit des Menschen immer neue Gebiete erschließt“. Ebenso ist die Einheit, die als das kleinste Teilgebiet einer Disziplin betrachtet wird, von der persönlichen Betrachtungsweise abhängig. Textlinguistisch gesehen interessiert die Aufgliederung der Fächer nur insofern, als sie auch mit einer Aufgliederung in Fachsprachen und Subfachsprachen mit unterschiedlichen Textsortenspektren verbunden ist (Göpferich 1998, 547). Wie wir im Folgenden sehen werden, finden sich Fachtextsorten jeweils sowohl innerhalb verschiedener Fächer oder Fachbereiche als auch auf unterschiedlichen Abstraktionsstufen je einer Fachsprache.

### 4.1.2 Der Fachtext in der Binnendifferenzierung der Fachkommunikation

Wesentlich komplizierter als die horizontale Gliederung nach Fachgebieten, die der Abgrenzung der Fachsprachen gegeneinander dient, gestaltet sich der Versuch, die innere Schichtung der einzelnen Fachsprachen aufzuzeigen. Die vertikale Schichtung – auch fachsprachliche Binnendifferenzierung genannt (Fluck 1996, 194) – folgt jeweils den Abstraktionsstufen eines einzelnen Faches.

Die vertikale Schichtung der einzelnen Fachsprachen ist in der Fachliteratur uneinheitlich. Die Versuche zur vertikalen Schichtung sind aufs Ganze gesehen in zwei Kategorien einzuteilen: Es wurde entweder von sprachlichstilistischen oder von kommunikativ-pragmatischen Kriterien ausgegangen. (Vgl. den Überblick bei Fluck 1996, 17–23.) Diese Ausgangspunkte haben zur Konstituierung von eindimensionalen Schichtenmodellen (mit zwei bis fünf Schichten) oder einem dreidimensionalen Modell geführt. Bis auf das dreidimensionale Modell und das Fünfschichtenmodell von Hoffmann (1985, 65ff.) orientieren sich diese Modelle in erster Linie am Wortschatz (vgl. Göpferich 1995, 33 u. 1998, 548). Die Anzahl der verschiedenen Schichten ist nach Roelcke (2005, 41) eine Ermessensfrage des Sprachwissenschaftlers. Darüber hinaus ist laut ihm (ebd.) der Ansatz bestimmter Abstraktionsebenen bereits innerhalb einzelner Fächer nicht unproblematisch.[50]

Der einfachste und wohl älteste Gliederungsversuch ist nach Ickler (1997, 185f.) das Schichtenmodell Lutz Mackensens vom Jahre 1959[51]. Mackensen gliedert Fachsprachen in die eigentliche Fachsprache, die Werkstättensprache und die Verbrauchersprache. Die Dreiteilung von Mackensen hält Hoffmann (1985, 64) nicht für besonders gelungen, weil die Wahl der Termini nicht nach einheitlichen Kriterien getroffen worden ist: die Fachsprache ist inhaltsorien-

50 Zur vertikalen Schichtung der Fachsprachen siehe u.a. Ischreyt (1965, 43–46), Drozd (1966, 25f.), W. Schmidt (1969, 18ff.), W. v. Hahn (1973, 283f.), (1980, 391f.) und (1983, 73–83), Möhn/Pelka (1984, 37–39), Hoffmann (1985, 64–70), Gläser (1990, 8–14), Fluck (1996, 17–23), Niederhauser (1999, 63–68), Roelcke (2005, 38–42), Stolze (1999, 24–26), Wiese (2001, 460).

51 Siehe ausführlicher Mackensen (1959, 294f.).

tiert, die Werkstättensprache orientiert sich am Ort und die Verbrauchersprache am Kommunikationsträger.

Zu den bekanntesten vertikalen Schichtungen gehört die dreischichtige Einteilung der technischen Fachsprache von Ischreyt (Roelcke 2005, 38). Ischreyt (1965, 39–46) hat das Modell von Mackensen weiterentwickelt und unterscheidet eine wissenschaftliche, eine Werkstatt- und eine Verkäufersprache (statt Verbrauchersprache). Diese Schichtung hat er aus der Vorstellung von einer wissenschaftlichen, einer wirtschaftlichen und einer sozialen Leistung der fachsprachlichen Lexik entwickelt. Die oberste Abstraktionsebene, die wissenschaftlich-technische Fachsprache, zeichnet sich gegenüber den beiden anderen Ebenen durch den höchsten Grad an Fachwörtlichkeit und folglich durch ihre Abstraktion, Objektivität, Exaktheit und Präzision aus. Sie wird in Forschung oder Entwicklung unter Spezialisten verwendet. Die Werkstattsprache bezeichnet jene Sprachschicht, die im Bereich der technischen Produktion begegnet sowie durch einen geringeren Grad an Exaktheit, durch metaphorische Neuschöpfungen und die Übernahme zahlreicher Wörter aus den Sprachen des Handwerks gekennzeichnet ist. Unter Verkäufersprache versteht Ischreyt die sprachliche Schicht, die sich an bestimmte Zielgruppen außerhalb des Fachs richtet und beispielsweise beim Verkauf technischer Produkte anzutreffen ist. (Vgl. hierzu auch Fluck 1996, 20f.)

Alle neueren Modelle zur vertikalen Schichtung der Fachsprache haben die oben vorgestellten Unterscheidungen mehr oder weniger in sich aufgenommen, die aus diesem Grund zwar als ergänzbar, im Ganzen aber nicht als überholt betrachtet werden können (Ickler 1997, 186). Die größte Verbreitung von den Modellen vertikaler Schichtung der Fachsprachen hat das Modell von Hoffmann gefunden (Niederhauser 1999, 64). In Hoffmanns (1985, 65–70) Modell gliedern sich die Fachsprachen der Naturwissenschaften und der Technik in fünf Abstraktionsebenen mit jeweils eigenen semiotischen, sprachlichen und kommunikativen Merkmalen. Als Kriterien für die innere Schichtung einer Fachsprache dienen Hoffmann vier Parameter, und zwar (1) die Abstraktionsstufe, (2) die äußere Sprachform, (3) die Umgebung, in der die Kommunikation erfolgt, sowie (4) die Kommunikationsteilnehmer. Hoffmann unterscheidet bestimmte „Milieus“ der Fachkommunikation, die an einem abnehmenden Abstraktionsgrad der Lexik orientiert sind (vgl. Stolze 1999, 25).

Das Fünfschichtenmodell[52] von Hoffmann (1985, 65f.):

A: (1) höchste Abstraktionsstufe, (2) künstliche Symbole für Elemente und Relationen[53], 3) theoretische Grundlagenwissenschaften, 4) Wissenschaftler ↔ Wissenschaftler;

---

52 Laut Wiese (2001, 460) wurde das Modell von Hoffmann bereits 1976 entwickelt.

B: (1) sehr hohe Abstraktionsstufe, (2) künstliche Symbole für Elemente, natürliche Sprache für Relationen (Syntax), (3) experimentelle Wissenschaften, (4) Wissenschaftler (Techniker) ↔ Wissenschaftler (Techniker) ↔ wissenschaftlich-technische Hilfskräfte;
C: (1) hohe Abstraktionsstufe, (2) natürliche Sprache mit einem sehr hohen Anteil an Termini und Fachwörtern sowie einer streng determinierten Syntax, (3) angewandte Wissenschaften und Technik, (4) Wissenschaftler (Techniker) ↔ wissenschaftliche und technische Leiter der materiellen Produktion;
D: (1) niedrige Abstraktionsstufe, (2) natürliche Sprache mit einem hohen Anteil an Termini und Fachwörtern sowie einer relativ ungebundenen Syntax, (3) materielle Produktion[54], (4) wissenschaftliche und technische Leiter der materiellen Produktion ↔ Meister ↔ Facharbeiter;
E: (1) sehr niedrige Abstraktionsstufe, (2) natürliche Sprache mit einigen Termini und Fachwörtern sowie ungebundener Syntax, (3) Konsumtion, (4) Vertreter der materiellen Produktion ↔ Vertreter des Handels ↔ Konsumenten ↔ Konsumenten.

So gehört etwa die Sprache der theoretischen Grundlagenwissenschaften in die höchste Abstraktionsstufe (Stufe A). Sie zeichnet sich semiotisch durch die Verwendung von künstlichen Symbolen für Elemente und Relationen aus. Kommunikativ ist sie zu charakterisieren durch den Gebrauch unter Wissenschaftlern. In der Schicht B ist die Sprache der experimentellen Wissenschaften erfasst, deren Kennzeichen zum einen künstliche Symbole für Elemente, zum anderen natürlichsprachige Syntax für Relationen sind. Sie wird unter den Wissenschaftlern oder Technikern selbst sowie zwischen diesen und wissenschaftlich-technischen Hilfskräften verwendet.

Eine Fachsprache kann alle der fünf Schichten (von A bis E) der vertikalen Differenzierung sinnvoll belegen; dies gilt jedoch nicht für alle Fachsprachen. So gibt es beispielsweise Fachgebiete, die nie in die materielle Produktion einmünden, oder Fächer, die ihre Abstraktionen nicht unbedingt bis zu der höchsten Abstraktionsstufe treiben, die durch die (partielle) Verwendung von künstlichen Symbolen für Elemente und Relationen (z. B. von Zeichen für chemische Verbindungen) gekennzeichnet ist. (Vgl. Hoffmann 1985, 66.)

---

53 Hoffmann (1985, 68) spricht von Relationen, wenn die Beziehungen zwischen den Zeichen durch Symbole wie $=$, $\leq$, $\neq$, $\cap$ u. a. ausgedrückt werden.

54 Die Verwendung der Bezeichnung „materielle Produktion“ darf nicht dazu führen, den Geltungsbereich des Schemas als auf einen bestimmten Fachgebiet begrenzt anzusehen. Das Schema kann sinngemäß auch auf andere Kommunikationsbereiche übertragen werden, indem statt der materiellen Produktion auch Begriffe wie „(gesellschaftliche) Praxis“ oder „produktive (gesellschaftliche) Tätigkeit“ verwendet werden, so dass die Terminologie neben den Fachsprachen der Naturwissenschaften und der Technik auch auf die Fachsprachen der Politik, der Kultur sowie einer ganzen Reihe von Gesellschaftswissenschaften anwendbar wird (Hoffmann 1985, 67).

In wie differenzierter Weise der Wortschatz den jeweiligen Bedürfnissen der fachlichen Kommunikation Rechnung tragen kann, zeigt das folgende Beispiel aus dem Bereich des Umweltschutzes: Der finnische Terminus *hiilimonoksidi* ‚Kohlenmonoxid' wird in fachinternen Texten (vgl. die höchste und die sehr hohe Abstraktionsstufe in Hoffmans Fünfschichtenmodell) häufig durch die Verbindungsformel *CO* ersetzt. Auf der sehr niedrigen Abstraktionsstufe findet wiederum der umgangssprachlichliche Ausdruck *häkä* Verwendung.

An Hoffmanns Fünfschichtenmodell – wie auch an den anderen Schichtenmodellen – ist laut Göpferich (1995, 34) zu kritisieren, dass es schwierig und häufig sogar unmöglich ist, eine Textsorte einer dieser vertikalen Schichten eindeutig zuzuordnen. So trifft etwa auf populärwissenschaftliche Zeitschriftenartikel keine der Beschreibungen der fünf Schichten zu (Gläser 1990, 10).

Zusammenfassend lässt sich laut Göpferich (1995, 37) feststellen, dass für textsortenorientierte Forschungen insbesondere aus dem Modell von Hoffmann zwar Kriterien abgeleitet werden können, die zur Bildung unscharfer Textsortenkategorien führen, jedoch muss das Modell je nach Fachgebiet, aus dem die einzuordnenden Texte stammen, modifiziert und präzisiert werden. So gibt es auch eine Reihe von Übertragungen des Modells von Hoffmann auf einzelne Wissenschaftsgebiete wie etwa auf die Schwarzmetallurgie und die physische Geographie (Gläser 1990, 10).

Es bleibt fraglich, ob eine vertikale Gesamtgliederung für sämtliche Fachsprachen überhaupt gilt oder ob innerhalb der Institutionen-, Technik- und Wissenschaftssprache nicht etwa jeweils eigene vertikale Gliederungen bestehen. Im Rahmen vertikaler Gliederungen von Fachsprachen muss jeweils von zahlreichen fachspezifischen Misch- und Sonderformen ausgegangen werden, die im Extremfall dann die betreffenden Schichtungen selbst in Frage zu stellen drohen. Die Leistung der vertikalen Gliederungsvorschläge von Ischreyt und Hoffmann besteht zum einen in der systematischen Zuordnung von fachlichen Abstraktionsebenen und zum anderen in deren sprachlichen, semiotischen und kommunikativen Eigenheiten. (Vgl. Roelcke 2005, 41.)

Eine andersartige Fachsprachengliederung liegt mit derjenigen von Walther von Hahn (1983, 77–83) vor (s. Tab. 1 auf der nächsten Seite). In seinem dreidimensionalen Modell für je eine Fachsprache sind die in der Fachsprachenliteratur als vorrangig erkannten Parameter Handlungsweise und kommunikative Abstraktionsebene um den Parameter Kommunikationsdistanz erweitert worden. Das Modell von v. Hahn umfasst die Achsen (1) Adressaten, (2) Handlungen und (3) Kommunikatiosdistanz und interessiert sich somit für das Verhältnis zwischen den Kommunikationsteilnehmern. Von Hahn unterscheidet vier adressatenbezogene Abstraktionsebenen, und zwar die Ebene der theoretischen Wissenschaft, die der Technologie, die der Vermittlung sowie die der Nutzung. Diesen Ebenen werden dann keine semiotischen oder sprachlichen Eigenheiten zugeschrieben, sondern ausschließlich kommunikative. Zu den kommunikativen Eigenheiten zählen zum einen drei verschiedene Grade der Kommunikationsdistanz (enge, mittlere oder weite Distanz), worunter der Abstand zwischen den an der fachsprachlichen Kommunikation beteiligten Personen zu verstehen ist (von der direkten bis zur anonymen Kommunikation über zahlreiche Vermittlungsinstanzen). Zum anderen gehören zu den Eigenschaften verschiedene kommunikative Handlungsweisen, wobei Organisation (z. B. Anordnung), Information (z. B. Versuchsbericht) und Instruktion (z. B. Gebrauchsanweisung) unterschieden werden. (Vgl. hierzu auch Roelcke 2005, 41f.)

| | | |
|---|---|---|
| | **Kommunikationsdistanz** | |
| *eng*<br>z. B. direkte Fachkommunikation am Arbeitsplatz | *mittel*<br>betriebliche fachinterne Kommunikation | *weit*<br>externe anonyme Kommunikation |
| | **Handlungen** | |
| *Instruktion*<br>z. B. Gebrauschsanweisung | *Information*<br>Versuchsbericht | *Organisation*<br>Anordnung |
| | **Adressaten** | |
| Nutzung | Vermittlung Technologie | Wissenschaft |

**Tab. 1**: aus Stolze 1999, 25: Fachsprachen-Gliederung nach W. v. Hahn (1983, 77–83)

Auch für die Schichtung nach W. von Hahn gelten die Probleme der Gültigkeit in Bezug auf die Sprachen unterschiedlicher Fachgebiete sowie der Möglichkeit verschiedenartiger Sonderformen. Dennoch erweist sich gerade das dreidimensionale Modell W. von Hahns als wissenschaftlich besonders bedeutend, da mit dem Ansatz verschiedener rezipientenspezifischer kommunikativer Parameter ein ernsthafter Anfang unternommen wird, varietäten- und textlinguistisch fundierte Fachsprachengliederungen zu einer Einheit zusammenzustellen. (Vgl. Roelcke 2005, 41f.)

Weithin anerkannt zu sein scheint in der textbezogenen Fachsprachenbetrachtung das von Möhn 1976[55] vorgelegte Modell (Fluck 1996, 194). Möhn hat die fachgebundene Kommunikation unter dem Gesichtspunkt der Bindung der Kommunikationsteilnehmer an Fächer in die fachinterne, interfachliche und fachexterne Kommunikation – auch innerfachliche, überfachliche und außer-

55 Nach Fluck (1996, 225) zum ersten Mal vorgestellt in D. Möhn: Zu Entwicklung neuer Fachsprachen. In: Deutscher Dokumentartag 1976. München 1977, S. 314.

fachliche Kommunikation genannt (Oksaar 1986, 104) – untergliedert (vgl. Fluck 1996, 194; Wiese 2001, 460f.). Als fachintern zählt die Kommunikation innerhalb der Fächergrenzen, d. h. die Verständigung zwischen Fachleuten eines Faches. Mit dem Ausdruck interfachliche Kommunikation wird die Kommunikation zwischen Angehörigen verschiedener Fächer erfasst, während die fachexterne Kommunikation die kommunikativen Prozesse umfasst, die sich an den Laien wenden. (Vgl. Stolze 1999, 126; Wiese 2001, 461.)

In Möhns Modell wird deutlich, welche Rolle das erwartete Vorwissen als Faktor in der Textbetrachtung spielt. So setzen Texte der fachinternen Kommunikation, die sich an die Vertreter des gleichen oder eines angrenzenden Fachs richten, das entsprechende Fachwissen sowie die Kenntnis der Terminologie voraus (Gläser 1990, 47; Stolze 1999, 126). Die Fachtexte der fachexternen Kommunikation weisen einen abnehmenden Fachlichkeitsgrad auf, der laut Gläser (1990, 47) in hohem Maße durch Strategien der Didaktisierung, Popularisierung und Werbung beeinflusst wird. Die didaktisierende wie auch die popularisierende Darstellung und Vermittlung sind charakteristisch für die fachexterne Kommunikation (vgl. Beier 1983, 91f.; Gläser 1990, 48, 147). Die fachexterne Kommunikation, die im Wesentlichen die Arbeit der Massenmedien und die rezipientenorientierte Rede betrifft, ist in jüngster Zeit in der Fachsprachenforschung ein intensiv bearbeiteter Untersuchungsgegenstand. Hier muss der Autor die Verstehensvoraussetzungen seiner Rezipienten mitbedenken, indem er Erklärungen zu fachlichen Sachverhalten einbaut, zu denen er eben Unkenntnis seiner Adressaten vermutet. Dies ist wichtig nicht nur für die Formulierung der Texte, sondern auch für deren Übersetzung. Wichtig erscheint neben der Kommunikationsform auch die Kommunikationssituation, die die zu verwendende Fachtextsorte bestimmt. (Vgl. Stolze 1999, 131f.)

Laut Thurmair (1995, 248) ist die vertikale Schichtung der Fach- und Wissenschaftssprachen handlungsorientiert: Die Wahl einer bestimmten Schicht ist in erster Linie vom Kontext und den Faktoren der Kommunikationssituation abhängig – von den Kommunikationsteilnehmern, dem Thema oder der Funktion der Kommunikation. Eine vertikale Schichtung wird nach Sprachverwendern vorgenommen. Hierdurch entstehen Benennungsvarianten mit unterschiedlichem Grad der Fachsprachlichkeit. Meist ist hier zugleich eine Unterscheidung nach dem Spezialisierungsgrad einbezogen, denn die Sprachbenutzer bringen völlig unterschiedliche Verstehensvoraussetzungen mit. Daraus folgt, dass die Fachlexik nicht homogen, sondern in sich vielfältig geschichtet ist: Es existieren Termini, die einer höher liegenden fachsprachlichen Schichtung angehören, und andere, die auf Abstraktionsstufen weiter unten liegen. Infolgedessen ist die vertikale Schichtung ein wichtiger Grund für Mehrfachbenennungen, insbesondere für terminologische Dubletten[56] (z. B. *Geothermie – Erdwärme*). Das Besondere an der Doppelterminologie ist, dass es begrifflich äquivalente Termini gibt, deren Unterschied jedoch

---

56 Zu terminologischen Dubletten s. Abschn. 6.7.2.1.2.

in der unterschiedlichen Position auf der Fachlichkeitsskala bzw. in der Zugehörigkeit zu verschiedenen vertikalen Schichten liegt. (Vgl. Thurmair 1995, 248ff.) Zur Bezeichnungsvariation s. Kap. 6.

Wie oben bereits erwähnt, hat der ökologische Erkenntniszuwachs zur Spezialisierung der ökologischen Forschung geführt. Ausdruck dieser Spezialisierung ist die zunehmende Zahl der Fachrichtungen. Die Spezialisierung vertieft auch die sprachlich-kommunikativen Differenzierungen. Der ökologische Kommunikationsbereich ist durch breit gefächerte und miteinander verbundene horizontale und vertikale Kommunikationsstrukturen gekennzeichnet. Im Hinblick auf die Verwendung sind u. a. die folgenden vertikal geschichteten Ebenen zu unterscheiden:

- Fachinterne Kommunikation auf der wissenschaftlichen Ebene unter Fachleuten
- Kommunikation zwischen Spezialisten verschiedener Disziplinen auf der wissenschaftlichen Ebene (interfachliche Kommunikation)
- Fachinterne Kommunikation in der Ausbildung mit dem Zweck der Informationsvermittlung
- Kommunikation in der Alltagsarbeit (fachliche Umgangssprache)
- Fachexterne Kommunikation mit der Öffentlichkeit (empfängerbezogene Sprache).

Wie alle Fachsprachen, so ist auch die Fachsprache der Ökologie und des Umweltschutzes in erster Linie fachbezogen: Sie wird von Fachleuten in fachinterner Kommunikation, in Fachgesprächen und Fachpublikationen, verwendet. Zum Spektrum fachlichen Handelns und Sprechens gehören aber auch die Kommunikation mit fachlichen Laien, d. i. mit Fachleuten anderer Fächer, sowie die Kommunikation mit Laien über fachliche Inhalte außerhalb der eigentlichen Fachwelt. Fachtexte im engeren Sinne, d. h. Texte auf der Ebene der fachinternen Kommunikation, unterscheiden sich von den Texten auf anderen Kommunikationsebenen durch einen höheren Informations- und Abstraktionsgrad, durch Objektivität, Exaktheit und Präzision. In vielen Fällen nimmt mit dem abnehmenden Abstraktionsgrad der Einfluss der Gemeinsprache zu.

Innerhalb der Fachsprache eines Faches bzw. eines Fachgebiets ist die eigentliche Wissenschaftssprache somit nur eine Ebene. Darunter findet sich die Ebene der wissenschaftlichen bzw. fachlichen Umgangssprache. Sowohl in der Wissenschaftssprache als auch in der wissenschaftlichen Umgangssprache überwiegt die Sachorientierung gegenüber der Empfängerorientierung, die wiederum auf den untersten Abstraktionsebenen dominiert (vgl. z. B. die Sprache in Lehrbüchern oder in der populärwissenschaftlichen Darstellung).

Als Ergebnis aus den Erörterungen zu der horizontalen Gliederung und vertikalen Schichtung der Fachsprachen kann zusammenfassend festgehalten werden, dass fachsprachliche Textsorten sowohl in Fächern und Fachgebieten (vgl.

z. B. Fachwörterbücher zur Angewandten Ökologie, zur Umwelttechnik oder zur Entgiftung von Abgasen, Abwässern, Abfällen und Altlasten), als auch jeweils auf unterschiedlichen vertikalen Abstraktionsstufen (wie am Beispiel von wissenschaftlichen Fachzeitschriftenartikeln und populärwissenschaftlichen Zeitschriftenartikeln deutlich wird) existieren. Roelcke (2005, 33) spricht in diesem Zusammenhang von horizontalen und vertikalen fachsprachlichen Textsorten.

## 4.2 Fachtexttypologie

Durch die verschiedenen Schichtenmodelle kann das Bewusstsein für die Fachsprachenproblematik beispielsweise beim Übersetzen fachsprachlicher Texte geschärft werden. Doch sind die Modelle in ihrer Allgemeinheit relativ wenig aussagekräftig, und es ist nicht immer leicht, entsprechende Fachtexte eindeutig einzuordnen und abzugrenzen. Einige Fachtextsorten können auf verschiedenen Abstraktiosstufen vorkommen. Dies betrifft etwa Zeitschriftenartikel, Rezensionen, Wörterbücher und didaktisierende Textsorten. Die Textsorten unterscheiden sich in ihrem Fachlichkeitsgrad je nach dem Publikationsmittel, Adressatenkreis usw. Neben der Form der Kommunikation ist auch die Kommunikationssituation wichtig. In den nachfolgenden Darstellungen der Fachtextsortenproblematik wird jedoch wiederholt auch auf die Schichtungsaspekte Bezug genommen.

Es gibt – so Göpferich (1995, 24) – eine Vielfalt unterschiedlicher Fachlichkeitsgrade und infolgedessen auch eine Vielfalt unterschiedlicher Fachsprachlichkeitsgrade. Dies trifft nicht nur – wie lange angenommen wurde – auf die Lexikebene zu, sondern auf alle sprachlichen Ebenen einschließlich der Textebene, auf der sich Textsorten unterschiedlichen Fachlich- und Fachsprachlichkeitsgrads unterscheiden lassen (ebd.). Bei der vertikalen Schichtung von Fachsprachen wird versucht, die steigende Präzisierung zu verfolgen, die die Sprache in der Fachkommunikation erfährt (Hoffmann 1985, 64). Die Aufgliederung einer Fachsprache in unterschiedliche Textsorten unterschiedlichen Fachlich- und Fachsprachlichkeitsgrades muss laut Hoffmann (1985, 64ff.) und Göpferich (1998, 548) in Zusammenhang mit der vertikalen Schichtung gesehen werden.

Während sich die horizontale Gliederung und die vertikale Schichtung der Fachsprachen in erster Linie auf das systemlinguistische Inventarmodell gründen, so nimmt die Unterscheidung von Fachtextsorten ihren Ausgang vorrangig von einem pragmalinguistischen Kontextmodell. Fachtextsorten werden dieser Anschauung der Fachtextsortenlinguistik folgend in der Regel als Typen oder Klassen von Fachtexten aufgefasst, die innerhalb der Fachkommunikation jeweils durch bestimmte funktionale und formale gemeinsame Eigenschaften gekennzeichnet sind. Dabei werden soziologische, psychologische, semiotische und kommunikationswissenschaftliche Aspekte weitaus differenzierter beachtet als bei der Gliederung fachsprachlicher Varietäten. (Vgl. Roelcke 2005, 42.)

Die Vorschläge für die Gliederung von Fachtextsorten sind ebenso uneinheitlich wie diejenigen zur horizontalen Gliederung und vertikalen Schichtung der Fachsprachen.[57] In der Fachsprachenlinguistik gibt es mehrere Versuche, Fachtextsorten nach bestimmten Prinzipien zu systematisieren und zu klassifizieren (Wiese 2001, 467). Die Ordnung, die im Folgenden vorgestellt wird und an der sich die Darstellung verschiedener Textsorten im Fachbereich der Ökologie und des Umweltschutzes in der vorliegenden Arbeit orientiert, basiert in wesentlichen Zügen auf der hierarchisch strukturierten Texttypologie von Göpferich (1995, 119–135), die sie für die Darstellung der Textsortencharakteristika in den deutschen und englischen Fachsprachen der Naturwissenschaften und Technik erstellt hat.[58] Die kommunikativ-pragmatische Typologisierungsbasis von Göpferich gehört laut Roelcke (2005, 47) zu den differenziertesten Textsortengliederungen sowohl in systematischer als auch in geschichtlicher Hinsicht. Sie bietet die Möglichkeit, die Vielzahl der unterschiedlichen Textsorten einer überschaubaren Anzahl von Texttypen und Textsubtypen zuzuordnen. Trotz bestimmter Unzulänglichkeiten sind Texttypologien nicht nur eine nützliche Hilfe für die vergleichende Textsortenanalyse, sondern auch für das Übersetzen und die Erstellung von Fachtexten sowie für die Fachsprachendidaktik (Göpferich 1992, 192).

Göpferich (1995, 4) geht davon aus, dass die sprachlichen Merkmale einer Textsorte durch die mit ihr verfolgte Kommunikationsabsicht bedingt sind, und sie hat für ihre Untersuchungen eine kommunikativ-pragmatische Typologisierungsbasis konstruiert. Im Vergleich zu den oben vorgestellten Schichtenmodellen, die hauptsächlich zur Einteilung des Wort- und Fachwortschatzes erstellt wurden, ist das Modell von Göpferich, dessen Geltungsbereich sich auf die

---

57 Eine der früheren Fachtextsortengliederungen stammt von Möhn/Pelka (1984, 45–70, 124–128), die als eine fächerübergreifende systematische Textsortengliederung charakterisiert werden kann. Die Gliederung geht zunächst von den fachsprachlichen Funktionen *Darstellung, Anleitung und Vorschrift (deskriptive, instruktive und direktive Sprachfunktion)* aus, denen in einem weiteren Schritt drei Grundtypen von Fachtexten (informativ, instruktiv, direktiv) zugeordnet werden, die selbst wieder unterschiedliche fachsprachliche Funktionen erfüllen können und somit geschichtlich jeweils eine größere Anzahl eigener Textsorten herausgebildet haben.

58 Ein weiteres pragmatisch begründetes Stufenmodell für schriftliche Fachtextsorten wurde von Gläser (1990, 46ff.) entwickelt. Die Textsortengliederung von Gläser lässt sich als eine fächerübergreifende historische, im Unterschied zu dem Gliederungsvorschlag von Möhn/Pelka (1984, 45–70, 124–128) nicht als eine fächerübergreifende systematische Textsortengliederung charakterisieren. Das Modell Gläsers deckt die Fachtextsorten aller Fachsprachen im Englischen. Auf der obersten Stufe der Texttypologie von Gläser wird zwischen fachinterner und fachexterner Kommunikation unterschieden. Auf der nächsten Stufe der Hierarchie entscheidet die jeweils dominierende kommunikative Funktion eines Fachtextes. Anschließend wird noch eine Subdifferenzierung nach Kriterien der Textualität durchgeführt.

schriftlichen Textsorten aus dem Fachbereich der Naturwissenschaften und Technik beschränkt, dadurch gekennzeichnet, dass es die eindeutige Text- und Textsortenzuordnung ermöglicht. Darüber hinaus kann es je nach Verwendungszweck weiter untergliedert werden. So erlauben die weiteren Typologisierungsstufen eine Feindifferenzierung der Textsorten. Durch die Fachgebietsabgrenzung wird der Umstand berücksichtigt, dass die vertikale Schichtung der Fachsprachen mit der horizontalen Gliederung variiert. (Vgl. Göpferich 1995, 38.) Die Textsortengliederung von Göpferich lässt sich somit als eine fachbezogene systematisch-geschichtliche Textsortengliederung charakterisieren (Roelcke 2005, 47).

### 4.2.1 Hierarchiestufe I: Die Fachtexttypen

Fig. 3 (s. u.) bietet einen Überblick über die schriftlichen Textsorten der Ökologie und des Umweltschutzes. Das Schema basiert auf der leicht modifizierten und präzisierten Fachtexttypologie von Göpferich (vgl. 1995, 124). Auf der obersten Hierarchiestufe hat Göpferich (1995, 123) als Typologisierungsbasis zur Gewinnung der vier Fachtexttypen zunächst die kommunikative Funktion gewählt. Es werden die Fachtexttypen

- *juristisch-normative*
- *fortschrittsorientiert-aktualisierende*
- *didaktisch-instruktive* und
- *wissenzusammenstellende* Texte

unterschieden. Alle vier Fachtexttypen erfüllen zunächst die kommunikative Funktion der Informationsvermittlung. Wird weiter nach der Art der Informationen sowie nach dem Zweck gefragt, zu dem sie vermittelt werden, so erfüllen beispielsweise die wissenzusammenstellenden Texte die kommunikative Funktion, einen Überblick über das bereits in Texten der drei anderen Fachtexttypen vermittelte Wissen zustande zu bringen und Zugänge zu ihm zu schaffen.

Göpferich (1995, 123ff.) hat die vier Fachtexttypen in ihrem Schema der Fachtexttypologie so platziert, dass der Fachsprachlichkeits- und Abstraktionsgrad der Fachtexttypen umso niedriger ist, je weiter rechts sie im Schema einzuordnen sind. Als logische Konsequenz daraus ist zugleich eine Vergrößerung des Adressatenkreises festzustellen. Demzufolge ist von links nach rechts tendenziell ein Übergang von den Textsorten der fachinternen über Textsorten der interfachlichen bis hin zu solchen der fachexternen Kommunikation zu erkennen.

Dabei kommt den *juristisch-normativen* und den *wissenzusammenstellenden Texten* ein gewisser Sonderstatus zu, der im Schema durch die senkrechten Bal-

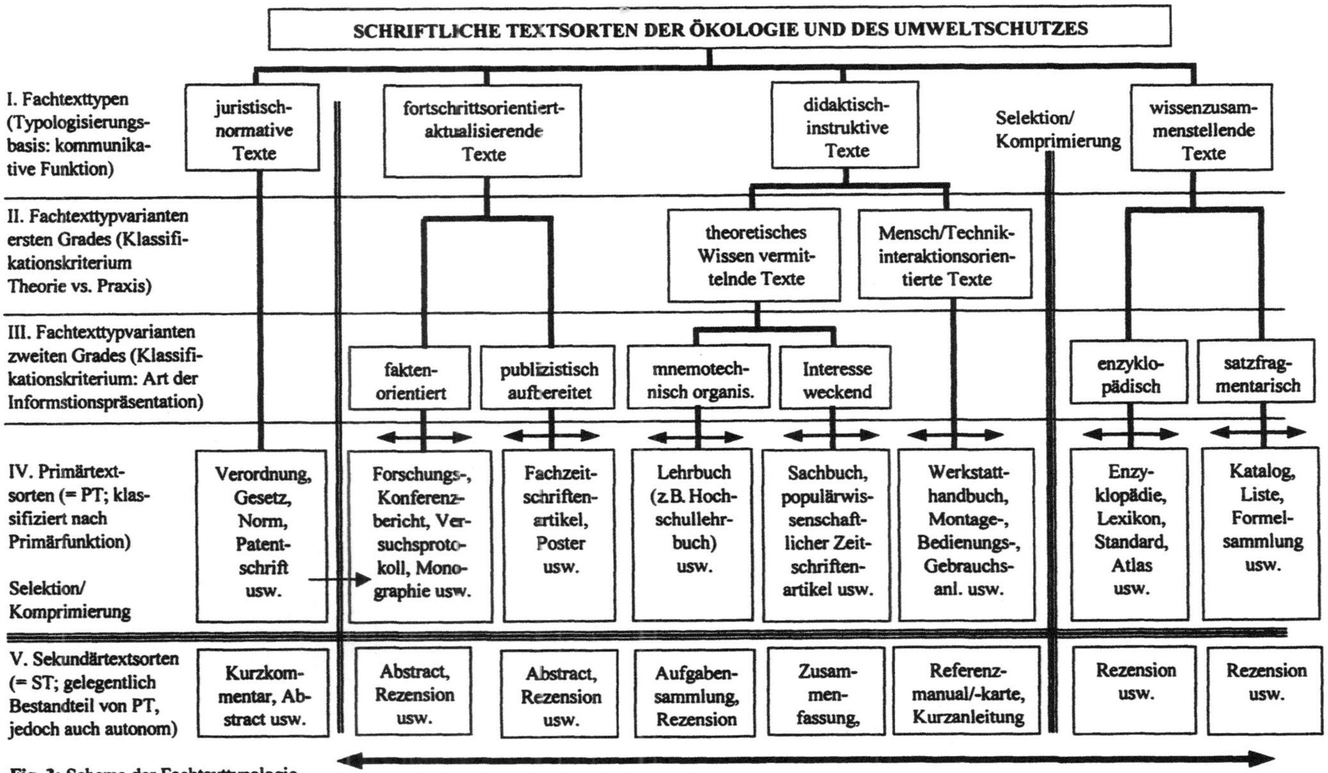


**Fig. 3:** Schema der Fachtexttypologie

ken angedeutet wird. Juristisch-normative Texte, wie etwa Normvorschriften und Verordnungen, bilden einen Übergangstyp zwischen den Fachtexttypen aus dem Bereich der Naturwissenschaften und der Technik auf der einen Seite und denen aus dem Bereich des Rechts auf der anderen Seite und sind infolgedessen sowohl durch einen naturwissenschaftlich-technischen als auch einen juristischen Fach(sprach)lichkeits- und Spezialisierungsgrad gekennzeichnet. Zu ihrer Aufnahme, Erstellung und Übersetzung sind Kenntnisse aus den beiden Fachgebieten erforderlich. (Vgl. Göpferich 1995, 125f.)

Die *wissenzusammenstellenden Texte* sind als eine Art abgeleitete Textsorte zu verstehen. In ihnen wird das Wissen, das zuvor bereits in Basistexten der anderen Fachtexttypen vorgestellt wurde, einer Verdichtung und Auswahl fachlicher Informationen unterzogen. Die im Typologieschema festzustellende Tendenz bezüglich des Fach(sprach)lichkeits- und Abstraktionsgrades sowie des intendierten Adressatenkreises trifft auf Textsorten des Typs von wissenzusammenstellenden Texten nicht uneingeschränkt zu. Der Sonderstatus dieses Fachtexttyps im Schema wird durch einen senkrechten Balken gekennzeichnet, durch den die Selektion und Komprimierung angedeutet werden. (Vgl. Göpferich 1995, 126.)

Die Subklassifikation der jeweils zu einem Fachtexttyp zusammengefassten Texte wird in der Fachtexttypologie von links nach rechts differenzierter: Die *juristisch-normativen* Texte erfahren eine weitere Differenzierung erst auf der vierten Hierarchiestufe, die *fortschrittsorientiert-aktualisierenden* und wissenzusammenstellenden auf der dritten, die *didaktisch-instruktiven* dagegen bereits auf der zweiten Stufe. Diese von links nach rechts differenzierter werdende Subklassifikation ist darauf zurückzuführen, dass in gleichem Maße der Adressatenkreis wächst und zugleich die Ungleichartigkeit der Adressaten, was ihre Vorkenntnisse und das Interesse an den jeweiligen Texten betrifft, zunimmt. (Vgl. Göpferich 1995, 126f.)

Patentschriften[59] als juristisch-normative Texte haben in ihrer Primärfunktion einen hohen Spezialisierungsgrad und sind nur an einen eng begrenzten Adressatenkreis gerichtet, der, was seine Fachkenntnisse sowie den Zweck, zu dem der Text herangezogen wird, angeht, relativ homogen ist. Dies wird u. a. daran erkennbar, dass es zu diesem Fachtexttyp keine Textsortenvarianten unterschiedlichen Fachlich- und Fachsprachlichkeitgrades gibt. So lässt diese standardisierte Fachtextsorte auch keine populärwissenschaftliche Darstellung zu. (Vgl. Göpferich 1995, 127; Gläser 1998b, 557.) Die Vielfalt an Forderungen, die mit dem jeweiligen Zweck didaktisch-instruktiver Texte sowie mit der Größe und Heterogenität des Adressatenkreises zunimmt, kann dagegen nur durch eine entsprechende Vielfalt von Fachtexttypvarianten berücksichtigt werden (vgl. Göpferich 1995, 127).

Die Doppelpfeile im Schema deuten an, dass die Grenzen der einzelnen Kategorien nur tendenziell bestimmt und die einzelnen Textsorten damit jeweils nur innerhalb eines Bereichs, nicht aber genau an einem Punkt lokalisiert werden

59 Zu Patentschriften s. u. a. Gläser (1998b, 556–562).

können. Auch innerhalb einer Textsortenkategorie kann es von Textsorte(nvariante) zu Textsorte(nvariante) nochmals Unterschiede im Fach(sprach)lichkeits- und Abstraktionsgrad geben.

### 4.2.2 Hierarchiestufe II: Die Fachtexttypvarianten ersten Grades

Für die Hierarchiestufe II hat Göpferich (1995, 128) als Unterscheidungskriterium die eher theoretische oder die eher praktische Orientierung gewählt, deren Anwendung auf die Texte *des didaktisch-instruktiven Fachtexttyps* zu zwei Kategorien führt, und zwar zu

- *theoretisches Wissen vermittelnden Texten* und zu
- *Mensch/Technik-interaktionsorientierten Texten.*

Die *Mensch/Technik-interaktionsorientierten Texte*, wie etwa Bedienungsanleitungen, sind für den Zweck bestimmt, dem Rezipienten einen direkten Umgang mit einem Gegenstand, z. B. mit einem Gerät, zu ermöglichen. In diesen Texten steht nicht das theoretische Wissen über den beschriebenen Gegenstand im Zentrum des Interesses, sondern Informationen, die erforderlich sind, um von dem Gerät praktisch Gebrauch zu machen. Hier handelt es sich um einen bidirektionalen Informationsfluss: Einerseits erhält der Rezipient Informationen vom Text, andererseits von dem Gegenstand, der auf die Einwirkung entsprechend reagiert (Feedback-Komponente). (Vgl. Göpferich, 1995, 128.)

Bei den *theoretisches Wissen vermittelnden Texten* beschäftigt sich der Rezipient dagegen nur mit dem Text allein, um Informationen zu erhalten, die vorerst theoretisch zu verarbeiten sind, aus denen der Rezipient jedoch eventuell auch einen praktischen Nutzen ziehen kann, auch wenn er hierzu keine schrittweisen Instruktionen wie bei den Mensch/Technik-interaktionsorientierten Texten erhält. Bei diesen Textsorten fließen Informationen ausschließlich unidirektional – vom Text zum Rezipienten. In den theoretisches Wissen vermittelnden Texten bildet eine Feststellung üblicherweise die Vorraussetzung für das Verständnis der ihr folgenden Aussagen. In den Mensch/Technik-interaktionsorientierten Texten schafft eine Feststellung, meist eine Instruktion, dagegen die Voraussetzung dafür, dass der nächste Handlungsschritt korrekt ausgeführt werden kann. (Vgl. Göpferich 1995, 129.)

### 4.2.3 Hierarchiestufe III: Die Fachtexttypvarianten zweiten Grades

Als Differenzierungskriterium für die Hierarchiestufe III ist von Göpferich (1995, 129) die Art und Weise der optischen und sprachlich-stilistischen Informationspräsentation gewählt worden. Die Anwendung dieses Kriteriums auf die Texte des *fortschrittsorientiert-aktualisierenden Fachtexttyps* führt zu den Kategorien

- *Texte mit faktenorientierter Darstellung* und
- *publizistisch aufbereitete Texte.*

Charakteristisch für die Art der Informationspräsentation in *Texten mit faktenorientierter Darstellung* – wie beispielsweise in Forschungsberichten und wissenschaftlichen Monographien[60] – ist eine auf das Wesentliche beschränkte Darstellungsweise mit der reinen Informativität im Mittelpunkt des Interesses. Es handelt sich in erster Linie darum, neue Erkenntnisse beispielsweise der Fachwelt zur Verfügung zu stellen. (Vgl. Göpferich 1995, 130.)

Auch in den – ebenfalls faktenorientierten – *publizistisch aufbereiteten Texten* wie z.B. in Fachzeitschriftenartikeln steht die Informativität im Vordergrund. Darüber hinaus tritt eine ansprechende und repräsentative Darstellung hinzu, wie gefällige Formulierungen, farbige Abbildungen etc. Die Unterschiede zwischen den Kategorien Texte mit faktenorientierter Darstellung einerseits und publizistisch aufbereitete Texte andererseits liegen somit im gestalterischen und sprachlichen, nicht dagegen im inhaltlichen Bereich. (Vgl. Göpferich 1995, 130.)

Nach dem Kriterium der Art der Informationspräsentation sind die *theoretisches Wissen vermittelnden Texte* in die Kategorien

- *mnemotechnisch organisierte Texte* und
- *Interesse weckende Texte*

zu unterteilen. In *mnemotechnisch organisierten Texten* wie in unterschiedlichen Lehrbüchern wird das Wissen durch sprachliche und graphisch-gestalterische Mittel so präsentiert, dass der Rezipient ihre Inhalte möglichst leicht reproduzierbar lernen kann. *Interesse weckende Texte*, wie etwa ein populärwissenschaftlicher Zeitschriftenartikel oder ein Sachbuch, dienen dem Zweck, den interessierten Laien auf kompetente, allgemein bildende und anschauliche Weise Informationen zu bieten. Kennzeichnend für diese Texte sind u.a. eine unterhaltsame sprachliche Darstellungsweise und meist farbige Abbildungen. (Vgl. Göpferich 1995, 130f.)

---

60 Zur Fachtextsorte Monografie s. z.B. Gläser (1990, 60–66).

Die *wissenzusammenstellenden Texte* werden von Göpferich (1995, 130) in die Kategorien

- *enzyklopädische Texte* und
- *satzfragmentarische Texte*

unterteilt. *Enzyklopädische Texte* sind laut Göpferich (1995, 131) in der Regel kohäsiv und bestehen überwiegend aus grammatisch vollständigen Sätzen mit finiten Verben. Zu diesem Texttyp gehören Textsorten wie Enzyklopädie, Lexikon, Standard, Atlas. In *satzfragmentarischen Texten*, denen sich die Textsorten Katalog, Liste usw. zuordnen lassen, werden die Informationen dagegen hauptsächlich in elliptischen, grammatisch unvollständigen Sätzen, Stichwörtern, Tabellen und Graphiken dargeboten. In satzfragmentarischen Texten werden die Informationen einer noch stärkeren Auswahl und Verdichtung unterzogen als in enzyklopädischen Texten.

#### 4.2.4 Hierarchiestufe IV: Die Primärtextsorten

Auf der vierten Hierarchiestufe (s. Fig. 3) habe ich jeweils konkrete in der Fachsprache der Ökologie und des Umweltschutzes vorkommende Textsortenvarianten jeder der oben vorgestellten Typologiekategorien aufgeführt. Zu den Primärtextsorten gehören laut Göpferich (1995, 131) diejenigen Textsorten, die sich im Unterschied zu den Sekundärtextsorten nicht auf die Darlegung der Welt in anderen Texten beziehen. Diese Primärtextsorten folgen keiner einheitlichen Gliederung: Während die juristisch-normativen Textsorten insbesondere über ihre direktive Funktion bestimmt werden, dominiert bei den fortschrittsorientiert-aktualisierenden sowie den didaktisch-instruktiven Textsorten hingegen zunächst das Kriterium der deskriptiven bzw. instruktiven Textfunktion. Danach werden sie jeweils an Hand der Art und Weise ihrer Textgestaltung in Bezug auf die Adressatengruppen unterschieden. Bei den wissenzusammenstellenden Texten überwiegt schließlich das Merkmal der Verfahren inhaltlicher Selektion und Verdichtung.

Dass es innerhalb dieser Kategorien nochmals Varianten gibt, wird durch Doppelpfeile zu verstehen gegeben. Durch die Doppelpfeile wird in Anlehnung an Göpferichs Schema der Fachtexttypologie (1995, 124) die Tendenz des von links nach rechts abnehmenden Fach(sprach)lichkeits- und Abstraktionsgrads bei gleichzeitiger Vergrößerung und zunehmender Ungleichartigkeit der Rezipienten auch auf die Hierarchiestufe der Primärtextsorten übertragen, vgl. z.B. die Textsortenvarianten Hochschullehrbuch und Schullehrbuch. Die Pfeile deuten darüber hinaus an, dass die Kästen in ihrer Breite variierbar sind, so dass es, was die Fachlich- und Fachsprachlichkeit sowie Abstraktion anbelangt, zu Überlappungen zwischen den benachbarten Kästen kommen kann.

### 4.2.5 Hierarchiestufe V: Die Sekundärtextsorten

Die von den Primärtextsorten abgeleiteten Sekundärtextsorten[61] auf der untersten Hierarchiestufe werden auf Grund ihres Sonderstatus, der dem der wissenzusammenstellenden Texte ähnlich ist, vom Rest der Typologie durch einen mit Selektion/Komprimierung beschrifteten waagerechten Balken abgetrennt. Sekundärtextsorten, zu denen u. a. Rezensionen zu Fachpublikationen und Abstracts wissenschaftlicher Zeitschriftenartikel gehören, vertexten einen bereits vorliegenden Basistext erneut durch Verdichtung, Auswahl, Wertung bzw. Kommentierung fachlicher Information der zugrunde liegenden Primärtexte (vgl. Göpferich 1995, 132f.; s. auch Gläser 1990, 48). Sekundärtextsorten können gelegentlich als Bestandteil von Primärtextsorten auftreten, sie können aber auch als autonome Texte vorkommen (Göpferich 1995, 124, 133). Ein Primärtext und ein von ihm abgeleiteter Sekundärtext müssen laut Göpferich (1995, 133) nicht unbedingt dem gleichen Fachgebiet und Fachtexttyp angehören. So kann beispielsweise eine Rezension des populärwissenschaftlichen *Lexikons der Öko-Irrtümer* von Maxeiner und Miersch (2002) den fortschrittsorientiert-aktualisierenden Texten zugerechnet werden und eine wesentlich höhere Fachlich- und Fachsprachlichkeit aufweisen als der rezensierte Text.

Der Ansatz von Göpferich (1995) zeigt, dass Texte mit hoher Fachlich- und Fachsprachlichkeit nach völlig gleichen Differenzierungskriterien klassifiziert werden können wie Texte mit niedrigem Fach(sprach)lichkeitsgrad (etwa nach der Textfunktion; vgl. hierzu auch Gläser 1990, 47ff.). Dabei sind aber zusätzliche Klassifikationskriterien vonnöten, in erster Linie der Unterschied zwischen fachinterner, interfachlicher und fachexterner Kommunikation (vgl. auch Gläser 1990, 47ff.). (Siehe hierzu auch Thurmair 2001, 277.) Werden die juristisch-normativen Primärtextsorten hauptsächlich über ihre direktive Funktion bestimmt, so dominiert bei den wissenzusammenstellenden Primärtextsorten das Verfahren inhaltlicher Auswahl und Verdichtung. Dahingegen werden die fortschrittsorientiert-aktualisierenden sowie die didaktisch-instruktiven Primärtextsorten zunächst durch ihre deskriptive oder instruktive Textfunktion und danach jeweils mithilfe der Art ihrer Textgestaltung im Hinblick auf die Rezipienten unterschieden. Die Sekundärtextsorten zeichnen sich generell durch die Textkondensation aus.

Für die Fachsprachendidaktik ist es sehr nutzbringend, Fachtextsorten auf der Grundlage der fachlichen Schwierigkeit der Texte zu differenzieren. Wie Wiese (2001, 468) festgestellt hat, ist so eine Textsortendifferenzierung eng mit der vertikalen Schichtung der Fachsprachen und der fachlichen Kommunikationsbereiche verbunden. Arntz/Eydam (1993, 216f.) haben für technische Texte eine Rangfolge der fachlichen Schwierigkeitsstufen von Textsorten vorgelegt, wobei die terminologische Dichte und Komplexität sowie die Stufe der Spezialisierung innerhalb des Fachgebietes die Kriterien für die Zuordnung bilden. Als die leichtesten Textsor-

61 Gläser (1990, 48) spricht in diesem Zusammenhang von abgeleiteten Textsorten.

ten erweisen sich in der Rangfolge von Arntz/Eydam (ebd.) populärwissenschaftliche Texte und allgemeintechnische Nachschlagewerke, die keine, nur geringe technische oder allgemeintechnische Grundkenntnisse voraussetzen, während Forschungsberichte, Normen und Patentschriften, die sehr gute theoretische und praktische Detailkenntnisse voraussetzen, die größten Schwierigkeiten bereiten. Für didaktische Zwecke, z. B. für die Übersetzerausbildung, bietet eine solche Rangskala eine Orientierungshilfe für eine Auswahl von Texten nach ihrem sprachlichen und fachlichen Schwierigkeitsgrad sowie für eine Auswahl von Fachtextsorten, die so repräsentativ wie möglich ist (Wiese 2001, 468).

## 4.3 Zentrale Textsorten im Fachgebiet der Ökologie und des Umweltschutzes

Ökologie und Umweltschutz stellen zusammen einen horizontal und vertikal in hohem Maße differenzierten Fachgebiet dar, der die Gesetzgebung, die Forschung, die Aus- und Weiterbildung, den Kenntnisaustausch zwischen den vielen verschiedenen gesellschaftlichen Interessengruppen, die Umsetzung wissenschaftlicher Entdeckungen in die Praxis sowie die Vermittlung von Fachwissen zu einzelnen Umweltthemen an Experten und Nicht-Experten umfasst. Dies hat zur Folge, dass die Fachsprache der Ökologie und des Umweltschutzes im schriftlichen Bereich ein breites Textsortenspektrum bietet.

Eine Gesamtdarstellung aller Textsorten im Fachbereich der Ökologie und Umwelt würde den Rahmen der vorliegenden Arbeit sprengen. Es werden daher die wichtigsten Textsorten anhand von deutschsprachigen und finnischsprachigen Beispielen[62] nur kurz vorgestellt. Die Textsorten, die zu den einzelnen Fachtexttypen angeführt werden, stellen charakteristische Beispiele für den jeweiligen Typ dar und veranschaulichen bei den Fachtexttypen auch das Variationsspektrum innerhalb des Typs. In nähere Betrachtung wird im Folgenden die Textsorte Fachwörterbuch gezogen. Es wird auch darauf gezielt, das Interesse der Wörterbuch- und Fachsprachenforschung für ökologische Fachlexikografie zu wecken sowie zu weiteren Forschungen auf diesem bisher kaum beachteten Feld anzuregen. In fachsprachlicher Hinsicht ist es von Interesse, Wörterbücher und Lexika der Ökologie und des Umweltschutzes als Quellen nutzbar zu machen u. a. für Untersuchungen zur Herausbildung der ökologischen Fachsprache und der Terminologie, zur Entwicklung der Benennungsvariation, zur Integration von Termini aus anderen Sprachen und Fächern in die Fachsprache der Ökologie u. Ä.

62 Verweise auf Literatur s. Abschn. 1.5.

### 4.3.1 Juristisch-normative Texte

Juristisch-normative Texte, die den Zweck erfüllen, die Rechtsgrundlage bzw. Grundlage für Vereinheitlichungen zu schaffen, sind u. a. Gesetze, Richtlinien, Rechtsverordnungen, Konventionen, Übereinkommen. Einige Beispiele:

- *Bundesimmissionsschutzgesetz* (BImSchG) zum Schutz vor schädlichen Umwelteinwirkungen durch Luftverunreinigungen, Geräusche, Erschütterungen und ähnliche Vorgänge[63]
- *TA Lärm* (GMBl.1998 S. 503) – Technische Anleitung zum Schutz gegen Lärm, die Obergrenzen für den Lärm in Gewerbebetrieben (außer Gast- und Sportstätten) festlegt[64]
- *Jätelaki* (1072/1993), *jäteasetus* (1390/1993), *jäteverolaki* (495/1996)[65] (= Abfallgesetz, Abfallverordnung, Abfallsteuergesetz)
- *Euroopan parlamentin ja neuvoston direktiivi 94/62/EY pakkauksista ja pakkausjätteistä*[66] = *Richtlinie 94/62/EG des Europäischen Parlaments und des Rates über Verpackungen und Verpackungsabfälle*[67]
- *Richtlinie zur Emissions- und Immissionsüberwachung kerntechnischer Anlagen* (REI) vom 30.6.1993 (GMBl. 1993, Nr. 29)[68]
- *Öko-Audit-Verordnung*[69] (EWG) Nr. 1836/93 des Rates über die freiwillige Beteiligung gewerblicher Unternehmen an einem Gemeinschaftssystem für das Umweltmanagement und die Umweltbetriebsprüfung, deren Ziel die Förderung der kontinuierlichen Verbesserung des betrieblichen Umweltschutzes ist

63 SUL (2000, s. v. Bundes-Immissionsschutzgesetz)

64 http://umwelt-online.de/recht/luft/tlaer_fs.htm (zuletzt aufgerufen am 27.11.2007)

65 http://www.ymparisto.fi > Ympäristönsuojelu > Jätteet ja jätehuolto > Jätelainsäädäntö (zuletzt aufgerufen am 21.1.2008)

66 http://europa.eu.int/smartapi/cgi/sga_doc?smartapi!celexapi!prod!CELEXnumdoc&lg=fi &numdoc=31994L0062&model=guicheti (zuletzt aufgerufen am 2.1.2008)

67 http://europa.eu.int/smartapi/cgi/sga_doc?smartapi!celexapi!prod!CELEXnumdoc&lg=de &numdoc=31994L0062&model=guicheti (zuletzt aufgerufen am 2.1.2008)

68 ÜnS (1999, 95). ÜnS = *Umweltpolitik. Übereinkommen über nukleare Sicherheit.* Bericht der Regierung der Bundesrepublik Deutschland für die erste Überprüfungstagung im April 1999. Hrsg. vom Bundesministerium für Umwelt, Naturschutz und Reaktorsicherheit. Siehe auch Anhang 2 in ÜnS (1999, 91–105): Referenzliste kerntechnisches Regelwerk Stand 12/97.

69 SUL (2000, s. v. Öko-Audit-Verordnung)

- *Klimarahmenkonvention*, deren Ziel die Stabilisierung der Konzentrationen an atmosphärischen Treibhausgasen auf einem Niveau ist, das eine gefährliche Störung des Klimasystems verhindert[70]
- *Yleissopimus maailman kulttuuri- ja luonnonperinnön suojelemisesta* (19/ 1987), Pariisi 1972[71] = *Übereinkommen zum Schutz des Kultur- und Naturerbes der Welt*, das dem Schutz von Denkmälern des Kultur- und Naturerbes der Menschheit sowie von Kulturlandschaften[72] dient
- *Itämeren alueen merellisen ympäristön suojelua koskeva yleissopimus* (11–12/1980), Helsinki 1974[73] = *Übereinkommen zum Schutz der Meeresumwelt des Ostseegebietes (Helsinki-Konvention)*[74].

### 4.3.2 Fortschrittsorientiert-aktualisierende Texte

Den Hauptanteil der Fachkommunikation bilden laut Baumann (1998a, 377) fachinterne Textsorten, die der Vermittlung von Fachwissen zwischen Fachleuten dienen und einen hohen Grad der Exaktheit des Fachsprachengebrauchs voraussetzen. Fortschrittsorientiert-aktualisierende Texte haben die Aufgabe, neue Forschungsergebnisse zu vermitteln. Forschungsergebnisse werden faktenorientiert etwa in Monographien, Dissertationen, Berichten[75] und wissenschaftlichen Artikeln in Sammelbänden mitgeteilt. Der wissenschaftliche Kenntnisaustausch erfolgt auch auf Kongressen und Symposien, wobei die Vorträge meistens als Tagungsbände veröffentlicht werden.[76] Zu den zentralen Textsorten in der fachinternen Kommunikation gehört darüber hinaus die Textsorte akademisch-wissenschaftlicher Zeitschriftenaufsatz[77] (Gläser 1998a, 482). Das Hauptanliegen der Fachzeit-

70 BBÜbV (1998, 129). BBÜbV = *Bericht der Bundesregierung nach dem Übereinkommen über die biologische Vielfalt* (1998). Nationalbericht biologische Vielfalt. Hrsg. vom Bundesministerium für Umwelt, Naturschutz und Reaktorsicherheit. Neuss.

71 Wahlström/Reinikainen/Hallanaro (1994, 356).

72 BBÜbV (1998, 50f.).

73 Wahlström/Reinikainen/Hallanaro (1994, 356).

74 BBÜbV (1998, 50) (Zu Umweltgesetzen und -verordnungen siehe z.B. www.juris.de.)

75 Zu Forschungsberichten in der Fachsprache der Umwelt und Ökologie vgl. z.B. Fußnoten 68 und 70.

76 Zu Tagungsbänden s. z.B. *Gesundheitsrisiken durch Lärm* (1998). Tagungsband zum Symposium. Veranstaltung im Rahmen der Initiative „Schritte zu einer nachhaltigen, umweltgerechten Entwicklung“ Wissenschaftszentrum Bonn, 10. Februar 1998. Hrsg. vom Bundesministerium für Umwelt, Naturschutz und Reaktorsicherheit. Bonn.

77 Laut Gläser (1998a, 482) steht die Bezeichnung wissenschaftlicher Zeitschriftenaufsatz für einen Sammelbegriff, der in textlinguistischer Hinsicht einerseits nach der Kommunikationssphäre bzw. dem Adressatenkreis, andererseits nach den Textsortenvarianten innerhalb einer bestimmten Kommunikationssphäre zu differenzieren ist. Nach der Kommunikationssphäre und dem Adressatenkreis kann zwischen dem akademisch-wissenschaftlichen und dem populärwissenschaftlichen Zeitschriftenaufsatz unterschieden werden. Zum

schriften ist es, Forschungsergebnisse (Originalarbeiten) zu publizieren. Darüber hinaus bieten sie eine sekundäre Aufarbeitung vom Wissen in Form von Übersichten, Tagungsberichten, Rezensionen, Buchbesprechungen etc. Akademisch-wissenschaftliche Fachzeitschriftenartikel gewährleisten laut Gläser (1998a, 483) nicht nur Aktualität und fachliches Niveau, sondern in gewissem Umfang auch wissenschaftlichen Meinungsstreit etwa durch polemisch geführte Auseinandersetzungen in Aufsätzen, Diskussion in Leserbriefen oder Kritik in Rezensionen.

Im Bereich der Ökologie und des Umweltschutzes ist die Vielfalt der Fachzeitschriften breit gefächert. Neben den allgemeinen Fachzeitschriften, wie etwa der finnischen Fachzeitschrift *Ympäristö*[78], die sich sowohl an Fachleute als auch an Laien wendet und über jedes umweltrelevante Thema informiert – vom Umwelt- und Naturschutz bis zu Fragen der Kulturumwelt und des Landschaftsschutzes, von der Landschaftsplanung bis zum Umweltmanagement – gibt es entsprechend der Differenzierung des Umweltschutzes und der Ökologie eine Vielzahl subdisziplinärer Zeitschriften sowie Zeitschriften mit einer speziellen Thematik und gar regionale Umweltmagazine wie etwa die folgenden deutschsprachigen:

- *Wasserwirtschaft*[79]: Die Zeitschrift für Wasser- und Umwelttechnologie bietet Informationen über Hydrologie, Gewässer, Wasserbau und Wasserkraft, Talsperren, Hochwasserschutz, Grund- und Trinkwasser, Boden und Ökologie.
- *ENTSORGA*[80]: Fachzeitschrift für Entsorgung und Umweltschutz. Themenbereiche sind Entsorgung, Bodensanierung, Umweltpolitik, Umweltmanagement, Wasser und Abwasser.
- *Bodenschutz*[81]: Fachzeitschrift für alle, die Interesse am Schutz und an der Nutzung von Böden haben und sich den Herausforderungen des Bodenschutzes stellen wollen.
- *Immissionsschutz*[82]: Fachzeitschrift mit Beiträgen zu aktuellen Themen der Luftreinhaltung, des Lärmschutzes, der Reststoffverwertung sowie der Energie- und Wärmenutzung

---

wissenschaftlichen Zeitschriftenartikel siehe auch Gläser (1990, 66–73). Zum naturwissenschaftlichen Zeitschriftenartikel siehe Niederhauser (1999, 104–111). Zum populärwissenschaftlichen Zeitschriftenartikel siehe Abschn. 4.3.3.1.

78 Ympäristö. Hrsg.: Ympäristöministeriö ja Suomen ympäristökeskus. Stellatum. Helsinki.

79 Wasserwirtschaft (WaWi). Zeitschrift für Wasser und Umwelt. Vieweg Verlag. Wiesbaden.

80 ENTSORGA. Das Fachmagazin für Abfall, Abwasser, Luft und Boden. Deutscher Fachverlag GmbH. Frankfurt a. M.

81 Bodenschutz: Erhaltung, Nutzung und Wiederherstellung von Böden. Bundesverband Boden e.V. Schmidt Verlag. Berlin.

82 Immissionsschutz. Zeitschrift für Luftreinhaltung, Lärmschutz, Anlagensicherheit, Abfallverwertung und Energienutzung. Hrsg. von M. Pütz und E. Koch. Schmidt Verlag. Berlin.

- *Photon*[83]: Die Fachzeitschrift beschäftigt sich mit dem Thema der Stromerzeugung aus Sonnenenergie.
- *ZUR – Zeitschrift für Umweltrecht*[84]: Die Schwerpunkte der Zeitschrift bilden die aktuellen Entwicklungen auf allen Gebieten des Umweltrechtes und das äußerst engagierte Bemühen, rechtliche Möglichkeiten und Freiräume für die Belange des Umweltschutzes aufzuzeigen und zu diskutieren.
- *Ökologie & Landbau*[85]: Fachzeitschrift zu den Themenbereichen ökologische Landwirtschaft, Gentechnik, Waldbau, Weinbau, Wasserwirtschaft und Landbau, internationaler Landbau usw.
- *Naturschutz und Landschaftsplanung*[86]: Eine Zeitschrift für angewandte Ökologie für die Veröffentlichung von wissenschaftlichen, anwendungsorientierten und planerischen Originalarbeiten sowie aktuelle Nachrichten, Veranstaltungshinweise und Buchbesprechungen aus den Bereichen der Landespflege, des Naturschutzes und der Landschaftsplanung
- *Kurt*[87]: Die Leipziger Umweltzeitschrift greift als kritischer Begleiter aktuelle Umweltthemen, Planungs- und Bauvorhaben aus der Region auf.

Entsprechende finnischsprachige Zeitschriften sind:

- *BioEnergia*[88]: Vereinszeitschrift mit Informationen über Erzeugung von Bioenergie, über technische Lösungen und Umwelt
- *EKOasiaa*[89]: Fachzeitschrift für Behandlung, Verbrennung, Entsorgung und Ablagerung von besonders überwachungsbedürftigen Abfällen
- *Ilmansuojelu*[90]: Fachzeitschrift für Klimaschutz und Luftreinhaltung
- *Keräysviesti*[91]: Fachzeitschrift zum Thema Altpapier, Wiederverwertung, Recycling
- *LUOMUlehti*[92]: Fachzeitschrift für den naturgemäßen und ökologischen Landbau sowie die biodynamische Wirtschaftsweise

---

83 Photon. Das Solarstrom-Magazin. Solar Verlag. Aachen.
84 ZUR – Zeitschrift für Umweltrecht. Verein für Umweltrecht. Nomos. Bremen.
85 Ökologie & Landbau. Stiftung Ökologie & Landbau. Bad Dürkheim. Oekom Verlag. München.
86 Naturschutz und Landschaftsplanung. Zeitschrift für angewandte Ökologie. Verlag Eugen Ulmer. Stuttgart.
87 Kurt. Die Leipziger Umweltzeitschrift. Kubitz & Schaaf YellowPress GbR. Leipzig.
88 Bioenergia. Tuotanto, tekniikka, ympäristö. Puuenergia ry. Rajamäki.
89 EKOasiaa. Ekokem Oy Ab. Riihimäki.
90 Ilmansuojelu. Ilmansuojeluyhdistys ry. Helsinki.
91 Keräysviesti. Paperinkeräys Oy. Helsinki.
92 LUOMUlehti. Luomu-Liitto ry. Maaseudun Kehittämiskeskus Partala ry. Tampere.

- *UUSIOuutiset*[93]: Fachzeitschrift für Vermeidung, Recycling, umweltverträgliche Verwertung und umweltschonende Beseitigung von Altstoffen und -materialien
- *Ympäristöjuridiikka*[94]: Fachzeitschrift für Umweltrecht.

Eine in den letzten Jahren üblich gewordene Art der Vermittlung von Forschungsergebnissen auf Kongressen sind Posters (Wiese 2001, 466; s. auch Wiese 2000, 713). Sie lassen sich den publizistisch aufbereiteten Texten zurechnen. Aktuelle Forschung und deren Ergebnisse können auf einem wissenschaftlichen Poster kurz und bündig dargestellt werden. Das Poster weist in der Regel folgende Struktur auf: Einleitung, Material- und Methodendarstellung, Ergebnisse und Schlussfolgerungen.

Darüber hinaus dienen der fortschrittsorientiert-aktualisierenden Informationsvermittlung u. a. Kurzfassungen – etwa *Klimaschutz durch Nutzung erneuerbarer Energien* (1999), *Umweltpolitik. Umweltgutachten* (1998), *Ilmastonmuutos ja Suomi* (1996)[95] –, wissenschaftliche Rezensionen[96], Buchbesprechungen, Buchankündigungen[97], die eine komprimierte Information über den wesentlichen Inhalt einer Neuerscheinung geben, sowie Zusammenfassungen und Abstracts[98]. Alle diese Fachtextsorten sind den Sekundärtextsorten zuzurechnen, da sie sich auf einen Basistext beziehen.

### 4.3.3 Didaktisch-instruktive Texte

#### 4.3.3.1 Theoretisches Wissen vermittelnde Texte

Die Fachsprachenforschung hat sich bis vor kurzem vorwiegend mit der Untersuchung fachinterner Kommunikation beschäftigt. In letzter Zeit sind aber auch Aspekte fachexterner Kommunikation vermehrt in die fachsprachlichen Überle-

---

93 UUSIOuutiset. Hyötykäytön ammattilehti. Jyväskylä.

94 Ympäristöjuridiikka. Suomen Ympäristöoikeustieteen Seura ry. Helsinki.

95 Vgl. etwa (1) *Klimaschutz durch Nutzung erneuerbarer Energien* (1999). Studie im Auftrag des Bundesministeriums für Umwelt, Naturschutz und Reaktorsicherheit und des Umweltbundesamtes. Kurzfassung. Hrsg. vom Bundesministerium für Umwelt, Naturschutz und Reaktorsicherheit. Bonn u. a. (2) *Umweltpolitik. Umweltgutachten 1998* des Rates von Sachverständigen für Umweltfragen. Umweltschutz: Erreichtes sichern – Neue Wege gehen. Kurzfassung. Hrsg. vom Bundesministerium für Umwelt, Naturschutz und Reaktorsicherheit. Bonn. (3) *Ilmastonmuutos ja Suomi* (1996). Tiivistelmä suomalaisen ilmakehämuutosten tutkimusohjelman (SILMU) tuloksista. Suomen Akatemia. Helsinki.

96 Zur wissenschaftlichen Rezension s. u. a. Gläser (1990, 108–113) u. Ripfel (1998, 488–493).

97 Zur Textsorte Buchankündigung s. u. a. Gläser (1990, 113–117).

98 Zur Textsorte Abstract s. z. B. Gläser (1990, 117–130) u. Kretzenbacher (1998, 493–496).

gungen einbezogen worden. (Vgl. Niederhauser 1999, 57.) Ein Gegenstand der Fachsprachenforschung ist die Frage, wie Fachinformationen interfachlich und fachextern[99] zu vermitteln sind.

Die Funktion der didaktisch-instruktiven Texte besteht in der Vermittlung des aktuellen Wissenstandes. Sie lassen sich erstmals auf der Hierarchiestufe II der Fachtexttypologie einerseits in theoretisches Wissen vermittelnde und andererseits in Mensch/Technik-interaktionsorientierte Texte (z. B. Bedienungsanleitung und Handbuch) untergliedern. Nach dem Kriterium der Art der Informationspräsentation sind die theoretisches Wissen vermittelnden Texte auf der Hierarchiestufe III weiter in die Kategorien (1) mnemotechnisch organisierte (z. B. Lehrbücher) und (2) Interesse weckende Texte (z. B. Sachbuch und populärwissenschaftlicher Zeitschriftenartikel) zu unterteilen.

Während Interesse weckende Texte zur Darstellung und Vermittlung wissenschaftlicher und technischer Kenntnisse an einen in seinen Ausmaßen nicht berechenbaren Adressatenkreis interessierter Nichtfachleute gerichtet sind, wenden sich die mnemotechnisch organisierten Textsorten stets an einen klar umrissenen Lernerkreis. Der Fachlichkeitsgrad der Lehrbuchtexte ist auf die fachliche Zielstellung sowie auf die Altersstufe und die fachlichen Vorkenntnisse der Lernenden abgestimmt. Lehrbuchtexte sind nicht nur Wissensspeicher, sondern auch eine systematische Einführung in die Grundlagen sowie in das Begriffs- und Benennungssystem eines Fachgebietes und in die darin angewandten Forschungsmethoden. Das Hochschullehrbuch kann auch Spezialwissen nach bestimmten thematischen Prinzipien vermitteln. (Vgl. Gläser 1990, 147f.; zu didaktisierenden Fachtextsorten s. z. B. Gläser 1990, 148–173.)

Die kommunikative Funktion Interesse weckender Literatur ist die Verbreitung fachinterner Kenntnisse für ein nicht eingeweihtes, aber fachlich interessiertes Laienpublikum (vgl. Gläser 1998a, 483). Die populärwissenschaftliche Darstellung von Fachwissen für die fachlich interessierte Öffentlichkeit verlangt eine grundsätzlich andere Kommunikationsstrategie als die wissenschaftliche.

Die Kommunikationsstrategie wird durch eine Reihe von Faktoren beeinflusst, zu denen von Gläser (1990, 173ff.) die Folgenden gezählt werden:[100]

(1) Die kommunikative Funktion

Der populärwissenschaftliche Text dient vorwiegend der Darstellung und Verbreitung aktuellen Fachwissens sowohl interfachlich als auch fachextern. Außer der Fachinformation vermittelnden Funktion hat die populärwissenschaftliche Literatur auch noch andere Funktionen: Sie soll in ästhetisch ansprechender,

---

99 Zu Fachtextsorten der fachexternen Kommunikation (didaktisierende Fachtextsorten u. Fachtextsorten der Popularisierung) s. z. B. Gläser (1990, 147–255), zur populärwissenschaftlichen Vermittlung z. B. Niederhauser (1999).

100 Mit Strategien, Mitteln und Techniken der Vermittlung wissenschaftlichen Wissens in der fachexternen Kommunikation haben sich befasst auch u. a. Serra Borneto (1986), Kalverkämper (1988), Niederhauser (1999).

niveauvoll unterhaltsamer Weise in ein Fachgebiet einführen und ein weiterführendes Interesse für neue wissenschaftliche Entwicklungen wecken.

(2) Der Adressat

Der Adressatenkreis populärwissenschaftlicher Textsorten ist keine homogene Gruppe und kann von Fachleuten anderer Disziplinen, interessierten Laien bis zum Ausbilder, Studenten, Lehrling, Schüler und zum mittleren Fachpersonal reichen. (Vgl. hierzu auch Baumann 1998c, 730.)

(3) Die Abstufung des Fachlichkeitsgrades

Was die Adressaten betrifft, so kann der Fachlichkeitsgrad der Texte erheblich variieren. Die Popularisierung eines Fachproblems ermöglicht eine selektive Behandlung der Thematik. Wissenschaftlich komplexe Inhalte und eine theoretische Begründung können weitgehend vereinfacht oder sogar ausgespart werden. In populärwissenschaftlichen Texten kann die Fachlichkeit durch Auflösung der Informationsfülle und -dichte, durch Weglassen detaillierter Einzelheiten, durch zusätzliche Hintergrundinformation und anschauliche Beispiele, durch Verwendung von Zwischenüberschriften als Orientierungshilfe sowie durch die Einbeziehung vager Formulierungen als Ausdruck modifiziert werden. Populärwissenschaftliche Textsorten sind gekennzeichnet durch einen adressatenspezifisch abgestuften Anteil von Termini. (Vgl. hierzu auch Niederhauser 1999, 120–130.)

(4) Textsorten der Popularisierung

Für die Popularisierung fachspezifischer Sachverhalte ist entscheidend, dass der Textautor diejenige Textsorte genau kennt, die für den jeweiligen Zweck und Adressatenkreis am geeignetsten erscheint. Typische Textsorten sind u. a. der populärwissenschaftliche Zeitschriftenartikel oder Beitrag in einer Tageszeitung, die populärwissenschaftliche Buchbesprechung, das Sachbuch, Aufklärungs- und Ratgebertexte.

(5) Stilprinzipien der Popularisierung

Den popularisierenden Stilprinzipien angehören

- die Ausnutzung sprachlicher Variationsmöglichkeiten in der Formulierung des fachspezifischen Sachverhalts,
- die Verbindung von Rationalität mit den sprachgestalterischen Fähigkeiten des Textautors,
- die Allgemeinverständlichkeit des Textes durch Erläuterung der für Nichtfachleute unbekannten fachlichen Erscheinungen sowie durch Erklärung oder Umschreibung weniger geläufiger Termini[101]. Die Verstehenssicherung kann beim Gebrauch fremdsprachiger Termini durch indigene Bezeichnungen erfolgen, die bei der Ersterwähnung dem fremdsprachigen Terminus häufig in Klammern hinzugefügt werden. Begriffe können auch in allgemeinverständlicher Form im fortlaufenden Text definiert werden: Genaue fachwissenschaftliche Definitionen

---

101 Zum Gebrauch wissenschaftlicher Termini in fachexternen Texten siehe z.B. Wiese (1984b).

werden dagegen seltener verwendet, (vgl. hierzu auch Kalverkämper 1988, 319; Niederhauser 1999, 140–160)
- die Anschaulichkeit durch Metaphern sowie durch Beispiele und Vergleiche mit Alltagserfahrungen, -kenntnissen und -vorstellungen[102].

Populärwissenschaftliche Vermittlung bedeutet laut Niederhauser (1999, 117) „*Transformation*, *Transfer*, *Umsetzung* oder *Übersetzung* wissenschaftlicher Inhalte in fachexterne Darstellungen unter Anwendung bestimmter *Methoden*, *Techniken* und *Strategien* der Popularisierung".[103] Die Merkmale, mit denen ein wissenschaftlicher Text in einen popularisierenden übersetzt bzw. umgesetzt wird, können zusammengefasst werden als: „Redundanz und Dynamisierung, Veranschaulichung und Emotionalisierung, sie vermitteln dem Leser die Möglichkeit, sich zu identifizieren, und zielen auf Vermenschlichung" (Pörksen 1986, 198). Wittwer (2001) konzentriert sich auf Textmerkmale in popularisierenden Fachtextsorten in der Pädiatrie. Unter Textmerkmalen zur Bestimmung der Verständlichkeit in populärwissenschaftlichen Fachtextsorten versteht er „alle Methoden und Mittel, die der Fachtextautor anwenden kann und muss, um eine bestmögliche Rezeption und kognitive Verarbeitung des fachlichen Inhalts durch den jeweiligen Fachtextrezipienten zu erreichen" (ebd., 318).

Zu den wichtigen Textsorten, die der interfachlichen und fachexternen Kommunikation[104] zuzurechnen sind, gehören beispielsweise populärwissenschaftliche Zeitschriftenaufsätze, die einen Kenntnisaustausch zwischen Fachwelt und Nichtspezialisten, üblicherweise dem interessierten Laienpublikum, sowie zwischen den Vertretern verschiedener Fach- und Wissenschaftsgebiete schaffen (vgl. Baumann 1998c, 729). Die Verfasser der populärwissenschaftlichen Zeitschriftenartikel sind häufig Wissenschaftsjournalisten, seltener Fachwissenschaftler. Die Textsorte populärwissenschaftlicher Zeitschriftenartikel enthält u. a. den populärwissenschaftlichen Nachrichtenartikel, den populärwissenschaftlichen Problemartikel sowie den allgemein informierenden Beitrag in einer Tageszeitung. (Vgl. Gläser 1990, 175, 194 u. 1998a, 482f.)

Ein Beispiel für den notwendigen Wissenstransfer zwischen Fachwelt und Öffentlichkeit sind die Aufsätze des Nachrichten-Magazins *Der Spiegel*. Eine eigene Rubrik unter dem Titel *Umwelt* erscheint im *Spiegel* zum ersten Mal in der Ausgabe vom 31.8.1970 auf Seite 3 (Kann 1976, 441). Die ganze Breite und Vielschichtigkeit der fachexternen Popularisierung umfasst etwa das journalistisch auf-

---

102 Zur Rolle von Beispielen in populärwissenschaftlichen Texten haben sich u. a. Koskela/ Pilke (2001) geäußert.

103 Hervorhebungen im Original.

104 Baumann (1998c, 730) spricht in diesem Zusammenhang von populärwissenschaftlichen Vermittlungstexten und versteht darunter eine Gruppe von Textsorten, die darauf zielt, einem heterogenen Adressatenkreis aus interessierten Laien wissenschaftliche Inhalte auf eine kommunikativ-kognitive Weise zu vermitteln, die Kommunikationskonflikte unmöglich machen.

gemachte, magazinartige *bild der wissenschaft*[105], die Zeitschrift *Deutschland*[106], die sechsmal jährlich in elf Sprachen erscheint und in 180 Länder vertrieben wird, die in erster Linie auf Natur und Naturschutz konzentrierte Zeitschrift *Suomen Luonto*[107] sowie die finnische Universitätszeitschrift *Yliopisto*[108] für ein allgemein wissenschaftlich gebildetes Publikum. Das Spektrum kann erweitert werden durch die Wissenschaftsseiten renommierterer Qualitätszeitungen wie etwa *Die Zeit*, *Süddeutsche Zeitung* und *Helsingin Sanomat*[109] sowie durch die Artikel in größeren und kleineren deutsch- bzw. finnischsprachigen Wochen- und Tageszeitungen.

Eine bedeutende Rolle im fachexternen Wissenstransfer spielt darüber hinaus das finnische Jahrbuch *Mitä Missä Milloin* (= MMM), in dem die Informationen verlässlich, übersichtlich und einprägsam aufbereitet dargestellt werden. Eine eigene Rubrik unter dem Titel *Ympäristö* ‚Umwelt' erscheint in MMM (1. Jahrgang 1951) erstmals 1987 (s. MMM 1988, 292–301). Während in MMM 1988 damals solche Themen wie „Die Folgen von Tschernobyl" und „Der Abbau der schützenden Ozonschicht" angeboten wurden, so werden in Artikeln des MMM 2000 Fakten und Hintergründe u.a. zu den Themen „Der Smog plagt Südost-Asien" und „Die Wildtiere wandern in die Städte" (s. MMM 2000, 301–318) behandelt. Besonders aktuell im Jahre 2006 waren dagegen u. a. die Themen „Die Vielfalt unserer Umwelt", „Umweltprobleme der Informationsgesellschaft" und „Die Erwärmung des Erdklimas" (s. MMM 2007, 257–281).

Sachbücher[110] sollen laut Baumann (1998c, 730) in allgemein bildender und verständlicher, interessanter sowie ästhetisch ansprechender, unterhaltsamer Weise einfache Zugänge zum Fachwissen schaffen. Das Sachbuch ist eine thematisch selektive Einführung. Der Sachbuchautor ist vielfach Wissenschaftsjournalist, der seine empfindende und urteilende Persönlichkeit in die Beschreibung, Charakterisierung und Schilderung der fachlichen Gegenstände und Sachverhalte mit einbringt. Daraus folgt, dass das Fachwissen subjektiv verarbeitet und verwertet sowie mit emotionaler Beteiligung vermittelt wird. Charakteristisch für die Textsorte

---

105 bild der wissenschaft (= bdw). Konradin Mediengruppe. Leinfelden-Echterdingen. Vgl. z.B. *Schwerpunkt Extremwetter* In: bdw 4/2007, 52–65; *Dreck bremst die Klimaerwärmung* In: bdw 11/2006, 32–36.

106 Deutschland. Forum für Politik, Kultur und Wirtschaft. Societäts-Verlag. Frankfurt a.M. Vgl. z.B. *Partnerschaft für saubere Energie* und *Die grünen Champions* In: Deutschland 3/2007, 28–30 u. 40–45.

107 Suomen Luonto. Suomen luonnonsuojeluliitto. Helsinki. Vgl. z.B. *Paljonko annamme maapallon lämmetä?* In: Suomen Luonto 3/2005, 24–29.

108 Yliopisto. Helsingin yliopiston tiedelehti. Helsingin yliopisto. Helsinki. Vgl. z.B. *Ilmastoskeptikot.* In: Yliopisto 3/2004, 36–39; *Puhtaan tulevaisuuden paletti.* In: Yliopisto 8/2007, 14–20..

109 Helsingin Sanomat (= HS). Sanoma Osakeyhtiö. Helsinki. Vgl. z.B. Silfverberg, Anu: *Arktinen alue lämpenee nopeimmin.* In: HS 11.11.2006, B1.

110 Ausführlicher zur Textsorte Sachbuch s. z.B. Gläser (1990, 207–221).

sind auffällige Kapitel- und Zwischenüberschriften. (Vgl. Gläser 1990, 208ff.) Die publizistische Bedeutung der Textsorte Sachbuch verstärkt sich gegenwärtig ständig (Baumann 1998c, 734).

Als Beispiel für Sachbücher soll hier der Bericht *State of the World* erwähnt werden, den das amerikanische Worldwatch Institute seit 1984 jährlich veröffentlicht und der in etwa 30 Sprachen publiziert wird[111]. Im deutschen Sprachraum erscheint der Jahresbericht unter dem Titel *Zur Lage der Welt* (Fischer Taschenbuch Verlag), und in Finnland trägt er den Titel *Maailman tila* (Gummerus). In der öffentlichen Umweltdiskussion ist der Report auch in Finnland schnell zu einer der meistbenutzten Quellen geworden. Als zweites Beispiel soll das *Jahrbuch Ökologie* angeführt werden. Es erscheint seit dem Beginn der Reihe 1992 im Verlag C. H. Beck und wendet sich an eine sensible Öffentlichkeit, die sich der Umweltkrise bewusst ist und nach tragfähigen Alternativen im Umgang mit der Natur sucht.[112]

Einen hohen Verbreitungsgrad im Bereich Umweltschutz haben die Informations-, Aufklärungs- und Ratgebertexte erlangt. Durch Umweltberatung wird versucht, das Lebens- und Konsumverhalten privater Haushalte sowie die Wirtschaftsweise von Institutionen und Betrieben in Richtung eines die natürlichen Ressourcen schonenden und umweltverträglicheren Handelns zu beeinflussen. Aufklärungstexte[113] behandeln Themen wie Abfallbeseitigung und Recycling, Gewässer-, Klima-, Arten- und Naturschutz. Im Vergleich zu Aufklärungstexten haben Ratgebertexte[114] eine noch größere Nähe zur Gemeinsprache (Gläser 1990, 228). Sie vermitteln laut Baumann (1998c, 729) praktische Ratschläge, Empfehlungen bzw. situationsspezifische Handlungsmuster. Ratgeberschriften können sich beispielsweise auf Möglichkeiten umweltgerechten Handelns im Alltag beziehen. Ähnlich wie die Aufklärungstexte sind die Ratgebertexte mit Zeichnungen und Bildern illustriert.

Durch die zunehmende Chemisierung des Alltags und das gesteigerte Umweltbewusstsein der Verbraucher ist eine qualifizierte Verbraucheraufklärung und Beratung unerlässlich. Solche Ausgaben wie *50 einfache Umwelt-Tips für den Alltag* von Pfitzenmeier/Schmelzer (1991)[115] und der umfassende Ratgeber *Gifte im All-*

---

111 Vgl. die Buchbesprechung von: Worldwatch Institute (Hrsg.): Zur Lage der Welt 2005. Zugang: <http://www.uni-kassel.de/fb5/frieden/themen/Globalisierung/worldwatch2005.html> (zuletzt aufgerufen am 25.1.2008).

112 Die Internetseite des Jahrbuchs befindet sich unter der Adresse <www.jahrbuch-oekologie.de> (zuletzt aufgerufen am 25.1.2008).

113 Zur Textsorte Aufklärungstext s. z.B. Gläser (1990, 221–228).

114 Zur Textsorte Ratgebertext s. z.B. Gläser (1990, 228–233).

115 Pfitzenmaier, Gerd/Schmelzer, Brigitte (1991): *50 einfache Umwelt-Tips für den Alltag*: mach mit beim Umweltschutz. Was ich tun kann: Müll verringern, Trinkwasser sauber halten, umweltfreundlich einkaufen, Energie sparen, Haushalt entgiften, verantwortungsbewußt Auto fahren, umweltschonend Freizeit gestalten. Mit Umwelt-Tests und Umwelt-Lexikon. 2. Aufl. München: Gräfe und Unzer.

*tag* von Daunderer (1999)[116] übersetzen komplexe wissenschaftliche Erkenntnisse in eine allgemein verständliche Sprache. An breite Bevölkerungsschichten wenden sich auch die Informationsschriften der Umweltministerien, die im Rahmen der Öffentlichkeitsarbeit herausgegeben werden, sowie die amtlichen Veröffentlichungen der EU. Als Beispiel seien einige Titel genannt: *Klimawandel in den Alpen: Fakten – Folgen – Anpassung*[117]; *Viel Sommer – wenig Smog*[118]; *Itämeren tila*[119]; *Vähemmästä enemmän ja paremmin – Kestävän kulutuksen ja tuotannon toimikunnan (KULTU) ehdotus kansalliseksi ohjelmaksi*[120]; *Natura 2000 und der Wald: Herausforderungen und Chancen*[121]; *Natura 2000 ja metsät – „Haasteet ja mahdollisuudet"*[122]; Faktenblatt Umwelt: *Bodenschutz – eine neue Politik für die EU*[123] sowie Faktatietoa ympäristöstä: *Maaperän suojelu – EU:n uusi politiikka*[124].

#### 4.3.3.2 Mensch/Technik-interaktionsorientierte Texte

Im Kommunikationsbereich des Umweltschutzes findet man darüber hinaus die Dokumentation für Anlagen und Geräte in ihrer Spezifizierung von Installationsanweisungen über Benutzerhandbuch und Bedienungsanleitung bis hin zur Wartungsanleitung. Eine große Bedeutung kommt der Fachsprache auch bei der Erarbeitung von Inbetriebnahme- und Funktionsbeschreibungen von Maschinen und Anlagen zu. Diese Erläuterungen werden in der Regel durch entsprechende Abbildungen vervollständigt, um die Deutlichkeit der Aussagen zu demonstrieren. Eine

---

116 Daunderer, Max (1999): *Gifte im Alltag*: wo sie vorkommen, wie sie wirken, wie man sich dagegen schützt. München: Beck (= Beck'sche Reihe, 1295).

117 *Klimawandel in den Alpen. Fakten – Folgen – Anpassung* (2007). Bundesministerium für Umwelt, Naturschutz und Reaktorsicherheit (BMU). Referat Öffentlichkeitsarbeit. Berlin.

118 *Viel Sommer – wenig Smog*. Handeln gegen Sommersmog (2000). Hrsg.: Bundesministerium für Umwelt, Naturschutz und Reaktorsicherheit. Referat Öffentlichkeitsarbeit. Berlin.

119 *Itämeren tila* (1997). 2. painos. Hrsg.: Ympäristöministeriö. Helsinki (= Suomen ympäristö 113).

120 *Vähemmästä enemmän ja paremmin – Kestävän kulutuksen ja tuotannon toimikunnan (KULTU) ehdotus kansalliseksi ohjelmaksi* (2005). Ympäristöministeriö ja kauppa- ja teollisuusministeriö. Helsinki.

121 *Natura 2000 und der Wald: Herausforderungen und Chancen*. Auslegungsleitfaden. (2004). Europäische Kommission/Generaldirektion Umwelt. Amt für Veröffentlichungen. Publications.eu.int.

122 *Natura 2000 ja metsät – "Haasteet ja mahdollisuudet"*. Tulkintakäsikirja. Euroopan komissio/Ympäristöasioiden pääosasto. Julkaisutoimisto. Publications.eu.int.

123 Faktenblatt Umwelt: *Bodenschutz – eine neue Politik für die EU* (2007). Europäische Kommission/Generaldirektion Umwelt. Amt für Veröffentlichungen. Publications.eu.int.

124 Faktatietoa ympäristöstä: *maaperän suojelu – EU:n uusi politiikka* (2007). Euroopan komissio/Ympäristöasioiden pääosasto. Julkaisutoimisto. Publications.eu.int.

eindeutige Anwendung der Fachsprache ist auch in den Anweisungen zur Wartung und Pflege von Maschinen erforderlich.

Unter dem Oberbegriff produktbegleitende Texte sollen Textsorten wie etwa Montage-, Gebrauchs- und Bedienungsanleitung zusammengefasst werden (Gläser 1990, 241). Im Modell der vertikalen Schichtung der Fachsprachen nach Hoffmann (1985, 65f.) wären solche Texte kennzeichnend für die unterste Stufe, d. i. für die Stufe der Sprache der Konsumtion. Als Merkmal solcher Texte gelten eine „sehr niedrige Abstraktionsstufe" und „die natürliche Sprache mit einigen Fachtermini und ungebundener Syntax" (Hoffmann, 1985, 66). Die Interaktion vollzieht sich zwischen Vertretern der materiellen Produktion, Vertretern des Handels und den Verbrauchern. Nach der Einteilung von Möhn/Pelka (1984, 152) wären produktbegleitende Texte in der fachexternen Kommunikation einzuordnen.

Die obige Zuordnung mag zwar für produktbegleitende Texte für Konsumgüter gelten, damit wären aber nicht die Bedienungsanleitungen und Montagevorschriften beispielsweise der Umweltschutztechnik oder Energieerzeugung erfasst, wie etwa bei der Inbetriebnahme von Rauchgasentschwefelungsanlagen, Biogasanlagen, Windanlagen, Solarkraftwerken oder Kläranlagen für Abwasserreinigung. Insoweit beschränkt sich das Vorkommen produktbegleitender Texte nicht auf die unterste Schicht im System der vertikalen Schichtung der Fachsprachen nach Hoffmann (1985, 65f.) bzw. auf die fachexterne Kommunikation, sondern ist prinzipiell bereits auf der Schicht der hohen Abstraktionsstufe, d. i. der Sprache der angewandten Wissenschaften und Technik bzw. in entsprechenden Bereichen der fachinternen Kommunikation zu berücksichtigen. Außerdem sind solche Texte mit einem höheren Fachlichkeitsgrad häufig rechtlich verbindlich, indem sie Sicherheits- und Arbeitsschutzbestimmungen bei der Inbetriebnahme sowie Garantieansprüche gegenüber dem Hersteller beinhalten (vgl. Gläser 1990, 242).

In Handbüchern, die der Fachtexttypvariante Mensch/Technik-interaktionsorientierte Texte zugehören, werden größere Problemkreise unter einem bestimmten übergeordneten Begriff gründlich behandelt (Baumann 1998c, 729). Der Adressatenkreis, an den die Textsorte Handbuch sich wendet, ist sehr heterogen und reicht von Spezialisten verschiedener Disziplinen bis zu interessierten Nichtfachleuten (ebd., 733). Handbücher stellen einen funktional eigenständigen Typ der Textsorte Nachschlagewerk dar (ebd.) und zielen darauf ab, ein Gebiet systematisch und umfassend darzustellen. Sie streben nach thematischer Vollständigkeit sowie einem ausreichenden Quellennachweis und sollen Voraussetzungen für die Beantwortung auch sehr spezieller und selten vorkommender Fragen schaffen (Wiese 1998, 1282; 2000, 714f. u. 2001, 466). Einige Beispiele: *Handbuch der Umweltgifte*[125]; *Handbuch Öko-Audit: Umsetzung, Checklisten, Musterhand-*

---

125 Daunderer, Max (1990): Handbuch der Umweltgifte: Klinische Umwelttoxikologie für die Praxis. Landsberg/Lech: ecomed.

*buch*[126]; *Teollisuuden ympäristönsuojelun käsikirja*[127]; *Roskapuhetta: jäteneuvonnan käsikirja*[128].

### 4.3.4 Wissenzusammenstellende Texte

#### 4.3.4.1 Satzfragmentarische Texte

Wie oben bereits erwähnt, wird bei der Aufstellung wissenzusammenstellender Texte das davor bereits in Basistexten anderer Fachtexttypen behandelte Wissen einer Selektion und Verdichtung der Informationen unterzogen. Die Fachlichkeit und Fachsprachlichkeit sowie der Abstraktionsgrad der resultierenden Texte sind abhängig von dem angestrebten Adressatenkreis, dem Umfang der wissenzusammenstellenden Textsorten, wie etwa des Lexikonartikels, sowie der Größe des Ausschnitts aus der abgedeckten Vielfalt des Wissensstoffes. Nachschlagewerke aller Art bilden den Fachtexttyp wissenzusammenstellende Texte, die in die Kategorien enzyklopädische Texte und satzfragmentarische Texte unterteilt werden.

In satzfragmentarischen Texten werden die Informationen einer noch stärkeren Auswahl und Verdichtung unterzogen als in enzyklopädischen Texten und in erster Linie in elliptischen, grammatisch unvollständigen Sätzen, Stichwörtern, Tabellen und Graphiken angeboten. Den satzfragmentarischen Texten lassen sich u. a. die sog. *Roten Listen* zuordnen. Unter den Roten Listen[129] sind Verzeichnisse gefährdeter Tier- und Pflanzenarten und Unterarten mit Ausweisung des Gefährdungsgrades (ausgestorben oder verschollen, vom Aussterben bedroht, stark gefährdet, gefährdet, extrem selten etc.) und zumeist auch mit Angaben zu den Gefährdungsursachen zu verstehen. Rote Listen werden für größere meist politisch, aber auch geografisch abgegrenzte Gebiete erarbeitet und veröffentlicht (z. B. Rote Listen der Ostsee, Rote Liste Wirbeltiere Sachsens). Rote Listen dienen als Entscheidungshilfe für den Gesetzgeber und andere Institutionen und als Grundlage für die praktische Natur- und Artenschutzarbeit.[130]

Als weitere Beispiele für satzfragmentarische Texte können die Grüne, die Gelbe und die Rote Liste genannt werden, die die Anhänge II, III und IV der Verordnung (EWG) Nr. 259/93 des Rates zur Überwachung und Kontrolle der Abfallverbringung in der, in die und aus der Europäischen Gemeinschaft enthält. Die Abfäl-

---

126 Richter, Ekkehard (1998): Handbuch Öko-Audit: Umsetzung, Checklisten, Musterhandbuch. 1. Aufl. Münster: MBO-Verlag.

127 Teollisuuden ympäristönsuojelun käsikirja (1992). Teollisuuden Keskusliitto. Tampere: Teollisuuden Kustannus.

128 Lettenmeier, Michael (1994): Roskapuhetta: jäteneuvonnan käsikirja. Ympäristöministeriö. Vesi- ja ympäristöhallitus. Helsinki: Rakennusalan Kustantajat RAK.

129 Zum Ursprung der Roten Listen s. Fußnote 44.

130 Vgl. *NABU Amphibien- und Reptilienschutz aktuell* unter der Adresse: <http://www.amphibienschutz.de/schutz/artenschutz/roteliste.htm> (zuletzt aufgerufen am 26.1.2008).

le sind nach ihrer Gefährlichkeit eingeteilt: die Grüne Liste, die der Anhang II enthält, umfasst die am wenigsten gefährlichen Abfälle, die Rote Liste des Anhangs IV die gefährlichsten. (Vgl. SUL 2000, s. v. Abfallverbringung.)

Seit Anfang des Jahres 2002 ist die neue Verordnung zur Umsetzung des Europäischen Abfallverzeichnisses ohne Übergangsfrist gültig geworden. Der *Europäische Abfallkatalog 2002* (= EAK) von Wagner/Richter[131] zielt darauf, jedem Abfallbesitzer, der seinen Abfall zwischen den EAK-Nummern und den neuen Schlüsseln der AVV (= Abfallverzeichnis-Verordnung) umschlüsseln muss, sachgerechte und fachkundige Unterstützung zu bieten. Im Europäischen Abfallkatalog 2002 werden das neue Abfallverzeichnis und der alte Abfallkatalog einander tabellarisch gegenübergestellt. Darüber hinaus enthält der Katalog allgemeine Hintergrundinformationen und Vorgehensvorschläge für die Zuordnung von Abfällen zu Abfallarten des Abfallverzeichnisses.

### 4.3.4.2 Enzyklopädische Texte

Standards stellen einen eigenständigen Typ der enzyklopädischen Textsorten dar. Die internationalen Normungsorganisationen wie etwa ISO (International Organization for Standardization) setzen sich laut Arntz/Picht/Mayer (2002, 179) für die systematische Entwicklung international vereinheitlichter Terminologien auf der Grundlage einheitlicher Begriffssysteme ein, um eine eindeutige, unmissverständliche internationale Kommunikation zwischen den Fachleuten zu sichern. Die internationalen Normen sind von der ISO so allgemein konzipiert, dass sie prinzipiell in allen Sprachgebieten verwendet werden können. Für die Normungsarbeit jeweils auf nationaler Ebene sind zentrale Institutionen zuständig. Die Arbeit dieser nationalen Normungsinstitute wird auf internationaler Ebene hauptsächlich von der ISO koordiniert. Die internationalen Normen bieten auch eine Grundlage für die Erarbeitung entsprechender nationaler Grundsatznormen, die auf die besonderen Bedürfnisse des jeweiligen Staates bzw. Sprachgebietes zugeschnitten sind. (Vgl. Arntz/Picht/Mayer 2002, 141.) Beispiele für die nationalen Normungsinstitute sind das *Deutsche Institut für Normung e. V.* (DIN) mit Sitz in Berlin sowie der Verband *Suomen Standardisoimisliitto* (SFS) mit Sitz in Helsinki.

Standards streben danach, die Terminologie des jeweiligen Fachgebiets verbindlich festzulegen und zu präzisieren. Als Beispiele sollen der Standard ISO 6107-8: 1993 *Wasserbeschaffenheit – Begriffe - Teil 8* sowie der Standard SFS 3867 *Ilmansuojelusanasto*[132] (= Fachwörter der Luftreinhaltung [übers. von A. L.]) angeführt werden. Der Teil 8 der ISO 6107 stellt die achte Liste von Be-

---

131 Wagner, Karl/Richter, Manfred (2002): Europäischer Abfallkatalog 2002. Ecomed Sicherheit. [Ohne Ort].

132 SFS 3867 Ilmansuojelusanasto (1988). Luftvårdsterminologi. Air quality. Vocabulary. 2. Aufl. Suomen Standardisoimisliitto SFS. Helsinki.

griffen auf, die in bestimmten Gebieten für die Kennzeichnung der Wasserbeschaffenheit verwendet werden. Der Standard enthält außer den Termini und Definitionen in den drei offiziellen Sprachen der ISO (Englisch, Französisch und Russisch) die entsprechenden Benennungen und Definitionen in deutscher Sprache. Der Standard enthält darüber hinaus ein alphabetisches Lemmaverzeichnis.

Der Standard *Ilmansuojelusanasto* von SFS beschäftigt sich mit Eigenschaften, Verhalten und Entstehung, Messung und Analyse die Luft verunreinigender Substanzen sowie mit Emissionsminderungen. Der Standard umfasst 128 finnischsprachige Termini mit den naturwissenschaftlichen Definitionen sowie die schwedisch- und englischsprachigen Äquivalente. Alphabetisch geordnete schwedisch- und englischsprachige Register der definierten Termini ergänzen das Buch.

Die Textsorte Atlas dient solchen Publikationen, in denen die Abbildungen im Zentrum der Darstellung stehen (Wiese 1998, 1283; 2000, 715). Zu einer verstärkten Zunahme der publizistischen Bedeutung der Textsorte haben laut Wiese (2001, 466) insbesondere die visuellen Informationen, die durch moderne technische Verfahren gewonnen wurden, geführt. Atlasse können zwar auch als theoretisches Wissen vermittelnde Texte erstellt werden, haben aber primär einen Nachschlagecharakter.

Im *Umweltatlas Hessen* findet der Benutzer Übersichtskarten mit erläuternden Texten zur Umweltsituation in Hessen. Der erste *Umweltatlas Hessen* erschien 1999 und liegt derzeit in gedruckter Form, als CD-ROM sowie im Internet[133] vor. Für die Landespolitik bietet der Atlas eine Grundlage für die Ableitung von Nachhaltigkeitsindikatoren, hilft aber speziell auf Landesebene Risiken, Beeinträchtigungen und Gefährdungen zu erkennen, Werte und Qualitäten der Umweltgüter herauszustellen, um deren Erhaltung und Schutz besser zu ermöglichen sowie Handlungsbedarf anzuzeigen. Als Benutzer des *Umweltatlasses Hessen* kommen vornehmlich Landesbehörden, Planer, Hochschulen und Bibliotheken in Frage. Darüber hinaus zielt der Umweltatlas darauf, der interessierten Öffentlichkeit einen Überblick über wichtige Umweltdaten zu bieten.

Der *Atlas der erneuerbaren Energien*[134] bietet in deutscher, französischer und englischer Sprache Informationen u. a. zu den Themen Sonne, Wind, Wellen, Meeresströme, Wasserkraft, Biomasse und Geothermie. Der *Farbatlas Waldschäden* von Hartmann/Nienhaus/Butin[135] (1995) spezialisiert sich auf 288 Seiten auf Baumkrankheiten. Der *dtv-Atlas Ökologie* von Heinrich und Hergt (1998) ist mit 122 Abbildungsseiten in Farbe, ausführlichen Texten, Literaturverzeichnis und Register auf insgesamt 287 Seiten eine Einführung und ein Nachschlagewerk für

---

133 Umweltatlas Hessen. Zugang: <http://atlas.umwelt.hessen.de/atlas/haupt.htm> (zuletzt aufgerufen am 3.1.2008).

134 Der Atlas ist mit weiteren aktuellen Links unter der Adresse <http://www.energie-atlas.ch> abrufbar (zuletzt aufgerufen am 26.1.2008).

135 Hartmann, Günter/Nienhaus, Franz/Butin, Heinz (1995): Farbatlas Waldschäden: Diagnose von Baumkrankheiten. 2., überarb. u. erw. Aufl. Stuttgart (Hohenheim).

Studenten und Schüler, aber auch ein Grundlagenwerk sowie eine Fakten- und Beispielsammlung für alle am Umweltschutz Interessierten.

Fachwörterbücher haben die Aufgabe, wissenschaftlich gesichertes Fachwissen in einer rasch überschaubaren und leicht zugänglichen Form zu speichern und zu vermitteln (vgl. Gläser 1990, 92). Dominierendes Charakteristikum des Fachwörterbuches ist laut Kühn (1978, 146) seine Funktion, die Voraussetzungen für eine ökonomische, aber gleichzeitig auch präzise Information oder Verständigung über sprachliche Bezeichnungsmöglichkeiten und Bedeutungserklärungen innerhalb eines speziellen Fachgebietes oder Wissensbereichs zu schaffen. Der Adressatenkreis von Fachlexika ist heterogen und schließt sowohl Fachleute verschiedener Disziplinen als auch interessierte Nichtfachleute ein. Insoweit hat der Fachwörterbuchartikel als Fachtextsorte der fachinternen Kommunikation eine erhebliche Reichweite.

Das Fachwörterbuch hat eine Makrostruktur höherer Ordnung, in der die einzelnen Lemmaartikel als selbstständige, isolierbare Teiltexte den Rang von Fachtextsorten niederer Ordnung einnehmen (Gläser 1990, 96). Das Fachwörterbuch kann als Gesamttext verstanden werden, der mit einem den Text deklarierenden Titel (Wörterbuch, Lexikon etc.) versehen ist und das Gesamtthema angibt (vgl. Schaeder 1996, 117). Einige Beispiele: *Ökologie von A–Z* von Callenbach[136] (2000), *Altlastenlexikon* von Kowalewski (1993), *Wörterbuch der ökologischen Ethik* von Stoeckle (1986), *Lexikon der Entgiftung von Abgasen, Abwässern, Abfällen und Altlasten* von Martinetz/Martinetz (1999).

Gläser (1990, 93) unterscheidet zwischen den Textsorten Fachlexikon, Fachenzyklopädie und Fachglossar. Das Fachlexikon enthält in der Regel einzelne Lemmaartikel. Diese Lemmaartikel bilden einerseits selbstständige, isolierbare Teiltexte, sind aber andererseits untereinander durch Hinweise auf Hyperonyme, Homonyme, Synonyme und Antonyme terminologisch vernetzt, wodurch die in einem Fachlexikon registrierten, systematisierten und definierten Termini die innere Systematik eines fachlichen Begriffssystems widerspiegeln. Darüber hinaus zeichnen sich die Lemmaartikel durch eine hohe Informationsdichte und Sprachökonomie aus. In Fachenzyklopädien sind die Artikel länger und haben in der Regel die Merkmale selbstständiger Aufsätze mit Zwischenüberschriften. Häufig werden die einzelnen Artikel durch Literaturhinweise abgeschlossen. Glossare haben dagegen als Bestandteil einer Fachpublikation eine begrenzte Reichweite. Sie definieren nur solche Begriffe eines Fachwortschatzes, die für das Verständnis des vorausgesetzten Textes unentbehrlich sind. (Vgl. Gläser 1990, 92–108.)

136 Zu bibliografischen Angaben der Wörterbücher s. Anhang 1, A 1.1.

#### 4.3.4.2.1 Die deutsche und die finnische Fachlexikografie: eine Übersicht

Da die europäische Fachlexikografie in ihren unterschiedlichen Ausprägungen als kulturelle und als eigenständige wissenschaftliche Praxis laut Bergenholtz/Kromann/Wiegand (1999, 1889) weit über 1 000 Jahre alt ist, wundert es kaum, dass es zu „jedem Fach, fast zu jedem Teilfach und fast zu jeder akademischen Disziplin und zu den meisten beruflichen Disziplinen [...] heute Fachwörterbücher" gibt (Wiegand 1990, 2206). Niemand weiß aber, wie viele monolinguale deutsche oder wie viele bi- bzw. multilinguale Fachwörterbücher mit Deutsch als Ausgangs- oder Zielsprache erschienen sind. Laut Wiegand (ebd.) muss davon ausgegangen werden, dass von 1945 bis 1990 mehr als 3 000 monolinguale deutsche sowie bi- und multilinguale Fachwörterbücher mit Deutsch veröffentlicht worden sind. Bergenholtz/Schaeder (1994, 1ff.) vertreten die Meinung, dass diese Zahl viel zu gering angesetzt sein mag, denn allein die von Dressler (1994) zusammengestellte Bibliographie deutschsprachiger Medizinwörterbücher umfasst ca. 1 400 Titel und bietet einen ersten Überblick über die Fachlexikografie eines Faches. Berücksichtigt wurden von Dressler (1994, 172) sowohl monolinguale deutsche Wörterbücher als auch bi- und multilinguale Wörterbücher mit Deutsch als Ausgangssprache bzw. mit deutschen Äquivalenten. Einen kurzen Überblick über die finnischsprachige Fachlexikografie bietet der Exkurs „Zum Forschungsstand der Lexikografie in Finnland" (siehe unten Abschnitt 4.3.4.2.2). Im Hinblick auf die große Zahl von Fachwörterbüchern sowie die Bedeutung, die den Wörterbüchern im Prozess der Wissensaneignung und -vermittlung, des Fachsprachenerwerbs, der Übersetzung von Fachtexten, der Fachlexik- und Fachsprachenforschung sowie in der Erfassung und Gewichtung der Benennungsvarianten zuteil wird, liegt bei der Fachlexikografie sowohl für die germanistische als auch für die finnische Fachsprachen- und Wörterbuchforschung noch ein ausgedehntes Aufgabenfeld.[137]

Fachwörterbücher sind Spezialwörterbücher, deren zentrales Charakteristikum es ist, bestimmte Sprachvarietäten lexikografisch zu beschreiben (Engelberg/Lemnitzer 2004, 22). Sie gehören in Engelberg/Lemnitzers (2004, 21) Klassifikation von Wörterbuchtypen in die Gruppe der sprachvarietätenorientierten Wörterbücher und haben unter allen Spezialwörterbüchern die meisten Publikationen hervorgebracht (ebd., 47). Ein Fachwörterbuch enthält die definierten Termini und Fachwörter einer Berufs- oder Wissenschaftsfachsprache. Laut Schaeder (1994, 13) erfüllen Fachwörterbücher wichtige Funktionen nicht nur bei der Rezeption,

137 Ähnliches zeigt die Übersicht von Bergenholtz/Kromann/Wiegand (1999). Die Untersuchung der Autoren zur Berücksichtigung der Fachlexikografie in der neueren Wörterbuch- und Fachsprachenforschung macht deutlich, dass auf die Wörterbuch- und Fachsprachenforscher noch umfangreiche Aufgaben warten. Die Lücken zeigen sich insbesondere in der Erforschung der Fachwörterbücher in den Sachgebieten der Wörterbuchform und Wörterbuchgegenstände (Grammatik, Semantik usw.). (Vgl. Bergenholtz/Kromann/Wiegand 1999, 1892).

Produktion und Übersetzung von Fachtexten, sondern auch beim muttersprachlichen und fremdsprachlichen Fachsprachenerwerb, bei der fachlichen Wissensaneignung und Wissensvermittlung sowie bei der fachinternen, interfachlichen und fachexternen Kommunikation. Fachwörterbücher dienen der Verdichtung fachlichen Wissens und sind eine spezielle Art der Dokumentation und des Datenspeicherns. Sie sind in erster Linie dazu bestimmt, als Nachschlagewerk zum fachlichen Wissen und zu fachlichen Fragen zu dienen. Darüber hinaus zielen sie darauf, ihren Benutzern Auskunft auf sprachbezügliche Fragen wie etwa über die morphologischen und semantischen Angaben, über die Benennungsvariation etc. zu geben. Über ihren aktuellen Nutzungswert hinaus dienen Fachwörterbücher als wertvolle Quellen für die Erforschung der Geschichte eines Faches, der Fachsprachen und Fachlexik insgesamt sowie der Fachsprache und Fachlexik einzelner Fächer. (Vgl. Schaeder 1994, 13f., 22 u. Dressler/Schaeder 1994b, 5.)

#### 4.3.4.2.2 EXKURS: Zum Forschungsstand der Lexikografie in Finnland[138]

A) Einleitende Bemerkungen

Die bisherige Wörterbuchforschung Finnlands hat sich nahezu ausschließlich mit der Sprachlexikografie befasst. Auch innerhalb der Fachsprachenforschung ist die Literatur zum Fachwörterbuch hinsichtlich des Finnischen bisher dünn gesät. Insgesamt gesehen wenig untersucht ist auch die Geschichte der deutsch-finnischen bzw. finnisch-deutschen Lexikografie selbst (vgl. J. Korhonen 2001a, 169)[139]. Im Ganzen hat die finnische Hochschulgermanistik der deutsch-finnischen Lexikografie insbesondere nach dem Zweiten Weltkrieg bis in die erste Hälfte der 1990er Jahre nicht die gebührende Aufmerksamkeit gewidmet (vgl. J. Korhonen 2001a, 176; s. auch 2005, 55). Ebenso selten sind Übersichten über die finnische Lexikografie (J. Korhonen/Schellbach-Kopra 1991, 2384). Auch im Rahmen der vorliegenden Arbeit kann nur ein knapper Überblick über die Entwicklung der finnischen Lexikografie geboten werden. Der Schwerpunkt wird im Folgenden auf Fachwörterbücher gelegt, in denen das Finnische die Objektsprache oder eine der Sprachen ist.

Seit dem Mittelalter ist Finnland ein zweisprachiges Land. Anfangs wurde das Lateinische, später das Schwedische in unterschiedlichem Umfang als Kirchen-, Amts- und Bildungssprache verwendet. (Vgl. Häkkinen 1994, 57–73; J. Korho-

138 Der Abschnitt ist eine gekürzte, überarbeitete und aktualisierte Fassung von Liimatainen (2006).

139 Die Geschichte der allgemeinen finnisch-deutschen Wörterbücher von 1888 bis 1991 wird von Virtanen (1993) behandelt. Eine Übersicht zur Geschichte allgemeiner deutsch-finnischer Hand- und Großwörterbücher gibt J. Korhonen (2001a u. 2005). S. auch den Beitrag „Hundert Jahre finnisch-deutsches Wörterbuch“ von Kelletat (1988).

nen/Schellbach-Kopra 1991, 2384.) Für die finnische Fachkommunikation war bis Anfang des 20. Jahrhunderts die schwedische Sprache wichtig, während in der ersten Hälfte des 20. Jahrhunderts die deutsche und mit Beginn der 1950er Jahre die englische Sprache nicht unwesentlich gewesen sind (Järvi u. a. 1999, 1579).

In der Sprachenverordnung vom Jahre 1863 wurde das Finnische in allen die finnischsprachige Bevölkerung betreffenden Angelegenheiten dem Schwedischen für gleichgestellt erklärt (Häkkinen 1994, 54). Auf die finnische Lexikografie hat weder Finnlands staatliche Zugehörigkeit zu Schweden noch sein Status als russisches Großfürstentum einen negativen Einfluss ausgeübt. Es wurden vielmehr Anstrengungen unternommen, durch bewusste Entwicklung und geregelte Sprachpflege, durch Aktivierung der eigenen Voraussetzungen der Sprache das Finnische von einer reinen Volkssprache zu einer Schrift- und Bildungssprache zu machen. (Vgl. J. Korhonen/Schellbach-Kopra 1991, 2384.)

## B) Zu den lexikografischen Anfängen der finnischen Sprache

Die lexikografischen Anfänge des Finnischen bestehen in mehrsprachigen Wortlisten (J. Korhonen/Schellbach-Kopra 1991, 2384). Das erste Wörterbuch, das auch das Finnische berücksichtigt, ist das *Lexicon Latino-Scondicum* von Schroderus mit Lateinisch als Lemmasprache und mit schwedisch-, deutsch- und finnischsprachigen Äquivalenten. Das von dem schwedischen Sprachforscher Ericus Schroderus zusammengestellte und 1637 in Stockholm herausgegebene Wörterbuch enthält ca. 2 400 Wörter. (Vgl. auch L. Hakulinen 1967b, 83f. u. 1974, 84.) Die lexikografischen Erzeugnisse des 17. Jahrhunderts waren laut L. Hakulinen (1967b, 86 u. 1974, 86) jedoch noch recht primitive Wörterverzeichnisse und Sprachführer. Die erste Veröffentlichung, die nach ihm (ebd.) den Namen eines eigentlichen Wörterbuchs verdient und auch die finnische Sprache enthält, ist 1745 in Stockholm unter dem Titel *Suomalaisen Sana-Lugun Coetus* (= Versuch eines Finnischen Wörterbuches) erschienen. Das von Daniel Juslenius zusammengestellte Buch war das erste Wörterbuch mit Finnisch als Ausgangs- und Lemmasprache. Es enthält ca. 19 000 Lemmata, die ins Lateinische und Schwedische übersetzt oder teilweise in diesen Sprachen zumindest erklärt sind. (Vgl. L. Hakulinen 1967b, 87 u. 1974; Häkkinen 1994, 117; s. auch Häkkinen 2007, 43f.)

Vor dem 19. Jahrhundert sind jedoch nur wenige Wörterbücher mit Finnisch erschienen (Virtanen 1993, 24). Das 19. Jahrhundert – „in der Geschichte Finnlands das Jahrhundert eines unerhörten nationalen Aufschwungs“ (L. Hakulinen 1974, 95) – war gleichzeitig die Epoche, in der die finnische Sprache erst zu einer Kultursprache wurde (L. Hakulinen 1967b, 101 u. 1974, 95). Aus praktischen Gründen konzentrierten sich die Lexikografen im 19. Jahrhundert in erster Linie auf Wörterbücher mit dem Sprachenpaar Finnisch-Schwedisch (Häkkinen 1994, 118).

Ungeachtet der Tatsache, dass die deutsche Kultur und Wissenschaft im 19. Jahrhundert einen großen Einfluss auf Finnland ausübte (Koukkunen 1993, 140), wurde das erste deutsch-finnische Allgemeinwörterbuch, ausgearbeitet von dem Lektor B. F. Godenhjelm, jedoch erst 1873 herausgegeben. Auf Grund der Anzahl der Lemmata (ca. 58 000) und sonstigen Konstruktionen zählt J. Korhonen (2001a, 170 u. 2005, 51) Godenhjelm (1873) zu den Großwörterbüchern. Das erste finnisch-deutsche allgemeine Wörterbuch wurde dagegen erst im Jahre 1888 herausgegeben. Es stammte von dem Gymnasiallehrer K. Erwast.[140]

C) Zu den ersten Fachwörterbüchern

Die ersten Wortlisten und Wörterbücher zu verschiedenen Fachgebieten erschienen in der zweiten Hälfte des 19. Jahrhunderts. Zu den ältesten gehören etwa *Suomalaisia Kielenoppi-sanoja* (1858)[141] (= Finnische Fachwörter der Sprachlehre [übers. von A. L.]) und das Wörterbuch *Kasvikon oppisanoja* (1859)[142] (= botanische Fachausdrücke [übers. von A. L.]), beide von Elias Lönnrot. (Vgl. auch Häkkinen 1994, 120.) Für die Entwicklung der Fachsprache der Chemie ist das Verzeichnis *Kemiallisia tiedesanoja* (1862)[143] (= Chemische wissenschaftliche Wörter [übers. von A. L.]) mit ca. 300 Wörtern von J. Krohn zu nennen. (Vgl. auch Ranta 1989, 9; Häkkinen 1994, 120.) Im Jahre 1863 erschien das 484-seitige, multilinguale Fachwörterbuch *Suomalainen Meri-sanakirja* (= Finnisches Meer-Wörterbuch [übers. von A. L.]) von Stjerncreutz mit Schwedisch als Lemmasprache. Außer finnischsprachigen Entsprechungen und Erklärungen enthält das Wörterbuch Äquivalente auch in englischer, italienischer, französischer, deutscher, spanischer, portugiesischer, russischer, holländischer und dänischer Sprache. Das

---

140 Über die Entwicklung der finnischen Lexikografie haben sich L. Hakulinen (1967b u. 1974), J. Korhonen/Schellbach-Kopra (1991), Virtanen (1993), Häkkinen (1994, 102f., 115–121, 182, 501, 517 u. 2007) und J. Korhonen (2001a u. 2005) geäußert. Zur Kritik an finnischen Wörterbüchern vgl. Koukkunen (1993).

141 Suomalaisia kielenoppi-sanoja Elias Lönnrotilta. In: SUOMI Tidskrift i fosterländska ämnen 1857. Utgifven på Finska Litteratur-Sällskapets förlag. Helsingfors 1858, S. 73–87. Zugang: <http://books.google.com/books?id=w-IvAAAAMAAJ&dq=suomalaisia+kielenoppi-sanoja&hl=fi> (zuletzt aufgerufen am 26.1.2008).

142 Kasvikon oppisanoja Elias Lönnrotilta. In: SUOMI Tidskrift i fosterländska ämnen 1958. Utgifven på Finska Litteratur-Sällskapets förlag. Helsingfors 1959, S. 1–108. Zugang: <http://books.google.com/books?id=Fm0FAAAAYAAJ&pg=RA1-PA1&lpg=RA1PA1&dq=kasvikon+oppisanoja&source=web&ots=DccxdPT6sl&sig=GX5jwqWjlmCWLv8kER3obpfLIkw> (zuletz aufgerufen am 26.1.2008).

143 Krohn, J.: Kemiallisia Tiedesanoja. In: SUOMI Tidskrift i fosterländska ämnen 1860. Utgifven på Finska Litteratur-Sällskapets förlag. Helsingfors 1862, S. 159–169. Zugang: <http://books.google.com/books?id=FA4wAAAAMAAJ&pg=PA159&lpg=PA159&dq=%22kemiallisia+tiedesanoja%22&source=web&ots=vK5zWpzaud&sig=upeNKcmzWhR4sYi_xk5B_10PJI> (zuletzt aufgerufen am 29.1.2008).

schwedisch-finnische Wörterbuch von Stråhlman (1866) behandelt auf seinen 118 Seiten die gewöhnlich vorkommenden Wörter der Amts- und Rechtssprache. Im Jahre 1898 wurde die 2. Auflage des schwedisch–finnischen *Duodecim'in Sanaluettelo Suomen lääkäreille* (= Duodecims Wörterverzeichnis für die Ärzte Finnlands [übers. von A. L.]) herausgegeben.

Zu den ersten Fachwörterbüchern der Technik gehören das *Svensk-Finsk Ordförteckning öfver Metallurgiska, bergverks-geologiska och forstteknologiska termer* (1887) von F. G. Bergroth (vgl. Häkkinen 1994, 120), das schwedisch-finnisch-deutsch-englische Wörterverzeichnis des Baugewerbes von K. L. Ikonen (1889) sowie die Wortliste von schwedisch–finnisch–deutsch–englischen mechanisch-technischen Fachwörtern von J. A. Zidbäck (1890) (vgl. E. Helin 1989, 4; Talvitie/Hytönen 1997, 10). Die ersten Wörterbücher zu unterschiedlichen Fachgebieten waren jedoch meist knappe Wörterverzeichnisse ohne jede Bedeutungserläuterungen und Definitionen. Das Wichtigste war damals noch, eine finnischsprachige Terminologie für die unterschiedlichsten Fachbereiche zu schaffen.

Die Erstellung von Fachwörterbüchern durch Spezialisten des jeweiligen Fachgebiets begann in Finnland gegen Ende des 19. Jahrhunderts (Ranta 1989, 4, 10). Die erste finnischsprachige Terminologie wurde für die Zwecke des Eisenbahnwesens erstellt und unter dem Titel *Kalustoesineiden ja tarveaineiden Terminologia*[144] (= Terminologie für Inventar und Material) herausgegeben (vgl. auch Ranta 1989, 12, 16; Järvi u.a. 1999, 1580). Die Gesellschaft der finnischsprachigen Techniker begann in Zusammenarbeit mit einem Sprachwissenschaftler bereits 1896 an einem deutsch–finnisch–schwedischen Wörterbuch zur Technik zu arbeiten, doch konnte das 40 000 Wörter umfassende Wörterbuch *Saksalais–suomalais–ruotsalainen teknillinen sanasto* (= Deutsch–Finnisch–Schwedisches technisches Wörterbuch [übers. von A. L.]) erst 1918 vorgelegt werden.

### D) Zu Allgemein- und Fachwörterbüchern von 1950 bis zur Gegenwart

Außer den oben genannten Wörterbüchern sind in Finnland bisher viele Fachwörterbücher zu verschiedenen Fachgebieten und Fachgebietsausschnitten veröffentlicht worden. Hauptsächlich ist die finnische Fachlexikografie zwei- oder mehrsprachig orientiert. Das Rückgrat der finnischsprachigen Fachwörterbuchproduktion bildet die Wörterbuchserie zum Fachwortschatz der Technik und des Handels von Talvitie[145]. Werden alle Auflagen der Wörterbücher der Talvitie-Serie zusammengerechnet, so sind in der Serie bisher insgesamt 50 Titel erschienen: Groß-

---

144 Suomen Valtionrautatiet (1915): Kalustoesineiden ja Tarveaineiden TERMINOLOGIA. Helsinki. <http://www.hagelstam.net/PublishedService?file=page&pageID=9&itemcode=1711> (zuletzt aufgerufen am 29.1.2008).

145 Ausführlicher zu Entstehung und Geschichte der Wörterbuchserie von Talvitie s. Talvitie/Hytönen (1997).

wörterbücher, Gebrauchswörterbücher und Taschenwörterbücher. Alle Großwörterbücher der Serie sind zweisprachig. Die Serie umfasst die Sprachenpaare Finnisch–Englisch, Finnisch–Deutsch, Finnisch–Schwedisch und Finnisch–Französisch. Das erste Wörterbuch der Serie, das englisch–finnische Großwörterbuch der Technik und des Handels, wurde von Talvitie (1952) herausgegeben. Das erste deutsch–finnische Wörterbuch erschien in der Serie im Jahre 1968 (Talvitie 1968), die erste Auflage in der Sprachrichtung Finnisch–Deutsch dagegen erst 1983 (Talvitie/Kynäslahti/Lehto 1983).

Durch die erweiterten internationalen Verbindungen ist ein Bedarf an Spezialwörterbüchern zu einzelnen Fachgebieten und Teilfachgebieten entstanden. Als Beispiele können erwähnt werden: *Suosanasto* (Moorterminologie) vom Jahre 1956 mit Deutsch als Lemmasprache und mit finnisch-, schwedisch- und englischsprachigen Äquivalenten, das *Maatalouden sanakirja* (1958) (Landwirtschaftliches Wörterbuch), mehrere Forstwörterbücher, u. a. das *LEXICON FORESTALE* (1979) für die Forstwirtschaft, für Holz- und Papierindustrie sowie -handel in finnischer, schwedischer, englischer, deutscher und russischer Sprache sowie das *Torfwörterbuch* (= IMTG 1984) der Internationalen Moor- und Torfgesellschaft. Sprachlich deckt das Torfwörterbuch die Arbeitssprachen der IMTG (Englisch, Russisch und Deutsch) sowie die Sprachen der Länder mit einer fortschrittlichen Torfindustrie (Finnisch und Schwedisch) ab.

Seit Anfang der 1990er Jahre gewinnen die elektronischen Wörterbücher zunehmend an Bedeutung. Einerseits werden sie in Form von CD-ROMs angeboten wie etwa das mehrsprachige, ca. 700 Lemmata umfassende *Glossary 2000* der Finnish Nuclear Society mit finnischsprachigen Definitionen und Anmerkungen zu Kernenergie, Strahlenschutz, Sicherheitstechnik, nuklearer Entsorgung und Kernbrennstoffversorgung. Andererseits können derzeit immer mehr Wörterbücher zu einzelnen Themenbereichen im Internet konsultiert werden. Als Beispiel sei das *Bioenergy Glossary* Finnish–English–German–Russian zu den Fachbereichen Biogas, Treibhauseffekt, Kurzumtrieb sowie Holz als Energierohstoff angeführt, das Quellenangaben, Definitionen, Begriffspläne, Ausspracheangaben in einer Tondatei, Fotos und einen Videofilm beinhaltet.[146] Das zum ersten Mal im Jahre 2004 als Printwörterbuch publizierte Umweltwörterbuch *EnDic2004* wurde 2006 als aktualisierte Version *Ympäristösanakirja EnDic* (Umweltwörterbuch EnDic) im Internet veröffentlicht.

Die Erstellung von zwei- und mehrsprachigen Wörterbüchern ist laut Häkkinen (1994, 120) für die Gesamtentwicklung der finnischen Schriftsprache von besonderer Bedeutung gewesen, weil es normative Wörterbücher der finnischen Schriftsprache bis Mitte des 20. Jahrhunderts noch gar nicht gab. Das erste finnische Wörter auf Finnisch erklärende und normative Hinweise gebende *Nyky-*

---

146 Das Internetwörterbuch *Bioenergy Glossary* Finnish–English–German–Russian ist als Zusammenarbeit zwischen der Forstwissenschaftlichen Fakultät und dem *Institut für Interkulturelle Kommunikation* der Universität Joensuu entstanden.

*suomen sanakirja* (= NSSK 1996, ‚Wörterbuch der finnischen Gegenwartssprache') umfasst ca. 201 000 Lemmata und wurde 1951–1961 in sechs Bänden herausgegeben. Trotz seiner monumentalen Bedeutung für den finnischen Sprachgebrauch erweist es sich derzeit in gewissen Fragen als veraltet. Das neueste und aktuellste Wörterbuch der finnischen Gegenwartssprache ist *Kielitoimiston sanakirja* mit ca. 100 000 Wörterbuchartikeln. Zum ersten Mal wurde es im Jahre 2004 in Zusammenarbeit zwischen dem Forschungszentrum für die Landessprachen Finnlands und *Kielikone* als elektronisches Wörterbuch herausgegeben. Das Wörterverzeichnis der im Jahre 2006 publizierten dreibändigen Druckversion ist um zahlreiche Neuwörter erweitert worden. Außer allgemeinsprachlichen Ausdrücken und Wörtern registriert das *Kielitoimiston sanakirja* auch wichtige Bezeichnungen aus Fachsprachen, in erster Linie solche Termini und Fachwörter, die in den Massenmedien regelmäßig auftreten.

Was die neuere deutsch-finnische Lexikografie betrifft, so wurde 1997 von Prof. Dr. Jarmo Korhonen (Universität Helsinki) der Anstoß zum Projekt *Großwörterbuch Deutsch–Finnisch* gegeben, das auf ein neues Wörterbuch mit ca. 120 000 Lemmata und sonstigen Konstruktionen zielt. Für die praktische Arbeit am neuen deutsch-finnischen Wörterbuch wurde ein wissenschaftlicher Beirat gegründet, dem neben Korhonen (verantwortlicher Leiter) noch Prof. Dr. Irma Hyvärinen (Universität Helsinki) sowie Prof. Dr. Henning Bergenholtz (Wirtschaftsuniversität Århus) angehören. Die theoretische Forschungsarbeit für das Wörterbuch wurde von 2000 bis 2003 von der Finnischen Akademie und dem Deutschen Akademischen Austauschdienst im Rahmen eines Austauschprogramms von Wissenschaftlern aus Finnland und aus Deutschland unterstützt (Kooperationspartner in Deutschland: Prof. Dr. Hans Wellmann, Universität Augsburg, sowie Prof. Dr. Irmhild Barz und Prof. Dr. Barbara Wotjak, Universität Leipzig). Das Gemeinschaftsunternehmen *Deutsch–finnische Lexikografie. Theorie und Praxis* ist damit beauftragt, die theoretische ein- und zweisprachige Lexikografie zu fördern wie auch Grundlagen für eine optimale Erstellung benutzerfreundlicher Allgemein- und Spezialwörterbücher hinsichtlich des Deutschen und des Finnischen zu schaffen. Die Forschungsergebnisse sind in einem Sammelband von Barz/Bergenholtz/J. Korhonen (2005) veröffentlicht worden. Ausführlicher zum Wörterbuchprojekt s. J. Korhonen (2001a u. 2005).

Ebenso sei kurz die Internationale Lexikografiekonferenz im Jahr 2000 an der Universität Helsinki erwähnt, die vom Germanistischen Institut der Universität Helsinki und vom Finnischen DAAD-Verein mit Prof. Dr. J. Korhonen als Hauptorganisator veranstaltet wurde. Die Beiträge, die sich mit mehreren Wörterbuchtypen befassen, sind in J. Korhonen (2001b) veröffentlicht worden. Ausführlicher zur Lexikografiekonferenz in Helsinki s. z. B. Bergenholtz/Hyvärinen/J. Korhonen (2000) und Liimatainen/Neudeck (2000).

## E) Die finnische Fachlexikografie – ein unerforschtes Gelände

Trotz der wichtigen Funktionen, die Fachwörterbücher u. a. bei der Rezeption und Produktion sowie der Übersetzung von Fachtexten erfüllen, hat sich weder die finnische Fachsprachen- noch die Wörterbuchforschung bisher eingehender mit dem Fachwörterbuch beschäftigt. Eine Ausnahme machen jedoch Stagneth (2001) mit einem Beitrag zu finnisch-deutschen Wirtschaftswörterbüchern sowie Talvitie/Hytönen (1997), die sich mit der Entstehung und Geschichte der Technik- und Wirtschaftswörterbücher mit Finnisch befassen. Einen kurzen Überblick über die Unterschiede in den neuesten EDV-Wörterbüchern gibt Nykänen (1999). Während Vehmas-Lehto (2002) in ihrem Beitrag Äquivalenzprobleme bei der bilingualen Fachwörterbucharbeit behandelt, liegt der Schwerpunkt des Beitrags von Tiittula (2006) auf den gesellschaftlichen Änderungen, die sich im Inhalt der Wirtschaftswörterbücher widerspiegeln. Eine historische Übersicht über die finnische Fachlexikografie und ihre Erforschung befindet sich in Liimatainen (2006). Insbesondere sei aber die Dissertation von Kudashev (2007) erwähnt. Der Untersuchungsgegenstand von Kudashev (ebd.) sind die übersetzungsorientierten Fachwörterbücher und die Planung des lexikografischen Arbeitsprozesses.

Wenngleich die Fachwörterbücher in der bisherigen Wörterbuchforschung Finnlands sehr wenig Beachtung gefunden haben, so existieren jedoch einige Auswahlbibliografien zur Fachlexikografie mit Finnisch. Die Bibliographie von E. Helin (1989) verzeichnet gut 170 Titel finnischer Sprach- und Fachwörterbücher sowie grundlegender Werke mehrerer Fachgebiete aus der Zeit von 1637 bis 1943. Die Bibliografie *Tekniikan sanastoja 1987* vom Jahre 1988 umfasst mehr als 900 bemerkenswerte Wörterbücher und -verzeichnisse mit finnisch- und/oder schwedischsprachigen Termini zu unterschiedlichen technischen Fachgebieten. Sie registriert Fachwörterbücher von 1970 bis 1987, berücksichtigt aber auch einige ältere Wörterbücher. Von weiteren einschlägigen Arbeiten sei Ranta (1989) genannt, der sich mit der Entwicklung der finnischen Sprache zur Sprache der Technik beschäftigt. [147]

Zu erwähnen sei in diesem Zusammenhang auch das *Sanastokeskus TSK*[148] (Terminologicentralen TSK; The Finnish Terminology Centre TSK), das 1974 gegründet wurde. Das Terminologiezentrum ist damit beauftragt, die finnisch- und schwedischsprachige Terminologie so zu entwickeln, dass sie den Verhältnissen in Finnland bestmöglich entspricht. Ein wesentlicher Teil der Arbeit des Zentrums ist die Erstellung von Fachwörterbüchern. Das TSK unterhält aber auch eine spezia-

147 Bemerkungen zu Fachwörterbüchern, in denen auch die finnische Sprache vorkommt, finden sich außerdem in Virtanen (1993, 131f.), Häkkinen (1994, 102f., 120) und Järvi/Kallio/H. Schröder (1999, 1580f.).

148 *Sanastokeskus TSK* im Internet unter der Adresse <http://www.tsk.fi>.

lisierte Bibliothek und beteiligt sich an der internationalen Zusammenarbeit in der Forschung.

#### 4.3.4.2.3 Die Vielzahl der ökologischen Fachwörterbücher: Von den Anfängen bis zur Gegenwart

Zum Thema Umwelt und Ökologie sind in den letzten 35 Jahren Fachwörterbücher in großer Zahl erschienen: mono-, bi- und multilinguale Wörterbücher, Groß-, Hand- und Taschenwörterbücher, Print- und elektronische Wörterbücher, allgemeine und spezielle Wörterbücher, Wörterbücher, die für Fachleute, Lerner oder für ein Laienpublikum konzipiert worden sind. Die breite Auswahl an Nachschlagewerken und Wörterbüchern zu diesem Themenbereich erklärt sich laut Haß (1989b, 250) einerseits durch die seit Anfang der 1970er Jahre beginnende Entwicklung der Übermittlung von Fachwissen aus einigen wissenschaftlichen und technischen Disziplinen heraus in die allgemeine und öffentliche Diskussion hinein sowie andererseits durch den „beispiellosen Aufschwung“, den die Lexikografie nach Snell-Hornby (2003b, 181) in erster Linie im deutschen, englischen und französischen Sprachraum seit ca. 1980 erlebt hat. Laut Bergenholtz/Schaeder (1994, 2) ist zu vermuten, dass es auf kulturspezifische Bedürfnisse zurückzuführen ist, dass in verschiedenen Ländern jeweils bestimmte Fächer im Zentrum des öffentlichen Interesses stehen.

Der Durchbruch des Themas Umweltschutz zur öffentlichen Bedeutsamkeit ist gegen Ende der 1960er und am Anfang der 70er Jahre international. Aus dem Umweltschutz wird ein internationaler Trend, obwohl jedoch länderspezifische Besonderheiten zu beobachten sind. Deutschland folgt dabei einer Bewegung, die in erster Linie aus den USA kommt, wo das Umweltbewusstsein bereits in den 1960er Jahren stärker entwickelt war als in anderen Industrieländern. (Vgl. Jung 1995, 620, 627.) Im Hinblick auf die Aktualität ökologischer Themen verwundert die Vielzahl von Wörterbüchern nicht weiter (Trojanus 1999, 1942). Die Umweltlexika spielen eine bedeutende Rolle bei der Wortschatzvermittlung und haben somit einen nicht geringen Anteil an der Durchsetzung bestimmter Ausdrücke und Bezeichnungen (Haß 1989c, 162).

In der Regel gelten Fachwörterbücher als objektive und neutrale Informationsquellen (Haß 1989b, 251) und müssen im Prinzip auf kritische Argumentation oder polemische Kontroverse mit bestimmten Auffassungen verzichten (Gläser 1990, 92). Bei politisch so bedeutsamen und brisanten Themen wie denen des Bereichs Umwelt und Ökologie geht die Übermittlung von Fachwissen aber nicht nur mit Verständlichkeitsproblemen einher, sondern auch mit Meinungsbildung und der Vermittlung von bestimmten Einstellungen zum Thema Umwelt. Ein umstrittener Gegenstand, Sachverhalt oder technischer Zusammenhang wird häufig unterschiedlich benannt, je nachdem welcher Meinungsgruppe der Sprecher angehört. (Vgl. Haß 1989b, 250f.)

Beispielsweise das Nachschlagewerk *Umwelt. Lexikon ökologisches Grundwissen* von Marquardt-Mau/Mayer/Mikelskis (1993) soll einerseits der Schwerverständlichkeit abhelfen, andererseits soll es – wie die Autoren selbst im Vorwort des Lexikons (ebd., 5) feststellen – als ein Faktor im Prozess der öffentlichen Meinungsbildung betrachtet werden. So schreiben die Autoren des Lexikons ihrem Werk eine Appellfunktion zu (ebd.):

> Viele Menschen erwarten von einem Lexikon, dass es objektiv ist. Wenn darunter verstanden wird, dass seine Autoren keine Meinungen haben und Bewertungen von Tatbeständen nicht vornehmen dürfen, so ist das vorliegende Umweltlexikon nicht objektiv. Und das hat zwei Gründe.
>
> Häufig hat man bei Lexika den Eindruck, sie seien völlig wertungsneutral. In Wirklichkeit kann man die Wertungen der Autoren auf den ersten Blick nur nicht erkennen. Zum anderen handelt es sich bei der Umweltproblematik um ein Thema, bei dem es um das Wohlergehen der Menschen bis hin zur Gefahr der Selbstvernichtung der gesamten Menschheit geht. Alle drei Autoren sind seit vielen Jahren in ihrem privaten, beruflichen und politischen Leben für die Sache des Umweltschutzes eingetreten. Ein Zurückziehen auf vermeintlich objektive Sachverhalte erschien uns unangemessen.

In den Wörterbüchern und Lexika zum Thema Umwelt und Ökologie können zwei Erläuterungsperspektiven unterschieden werden. Einerseits wird bei der sach- und fachoriertierten Darstellungsweise ein Thema – ein administrativer Zusammenhang, etwa die Klassifikation von Abfällen, oder auch ein technischer Zusammenhang, z. B. das Funktionieren einer Entsorgungsmethode – wie losgelöst von allen es betreffenden Interessen, Begründungen und Konsequenzen aus der Perspektive der Spezialisten oder Gesetzgeber betrachtet. Wird aber die Perspektive der Öffentlichkeit, der Betroffenen bzw. der Leser der Wörterbücher und Lexika zum Ausgangspunkt gemacht, so kann die lexikografische Sehweise als problemorientiert betrachtet werden. (Vgl. Haß 1989b, 252 u. 1989c, 174f.)

Die Geschichte der Öko-Lexikografie muss als noch fast völlig unerforscht betrachtet werden. Mit Ausnahme der Beiträge von Haß (1989b u. 1989c), in denen sie sich mit zehn deutschsprachigen Wörterbüchern und Lexika zum Thema Umwelt und Ökologie beschäftigt, hat diesen Themenbereich nur Trojanus in seinem Aufsatz zur deutschsprachigen Fachlexikografie der Biologie (1999, 1942) als ein Teilgebiet der Biologie kurz berührt. Eine Gesamtbibliografie existiert bisher weder für ein Land noch für das Fach Umwelt und Ökologie.

Im Anhang 1 wird versucht, eine möglichst weitreichende Bibliografie über die Fachlexikografie der Ökologie und des Umweltschutzes für die deutsche und die finnische Sprache zu bieten. Eine Vollständigkeit kann auf Grund des thematischen Umfanges jedoch nicht gewährleistet werden. Hinzu kommt, dass die Grenzen zwischen den Wörterbüchern zum Thema Umwelt und Ökologie und zu den Nachbardisziplinen nicht leicht zu ziehen sind. Auch erlauben die zur Verfügung stehenden Quellen keine mit Sicherheit lückenlose Erfassung aller ökologischen Fachwörterbücher, in denen das Deutsche oder das Finnische entweder in der Rolle der Ausgangs- oder der Zielsprache erscheinen. Der Versuch eines Nachweises von Büchern, die wie die Fachlexikografie der Ökologie und des Umweltschutzes einem bestimmten Fachgebiet und einer bestimmten Fachtextsorte gewidmet sind, kann kaum mehr als eine Orientierungshilfe darstellen.

Der Begriff Wörterbuch soll hier weit gefasst werden und alle Werke bezeichnen, die – ausgehend von Lemmata – sprachliche und/oder sachliche Informationen vermitteln. Berücksichtigt wurden die gedruckten, die auf physischen Datenträgern erschienenen wie auch die Internetwörterbücher. Als bibliografische Hilfsmittel dienten in erster Linie die Online-Kataloge der Umweltbibliothek Leipzig, der Fachbibliothek Umwelt des Umweltbundesamtes und insbesondere der Katalog der Deutschen Nationalbibliothek, der die Bestände der Standorte Leipzig seit 1913 und Frankfurt am Main seit 1945 umfasst. Diese werden durch verschiedene Sammelbibliografien und Bibliothekskataloge ergänzt. Diese Nachschlagewerke und Kataloge können jedoch nur einen Teil der veröffentlichten Wörterbücher zum Thema Umwelt und Ökologie ausweisen. Insbesondere die Internetwörterbücher sind nur mehr oder weniger zufällig ausfindig zu machen. (Zu bibliografischen Hilfsmitteln siehe die Bibliografie am Anfang des Anhangs 1.)

Berücksichtigt wurden diejenigen Wörterbücher, deren Titel eine lexikalisierte Bezeichnung für Nachschlagewerke enthalten (Wörterbuch, Lexikon, Glossar, ABC) und/oder die Ergebnisse der Suche nach: *umweltwörterbuch*, *umweltlexikon*, *wörterbuch umwelt*, *lexikon umwelt*, *wörterbuch ökologie*, *lexikon ökologie*, *wörterbuch umweltschutz*, *lexikon umweltschutz*. Es wurden Wörterbücher in Betracht gezogen, die die Ökologie und den Umweltschutz im engeren Sinn als Naturwissenschaft behandeln. Die Bibliografie schließt Wörterbücher und Lexika u. a. der Umweltbereiche Wasser und Gewässer, Strahlung, urbaner Umwelt, Boden, Luft, Abfall, Chemikalien und Schadstoffe, Lärm, Ökologie, Natur und Landschaft ein. Darüber hinaus wurden Randgebiete – wie beispielsweise die Ökotoxikologie als Teil der Toxikologie, die Umweltethik als Teilgebiet der Ethik, die Umweltmedizin als Grenzgebiet zur Humanmedizin, – sowie Umweltaspekte in Land- und Forstwirtschaft, Fischerei und Ernährung sowie von Energie und Rohstoffen berücksichtigt.

Auf der obersten Ebene erfolgt die Klassifikation der Wörterbücher nach dem Medium in gedruckte und elektronische Wörterbücher. Das Nachschlagewerk elektronisches Wörterbuch wird in digitalisierter Form auf einer CD-ROM, einer Diskette oder auf einem an das WWW angeschlossenen Server publiziert (Engelberg/Lemnitzer 2004, 236). Als weiteres Kriterium bei der Anordnung wurde die Wörterbuchart (mono-, bi- oder multilinguales Wörterbuch) berücksichtigt. Die Anordnung der Wörterbücher innerhalb der einzelnen Gruppen erfolgt alphabetisch. Auf eine weitere Spezifizierung nach Teilfachgebieten wurde verzichtet, weil die ermittelbaren bibliografischen Angaben nicht immer ausreichend darüber Information geben, welcher Typ von Wörterbuch exakt hinter dem jeweiligen Titel steckt.

Wann immer es möglich war, verschiedene Auflagen von Wörterbüchern nachzuweisen – wichtige ökologische Wörterbücher gewährleisten die Aktualität durch rasch aufeinander folgende Auflagen – wurde die Information sowohl über die neueste Auflage als auch über die Originalausgabe bzw. die erste Auflage in die Bibliografie aufgenommen. In der grafischen Darstellung (s. Fig. 4) werden dagegen nur die Erstauflagen bzw. die ersten der Verfasserin bekannten Auflagen aufgeführt. Unterscheiden sich aber die bibliografischen Angaben in Bezug auf die Wörterbuchautoren bzw. den Titel der Erstauflage und der neu bearbeiteten Auflage voneinander, so werden in der grafischen Darstellung die beiden Auflagen aufgeführt. Ebenfalls wurden Angaben zu Verlag, Seitenzahl, Illustrationen und grafischen Darstellungen erfasst. Trotz aller Bemühungen war es jedoch unmöglich, vollständige Angaben zu jedem Wörterbuch ausfindig zu machen, da nicht alle benutzten bibliografischen Hilfsmittel diese Angaben enthalten.

Die Bibliografie umfasst die Jahre von 1949 bis 2004 und verzeichnet insgesamt 248 unterschiedliche Wörterbücher zum Thema Umwelt und Ökologie – Printwörterbücher, CD-ROM-, Disketten- und Internetwörterbücher. Der Anteil der einsprachigen deutschen Wörterbücher bzw. zwei- oder mehrsprachigen Wörterbücher mit Deutsch als Ausgangssprache bzw. mit deutschen Äquivalenten beträgt 234. Die Zahl der entsprechenden Fachwörterbücher mit Finnisch als Lemmasprache oder mit finnischen Äquivalenten ist dagegen beträchtlich kleiner und beträgt nur 29 Wörterbücher. Die Miniaturwörterverzeichnisse (s. Anhang 1) wurden in die Zahl nicht mit einbegriffen, da sie nicht als selbstständige Nachschlagewerke existieren, sondern eher als Teil einer Fachzeitschrift.

In der graphischen Darstellung (s. Fig. 4) werden nur die gedruckten und die CD-ROM-Wörterbücher aufgeführt, da die Erscheinungsjahre der Internetwörterbücher hauptsächlich nicht angegeben sind. Der Abbildung ist zu entnehmen, dass Fachwörterbücher zum Thema Umwelt und Ökologie bis zum Jahr 1970 relativ selten auftreten. Zu den Fachwörterbüchern zum Umweltschutz früherer Zeiten können etwa das bilinguale Wörterbuch für das Sprachenpaar Englisch–Deutsch/Deutsch–Englisch von Meinck (1949)[149] sowie die multilingualen Wörterbücher von Meinck/Möhle (1963) und Kaupert (1966) gerechnet werden. Den Wörterbuchgegenstand in den genannten Wörterbüchern bilden Fachausdrücke zu Wasserversorgung und Abwassertechnik sowie zu Abfallbeseitigung und Städtereinigung. Das von *Tekniska Nomenklaturcentralen* publizierte *Vattenord-*

149 Zu den bibliografischen Angaben der in den Abschnitten 4.3.4.2.3 und 4.3.4.2.4 vorgestellten Wörterbücher s. Anhang 1.

*lista 1* (1968) (Wasserwörterbuch) mit Schwedisch als Ausgangssprache berücksichtigt sowohl das Deutsche als auch das Finnische als Zielsprachen.

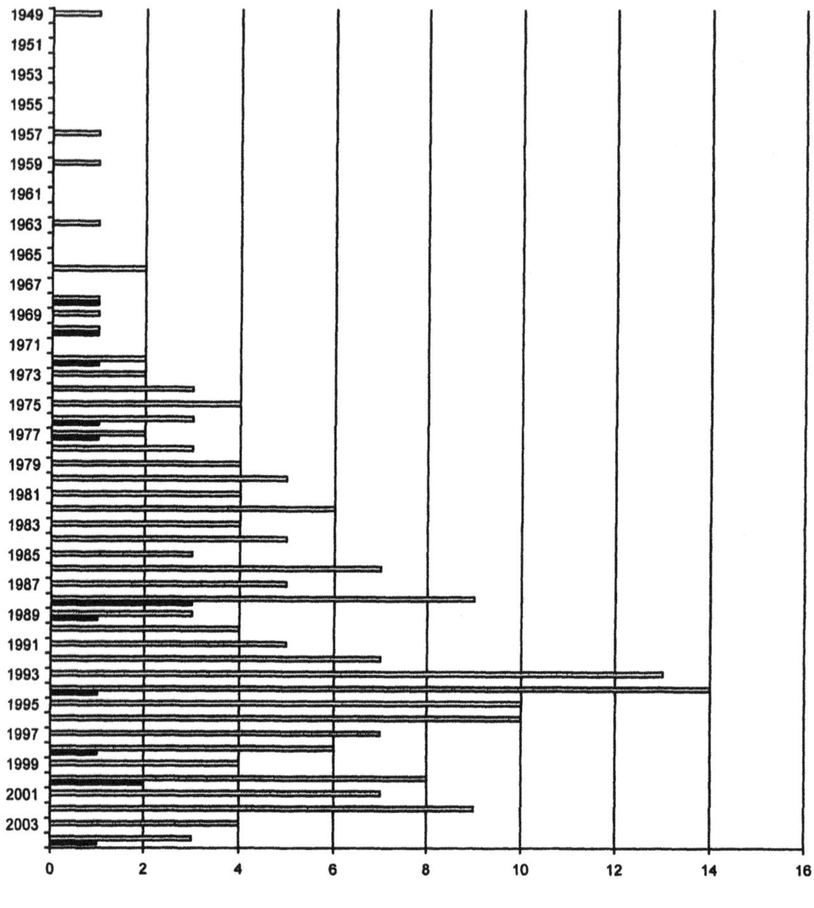


**Fig. 4**: Die Fachlexikografie (Print-, CD-ROM- und Diskettenwörterbücher) der Ökologie und des Umweltschutzes für die deutsche und die finnische Sprache in der Zeitspanne von 1949 bis 2004.

Erläuterungen zur Fig. 4:
- graue Balken: einsprachige deutsche Wörterbücher sowie zwei- und mehrsprachige Wörterbücher mit Deutsch als Lemmasprache bzw. mit deutschen Äquivalenten
- schwarze Balken: Wörterbücher mit Finnisch als Lemmasprache bzw. mit finnischsprachigen Äquivalenten.

In den 1970er Jahren sind bereits insgesamt 26 Wörterbücher zum Fachgebiet Umwelt erschienen, von denen aber nur vier die finnische Sprache berücksichtigen. Das erste monolinguale deutschsprachige Wörterbuch zum Umweltschutz stammt von Gräff/Spegele und wurde 1972 herausgegeben. In den folgenden Jahren 1973/74 wurden in Deutschland bereits insgesamt fünf einsprachige Fachwortschatzinventare veröffentlicht, und zwar u. a. das *Umwelt-ABC* von Bartsch (1973), die Erstauflage vom *Herder-Lexikon Umwelt* (1973) sowie das *Österreichische Umweltschutz-Handbuch* von Urmann/Rudy (1974). In den 70er Jahren sind auch bereits die ersten mehrsprachigen Fachwörterbücher zum Thema Umwelt zu finden, in denen das Finnische die Ausgangssprache ist, vgl. z. B. *Maa- ja pohjavesisanasto* (= Fachwörterbuch für Boden- und Grundwasser [übers. von A. L.]) vom Jahre 1976.

In der Zeit von 1980 bis 1989 steigt die Zahl der Umweltlexika bereits stark: Die Bibliografie verzeichnet für diese Periode insgesamt 52 unterschiedliche Printwörterbücher mit Deutsch und/oder Finnisch. Insbesondere steigt in den 80er Jahren die Produktion von einsprachigen deutschen Fachwörterbüchern. Damals rückten u. a. solche Themenkreise wie Waldsterben, atmosphärische Deposition, Ozonschwund, Treibhauseffekt und Tschernobyl in den Vordergrund. Wörterbücher und Lexika bilden im Textsortenspektrum der Umweltdebatte eine Klasse, die seit den 1970er Jahren für die Erklärung der zentralen Begriffe und für die verständliche Vermittlung von umfassenden Hintergrundinformationen eine zentrale Bedeutung hat. Wörterbücher spielen eine nicht unbedeutende Rolle nicht nur bei der Vermittlung der Fachausdrücke und somit bei der Durchsetzung bestimmter Bezeichnungen, sondern sie ermöglichen auch einfache Zugänge zum Umweltwissen.

In den 90er Jahren gab es dann eine regelrechte Explosion mit insgesamt 80 unterschiedlichen Wörterbüchern, die die deutsche und/oder die finnische Sprache berücksichtigen: 67 gedruckte sowie 13 CD-ROM- und Diskettenwörterbücher. Als Besonderheit fällt dabei auf, dass auch noch in den 90er Jahren Fachwörterbücher zum Thema Umwelt in Finnland noch relativ selten sind: die Bibliografie verzeichnet nur zwei mehrsprachige Fachwortschatzinventare mit Finnisch. Dies mag zumindest zum Teil auf den relativ begrenzten Markt und Adressatenkreis in Finnland sowie auf die Stellung des Englischen als *lingua franca* im Fachgebiet der Ökologie und des Umweltschutzes zurückzuführen sein. In der Zeit von 2000 bis Ende 2004 sind 31 einsprachige deutsche Wörterbücher sowie zwei- oder mehrsprachige Wörterbücher mit Deutsch als Ausgangssprache bzw. mit deutschen Äquivalenten sowie zwei gedruckte Wörterbücher und ein CD-ROM-Wörterbuch mit Finnisch als Ausgangssprache publiziert worden, die alle drei auch deutsche Äquivalente umfassen.

#### 4.3.4.2.4 Die Vielfalt der ökologischen Fachwörterbücher

Die Fachwörterbücher zum Thema Umwelt unterscheiden sich u. a. in folgender Hinsicht: (1) ob sie sich in der Lemmaauswahl an der Gesamtdarstellung oder an den einzelnen Teilgebieten des Fachs orientieren, (2) ob sie als Printwörterbücher oder als elektronische Wörterbücher publiziert werden, (3) ob sie mono-, bi- oder multilingual sind, (4) ob sie eher sprach- oder eher sachlexikografisch orientiert sind, (5) ob sie sich an Laien oder eher an Fachleute richten und (6) ob sie thematisch oder alphabetisch gegliedert sind. Es können im Folgenden nur einige Beispiele ausgewählt werden, um die Vielfalt des Typs Fachwörterbuch zum Thema Umwelt zu illustrieren.

1) Gesamtdarstellung vs. Spezialwörterbuch zum einzelnen Teilgebiet

Neben den allgemeinen Gesamtdarstellungen wie etwa dem monolingualen *Umweltlexikon* (1993) des Kölner Katalyse Instituts oder den multilingualen Fachwörterbüchern wie etwa *Ympäristösanasto* (1998) und *EnDic2004* (2004), die den großen Sachbereich „Umwelt" behandeln, erscheinen zunehmend spezielle Fachwörterbücher zu einzelnen Themenbereichen, Fachgebietsausschnitten, Fachrichtungen und immer häufiger sogar für spezielle Fachgegenstände, die tiefer in die Materie eindringen. Wörterbüchern, die versuchen, einen möglichst umfassenden Überblick über das Gesamtgebiet der Ökologie bzw. des Umweltschutzes zu geben, stehen Wörterbücher gegenüber, die über ein kleineres spezielles Fachgebiet bzw. einen Gegenstand informieren. Diese spezialisierten Lexika zielen darauf ab, eine ausführliche und aktuelle terminologische Darstellung des Fachgebietes bzw. des Gegenstandes zu geben. Als Spezialwerke seien hier beispielsweise genannt

- das *Lexikon der Entgiftung von Abgasen, Abwässern, Abfällen und Altlasten* von Martinetz/Martinetz (1999)
- das finnisch–englisch–deutsch–schwedisch–russisch–estnische *Vesiensuojelun sanakirja* (1988) (= Wörterbuch für Gewässerschutz) mit 3 207 Lemmata zu den Teilgebieten Gewässer- und Naturschutz, Hydrobiologie, Hydrochemie, Limnologie, Ozeanografie, Hydrologie, Hydrometeorologie, Hydraulik, Wasserversorgung, Fischwirtschaft, Regulierung der Gewässer, Bodenmelioration, Wasserverkehr, Ölbekämpfung sowie Wassergesetzgebung
- das *Glossary 2000:* Finnish, Swedish, English, French, German, Russian auf CD-ROM von Suomen Atomiteknillinen Seura ATS – Atomtekniska Sällskapet i Finland – Finnish Nuclear Society umfasst etwa 700 Lemmata mit finnischsprachigen Definitionen und Anmerkungen zu Kern-

energie, Kernbrennstoffversorgung, nuklearer Entsorgung, Strahlenschutz, Sicherheitstechnik u. a.

- das monolinguale *Glossar zu Begriffen rund um Nachwachsende Rohstoffe* vom Informationssystem Nachwachsende Rohstoffe (INARO)[150] im Internet
- das multilinguale Internetwörterbuch *Bioenergy Glossary* Finnish–English–German–Russian zu den Fachbereichen Biogas, Treibhauseffekt, Kurzumtrieb sowie Holz als Energierohstoff mit Definitionen, Begriffsplänen, Quellenangaben, Ausspracheangaben in einer Tondatei, Fotos und einem Videofilm
- *Avfallsordlista* (1977), das multilinguale Wörterverzeichnis mit Schwedisch als Lemmasprache sowie mit u. a. finnischen und deutschen Äquivalenten. Das Wörterbuch umfasst 538 Lemmata mit schwedisch- und englischsprachigen Definitionen zu Abfällen, Abfallarten, Abfallbeseitigung, Abfallbeseitigungsanlagen, Abfallwirtschaft
- *Das praktische Windenergie-Lexikon*, einsprachiges Printwörterbuch von v. König (1982)
- das gedruckte bilinguale *Fachwörterbuch Angewandte Ökologie* (1994) Englisch–Deutsch/Deutsch–Englisch von der Technischen Universität Dresden.

Darüber hinaus gibt es Wörterbücher, die Wissensbereiche aus interdisziplinärer Sicht lexikalisch erschließen, um komplexe Zusammenhänge sichtbar zu machen, vgl. z. B. die folgenden monolingualen Wörterbücher für Deutsch:

- das *Lexikon Ökotoxikologie* von Streit (1994) über Wirkungen von Chemikalien und physikalischen Prozessen auf Organismen und Ökosysteme (s. auch Trojanus 1999, 1942)
- das zweibändige *Handwörterbuch des Umweltrechts* von Kimminich (Hrsg.) (1994)
- das *Diagnoselexikon Arbeits- und Umweltmedizin*: Krankheitsursachen in Umwelt und Arbeitswelt von Popp (1998).

Eine Sonderstellung nehmen das *Lexikon der Öko-Irrtümer* von Maxeiner/Miersch (1998, 2000 u. 2002) sowie der Lexikonausschnitt *Umwelt* von Haß (1989 u.

---

150 „Nachwachsende Rohstoffe sind Stoffe, die aus lebender Materie stammen und vom Menschen zielgerichtet für Zwecke außerhalb des Nahrungs- und Futterbereiches verwendet werden" (<http://www.inaro.de/Deutsch/ROHSTOFF/begriff.htm> Begriffsverständnis Nachwachsende Rohstoffe). INARO ist ein trinationales (Deutschland, Frankreich, Schweiz) Projekt zur Förderung und Verwertung nachwachsender Rohstoffe. (Vgl. <http://www.inaro.de/Deutsch/ROHSTOFF/begriff.htm>; zuletzt aufgerufen am 1.2.2008.)

1989a) in *Brisante Wörter von Agitation bis Zeitgeist* – Ein Lexikon zum öffentlichen Sprachgebrauch, der den Wortschatzbereich Schlagworte[151] von *alternativ* und *Altlasten* über *recyceln* und *Restrisiko* bis zu *Umweltverträglichkeitsprüfung* und *Windpark* in der politisch-gesellschaftlichen Umweltdiskussion erfasst. Die Umweltjournalisten Maxeiner und Miersch klopfen in ihren drei Lexika der Öko-Irrtümer gängige Öko-Thesen auf ihre Glaubwürdigkeit ab und decken dabei Vorurteile, Missverständnisse, Fehlinterpretationen, Irreführungen und Interessenpolitik auf.

2) Gedrucktes vs. elektronisches Wörterbuch

Seit Anfang der 90er Jahre gewinnen die elektronischen Wörterbücher zunehmend an Bedeutung. Zum einen werden sie in Form von Disketten wie etwa *Meyers Lexikon Ökologie* (1993), oder CD-ROMs wie beispielsweise das 2002 erschienene deutsch–englisch–französisch–portugiesisch–polnisch–tschechisch–ungarische *ATV-DVWK-Bildwörterbuch Kanalisation Kläranlage* (2002) angeboten. Häufig handelt es sich dabei um Kopien der bereits in Buchform angebotenen Wörterbücher, vgl. etwa *Langenscheidts Fachwörterbuch kompakt Ökologie*: Englisch–Deutsch/Deutsch–Englisch, das 2001 als Printwörterbuch und ein Jahr später als CD-ROM herausgegeben wurde.

Zum anderen können die elektronischen Wörterbücher im Internet konsultiert werden. Als Beispiel sei das *EEA* (= European Environment Agency) *Environmental multilingual glossary* angeführt. Das Umweltwörterbuch der Europäischen Umweltagentur (EUA)[152] umfasst ca. 1 500 englischsprachige Lemmata mit englischsprachigen Definitionen und Synonymen sowie Äquivalenten in den anderen 23 EEA-Sprachen.

3) Monolinguales vs. bi- bzw. multilinguales Wörterbuch

Die deutsche Fachlexikografie zum Thema Umwelt und Ökologie ist zum größten Teil monolingual orientiert: 159 von den insgesamt 234 Wörterbüchern sind einsprachig. Der Anteil der bilingualen Wörterbücher beträgt 14,1 Prozent und der

151 Einführend zum Thema „Schlagwörterbuch" kann u.a. Kaempfert (1990) genannt werden.

152 Die EUA (fi *Euroopan ympäristökeskus EYK*) hat gegenwärtig 32 Mitgliedsländer: dazu gehören sämtliche 27 EU-Mitgliedstaaten sowie Island, Liechtenstein, Norwegen, die Schweiz und die Türkei. Aufgabe der EUA ist es, zum jeweils geeigneten Zeitpunkt sachdienliche, themenspezifische und zuverlässige Informationen bereitzustellen. Die EUA arbeitet denjenigen zu, die mit der Konzeption und Umsetzung europäischer und nationaler Umweltpolitik befasst sind, will aber auch die breite Öffentlichkeit ansprechen. (Quelle: <http://local.de.eea.eu.int>, Stand der statistischen Angaben laut Quelle 1.2.2008.)

der multilingualen 18 Prozent. Bei den zweisprachigen deutschen Fachwörterbüchern der Ökologie und des Umweltschutzes dominiert das Englische mit einem Anteil von 84,8 Prozent, während andere Sprachen im Vergleich dazu nur in geringem Umfang berücksichtigt werden. Außer dem Englischen finden nur die japanische, die französische, die russische und die tschechische Sprache Beachtung. Auch bei den mehrsprachigen Wörterbüchern ist eine quantitativ recht ungleiche Verteilung der einzelnen Sprachkombinationen festzustellen.

Werden neben den in Deutschland erschienenen Wörterbüchern, in denen das Deutsche die Ausgangssprache ist, auch diejenigen berücksichtigt, die u. a. von finnischen bzw. schwedischen Autoren stammen und in denen das Deutsche eine von den Zielsprachen ist, so bestätigt die Analyse, dass die englische Sprache am stärksten vertreten ist. Es wird in 35 der insgesamt 43 multilingualen Wörterbüchern berücksichtigt. Die in den analysierten Wörterbüchern am zweithäufigsten auftretende Sprache ist das Französische. Die nächste Stelle nimmt das Russische ein. Während die deutsche Sprache in den meisten in Finnland veröffentlichten ökologischen Fachwörterbüchern mitberücksichtigt wird, scheinen deutsche Wörterbuchverlage die finnische, wie auch die schwedische Sprache, als zu geringfügig zu betrachten, um sie in ihre multilingualen fachlexikografischen Programme aufzunehmen.

Was die Ergebnisse zur Sprachenverteilung der finnischen Fachlexikografie der Ökologie und Umwelt insgesamt betrifft, so fällt Folgendes auf: Während die deutsche Fachlexikografie hauptsächlich einsprachig orientiert ist, sind in Finnland dagegen die multilingualen Fachwörterbücher am stärksten vertreten. Ihr Anteil beträgt 72,4 Prozent (13 gedruckte, 1 CD-ROM- und 7 mehrsprachige Internetwörterbücher). Dies kann wohl einerseits als Anzeichen dafür gewertet werden, dass in Finnland dem internationalen Wissensaustausch auf dem Fachgebiet der Ökologie und des Umweltschutzes entscheidende Bedeutung zugeschrieben wird. Andererseits ist es insbesondere für kleinere Sprachen wichtig und sinnvoll, aus Gründen der Wirtschaftlichkeit multilinguale – und im Idealfall zugleich polyfunktionale – Fachwörterbücher zu erstellen (s. Abschn. 4.3.4.2.5).

Alle mono- und bilingualen finnischsprachigen Fachwörterbücher (insgesamt 8) sind dagegen nur als Internetwörterbücher veröffentlicht worden. In den in Finnland veröffentlichten mehrsprachigen Fachwörterbüchern ist das Schwedische, die zweite Landessprache Finnlands, fast ausnahmslos vertreten, und das Englische erscheint in allen bi- und mehrsprachigen Wörterbüchern der Ökologie und des Umweltschutzes. Das Deutsche wird in 48,3 Prozent der Wörterbücher berücksichtigt. Darüber hinaus finden noch das Französische und das Russische in den Wörterbüchern häufig Beachtung, so dass der Anteil der beiden Sprachen gut 20 Prozent beträgt. Bemerkenswert ist, dass die derzeitige Stellung des Englischen als terminologische Leitsprache auch in der zwei- und mehrsprachigen Fachlexikografie der Ökologie und des Umweltschutzes deutlich wird.

4) Fachlexikografisch vs. sprachlexikografisch orientiertes Wörterbuch

Unter den Umweltwörterbüchern gibt es solche, die nicht so sehr fachlexikografisch als vielmehr bzw. ausschließlich sprachlexikografisch orientiert sind. Nach dem jeweiligen genuinen Zweck, für den ein einzelnes Fachwörterbuch konzipiert ist, unterscheidet Wiegand (1988, 761f., 776ff.) drei Typen von Fachwörterbüchern: (1) fachliche Sprachwörterbücher mit vorwiegend sprachbezogenen Informationen zu fachsprachlichen Lemmata, (2) fachliche Sachwörterbücher mit vorwiegend enzyklopädischen Informationen zu fachsprachlichen Lemmata sowie (3) so genannte fachliche Allbücher mit sowohl Sprach- als auch Sachinformationen zu fachsprachlichen Lemmata. Aus den lexikografischen Daten fachlicher Allbücher kann der Wörterbuchbenutzer „Informationen über fachsprachliche Gegenstände und solche über die Sachen im Fach entnehmen“ (Wiegand 1988, 778).

Die ökologischen Fachwörterbücher sind eher sachlexikografisch orientiert. Zu dem Wörterbuchtyp fachliches Sachwörterbuch gehören u. a. *Das Umweltlexikon* (1993) hrsg. von Katalyse e.V., das über Begriffsdefinitionen hinaus umfassende Hintergrundinformationen bietet, oder das Internetwörterbuch *Abfall ABC der U-plus-Gruppe* mit kurzen Erläuterungen zu den wichtigsten Begriffen der Abfallwirtschaft. In den sachlexikografisch orientierten Fachwörterbüchern fehlen in der Regel alle sprachlichen Angaben zu den Lemmata. Zum Typ Allbuch kann beispielsweise das multilinguale *Ympäristösanasto* (Umweltglossar) (1998) mit Finnisch als Ausgangssprache gerechnet werden. In diesem Wörterbuch werden die Lemmata in Themenbereiche eingeteilt, definiert, durch Begriffssysteme erläutert und grafisch dargestellt, um dem Wörterbuchbenutzer einen Überblick über komplexe Bereiche wie Umweltschutz oder bebaute Umwelt zu ermöglichen. Darüber hinaus findet der Benutzer in *Ympäristösanasto* u. a. Angaben zu Benennungsvarianten und fremdsprachigen Äquivalenten. Beim Internetwörterbuch *Ilmakehä ABC* (= Atmosphäre ABC [übers. von A. L.]) handelt es sich im Grunde um ein monolinguales fachliches Sachwörterbuch. Allerdings finden sich, mit dem Kürzel *E* gesondert markiert, bei fast allen Benennungen englischsprachige Äquivalente. Daraus folgt, dass es sich um ein fachliches Allbuch handelt. Als Beispiel für ein fachliches Sprachwörterbuch, das außer der Äquivalenzangabe keine sonstigen Angaben bietet, können das bilinguale *Dictionary of Ecology/Wörterbuch Ökologie* von Ohrbach (2000), das multilinguale *Vesiensuojelun sanakirja* (1988) (Wörterbuch für Gewässerschutz) sowie das nach Sachgebieten aufgeteilte deutsch–englische/englisch–deutsche *Fachwörterbuch Deponie* im Internet genannt werden. (Zur Typologie der Fachwörterbücher s. ausführlicher u. a. Felber/Schaeder 1999, 1725–1743).

Während sprachliche Informationen in Sachwörterbüchern nur eine geringe Rolle spielen, haben die sprachlexikografisch orientierten Wörterbücher ihren Schwerpunkt in der Vermittlung von Angaben zu Äquivalenz, Genus und Numerus, Etymologie, Konnotationen etc. Ausschließlich sprachlichen Zwecken dient auch das bilinguale Printwörterbuch *Lexikon der internationalen Abkürzungen Umwelt und Naturwissenschaften* von Baghdady (2002).

5) Fachwörterbuch für fachinterne vs. fachexterne Kommunikation

Die Spezialisierung der Ökologie und des Umweltschutzes findet ihren Niederschlag auch im Bereich der Öko-Lexikografie. Die Spannbreite der Wörterbücher erstreckt sich vom *Diercke-Wörterbuch Ökologie und Umwelt* von Leser u. a. (1993), das einen biologisch-geografischen Ansatz bei Auswahl und Definitionen erkennen lässt, über das *Öko-Lexikon* von v. Walletschek/Graw (1995), das das Umweltbewusstsein als Bürgerpflicht begreift und demzufolge Argumente für die öffentliche Umweltdiskussion liefern will, bis zum *Springer Umweltlexikon* von Bahadir/Parlar/Spiteller (2000), das in den technisch-chemischen Bereich gehört und das hauptsächlich darauf zielt, die Wirkung bestimmter Vorgänge auf die Umwelt darzustellen. Das insbesondere der Umweltverwaltung dienende *Springer Umweltlexikon* konzentriert sich auf die Beschreibung technischer Anlagen im Dienste des Umweltschutzes (z. B. Abfallumschlagstation oder Entsalzungsanlage), auf die Erläuterungen zu umweltrelevanten Vorschriften (z. B. Kreislaufwirtschafts- und Abfallgesetz KrW-/AbfG oder Abfall- und Reststoffüberwachungs-Verordnung Abf-RestÜberwV) sowie auf die Darstellungen chemischer Produkte (z. B. Fungizide oder das als Insektizid wirkende Oxydemeton-Methyl). Begriffe aus technischen, juristischen, politischen, aber auch naturwissenschaftlichen Bereichen werden mit einer Vielzahl an Abbildungen verständlich dargestellt.

Monolinguale Sachwörterbücher können sehr spezifisch sein. Während sich das *Springer Umwelt-Lexikon* von Bahadir/Parlar/Spiteller (2000) mit über 9 000 Lemmata und zum Teil sehr ausführlichen Lemmaartikeln eher an den Fachmann wendet, richtet sich etwa *Das Umweltlexikon* (1993) hrsg. von Katalyse Institut mit ca. 2 400 Lemmata als leicht verständliches Nachschlagewerk mit hohem Informationsgehalt an die verschiedensten Zielgruppen, wie an Umweltberater in der Industrie, an Behörden ebenso wie an Umweltschützer, Studenten und Lehrer. Eine leicht verständliche Einführung für Laien bietet das Nachschlagewerk *Umwelt. Lexikon ökologisches Grundwissen* von Marquardt-Mau/Mayer/Mikelskis (1993) mit 200 Lemmata, die nach 20 zentralen Themen wie Boden, Luft und Klima, Wasser, Energie, Lärm, Müll, die Umwelt belastende Stoffe, Natur und Landschaft, Landwirtschaft und Ernährung etc. gruppiert sind. Auf schulische Bedürfnisse zugeschnitten sind etwa der *Schülerduden Die Ökologie* (1988) sowie das *Jugendlexikon Umwelt* von Marquardt/Mikelskis/Westhoff (1984).

6) Alphabetisch vs. thematisch gegliedertes Fachwörterbuch

Die Lemmafolge ist in den untersuchten Fachwörterbüchern in der Regel initialalphabetisch. Mehrwortbenennungen werden hauptsächlich nur unter dem ersten Benennungsteil alphabetisch aufgeführt. Die Gefahr bei der Anwendung der alphabetischen Gliederung in den bi- und multilingualen Fachwörterbüchern ist, dass die Wörterbücher dabei so große Mängel enthalten, dass sie nicht als das ideale Werkzeug ihres typischen Benutzers – des Fachübersetzers – aufgefasst werden können. In den meisten Fällen verfügt der Übersetzer weder über ausreichende Fachkompetenz noch über Muttersprachenkompetenz auf dem Fachgebiet. Häufig verwenden die zwei- bzw. mehrsprachigen alphabetisch geordneten Fachwörterbücher auch sehr begrenzte pragmatische Angaben. (Hierzu siehe ausführlicher 4.3.4.2.5)

Eine Ausnahme stellt das vom *Tekniikan sanastokeskus* (TSK)[153] (Technisches Terminologiezentrum) 1998 herausgegebene mehrsprachige Fachwörterbuch *Ympäristösanasto* (Umweltglossar) dar, in dem die begriffliche Systematik das Gliederungskriterium bildet. Die im Wörterbuch aufgeführten Lemmata sind sieben zentralen Themenbereichen zugeordnet. Dies ermöglicht es, einen Überblick über komplexe Bereiche wie etwa Umweltschutz, Umweltpolitik, bebaute Umwelt oder Abfall und Abfallentsorgung zu gewinnen. Die Beziehungen zwischen den Begriffen werden durch Begriffssysteme erläutert und graphisch dargestellt. Systematisch geordnete Fachwörterbücher bieten dem Wörterbuchbenutzer vor allem die Möglichkeit, den zwischen den Begriffen bestehenden Zusammenhang zu erkennen. Dies erleichtert z. B. beim Übersetzen die Auswahl des richtigen Äquivalents. Bei den Autoren des Wörterbuchs *Ympäristösanasto* mit Finnisch als Ausgangs- und Lemmasprache waren außer den Fachexperten auch professionelle Terminologen beteiligt, was sich in der stärkeren Einbeziehung sprachlicher Information zu Grammatik und zu paradigmatischen Relationen wie Benennungsvariation bemerkbar macht[154].

Die insgesamt 294 Wörterbuchartikel von *Ympäristösanasto* sind wie folgt standardisiert:

**17**
**biodiversiteetti; biologinen monimuotoisuus**
ei: luonnon monimuotoisuus

| | |
|---|---|
| sv | biodiversitet; biologisk mångfald |
| en | biodiversity; biological diversity |
| de | biologische Vielfalt *f*; Biodiversität f; biotische Vielfalt *f* |
| fr | biodiversité *f*; diversité *f* biologique |

153 Ab Herbst 2004 *Sanastokeskus TSK ry – Terminologicentralen TSK rf.* (Finnish Terminology Centre TSK) (vgl. Terminfo 3/2004, 24).

154 Zur Entstehung des Wörterbuchs *Ympäristösanasto* s. Kalliokuusi (1998).

elollisen *luonnon monimuotoisuus*

> Biodiversiteetti sisältää muun muassa *lajien* sisäisen perinnöllisen vaihtelun, lajien lukumäärän, erilaisten *eliöyhteisöjen* kirjon sekä *biotooppien* ja *ekosysteemien* monipuolisuuden ja erilaisten ekologisten prosessien vaihtelun.[155] (aus: *Ympäristösanasto* 1998, 23)

Das Grundschema für den Artikelaufbau ist folgendes: Auf das finnischsprachige Hauptlemma (im obigen Beispiel: *biodiversiteetti*) folgen mögliche Benennungsvarianten (als semantische Angaben)[156] (oben: *biologinen monimuotoisuus*) sowie pragmatische Angaben, die Auskunft über die besondere Verwendung der Lemmata geben wie etwa die dianormative Markierung im obigen Beispiel *ei*: *luonnon monimuotoisuus* (‚fälschlich auch: Vielfalt der Natur'), oder Angaben zur zeitlichen Einordnung, z. B. „veraltet". Es folgen die fremdsprachigen Äquivalente (als semantische Angaben) kombiniert mit möglichen Genusangaben (als morphologische Angaben). Den Schluss des Wörterbuchartikels bildet eine finnischsprachige Definition (im obigen Beispiel: elollisen *luonnon monimuotoisuus*), die bei Bedarf durch Anmerkungen ergänzt werden kann: „Biodiversiteetti sisältää muun muassa *lajien* sisäisen perinnöllisen vaihtelun, ...".

Die Definition besteht aus nur einem Satz und folgt hauptsächlich dem klassischen Definitionsverfahren, bei dem die Definition die Form einer Gleichung annimmt. Der zu definierende Begriff (das Definiendum) (im obigen Beispiel *biodiversiteetti*) wird mit Hilfe eines Definiens bestimmt, das aus dem nächst höheren Gattungsbegriff (genus proximum) (im obigen Beispiel *luonnon monimuotoisuus*) und der Angabe der einschränkenden Merkmale (differentiae specificae) (im obigen Beispiel *elollisen*) besteht. (S. auch Arntz/Picht/Mayer 2002, 62f.) Die Definitionskopula, die das Definiendum und das Definiens verbindet, wird weggelassen.

Alphabetisch geordnete schwedisch-, englisch-, deutsch-, französisch- und finnischsprachige Register der definierten Termini runden das Buch ab. Durch Konsultieren dieser Register kann der Wörterbuchbenutzer auf den definierten Wortschatz im Hauptteil des Wörterbuchs gezielt zugreifen. Beim Suchen nach finnischsprachigen Lemmata bzw. nach den fremdsprachigen Äquivalenten muss zuerst die Nummer des entsprechenden Begriffs im Register der jeweiligen Sprache gesucht werden. Danach muss der mit dieser Nummer im Hauptteil des Wörterbuchs beginnende Lemmaartikel nachgeschlagen werden.

Der Aufbau des Wörterbuchs *Ympäristösanasto* hat für den Wörterbuchbenutzer den Vorteil, dass er stellenweise unmittelbar eine Übersicht über die Zuordnung der Begriffe zu bestimmten Begriffssystemen und über die Beziehung der

155 Hervorhebungen im Original.

156 Das Vorzugslemma soll jeweils am Beginn des Wörterbuchartikels stehen. Zu den Angaben ausführlicher z. B. in Engelberg/Lemnitzer (2004, 135ff.).

einzelnen Begriffe zueinander erhält. Die Makrostruktur des Wörterbuchs vermittelt somit gleichzeitig auch die Systematik des betreffenden Fachs.

In dem mehrsprachigen Internetwörterbuch *Bioenergy Glossary* mit Finnisch als Ausgangssprache sowie mit Englisch, Deutsch und Russisch als Zielsprachen werden neben den semantischen, pragmatischen und morphologischen Angaben auch Ausspracheangaben zu den fremdsprachigen Äquivalenten in einer Tondatei gegeben. Darüber hinaus liegen zu den Begriffen Definitionen in allen betreffenden Sprachen vor. Wie in *Ympäristösanasto* (1998) werden auch in *Bioenergy Glossary* die Beziehungen zwischen den Begriffen durch Begriffssysteme dargestellt. Den finnischsprachigen Fachwörterbüchern scheint in der Regel das Fehlen von Fachliteraturlisten gemeinsam zu sein. Eine Ausnahme macht neben dem Internetwörterbuch *Bioenergy Glossary* das multilinguale *EnDic2004.*

Auch im Umfang variieren die Fachwörterbücher erheblich. Mit 6 039 Lemmata stellt das multilinguale *EnDic2004* das derzeit umfangreichste Wörterbuch des Fachgebiets Umwelt für die finnische Sprache dar[157]. Demgegenüber steht beispielsweise *Punktgenau – Das Duale System von A – Z* (2002) mit nur 90 Lemmata. Das Miniwörterbuch des Dualen Systems erläutert alle wichtigen Fachbegriffe rund um die Verpackungsverordnung und den Grünen Punkt. Die Gesamtseitenzahl der einbändigen gedruckten Fachwörterbücher variiert zwischen 18 und 1 455 Druckseiten, vgl. Zarges (1982): *Begriffe aus dem Umweltschutz* mit 18 Druckseiten und Bahadir/Parlar/Spiteller (2000): *Springer Umweltlexikon* mit über 9 000 Lemmata auf 1 455 Druckseiten.

#### 4.3.4.2.5 Exkurs: Vertikale Schichtung in ökologischen Fachwörterbüchern: Markierungsangaben im *EnDic2004*

In gemeinsprachlichen Wörterbüchern ist es ein alter Brauch, die Zugehörigkeit eines Lexems zu einer bestimmten Stilebene zu markieren, vgl. *geh.* (= gehoben), *bildungsspr.* (= bildungssprachlich) oder *ugs.* (= umgangssprachlich). Eine diaevaluative Markierung ist dagegen etwa *euphem.* (= euphemistisch) bzw. *verhüll.* (= verhüllend). Der Gedanke, dass es innerhalb der Fachwortschätze ebenfalls unterschiedliche Sprachgebrauchsebenen geben könne, mag vorerst befremden, denn die fach- und wissenschaftssprachliche Kommunikation gilt generell als ein Bereich, der keinen Raum für situationsbedingte Variation der Benennungsmittel bietet. Wie in 4.1.2 gezeigt, ist diese weit verbreitete Meinung schon vor vierzig Jahren korrigiert worden, als Mackensen und Ischreyt die ersten Modelle für die vertikale Schichtung der Fachsprachen entwickelten. Seit damals sind verschiedene ähnliche Modelle vorgelegt worden. Gemeinsam ist all diesen Versuchen die Vorstellung, dass es auch in den Fachsprachen

---

157 Zur Erstaugabe des Umweltwörterbuchs *EnDic* (= EnDic2000) s. Kajander (2001).

sprachlich differente Schichten, d.h. unterschiedliche Positionen auf der Fachlichkeitsskala gibt.

Für die Fachlexikografie hat dies zur Folge, dass die Bezeichnung nicht nur mit einer Fachgebietsangabe, sondern auch mit einer Markierung zu versehen wäre, die darüber informiert, welcher Sprachgebrauchsebene die Benennung zuzurechnen ist. Würden noch Angaben zur Bedeutungsdifferenzierung und Belegbeispiele hinzugefügt, so erzielte das Fachwörterbuch mit einer armen Mikrostruktur einen erheblichen Informationsgewinn. Es würde dann bessere Hilfen bei Textrezeptions-, Textproduktions- und Übersetzungsproblemen bieten. Bei einem Computerwörterbuch könnte auch das zugrunde liegende Textkorpus abrufbar sein, denn wie Rossenbeck (1987, 280) festgestellt hat, sind „gut gewählte Beispiele, die Begriffsinhalte und womöglich auch Abgrenzungen gegenüber anderen Begriffen in ihrem natürlichen Zusammenhang beleuchten, [...] für den Übersetzer wie für den Fachsprachenlerner sicher eine unschätzbare Hilfe". Mit authentischen, korpusbasierten Belegen werden einerseits die Intension und die Extension des Begriffs beleuchtet, und der Begriff wird gegenüber anderen Begriffen abgegrenzt. Andererseits wird der tatsächliche Sprachgebrauch demonstriert.

In lexikografischen Nachschlagewerken können von einer Kennzeichnung der Sprachgebrauchsebenen nur selten Spuren nachgewiesen werden. Häufig fehlen sogar Fachgebietsangaben. Im schlimmsten Fall stellt ein bi- oder ein multilinguales Fachwörterbuch lediglich äquivalente Benennungen der Ausgangs- und der Zielsprache(n) gegenüber – ohne jede Bedeutungsangabe, aufklärende Mitteilung über die Bedeutungsdifferenzierung oder Informationen zum fachlichen Gebrauch. Auch in der Erforschung der Fachwörterbücher zeigt sich eine Lücke im Bereich der Markierungsangaben. Wie auch Bergenholtz/Kromann/Wiegand (1999, 1893) festgestellt haben, liegen zu Angabetypen in Fachwörterbüchern keine eigenen Untersuchungen vor.

Die Problematik der Angabenkennzeichnung von lexikalischen Einheiten im Fachwörterbuch ist ein weites Feld und kann in der vorliegenden Arbeit nicht in seiner Komplexität erörtert werden. Im Folgenden sollen die Markierungsangaben in einem Fachwörterbuch als Beispiel des neuesten und umfangreichsten Umweltwörterbuchs *EnDic2004* mit Finnisch als Ausgangssprache kurz betrachtet werden. Da die Darstellung sehr summarisch bleiben muss und nur einen exemplarischen Charakter haben kann, sei hier kurz auf die einschlägige Fachliteratur verwiesen: zur vertikalen Wortschatzvariation siehe Wichter (1994), zu einzelnen Typen von Angabeklassen in allgemeinen Wörterbüchern siehe die Literaturhinweise in Engelberg/Lemnitzer (2004, 149–152); dazu u.a. Püschel (1998), Geeb (2003), Ludwig (2002 u. 2005) und Liimatainen (2005a).

Bei Durchsicht des *EnDic2004* fällt auf, dass die Markierungen im Wörterbuch zufällig und inkonsequent sind. So wird der Wörterbuchbenutzer an ein paar Stellen auf umgangssprachliche Ausdrücke aufmerksam gemacht. Im Wörterbuch sind z. B. folgende diastratische Markierungen zu finden:

**Y091** **ympäristömerkki, ekomerkki** *trad*[158]
[...]
*de* Umweltzeichen *n* (EnDic2004, 706)

**U017** **ukkonen, ukkosenjyrinä, pitkäinen** *trad*
[...]
*de* Donner *m* (EnDic2004, 627)

Das dem Lemma *ympäristömerkki* zugeordnete Sublemma *ekomerkki* ‚Ökozeichen' wird von den Wörterbuchverfassern als umgangssprachlich (= trad) betrachtet, und es soll nach ihrer Meinung nicht zur Darstellung des Begriffs „Umweltzeichen"[159] verwendet werden[160]. Obwohl sich das Fachwörterbuch *EnDic2004* hauptsächlich an finnischsprachige Benutzer richtet, sollten die Unterschiede in der Verwendung der Benennungsvarianten gekennzeichnet werden. *EnDic2004* hat u. a. die Bezeichnung *ukkonen* ‚Donner' in seinen Lemmabestand aufgenommen und führt im Wörterbuchartikel U017 zu *ukkonen* zwei Benennungsvarianten auf. Die letzte Variante *pitkäinen* ist in seinem Gebrauch beschränkt. Er gehört der gehobenen Sprache an (vgl. Perussanakirja 1997) und wird in biblischen Texten und archaischen Sprachformen verwendet (NSSK 1996, Bd. 4, s. v. pitkäinen). Es stellt sich die Frage, ob es überhaupt sinnvoll und nötig ist, so eine Bezeichnungsvariante – mit oder ohne Textsortenangabe – in ein ökologisches Fachwörterbuch aufzunehmen.

Leider mangelt es im *EnDic2004* an Konsequenz: In anderen Wörterbuchartikeln werden nämlich den Hauptlemmata eine oder mehrere undifferenzierte Bezeichnungsvarianten zugeordnet, vgl. etwa die Wörterbuchartikel K506 und Y136:

**K506** **kloorifluorihiilivedyt** *pl*, **freonit** *pl*
[...]
*de* Fluorchlorwasserstoffe [sic!] *m pl* (EnDic2004, 236)

---

158 *trad* kansankielessä, puhekielessä tms. (EnDic2004, xvii) ‚in der Volkssprache, Umgangssprache o. Ä.' (übers. von A. L.).

159 Für die Vergabe des Umweltzeichens eignen sich nur solche Produkte, die verglichen mit konkurrierenden Erzeugnissen über besondere Umweltschutzvorteile verfügen. Sie verursachen z. B. weniger Emissionen, sind schadstofffrei bzw. -arm, energiesparend, lärmarm, wiederverwertbar oder aus Recyclingprodukten hergestellt und somit die natürlichen Ressourcen schonend. (Vgl. UL 1993, s. v. Umweltzeichen; SUL 2000, s. v. Umweltzeichen)

160 Vgl. hierzu auch YS (1998, s. v. ympäristömerkki).

| | | |
|---|---|---|
| Y136 | **ympäristöä säästävä,<br>ympäristöä kuormittamaton,<br>ympäristöystävällinen** | |
| [...] | | |
| *de* | umweltfreundlich, umweltverträglich | (EnDic2004, 712) |

Maßgeblich verantwortlich für den Abbau der schützenden Ozonschicht sind die Fluorchlorkohlenwasserstoffe (FCKW). Diese sind synthetische Kohlenwasserstoffverbindungen, in denen Wasserstoffatome vollständig oder zum Teil durch Fluor- oder Chloratome ersetzt sind. (Vgl. Berninger/Tapio/Willamo 1997, 117; Hakala/Välimäki 2003, 117.) FCKW sind auch u.a. unter den Markennamen *Frigen* (Hoechst), *Kaltron* (Kali-Chemie) und *Freon* (Du Pont) bekannt (vgl. Marquardt-Mau/Mayer/Mikelskis 1993, 170; Wahlström/Reinikainen/Hallanaro 1994, 50)[161]. So genannte Freons (CFC-11 [$CFCl_3$] und CFC-12 [$CF_2Cl_2$]) sind voll halogeniert, womit gemeint ist, dass in ihnen alle Wasserstoffatome durch Fluor- oder Chloratome ersetzt sind. Daraus folgt, dass die finnischsprachigen Bezeichnungen *kloorifluorihiilivedyt* ‚Fluorchlorkohlenwasserstoffe' und *freonit* ‚Freons' nicht in sämtlichen Begriffsmerkmalen übereinstimmen und nur in einigen wenigen Kommunikationszusammenhängen gegeneinander austauschbar sind. Eher wird der Ausdruck *freonit* in der öffentlichen Umweltdiskussion gemeinsprachlich verwendet und sollte in einem Fachwörterbuch entsprechend markiert sein. Auch auf die Bedeutungsunterschiede der Bezeichnungen sollte der Wörterbuchbenutzer durch Anmerkungen zu Lemmata aufmerksam gemacht werden. Darüber hinaus ist der Wörterbuchartikel noch durch Hinzufügung des Terminus *CFC-yhdisteet*[162] ‚CFC-Verbindungen' zu ergänzen. Da die Bezeichnung *CFC-yhdisteet* sowohl in der fachinternen als auch in der interfachlichen und fachexternen Kommunikation die gebräuchlichste Bezeichnung für den Begriff Fluorchlorkohlenwasserstoffe ist, soll sie am Beginn des Wörterbuchartikels als Vorzugsbezeichnung stehen.

Bei demselben Wörterbuchartikel schlägt *EnDic2004* für *kloorifluorihiilivedyt* als deutsches Äquivalent den Ausdruck *Fluorchlorwasserstoffe* vor, was nicht ganz korrekt ist. In der deutschen Fachsprache wird der Begriff mit *Fluorchlor<u>kohlen</u>wasserstoffe* wiedergegeben, der in den Fachtexten vorwiegend durch das Kurzwort *FCKW* ersetzt wird (s. u.a. UL 1993, s.v. FCKW).

Nach den Sprachpflegern sollten viele von den adjektivischen Bildungen mit *-ystävällinen* (‚-freundlich'), die in der finnischen Gegenwartssprache anzutreffen sind, vermieden werden (vgl. u.a. Vesikansa 1989b, 250). Somit ist auch die Lehnübersetzung *ympäristöystävällinen* ‚umweltfreundlich' durch die terminologisch und stilistisch einwandfreien Bezeichnungen *ympäristöä säästävä* ‚umweltschonend', *ympäristöä kuormittamaton* ‚die natürliche Umwelt nicht belas-

---

161 **Freon** ‚trade name for some chlorofluorocarbons' (DicEnS 1998, s.v. FREON).

162 Das Initialkurzwort *CFC* kommt aus der englischen Vollform ***chlorofluorocarbon*** (vgl. DicEnS 1998, s.v. CFCs).

tend' und *ympäristöä saastuttamaton* ,umweltverträglich' zu ersetzen (vgl. auch YS 1998, 126; Kielitoimiston sanakirja 2004).

Die „Hinweise für den Benutzer" des im Jahre 2000 erschienenen *EnDic2000*, der ersten Ausgabe des multilingualen Umweltwörterbuchs und des Vorgängers von *EnDic2004*, machen u.a. mit der alphabetischen Ordnung und den Wörterbuchartikelpositionen bekannt. Auf Seite 17 lesen wir:

> Die Stichwörter sind nach dem finnischen Alphabet geordnet. Der eigentliche, numerierte Platz eines Begriffes in der alphabetischen Ordnung wird also durch den finnischsprachigen Terminus oder, wenn es mehrere, demselben Begriff entsprechende Termini gibt, durch den an die erste Stelle gesetzten Terminus bestimmt. Dabei wurde angestrebt, den für wissenschaftliche und administrative Texte am besten geeigneten Terminus an die erste Stelle zu setzen.[163]

Trotz des oben Erwähnten lassen weder *EnDic2000* noch die neue, erweiterte Ausgabe *EnDic2004* den diastratischen, diatechnischen und diatextuellen Markierungen die nötige Sorgfalt zuteil werden. Es kommt nicht selten vor, dass es für ein Lemma ein Sublemma und für diese mehr als ein Äquivalent in der Zielsprache gibt. An den Wörterbuchartikeln 0822 aus *EnDic2000* und H353 aus *EnDic2004* soll veranschaulicht werden, mit welchen Informationen der Wörterbuchbenutzer konfrontiert werden kann:

| | | |
|---|---|---|
| **0822** | **hyönteismyrkky, hyönteisten torjunta-aine, insektisidi** | |
| [...] | | |
| *de* | Insektenbekämpfungsmittel *n*, Insektengift n, Insektizid *n*, Insektenvertilgungsmittel *n* | (EnDic2000, 122) |

| | | |
|---|---|---|
| **H353** | **hyönteismyrkky, insektisidi, hyönteisten torjunta-aine** | |
| [...] | | |
| *de* | Insektenbekämpfungsmittel *n*, Insektengift *n*, Insektizid *n*, Insektenvertilgungsmittel *n* | (EnDic2004, 130) |

Die Wörterbücher geben dem Benutzer keine weiteren Informationen darüber, welche der Bezeichnunsvarianten er jeweils wählen soll, so dass hierzu eine zusätzliche Konsultation eines Nachschlagewerkes und/oder Paralleltexte erforderlich sind. Gerade hier wären die Markierungsangaben besonders wichtig gewesen, denn diese Aneinanderreihung der ausgangssprachigen Bezeichnungsvarianten sowie der deutschsprachigen Äquivalente ohne semantische oder andere

163 Der letzte Satz ist in *EnDic2004*, der erweiterten Ausgabe des Umweltwörterbuchs, gestrichen worden.

Differenzierung ist weder für den finnischen noch für den deutschen Muttersprachler sinnvoll. Um in die Übersetzungen aktueller Texte einsetzbar oder für die Textproduktion in der Zielsprache verwendbar zu sein, sollten die Äquivalente einen vergleichbaren Platz sowohl im lexikalischen System der Zielsprache als auch der Ausgangssprache haben. Daraus folgt, dass der Wörterbuchartikel für ausgangssprachige Lemmata und Sublemmata mit Markierungsangaben ähnlich markierte zielsprachige Äquivalente aufführen soll. Da bei einer Dublette Fremdwort – indigenes Wort[164] der aus der Fremdsprache übernommene Terminus im Allgemeinen einer fachsprachlich vertikal höher liegenden Schicht angehört (vgl. Thurmair 1995, 251), soll der Terminus *insektisidi* als Hauptlemma am Beginn des Wörterbuchartikels als Vorzugsbezeichnung für wissenschaftliche und administrative Texte stehen, nicht der umgangssprachliche Ausdruck *hyönteismyrkky* ‚Insektengift' wie oben in 0822 und H353. Werden noch die Bezeichnungen *hyönteismyrkky* und *Insektengift* entsprechend gekennzeichnet, so könnte der Wörterbuchartikel wie folgt aussehen:

| | |
|---|---|
| **IXXX** | **insektisidi,**<br>**hyönteisten torjunta-aine,**<br>**hyönteismyrkky** *puhek* |
| [...] | |
| de | Insektizid *n*,<br>Insektenbekämfungsmittel *n*,<br>Insektenvertilgungsmittel *n*,<br>Insektengift *n ugs.* |

Die Unterscheidung der fachsprachlichen Bezeichnungen von nicht-fachlichen wäre in den Fachwörterbüchern sehr zu begrüßen. Für einen Wörterbuchbenutzer genügt allein die Angabe undifferenzierter Lemmavarianten bzw. Äquivalente nicht. Weil nur ein Fachmann eine gewisse Möglichkeit besitzt, zwischen den einzelnen Benennungsvarianten zu wählen, so hat ein fachliches Sprachwörterbuch – so Bergenholtz (1994, 44) – für einen Benutzer, der kein Fachmann ist, „keinen großen Nutzwert". Daraus folgt, dass nur diejenigen Benutzer, die über ein gewisses Fachwissen verfügen, ein fachliches Sprachwörterbuch

164 Mit Blick auf die Herkunft des Wortschatzes können drei Arten von Wörtern unterschieden werden: (a) Fremdwörter: Wörter aus anderen Sprachen, die ihre der übernehmenden Sprache abweichende Ausdrucksseite (Lautung, Betonung, Schreibung) zumindest zum Teil bewahrt haben; (b) Lehnwörter: Wörter aus anderen Sprachen, die sich der übernehmenden Sprache in Lautung, Betonung und Schreibung angepasst haben und denen man daher ihre fremde Herkunft nicht mehr anmerkt (vgl. u.a. Hoberg 1996, 138). Die Grenze zwischen den Entlehnungsstufen ist jedoch fließend und auf Grund unterschiedlicher Normen bei der Entlehnung nur einzelsprachlich zu bestimmen (Bußmann 2002, 226f.). (c) Der Erbwortschatz einer Sprache sind laut Greule (1980, 269) die Wörter, „auf Grund deren die Sprache [..] einer bestimmten Sprachfamilie [...] zugewiesen werden kann". Zum Fremdwort s. auch Fußnote 252.

ohne große Gefahr für Missverständnisse verwenden können. Das Herzstück eines jeden zwei- oder mehrsprachigen Wörterbuchartikels sind laut Engelberg/ Lemnitzer (2004, 185) die zielsprachigen Äquivalente zu den Lemmata und Sublemmata der Ausgangssprache. Der eigentliche Wert eines bi- bzw. multilingualen Fachwörterbuchs liegt aber darin, dass es für die mannigfaltigen Bedeutungen eines Lemmas das jeweils zutreffende Äquivalent anbieten kann. Je mehr Informationen zu den angeführten Lemmata und Äquivalenten im Wörterbuch geboten werden (Differenzierung in Bedeutung und Gebrauch), umso brauchbarer ist laut Snell-Hornby (2003b, 182) das Wörterbuch.

Schon die wenigen angeführten Beispiele dürften die Bedeutung der Markierungsangaben in den Fachwörterbüchern für eine ungestörte Kommunikation illustriert haben. Da eine Fachsprache nicht nur aus international einheitlich genormten Termini besteht, bietet ein zwei- bzw. mehrsprachiges Fachwörterbuch mit fehlenden Markierungskennzeichnungen keine Hilfe bei der Entscheidung, wann und wo eine im Lexikon gebotene Lemmavariante bzw. die zu ihr gegebene Entsprechungsvariante zu verwenden ist, ob und inwieweit eine Übereinstimmung der Begriffe und damit eine vollständige oder eventuell nur eine partielle Äquivalenz der Benennungen vorliegt, in welchen Kontexten möglicherweise von Äquivalenz gesprochen werden kann und in welchen nicht. Die Tatsache, dass ein bi- bzw. multilinguales Fachwörterbuch dieser Art für Fachsprachenlerner und Fachleute, die fremdsprachige Fachtexte verstehen oder auch produzieren müssen, und für Übersetzer und Dolmetscher, die mit Fachtexten konfrontiert werden, – dies insbesondere in kulturgebundenen Fächern wie etwa Rechts- und Wirtschaftswissenschaften – nicht brauchbar ist, ist darauf zurückzuführen, dass es auf die speziellen Bedürfnisse dieser Wörterbuchbenutzer keine Rücksicht nimmt. (Vgl. hierzu auch Rossenbeck 1987, 275f.) Bei Übersetzern beispielsweise besteht das Problem darin, dass sie mit Texten arbeiten, während die Wörterbücher von isolierten Lexemen ausgehen (vgl. Varantola 1998, 3; Snell-Hornby 2003b, 183). Es werden nicht Sprachen und nicht Systeme übersetzt, sondern Texte, und diese sind als Ganze mehr und qualitativ anders als die Summe ihrer sprachlichen Teile (Snell-Hornby 2003a, 67).

Da die Beziehung zwischen Begriff und Benennung keineswegs immer eindeutig – und noch seltener eineindeutig – ist, kann die Zuordnung eines Begriffs zu einer Benennung Probleme bereiten. Soll die Sprachgrenzen überschreitende Kommunikation nicht von Informationsverlusten oder gar Missverständnissen betroffen sein, ist auf Grund zahlreicher kulturell gebundener Erscheinungen eine Vertrautheit mit der realen Fachwelt im Gültigkeitsbereich sowohl der Ausgangssprache als auch der Zielsprache häufig unentbehrlich (vgl. Rossenbeck 1994, 139). Ein fachliches Sprachwörterbuch, das sich nur darauf beschränkt, kontextlose Lemmata und deren Entsprechungen ohne diasystematische Markierungen anzugeben, dürfte nur von denjenigen Benutzern zu Rate gezogen werden, die einerseits über perfekte Fachkenntnisse verfügen und andererseits sich auch sprachlich im Bereich sowohl der Ausgangs- als auch der Zielsprache auskennen (Rossenbeck 1987, 276). So kommt so einem Wörterbuch nur noch die Funktion zu, als „eine Gedächtnisstütze für den bereits Kundigen" (Rossenbeck 1994, 155) zu fungieren.

Fachwörterbücher sind nicht nur damit beauftragt, Fachwörter und Termini anzuführen, sondern sie auch in ihrem fachlichen Kontext zu erklären und zu verdeutlichen (Bergenholtz 1994, 54). Insbesondere für kleinere Sprachen oder kleinere Fächer ist von Bergenholtz (1994, 46, 52) angeregt worden, aus Gründen der Wirtschaftlichkeit, polyfunktionale Fachwörterbücher, d. h. fachliche Allbücher, zu erstellen. Zwecks Vermeidung einer hybriden Benennungsbildung zieht Goy (2001, 117) die Bezeichnung *multifunktionales Wörterbuch* vor und legt Gewicht darauf, dass der Vorschlag von Bergenholtz u. a. in der neugriechischen Fachlexikografie ernsthaft erwogen werden sollte. Auf Grund ihres Dateninhalts können die multifunktionalen Wörterbücher von Wörterbuchbenutzern mit individuell unterschiedlichen fachlichen und fachsprachlichen Kenntnissen verwendet werden, und sie erfüllen in vielfältigen Benutzungssituationen gleichzeitig mehrere Wörterbuchfunktionen – die translationsorientierten zwei- und mehrsprachigen polyfunktionalen Wörterbücher auch in kontrastiven Sprachhandlungen (vgl. Goy 2001, 117f.).

Bei einem gesellschaftlich umstrittenen Thema wie dem der Ökologie und des Umweltschutzes werden in einigen Texten Standpunkte vertreten. Es finden sich Texte sowohl von uneingeschränkten Befürwortern als auch von Gegnern. So stellen Ausdrücke, deren Gebrauch pragmatischen Beschränkungen (vertikale Schichtung, Stilschicht, Status als Euphemismus oder Schlagwort, Textsorte) unterliegen, nicht nur den Sprachbenutzer vor lexemtypspezifische Probleme bei der Textproduktion oder Textrezeption, sondern sie bringen besondere Anforderungen auch bei der Übersetzung entsprechender Texte mit sich.

Wörterbücher mit pragmatisch beschränkter Lemmaauswahl verzeichnen nur solche Ausdrücke, deren Verwendung pragmatischen Beschränkungen unterworfen ist oder die mit bestimmten stilistischen Nebenbedeutungen verbunden sind (Engelberg/Lemnitzer 2004, 51). Die Wörterbücher *Wörter, die Geschichte machten. Schlüsselbegriffe des 20. Jahrhunderts* (= WdGm 2001, 83f.) sowie das *Zeitgeschichtliche Wörterbuch der deutschen Gegenwartssprache* von Stötzel/Eitz (2002, 422–429) verzeichnen u. a. den Ausdruck *Waldsterben*, der sich Anfang der 1980er Jahre allmählich zum festen Schlagwort ausbildet. Der Ausdruck zog schnell die Kritik der Fachwissenschaft und der Politik auf sich: Während radikalere Umweltschützer lieber vom *Waldmord* sprachen, bevorzugten viele Wissenschaftler und die chemische Industrie den Terminus *neuartige Waldschäden*, der jedoch als Euphemismus[165] kritisiert wurde. Die Tatsache, dass der Ausdruck *Waldsterben* als Germanismus Eingang in die internationale

165 Zu Euphemismen in der Umweltdiskussion siehe Kap. 7.

Presse und Wörterbücher fand, ist ein Anzeichen für die globale Brisanz des Themas.[166] (Vgl. Jung 1995, 649f.)

Zum Problem von gruppenmarkierten Wörtern stellt Käge (1982, 116) fest, dass ein Lemma nicht mit allen überhaupt nur feststellbaren gruppenbezogenen Gebrauchsangaben versehen werden soll, wohl aber mit denen der hauptsächlich betroffenen Gruppe. Sich über die besondere Verwendung einer Bezeichnung bewusst zu werden, muss im Interesse des Sprachbenutzers liegen, trägt sie doch zur Präzisierung seines kommunikativen Verhaltens bei (Käge 1982, 116). Ein Wörterbuchbenutzer etwa, der zu dem Lemma *Entsorgung* eine Gebrauchsangabe erhält wie

> In jüngerer Zeit nimmt die Verwendung von **Entsorgung** in Bezug auf radioaktive Abfälle vor allem in solchen Texten ab, mit denen sich Atomkraftbefürworter an eine breitere Öffentlichkeit wenden, und wird dort durch Bezeichnungen ersetzt, die den Aspekt des Nützlichen hervorheben, wie etwa *Wiederverwertung*, *Wiederaufarbeitung*, *Kernbrennstoff-Recycling* (Haß 1989a, 463)

wird diesen Ausdruck behutsamer verwenden als derjenige, dem nur die begriffliche Bedeutung geläufig ist.[167]

## 4.4 Zusammenfassung

Im Kapitel 4 der vorliegenden Arbeit ging es zum einen darum, einen ersten Überblick über die zentralen Textsorten der schriftlichen Kommunikation in der deutschen und finnischen Fachsprache der Ökologie und des Umweltschutzes anhand von Belegen zu bieten. Im Mittelpunkt der Untersuchung stand die Textsorte Fachwörterbuch. Zum anderen wurde darauf gezielt, eine möglichst umfangreiche Bibliografie von deutsch- und finnischsprachigen Fachwörterbüchern zum Thema Umwelt und Ökologie zusammenzustellen sowie die Vielzahl und Vielfalt der Fachwörterbücher darzustellen.

Es wurde gezeigt, dass sich die Fachkommunikation in Ökologie und Umweltschutz horizontal nach den unterschiedlichen Inhalten der Teilgebiete, wie etwa Angewandte Ökologie, Agrarökologie, Luftreinhaltung, Bodenschutz, gliedern sowie vertikal auf der Grundlage der Anwendungssituationen schichten lässt. Unterschiede ergeben sich aus dem Zweck und dem Ort der Kommunikation sowie den Kommunikationsteilnehmern. Die dabei entstehenden Schichten zeichnen sich durch unterschiedliche Fachlichkeits- und Fachsprachlichkeitsgrade aus. Als Ergebnis aus den Erörterungen zu der horizontalen Gliederung und vertikalen Schichtung der Fachsprache ist zusammenfassend feststell-

166 Zum Ausdruck *Waldsterben* ausführlicher in Abschn. 7.5.5.
167 Zum Ausdruck *Entsorgung* ausführlicher in Kap. 7.5.1.

bar, dass Fachtextsorten sowohl in Fächern und Fachgebieten als auch jeweils auf unterschiedlichen vertikalen Abstraktionsstufen existieren.

Im zweiten Schritt wurde die von Göpferich (1995) entwickelte pragmatische Fachtexttypologie als Bezugsrahmen für die Textsortenvorstellung dargestellt. Bei der Gliederung von Fachtextsorten der Ökologie und des Umweltschutzes wurden die Texte in mehreren Schritten zunächst nach ihrer kommunikativen Funktion sowie anschließend nach ihrer eher theoretischen oder eher praktischen Orientierung bzw. nach der Art der Informationspräsentation unterteilt. Auf diese Weise ergaben sich acht Gruppen von Primärtextsorten (vgl. Fig. 3: Hierarchiestufe IV: Primärtextsorten).

*Juristisch-normative* Texte mit dem höchsten Fachlichkeits- und Fachsprachlichkeitsgrad bilden einen Übergangstyp zwischen den Fachtexttypen aus dem Bereich der Ökologie und des Umweltschutzes einerseits und denen aus dem Bereich des Rechts andererseits und sind infolgedessen sowohl durch einen naturwissenschaftlich-technischen als auch einen juristischen Fach(sprach)lichkeits- und Spezialisierungsgrad gekennzeichnet. Juristisch-normative Texte, die den Zweck erfüllen, die Rechtsgrundlage bzw. Grundlage für Vereinheitlichungen zu schaffen, sind u. a. Klimarahmenkonventionen, Abfallgesetze und -verordnungen, Richtlinien des Europäischen Parlaments und des Rates über Verpackungen und Verpackungsabfälle oder Übereinkommen zum Schutz des Kultur- und Naturerbes der Welt.

In den *fortschrittsorientiert-aktualisierenden* Texten handelt es sich in erster Linie darum, neue Erkenntnisse und Forschungsergebnisse der Fachwelt zur Verfügung zu stellen. *Texte mit faktenorientierter Darstellung* – etwa Forschungsberichte und wissenschaftliche Artikel in Sammelbänden – sind durch eine auf das Wesentliche beschränkte Darstellungsweise mit der reinen Informativität im Mittelpunkt des Interesses charakterisiert. Unterschiede zwischen den Kategorien Texte mit faktenorientierter Darstellung einerseits und *publizistisch aufbereitete Texte* andererseits liegen nicht im inhaltlichen, sondern im gestalterischen und sprachlichen Bereich. In den publizistisch aufbereiteten Texten steht neben der Informativität eine ansprechende und repräsentative Darstellung im Vordergrund. Zu den zentralen Textsorten der fachinternen Kommunikation gehört die Textsorte akademisch-wissenschaftlicher Zeitschriftenaufsatz. Im Bereich der Ökologie und des Umweltschutzes ist die Vielfalt der Fachzeitschriften breit gefächert: Neben den allgemeinen Fachzeitschriften, die über jedes umweltrelevante Thema von Umwelt- und Naturschutz bis Fragen der Kulturumwelt und Landschaftsschutz, von Landschaftsplanung bis Umweltmanagement informieren, ist entsprechend der Differenzierung des Umweltschutzes und der Ökologie eine Vielzahl subdisziplinärer Zeitschriften sowie Zeitschriften mit einer speziellen Thematik zu finden, wie beispielsweise Fachzeitschrift zum Immissionsschutz, zur ökologischen Landwirtschaft oder zum Thema Altpapier, Wiederverwertung und Recycling.

Die Fachsprache der Ökologie und des Umweltschutzes muss als Kommunikationsmittel unterschiedlichen und gegenläufigen Ansprüchen angepasst sein. Einerseits ist die Kommunikation fachintern zu gewährleisten, andererseits muss die Verständigung sowohl mit den Wissenschaftlern unterschiedlicher anderer Disziplinen als auch mit der Öffentlichkeit gewährleistet sein. Problematisch an dem notwendigen Dialog zwischen Forschung und Öffentlichkeit ist die unabdingbar vereinfachte sprachliche Darstellung komplexer Sachverhalte und Vorgänge. Eine wichtige Rolle in diesem Dialog kommt der ökologisch-populärwissenschaftlichen Fachprosa zu, die in den letzten drei Jahrzehnten im Hinblick auf ein gesteigertes Umweltbewusstsein und eine kritische Sensibilität gegenüber einem problematischen Forschungsgebiet und einem politisch und gesellschaftlich so bedeutsamen und brisanten Thema wie Umwelt und Ökologie einen erheblichen Zuwachs zu verzeichnen hat.

Den zentralen Textsorten, die der interfachlichen und fachexternen Kommunikation zuzurechnen sind, gehören in erster Linie populärwissenschaftliche Zeitschriftenaufsätze und Sachbücher als *Interesse weckende theoretisches Wissen vermittelnde Texte* an. Einen breiten Verbreitungsgrad im Bereich Umweltschutz haben die Informations-, Aufklärungs- und Ratgebertexte erlangt, die der Umweltberatung dienen. An breite Bevölkerungsschichten wenden sich darüber hinaus die Informationsschriften des Umweltministeriums sowie die amtlichen Veröffentlichungen der EU. Handbücher als *Mensch/Technik-interaktionsorientierte Texte* stellen einen funktional eigenständigen Typ der Textsorte Nachschlagewerk dar. Handbücher zielen auf eine systematische und umfassende Darstellung eines Gebietes wie etwa Umweltgifte, Frischwasser- und Abwasser-Biotope oder Bodenschutz ab.

Der Fachtexttyp *wissenzusammenstellende Texte* gliedert sich in die Fachtexttypvarianten *satzfragmentarische Texte* und *enzyklopädische Texte*, denen sich Nachschlagewerke aller Art wie etwa Standard, Lexikon, Atlas, Katalog und Liste zuordnen lassen. In ihnen wird das Wissen, das zuvor bereits in juristisch-normativen, fortschrittsorientiert-aktualisierenden sowie in didaktisch-instruktiven Texttypen vorgestellt wurde, einer Selektion und Komprimierung fachlicher Informationen unterzogen.

Einer näheren Betrachtung wurde die Textsorte *ökologisches Fachwörterbuch* unterzogen. Berücksichtigt wurden sowohl monolinguale deutsche und finnische Wörterbücher als auch bi- und multilinguale Wörterbücher, in denen das Deutsche bzw. das Finnische in der Rolle der Ausgangs- bzw. der Zielsprache erscheint.

Zum Themengebiet Umweltschutz und Ökologie sind seit ca. 35 Jahren Fachwörterbücher in großer Zahl erschienen. Die breite Auswahl an Wörterbüchern zum Fachgebiet Umwelt und Ökologie erklärt sich durch den Durchbruch des Themas Umweltschutz zur öffentlichen Bedeutsamkeit gegen Ende der 1960er und am Anfang der 70er Jahre, durch die seit Anfang der 70er Jahre beginnende Entwicklung der Übermittlung von Fachwissen aus einigen wissenschaftlichen und technischen Disziplinen heraus in die öffentliche Debatte hinein, sowie durch die unvergleichliche Entwicklung, die die Lexikografie u. a. im deutschen Sprachraum seit den 80er Jahren erlebt hat.

Im Anhang 1 wird versucht, eine möglichst weitreichende Bibliografie über die Fachlexikografie zum Themenkomplex Umwelt und Ökologie für die deutsche und die finnische Sprache in der Zeitspanne von 1949 bis 2004 zu bieten. Die Bibliografie ist gedacht als Orientierungs- und Hilfsmittel sowohl für Fachspezialisten, Fachsprachenlerner, Übersetzer, Dolmetscher als auch Laien – für alle diejenigen, die auf irgendeine Weise mit der Fachsprache der Ökologie und des Umweltschutzes in Berührung kommen. Darüber hinaus wird darauf gezielt, das Interesse der Wörterbuch- und Fachsprachenforschung für die ökologische Fachlexikografhie zu wecken sowie zu weiteren Untersuchungen auf diesem bisher kaum beachteten Feld anzuregen.

Die Bibliografie registriert insgesamt 248 unterschiedliche Wörterbücher zum Themenbereich Umwelt und Ökologie. Berücksichtigt wurden sowohl gedruckte, Disketten-, CD-ROM- als auch Internetwörterbücher. Die Zahl der Wörterbücher mit Deutsch ist beträchtlich größer als die der Wörterbücher mit Finnisch als Ausgangssprache bzw. mit finnischen Äquivalenten. Gegenüber den insgesamt 234 monolingualen deutschen Fachwörterbüchern bzw. den bi- oder multilingualen Wörterbüchern, in denen das Deutsche in der Rolle der Ausgangs- bzw. der Zielsprache erscheint, verzeichnet die Bibliografie insgesamt nur 29 Fachwortschatzinventare mit Finnisch. Während im deutschen Sprachraum immer neue Fachwörterbücher zum Thema Umwelt miteinander konkurrieren, so ist beim Finnischen das Angebot an ökologischen Wörterbüchern auch noch heute sehr dürftig.

Bis zum Jahr 1970 werden zum Thema Umweltschutz nur einige wenige Wörterbücher publiziert. In den 70er Jahren steigt die Zahl schon langsam, in der Zeit von 1980 bis 1989 bereits stark, und seitdem hat eine regelrechte Explosion stattgefunden. Seit Anfang der 90er Jahre gewinnen die elektronischen Wörterbücher zunehmend an Bedeutung. Derzeit können immer mehr Wörterbücher zu einzelnen Themenbereichen und Fachgebietsausschnitten im Internet konsultiert werden.

Die ersten Fachwörterbücher zum Thema Umweltschutz sind bi- bzw. multilingual. Den Wörterbuchgegenstand in den genannten Wörterbüchern bilden Fachausdrücke zu Wasserversorgung und Abwassertechnik sowie zu Abfallbeseitigung und Städtereinigung. Während das erste monolinguale deutschsprachige Wörterbuch zum Fachgebiet Umwelt 1972 herausgegeben wurde, so gibt es bis heute im finnischen Sprachraum kein allgemeines Wörterbuch zu ökologischen Sachverhalten oder zum Thema Umweltschutz in finnischer Sprache für Finnen. Die deutsche Fachlexikografie zum Thema Umwelt und Ökologie ist in erster Linie einsprachig orientiert. Der Anteil der monolingualen deutschen Wörterbücher beträgt 68 Prozent, der der bilingualen gut 14 Prozent sowie der der multilingualen 18 Prozent. In Finnland sind die multilingualen Fachwörterbücher am stärksten vertreten. Ihr Anteil beträgt gut 72 Prozent. Dies ist zumindest zum Teil darauf zurückzuführen, dass es insbesondere für kleinere Sprachen aus Gründen der Wirtschaftlichkeit wichtig und sinnvoll ist, multilinguale – und im Idealfall zugleich polyfunktionale – Fachwörterbücher zu erstellen.

Den allgemeinen Umweltlexika, die es versuchen, einen möglichst umfassenden Überblick über das Gesamtgebiet der Ökologie bzw. des Umweltschutzes zu geben, stehen spezielle Fachwörterbücher gegenüber, die darauf zielen, über ein kleineres spezielles Fachgebiet bzw. einen Themenbereich eine ausführliche und aktuelle terminologische Darstellung zu geben. Darüber hinaus werden Wörterbücher publiziert, die Wissensbereiche aus interdisziplinärer Sicht lexikalisch erschließen bzw. den Wortschatzbereich Schlagworte erfassen.

Neben den Fachwörterbüchern, die sich eher an den Fachmann wenden, richtet sich ein Teil der Wörterbücher als leicht verständliche Nachschlagewerke an die verschiedensten Zielgruppen, wie an Umweltberater, an Behörden, Umweltschützer, Studenten, Lehrer und interessierte Laien. Obwohl Fachwörterbücher in der Regel als objektive und neutrale Informationsquellen gelten, ist die Übermittlung von Fachwissen bei politisch so bedeutsamen und brisanten Themen wie denen des Bereichs Umweltschutz und Ökologie häufig auch mit Meinungsbildung und der Vermittlung von bestimmten Einstellungen zum Thema Umwelt verbunden.

Die vorliegende Untersuchung stellt nur einen – wenn auch, wie gezeigt wurde, tiefere Einblicke ermöglichenden – Überblick über die schriftliche Textsorte der Fachsprache der Ökologie und des Umweltschutzes und insbesondere über die Textsorte Fachwörterbuch dar. Benötigt würden weitere Untersuchungen insbesondere zur Geschichte der Wörterbücher des Fachs Umwelt und Ökologie. Wie im Exkurs zu Markierungsangaben anhand eines der neuesten Umweltwörterbücher festgestellt werden konnte, liegen zu Angabetypen in Fachwörterbüchern keine eigenen Untersuchungen vor. Sehr zu wünschen wären darüber hinaus ausführliche Untersuchungen zum Stand der finnischen Fachlexikografie mit detaillierten Ergebnissen zur Sprachenverteilung sowie zur Berücksichtigung einzelner Fachgebiete.

## 5 Termini in fachexterner Verwendung

### 5.1 Vorbemerkung

Das Übergehen von Fachwörtern in die Gemeinsprache – und umgekehrt – ist eine Erscheinung, die sich in den verschiedensten Fach- und Sachbereichen des Wortschatzes beobachten lässt. Eine dauerhafte Popularisierung von Fachkenntnissen und Termini scheint laut Jung (1999, 194) immer dann zu erfolgen, wenn ein Fachgebiet in der Alltagspraxis eine besondere Tragweite bekommt oder aber in der öffentlichen Diskussion zum Gegenstand des Medieninteresses wird. Dadurch können nicht nur Aufschlüsse über die Sprache gewonnen werden, sondern auch über die Entwicklung der jeweiligen Wissenschaft und deren Bedeutung für die Gesellschaft.

Einen solchen Fall, in dem Fachwissen und Fachwörter in einem individuellen Aneignungsprozess übernommen werden, bezeichnet Jung (1999, 194) als eine nicht-öffentliche Popularisierung. Bei dieser Form der Verbreitung von Fachwissen und Fachwörtern, die in der Regel „von unten" (Jung, ebd.) erfolgt, stehen individuelle handlungspraktische Bedürfnisse im Mittelpunkt. Solche Fachgebiete sind etwa Mikrocomputer, Unterhaltungselektronik und Medizin. Im Unterschied zu der hauptsächlich privaten nicht-öffentlichen Popularisierung gibt es nach Jung (ebd.) eine „von oben" erfolgende öffentliche Popularisierung. Die öffentliche Verfachlichung, in der die Massenmedien als Vermittlungsinstanz dominieren, ist tendenziell anonym, abstrakt, monologisch sowie, aufseiten des Laien, passiv. Die Massenmedien erzeugen ein Interesse für Fach- und Terminologiewissen, ohne dass ein praktisches Handlungserfordernis besteht. Die öffentliche Verfachlichung beruht auf durch die Medien vermittelten Sekundärerfahrungen. (Vgl. Jung 1999, 194.) Ein gutes Beispiel für die öffentliche Verfachlichung ist die vielfältige Umweltproblematik. Aufgrund seiner allgemein gesellschaftlichen Bedeutung ist das Thema Umwelt Gegenstand des öffentlichen Interesses geworden. Es drängt sich ständig stärker in das Alltagsleben des Einzelnen. Dadurch haben Termini, die fachintern bereits seit längerem verwendet worden sind, in den letzten Jahrzehnten im allgemeinen Sprachgebrauch zunehmend Verbreitung gefunden.

In den Wortschatz der Gemeinsprache werden nicht nur neue Wörter, d. i. Wörter, die bezüglich des Gesamtwortschatzes einer Sprache neu sind, übernommen. Auch Fachwörter und Termini, die in den einzelnen Fachsprachen fachintern bereits seit längerem verwendet werden, können in den gemeinsprachlichen Sprachgebrauch eindringen. (Vgl. Wiese 1988, 150f.) Wie oben in Abschnitt 3.1.2 bereits erwähnt, verzeichnet das finnischsprachige Nachschlagewerk *Tietosanakirja* den Ausdruck *ekologia* im Jahre 1910. Die Bezeichnung *Ökologie* begegnet bereits 1903 in *Brockhaus' Konversations-Lexikon*. Im allgemeinen Sprachgebrauch haben die beiden Fachwörter aber erst seit den 1970er Jahren zunehmend Verbreitung gefunden. Mit diesen Termini sind dann auch weitere Fachausdrücke wie *Ökosystem*, *ökologisches Gleichgewicht*, *Umweltschutz*, *Umweltschäden*, *umweltbewusst* wichtig geworden.

Seit Beginn der öffentlichen Umweltdiskussion werden immer mehr fachinterne Ausdrücke durch Fachvertreter selbst und vor allem durch die Medien popularisiert. Während des Popularisierungsprozesses und in fachexterner Verwendung erfährt die Inhaltsseite vieler Termini einen Bedeutungswandel. Die Termini verlieren an begrifflicher Exaktheit, Präzision und Wertungsneutralität. (Vgl. Haß 1989a, 402f.; s. auch Wiese 1988, 153.) Einerseits sind solche Wörter der Emotionalisierung zugänglich, andererseits der Entterminologisierung, wodurch das Lexem Element der Gemeinsprache wird. Manche Bezeichnungen können den Charakter eines Schlagwortes gewinnen. (Vgl. Schippan 1992, 232; Kalliokuusi 1998, 11.) Einige typische Beispiele mögen diese Gruppe illustrieren: *Altlasten*, *GAU*, *Entsorgung*, *Ökologie*, *Umweltverträglichkeit* (Haß 1989a, 403).

Problematisch an dem Dialog zwischen der Forschung und der Öffentlichkeit ist die unumgänglich vereinfachte sprachliche Darstellung komplexer Sachverhalte. Vorher nur den Spezialisten zugängliche Fachwörter und Termini werden aus dem Fachkontext herausgelöst, ihre Verwendungsregeln werden erweitert und sie werden entterminologisiert (Fraas 1998, 437). Auf dem Wege in die Gemeinsprache wird nicht mehr das ganze fachliche Wissen, das ein Fachvertreter mit dem Terminus verbindet, in dessen gemeinsprachlicher Verwendung realisiert (Fraas, ebd.). Bei Übernahmen von Termini in die Gemeinsprache verlieren sie ihren ursprünglichen Status als definierte Fachbegriffe und nehmen die semantische Vagheit gemeinsprachlicher Begriffe an (vgl. Jakob 1998, 711; Suomalainen 2002, 18). Dem Nicht-Spezialisten reicht eine ungefähre Vorstellung vom entsprechenden fachlichen Gegenstand, Vorgang oder Sachverhalt aus (Fraas 1998, 437).

Der Nicht-Klimaforscher und Nicht-Chemiker interessiert sich kaum für die genaue chemische Zusammensetzung der Gase *FCKW* (Fluorchlorkohlenwasserstoffe) und *Methan*, sondern eher für die Tatsache, dass sie zu einer allmählichen Erwärmung der Erdatmosphäre führen und demzufolge zum Klimawandel beitragen. Ihn interessiert auch, wo diese Gase vorkommen und wie man auf sie verzichten bzw. deren Entstehung verhindern kann.

Als Beispiele für die Verwendung von Fachwörtern in nichtfachlichen Kontexten und für die Entterminologisierung sollen im Folgenden die Termini *anthropogener Treibhauseffekt*, *Ozonabbau* und *atmosphärische Deposition* aus der Fachsprache des Umweltschutzes näher betrachtet werden.

## 5.2 Treibhauseffekt vs. anthropogener Treibhauseffekt

Der Terminus *Treibhauseffekt* (fi *kasvihuoneilmiö*) wurde erstmals 1896 von dem schwedischen Chemiker Svante Arrhenius eingeführt (Vuorisalo 2002, 19; HS 12.11.2000, D3), der vielfach als „Vater der Treibhaushypothese“ bezeichnet wird (Maxeiner/Miersch 2002, 140). Unter Treibhauseffekt ist die Erwärmung der unteren Troposphäre und der Erdoberfläche unter dem Einfluss von Wasserdampf ($H_2O$), Kohlendioxid ($CO_2$) und von anderen sog. Treibhausgasen zu verstehen. Diese klimarelevanten Spurengase in der Troposphäre, die nicht einmal 1 Prozent der Gesamtmasse der Erdatmosphäre ausmachen, lassen die einfallende kurzwellige solare Strahlung ungehindert passieren, absorbieren aber einen großen Teil der von der Erdoberfläche reflektierten oder abgegebenen langwelligen Wärmestrahlung und strahlen die Hälfte davon wieder nach unten ab. Aufgrund der Analogie zu den Verhältnissen in einem Treibhaus wird der Effekt Treibhauseffekt genannt. (Vgl. u. a. UL 1993, s. v. Treibhauseffekt; Seiler/J. Hahn 1998, 114f.; Hakala/Välimäki 2003, 88f.) Da die oben genannten Treibhausgase natürlicher Bestandteil der Atmosphäre sind, wird der von ihnen verursachte Treibhauseffekt auch als *natürlicher Treibhauseffekt* (Seiler/J. Hahn 1998, 115), in der finnischen Sprache als *luonnollinen kasvihuoneilmiö* bezeichnet (vgl. z. B. Kuusisto/Kauppi/Heikinheimo 1996, 15).

Der natürlich vorhandene Treibhauseffekt ist ebenso alt wie die Gashülle der Erde. Er reguliert den Wärmehaushalt des Erdklimas und ist die Voraussetzung für das Leben auf der Erde. Ohne den natürlichen Treibhauseffekt mit klimarelevanten Spurengasen läge die bodennahe Durchschnittstemperatur auf der Erde nicht bei etwa +15°C, sondern bei ca. –18°C, wodurch höheres Leben praktisch unmöglich wäre. (Vgl. Berninger/Tapio/Willamo 1997, 102; Seiler/J. Hahn 1998, 114f.; SUL 2000, s. v. Treibhauseffekt; UL 1993, s. v. Treibhauseffekt; Hakala/Välimäki 2003, 89. S. auch Akt'91, 213; Akt'01, 263.)

In fachexterner Verwendung und in der öffentlichen Umweltdiskussion hat der Terminus *Treibhauseffekt* an Präzision verloren. Im allgemeinen Sprachgebrauch wird der Ausdruck Treibhauseffekt häufig inkorrekt für die Bezeichnung des *zusätzlichen Treibhauseffekts* verwendet (vgl. Schönwiese/Diekmann 1988, 13; Kuusisto/Kauppi/Heikinheimo 1996, 15; YS 1998, s. v. kasvihuoneilmiö). Ursache des zusätzlichen Treibhauseffekts sind die vermehrten Emissionen von $CO_2$ und Methan ($CH_4$), aber auch von Distickstoffoxid ($N_2O$) sowie vom troposphärischen Ozon ($O_3$) und von den nicht natürlich vorkommenden Gasen, vor allem von FCKW, in die Atmosphäre im Zusammenhang mit der steigenden Verbrennung fossiler Brennstoffe, zunehmender landwirtschaftlicher und industrieller Aktivität sowie der Regenwaldzerstörung und den Entwaldungen. Durch die zusätzlichen Treibhausgase wird das natürliche Temperaturgleichgewicht zwischen Atmosphäre und Erdboden gestört. (Vgl. Schönwiese/Diekmann 1988, 13; Berninger/Tapio/Willamo 1997, 102; SUL 2000, s. v. Treibhauseffekt; Hakala/Välimäki 2003, 88f. S. auch Akt'91, 213; Akt'01, 263.)

Zur Unterscheidung vom natürlichen Treibhauseffekt, der auch ohne menschliche Tätigkeiten existiert, wird, wenn es sich um die vom Menschen verursachte Erscheinung handelt, von einem *zusätzlichen* bzw. *anthropogenen Treibhauseffekt* gesprochen (vgl. UL 1993, s. v. Treibhauseffekt; Seiler/J. Hahn 1998, 115; DZU

2001, 115; s. auch Maxeiner/Miersch 2002, 150f.). Für diese deutschsprachigen Termini gibt es im Finnischen das Äquivalent *kasvihuoneilmiön voimistuminen* (Berninger/Tapio/Willamo 1997, 102; Hakala/Välimäki 2003, 89). Durch diesen anthropogenen Treibhauseffekt wird der natürliche Treibhauseffekt verstärkt und die Stabilität des Weltklimas gefährdet.

## 5.3 Ozonloch vs. Ozonabbau

Als übertrieben und missverständlich betrachten Schönwiese/Diekmann (1988, 108) den Ausdruck *Ozonloch* (fi *otsoniaukko*). In der Stratosphäre, die die zweitunterste Zone der Atmosphäre bildet, wird unter dem Einfluss kurzwelliger UV-Strahlung der Sonne in einer Höhe von 15–35 km die sogenannte *Ozonschicht* gebildet (vgl. Heinrich/Hergt 1998, 167). Sie stellt einen lebensnotwendigen Schutzschild gegen die UV-Strahlung dar. Durch den Eintrag von Schadstoffen, insbesondere von FCKW und anderen ozonabbauenden Substanzen, kommt es zum Abbau der stratosphärischen Ozonschicht. Unter *Ozonabbau* (fi *otsonikerroksen ohentuminen*, *otsonikato*) wird demgemäß laut Hakala/Välimäki (2003, 114) die Verringerung der Ozonkonzentration und die Ausdünnung der Ozonschicht in der Stratosphäre verstanden. Vom *Ozonloch* als Bezeichnung für die „durch Umwelteinflüsse entstandene Schädigung der *Ozonhülle*[168] an den Polkappen" (Paul 2002, s. v. Ozonloch) wird gesprochen, wenn ungewöhnlich starke Ozonverluste über der Antarktis oder der Arktis gemeint sind (YS 1998, s. v. otsonikerroksen ohentuminen; Hakala/Välimäki 2003, 114). Um ein völliges Verschwinden der Ozonschicht handelt es sich jedoch nicht, denn auch im schlimmsten Fall bleibt vom Ozon noch mehr als ein Drittel übrig[169]. Ebenfalls ist der Ausdruck *Ozonschicht* (fi *otsonikerros*), d. i. „Schicht der Erdatmosphäre, in der Ozon angereichert ist" (Paul 2002, s. v. Ozonschicht), ein wenig irreführend, denn auch in den dichtesten Teilen der Ozonschicht sind die Konzentrationen anderer Gase zehntausend Mal höher als die von Ozon (Hakala/Välimäki 2003, 114f.).

Die Zerstörung der Ozonschicht über der Antarktis wurde bereits 1956 entdeckt, 1968 wird darüber das erste Mal berichtet, und 1975 werden Zusammenhänge zwischen der Zerstörung der Ozonschicht und der Freisetzung von Treibgasen wissenschaftlich nachgewiesen (vgl. Heinrich/Hergt 1998, 259f.; s. auch SUL 2000, s. v. Ozon, Ozon in der Stratosphäre). Seit 1977 wird ein rapider, jährlich wiederkehrender Abbau der Ozonschicht über der Antarktis, aber

---

168 Hervorhebung im Original.

169 Auch Berninger/Tapio/Willamo (1997, 361) und Maxeiner/Miersch (2002, 367) halten die Bezeichnung *Ozonloch* für irreführend, denn die Ozonschicht ist nicht gänzlich verschwunden, sondern dünner geworden.

auch über der Arktis beobachtet. Der Ozonabbau ist höhenabhängig und kann bis zu 90 Prozent erreichen. (Vgl. SUL 2000, s. v. Ozon.)

Im Oktober 1987 war laut WdGm (2001, 79) die Ozonkonzentration über der Antarktis so niedrig, dass der Ausdruck *Ozonloch* das erste Mal verwendet wurde. In der Zeitschrift *Der Spiegel* (33/1986, 122, 126) sind jedoch ältere Belege nachzuweisen (s. Abschn. 5.4). Je drastischer sich das „Ozonloch" ausdehnte, desto bekannter wurde die Bezeichnung (WdGm 2001, 79). Der Ausdruck *Ozonloch* ist nicht nur eines der Wörter des Jahres 1987 (Wiebadener Kurier 16.12.1987, S. 9[170]; Bär 2003, 224), sondern auch einer der Schlüsselbegriffe des 20. Jahrhunderts (WdGm 2001, 5, 78f.).

## 5.4 Zu Erstbelegen in populärwissenschaftlichen Texten

Bereits 1970, zu Beginn der öffentlichen Umweltdebatte, schreibt *Der Spiegel* (Heft 41, S. 85) über globale, durch die verringerte Abstrahlung von Erdwärme ins All verursachte Klimaveränderungen. In dem Zusammenhang wird der Ausdruck „Gewächshaus-Effekt" verwendet. Die als Lehnübersetzung aus dem englischen Ausdruck *greenhouse effect* gebildete Benennung *Treibhauseffekt* ist in den allgemeinen deutschsprachigen Wörterbüchern das erste Mal 1981 in D-GWbdS (Bd. 6, 2621) belegt. *Treibhauseffekt* begegnet auch gleich im ersten Jahresband des Nachschlagewerks *Aktuell – Das Lexikon der Gegenwart* (1984 = Akt'84, vgl. S. 683; s. auch 344f.), das sich „ausschließlich auf neue Begriffe, aktuelle Themen und Entwicklungen sowie neue Daten aus Politik, Wirtschaft, Kultur und Sport konzentriert" (Akt'84, Hinweise an den Benutzer). Werden die Bedeutungserklärungen in D-GWbdS (1981) und in Akt'84 miteinander verglichen, so wird deutlich, dass *Treibhauseffekt* in D-GWbdS (1981) als Bezeichnung für den natürlichen Treibhauseffekt steht, während in Akt'84 eher der *zusätzliche Treibhauseffekt* bezeichnet wird:

> **Treibhauseffekt,** der: Bez. für den Einfluß der Erdatmosphäre auf den Wärmehaushalt der Erde, der der Wirkung eines Treibhausdaches ähnelt (D-GWbdS 1981, 2621)

> **Treibhauseffekt,** Anstieg der Temperatur in der Erdatmosphäre infolge eines zunehmenden Kohlendioxid-($CO_2$-)Gehaltes in der Luft. Klimaforscher halten das Auftreten eines T. um das Jahr 2000 für möglich (Akt'84, 683)

Das *Macquarie Dictionary of New Words*[171] (1990) bemerkt zu *greenhouse effect* wie folgt (zitiert in AWb 1996, Bd. 3, s. v. Treibhauseffekt):

---

170 In: Der Sprachdienst 1988, Heft 1, S. 5.

171 The Macquarie Dictionary of New Words (1990). Ed. S. Butler (Macquarie Library: Macquarie University) (vgl. Awb 1993, Bd. 1, 126).

This is a term which has moved from scientific jargon to general parlance. The earliest citation for it in the Oxford English Dictionary is dated 1937. However, while it is in that specialist sense not new, it has been much discussed through the 80s and has given rise to a number of related terms.

In der Fachwelt hat die Diskussion über den *Treibhauseffekt* laut Jung (1995, 651) ca. 1971/72 begonnen. In der Presse ist *Treibhauseffekt* schon Ende der 70er Jahre gelegentlich nachzuweisen, taucht aber erst ab 1986 verstärkt auf. Der populärwissenschaftliche Ausdruck *Treibhauseffekt* rückt in der zweiten Hälfte der 80er Jahre zusammen mit *Ozonloch* in die Schlagzeilen. (Vgl. Jung 1995, 651.) Drastischer wird gerne auch von einer *Klimakatastrophe* oder vom *Klima-GAU* gesprochen (vgl. z. B. Der Spiegel 33/1986, 122ff., 134).

Überschrift: **Tod im Treibhaus**[172]
[...] Daß der Treibhaus-Effekt – das zentrale Diskussionsthema auf der Genfer Klimatologen-Konferenz – die Erde, zumindest theoretisch, dereinst bedrohen könnte, mochte die Mehrheit der in Genf versammelten Wissenschaftler nicht mehr ausschließen. Differenzen gab es nur über das Ausmaß der Gefahr. (Der Spiegel 9/1979, 210, 212)

Ozon-Loch, Pol-Schmelze, Treibhaus-Effekt Forscher warnen
**DIE KLIMA-KATASTROPHE** (Spiegel-Titel 33/1986)

Überschrift: **Das Weltklima gerät aus den Fugen**
Ein „Ozonloch“ über der Antarktis, drei globale Wärme-Rekorde im letzten Jahrzehnt [...] Das Desaster, der weltweite Klima-GAU, war nicht mehr aufzuhalten. (Der Spiegel 33/1986, 122)

[...] Aber ein immer größerer Teil der (im langwelligen Bereich) rückstrahlenden Erdwärme wird mit höherer $CO_2$-Konzentration zur Erde reflektiert. Dieser Treibhauseffekt wird noch durch andere Spurengase wie die in Sprays verwendeten Chlor-Fluor-Kohlenwasserstoffe sowie die Stickoxide aus Autoabgasen und Industrieanlagen verstärkt. (Der Spiegel 33/1986, 126)

Lebensgefahr aus der Dose
DAS OZONLOCH (Spiegel-Titel 49/1987)[173]

In der Bezeichnung *otsoniaukko* ‚Ozonloch‘ gipfelte 1989 ein großer Teil der finnischen Umweltdiskussion. Der Ausdruck mit der Bedeutung ‚ilmakehän otsonikerroksessa (nyk. Etelämantereen yläpuolella) oleva aukko‘[174] wurde zu einem der Wörter des Jahres 1989 gewählt (Huhtala 1989, 113). Weitere Frühbelege in den

172 Alle Hervorhebungen im Original.

173 Vgl. auch Der Spiegel (49/1987, 262–273) (Überschrift: *Ozonschicht: Leck im Raumschiff Erde*) und (29/1989, 112–121) (Überschrift: *Der geschundene Planet*).

174 Das Loch in der Ozonschicht der Erdatmosphäre (z.Z. über der Antarktis) [übers. v. A. L.].

finnischsprachigen populärwissenschaftlichen Texten sind z.B. im Nachschlagewerk *Mitä Missä Milloin 1988* zu finden, in dem Kulmala (1987, 296ff.) neben den Fachwörtern *otsonikerroksen ohentuminen* ‚Abbau der Ozonschicht' und *otsonikato* ‚Ozonschwund' auch das Wort *otsoniaukko* verwendet.

In den allgemeinen zweisprachigen Wörterbüchern für das Sprachenpaar Deutsch–Finnisch sind die Ausdrücke *Treibhauseffekt* und *kasvihuoneilmiö* das erste Mal in Kostera (1991) belegt, die Bezeichnungen *Ozonloch* und *otsoniaukko* fehlen in Kostera dagegen noch. Weitere Frühbelege finden sich in Klemmt/Rekiaro (1992) (= K/R 1992):

| | |
|---|---|
| Kostera (1999, 704) | Treibhauseffekt m *sää etc* kasvihuoneilmiö |
| Kostera (1999, 955) | kasvihuoneilmiö Treibhauseffekt m |
| K/R (1992, 167) | kasvihuoneilmiö der Treibhauseffekt, das Treibhausphänomen [sic!] |
| K/R (1992, 388) | otsonireikä [sic!] das Ozonloch |
| K/R (1992, 1193) | Ozonloch das otsoniaukko |
| K/R (1992, 1334) | Treibhauseffekt der kasvihuoneilmiö |

In der Sprachrichtung Deutsch–Finnisch sind in Klemmt/Rekiaro (1992) darüber hinaus die Bezeichnungen *Ozonschicht* und *Ozonschwund* mit den finnischsprachigen Äquivalenten *otsonikerros* und *otsonikato* lemmatisiert.

Obwohl Fachleute die Ausdrücke *Treibhauseffekt* und *Ozonloch* als terminologisch unangemessen kritisieren, zeigt sich hier ihre Machtlosigkeit gegenüber dem öffentlichen Sprachgebrauch. Mit der Popularisierung des Fachvokabulars entgleitet den Fachleuten in der öffentlichen Umweltkommunikation die Definitionsmacht über ihre eigenen Termini. (Vgl. Jung 1995, 638, 651.) *Treibhauseffekt* und *Ozonloch* sind typische Beispiele für Sprachthematisierungen in der Umweltdebatte, die sich aus dem Gegensatz zwischen einer fachsprachlich angemessenen Bezeichnung einerseits und einem in der öffentlichen Sprachverwendung adäquaten und etablierten Ausdruck andererseits ergeben. So haben im Hinblick auf die Komplexität der Problematik sowohl das metaphorische, interpretatorisch entschiedene *Ozonloch* als auch der in seinem Stilwert neutrale *Ozonabbau* ihre Berechtigung – zumindest in ihrem jeweiligen Kommunikationsbereich.

## 5.5 Saurer Regen vs. saure Deposition

Der Engländer Robert Angus Smith hat die Eigenschaften des *sauren Regens* bereits im Jahre 1852 dargestellt, als er einen ausführlichen Forschungsbericht über die Chemie des Regens in der Umgebung von Manchester in England vorgelegt hat. 1872 hat Smith in seinem Werk *Air and Rain: the beginnings of a chemical climatology* das erste Mal den Ausdruck *acid rain* verwendet. (Vgl. Huttunen 1984, 234 u. 1988, 7f.) In Deutschland sei der Begriff – so das AWb (1996, Bd. 3, s. v. saurer Regen) – als Lehnübersetzung des englischen *acid rain* unter der Bezeichnung *saurer Regen* seit 1982 bekannt geworden. Der Ausdruck ist jedoch in der Presse bereits 1981 nachzuweisen[175] und ist laut Carstensen (1984, 87) eines der Wörter des Jahres 1983. Unter dem Begriff *saurer Regen* ist laut AWb (1996, Bd. 3, s. v. saurer Regen) ein Niederschlag zu verstehen, „in dem Schwefeldioxid und Stickoxide gelöst sind, die als Emissionen von Verbrennungsprozessen in Industrie- und Kraftwerksanlagen, in Heizungen und von Kfz-Abgasen in die Atmosphäre gelangen, so dass das Regenwasser einen erhöhten Gehalt an Schwefel- bzw. Salpetersäure aufweist".

Die Wirkungen des sauren Regens waren zunächst Anfang der 1970er Jahre bei einem massenhaften Fischsterben in skandinavischen Binnenseen festzustellen. Seit Anfang der 80er Jahre treten in Mitteleuropa auch Korrosionsschäden an Gebäuden und Denkmälern, flächenhaft wahrgenommene Waldschäden sowie in zunehmendem Maße auch Gewässerschäden zum Teil als Folgen des sauren Regens auf. (Vgl. u. a. Akt'84, 561.) Der Umfang des Begriffs *saurer Regen* ist jedoch zu eingeschränkt, um die Umwelteinwirkungen durch Luftverunreinigungen zu bezeichnen (vgl. Huttunen 1984, 234). Nachdem der saure Regen zum wissenschaftlichen und politischen Problem wurde, hat sich sein Begriffsinhalt erweitert. Man hat begonnen, von *nasser Deposition* zu sprechen. Nasse Deposition bezieht sich auf den Stoffeintrag durch wässrige Niederschläge, wie Regen und Schneefall, oder Nebel. Derzeit unterscheidet man darüber hinaus auch die *trockene Deposition* (s. unten). (Vgl. Väliverronen 1996, 23.)

Den wichtigsten Eintragspfad für Luftverunreinigungen in Böden, Vegetation, Oberflächen und Oberflächengewässer bildet die Ablagerung oder Deposition aus der Atmosphäre (DZU 2001, 175). Unter *Deposition* bzw. *atmosphärischer Deposition* (fi *laskeuma*[176] bzw. *ilmansaastelaskeuma*) (vgl. IATE, s. v. Deposition) ist die „Ablagerung atmosphärischer Spurenstoffe im Bereich der Erdoberfläche in trockener oder nasser Form" (Hupfer 1998, s. v. Deposition) zu verstehen. Durch Depositionen werden u. a. radioaktive Substanzen, versauernde und eutrophierende Schadstoffe, aber auch Schwermetalle, Aerosole, Stäube und persistente organi-

---

175 Vgl. u. a. Der Spiegel (47/1981, 99, 103); (48/1981, 192); (49/1981, 188). In der Spiegel-Serie *Säureregen: „Da liegt was in der Luft"* wird darüber hinaus von *sauren Niederschlägen* (u. a. 47/1981, 96 u. 48/1981, 193) gesprochen. Auch das Fachwort *saurer Nebel* lässt sich im öffentlichen Sprachgebrauch nachweisen (vgl. u. a. Der Spiegel 2/1984, 45).

176 *Laskeuma*: „ilmasta hiukkasina laskeutunut saaste tms." (UUDISSANASTO 80 1979, s. v. laskeuma).

sche Verbindungen aus der Luft zurück auf die Erde eingetragen (vgl. Wahlström/Reinikainen/Hallanaro 1994, 101–112)[177].

Luftverunreinigungen können in zwei große Gruppen eingeteilt werden: In Luftschadstoffe, die aus der Natur stammen, sowie in Spurenstoffe, die vom Menschen verursacht sind. Natürliche Luftverunreinigungen sind u. a. Aschen und Gase aus Vulkanen, Ozon und Stickoxide ($NO_x$), die durch einen Blitzschlag entstehen, luftgetragene Stäube, aus der Vegetation stammende Ester- und Terpenverbindungen, durch Waldbrände entstehende Rauch-, Gas- und Flugaschenemissionen, luftgetragene Pollen und andere Allergene, in natürlichen Vergärungs- und Zersetzungsprozessen entstehende Gase und Gerüche sowie radioaktive Emissionen aus der Natur. Diese Emissionen können durch technisch eingeführte Luftreinhaltemaßnahmen nur wenig oder gar nicht bekämpft werden. (Hämälä/Laine/Vesa 1992, 9.)

Bei der Deposition kann zwischen den schweren und den leichteren Teilchen unterschieden werden: Während sich die schweren Teilchen in unmittelbarer Nähe der Emissionsquelle ablagern, werden die leichteren durch Ferntransport in entlegene Gebiete befördert. Luftverunreinigungen werden entweder durch *trockene* oder *nasse Deposition* wieder aus der Atmosphäre entfernt. Bei der *trockenen Deposition* (fi *kuivalaskeuma*[178]) werden die Luftverunreinigungen entweder direkt oder an Stäube gebunden auf dem Boden, in Gewässern, an Pflanzen sowie an Gebäuden und anderen Oberflächen abgelagert[179]. (Vgl. UL 1993, s. v. Deposition; Wahlström/Reinikainen/Hallanaro 1994, 102.) Die trockene Deposition enthält auch die Deposition von gasförmig vorliegenden Luftschadstoffen unmittelbar an aktiven Oberflächen. Das Ausfiltern von staub- und gasförmig vorliegenden luftverunreinigenden Substanzen durch Nadel- und Laubbäume mit ihren großen Nadel- bzw. Blattoberflächen wird als *Interzeptions-Deposition* bezeichnet. (Vgl. SUL 2000, s. v. Deposition.) Interzeption ist der Teil der Deposition, der von der Vegetation, im Wald beispielsweise von Blättern, Nadeln und Ästen, zunächst zurückgehalten wird (UL 1993, s. v. Interception). Wie der Auskämmeffekt der Vegetation zeigt, spielt diese Art Deposition eine bedeutende Rolle (SUL 2000, s. v. Deposition). Bei der *nassen Deposition* (fi *märkälaskeuma*) lösen sich die Luftschadstoffe im Wasserdampf der Luft und werden mit den Niederschlägen und Nebeln ausgewaschen (vgl. auch UL 1993, s. v. Deposition). (Vgl. hierzu auch Wahlström/Reinikainen/Hallanaro 1994, 102f.)

---

177 Zu Luftschadstoffen siehe z. B. Wahlström/Reinikainen/Hallanaro (1994, 100–112); DZU (2001, 137–173).

178 Frühbelege z. B. in Suomen Kuvalehti (41/1983, 67).

179 *Dry deposition*: „falling of dry particles from polluted air (in the same way as acid rain falls) which form a harmful deposit on surfaces such as buildings or the leaves of trees" (Collin 1988, s. v. deposition).

Handelt es sich um versauernde atmosphärische Schadstoffe, so wird von *saurer Deposition*[180] (fi *hapan laskeuma*[181], en *acid deposition*) gesprochen:

> **acid deposition** rain (acid rain) or other form of precipitation, or dry deposition, that contains acids and acid-forming compounds and has a pH of less than 5.6. It can cause acidification of lakes, with harmful effects on the aquatic flora and fauna, and damage to terrestrial vegetation. Acid deposition is caused mainly by atmospheric sulphur dioxide ($SO_2$) produced by the burning of coal and other fossil fuels, which is precipitated as sulphuric acid and sulphates. It is also caused by nitrogen oxides emitted from fossil fuel burning and vehicle exhausts, which form nitric acid and nitrogen dioxide ($NO_2$). (DicEnS 1998, s. v. acid deposition)

Unter *saurer Deposition* ist die Ablagerung von versauernden, in Form von Stäuben, Gasen oder Partikeln vorliegenden Schadstoffen aus der Luft auf dem Boden, in Gewässern, an Pflanzen oder an Gebäuden und Kulturdenkmälern zu verstehen. Versauernde Schadstoffe werden insbesondere bei der Verbrennung fossiler Brennstoffe freigesetzt. Typische Schadstoffe sind Stickoxide ($NO_x$) und Schwefeldioxid ($SO_2$). (Vgl. u. a. Huttunen 1984, 234; DicEnS 1998, s. v. acid deposition; YS 1998, s. v. hapan laskeuma; Hakala/Välimäki 2003, 71f.) Die Luftschadstoffe können direkt als *trockene Deposition* auf Materialien und Lebewesen einwirken oder als *nasse Deposition*, z. B. als *saurer Regen* oder *saurer Nebel* aus der Atmosphäre ausgewaschen werden (vgl. Heinrich/Hergt 1998, 169; YS 1998, s. v. hapan laskeuma).

In der Alltagskommunikation und in populärwissenschaftlichen Texten tritt jedoch die Bezeichnung *saurer Regen* häufig auch in den Fällen auf, wo es sich um die ganze Erscheinung, d. i. um die *saure Deposition*, handelt (vgl. Huttunen 1984, 234). So betrachten beispielsweise Heinrich/Hergt (1998, 169) die Begriffe *nasse Deposition* und *saurer Regen* als bedeutungsgleich, obwohl es sich um eine Inklusion handelt und die mangelnde begriffliche Übereinstimmung erheblich ist:

> Die Schadstoffe können direkt (*trockene Deposition*) auf Materialien und Lebewesen einwirken oder als Lösung aus der Luft ausgewaschen werden (*nasse Deposition* = **Saurer Regen**)[182] (Heinrich/Hergt 1998, 169).

Ungenauigkeiten sind ferner in allgemeinen bilingualen Wörterbüchern festzustellen. Katara/Schellbach-Kopra (1997, s. v. hapan) schlagen beispielsweise für das Lemma *hapan laskeuma* ‚saure Deposition' als deutsches Äquivalent *saurer Niederschlag* vor, das aber zur Darstellung des vollen Inhalts des Lemmas nicht verwendet werden kann:

---

180 Bundesanstalt für Gewässerkunde (bfg). Zugang <http://ihp.bafg.de/servlet/is/15849/saurer_niederschlag.html> (zuletzt aufgerufen am 11.2.2008).

181 Die Ausdrücke *hapan laskeuma* ‚saure Deposition' und *hapan sade* ‚saurer Regen' sind laut Huhtala (1984, 115) zu den Wörtern des Jahres 1984 zu zählen.

182 Hervorhebungen im Original.

*hapan laskeuma, sade* saurer Niederschlag, saurer Regen, *m.* (Katara/Schellbach-Kopra 1997, 131)

In Böger u. a. (2007, s. v. sauer) schlägt Kärnä für *sauren Regen* als finnischsprachige Äquivalente die Bezeichnungen *hapan laskeuma* und *happosade* vor, was nicht ganz korrekt ist. Die Begriffe *hapan laskeuma* und *saurer Regen* stehen zueinander im Verhältnis Oberbegriff – Unterbegriff. Der Ausdruck *happosade*[183] sollte als veraltet und umgangssprachlich vermieden werden (vgl. z. B. Räikkälä 1984; Kielitoimiston sanakirja 2004, s. v. happosade; YSA, s. v. hapan laskeuma; s. auch EnDic2004, s. v. hapan sade; hapan [vesi]sade).

**saurer Regen** hapan laskeuma, happosade (Böger u. a. 2007, 920)

Um die Begriffsinhalte der Depositionsformen festzulegen, die Begriffe gegenüber anderen Begriffen abzugrenzen sowie die Begriffsbeziehungen herzustellen, sollen die Begriffe der atmosphärischen Deposition im Folgenden zunächst in erster Linie durch Inhaltsdefinitionen definiert werden. In der Inhaltsdefinition, auch Fachwörterbuch-Definition genannt, wird der Begriff durch Angabe des genus proximum (unmittelbarer Oberbegriff) und der differentiae specificae (einschränkende Merkmale) definiert (vgl. Felber/Budin 1989, 31; Arntz/Picht/Mayer 2002, 62f.). Bei Bedarf werden die Definitionen mit Anmerkungen und Erklärungen ergänzt. Die Begriffe werden zunächst mit Hilfe des Bezugs auf andere Begriffe innerhalb des Begriffssystems beschrieben und festgelegt und somit gegenüber den benachbarten Begriffen abgegrenzt. Anschließend wird das Begriffssystem mit den Abstraktionsbeziehungen grafisch dargestellt.

Steht im Folgenden nach der Definition keine Quellenangabe, so stand keine fertige Definition zur Verfügung, sondern sie musste erarbeitet werden.

de **Deposition; atmosphärische Deposition**[184], *f*
fi **laskeuma; ilmansaastelaskeuma**[185]

Ablagerung atmosphärischer Spurenstoffe im Bereich der Erdoberfläche in trockener oder nasser Form (Hupfer 1998, s. v. Deposition)

maahan tai veteen ilmasta laskeutunutta ainetta, joka on tavallisimmin rikki- tai typpiyhdiste. Laskeuma voi olla myös radioaktiivinen. Laskeuma voi tulla joko sateen mukana (märkälaskeuma) tai kuivalaskeumana. Laskeuman happamuuden (pH-arvo) perusteella puhutaan myös happamasta laskeumasta (Ilmakehä ABC s. v. laskeuma)

183 Frühbelege z. B. in Suomen Kuvalehti (41/1983, 67) u. (19/1984, 49).
184 IATE (s. v. Deposition); DZU (2001, 208, 235ff., 258).
185 IATE (s. v. Deposition, laskeuma); YSA (s. v. laskeumat); Hämälä/Laine/Vesa (1992, 17).

de **trockene Deposition**[186], *f*
fi **kuivalaskeuma**[187]

Niederschlag von Stoffen auf die Erdoberfläche, ausgenommen Wasser in seinen verschiedenen Erscheinungsformen (ISO 6107/8-1993 (s. v. trockene Deposition)

Trockene gasförmige Deposition erfolgt durch die Diffusion von gasförmiger Substanz aus der Atmosphäre an die Bodenoberfläche. Trockene, an Partikel gebundene Deposition betrifft Verbindungen, die in der Atmosphäre sorbiert an Partikeln vorliegen. (BofaWeb[188])

ilmasta maanpinnalle muulla tavoin kuin sateen mukana laskeutunut aines tai sen määrä (EnDic2004, s. v. kuivalaskeuma)

de **nasse Deposition**[189], *f*
fi **märkälaskeuma**[190]

Stoffeintrag durch wässrige Niederschläge, wie Regen, Schnee, Hagel oder Nebel (BofaWeb)

ilman välityksellä kulkeutunut ja sateen mukana maan pinnalle laskeutunut aines tai sen määrä (EnDic2004, s. v. märkälaskeuma)

de **Fallout**[191], *m*
fi **radioktiivinen laskeuma**[192]

Ablagerung von radioaktiven Substanzen aus der Atmosphäre als Folge einer Kernwaffenexplosion oder eines Unfalls in einem Kernkraftwerk

Die Ablagerung kann in Form fester Stoffe oder Niederschlag als Fallout erfolgen.

---

186 Vgl. UL (1993, s. v. Deposition); Heinrich/Hergt (1998, 169); SUL (2000, s. v. Deposition).
187 Vgl. Hämälä/Laine/Vesa (1992, 17); YS (1998, s. v. hapan laskeuma); Berninger/Tapio/Willamo (1997, 87); Hakala/Välimäki (2003, 71); EnDic2004 (s. v. kuivalaskeuma); Ilmakehä ABC (s. v. laskeuma).
188 BofaWeb: Bodenschutz – Fachinformationen im World-Wide Web > Schlagwortsuche > Trockene Deposition. Zugang <www.xfaweb.baden-wuerttemberg.de/bofaweb> (zuletzt aufgerufen am 11.2.2008).
189 Vgl. UL (1993, s. v. Deposition); Heinrich/Hergt (1998, 169); SUL (2000, s. v. Deposition).
190 Vgl. Hämälä/Laine/Vesa (1992, 17); YS (1998, s. v. hapan laskeuma); Berninger/Tapio/Willamo (1997, 87); Hakala/Välimäki (2003, 71); EnDic2004 (s. v. märkälaskeuma); Ilmakehä ABC (s. v. laskeuma).
191 UL (1993, s. v. Fallout); KATALYSE Umweltlexikon (s. v. Fallout).
192 YSA (s. v. radioaktiivinen laskeuma); Glossary 2000 (s. v. radioaktiivinen laskeuma); EnDic2004 (s. v. radioaktiivinen laskeuma).

ilmasta laskeutuneet radioaktiiviset hiukkaset. Radioaktiiviset hiukkaset voivat olla peräisin esim. ydinräjäytyksestä tai vakavasta ydinlaitosonnettomuudesta (Glossary 2000, s. v. radioaktiivinen laskeuma)

de **saure Deposition**[193], *f*
fi **hapan laskeuma**[194]

Ablagerung von versauernden Schadstoffen aus der Luft am Boden, an Gewässer und an Bauten

nicht: Säureregen, saurer Niederschlag [übers. von A. L.] (vgl. YS 1998, s. v. hapan laskeuma)

ilman välityksellä kulkeutuneiden happamoittavien aineiden kertymä maaperään, vesiin tai rakenteisiin

ei: happosade, hapan sade (YS 1998, s. v. hapan laskeuma)

de **saurer Niederschlag**[195], *m*
fi **hapan sade**[196]

Eintrag von versauernden Luftschadstoffen über einen Niederschlag in flüssiger oder fester Form

Ein Niederschlag in Form von Wassertropfen oder Schneeflocken, dessen pH-Wert unter 5 ist und dessen Säuregehalt aus dem Schwefeldioxid und den Stickoxiden stammt, die bei der Verbrennung fossiler Brennstoffe oder bei einem Vulkanausbruch in die Luft gelangt sind [übers. von A. L.] (vgl. EnDic2004, s. v. hapan sade)

satava vesi tai lumi, jonka pH on pienempi kuin 5 ja jonka happamuus on peräisin fossiilisten polttoaineiden palamisessa tai tulivuorenpurkauksissa ilmaan päässeistä rikin ja typen oksideista (EnDic2004, s. v. hapan sade)

---

193 Bundesanstalt für Gewässerkunde (bfg). Zugang <http://ihp.bafg.de/servlet/is/15849/saurer_niederschlag.html> (zuletzt aufgerufen am 11.2.2008).

194 Hämälä/Laine/Vesa (1992, 17); Berninger/Tapio/Willamo (1997, 87); YS (1998, s. v. hapan laskeuma); EnDic2004 (s. v. hapan laskeuma); YSA (s. v. hapan laskeuma). Hakala/Välimäki (2003, 71) verwenden dagegen den Terminus *happamoittava laskeuma* (wortwörtlich: versauernde Deposition).

195 S. z. B. SUL (2000, s. v. Saure Niederschläge); Bundesanstalt für Gewässerkunde (bfg). Zugang <http://ihp.bafg.de/servlet/is/15849/saurer_niederschlag.html> (zuletzt aufgerufen am 11.2.2008).

196 Siehe u. a. YS (1998, s. v. hapan sade) und EnDic2004 (s. v. hapan sade).

de **saurer Regen**[197], *m*
fi **hapan vesisade**[198]

durch anthropogene Schadstoffe in seinem Säuregehalt erhöhter Niederschlag mit einem pH-Wert von unter 4–5 (vgl. Wikipedia, s. v. saurer Regen; Stand 19.10.2007)

vesisade, jonka veden pH on pienempi kuin 4–5 (EnDic2004, s. v. hapan [vesi] sade)

de **saurer Schnee; saurer Schneefall**[199], *m*
fi **hapan lumisade**[200]

durch anthropogene Schadstoffe in seinem Säuregehalt erhöhter fester Niederschlag aus verzweigten Eiskristallen, der um oder unter 0 Grad Celsius fällt

de **saurer Schneeregen**[201], *m*
fi **hapan räntäsade**[202]

durch anthropogene Schadstoffe in seinem Säuregehalt erhöhter Niederschlag, der in Form von mit Schnee vermischtem Regen fällt

de **saurer Nebel**[203], *m*
fi **hapan sumu**[204]

Eintrag von versauernden Luftschadstoffen in gelöster Form mit Nebeltröpfchen

rikki- ja/tai typpihappoa sisältäviä ilmassa olevia vesipisaroita

Das Begriffssystem unten (s. Fig. 5) soll die hierarchischen Beziehungen, die die Über-, Unter- und Nebenordnungsverhältnisse zwischen den Begriffen herstellen, veranschaulichen. Die Bezeichnungen, die für das Begriffssystem geprägt wurden, sind in der folgenden Darstellung kursiv gesetzt.

Wie die Fig. 5 zeigt, liegt der Begriff *saure Deposition* im Begriffssystem auf der gleichen Abstraktionsstufe wie u. a. der Begriff *Fallout*, die beide neben-

197 UL (1993, s. v. Deposition, saurer Regen); Heinrich/Hergt (1998, 169); SUL (2000, s. v. Saure Niederschläge); KATALYSE Umweltlexikon (s. v. Saurer Regen).
198 EnDic2004 (s. v. hapan [vesi]sade).
199 Walther (1986, 13); Environmental Science Published for Everybody Round the Earth. Zugang: <http://www.atmosphere.mpg.de/enid/3__Saurer_Regen/-Quellen_42r.html> (zuletzt aufgerufen am 11.2.2008).
200 Terminusvorschlag von A. L.
201 Terminusvorschlag von A. L.
202 Terminusvorschlag von A. L.
203 Siehe u. a. Walther (1986, 13); UL (1993, s. v. Deposition, saurer Regen); SUL (2000, s. v. Saure Niederschläge); KATALYSE Umweltlexikon (s. v. saurer Nebel).
204 HS 3.6.1994 u. 11.6.1994 (http://www.hs.fi > Arkisto; zuletzt aufgerufen am 25.1.2008).

geordnete Unterbegriffe des Begriffs *trockene* bzw. *nasse Deposition* sind. Die Begriffe *saure Deposition* und *saurer Regen* unterscheiden sich inhaltlich erheblich voneinander: *Saurer Regen* stellt nur einen Ausschnitt aus dem Inhalt des Oberbegriffs *saure Deposition* dar. In der Alltagskommunikation wird der Ausdruck *hapan sade* ‚saurer Regen' jedoch häufig verwendet, um das ganze Phänomen „Ablagerung von versauernden Schadstoffen aus der Luft am Boden, an Gewässer und an Bauten" zu bezeichnen (s. auch Huttunen 1984, 234).

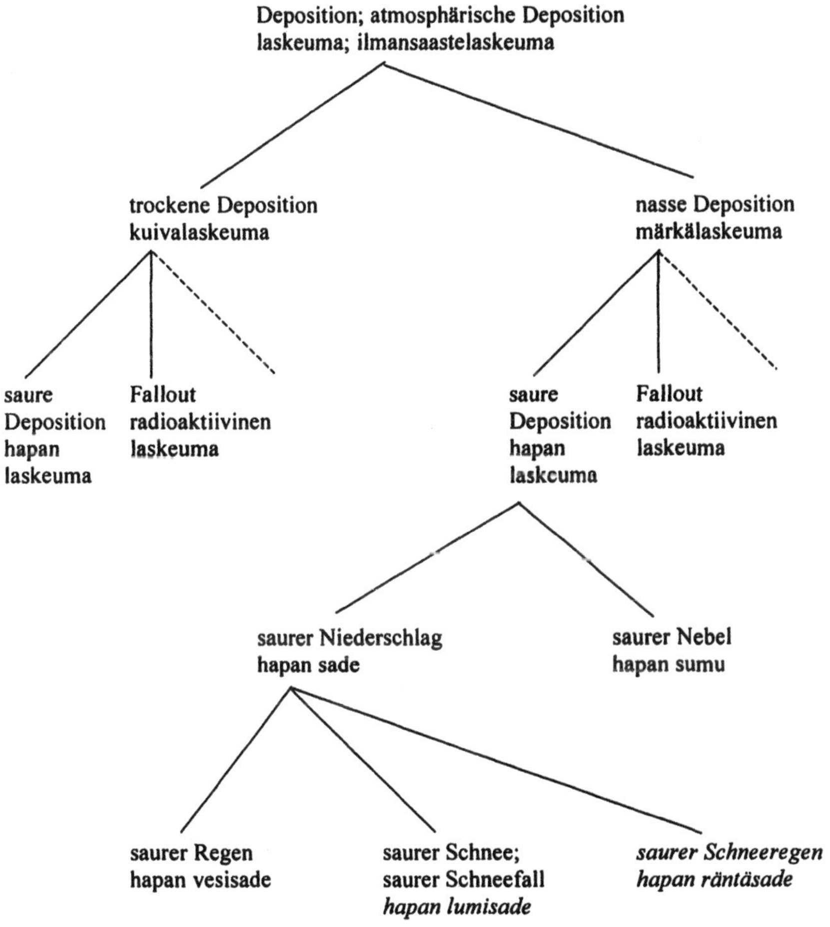


**Fig. 5**: Das Begriffssystem atmosphärische Deposition

Auf Fehler stößt man aber hin und wieder auch in Fachwörterbüchern:

> **Saure Niederschläge.** (Syn. saurer Regen, saurer Nebel) (SUL 2000, 1019)

Das monolinguale *Springer Umweltlexikon* (= SUL 2000) führt zu dem Hauptlemma *saure Niederschläge* als Benennungsvarianten die Bezeichnungen *saurer Regen* und *saurer Nebel* auf, obwohl sich die Begriffsinhalte der Termini erheblich unterscheiden. *Saurer Niederschlag* und *saurer Nebel* sind nebengeordnete Unterbegriffe des Terminus *saure Deposition*. Auch *saurer Regen* und *saurer Niederschlag* stimmen nicht in allen Begriffsmerkmalen überein, sondern es handelt sich um Inklusion. Erst wenn zwei oder mehrere Begriffe, die durch unterschiedliche Benennungen repräsentiert werden, in allen ihren Merkmalen gleich sind, können die betreffenden Termini als synonym betrachtet werden (vgl. Arntz/Picht/Mayer 2002, 54). (Zur Bezeichnungsvariation ausführlicher in Kap. 6.)

## 5.6 Abschließende Bemerkungen

Wie gezeigt wurde, führen Popularisierungen von Fachausdrücken der Ökologie und des Umweltschutzes aufgrund mangelnder Fachkenntnisse häufig zur semantischen Verfälschung. Die Gebrauchsregeln der Fachwörter werden erweitert und korrekte Bezeichnungen werden in einem falschen Zusammenhang verwendet (vgl. *Treibhauseffekt* bzw. *saurer Regen*), oder es werden Pseudofachwörter gebildet, die es in der Fachsprache des Umweltschutzes nicht gibt (vgl. *Ozonloch*). Sobald Termini aus der fachinternen Verwendung in die fachexterne Kommunikation übergegangen sind, verlieren die Fachvertreter auch ihre „Definitionsmacht" (Jung 1999, 205). Ihre Re-Terminologisierungsversuche haben kaum mehr eine Wirkung (ebd.).

Die ökologische Terminologie hat sich dank den Massenmedien sehr schnell in der Gemeinsprache eingebürgert. Die Bekanntheit vieler Fachwörter der Ökologie und des Umweltschutzes scheint zu einem großen Teil auf die öffentliche Debatte und Umweltskandale zurückzuführen sein (Jung 1999, 198). Im Bereich des Umweltschutzes ist die Bedeutung von wörtlich treffenden Termini besonders groß, denn die Schwerpunkte des Umweltschutzes richten sich weitgehend nach der öffentlichen Diskussion (vgl. Lyytimäki 2004). Eine treffende, konkrete, auffallende Benennung kann auch beim Durchbruch des eigentlichen Problems mithelfen (vgl. Väliverronen 1996, 33).

Als Beispiele für gelungene Benennungen können *saurer Regen* bzw. die finnische Entsprechung *hapan sade*, *Treibhauseffekt* und das finnische Äquivalent *kasvihuoneilmiö* sowie *Ozonloch* bzw. die finnische Entsprechung *otsoniaukko* betrachtet werden, durch die die Konsequenzen der Emissionen bei der Energieerzeugung und der Verwendung von FCKW konkretisiert worden sind (vgl. Lyytimäki 2004; s. auch Lyytimäki 2006, 196). Diese Bezeichnungen sind wirksam insbesondere deshalb, weil sie komplizierte Erscheinungen durch bekannte Ausdrücke veranschaulichen und Vorstellungen von dem Charakter des Problems hervorrufen. Die Benennungen sind erfolgreich auch wegen des metaphorischen Charakters. Wissenschaftlich gesehen sind die Benennungen vereinfachend und sogar irreführend, politisch gesehen aber anwendbarer als fachsprachlich präzisere Termini. *Ozonloch* und *hapan sade* kommen bei den Nicht-Spezialisten eindringlicher an als *Abbau der Ozonschicht* oder *hapan laskeuma*. (Vgl. Väliverronen 1996, 33; Lyytimäki 2006, 196.)

# 6 Synonymie

## 6.1 Fragestellung, Methode und Materialgrundlage

Die Synonymie – ebenso wie die Polysemie und die Homonymie[205] – sind in den Fachsprachen bisher relativ wenig untersucht worden, möglicherweise vor allem aus dem Grund, dass die traditionelle Terminologielehre, die auf der idealen Forderung einer Eins-zu-Eins-Relation von Terminus und Begriff basiert, in der theoretischen Terminologiedebatte lange dominiert hat (vgl. Kosunen 2002, 16). Es ist von wesentlicher Bedeutung, die unterschiedlichen Typen wie auch die Ursachen für die Entstehung sowohl der Synonymie als auch der Polysemie gründlich zu kennen, um klären zu können, wie sie beispielsweise in Wörterbüchern am besten dargestellt werden sollten. Durch die erhebliche Bezeichnungsvielfalt im ökologischen Fachwortschatz ergibt sich für die Fachlexikografie die schwierige Aufgabe, zwischen kommunikativ unbedingt erforderlichen Synonymen und belastender Synonymvielfalt zu unterscheiden. Darüber hinaus brauchen u. a. Übersetzer Auskunft über die textspezifische Bedeutung von fachlichen Bezeichnungen, d. h. über die Übersetzung von Termini im Kontext.

In den Fachsprachen haben sich bisher nur wenige Autoren detaillierter mit der Synonymie befasst. Neben den Beiträgen von Neubert (1987), Roelcke (1991), Thurmair (1995), Rogers (1997), Liimatainen (2001) und Nissilä/Pilke (2004) sowie nebst einigen Bemerkungen u. a. in Wiese (1984a, 33–43 u. 1994, 21–23), Pilke (2000, 281–286) und Goy (2001, 70–72) liegt bis heute keine umfassendere Arbeit zum Thema vor. Neubert (1987) gibt in seinem Beitrag einen Überblick über die Synonymproblematik in der terminologischen Lexik deutscher technischer Fachsprachen. Das Thema von Roelcke (1991) ist eine

205 Unter Polysemie wird die Mehrdeutigkeit einer Benennung verstanden, d. h. eine Benennung weist mehrere Bedeutungen auf, denen ein gemeinsamer Bedeutungskern als Grundlage dient (vgl. Arntz/Picht/Mayer 2002, 129; Bußmann 2002, 524). Unter Homonymie ist die „Beziehung zwischen identischen Bezeichnungen in derselben Sprache für unterschiedliche Begriffe" zu verstehen (E DIN 2342:2004-09). Homonyme Benennungen verfügen über die gleiche Ausdrucksform in Bezug auf Orthografie und Aussprache bei unterschiedlicher Bedeutung und häufig verschiedener etymologischer Herkunft (Bußmann 2002, 283). Ob Polysemie oder Homonymie vorliegt, ist schließlich davon abhängig, wie identische Formen gedeutet und verstanden werden. Aufgrund der Abgrenzungsproblematik ist die Unterteilung in Polysemie und Homonymie umstritten. (Vgl. Arntz/Picht/Mayer 2002, 130f.; Bußmann 2002, 524.) Einiges spricht auch dafür, dass Homonymie als einen Sonderfall der Polysemie betrachtet werden kann. Aus diesem Grund und da Homonyme in den Fachsprachen laut Arntz/Picht/Mayer (2002, 131) sehr selten sind, wird in der vorliegenden Arbeit zur Bezeichnung beider Fallgruppen die Benennung Polysemie gewählt. Das Problem der Polysemie und der Homonymie soll hier jedoch nicht näher diskutiert werden. Zu Ursachen und Subarten der Polysemie siehe u. a. Kosunen (2002). Zur Problematik der Polysemie aus kontrastiver Sicht s. z. B. Dobrovol'skij (2002).

kritische Positionsbestimmung gegenüber dem traditionellen Eineindeutigkeitspostulat. Thurmair (1995) untersucht die Doppelterminologie in der inner- und außerfachlichen Kommunikation in der deutschen Sprache, Rogers (1997) beschäftigt sich mit Synonymie und Äquivalenz in Fachtexten, Liimatainen (2001) thematisiert die Vielzahl und Vielfalt von synonymen Bezeichnungen in der Fachsprache der Ökologie und des Umweltschutzes im Deutschen und im Finnischen, und Nissilä/Pilke (2004) befassen sich mit dem schwedischen Fachwortschatz des Bauwesens.

Der erste Teil der vorliegenden Synonymieuntersuchung geht auf die traditionelle Terminologielehre wie auch auf die neueren Theorien der Fachsprachenforschung und Terminologielehre als theoretische Grundlagen der Analyse ein. Die Untersuchung beginnt mit einer kurzen Erläuterung des semantischen Eineindeutigkeitspostulats der traditionellen allgemeinen Terminologielehre im Abschnitt 6.2. Daran schließt sich im Abschnitt 6.3 eine Kritik an den idealistischen Vorstellungen der traditionellen Terminologielehre über die begriffliche Eineindeutigkeit der Fachwörter an. Die allgemeine Terminologielehre als ausschließlicher theoretischer Bezugsrahmen für die Übersetzungsproblematik fachlicher Texte wird in Frage gestellt.

Auf diesen Überlegungen baut in den Abschnitten 6.3–6.5 die Darstellung der neueren Tendenzen der Fachsprachenforschung und der Terminologielehre auf. Hieraus ergeben sich Rückwirkungen auf die Untersuchung fachsprachlicher Terminologie: Während sich die traditionelle Terminologielehre an den Begriffen und Begriffssystemen orientiert, Standardisierung, Eineindeutigkeit sowie die synchrone Betrachtungsweise unterstreicht, sind die modernen Theorien durch eine vielseitigere Betrachtungsweise charakterisiert.

Um die Thesen hinsichtlich der modernen Fachsprachenforschung zu erhärten, ist es notwendig, einen genaueren Überblick über die verschiedenen Typen von Bezeichnungsvarianten und über ihre Verwendung in der fachsprachlichen Kommunikation zu gewinnen; hierzu soll die vorliegende Untersuchung einen Beitrag leisten. Im empirischen Teil werden zwei Fachwörterbücher zum Thema Umwelt auf Bezeichnungsvarianten untersucht – sowohl was den Synonymbestand als auch was die Ursachen für die Entstehung von synonymischen Bezeichnungen in der Fachsprache der Ökologie und des Umweltschutzes betrifft.

Die Untersuchung gliedert sich in zwei Teile: Für eine möglichst umfassende Bestandsaufnahme von Bezeichnungsvarianten in einer Fachsprache scheint ein Fachwörterbuch am geeignetsten zu sein, da in ihm eine gute Übersicht über den Terminusbestand einer Fachsprache erwartet werden kann. Anhand der Analyse eines deutsch- und eines finnischsprachigen Fachwörterbuchs wird im Abschnitt 6.6 zunächst die Vorkommenshäufigkeit von synonymischen Bezeichnungen im deutschen und im finnischen Fachwortschatz der Ökologie und des Umweltschutzes ermittelt. Im Abschnitt 6.7 wird den Ursachen für die Entstehung von Synonymen nachgegangen. Es stellen sich hierzu die folgenden Fragen: Welche

Arten von Bezeichnungsvarianten kommen in der Fachsprache der Ökologie und des Umweltschutzes vor? Wie sind die Varianten gebildet und wie verteilen sie sich?

Die Abschnitte 6.7.1 und 6.7.2 konzentrieren sich auf die frequentesten Erscheinungsweisen der Synonymie. Dass sich die Analyse dabei ausführlicher mit Mehrfachbenennungen, die unterschiedliche Aspekte des bezeichneten Sachverhalts hervorheben, sowie mit der Univerbierung, Kurzwortbildung und mit chemischen Zeichen und Formeln beschäftigt, hängt damit zusammen, dass diesen Bereichen der Terminusbildung im Vergleich etwa zur Kompositabildung bislang weitaus weniger Beachtung und Interesse entgegengebracht worden ist. Darüber hinaus konzentriert sich im Folgenden der Blick auf die Frage, ob die englisch-amerikanische Terminologie weite Verbreitung auch im ökologischen Fachwortschatz findet, wie es in vielen noch relativ jungen Wissenschafts- und Fachsprachen häufig der Fall ist.

In der vorliegenden Untersuchung zu Vorkommenshäufigkeit und verschiedenen Typen von Bezeichnungsvarianten im Fachwortschatz der Ökologie und des Umweltschutzes soll im Wesentlichen die Mehrfachterminologie besprochen werden. Die Doppelterminologie wird als eine Sonderform der Mehrfachterminologie definiert. Ein weiteres Anliegen der Untersuchung ist, die Hauptursachen des Entstehens konkurrierender Formen in dieser Fachsprache sowie die Funktionen der Bezeichnungsvarianten zu verdeutlichen. Schließlich soll der Frage nachgegangen werden, ob sich in der Umweltterminologie des Deutschen und des Finnischen eine vergleichbare Entwicklung vollzogen hat.

## 6.2 Eineindeutigkeit der Zuordnung von Begriff und Bezeichnung

Die systematische Beschäftigung mit Fachsprachen richtete sich anfangs auf den fachlichen Wortschatz (Fraas 1998, 428; Hoffmann 2001, 538). Die Terminologiearbeit[206], die in den 1930er Jahren aus den Bedürfnissen der fachkommunikativen Praxis heraus entstand, setzte sich zum Ziel, Terminologien zu bereinigen und zu systematisieren. Diese systematische Terminologiebetrachtung, die sich hauptsächlich an den Begriffen, d. h. an der Inhaltsseite des Terminus, orientierte, wurde von den Fachleuten selbst und nicht von den Linguisten betrieben[207], was Ziele und Methoden der traditionellen Terminologielehre wesentlich prägte. Die Terminologiearbeit grenzte sich von sprachwissenschaftlichen Untersuchungen ab und legte Nachdruck auf die Besonderheiten der Fachwortschätze gegenüber der gemeinsprachlichen Lexik. Diese Besonderheiten sind danach in erster

206 Einen historischen Überblick über die Terminologieforschung in Europa bieten Oeser/Picht (1998). Zu verschiedenen terminologischen Schulen s. Laurén/Picht (1993, 493–539).

207 S. auch u. a. Cabré (1999, 2).

Linie darin zu sehen, dass Fachwörter und Termini im Gegensatz zum Wortschatz der Gemeinsprache in hohem Grade durch sprachlenkende Eingriffe zu beeinflussen sind und dass die mit den Termini verbundenen Begriffe eindeutig voneinander abzugrenzen sind. In dieser Überzeugung hat die strenge Systembezogenheit der traditionellen Terminologielehre ihre Grundlage. Verwendungsaspekte der Sprache werden dabei beiseite zu lassen versucht. (Vgl. Fraas 1998, 428.)

Vonseiten der systemlinguistisch orientierten, traditionellen Terminologielehre wird im Zusammenhang mit der sprachlichen Erfassung wissenschaftlich-technischer Sachverhalte gelegentlich auf Gütemerkmale verwiesen, die wesentlichen Teilen der Fachwortschätze unterschiedlicher Fachsprachen durchaus eigen sind. So gelten als Tendenzen der fachsprachlichen Wortschätze neben den Gütemerkmalen Fachbezogenheit, Begrifflichkeit, Explizität, Präzision, expressive Neutralität, Kontextunabhängigkeit, Knappheit, Ausdrucksökonomie und Eindeutigkeit auch der Wesenszug Eineindeutigkeit (vgl. Hoffmann 1998a, 194 u. 2001, 537). Der Begriff *Eineindeutigkeit* wurde 1931 von Wüster, dem Begründer der allgemeinen Terminologielehre, eingeführt (vgl. W. Schmidt 1969, 14). Mit terminologischer Eineindeutigkeit ist laut Wüster (1991, 91) gemeint, dass einer (fachlichen) Bezeichnung als Element eines terminologischen Systems jeweils nur ein (fachlicher) Begriff zugeordnet ist, der selbst wiederum allein durch diese einzige Bezeichnung repräsentiert wird. Treten diese beiden Eigenschaften gleichzeitig auf, so stellt sich die Zuordnungsbeziehung als ideal dar. Während ein gemeinsprachliches Wort seine aktuelle Bedeutung durch den Kontext erhält, existiert ein Terminus unabhängig vom Kontext, ist aber von dem Begriffssystem, zu dem er gehört, abhängig (Laurén/Myking/Picht 1998, 225f.).

Im Idealfall sind die Termini weder synonym noch polysem. Die Terminologieforscher rechtfertigen die Verpönung von Synonymie häufig mit dem Hinweis darauf, dass Bezeichnungsalternativen für einen Begriff ein erhebliches Hindernis für die fachliche Verständigung und einen Anlass zu kommunikativen Missverständnissen darstellen können. Aus diesem Grund seien sie aus dem Fachwortschatz auszuschließen. (Vgl. Ickler 1997, 63; Fraas 1998, 429; Roelcke 1991, 194f. u. 2005, 63f.) Dies mag – stellvertretend für viele – folgendes Zitat von Felber (1984, 185) belegen:

> It is a great disadvantage in communication if a machine component, an illness, a drug etc. has several names within one linguistic area. Synonymy burdens the memory and gives the appearance as if two concepts were involved.

Darüber hinaus stellen synonymische Bezeichnungen eine Belastung für das Fachwörterbuch, für die Arbeit des Translators sowie für das Gedächtnis des Lernenden dar, der hinter parallel stehenden Bezeichnungsvarianten häufig unterschiedliche Denotate bzw. Begriffe vermutet (Neubert 1987, 33). Die Tendenz, Synonymie und Polysemie aus der Terminologie als „Wildwuchs“ der natürlichen Sprache abzulehnen, hat ihre tiefere Ursache in der Logik: „Eine logische Schlussfolgerung, in der synonyme oder homonyme[208] Ausdrücke vorkommen, ist entweder ungültig oder zeigt, wenn sie gültig ist, ihre Gültigkeit nicht als offensichtliche, rein formal ablesbare Eigenschaft“ (Ickler 1997, 63).

Wüster geht allerdings selbst nicht von Eindeutigkeit oder sogar Eineindeutigkeit als Zustand in der Sprache aus – wie dies später vielfach fälschlich verstanden und kritisiert wird. Er verlangt Eineindeutigkeit eher als präskriptive Soll-Norm, ohne dabei den aktuellen Sprachgebrauch zu berücksichtigen, für dessen Betrachtung er kein Interesse zeigt. (Vgl. Gerzymisch-Arbogast 1996, 10.) Es handelt sich hierbei „eher um eine Beziehung auf der *logisch-ideellen*[209] als auf der sprachlich-realen Ebene“ (Laurén/Myking/Picht 1998, 246). Trotz dieser einseitig präskriptiven Orientierung sind sich Wüster selbst wie auch die Vertreter der allgemeinen Terminologielehre der Problematik der Synonymie und Polysemie durchaus bewusst.

Die Betrachtung der Synonymie beschränkt sich bei Wüster in erster Linie auf die Systemebene. Auch innerhalb der allgemeinen Terminologielehre, wie sie heutzutage vertreten wird, wird gerade *nicht* die Frage gestellt, in welchen Kontexten und unter welchen Kontextbedingungen bestimmte Bezeichnungsvarianten verwendet werden bzw. wie diese zu erschließen sind. (Vgl. Gerzymisch-Arbogast 1996, 11.)

Wüster (1991, 87) war sich also darüber im Klaren, dass seine Idealvorstellung von der semantischen Eineindeutigkeit der Termini nicht der fachsprachlichen Wirklichkeit entspricht. Dessen ungeachtet hat das Postulat der Eineindeutigkeit von Termini in zahlreichen theoretischen Darstellungen eine große Rolle gespielt und sich bis in die neuere Terminologielehre halten können. Die Begriffe Eindeutigkeit und Eineindeutigkeit werden in der terminologischen Literatur und in der Fachsprachenlinguistik immer wieder aufgegriffen, als Eigenschaft oder Gütemerkmal fachsprachlichen Wortgebrauchs angeführt und zur gängigen Lehrmeinung erhoben. (Vgl. Roelcke 1991, 194–197; s. auch Gerzymisch-Arbogast 1996, 10f.)

> I alle teoretiske framstillingar frå Wüster av har distinksjonen mellom eintydigheit (dvs. monosemi) og ein-eintydigheit (monosemi-mononymi)[210] spelt ei stor rolle. Bakgrunnen

---

208 Laut Laurén/Myking/Picht (1998, 245) erscheint der ontologische Unterschied zwischen Homonymie und Polysemie in der Terminologie relativ unproblematisch. Auf der Grundlage der onomasiologischen Methode, d.h. der Methode der Bezeichnungslehre, wird in der Terminologie aus praktischen Gründen mit der Homonymie als Gesamtkategorie sowohl für Polysemie und Homonymie operiert (ebd.).

209 Hervorhebung im Original.

210 Felber (1984, 183, 186) definiert *monosemi* und *mononymi* folgendermaßen: „monosemy: term – concept assignment, in which one concept only is assigned to a term“; „mononymy: term – concept assignment, in which one term only is assigned to a concept“.

> for det er sjølvsagt at prinsippet er viktig for alt preskriptivt terminologiarbeid, og derfor må både rekkevidd og avgrensingar analyserast. I dag er dette prinsippet tilsynelatande først og fremst knytt til standardiserinsarbeid i snever tyding, ikkje så absolutt til alt anna terminologiarbeid. (Laurén/Myking/Picht 1997, 206)[211]

Das Eineindeutigkeitspostulat ist u.a. bei W. Schmidt (1969, 12, 14), Drozd/ Seibicke (1973, 53), Felber (1984, 183), Hoffmann (1985, 163), Felber/Budin (1989, 135), Kretzenbacher (1992, 40), Lotte (1993, 160–168), Felber (1995, 78, 86f.) und Fluck (1996, 47) zu finden. Hoffmann (1985, 164) sieht die oben erwähnten Gütemerkmale des Fachworts freilich auch in ihren Grenzen, wenn er (ebd.) feststellt:

> Wir wollen nicht vergessen, daß dies Forderungen sind, denen gewisse Idealvorstellungen zu Grunde liegen. Bei weitem nicht alle bereits in Gebrauch befindliche Termini erfüllen sie in vollem Umfang.

Selbst in jüngster Zeit wird die semantische Eineindeutigkeit als Charakteristikum bzw. Ideal von Termini angegeben (s. u.a. Gardt 1998, 49). So beispielsweise bei Arntz/Picht/Mayer (2002, 113):

> Von einer eindeutigen Beziehung zwischen Begriff und Benennung spricht man dann, wenn einem Ausdruck jeweils nur ein Inhalt zugeordnet ist; dies schließt nicht aus, daß derselbe Inhalt darüber hinaus noch durch einen oder mehrere andere Ausdrücke wiedergegeben werden kann. Wenn auch dies ausgeschlossen ist, d.h., wenn einem Inhalt jeweils nur ein Ausdruck zugeordnet ist - und umgekehrt - spricht man von einer "eineindeutigen" oder "umkehrbar eindeutigen" Zuordnung. Eine solche eindeutige Beziehung - und in noch stärkerem Maße eine eineindeutige - ist oft nur schwer herzustellen, weil die Mehrdeutigkeit der Wörter in der sprachlichen Kommunikation eine wichtige Rolle spielt.

## 6.3 Kritik am Eineindeutigkeitspostulat der traditionellen Terminologielehre

Das oben genannte „systemlinguistische Inventarmodell" (Roelcke 2004, 138) wird sowohl in der traditionellen Terminologielehre als auch in der Fachsprachenforschung seit dem Beginn des 20. Jahrhunderts vertreten. Unter dem Einfluss der modernen Sprachwissenschaft und der Kognitionswissenschaften gerät der Terminusbegriff und somit auch das semantische Eineindeutigkeitspostulat der traditionellen Terminologielehre jedoch zunehmend in die Kritik. Während die wüstersche Terminologielehre sich mit Begriffen befasst, die übersprachliche Denkeinheiten sind und auch unabhängig von sprachlichen Benennungen existieren können, beschäftigt sich die Linguistik nicht hauptsächlich mit Begriffen, sondern mit den an die sprachliche Bezeichnung gebundenen Bedeutun-

---

211 Vgl. hierzu auch Laurén/Myking/Picht (1998, 246).

gen[212]. Die Bedeutung eines Terminus ist auf seine interne Bedeutungsstruktur, seinen Platz im terminologischen System sowie seine Verwendung in der Fachkommunikation zurückzuführen. Die interne Bedeutungsstruktur und die Beziehungen zwischen verschiedenen Bedeutungen in einem Terminussystem werden mit Hilfe von Merkmalen konstituiert, hier jedoch mit semantischen Merkmalen, die mit den begrifflichen Merkmalen der Terminologielehre nicht unbedingt gleich sind. Die Kernbedeutung des Terminus sowie sein Platz im terminologischen System werden in einer Definition festgelegt, in der die grundlegenden Merkmale zusammengefasst sind. (Vgl. Fraas 1998, 429f.)

Im pragmalinguistischen Kontextmodell, wie es von der jüngeren Fachsprachenlinguistik etwa seit Ende der 1970er Jahre vertreten wird, wird das Bestehen fachsprachlicher Zeichensysteme zwar nicht in Frage gestellt, im Mittelpunkt der Betrachtung stehen aber fachkommunikative Handlungen und Fachtexte (Roelcke 2004, 138, 140; s. auch Gardt 1998, 48 u. Hoffmann 2001, 541). Dem pragmalinguistischen Kontextmodell entsprechend sind Eindeutigkeit (Monosemie[213]) und Eineindeutigkeit indessen Erscheinungen des Fachwortgebrauchs. Die Eineindeutigkeit muss nicht in jedem Fall – wie auf der Grundlage des systemlinguistischen Inventarmodells – bereits innerhalb des betreffenden Terminussystems angelegt sein, sondern sie gilt jeweils unter bestimmten fachkommunikativen Kon- und Kotexten. Hier können durchaus Synonymie und Polysemie auftreten, die erst innerhalb einzelner fachsprachlicher Äußerungen mit Hilfe bestimmter kontextueller und kotextueller Hinweise auf Eindeutigkeit und Eineindeutigkeit hin interpretiert werden. Diese kontextuellen Bedeutungsindikatoren zur Bedeutungs- und Bezeichnungsmotivation müssen von allen an der Fachkommunikation teilnehmenden Personen beachtet werden. (Vgl. Roelcke 2005, 63f.; s. auch Roelcke 2004, 140–145.)

Nach den empirischen Untersuchungen stellen systematische Vagheit und Mehrdeutigkeit in verschiedenen Fachtexten und Fachtextsorten viel eher die Regel als eine Ausnahme dar und erweisen sich dabei als sehr produktiv (vgl. Roelcke 2004, 145; Gardt 1998, 49). Das pragmalinguistische Kontextmodell ist jedoch nicht imstande zu klären, ob systematische Vagheit und Mehrdeutigkeit bei textueller Exaktheit und Eindeutigkeit lediglich als eine vermeidbare Schwäche zu betrachten oder ob sie gar als eine anzustrebende Stärke der Fachkommunikation zu verstehen sind (Roelcke 2004, 145).

Die jüngste Fachsprachenlinguistik, d.h. das kognitionslinguistische Funktionsmodell, das in der Fachsprachenlinguistik seit Beginn der 1990er Jahre zu finden ist, unterscheidet sich von dem systemlinguistischen Inventar- und dem pragmalinguistischen Kontextmodell dadurch, dass Produzenten und Rezipienten

212 Siehe hierzu z.B. Nikulas (1992) Beitrag, in dem er die Gedanken Wüsters weiterentwickelt.

213 Ein Ausdruck ist laut Bußmann (2002, 447) „monosem, wenn er genau eine Bedeutung hat".

fachlicher Äußerungen konsequent berücksichtigt werden. Das Modell stellt die Bedeutung weder von fachsprachlichen Systemen noch von Fachtexten in Frage. Das Hauptaugenmerk ist in diesem Modell vielmehr insbesondere auf die intellektuellen Fähigkeiten, aber auch auf die Kommunikationsmotivation und -intention der an der Fachkommunikation Beteiligten gerichtet. (Vgl. Roelcke 2004, 138, 141.) Neben dem Kommunikationsgegenstand werden zunehmend auch u. a. die Kommunikationsteilnehmer mit ihren Vorhaben, die Kommunikationssituation und die -medien, die Kommunikationsgemeinschaft, die internationale Rezeption etc. berücksichtigt (Hoffmann 2001, 533).

Exaktheit und Vagheit sowie Eindeutigkeit und Mehrdeutigkeit von Termini werden im Rahmen des Modells sowohl auf der System- als auch auf der Textebene betrachtet. Im Vordergrund steht dabei aber nicht allein die Unmissverständlichkeit, sondern auch die Verständlichkeit fachlicher Kommunikation. (Vgl. Roelcke 2004, 146.) Unter der Annahme, dass auch fachliche Kognition und Fachkommunikation assoziativ geschehen, ist die systematische Mehrdeutigkeit als eine wichtige Voraussetzung der Verwendung von Fachwörtern aufzufassen, bei der das Wortschatzsystem durch den Kontext bestimmt variiert wird, indem gewisse Bedeutungen und Bezeichnungen selektiert und damit jeweils der spezifischen Kommunikationssituation des Produzenten und Rezipienten angeglichen werden. (Vgl. Roelcke 2004, 146f.) Die Vagheit – wie auch die besonders von der Terminologienormung bekämpfte Synonymie und Polysemie – werden nicht nur toleriert, sondern als Vorbedingung für den Fortschritt des wissenschaftlichen Denkens geradezu verlangt (Hoffmann 2001, 537). In der Terminologielehre sind laut Roelcke (2004, 138) sowohl das pragmalinguistische Kontextmodell als auch das kognitionslinguistische Funktionsmodell bis heute unberücksichtigt geblieben.

Neben der kognitiv-kommunikativen Erklärung sind einige weitere Ursachen für die Vagheit und die semantische Mehrdeutigkeit von Fachwörtern anzugeben. Im Hinblick auf die Synonymie lassen sich in erster Linie die innere Differenziertheit der Fachsprachen nach vertikalen Schichten, Textsorten, verschiedenen Kommunikationstypen usw. nennen (ausführlicher im Kap. 4). Sie setzen jeweils unterschiedliche Bezeichnungsmotivationen und Fachwortkenntnisse voraus.

Abweichende Auffassungen gegen den traditionellen Terminusbegriff ergeben sich aber nicht nur aus den Einflüssen der modernen Linguistik und der Kognitionswissenschaften, sondern sie werden auch durch einen grundlegenden Widerspruch in der traditionellen Terminologiearbeit hervorgerufen, der in dem Axiom besteht, dass Termini ausdrücklich nach Verbesserung der Fachkommunikation streben. Dabei liegen aber sowohl ein idealistischer Terminusbegriff als auch unrealistische Vorstellungen von fachlicher Kommunikation zugrunde. Einerseits gehen Terminologen von den Begriffen und Begriffssystemen aus, betonen den Systemaspekt von Termini und erklären deren Kontextunabhängigkeit für notwendig. Andererseits wird durch Standardisierung und Terminologienormung nach Verbesserung der fachlichen Kommunikation gestrebt. Dabei wird aber das wechselseitige Verhältnis zwischen dem kognitiven Aspekt einer Terminologie als Begriffssystem und ihrer Kommunikationsfunktion nahezu gänzlich vernachlässigt. Untersuchungen zur Realität fachlicher Kommunikationsprozesse bleiben in der traditionellen Terminologielehre aus. Auf diese Weise kann es zu idealistischen Vorstellungen über die begriffliche Präzision, Exaktheit, Eineindeutigkeit, Kontextunabhängigkeit und Wohldefiniertheit von Termini und die klare Systematik von Fachbegriffssystemen kommen. (Vgl. Fraas 1998, 429f.; s. auch Neubert 1987, 32f.) Wüsters semantisches Eineindeutigkeitspostulat ist laut Roelcke (1991, 196) vor dem Hintergrund einer positivistischen Sprachauffassung zu betrachten, die von einer (idealen) Sprache ein möglichst hohes Ausmaß an Klarheit, Genauigkeit und Präzision bei gleichzeitiger Ausdrucksökonomie erwartet.

Die traditionelle Terminologielehre wird – insbesondere aus den Reihen der Praktiker – auch aus dem Grunde kritisiert, dass ihre Vorgehensweise nicht auf eine deskriptive oder eine übersetzungsbezogene Terminologiearbeit[214] übertragbar ist. Neben der auf Wüsters Grundgedanken zurückgehenden Theorie, die sich an den Begriffen und Begriffssystemen orientiert und Standardisierung, Eineindeutigkeit sowie die synchrone Betrachtungsweise unterstreicht, haben sich in den letzten Jahrzehnten neue Richtungen der Terminologieforschung entwickelt, die durch eine vielseitigere Betrachtungsweise gekennzeichnet sind.[215]

Der Ausdruck *Sozioterminologie* tritt das erste Mal 1980 auf (Gaudin 2003, 12). Die Richtung ist in Frankreich und in den französischsprachigen Teilen in Kanada entstanden (Temmerman 2000b, 31). Die Sozioterminologen, zu denen u. a. Gambier (2001) und Gaudin (2003) gehören, vertreten den Standpunkt, dass auch die Terminologielehre die sozialen Aspekte der Sprache anerkennen und berücksichtigen muss und dass Termini im Kontext untersucht werden müssen. „Uttrykket ‚sosioterminologi' […] signaliserer eit ønske om å tematisera relasjonen mellom terminologi og samfunn. […] Å observera og beskriva verkeleg språkbruk" (Myking 2000, 92, 101).

Die *soziokognitive Terminologielehre* (*sociocognitive terminology theory*) hat laut Temmerman (2000a u. 2000b) ihren Fokus im eigentlichen Sprachgebrauch und strebt danach, die terminologische Forschung in die Richtung zu entwickeln, dass neben dem kognitiven Gesichtspunkt auch pragmatische Faktoren

---

214 Es ist zwischen normender und deskriptiver Terminologiearbeit zu unterscheiden. Die deskriptive Terminologiearbeit sucht, den bestehenden Sprachgebrauch zu beschreiben, und ist in starkem Maße übersetzungs- bzw. zielsprachenorientiert. Zielt die Terminologiearbeit demgegenüber auf die Festlegung von Definitionen und Benennungen und somit auf die Sicherung der einheitlichen Verwendung von Termini, so wird von normender Terminologiearbeit gesprochen. (Vgl. Arntz/Picht/Mayer 2002, 227.) Zur übersetzungsorientierten Terminologiearbeit s. insb. Hohnhold (1990).

215 Zur Kritik gegen die traditionelle Terminologielehre s. insb. Roelcke (1991) u. Temmerman (2000b, 22–34).

und die sozialen Aspekte der Sprache berücksichtigt werden.[216] Beide neuen Richtungen betonen auch die Untersuchung der Polysemie und Synonymie sowie die diachronische Betrachtungsweise.

Die traditionelle (wüstersche) Terminologielehre geht onomasiologisch von den sprachunabhängig existierenden Begriffen und Begriffssystemen, nicht von den Bezeichnungen aus. Begriffe sind Denkelemente, die innerhalb eines Fach- bzw. Sachgebiets so definiert sein müssen, dass sie scharf voneinander abzugrenzen sind. Sie sind auch kontextunabhängig.

In Anlehnung an die soziokognitive Terminologielehre sind die Begriffe nicht nur Denkelemente (*units of thought*), sondern auch Elemente des Verstehens (*units of understanding*). Ein Teil der Denkelemente hat eine logische oder ontologische Struktur und kann in Übereinstimmung mit der traditionellen Terminologielehre als Begriffe verstanden werden. Alle anderen Elemente des Verstehens haben jedoch eine verschiedengradige prototypische Struktur[217] und bilden miteinander so genannte Kategorien (*categories*). (Vgl. Temmerman 2000b, 43, 223f.) Die Sprache funktioniert als Mittel im Errichten von Kategorien, und der Mensch hat auf diese Weise die Möglichkeit, Kategorien in seinem Sinn zu bauen. Die Welt besteht demnach nicht objektiv, sondern die Sprache spielt eine wichtige Rolle als Voraussetzung, die Welt, die ihre Existenz zum Teil im menschlichen Bewusstsein hat, zu verstehen. (Temmerman 2000b, 61f.)

Die Welt existiert also nicht gänzlich außerhalb des menschlichen Denkens und Verstehens, sondern viele Begriffe bestehen teilweise nur im menschlichen Denken, und nicht in der objektiv wahrzunehmenden Außenwelt. Solche Begriffe finden sich insbesondere in den geistes- und gesellschaftswissenschaftlichen Fachsprachen (s. z.B. Nikula 1992, 19). Beispielsweise der Begriff *Umweltschutz* existiert einerseits als konkrete Maßnahmen zum Schutz der Umwelt und andererseits im Bewusstsein des Menschen. Der Begriff ist schwer zu definieren, da die Vorstellungen vom Umweltschutz sehr unterschiedlich sind.

In der soziokognitiven Terminologielehre wird betont, dass es häufig Umstände gibt, in denen es nicht möglich und auch nicht immer zweckmäßig ist, einem Begriff eine Definition zu geben, die die wesentlichsten Merkmale enthält und die die Position des Begriffs im Begriffssystem verdeutlicht. Es wird betont, dass das Definieren ein unendlicher Prozess ist, und wenn die Elemente des Verstehens sich ändern und sich entwickeln, müssen auch die Definitionen dementsprechend geändert werden. Die Information, die man braucht, um eine Einheit zu verstehen, hängt von der jeweiligen Einheit ab. Eine wesentliche Information können beispielsweise die geschichtliche Entwicklung eines Begriffs sein oder die

---

216 Abgesehen von satzfragmentarischen Texsorten (z.B. Kataloge, Teil- und Stücklisten) kommen Termini nie isoliert vor, sondern sind Bestandteil von Texten (s. auch Bergenholtz/Pedersen 1999, 1887). Zu satzfragmentarischen Textsorten s. Abschn. 4.3.4.1.

217 Vgl. auch Nikula (1992, 19), der festgestellt hat, dass es Fachgebiete gibt, „wo die Fachtermini eher Prototypen oder ‚prototypenhafte Begriffe' als Denotate haben".

inneren bzw. äußeren Beziehungen der Einheit. Prototypische Elemente des Verstehens können aus verschiedenen Perspektiven betrachtet werden. Dabei hat die ausgewählte Betrachtungsweise Einfluss darauf, welche Information jeweilig für wesentlich gehalten wird. (Vgl. Temmerman 2000b, 76, 81, 123, 228.) Dementsprechend ist es häufig nicht erforderlich, eine allgemein gültige Definition zu schaffen. Die Elemente wie auch ihre Bezeichnungen müssen durch die stetige Entwicklung und Veränderung diachronisch betrachtet und dargestellt werden.

Auf die deskriptive Terminologiearbeit hat die soziokognitive Terminologielehre den Einfluss, dass zuerst der inhaltliche Kern des Elements des Verstehens, d.h. der Begriff, definiert wird. Danach wird die Definition durch Informationen über die geschichtliche Entwicklung des Begriffs, durch weitere Informationen über Begriffsmerkmale oder durch Informationen über die begriffliche Verwendung ergänzt. Die soziokognitive Terminologielehre scheint sehr geeignet bei solchen Fachgebieten zu sein, in denen viele Sachverhalte keinen oder einen geringen konkreten Charakter besitzen, in denen sich tief greifende Entwicklungen vollziehen, in denen die Grenzziehung zwischen einem Fachwort und einem gemeinsprachlichen Wort in einigen Fällen schwer fällt oder in denen die Fachsprache als Kommunikationsmittel unterschiedlichen und gegenläufigen Anforderungen gerecht werden muss. (Vgl. Kalliokuusi 2000, 17.)

In der soziokognitiven Terminologielehre entspricht das Streben nach einer solchen Situation, in der ein Begriff durch eine einzige Benennung repräsentiert wird, der selbst wiederum jeweils nur ein Begriff zugeordnet ist, nicht der fachsprachlichen Wirklichkeit, und ein solcher Anspruch ist auch nicht immer erstrebenswert. Synonymie und Polysemie sind keine zu vermeidenden Phänomene, sondern sie haben ihre eigenen kommunikativen und der Verständigung dienenden Aufgaben. (Vgl. Temmerman 2000b, 223, 228.)[218] Hinsichtlich des Fachwortschatzes ist der Kontextrahmen jeweils durch die vertikale Schichtung bestimmt. Insbesondere bei fachexterner Kommunikation muss von dem kognitiven Wissensniveau der jeweiligen Adressaten ausgegangen werden, um das kommunikative Ziel, die Vermittlung von Fachwissen, zu erreichen. Wichtig ist dabei, die unmotivierten Termini und Bezeichnungsvarianten dem Nicht-Fachmann durchsichtig zu machen. Zusammenfassend könnte festgestellt werden, dass die Bezeichnung einem bestimmten Bedarf, der jeweiligen Abstraktionsstufe wie auch der jeweils relevanten sprachlichen Ebene entsprechen soll.

---

218 Zu Prinzipien der Sozioterminologie und der soziokognitiven Terminologielehre s. auch Kalliokuusi (2000), Myking (2000), Pasanen (2001), Perkonoja (2001) und Pihkala (2001).

## 6.4 Bezeichnungsvielfalt in der modernen Fachsprachenforschung

Die Forderungen der älteren Terminologiearbeit sind inzwischen relativiert worden (Hoffmann 1998a, 194; Fluck 2001, 551). Die dem Terminus abverlangten Qualitätsmerkmale wie Eineindeutigkeit, Ausdrucksökonomie, expressive Neutralität etc. werden laut Neubert (1987, 32f.) zwar dem Bemühen um eine präzise und differenzierte Bezeichnung wissenschaftlich-technischer Sachverhalte in hohem Maße gerecht und werden aus diesem Grunde auch als anerkannte Forderungen der Terminologienormung eingeschätzt (s. auch Roelcke 2004, 148), da aber die Polysemie, Homonymie und vor allem die Synonymie die Exaktheit des fachsprachlichen Terminus beeinträchtigen und somit einer Vereinheitlichung der Terminologien entgegenstehen, dürfte eine ideale Sprachverwendung eine Fiktion bleiben.

In der terminologischen Literatur gibt es unterschiedliche Auffassungen darüber, ob Synonymie in allen Fällen unerwünscht ist (Laurén/Myking/Picht 1998, 248). Zunehmend mehr Terminologen teilen die Meinung, dass eine übertriebene Neigung zur Vereinheitlichung, Ordnung und Normung der Fachwörter für den fachwissenschaftlichen Fortschritt auch ein Hindernis sein kann (vgl. Fraas 1998, 429). Laut Fraas (1998, 431) setzt sich inzwischen mehr und mehr die Erkenntnis durch, dass auch Fachwortschätze keine künstlichen, toten Systeme bilden, sondern dass sie durch die Verwendung in der Fachkommunikation leben und demzufolge Uneindeutigkeiten aufweisen. Darüber hinaus stört – so Ickler (1997, 64) und Fraas (1998, 429) – die Bedeutungs- bzw. Bezeichnungsvielfalt die fachliche Praxis weniger, „als von realitätsferner Terminologiearbeit angenommen wird" (Fraas ebd.). Die Ursache liegt laut Ickler (1997, 64) darin, dass eine Bezeichnung die Funktion hat, einen Sachverhalt oder Gegenstand zu thematisieren, nicht dagegen eine erschöpfende Beschreibung des damit bezeichneten Sachverhalts oder Gegenstandes zu liefern. Jeder Sachverhalt oder Gegenstand ist reich an Merkmalen, und ihre Verwendung zum Zwecke der Bezeichnung ist in gewissem Umfang dem Ermessen des Sprechers überlassen. In fachlicher Kommunikation wirkt dabei die Aspektwahl mit. (Vgl. Ickler ebd.)

> Modern terminological theory accepts the occurrence of synonymic expressions and variants of terms and rejects the narrowly prescriptive attitude of the past which associated one concept with only one term. It is recognised that one concept can have as many linguistic representations as there are distinct communicative situations which require different linguistic forms. (Sager 1990, 58)

Der Eineindeutigkeitsforderung stehen seit einigen Jahren jedoch nicht nur sprachtheoretische Argumente, sondern auch empirische Befunde entgegen, die eine hohe Bezeichnungsvielfalt innerhalb von terminologischen Systemen nachweisen (Roelcke 2005, 64; s. auch Fraas 1998, 431). Ein großes Synonymieangebot tritt in besonders hohem Grade im Fachwortschatz solcher Fachgebiete auf, in denen tief greifende Entwicklungen verlaufen bzw. die sich in fachlicher Hinsicht in rascher Entwicklung befinden (Arntz/Picht/Mayer 2002, 126) oder in der Terminologie solcher Fachsprachen, in denen sie durch den Charakter bzw. die Besonderheiten des Fachgebiets begründet sind.

Umweltwissenschaften gehören zu denjenigen Disziplinen, die sich in den letzten Jahrzehnten am schnellsten entwickelt haben. Auf dem Gebiet entstehen ständig neue Begriffe, die benannt werden müssen und die insbesondere beim Übersetzen Schwierigkeiten bereiten. Bezeichnungsvielfalt kennzeichnet laut Goy (2001, 70f.) beispielsweise die neugriechischen Fachwortschätze: überaus häufig treten synonyme Benennungen etwa im Fachwortschatz der Abwasserbehandlung auf. Zahlreiche Beispiele für Bezeichnungsvarianten sind in der Fachsprache der Wärme- und Feuerungstechnik festzustellen, und zwar aufgrund der Möglichkeit der Auswahl von Merkmalen für die Bezeichnungsbildung sowie der Varianten ihrer Realisierung in der Benennung (Wendt 1998, 1190). Bezeichnungsvielfalt kann ferner zu den charakteristischen Eigentümlichkeiten u. a. der elektrotechnischen Fachsprache (Neubert 1987, 33–44 u. Roelcke 1991, 200 u. 2005, 64), der Fachsprache der Chemie (Ickler 1997, 66) und der Rechnungslegung (Schneider 1998, 86f.) wie auch der medizinischen Fachsprache (Wiese 1984a, 33–43; Ickler 1997, 65) gezählt werden. Vom Ideal einer synonymiearmen Fachsprache weit entfernt sind darüber hinaus z. B. die russische technische Terminologie (Lotte 1993, 164), die englische Fachsprache der Datenverarbeitung (Müller 1999, 1447), die schwedische medizinische Fachsprache (Pilke 2000, 282–284) sowie die schwedische Fachsprache der Technik (Pilke 2000, 282; Nissilä/Pilke 2004).

> Även om monosemi (ett begrepp – en term) är det teoretiska idealet i normativt terminologiarbete (se t.ex. Laurén et al. 1997: 206 f.) och för effektiv fackkommunikation kan man inte utesluta synonyma uttryck ur fackkommunikationen. (Pilke 2000, 281)

Wissenschaften, die bereits auf eine lange geschichtliche Entwicklung zurückblicken, können nicht von heute auf morgen auf ihre Bezeichnungsvielfalt verzichten. Erstaunlich reich an Bezeichnungsvarianten ist die medizinische Nomenklatur – eine der ältesten. (Vgl. Ickler 1997, 65.) Die Vielfalt an Benennungsvarianten in der Fachsprache der Medizin ist in den fachlich-kognitiven Anforderungen, in den horizontalen und vertikalen Kommunikationsstrukturen des Fachbereichs der Medizin sowie in der Leistungsfähigkeit des für die Bildung von medizinischen Benennungen zur Verfügung stehenden Sprachmaterials begründet (Wiese 1984a, 34). Auch die Fachsprache der Chemie ist durch ein großes Synonymieangebot gekennzeichnet, da sich hier gemeinsprachliche Ausdrücke, Kurzwörter, Bezeichnungen der Pharmazie oder der Mineralogie sowie zahlreiche Warenzeichen an den eigentlichen terminologischen Bestand anlagern. Dabei ist die chemische Nomenklatur auf jeden Fall schon die umfangreichste überhaupt. (Vgl. Ickler 1997, 66.)

Die Erscheinung der Synonymie ist somit den Terminologien keineswegs fremd und kann die auf Präzision und Klarheit ausgerichtete Fachkommunikation auch erheblich erschweren. Eine besonders störende Wirkung kann die Synonymie in der Fachkommunikation über die Sprachgrenzen hinaus haben. Im Gegensatz zu einer vielfach vertretenen Ansicht sind übersprachliche, allgemein gültige begriffliche Grundlagen auch im Bereich der Terminologie nicht ohne Weiteres vorauszusetzen. Sie sind nur dort gegeben, wo aus der Natur des Fachgebiets heraus die Möglichkeit besteht, die vorhandenen Sachverhalte bzw. Begriffe des Faches systematisch zu ordnen, nach aufgestellten Klassen einzuteilen und mit international weitgehend einheitlichen Bezeichnungen zu versehen. Dies ist in erster Linie in den Nomenklaturen, etwa in der Biologie, der Anatomie und in Teilgebieten der Chemie, der Fall. Demgegenüber kann beim Vergleich von Termini in zwei Sprachen häufig festgestellt werden, dass Begriffe nicht bzw. nur teilweise übereinstimmen, in einer der beiden Sprachen nicht vorhanden bzw. nicht benannt sind. (Vgl. Arntz 2003, 81.)

## 6.5 Gleich- und ähnlichbedeutende Bezeichnungen

Wüster (1991, 91) unterscheidet zwischen Einnamigkeit und Mehrnamigkeit. Unter Einnamigkeit[219] versteht er (ebd.) den Zustand, dass es für einen Begriff nur eine einzige Benennung gibt. Können aber zwei oder mehrere formal unterschiedliche Bezeichnungen einem Begriff zugeordnet und zur Bezeichnung des gleichen Begriffs parallel verwendet werden, liegt Synonymie vor. Absolute Bedeutungsgleichheit, d. i. echte Synonymie, wird allerdings nicht angenommen.

> Synonymie entsteht dadurch, dass formal verschiedene Lexeme denselben Bedeutungskern aufweisen, sich demzufolge auf das gleiche Referenzobjekt beziehen und somit in der gleichen syntaktisch-kontextuellen Umgebung vorkommen können. Die Peripherie der Bedeutung oder stilistische Eigenschaften der Lexeme können dabei unterschiedlich sein. (Fraas 1998, 431)

Die Mehrheit der Linguisten[220] ist sich darüber einig, dass absolute Synonymie im Sinne vollständiger Austauschbarkeit im Sprachsystem nicht existiert (vgl.

219 Felber (1984, 186) und Laurén/Myking/Picht (1998, 245) sprechen in diesem Zusammenhang von Mononymie (mononymy).

220 Absolute Synonymie wird von einigen Forschern für nicht gänzlich undenkbar gehalten: U. a. Pinkal (1985, 195) und Cabré (1999) vertreten die Meinung, dass die komplette Synonymie ein seltener Ausnahmefall ist. Wüster (1991, 92) unterscheidet zwischen Vollsynonymen und Teilsynonymen, Lotte (1993, 164) spricht dagegen von „absoluten und relativen Synonymen". Goy (2001, 126) betrachtet z. B. neugriechische Mehrworttermini vom Typ Adj. + Subst. und Subst. + $Subst._{GEN}$ als vollständig synonym und gleichermaßen gebräuchlich. Dass die „völlige semantische Identität von Lexemen mit verschiedenen Formativen im Lexikon nahezu ausgeschlossen ist", gehört nach Barz (1997, 271)

u. a. Thurmair 1995, 247; Rogers 1997, 219; Schneider 1998, 86; M. Hahn 2002, 37; Hoberg 2000, 313), da entweder Differenzierungen im kontextuellen Gebrauch bestehen oder semantische, stilistische bzw. konnotative Unterschiede vorkommen (Schneider 1998, 86; Schippan/Ehrhardt 2001, 85). Auch in der ‚Fachsprachenliteratur herrscht derzeit eine weitgehende Einigkeit darüber, dass die Eineindeutigkeit kaum zu erreichen ist (Steinhauer 2000, 63). Unbestritten ist dagegen die Existenz der partiellen Synonymie, die als weitgehende begriffliche Identität und folglich als Austauschbarkeit in zumindest einigen Kontexten verstanden wird (vgl. u. a. Thurmair 1995, 247f.).

Als sprachwissenschaftlicher Terminus technicus wird *synonym*[221] in der Gegenwartsliteratur generell als Bezeichnung für bedeutungsähnliche Ausdrücke verwendet (M. Hahn 2002, 37; vgl. auch Thurmair 1995, 247f.). Bei Schippan (1992, 206) etwa wird Synonymie als „Ähnlichkeit der Bedeutungen von sprachlichen Einheiten unterschiedlicher Art", bei Luchtenberg (1985, 197) als „inhaltliche Übereinstimmung mehrerer sprachlicher Zeichen bei verschiedener Lautform" definiert und in gleicher Weise auf partielle Synonymie eingeschränkt. In diesem Sinne soll die Synonymie auch in der vorliegenden Arbeit verstanden werden.

Die weitgehende, aber nicht völlige Übereinstimmung der Bedeutungen bei synonymischen Bezeichnungen erklärt sich laut Luchtenberg (1985, 197) „aus der Natur der Sprache", da die Sprache keine absolut synonymischen Ausdrücke, sondern nur bedeutungsähnliche Wörter besitzt. Diese partiellen Synonyme weisen im Begriffsinhalt und/oder -umfang sowie bezüglich konnotativer Werte geringere oder größere Unterschiede auf. Die synonymischen Varianten können sich auch durch ihre Verwendung voneinander unterscheiden. Einen Grund für das Fehlen absoluter Synonymie sieht M. Hahn (2002, 38) „im Ökonomieprinzip der Sprache [...], das keine redundanten Formen duldet." (Ähnlich auch Sivula 1989, 183 und Barz 1997, 271.) Das Ökonomieprinzip schließt aber nicht aus, dass es im Verlauf der Geschichte der Sprache vorübergehend einzelne miteinander konkurrierende Dubletten gibt. Diese Dubletten scheinen entweder nach kurzem Nebeneinanderstehen aus dem Sprachgebrauch auszuscheiden, oder es entwickeln sich inhaltliche Differenzen veranlasst durch konnotative bzw. distributionelle Unterschiede. (Vgl. M. Hahn 2002, 38.)

In der allgemeinen Terminologielehre unterscheidet Wüster (1991, 91) bei den gleichbedeutenden Benennungen mehrere Subarten, die sich durch die Sach-

---

zu den nicht strittigen Einstellungen über semantische Lexikonstrukturen. Laut Varantola (2004, 223) existieren im Sprachsystem nur einige wenige – wenn überhaupt – echte synonyme Wörter.

221 *synonym* (über *spätlat.* synonymos aus gleichbed. *gr.* synōnymos): 1. svw. synonymisch. 2.a) bedeutungsähnlich, bedeutungsgleich, sinnverwandt (von Wörtern; Sprachw.) (D-FWB 2000, 1303). Der Terminus *Synonym* kam zum ersten Mal 1794 für „sinnverwandte Wörter" in der Sammlung *Deutsche Synonymen oder sinnverwandte Wörter* vor (Eberhard 1904, VIII).

bedeutung, durch eine Mitbedeutung bzw. durch deren Zusammentreffen voneinander unterscheiden. Unter Sachbedeutung ist laut Wüster (ebd.) die Bedeutung ohne alle Mitbedeutungen, d.h. ohne Nuancierung, zu verstehen. Sind die Sachbedeutungen zweier Benennungen vollständig gleich, ist von Vollsynonymie die Rede. Teilsynonyme sind hingegen Überdeckungssynonyme, d.h. entweder Überordnungs- bzw. Überschneidungssynonyme.[222] (Vgl. Wüster 1991, 92.)

Unterscheiden sich aber zwei begrifflich gleichbedeutende Benennungen durch eine Mitbedeutung, so können sie laut Wüster (1991, 92) nuancierte Synonyme[223] genannt werden. In der Regel werden die begriffliche Bedeutung und die Mitbedeutung bei der Unterscheidung von Synonymen jedoch nicht auseinander gehalten. Daraus ergibt sich die Einteilung der Synonyme in gesamtsynonyme Benennungen, die sowohl Vollsynonyme als auch Synonyme ohne Mitbedeutung sind, sowie in ungefährsynonyme Benennungen. Ungefähr-Synonyme sind entweder Teilsynonyme, Synonyme mit Mitbedeutung oder beides zugleich. Die meisten Synonyme sind weder Gesamtsynonyme noch Vollsynonyme, sondern Ungefähr-Synonyme. (Vgl. Wüster 1991, 93.)

Als typische Gesamtsynonyme könnten angeführt werden u.a. die sog. Terminologischen Dubletten (s. ausführlicher 6.7.2.1.2), die aus einem fremdsprachigen und einem einheimischen Terminus bestehen, z.B. *atoxisch – ungiftig*, darüber hinaus Kurzwörter (s. Abschn. 6.7.2.3) und die chemischen Zeichen und Formeln (s. Abschn. 6.7.2.4), die neben den nicht verkürzten Vollformen als Bezeichnungsvarianten stehen, vgl. *FCKW – Fluorchlorkohlenwasserstoffe*; $CH_4$ – *Methan* sowie Bezeichnungsvariantenpaare aus einer syntaktischen Wortverbindung und einem Kompositum (s. Abschn. 6.7.2.2), die durch semantische Kondensierung und Verschmelzung entstanden sind, z.B. *biologische Produktion – Bioproduktion*. Es gilt aber auch hier, dass nicht die Bezeichnungen im Ganzen, d.h. mit allen Bedeutungsschattierungen und in allen Kontexten, durch die jeweils andere Bezeichnung ersetzt werden können. Als Ungefähr-Synonyme könnten die Bezeichnungsvarianten *Insektizid* und *Insektengift* angeführt werden. Neben der gemeinsamen begrifflichen Bedeutung unterscheidet sich der gemeinsprachliche Ausdruck *Insektengift* durch die zusätzliche stilistische Färbung von dem merkmallosen, neutralen *Insektizid*.

## 6.6 Zur Vorkommenshäufigkeit der synonymischen Bezeichnungen im Fachwortschatz der Ökologie und des Umweltschutzes

Wie bereits bei den Erläuterungen zur Methodik der Untersuchung ausgeführt wurde, soll in der empirischen Untersuchung der Bestand von synonymischen

222 Felber (1984, 185f.) spricht von Quasisynonymen (*Quasisynonyms*).

223 Felber (1984, 186) spricht in diesem Zusammenhang von *Synonyms with connotation*.

Bezeichnungen in der Fachsprache der Ökologie und des Umweltschutzes anhand von zwei Fachwörterbüchern herausgearbeitet werden. Dabei wird den folgenden Fragen nachgegangen: Welche Arten von synonymischen Bezeichnungen gibt es in dieser Fachsprache? Wie sind die Varianten gebildet? Wie sind sie verteilt? Die Analyse und Beschreibung der synonymischen Bezeichnungen konzentriert sich aber nicht nur auf formale und quantitative Aspekte, sondern auch auf funktionale und semantische Gesichtspunkte.

Als Basis für die Untersuchung wurden Fachwörterbücher gewählt, da sie Fachausdrücke vieler Einzelbereiche der Ökologie und des Umweltschutzes enthalten und in ihnen auch solche Nachbardisziplinen, die in die ökologische Fachsprache einfließen, berücksichtigt werden. Darüber hinaus lässt sich bei einem Fachwörterbuch davon ausgehen, dass sich dort tatsächlich etablierte Termini finden.

### 6.6.1 Das Korpus und Grundsätze der Auszählung

Die Grundlage für die Untersuchung der synonymischen Bezeichnungen in der deutschen Fachsprache der Ökologie bilden insgesamt 2 000 Lemmata aus dem bilingualen *Fachwörterbuch Kompakt Ökologie* von *Langenscheidt* vom Jahre 2001 (= LFwbKÖ 2001), das mit rund 17 000 Fachbegriffen auch Neueinträge aus fast allen Teilgebieten der Ökologie enthält. Das Korpus umfasst aus dem englisch-deutschen Teil des Wörterbuchs unter den Buchstaben

- <u>**A**</u> die deutschsprachigen Entsprechungen der ersten 200 englischsprachigen Hauptlemmata, und zwar von

| | | |
|---|---|---|
| | **AA** (*atomic absorption*) (*Anal*) | Atomabsorption *f* |
| bis | **advanced treatment** (*Tech*) | weitergehende Behandlung *f* |

- <u>**B**</u> die deutschsprachigen Entsprechungen der ersten 200 englischsprachigen Hauptlemmata, und zwar von

| | | |
|---|---|---|
| | **baby boom [bulge]** (*Hum*) | Baby-Boom *m* |
| bis | **bioclimate** (*Meteo*) | Ökoklima *n*, Bioklima *n*, Standortklima *n*, Biotopklima *n* |

- <u>**C**</u> die deutschsprachigen Entsprechungen der ersten 200 englischsprachigen Hauptlemmata, und zwar von

| | | |
|---|---|---|
| | **C-horizon** (*Bod*) | C-Horizont *m*, Untergrund m (*angewittertes Muttergestein*) |

| | | |
|---|---|---|
| bis | **cause-(and)-effect relationship** | Ursache-Wirkung-Beziehung *f* |

- **D** die deutschsprachigen Entsprechungen der ersten 200 englischsprachigen Hauptlemmata, und zwar von

| | | |
|---|---|---|
| | **3-D farming** | Obstbau *m* mit Unterkulturen |
| bis | **dehalogenation** | De(s)halogenierung *f* |

- **E** die deutschsprachigen Entsprechungen der ersten 200 englischsprachigen Hauptlemmata, und zwar von

| | | |
|---|---|---|
| | **early-fall frost** | Frühfrost *m* |
| bis | **exotics** | Exoten *pl*, ausländische Bäume *mpl* |

- **F** die deutschsprachigen Entsprechungen der ersten 200 englischsprachigen Hauptlemmata, und zwar von

| | | |
|---|---|---|
| | **fabric dust collector** (*Tech*) | Gewebeabscheider *f* [sic!] |
| bis | **fine** (*Jur*) | Bußgeld *n* |

- **G** die deutschsprachigen Entsprechungen der ersten 200 englischsprachigen Hauptlemmata, und zwar von

| | | |
|---|---|---|
| | **GAC** (*granular activated carbon*) (*Tech*) | granulierte [gekörnte] Aktivkohle *f*, Kornkohle *f* |
| bis | **golf course** | Golfplatz *m* |

- **H** die deutschsprachigen Entsprechungen der ersten 200 englischsprachigen Hauptlemmata, und zwar von

| | | |
|---|---|---|
| | **H layer** (*Bod*) | Humifizierungshorizont *m*, Humusstoff-Horizont *m*, Feinhumus-Horizont *m*, Oh-Horizont *m*, Humusschicht *f*, Humusstoffschicht *f*, Humusauflage *f*, H-Horizont *m* |
| bis | **heat-tolerant** | hitzeertragend |

- **I** die deutschsprachigen Entsprechungen der ersten 200 englischsprachigen Hauptlemmata, und zwar von

| | | |
|---|---|---|
| | **IAP** (*Index of Atmospheric Purity*) (*Anal*) | IAP-Wert *m*, Luftreinheitsindex *m* |
| bis | **infertility** (*Bod*) | Unfruchtbarkeit *f* |

- **J** und **K** die deutschsprachigen Entsprechungen von allen englischsprachigen Hauptlemmata (insg. 68)

- **L** die deutschsprachigen Entsprechungen der ersten 132 englischsprachigen Hauptlemmata, und zwar von

| | | |
|---|---|---|
| | **labelled substrate** (*Aqu*) | markiertes Substrat *n* |
| bis | **landscape zone** | Landschaftszone *f*, Landschaftsgürtel *m*. |

Diese Wörterbuchausschnitte sollen systematisch auf Synonyme untersucht werden. Als Untersuchungsgrundlage dient der englisch-deutsche Teil des Wörterbuchs, da die Angabe von deutschsprachigen synonymischen Bezeichnungen zum Lemmazeichen nur in diesem Teil des Wörterbuchs im selben Wörterbuchartikel aufgeführt werden. Auch Kurzwörter erscheinen nur in diesem Teil des Wörterbuchs. Die synonymischen Bezeichnungen sind aber nicht besonders gekennzeichnet. Im deutsch-englischen Wörterbuchteil werden den deutschsprachigen Hauptlemmata hingegen keine Bezeichnungsvarianten zugeordnet. Mögliche Varianten werden jeweils nur als eigene Lemmata an alphabetischer Stelle aufgeführt und es folgt kein Hinweis auf das Hauptlemma oder die anderen synonymischen Bezeichnungen. Die geographischen Namen sowie die Namen von Institutionen und Organisationen, von den unterschiedlichen Konventionen und Übereinkommen, die im Wörterbuch vorkommen, wurden in der Analyse außer Acht gelassen.

Was die finnische Sprache betrifft, fiel die Wahl auf das *EnDic2004*, das in Finnland derzeit das bei weitem ausführlichste Umweltwörterbuch darstellt und im Prinzip alle Gebiete des Umweltschutzes umfasst. Das Wörterbuch umfasst 6 039 Lemmata mit estnisch-, englisch-, französisch-, deutsch-, schwedisch-, litauisch-, lettisch- und russischsprachigen Entsprechungen. Als zehnte Sprache tritt bei den taxonomischen Begriffen das Lateinische in Erscheinung. Soweit nötig, sind die Termini mit englisch-, estnisch- und finnischsprachigen Definitionen versehen worden.

Das finnische Korpus bilden die ersten 2 000 Hauptlemmata, und zwar alle Hauptlemmata unter den Buchstaben von **A** bis **J** sowie die ersten 616 Hauptlemmata unter dem Buchstaben **K**, so dass das Stichwort *kosteus* mit der Begriffsnummer K616 den letzten noch zu analysierenden Wörterbuchartikel bildet. Auch im finnischen Korpus wurden die geographischen Namen sowie die Namen von Institutionen, Organisationen, Konventionen und Übereinkommen, die im Wörterbuch lemmatisiert sind, in der Analyse nicht beachtet.

## 6.6.2 Umfang der Synonymie im deutschen Korpus

Der Zweck der folgenden Auswertung ist festzustellen, wie hoch der Anteil der Bezeichnungsvarianten ist, wie sich die Varianten auf verschiedene Wortarten verteilen und wie sie gebildet sind.

Was die Wortart der 2 000 Lemmata betrifft, die das Korpus im LFwbKÖ (2001) unter den Buchstaben A–L bilden, so verteilen sie sich folgendermaßen:

| | | |
|---|---|---|
| Adjektive | 188 | 9,40 % |
| Verben | 80 | 4,00 % |
| Substantive[224] | 1732 | 86,60 % |

Die quantitative Verteilung der deutschen Übersetzungsäquivalente für je ein englisches Lemma unter der Wortart **Adjektiv** stellt sich wie folgt dar:

| | Anzahl der engl. Lemmata | Anzahl der deutschen Übersetzungs-äquivalente für je ein engl. Lemma | in % der Gesamt-anzahl der engl. Lemmata | Anzahl der Bezeich-nungs-varianten | deutsche Äqui-valente insg. |
|---|---|---|---|---|---|
| | 127 | 1 | 67,55 | 0 | 127 |
| | 44 | 2 | 23,40 | 44 | 88 |
| | 5 | 3 | 2,66 | 10 | 15 |
| | 8 | 4 | 4,26 | 24 | 32 |
| | 4 | 5 | 2,13 | 16 | 20 |
| Insg. | 188 | | 100 | 94 | 282 |

**Tab. 2**: Adjektivische Bezeichnungsvarianten im deutschen Korpus

Aus Tabelle 2 ist ersichtlich, dass die meisten englischen Lemmata (67,6 Prozent, in absoluter Zahl 127) nur ein deutsches Übersetzungsäquivalent registrieren. In 23,4 Prozent der Belege stehen 2 deutsche Äquivalente für ein englisches Lemma nebeneinander. Zu 8 der englischen Lemmata sind 4 Entsprechungen, zu 4 sogar 5 deutsche Äquivalente aufgeführt. Aus der Tabelle lässt sich weiter errechnen, dass für jedes englische Adjektiv durchschnittlich 1,5 deutsche Übersetzungsäquivalente belegt sind.

224 In sozialwissenschaftlichen Fachtexten z.B. beträgt der Anteil der Substantive 90,2 % und der der Adjektive 9,8 % (H. Schröder 1987, 224). Die große Bedeutung des Adjektivs für Fachtexte ergibt sich in erster Linie aus der starken Attribuierungstendenz, d.h. sie erwächst aus dem Verlangen nach Präzisierung und Differenzierung der Begriffe (Hoffmann 1985, 109).

Als Beispiele hierfür mögen stehen:

| engl. Lemma: | deutsche Entsprechungen im LFwbKÖ (2001): |
|---|---|
| **carrion-feeding** (*Zool*) | Aas fressend : zoosaprophag : nekrophag : kadaverivor[225] (S. 46) |
| **basophile** (*Bot*) | basiphil : alkalinophil : basophile[226] : basiphytisch : azidophob (*basische Substrate bevorzugend*) (S. 34) |
| **acidophile** | säureliebend : azidophil : kalzifug : kalziphob : kalkmeidend (S. 15). |

Einen Überblick über die quantitative Verteilung der deutschen Übersetzungsäquivalente für je ein englisches Lemma unter der Wortart **Verb** gibt Tabelle 3:

| | Anzahl der engl. Lemmata | Anzahl der deutschen Übersetzungs-äquivalente für je ein engl. Lemma | in % der Gesamt-anzahl der engl. Lemmata | Anzahl der Bezeich-nungs-varianten | deutsche Äqui-valente insg. |
|---|---|---|---|---|---|
| | 53 | 1 | 66,25 | 0 | 53 |
| | 20 | 2 | 25,00 | 20 | 40 |
| | 6 | 3 | 7,50 | 12 | 18 |
| | 1 | 4 | 1,25 | 3 | 4 |
| Insg. | 80 | | 100 | 35 | 115 |

**Tab. 3**: Verbale Bezeichnungsvarianten im deutschen Korpus

Im untersuchten Korpus wurden 80 terminologisierte Verben festgestellt. Die Analyse des Materials ergab, dass zu 33,8 Prozent der englischen Lemmata zumindest 2 deutsche Äquivalente aufgeführt sind, zu 8,8 Prozent sogar 3 oder 4. Aus der Tabelle lässt sich errechnen, dass für jedes englische Verb durchschnittlich 1,4 deutsche Übersetzungsäquivalente belegt sind.

225 Die in Bezeichnungsvariation stehenden Termini sind jeweils durch Doppelpunkt voneinander abgehoben.

226 Sowohl im deutschen als auch im finnischen Korpus treten zahlreiche orthographische Doppelformen auf. Sie kommen nicht nur bei Termini mit fremder Herkunft (z.B. *Gleyboden* : *Gleiboden* LFwbKÖ 2001, 116; s. auch D-FWB 2000, 507) vor, sondern auch bei indigenen Ausdrücken. Die orthographischen Doppelformen stellen keine Synonyme dar (vgl. M. Hahn 2002, 46) und werden in der vorliegenden Untersuchung nicht berücksichtigt. Zu Bindevokalen *i* und *o* lateinisch-griechischer Fachausdrücke s. Werner (1968, 36f.).

Einige Beispiele aus dem Korpus:

| engl. Lemma: | deutsche Entsprechungen im LFwbKÖ (2001): |
|---|---|
| **decompose** | zersetzen : zerlegen : abbauen (S. 69) |
| **immobilize** | festlegen : fest binden : immobilisieren : entmobilisieren (*Nähr- und Schadstoffe*) (S. 133). |

Einen Überblick über die quantitative Verteilung der deutschen Übersetzungsäquivalente für je ein englisches Lemma unter der Wortart **Substantiv** vermittelt Tabelle 4:

| | Anzahl der engl. Lemmata | Anzahl der deutschen Übersetzungsäquivalente für je ein engl. Lemma | in % der Gesamtanzahl der engl. Lemmata | Anzahl der Bezeichnungsvarianten | deutsche Äquivalente insg. |
|---|---|---|---|---|---|
| | 1181 | 1 | 68,19 | 0 | 1181 |
| | 377 | 2 | 21,76 | 377 | 754 |
| | 106 | 3 | 6,12 | 212 | 318 |
| | 35 | 4 | 2,02 | 105 | 140 |
| | 17 | 5 | 0,98 | 68 | 85 |
| | 4 | 6 | 0,23 | 20 | 24 |
| | 6 | 7 | 0,35 | 36 | 42 |
| | 3 | 8 | 0,17 | 21 | 24 |
| | 1 | 9 | 0,06 | 8 | 9 |
| | 2 | 10 | 0,12 | 18 | 20 |
| Insg. | 1732 | | 100 | 865 | 2597 |

**Tab. 4**: Substantivische Bezeichnungsvarianten im deutschen Korpus

Der Tabelle ist zu entnehmen, dass 31,8 Prozent der englischen Substantive zwei oder mehr als zwei deutsche Entsprechungen registrieren. Am häufigsten (27,9 Prozent der Belege) kommen für ein englisches Substantiv zwei (21,8 %) bzw. drei (6,1 %) deutsche Äquivalente vor. Einige der Fachwörter erweisen sich als ausgesprochen synonymiefreudig, so z. B. *Deflation* mit 5, *Humifizierungshorizont* mit 7 und *Landschaftsgefüge* mit 9 synonymischen Bezeichnungen. Aus der Tabelle lässt sich weiter errechnen, dass für jedes englische Substantiv durchschnittlich 1,5 deutsche Übersetzungsäquivalente eintreten.

Einige Belege aus dem Korpus:

| engl. Lemma: | deutsche Entsprechungen im LFwbKÖ (2001): |
|---|---|
| **deflation** (*Geol*) | Deflation : Winderosion : Auswehen : Ausblasung : Windabtragung : äolische Abtragung (S. 70) |
| **H layer** (*Bod*) | Humifizierungshorizont : Humusstoff-Horizont : Feinhumus-Horizont : Oh-Horizont : Humusschicht : Humusstoffschicht : Humusauflage : H-Horizont (S. 121) |
| **landscape mosaic (pattern)** | Landschaftsgefüge : Anordnungsmuster : Fliesengefüge : Ökotopgefüge : Topgefüge : Arealstruktur einer Landschaft : Ökotopenmosaik : γ-Diversität : Raumdiversität : Landschaftsmuster (S. 145f.). |

Im untersuchten Korpus taucht auch ein Terminus der Struktur Präposition + Substantiv mit attributiver oder adverbialer Funktion auf: *im Labormaßstab* (LFwbKÖ 2001, s. v. laboratory-scale). Zusammenfassend kann festgestellt werden, dass sich die Gesamtzahl der deutschen Eintragungen, d. h. der deutschen Übersetzungsäquivalente für die analysierten 2 000 englischen Lemmata auf insgesamt 2 994 beläuft.

### 6.6.3 Umfang der Synonymie im finnischen Korpus

Was die Wortart der analysierten 2 000 Lemmata betrifft, die sich im *EnDic2004* unter den Buchstaben A–K finden und die das finnische Korpus bilden, so verteilen sie sich wie folgt:

| | | |
|---|---|---|
| Adjektive | 70 | 3,50 % |
| Verben | 1 | 0,05 % |
| Substantive | 1927 | 96,35 % |
| Adverbien | 1 | 0,05 % |
| Sonstige Fälle | 1 | 0,05 % |

Im Vergleich zum deutschen Korpus fällt hier das fast absolute Fehlen von terminoligisierten Verben auf. Im deutschen Korpus ist der Anteil der Verben 4 Prozent von der Gesamtanzahl der Lemmata. Auch der Anteil der Adjektive ist im finnischen Korpus mit 3,5 Prozent deutlich geringer als im deutschen, wo ihr Anteil 9,4 Prozent beträgt.

Die quantitative Verteilung der finnischen Bezeichnungsvarianten für je ein Lemma unter der Wortart **Adjektiv** stellt sich wie folgt dar:

| | Anzahl der Lemmata | Anzahl der Synonyme für je ein Lemma | in % der Gesamtanzahl der Lemmata | Anzahl der Bezeichnungsvarianten | adjektivische Eintragungen insg. |
|---|---|---|---|---|---|
| | 24 | 0 | 34,29 | 0 | 24 |
| | 40 | 1 | 57,14 | 40 | 80 |
| | 4 | 2 | 5,71 | 8 | 12 |
| | 1 | 3 | 1,43 | 3 | 4 |
| | 1 | 4 | 1,43 | 4 | 5 |
| Insg. | 70 | | 100 | 55 | 125 |

**Tab. 5**: Adjektivische Bezeichnungsvarianten im finnischen Korpus

Wie aus der Tabelle hervorgeht, ist zu gut 57 Prozent der adjektivischen Hauptlemmata im *EnDic2004* jeweils eine Bezeichnungsvariante aufgeführt. Zwei oder mehr als zwei Synonyme für ein adjektivisches Lemma sind ziemlich selten – in absoluter Zahl nur 6 von den untersuchten adjektivischen 70 Hauptlemmata können durch mehrere Synonyme ersetzt werden. Aus der Tabelle lässt sich weiterhin errechnen, dass für jedes Lemma durchschnittlich 1,8 Bezeichnungsvarianten eintreten. Als Beispiele hierfür mögen stehen:

A274: autoktoninen : paikallissyntyinen (‚autochthon, bodenbeständig, biotopeigen', S. 35f.)

E004: ei-kestävä (*ympäristön kannalta*) : kestämätön (*ympäristön kannalta*) : riistävä : köyhdyttävä : haaskaava (‚nicht-umweltverträglich, umweltunverträglich', S. 57)

E170: eutrofinen : rehevä : runsastuottoinen (*limnol.*) (‚eutroph, nährstoffreich', S. 79).

Die quantitative Verteilung der finnischen Bezeichnungsvarianten für je ein Lemma unter der Wortart **Substantiv** stellt sich folgendermaßen dar:

| | Anzahl der Lemmata | Anzahl der Synonyme für je ein Lemma | in % der Gesamtanzahl der Lemmata | Anzahl der Bezeichnungsvarianten | substantivische Eintragungen insg. |
|---|---|---|---|---|---|
| | 1340 | 0 | 69,54 | 0 | 1340 |
| | 479 | 1 | 24,86 | 479 | 958 |
| | 85 | 2 | 4,41 | 170 | 255 |
| | 19 | 3 | 0,99 | 57 | 76 |
| | 2 | 4 | 0,10 | 8 | 10 |
| | 2 | 5 | 0,10 | 10 | 12 |
| Insg. | 1927 | | 100 | 724 | 2651 |

**Tab. 6**: Substantivische Bezeichnungsvarianten im finnischen Korpus

Die Tabellenwerte verdeutlichen, dass für 479 substantivische Lemmata (knapp 25 % der Gesamtanzahl der Hauptlemmata) jeweils eine Bezeichnungsvariante registriert ist. Die Analyse ergibt weiter, dass zu 5,6 Prozent zwei bzw. mehr als zwei Synonyme angeführt sind. Aus der Tabelle lässt sich weiterhin errechnen, dass für jedes Lemma durchschnittlich 1,4 Bezeichnungsvarianten eintreten. Einige Beispiele aus dem Korpus:

A153: alivirtaama (*jakson*) : minimivirtaama : NQ (‚Mindestdurchfluss, Mindestabfluss, NQ', S. 20)
E105: epäpuhtausvana : saastevana : vana : viuhka : saasteviuhka : plyymi (‚Fahne (*Umw.*), Kontaminierungsfahne', S. 71)
H081: hankkeen toteuttamatta jättäminen : nollavaihtoehto (‚Nullalternative', S. 98)
K275: kaustinen sooda : lipeäkivi : natriumhydroksidi : NaOH (‚kaustische Soda, Natriumhydroxid', S. 209)

Neben den Wortarten Substantiv und Adjektiv kommen noch ein Adverb und ein Verb vor. Das Adverb *alavirtaan* kann durch *myötävirtaan* (‚flussabwärts, stromabwärts, talwärts', S. 17) ersetzt werden. Für das einzige Verb *haihtua* (‚verdunsten', S. 90f.) werden keine Synonyme angeführt. Für den Ausdruck der Struktur Substantiv + Postposition *ihon kautta* (‚dermal', S. 134) gibt es keine Synonyme.

Zusammenfassend lässt sich feststellen, dass sich die Gesamtzahl aller Eintragungen im finnischen Korpus auf insgesamt 2 780 beläuft.

### 6.6.4 Übersicht zu Ergebnissen der Analyse

Untersuchungen an den Wörterbüchern *Fachwörterbuch Kompakt Ökologie* von *Langenscheidt* (= LFwbKÖ 2001) und *EnDic2004* erweisen, dass das Umweltvokabular in den beiden Sprachen durch eine große Bezeichnungsvariation gekennzeichnet ist. Besonders synonymiefreundlich scheint die Wortart Adjektiv zu sein. Für ein finnisches Adjektiv existieren durchschnittlich 1,8 Bezeichnungsvarianten. Für ein deutsches Adjektiv – wie auch für ein deutsches Substantiv – kommen dagegen durchschnittlich 1,5 Synonyme vor. Was die Wortart Verb betrifft, sind die Zahlen nicht vergleichbar, da im finnischen Korpus nur ein einziges Verb auftaucht (vgl. Tabelle 7).

| Wortart | Substantiv | Adjektiv | Verb |
|---|---|---|---|
| Deutsch | 1,5 | 1,5 | 1,4 |
| Finnisch | 1,4 | 1,8 | - |

**Tab. 7**: Durchschnittl. Anzahl der Bezeichnungsvarianten für je ein Lemma nach Wortarten

Unterschiede in den Bezeichnungsstrukturen scheinen für die Entwicklung synonymischer Relationen nahezu gänzlich ohne Bedeutung zu sein, denn Terminuspaare und -gruppen bestehen aus gleichen oder unterschiedlichen Strukturen. Sie können Wortgruppenbenennungen, Komposita, Derivate, Simplizia, Kurzwörter oder chemische Zeichen bzw. Formeln umfassen. Einige Beispiele aus den beiden Korpora:

| | |
|---|---|
| **aapa (mire)** | Aapamoor : Strangmoor (LFwbKÖ 2001, 13) |
| **acarocecidium** | Akarocecidium : durch Milben hervorgerufene Pflanzengalle (LFwbKÖ 2001, 13) |
| **catchment** (*Hyd*) | Einzugsgebiet : EZG : Wassereinzugsgebiet (LFwbKÖ 2001, 47) |
| **cation capacity** (Bod) | Kationenaustauschkapazität : Kationenumtauschkapazität : KUK : T-Wert (LFwbKÖ 2001, 47) |

| | |
|---|---|
| A274: | autoktoninen : paikallissyntyinen (‚autochthon, bodenständig', EnDic2004, 35f.) |
| D018: | detoksikaatio : myrkyllisyyden poisto (‚Detoxifikation, Entgiftung', EnDic2004, 53) |
| H112: | happi : O (‚Sauerstoff', EnDic2004, 102) |
| H155: | havaittavaa vaikutusta aiheuttamaton pitoisuus : NOEC (‚Konzentration ohne erkennbare Effekte', EnDic2004, 106) |

Synonymie besteht zwischen Fachwörtern prinzipiell unabhängig von ihrer Herkunft; zwischen Fremdworttermini und indigenen Fachwörtern tritt sie jedoch besonders häufig auf (vgl. auch Barz 1997, 268). Typische konkurrierende Varianten entstehen durch Synonympaare, die aus einem indigenen und einem fremdsprachigen Adjektiv bzw. Substantiv – in der Fachsprache der Ökologie und des Umweltschutzes – am häufigsten gräkolateinischen Ursprungs, entstehen:

| | |
|---|---|
| **acrodendric** | akrodendrisch : Baumkronen bewohnend (LFwbKÖ 2001, 15) |
| **halophyte** | Halophyt : Salzpflanze (LFwbKÖ 2001, 122) |

A029: abioottinen : eloton (‚abiotisch', EnDic2004, 4)
A040: abyssaali : syvänmeren vyöhyke (‚Abyssal, Abyssalregion', EnDic2004, 5)

Aufgrund ihrer sachlichen Zusammensetzung sind als Hauptmerkmale der ökologischen Fachterminologie ihre Komplexität und ihre Heterogenität anzusehen. Es treten auch Terminuspaare bzw. -gruppen auf, die aus lateinischen taxonomischen Benennungen und deren einzelsprachlichen Äquivalenten bestehen, vgl. z. B. *Bettwanze* : *Hauswanze* : *Cimex lectularius L.* (Urb.) (LFwbKÖ 2001, s. v. bed bug) und *Feldahorn* : *Maßholder* : *Acer campestre L.* (LFwbKÖ 2001, s. v. field maple). Zur wissenschaftlichen, d. h. lateinischen Bezeichnung der Tiere und Pflanzen dient das binäre, also jeweils das Genus und die Spezies (unter Hinzufügung des meist abgekürzten sog. Autornamens) anzeigende Bezeichnungssystem, dessen Regeln im Internationalen Code der Zoologischen bzw. der Botanischen Nomenklatur festgelegt sind.

Als andersgearteter Benennungstyp sind die Wortgruppen und Komposita abzuheben, an denen Personennamen beteiligt sind. Laut Fleischer/Barz (1995, 130) sind *onymische Komposita* Eigennamen, während *deonymische Komposita* Appellativa mit einem Eigennamen als UK sind. Die Deonymisierung wird durch das appellativische Zweitglied bewirkt, vgl. *Kjeldahl-Methode*. Was die Wortbildungsstrukturen betrifft, wird zwischen attributiven Fügungen und Eigennamen als UK von Bindestrich-Komposita unterschieden. Der Personenname kommt als Terminusbildungselement in Kombination mit einem als Grundwort, in Mehrwortbenennungen mit einem als Bezugswort fungierenden Appellativ vor, das er determiniert und spezifiziert. In beiden hier untersuchten Korpora finden sich Benennungen – Komposita und Mehrworttermini – mit einer Eigennamenkonstituente für Phänomene, Methoden, Einheiten usw. Einige Beispiele für Bezeichnungen mit Namen bedeutender Forscher:

| | |
|---|---|
| **Kjeldahl method** | Kjeldahl-Methode : kjeldahlsche Methode (der Stickstoffbestimmung) (LFwbKÖ 2001, 143) |

F032: Frouden luku : Fr (‚Froude-Zahl, Fr', EnDic2004, 84)

Deonymische Bezeichnungen treten insbesondere im Bereich technischer und medizinischer Fachsprachen auf (vgl. Neubert 1980, 331; Wiese 1984a, 43). Einerseits ermöglichen Benennungen mit Eigennamen eine präzise Identifizierung des gemeinten spezifischen Sachverhalts, was insbesondere dann wichtig ist, wenn beispielsweise eine medizinische Methode weiterentwickelt worden ist und dadurch zwischen verschiedenen Varianten differenziert werden muss (vgl. Wiese 1984a, 44). Andererseits stehen unzureichend motivierte Wortbildungsprodukte – wie beispielsweise Eigennamen als Bestandteil von Benennungen – in gewissem Widerspruch zur kommunikativen und kognitiven Funktion der Sprache (Neubert 1980, 331). Der Eigenname als UK einer Bezeichnung verweist nicht auf begriffskonstituierende Merkmale und vermittelt so keine expliziten Informationen über den benannten Sachverhalt. Darüber hinaus erhöhen Benennungen mit Eigennamen – insbesondere für den Nichtfachmann und den Übersetzer – die Undurchsichtigkeit der Aussage.

In diesem Zusammenhang sollen en passant auch solche Kurzformen erwähnt werden, die nicht zu den Kurzwörtern[227] gezählt werden können, die aber für internationale Einheiten stehen. Im deutschen Korpus (LFwbKÖ 2001, s. v. adjustment stability) ist z. B. der Terminus *r-Stabilität* (von Ökosystemen) belegt, der synonym mit den Ausdrücken *elastische Stabilität* und *Resilienz*[228] verwendet werden kann. Charakteristisch für die Fachsprache der Ökologie und des Umweltschutzes ist auch die Verwendung von symbolischen Zeichensystemen für die Terminusbildung, z. B. von lateinischen und griechischen Buchstaben und römischen Ziffern. Dies soll mit den folgenden Belegen erläutert werden:

| | |
|---|---|
| A146: | alivaluma : alivesivaluma : Nq[229] (< minimum [specific] runoff, minimum specific discharge, EnDic2004, 19) |
| H099: | hapensiirtokyky prosessioloissa : αOC (< oxygen transfer capacity under process conditions, αOC, EnDic2004, 100) |

| | |
|---|---|
| **ferric iron** | dreiwertiges Eisen : Eisen(III)-Verbindung[230] (LFwbKÖ 2001, 103) |
| **habitat diversifi-** | β-Diversität[231] : Habitatdiversität : Biotopdiversität : Arten-Turn- |

227 Zu Kurzwörtern ausführlicher in Kap. 6.7.2.3.

228 Die *Resilienz* „von Ökosystemen bezeichnet deren Fähigkeit, Störungen zu tolerieren, ohne dass das System so zusammenbricht, dass sich langfristig ein qualitativ veränderter Systemzustand einstellt, der von einer Vielzahl anderer Prozesse geregelt wird. Resilienz wird auch synonym für Elastizität ökologischer Systeme genutzt. Elastizität [...] ist ein Maß für die Geschwindigkeit, mit der ein Ökosystem, das von einer Störung ausgelenkt wurde, in seinen Ausgangszustand" zurückkehrt. (Wikipedia, Stand 26.11.2007)

229 Main symbols: *N* hydraulic exponent speed in rev/min; *q* specific discharge (Novak u. a. 2001, xxi).

230 In der anorganischen Chemie werden Wertigkeiten häufig durch in Klammern nachgestellte römische Ziffern angezeigt, z. B. Eisen-(II)-chlorid für $FeCl_2$ (Ebel 1998, 1244).

231 Gemäß dem Übereinkommen über biologische Vielfalt (CBD) bezeichnet Biodiversität die Vielfalt der Arten auf der Erde, die Vielfalt innerhalb der Arten (genetische Unterschiede zwischen Individuen und Populationen) sowie die Vielfalt von Ökosystemen. Nach Robert H. Whittaker (1960, 1977) wird Diversität häufig in Alpha-, Beta-, Gamma-, Delta- und Epsilon-Diversität eingeteilt. Diese Einteilungen beschreiben Diversi-

| | |
|---|---|
| **cation [diversity]** | over Habitatvielfalt (Veränderung der Artenzusammensetzung beim graduellen Übergang in einen ande-ren Lebensraum) (LFwbKÖ 2001, 121) |
| **gamma diversity** (*Land*) | γ-Diversität : Raumdiversität (ökologische Vielfalt von Fliesengeflügen, LFwbKÖ 2001, 114) |
| **gamma rays** | Gammastrahlen : γ-Strahlen (LFwbKÖ 2001, 114). |

Im Folgenden (s. Kap. 6.7) werden die Bezeichnungsvarianten, die in den beiden Korpora gefunden wurden, näher analysiert und kategorisiert. Im Rahmen der vorliegenden Arbeit ist es nicht möglich, alle Belege ausführlich zu analysieren. Im Mittelpunkt stehen nachfolgend Mehrfachbenennungen (in Abschn. 6.7.1), Anglizismen (Abschn. 6.7.2.1.3), Univerbierung (6.7.2.2), Kurzwortbildung (6.7.2.3) sowie chemische Zeichen und Formeln (6.7.2.4). Darüber hinaus werden Fremdwörter aus gräkolateinischen Wortbildungsmitteln, terminologische Dubletten, Hybridbildungen und Wortbildungssynonymie kursorisch behandelt.

## 6.7 Ursachen für die Entstehung von synonymischen Bezeichnungen

„Die fachsprachliche Tendenz zur Ausmerzung von Synonymie und Homonymie wird immer wieder durchkreuzt von anderen, ebenso starken Tendenzen einer lebendigen Sprachentwicklung" (Ickler 1997, 68). Was den zu benennenden Begriff betrifft, ist zwischen Erst- und Zweitbezeichnungen zu unterscheiden. Bei den Erstbezeichnungen handelt es sich um Termini und Fachwörter für neu aufgenommene oder zum ersten Mal begrifflich gefasste Sachverhalte, Gegenstände und Erkenntnisse sowie für notwendig gewordene Begriffsdifferenzierungen. Zweitbezeichnungen dienen dagegen eher intentionalen Ausdrucksnotwendigkeiten und werden gebildet, wenn der vorhandene Terminus- und Fachwortbestand in irgendeiner Weise nicht mehr genügt, die Kommunikationsbedürfnisse zu befriedigen. (Vgl. Barz/M. Schröder 2001, 181.)

Die Ursachen für die Existenz von synonymischen Bezeichnungen innerhalb von Fachwortschätzen liegen zum einen im Auftreten von Bezeichnungsvarianten, die jeweils unterschiedliche Aspekte des bezeichneten Sachverhalts unterstreichen, zum anderen in der Verwendung formalsprachlich bedingter synonymischer Bezeichnungen. Neben assoziierenden Benennungsmotivationen sind vor allem verschiedene Kommunikationstypen oder Textsorten als Ursache zu erwähnen, da diese jeweils unterschiedliche Bezeichnungsmotivationen und Wortschatzkenntnisse voraussetzen. Die Entstehung von miteinander konkurrierenden Bezeichnungsvarianten erklärt sich so in erster Linie aus kommunikativen und kognitiven Bedürfnissen.

---

tätsmuster in Abhängigkeit von der beobachteten Fläche bzw. Flächenverteilungsmustern. (Wikipedia, Stand 28.11.2007.)

### 6.7.1 Durch die Wahl von unterschiedlichen Benennungsmotiven bedingte Bezeichnungsvariation

Ein für den Fachwortschatz typischer Fall von Konkurrenz- und Alternativbezeichnungen betrifft Fachwörter und Termini, die auf Grund unterschiedlicher Betrachtungsweisen beim wissenschaftlichen Erkenntnisprozess oder auf Grund schwerpunktmäßig hervorgehobener, als wesentlich betrachteter Merkmale oder Eigenschaften des bezeichneten Sachverhalts synonym verwendet werden (Wiese 1984a, 36; s. auch Neubert 1987, 40; Roelcke 1991, 204f.; Kretzenbacher 1992, 40f., Schippan 1992, 213 u. Temmerman 2000b, 150). Neu entstandene Begriffe werden laut Neubert (1987, 40) häufig gleichzeitig von mehreren Seiten benannt, vgl. z. B.:

primääriliete : mekaaninen liete[232]
Umweltkapazität : Maximaldichte : ökologische Tragfähigkeit[233]
ökologische Pyramide : Nahrungspyramide : (eltonsche) Zahlenpyramide[234].

Wiese (1984a, 36 u. 1994, 21) spricht in diesem Zusammenhang von Mehrfachbenennungen. Die Entstehung von Mehrfachbenennungen ist durch die erkenntnistheoretische Funktion des Terminus verursacht und gehört zur normalen Entwicklung der Terminologie einer Fachsprache.

An die kognitive und kommunikative Leistung der Termini wird die Anforderung gestellt, dass ihre Motivbedeutung in einem bestimmten Zusammenhang bedeutsame Wesenszüge der Begriffsbedeutung realisiert. Der begriffliche Inhalt soll aus den einzelnen Bestandteilen der Bezeichnung erschließbar sein. Die Benennung soll also als eine Art Kurzdefinition des Begriffs verstanden werden. (Vgl. Wiese 1984a, 36.) Bei der Wahl der Begriffsbezeichnung handelt es sich laut Stolze (1999, 88) um eine Frage der Merkmalinterpretation, um den Standpunkt des Fachvertreters. Ein und derselbe Inhalt, ein und derselbe Sachverhalt kann unterschiedlich bezeichnet werden, wenn er innerhalb eines Faches aus unterschiedlicher Perpektive wissenschaftlicher, technischer oder sonstiger Art betrachtet wird (Drozd/Seibicke 1973, 121). Es entstehen kognitive Synonyme, z. B. *Energiewald* vs. *Kurzumtriebswald*[235] wie auch die finnischen Entspre-

---

232 Als *primääriliete* („Primärschlamm") bzw. *mekaaninen liete* („mechanischer Schlamm") wird ein Klärschlamm bezeichnet, der aus dem einer Kläranlage zufließenden Abwasser in einer ersten Stufe, in der mechanischen Abwasserreinigung, mit physikalischen Verfahren abgetrennt wird (Wasser Lexikon; UL 1993, 13); mekaanisen puhdistusvaiheen liete (EnDic2004, 461).

233 maximale Fassungskraft der Umwelt für eine bestimmte Art (LFwbKÖ 2001, s. v. carrying capacity)

234 zur Darstellung der Nahrungsbeziehungen (LFwbKÖ 2001, s. v. ecological pyramid)

235 *Kurzumtriebsplantage*: „Plantagen, in denen schnellwachsende Baumarten wie Pappeln, Aspen und Weiden angebaut und in regelmäßigen Intervallen (alle 3-5 Jahre) mit vollau-

chungen *energiametsä*[236] vs. *lyhytkiertometsä*[237] (EnDic2004, 67), die jeweils unterschiedliche Teilaspekte des bezeichneten Sachverhalts hervorheben.

Ein Fachwort kann jeweils nur ein Merkmal des bezeichneten Sachverhalts zum Ausdruck bringen. Da es deren stets aber mehrere gibt, kann die Sache je nach Einstellung unterschiedlich benannt werden. Bei verschiedenen Bezeichnungen hat der Fachmann jeweils ein ihm am wichtigsten erscheinendes Merkmal aus der Definition ausgewählt und benannt, gewissermaßen als Motiv, mit dem der gesamte Sachverhalt aufgerufen werden soll. (Vgl. Stolze 1999, 88.) So können nach Bedarf bestimmte Aspekte einer technischen Vorrichtung durch Alternativbezeichnungen hervorgehoben werden, wie beispielsweise die relative Position durch den Ausdruck *Vorbehandlungsfilter*[238]. Der Terminus *Hochlasttropfkörper* als Bezeichnung für dieselbe technische Vorrichtung betont wiederum die Gefahr, gegen die die Vorrichtung eingesetzt wird. Nicht weiter verwertbare Abfälle, die auf Deponien abgelagert werden müssen, können – je nachdem welcher Begriffsaspekt augenblicklich wichtig ist – entweder *jäännösjäte* (‚Restabfall‘) oder *kaatopaikkajäte* (wortwörtlich ‚Deponieabfall‘) genannt werden (vgl. EnDic2004, s. v. jäännösjäte; s. auch Punktgenau 2002, s. v. Restabfall).

Die Aspekte und die Wahl der Bezeichnungsmotive bei der Terminusbildung sind durch den jeweils historischen Stand der Erkenntnis über den bezeichneten Begriff sowie durch die aus der Tätigkeit der Kommunikationsteilnehmer erwachsenden Interessen bestimmt (Wiese 1984a, 37; s. auch Wiese 1994, 21). So können sowohl sachbedingte als auch intentionale Ausdrucksnotwendigkeiten zu Terminusneubildungen führen (vgl. Barz/M. Schröder 2001, 181).

Mehrfachbenennungen können entweder auf der gleichen Stufe der Erkenntnis entstehen oder sich im Verlauf der fortschreitenden Erkenntnis über den bezeichneten Sachverhalt herausbilden (Wiese 1984a, 37; s. auch Wiese 1994, 21). Die Sprachgebrauchsänderung und die Herausbildung neuer Begriffe sind eng mit dem Fortschreiten der wissenschaftlichen Erkenntnis verbunden (vgl. Wiese

---

tomatischen Erntemaschinen abgeerntet werden. Sie werden als Biomasselieferanten zur Energiegewinnung genutzt. Aus den verbleibenden Stöcken und Wurzeln kommt der Neuaustrieb für die nächste Ernte.“ (Glossar zu Nachwachsenden Rohstoffen.)

236 *Energiametsä*: „Lyhyellä kiertoajalla biomassan tuottamiseksi kasvatettu metsä, jossa nopeakasvuisia vesoista uudistuvia lehtipuita kasvatetaan tiheänä kasvustona. Suomessa on kokeiltu esimerkiksi vesipajua.“ (Metsäsanasto 2006, 10.)

237 *Lyhytkiertoviljelmä*: „Biomassan tuottamiseksi perustettu tiheä, nopeakasvuinen lehtipuuviljelmä (esim. paju, poppeli, tropiikissa eukalyptus, akaasia ym.), jota hoidetaan intensiivisesti, [sic] ja josta korjataan satoa muutaman vuoden välein. Uudistuminen vesoista tai pistokkaista.“ (Metsäsanasto 2006, 44.)

238 *Vorbehandlungsfilter*, *Hochlasttropfkörper*: „Ein bei merklich höheren organischen oder hydraulischen Belastungen arbeitendes Grobfilter, das zu hohe Konzentrationen an leicht abbaubaren organischen Substanzen in konzentrierten Abwässern herabsetzt“ (ISO 6107-3: 1993, 15).

1984a, 38 u. 2001, 462; Poethe 2000, 204). Der Fachwortschatz befindet sich in ständiger Weiterentwicklung in dem Maße, wie Wissenschaft und Forschung voranschreiten. Da das Begriffs- und das Benennungssystem eine Einheit bilden, bedingen die Veränderungen im Begriffssystem zwangsläufig Veränderungen auch im fachsprachlichen Benennungssystem.

Die lexikalische Struktur der Fachsprache der Ökologie und des Umweltschutzes ist eng mit der Entstehungsgeschichte des Fachs verknüpft. Das erst relativ späte Zusammenwachsen der modernen Ökologie aus mehreren Wissenschaftszweigen, die sich mehr oder weniger unabhängig voneinander entwickelt haben (Bick 1989, 2), ist eine der Ursachen für die Existenz von synonymischen Bezeichnungen in der ökologischen Terminologie. Diese Entwicklung verlief überdies in mehreren Sprachgebieten. Insbesondere die lange in manchen Teilgebieten der Ökologie führenden Angloamerikaner, die sich in den USA bereits 1915 zur *Ecological Society of America* vereinigten, haben viele Fachbegriffe geprägt. Viele von den englischen Bezeichnungen wurden in die deutsche Fachsprache der Ökologie schon allein wegen ihrer Kürze übernommen. (Vgl. Bick 1989, 7.)

Als Grund der überraschenden Bezeichnungsvielfalt in der Fachsprache der Ökologie und des Umweltschutzes kommt neben der geschichtlichen Entwicklung noch die Aufspaltung des Fachs in mehrere Teilgebiete in Betracht. Jeder von diesen Teilgebieten hat seine eigenen vorherrschenden Gesichtspunkte und Bezeichnungsinteressen.

> Die Unsitte, immer neue Begriffe zu bilden, gereicht übrigens vielen Ökologen zum Vorwurf. Die sprachlichen Neubildungen, die sie vorschlugen, manche mißtönig, gekünstelt oder schlechtweg unverständlich, dienten häufig nur dazu, um mangelnde Bestimmtheit des Gegenstandes oder der Arbeitsweise zu verbergen. Diese schwierigen, oft überflüssigen Ausdrücke und Begriffe haben bestimmt nicht dazu beigetragen, die gegenseitige Bereicherung der verschiedenen ökologischen Schulen zu erleichtern. Sie erschweren zweifellos die Anwendung der wissenschaftlichen Forschungsergebnisse, und die breite Öffentlichkeit hat Mühe, sich in der ökologischen Denk- und Arbeitsweise zurechtzufinden. (di Castri 1981, 6[239] [zitiert in Bick 1989, 7])

Schneider (1998, 89) betrachtet solche Termini, die aus unterschiedlichen Perspektiven zweier oder mehrer Subfachgebiete auf den gleichen Sachverhalt bzw. Begriff referieren, sich aber der äußeren Form nach unterscheiden, als diatechnisch bedingte Synonyme. Organismen, deren Vorkommen oder Fehlen auf bestimmte Verhältnisse im Biotop hinweisen, werden im Fachgebiet der Bioindikation *Zeigerart* bzw. *Indikatorart* benannt, während die Vertreter der Bodenkunde sie als *Zeigerart* bzw. *Weiserart* bezeichnen (vgl. LFwbKÖ 2001, s. v. indicator species).

---

239 Castri, F. di (1981): Ökologie – die Wissenschaft von Menschen und Umwelt. In: Unesco-Kurier 22 (4), S. 6–11 (vgl. Bick 1989, 282).

Als eine weitere Ursache für die Mehrfachterminologie lässt sich neben der internen Multidisziplinarität die Fachexternalität nennen. Durch die starke Interdisziplinarität hat die Fachsprache der Ökologie und des Umweltschutzes einen relativ hohen Grad von Allgemeinverständlichkeit bewahrt. (Haß-Zumkehr 1998, 1366.) Neben den fachlich-kognitiven Anforderungen ist die Vielfalt an Bezeichnungsvarianten auch in unterschiedlichen Textsorten und in unterschiedlichen Kommunikationssituationstypen begründet. Bezüglich der Fachlexik ist der Kontextrahmen jeweils durch die vertikale Schichtung der Fachsprache bestimmt.

Nicht nur die Fachleute innerhalb des Fachgebiets der Ökologie und des Umweltschutzes müssen sich verständigen. Außer der fachinternen Kommunikation muss auch die interfachliche Kommunikation, d. h. die Kommunikation etwa zwischen Ökologen und Toxikologen, zwischen Ökologen und Juristen bzw. zwischen Ökologen und Behörden sichergestellt werden. Nicht zuletzt muss die fachexterne Kommunikation zwischen Fachexperten und Laien gewährleistet werden. Zum einen sind für den Laien komplizierte ökologische Sachverhalte und Vorgänge so auszudrücken, dass er über die ökologischen Zusammenhänge und Lösungswege zu Umweltproblemen hinreichend informiert wird. Zum anderen werden aber in bestimmten Kommunikationssituationen Informationen bewusst verschleiert und auf diese Weise für den ökologischen Laien schwer durchschaubar gemacht.

Die Fachsprachen sind nie nur fachspezifisch, sondern umfassen stets einen größeren oder kleineren Anteil des gemeinsprachlichen Wortschatzes, was zumindest oberflächlich zu synonymen Dubletten führt. Die Fachsprachen, die in besonders enger Berührung mit der Gemeinsprache stehen, erfahren entweder selbst synonymische Bereicherung von der Gemeinsprache oder führen in der fachexternen Kommunikation zu Dubletten, die aus einem gemeinsprachlichen und einem fachsprachlichem Ausdruck bestehen (Ickler 1997, 69), z. B. *häkä* : *hiilimonoksidi* (‚Kohlenmonoxid'); *Insektengift* : *Insektizid*. Fachwörter gelangen durch die öffentliche Umweltdiskussion in die Gemeinsprache und führen dadurch zum konkurrierenden Nebeneinander des Fachworts und eines gemeinsprachlichen Ausdrucks, z. B. *anthropogener Treibhauseffekt* : *Treibhauseffekt*; *Ozonabbau* : *Ozonloch*. In solchen Fällen stimmen zwar die Inhalte überein, die Verwendung der Bezeichnungen ist aber vom situativen Kontext oder der kommunikativen Funktion abhängig.

Häufig ist die Übernahme eines Fachwortes in die Gemeinsprache mit Entterminologisierung verbunden, worunter zu verstehen ist, dass viele Fachwörter vieldeutig und vage werden. In der fachexternen Kommunikation können parallel auch solche Fachwörter verwendet werden, die im fachinternen Gebrauch nicht als bedeutungsidentisch verstanden werden. Die Begriffe *keräyspaperi* und *jätepaperi* unterscheiden sich beispielsweise erheblich voneinander. *Keräyspaperi* ‚Altpapier' ist Papier, das bei getrennter Sammlung und als Rest bei der Papierherstellung anfällt und das zur Papierproduktion verwertet wird (s. http://www.

paperinkerays.fi > Tietoa alasta > Sanasto; s. auch YS 1998, 105 u. UL 1993, 32). Unter *jätepaperi* ‚Abfallpapier' werden dagegen Papiere, Kartons und Pappen verstanden, die nicht verwertet werden können (z. B. gebrauchtes Haushaltspapier, Tapeten) (vgl. http://www.paperinkerays.fi > Tietoa alasta > Sanasto). Trotz der fehlenden begrifflichen Äquivalenz werden *jätepaperi* und *keräyspaperi* beispielsweise in allgemeinen bilingualen Wörterbüchern häufig als Synonyme bzw. bedeutungsähnliche Ausdrücke betrachtet, vgl. z. B.

| | |
|---|---|
| **jätepaperi** Altpapier *n* (gen) -[e]s<br>**keräyspaperi** Altpapier *n* -s, -e (*harv mon*) | Böger u. a. (2007, 178, 208) |
| **Altpapier** n keräyspaperi; jätepaperi | Böger u. a. (2007, 641) |
| **jätepaperi** Altpapier, *n.*; (*paperijätettä*) Papierabfall, -e*, *m.*<br>**keräyspaperi** Altpapier, *n.* | Katara/Schellbach-Kopra (1997, 272, 347) |
| **jätepaperi** das Altpapier, die Papierabfälle (mon)<br>**Altpapier** *das* jätepaperi | Klemmt/Rekiaro (1992, 147, 770) |

Solche Fachwörter, die ganz verschiedene Bedeutungen aufweisen, dem Lemma aber als synonyme bzw. bedeutungsähnliche Entsprechungen zugeordnet werden, stellen u. a. beim Übersetzen ein Problem dar, wenn auf Bedeutungsgleichheit geschlossen wird.

Neben den sachbedingten Ausdrucksnotwendigkeiten sind auch die intentionalen (subjektiven) Ausdrucksnotwendigkeiten häufig der Anstoß für Umbenennung und führen zu Konkurrenzbezeichnungen. Die Motive sind fachlich oder pragmatisch bedingt, z. B. Wertungskorrektur (*Tierkörperbeseitigungsanstalt* : *Tierkörperverwertungsanstalt*), Euphemisierung (*Waldschadensbericht* : *Waldzustandsbericht*)[240], Emotionalisierung und Bezeichnungsintensivierung (*neuartige Waldschäden* : *Waldsterben*)[241], Veränderungen in der Einschätzung gesellschaftlicher Probleme (*unterentwickelte Länder* : *Entwicklungsländer* : *Dritte Welt*)[242].

Die Entstehung von Bezeichnungsvarianten wird u. a. aus der Möglichkeit erklärt, Gewicht auf unterschiedliche Teilaspekte des Begriffs legen zu können (Luchtenberg 1985, 197). Eine typische stilistische Funktion von Bezeichnungsvarianten ist ihr Gebrauch als euphemistische Umschreibungen (vgl. u. a. Schippan 1992, 213; Fleischer/Michel/Starke 1993, 174). Das Benennungsmotiv kann einer bewussten Verdeckung bzw. Verschleierung wesentlicher Begriffsmerkmale dienen. In bestimmten Kommunikationssituationen, insbesondere im fachexternen

240 Ausführlicher s. Abschnitt 7.5.5.
241 Ausführlicher s. Abschnitt 7.5.5.
242 Ausführlicher s. Abschnitt 7.2.

Kontext, besteht für gewisse Sachverhalte, Gegenstände bzw. Vorgänge ein Bedarf der bewussten Verhüllung bzw. Verschleierung der Termini für das breite Publikum. Bei einem großen Teil der euphemistischen Umschreibung handelt es sich laut Luchtenberg (1985, 198) um eine Sonderform der Bezeichnungsvariation. Als Euphemismen sollen solche Bezeichnungsvarianten verstanden werden, die einen harmlosen, nicht beanstandeten Gesichtspunkt an einem als unangenehm empfundenen Sachverhalt betonen, den Sachverhalt dabei aber genau bezeichnen. Das wichtigste Merkmal, das den Euphemismen und Bezeichnungsvarianten gemeinsam ist, ist das der Austauschbarkeit in bestimmten Kontexten. Dabei sind aber die Bedingungen für den Austausch beim Euphemismus genau vorgeschrieben. Durch die Verwendung von Euphemismen werden stilistische Unterschiede gesetzt, die aus der unterschiedlichen Sprachebene, Aspektbetonung bzw. Nebenbedeutung resultieren. (Vgl. Luchtenberg 1985, 198.)

Im Verlauf der Debatte über Umweltprobleme haben sich einige besonders umstrittene Themen herausgebildet, die daher stärker emotional aufgeladen sind als andere Themen. Zu euphemistischen Termini zählen ursprüngliche Fachwörter aus den brisanten Themenbereichen ‚radioaktive Abfälle und Produktionsrückstände aus Kernkraftwerken', ‚chemische Schadstoffe und Chemikalien' sowie ‚Abfallbeseitigung, Entsorgung und Recycling'. (Vgl. Haß 1989a, 400, 404f.) So können etwa Chemikalien, die der Vernichtung unerwünschter Insekten dienen, neben den Benennungen *Insektenbekämpfungsmittel* und *Insektenvertilgungsmittel* auch mit dem verschleiernden Latinismus *Insektizid* versehen werden[243]. Recht harmlos klingt auch die Benennung $LC_{50}$, bei der die Kurzform verschleiernd wirkt: $LC_{50}$ steht für *mittlere letale (tödliche) Konzentration*[244]. Unter $LC_{50}$ soll die Konzentration in Wasser, Boden oder Luft verstanden werden, bei der 50 Prozent der Versuchsorganismen innerhalb eines bestimmten Beobachtungszeitraumes sterben (UL 1993, 431; EnDic2004, 220). (Zu Euphemismen in der öffentlichen Umweltdiskussion ausführlicher Kap. 7.)

In der fachsprachlichen Realität der Ökologie und des Umweltschutzes lässt sich ein Begriff unterschiedlich benennen, wenn er aus unterschiedlicher Perspektive – von einem wissenschaftlichen, umweltpolitischen, appellativen, technischen oder sonstigen Standpunkt – angesehen, gewichtet und bewertet wird. Für einen ökologisch und politisch besonders brisanten Sachverhalt gibt es mehrere Bezeichnungsalternativen. Die jeweilige Bevorzugung der einen oder anderen Benennung ist von der Einstellung und Absicht des Sprachbenutzers abhängig. Mittels der Wahl der Benennungen kann der Sprecher Bewertungen positiver oder negativer Art ausdrücken.

Bei Bezeichnungsalternativen wie *energetische Verwertung* bzw. *thermische Abfallverwertung*, die in der gegenwärtigen Diskussion um die *Müllverbrennung*

243 Siehe hierzu auch Fill (1993, 109).

244 $LC_{50}$: lethal concentration fifty, „concentration of a toxic chemical that kills 50 % of the organisms in a test population per unit time" (DicEnS 1998, 226).

von Vertretern der Industrie und der müllverwaltenden Behörden verwendet werden, wird der Gesichtspunkt der Verbrennung, der sich mit Rauchgasbildung und Geruchsbelästigungen verbinden lässt, zurückgedrängt. Stattdessen wird die Nützlichkeit des Vorgangs mit dem Ziel der Wärmeerzeugung und der Energiegewinnung betont. (Vgl. Blühdorn 1991, 345.) Charakteristisch für die Umweltdiskussion ist die Verwendung von Konkurrenz- bzw. Alternativbezeichnungen z. B. zur aktiven Perspektivenkorrektur, wie etwa bei *Sonderabfall* als Bezeichnungsalternative für *Problemabfall.* Während bei *Problemabfall* die problematischen Aspekte der Abfälle hervorgehoben werden, besteht bei *Sonderabfall* die Perspektivierung in der gesonderten und besonderen Behandlungsweise, die für diese Abfallart bestimmt ist. (Vgl. Haß 1991, 333.) (Zu Bezeichnungen *Problemabfall* und *Sonderabfall* s. ausführlicher Abschnitt 7.5.4.)

Barz (1997, 273) betrachtet die Ausdrücke *Abfall* und *Müll* als hochgradig semantisch ähnlich. Dessen ungeachtet, dass *Abfall* und *Müll* im gleichen Text häufig synonym verwendet werden können sowie mehrere Komposita in den Wörterbüchern und in Texten parallel mit beiden Varianten als Kompositionsglied vorkommen (z. B. *Abfalltourismus* : *Mülltourismus*; *Abfallvermeidung* : *Müllvermeidung*; *Abfallgebühr* : *Müllgebühr*; *Abfallvolumen* : *Müllvolumen*), können *Abfall* und *Müll* nicht als Vollsynonyme betrachtet werden. (Ähnlich auch bei Blühdorn 1991, 343.) Es scheint beispielsweise keine entsprechenden Komposita mit *müll-/ Müll-/-müll* u. a. für die Komposita *abfallverzehrend* (LFwbKÖ 2001, 296), *abfallrechtlich*, *Abfallverglasung*, *Abfallverfestigung*[245], *abfallabbauend*, *Spaltproduktabfall*, *Sägereiabfall*[246] oder für *Abfall* als Bezugswort u. a. in Mehrwortbezeichnungen *Abfallprodukt des Stoffwechsels*, *fester Abfallstoff* (LFwbKÖ 2001, 296) zu existieren. Umgekehrt ist kein entsprechendes *Abfall*-Kompositum für *Müllschnüffelei* (Förster 1994, 93) zu finden. Während *Müll* – wie viele Stoffnamen – nicht pluralfähig ist, bildet *Abfall* die Pluralform *Abfälle*. Die Pluralform lässt die bezeichneten Abfälle als nicht einheitlich bewertbar bzw. als in sich verschieden erscheinen (vgl. Blühdorn 1991, 348), vgl. z. B. *Gartenabfälle*, *nicht kompostierbare Abfälle*, *radioaktive Abfälle*.

Den unten zitierten Definitionen ist zu entnehmen, dass *Müll* eine bestimmte Art von *Abfall* ist und dass *Abfall* ein übergeordneter Begriff zu *Müll* ist. Weiter wird aus den Definitionen deutlich, dass während bei *Abfall* der Aspekt der Entstehung der Abfälle in Produktionsprozessen[247] thematisiert wird, bei *Müll* stärker

---

245 Die Ausdrücke *abfallrechtlich*, *Abfallverglasung* und *Abfallverfestigung* sind in SUL (2000, 6, 13) belegt.

246 Die Bezeichnungen *abfallabbauend*, *Spaltproduktabfall* und *Sägereiabfall* stammen aus den ISD-Textkorpora.

247 Vor kaum 150 Jahren umfasste die Bedeutung des Begriffs *Abfall* ausschließlich Rückstände der Produktion (Calice 2007, 18).

der Aspekt der Beseitigungsbedürftigkeit[248] im Mittelpunkt steht. Verglichen mit den Definitionen für den Ausdruck *Müll* bleiben die Definitionen für *Abfall* sehr allgemein und vage. (Vgl. auch Blühdorn 1991, 343f.)

> **Abfall:** Reste, die bei der Zubereitung od. Herstellung von etw. entstehen; unbrauchbarer Überrest (D-DUW 2006)
>
> **Abfall**: Reste, die bei der Zubereitung oder Herstellung von etwas übrig bleiben und nicht mehr weiter zu verwerten sind (D-BWB 2002, 50)
>
> **Müll**: Abfall eines Haushalts, Industriebetriebs o. Ä., der in bestimmten Behältern gesammelt [u. von der Müllabfuhr abgeholt] wird (D-DUW 2006)
>
> **Müll**: Abfälle, Abfallstoffe aus Haushalt, Gewerbe und Industrie, die zum Abtransport in bestimmten Behältern gesammelt werden (D-BWB 2002, 636)

Darüber hinaus können dem Begriff *Abfall* u. a. solche Merkmale wie ‚positiv bewertete Funktionszusammenhänge betonend' (*Abfallverwertung, Abfallart, Abfallbörse*[249]), ‚behördlich' (*Abfallgesetz, Abfallrecht*), ‚gut geeignet für die Verbindung mit euphemistischen Elementen' (*Abfallmaterial, Abfall-Wertstoffbörse*[250]), ‚redebezogen' (*Abfallberatung*) zugeordnet werden. *Müll* wird dagegen durch Begriffsmerkmale wie z.B. ‚problematische Funktionszusammenhänge betonend' (*Giftmüllexport, Müllverbrennung, Müllschmuggel*), ‚handlungsbezogen' (*Müllabfuhr, Müllsammlung, Müllwagen*), ‚offen für Kritik' (*Atommüll, Mülllawine, Müllflut*), ‚schlecht geeignet für die Verbindung mit euphemistischen Elementen', repräsentiert. (Vgl. auch Blühdorn 1991, 342–352.)[251]

Wenn eine Bezeichnung dem derzeitigen Erkenntnisstand nicht mehr adäquat erscheint, so wird von den Fachleuten häufig stattdessen eine neue Bezeichnung eingeführt. In diesem Fall bestehen beide Bezeichnungen eine Zeit lang nebeneinander. Zusammenfassend kann festgestellt werden, dass Mehrfachbezeichnungen sich nicht vermeiden lassen und für den Erkenntnisgewinn innerhalb des Faches der Ökologie und des Umweltschutzes unverzichtbar sind. Die unterschiedlichen Bezeichnungen legen jeweils auf einer bestimmten Stufe des Erkenntnisprozesses Gewicht auf verschiedene Aspekte des zu benennenden Sachverhaltes oder Ge-

---

248 Vgl. auch Calice (2007, 19): „Was zunächst die Deponie betrifft, ist hierfür jedenfalls in der Alltagssprache die Nomination *Müll* reserviert: *Müll* bezeichnet in den meisten Fällen [...] Restmüll oder Siedlungsmüll bzw. Hausmüll." (Hervorhebungen im Original.)

249 Eine **Abfallbörse** oder Recyclingbörse ist eine Einrichtung, bei der nicht mehr benötigte, aber noch brauchbare Materialien oder Einrichtungsgegenstände abgegeben oder getauscht werden können (Wikipedia, Stand 19.10.2007).

250 SZ 23.4.99, S. 01.

251 Zum verharmlosenden bzw. verschleiernden Charakter der Begriffe siehe Abschn. 7.5.4. Zu den Begriffen *Abfall* und *Müll* siehe darüber hinaus Blühdorn (1991), der das Wortpaar auf Distribution, Wortbildung, Semantik und Pragmatik hin analysiert hat.

genstandes. Auf diese Weise lassen sich Gesichtspunkte unterschiedlich gewichten und werten.

### 6.7.2 Formalsprachlich bedingte Bezeichnungsvariation

Die Mehrfachterminologie in der Fachsprache der Ökologie und des Umweltschutzes hat aber nicht nur begriffliche, d. h. wortinhaltliche, sondern auch benennungstechnische Ursachen. Diese formalsprachlich bedingten Bezeichnungsvarianten entstehen durch die Nutzung unterschiedlichen Sprachmaterials. Zur Bezeichnungsvariation können kommunikationstechnische Gründe wie Transparenz und Verständlichkeit oder Ausdruckspräzision und Eindeutigkeit auf der einen sowie Sprachökonomie und Knappheit auf der anderen Seite führen. Hier ist in erster Linie das Nebeneinander von Fremdwort und indigenem Fachwort wie *Detoxi(fi)kation* : *Entgiftung* (LFwbKÖ 2001, s. v. detoxi(fi)cation) zu nennen. Aus ökonomischen Gründen können Komposita neben Mehrworttermini *Belebtschlamm* : *belebter Schlamm* (LFwbKÖ 2001, s. v. acticated sludge), Derivate neben Komposita *Dünger* : *Düngemittel* (LFwbKÖ 2001, s. v. fertilizer), Kurzwörter neben die langen Ausgangsformen treten *UVP* : *Umweltverträglichkeitsprüfung* (LFwbKÖ 2001, s. v. EIA). Von Belang sind darüber hinaus chemische Symbole und Verbindungsformeln wie *Pu* : *Plutonium*; *U* : *Uran*; $CaCO_3$ : *Calciumcarbonat*; $H_2SO_4$ : *Schwefelsäure* (Heinrich/Hergt 1998, 9), die einzelsprachübergreifend sind und somit die fachliche Kommunikation wie auch das Übersetzen von Fachtexten vereinfachen und präzisieren. Die hochgradig ausgeprägte Wortbildungsfähigkeit vieler Fremdelemente begünstigt eine Ausweitung der ungewöhnlich produktiven Klasse der hybriden Bildungen, vgl. *Agrarlandschaft* : *Ackerlandschaft*.

#### 6.7.2.1 Fremdsprachliches Fachwort vs. indigener Terminus

Wenn ein Wort der Gemeinsprache durch eine Definition zu einem wissenschaftlichen Fachwort terminologisiert wird, so existiert das gemeinsprachliche Wort mit seiner unscharfen und vagen Bedeutung neben dem aus ihm gebildeten Terminus mit einem genau definierten und präzisen Begriffsinhalt, und wenn nicht explizit für eine Unterscheidung zwischen dem gemeinsprachlichen Wort und dem Fachwort Sorge getragen worden ist, lässt sich die Gefahr einer Verwechslung nicht ausschließen. Aus diesem Grund haben die Wissenschaften seit ihren Anfängen dazu geneigt, ihre Fachwörter nicht aus dem Wortschatz der eigenen Gemeinsprache zu terminologisieren, sondern viel häufiger aus dem Wortschatz einer anderen Sprache zu nehmen, von der angenommen wird, dass sie für die Wortbildungszwecke besonders geeignet ist. In älterer Zeit wurden in erster Linie das Griechische und das Lateinische als solche Sprachen betrachtet, derzeit häufig das Englische. Daraus folgt, dass die Fachwortschätze vieler Wissenschaften zu einem sehr großen Teil aus Fremdworttermini[252] und fremdsprachlichen Wortbildungselementen zusammengesetzt sind. (Vgl. Weinrich 1989, 126f.)

Unter Entlehnung wird laut Hoffmann (1985, 154) die unveränderte bzw. die mehr oder weniger stark der aufnehmenden Sprache angepasste Übernahme eines Wortes aus einer anderen Sprache verstanden. Infolge vielfältiger Beziehungen und verstärkter überstaatlicher wissenschaftlicher Zusammenarbeit dringen immer mehr Fremdwörter in die Fachwortschätze ein (Fluck 2001, 553). Häufig handelt es sich dabei um *Internationalismen*. Als Internationalismen werden Wörter bezeichnet, „die in gleicher Bedeutung und gleicher oder ähnlicher Form in mehreren Sprachen vorkommen" (D-FWB 2000, 23).

In den Fachsprachen der Wissenschaft, z. B. der Biologie, Zoologie, Geometrie und Chemie, kommen Fremdwörter und Internationalismen laut Hoffmann (1985, 154) viel häufiger vor als in den Fachsprachen der Technik oder der materiellen Produktion. Die Ursache dafür liegt nach Auffassung Hoffmanns (ebd.) zum großen Teil in der historischen Entwicklung der Wissenschaften. Fachwörter und Nomenklatur haben bei einigen von ihnen ihren Ursprung im Lateinischen und Griechischen, da ihre Grundlage in diesen Sprachen gelegt wurde. Die Terminologie der Technik und der materiellen Produktion, die jüngere Wissenschaftszweige sind, basiert dagegen mehr auf den Nationalsprachen. Dessen ungeachtet tritt auch in den technischen Fachsprachen eine beachtliche Zahl von Fremdwörtern auf. (Vgl. Hoffmann, ebd.; s. auch Fluck 2001, 553.) Der aufgrund des wissenschaftlich-technischen Fortschritts entstandene gewaltige Bezeichnungsbedarf in allen Fachsprachen hat zum verstärkten Auftreten von Fachwörtern und Wortbildungselementen fremden Ursprungs geführt (Neubert 1987, 35).

Die Fachsprachen vieler Einzelsprachen sind terminologisch zum großen Teil international, und dies umso deutlicher, wenn es sich um ein allgemeinwissenschaftliches oder historisch eingebürgertes Sachgebiet handelt (Niemikorpi 1996, 108). Der Gesichtspunkt der internationalen Verständigung in der Planung vieler einzelsprachlicher Terminologien der Biologie, Chemie, Medizin usw. wird häufig sichtbar in der systematischen Übernahme von internationalen Bezeichnungselementen (gräkolateinischen Affixen, Wortstämmen) (vgl. Galinski/de V. Cluver/Budin 1999, 2209). Auch in der Fachsprache der Ökologie und des

252 Unter *Fremdwort* wird in der vorliegenden Arbeit eine lexikalische Einheit verstanden, die aus einer fremden Sprache übernommen ist oder die in der übernehmenden Sprache mit Wörtern oder Wortteilen aus einer fremden Sprache gebildet ist (D-DUW 2006) und die in Phonem- und Morphemstruktur, Aussprache und/oder Schreibung und zum Teil auch in der Flexion von den nativen Regeln mehr oder weniger abweicht. Gebundene, nicht wortfähige Fremdelemente treten als Konstituenten von WBK auf, z.B. *Bioenergie*, *Ökotourismus*. (Vgl. Fleischer/Michel/Starke 1993, 85f.) Fremde Wörter, die sich dem Deutschen bzw. dem Finnischen völlig angepasst haben, bleiben hier außer Betracht.

Umweltschutzes treten sowohl im Deutschen als auch im Finnischen unzählige lexikalische Einheiten fremder Herkunft auf, die in der Regel mit heimischen wie auch mit nichtheimischen Bezeichnungsvarianten konkurrieren. Bezeichnungen fremden Ursprungs finden bevorzugt dann Verwendung, wenn sie einfach, präzise, einprägsam und insbesondere handlicher sind als die indigenen Benennungen. Der Fremdwortterminus kann auch im Dienste der Ausdrucksvariation neben der heimischen Bezeichnung Verwendung finden.

Fachsprachen neigen zu einer international verständlichen Terminologie und Fachkommunikation. Viele Termini beispielsweise der Medizin, der Botanik, der Philosophie und anderer Wissenschaften sind in gleicher Form und Bedeutung international verbreitet. Die allgemeine Tendenz zur Internationalisierung der Fachwortschätze ist eine Folge der Entwicklung in Wissenschaft, Technik, Wirtschaft, aber auch in der Kultur und im Bereich des Sports. Für globale Entwicklungen ist es nicht zweckmäßig, wenn Innovationen in jeder Sprache anders benannt werden. (Heusinger 2004, 60, 70)

Den Vorteilen der leichteren Einfügung in muttersprachliche Texte und der größeren Transparenz von Termini gemeinsprachlicher Herkunft stehen dagegen schwerwiegende Nachteile bei der Übersetzbarkeit gegenüber (Kretzenbacher 1992, 39). Bei der Übersetzung bereitet ein fremdsprachliches Fachwort wesentlich weniger Schwierigkeiten als ein indigener Terminus. Das entlehnte Wort wird häufig auch als ausdrucksstärker bewertet. In terminologischer Funktion haben Fremdworttermini gegenüber dem einheimischen Fachwortschatz den Vorzug, dass sie meist frei von Konnotationen sind. (Vgl. Schippan 1992, 267.) Synonymische Bezeichnungen ohne konnotative semantische Unterschiede begegnen besonders häufig in terminologischen Dubletten, d.h. in Terminuspaaren aus einem Fremdwort und einem indigenen Fachwort (vgl. Thurmair 1995, 247ff.; Barz 1997, 267), vgl. z.B. *Akarizid* : *Milbengift*; *Akkumulation* : *Anreicherung*; *azidotolerant* : *säureverträglich* (LFwbKÖ 2001, s.v. acaricide, accumulation, acid-tolerant). Zu terminologischen Dubletten ausführlicher in 6.7.2.1.2.

Fremdwörter können etymologisch betrachtet auf zweierlei Weise Bestandteile des Wortschatzes werden: Sie werden entweder als „fertige" Wörter aus einer fremden Sprache in die eigene Sprache entlehnt (z.B. *Fauna*, *Leaf-Area-Index* [LFwbKÖ 2001, 102, 143]; *detritus* [EnDic2004, 53]) oder sie werden aus fremden Elementen in der eigenen Sprache gebildet (vgl. Seiffert 2002, 161). Entlehnt werden können nicht nur Simplizia, sondern auch komplexe Wörter, die in einer anderen Sprache gebildet worden sind (ebd., 168). Fremdwortbildung ist erst in den letzten Jahren in den Blickpunkt der Wortbildungsforschung gerückt (Müller 2005, 213; Seiffert 2002, 161). Zum Gegenstand der Fremdwortbildung werden zwei Gruppen von Wortbildungen gezählt. Zur ersten Gruppe (a) gehören Wörter, die ausschließlich aus Fremdelementen bestehen, zur zweiten Gruppe (b) Wörter, die aus fremden und indigenen Elementen gebildet sind. (Vgl. Seiffert 2002, 163; Müller 2005, 211; Barz 2005, 690.) Einige Belege aus den Korpora:

(a) Akarizid, nekrophag, Feedback, hygrophil (LFwbKÖ 2001, 13, 46, 102, 131)

(b) Arten-Turnover, entchloren, ökotoxikologisch, Habitateignungsindex, Deponierung (LFwbKÖ 2001, 35, 68, 87, 122, 145); batyaalivyöhyke, biohajoamaton, eyryterminen, kulkusedimentti (EnDic2004, 39, 42, 79, 228).

Werden fremde Wortbildungselemente mit heimischen Elementen kombiniert, so spricht man von Hybridbildungen (Fleischer/Barz 1995, 97; Seiffert 2002, 163). Zu Hybridbildungen ausführlicher in Kap. 6.7.2.1.4.

#### 6.7.2.1.1 Der gräkolateinische Einfluss

Auffallend ist die Produktivität aus dem Lateinischen und Griechischen entlehnter Wortelemente. „Für die Fachsprache der Ökologie gilt vermutlich in gleichem Maß wie für die Fachsprache der Biologie, dass der Übergang vom Gelehrtenlatein zur Volkssprache im späten 18. Jh. zu einer lateinisch-deutschen Mischterminologie geführt hat" (Haß-Zumkehr 1998, 1364). In Übereinstimmung mit der Rahmendisziplin Biologie sowie weiterer Nachbardisziplinen und ihrer gemeinsamen naturgeschichtlichen Tradition stellen das Lateinische und das Griechische zum großen Teil das sprachliche Material für die ökologische Terminologie (vgl. Haß-Zumkehr 1998, 1366; s. auch Trojanus 1999, 1938 u. Fäßler 1998, 1261, 1264). Die Wortelemente der antiken Sprachen sichern den weitgehend internationalen Charakter der ökologischen Fachsprache und dienen der zwischenstaatlichen Verständlichkeit und Vereinfachung der Fachkommunikation. Hierzu einige Beispiele: de *Akklimatisation*[253], fi *akklimatisaatio*; de *akute Toxizität*, fi *akuutti toksisuus*; de *algizid*, fi *algisidinen* (‚algenbekämpfend'); de *anaerob*[254], fi *anaerobinen* (EnDic2004, 12, 14, 18, 27).

Das Griechische zeichnet sich durch eine hohe Kompositionsfähigkeit aus, die Wörter lateinischen Ursprungs sind wiederum kurz und präzis. Es bietet sich mit dem Griechischen und Lateinischen ein Sprachfundus, aus dem nahezu beliebig viele neue Termini gebildet werden können. (Vgl. Kretzenbacher 1992, 39.) Die Komposition aus lateinischen und griechischen Wortbildungselementen erlaubt es, durch das Aneinanderreihen von Elementen eines begrenzten Grundinventars eine Vielzahl von analogen Termini zu bilden, die sich durch Kürze (vgl.

Aquiclud : wasserundurchlässige Schicht (LFwbKÖ 2001, s. v. aquiclude)
Aquifer : Wasser führende Schicht : Grundwasserleiter (LFwbKÖ 2001, s. v. aquifer)

---

253 **Akklimatisation** „[lat./griech.] Anpassung der Lebewesen an veränderte klimat. Bedingungen" (Meyers 1994, 19).

254 **anaerob** in sauerstofffreiem Milieu lebend (Mikroorganismen); sauerstofffrei (Milieu) (LFwbKÖ 2001, s. v. anaerobic).

Aquitard : nur mäßig wasserdurchlässige Schicht (LFwbKÖ 2001, s. v. aquitard)
akvifugi : eristemuodostuma (‚Aquifug : Grundwassernichtleiter') (EnDic2004, 16),

durch Internationalität, direkte Transferierbarkeit in andere Sprachen sowie semantische Eindeutigkeit hervortun (Stolze 1999, 70).

**E022** **ekosfääri**
et ökosfäär
en ecosphere
fr écosphère *f*
de Ökosphäre *f*
sv ekosfär[en]
[...]

The sum total of the Earth's ecological systems, similar to biosphere though implying a concern with improved environmental management of the Earth's resources. (EnDic2004, 60)

**E168** **eurytooppinen**
et eurütoopne, elupaigaleplik
en eurytopic
fr eurytopique
de eurutop [sic!]
sv eurytop
[...]

Tolerant of a wide range of habitats or having a wide geographical distribution. (EnDic2004, 79)

Die obigen Auszüge aus dem Umweltwörterbuch *EnDic2004* geben die entsprechenden Termini in einer Reihe von europäischen Sprachen wieder. In allen Fällen werden dieselben griechisch-lateinischen lexikalischen Morpheme verwendet, so dass hier von Internationalismen gesprochen werden kann.

Dieses gräkolateinische Sprachmaterial schafft laut Trojanus (1999, 1938) die Voraussetzungen dafür, dass man über nationalsprachliche Grenzen hinweg neue wissenschaftliche Erkenntnisse darstellen kann, wenn die nationalen Sprachen keine Bezeichnungen dafür zur Verfügung haben oder wenn die Präzision nur durch umständliche und wortreiche Umschreibungen erreichbar ist[255]. Dafür einige Beispiele: *Abyssobenthal* ‚untermeerischer Küstenbereich zwischen 3 000 und 6 000 m Tiefe' (LFwbKÖ 2001, s. v. abyssobenthic zone), *benthisch* ‚am Grunde von Gewässern lebend' (LFwbKÖ 2001, s. v. benthic), *halomorph* ‚durch hohen Salzgehalt geformt' (LFwbKÖ 2001, s. v. halomorphic), *aerobit*, *aerobiontit* ‚molekylaarista happea (ilmaa) tarvitsevat eliöt'[256] (EnDic2004, 7), *detritus* (biol.) ‚kuolleiden eläinten ja kasvien hajoamistuotteet maaperässä (karikkeessa) ja veden pohjalla'[257] (EnDic2004, 53).

Die Fremdwörter in der finnischen Sprache gehören hauptsächlich der Wortart Substantiv an (A. Hakulinen u. a. 2004, 176). Eine eigene Gruppe unter den

255 Eine detaillierte und systematische Übersicht über Wortelemente lateinisch-griechischer Fachausdrücke in den biologischen Wissenschaften bietet Werner (1968).

256 *Aerobier*, *Aerobiont*: „Organismen, die nur mit Sauerstoff leben können, d. h. aerobe Atmung haben" (Meyers 1994, Bd. 1, 15).

257 *Detritus*: „organisches Abfallmaterial eines Ökosystems" (LFwbKÖ 2001, s. v. detritus).

Fremdwörtern bilden Substantive und Adjektive, die aus lateinischen und griechischen Elementen bestehen. Sie sind ins Finnische als ganze, fertige Wörter entlehnt worden; in vielen Fällen bekommen sie das epenthetische *-i* angehängt, die Adjektive auch das indigene Wortbildungssuffix *-(i)nen*, welche aber keine spezifische Wortbildungsbedeutung haben, sondern angehängt werden, besonders um die Flexion zu erleichtern. (Vgl. A. Hakulinen u. a. 2004, 175–177.) Einige Belege aus dem Korpus: *rodentisidi*, *komposti*, *biologinen*, *antropogeeninen* (,Rodentizid', ,Kompost', ,biologisch', ,anthropogen' EnDic2004, 161, 244, 44, 134). Entlehnte Verben finden sich in der finnischen Sprache deutlich weniger als entlehnte Substantive und Adjektive (A. Hakulinen u. a. 2004, 177).

Auch die meisten fremdsprachlichen Konfixe sind gräkolateinischen Ursprungs. Sie sind als Prä- (z. B. *agro-*, *anthropo-*, *bio-*, *geo-*, *hydro-*, *öko-*) oder Postkonfixe (z. B. *-graph*, *-gen*, *-phil*, *-phob*, *-zid*) wortbildungsaktiv. Konfixe sind meistens fremdsprachliche Einheiten, die nicht wortfähig sind, die aber wie Stämme eine lexikalische Bedeutung tragen. Konfixe treten nur in komplexen Wörtern auf. (Vgl. auch u. a. Donalies 2000; 2002, 21–23; 2007, 12–14 und Barz 2005, 658, 690.)

Selten gibt es bei den reinen Postkonfixen solche wortartunspezifische Konfixe wie *-zid* (Donalies 2002, 23 u. 2007, 13). So bezeichnet das Konfix *-zid* beispielsweise in *Rodentizid*, *Algizid* und *Fungizid* einen abtötenden Stoff sowie z. B. in *insektizid*, *fungizid* oder *herbizid* eine abtötende Eigenschaft ,Insekten, Pilze oder Unkräuter vernichtend'. Was jeweils abgetötet wird, wird durch das Erstglied des Kompositums ausgedrückt.

Gräkolateinische Wortelemente tragen zum systematischen Ausbau begrifflicher Felder bei. Wenn beispielsweise die Bindung von Arten an bestimmte Biotope (Lebensräume) bzw. an die für diese Arten typischen Biozönosen (Lebensgemeinschaften) charakterisiert wird, dann werden Adjektive gebildet, deren Erstglied von der griechisch-lateinischen Benennung des Biotoptyps bzw. der Biozönose abgeleitet ist. Als Zweitglied dieser Komposita tritt das Konfix *-biont*, *-phil* oder *-xen* auf. So werden beispielsweise Arten eines Biotops, die nur in dem Biotop vorkommen, mit dem Zweitglied *-biont* benannt. Das Konfix *-phil* drückt dagegen aus, dass eine Art in dem betreffenden Biotop so günstige Bedingungen findet, dass sie sich bevorzugt dort findet, aber auch in anderen Lebensräumen auftreten kann. Das Konfix *-xen* bezeichnet schließlich solche Arten, die nur zufällig in einem bestimmten Biotop auftreten, die aber ihr eigentliches Vorkommen in anderen Lebensräumen haben. *Rheobiont* beispielsweise sind Arten, die ausschließlich in stark fließenden Gewässern leben, *rheophile* Arten bevorzugen starke Strömung, während *rheoxene* Arten sie meiden. (Vgl. hierzu Bick 1989, 17; Liimatainen 2003, 80.)

### 6.7.2.1.2 Terminologische Dubletten

Neben den an die jeweilige aufnehmende Sprache mehr oder weniger angepassten gräkolateinischen Benennungen und Internationalismen existieren häufig einzelsprachliche Äquivalente, vgl. z.B. die Terminuspaare *Halophyt* : *Salzpflanze* (LFwbKÖ 2001, s.v. halophyte), *phyllophag* : *blattfressend* (LFwbKÖ 2001, s.v. feedback on leaves), *litosfääri* : *kivikehä* (‚Lithosphäre' EnDic2004, 306), *endeeminen* : *kotoperäinen* (‚endemisch' EnDic2004, 66). Weinrich (1989, 129) spricht bei Dubletten, die aus einem aus einer anderen Sprache übernommenen Terminus und einem indigenen Terminus bestehen[258], von Doppelterminologie[259], die laut Thurmair (1995, 247f.) als eine Sonderform der Synonymie betrachtet werden kann und sich auf die vertikale Schichtung[260] der fachsprachlichen Lexik zurückführen lässt. Die Doppelterminologie charakterisiert wichtige Bereiche der deutschen Wissenschaftssprache, aber nicht oder kaum beispielsweise die Fachwortschätze des Englischen oder des Französischen (Weinrich 1989, 129).

Das Besondere an den terminologischen Dubletten dieser Art ist die Tatsache, dass es begrifflich vollständig gleichbedeutende Termini gibt, deren Unterschied jedoch in der Zugehörigkeit zu verschiedenen vertikalen Schichten der Lexik liegt. Es existieren Termini, die stärker fachsprachlich sind und somit einer höher liegenden Schicht angehören, sowie andere, die auf der Fachlichkeitsskala weiter unten liegen. (Vgl. Thurmair 1995, 248.) Solche Dubletten aus dem Bereich der Ökologie sind beispielsweise *Solar-*[261] und *Sonnen-* (LFwbKÖ 2001, 249) sowie *atoksinen* und *myrkytön* (‚atoxisch, ungiftig' EnDic2004, 376).

Die Wahl des Abstraktionsgrads auf der Fachlichkeitsskala ist in erster Linie vom Kontext und von den situativen Faktoren der Kommunikation abhängig – von den Kommunikationsteilnehmern und Textsorten, von dem Thema und der Funktion der Kommunikation. In Fach- und Wissenschaftssprachen gibt es daher

---

258 Siehe hierzu auch Felber (1984, 185).

259 Der Begriff *Terminologie* verweist hier auf die Lexik aus dem Fach- und Wissenschaftssprachbereich, *Doppel* auf die Existenz zweier Termini für einen Sachverhalt, die parallel verwendet werden können (Thurmair 1995, 247).

260 Zur vertikalen Schichtung der Fachsprachen s. Abschn. 4.1.2.

261 *Solar-* ‚von Verfahren und Technologien, die sich mit der Erforschung und technischen Nutzbarmachung von Sonnenenergie beschäftigen bzw. von Geräten, die mit Sonnenenergie betrieben werden'. *Solar-* geht auf das Lateinische zurück und kommt in der Bedeutung ‚die Sonne betreffend, zur Sonne gehörend' bereits eine längere Zeit im Deutschen vor. Wahrscheinlich ist *Solar-* durch den Einfluss der in erster Linie in den USA bereits früh entwickelten *Solartechnik* über Vermittlung des Englischen ins Deutsche gekommen und hat seine Bedeutung erweitert oder ist wenigstens durch den Einfluss von engl. *solar-* häufiger geworden. Dabei wird die englische Bezeichnung im Deutschen mit *Solar-* oder *Sonnen-* wiedergegeben. Die beiden gelegentlich alternierenden Benennungen sind bedeutungsgleich; *Solar-* erscheint gehoben und fachsprachlich, während Bildungen mit *Sonnen-* eher der Gemeinsprache zuzurechnen sind. (Vgl. AWb 1996, 1358).

verschiedene Schichten der Lexik, so dass Termini in einer unterschiedlichen Position auf der Fachlichkeitsskala liegen. (Vgl. Thurmair 1995, 248.) Terminologische Dubletten mit unterschiedlicher Zugehörigkeit zu fachsprachlichen Registern und zumeist unterschiedlichen Kontextumgebungen sind eine hauptsächlich in Vermittlungstexten häufiger anzutreffende Erscheinung (Fluck 2001, 552).

Die Bezeichnungsvariation kann aber auch auf formale, sprachsystematische Gründe zurückzuführen sein. Ein Fremdwort und ein indigenes Wort, die nebeneinander existieren, können unterschiedliche Wortbildungsmöglichkeiten eröffnen, vgl.

| | |
|---|---|
| **Sonne** | – |
| – | **solar** (die Sonne betreffend; zur Sonne gehörend) |
| Sonnenenergie | Solarenergie |
| Sonnenkollektor | Solarkollektor |
| Sonnenstrahlung | Solarstrahlung |
| Sonnenwärme | Solarwärme |
| – | solarthermisch |
| – | solarelektrisch |
| | solarversorgt |
| sonnenbrandwirksam | – |
| sonnenstandabhängig | – |

(DZU 2001, 131, 341; EEuNE 1999, 32–43, SUL 2000, 1078–1081)

Den obigen Belegen ist zu entnehmen, dass die Bezeichnungsvarianten *solar-* und *sonnen-* wortbildungsaktiv sind, zum Teil jedoch in komplementärer Weise, d. h. ohne identische Kompositionskontexte, obwohl es auch Komposita mit einer identischen Konstituente gibt.

Untersuchungen zu Bezeichnungsvariantentypen des Belegmaterials ergeben, dass die parallele Verwendung von einem fremdsprachigen Fachwort – hauptsächlich gräkolateinischen Ursprungs – und einem indigenen Terminus auffallend häufig belegt ist. Diese terminologischen Dubletten, d. h. Synonymenpaare (Drozd/Seibicke 1973, 121; Neubert 1987, 36), treten im Fachvokabular der Ökologie und des Umweltschutzes zum Teil regelhaft auf (s. auch Haß-Zumkehr 1998, 1367 u. Goy 2001, 71f., 279).

Die meisten Dubletten der Art *Fremdwort – indigenes Wort* im Korpus sind Nomina, vgl. *Adaptation* : *Anpassung* (LFwbKÖ 2001, s. v. accommodation), *bifurkaatio* : *kahtaallejuoksu* (‚Stromverzweigung' EnDic2004, 41). Darüber hinaus kommen in beiden Sprachen zahlreiche adjektivische Dubletten vor, z. B. *herbivor* : *Pflanzen fressend* (LFwbKÖ 2001, s. v. herbivorous), *asidofiilinen* : *happohakuinen* (‚azidophil' EnDic 2004, 32). Insbesondere im Finnischen sind adjektivische

Dublettenpaare eher die Regel als eine Ausnahme[262], vgl. z.B. *eksogeeninen* : *ulkosyntyinen* (‚exogen' EnDic2004, 60), *endogeeninen* : *sisäsyntyinen* (‚endogen' EnDic2004, 66f.), *organogeeninen* : *eloperäinen* (‚organogen' EnDic2004, 64). Im deutschen Korpus sind darüber hinaus auch verbale Terminuspaare belegt, z.B. *akklimatisieren* : *eingewöhnen*; *inkorporieren* : *einbauen*; *deponieren* : *ablagern* (in Geländevertiefungen) (LFwbKÖ 2001, s.v. acclimate, incorporate, landfill).

Fremdwörter werden aber in die ökologische Fachsprache nicht nur aus dem Lateinischen und Griechischen übernommen. Im Korpus sind beispielsweise auch folgende terminologische Dubletten belegt:

Feedback[263] : Rückkopplung (LFwbKÖ 2001, 102)
doliini : karstikuilu (‚Doline[264] : Karsttrichter', EnDic2004, 55).

Die Existenz von Dubletten *Fremdwort – indigenes Wort* in der deutschen Sprache kann zum großen Teil auf die Eindeutschungsversuche zurückgeführt werden, die für den deutschen Sprach- und Kulturraum charakteristisch sind (vgl. Weinrich 1989, 128; s. auch Hesseling 1982, 47). Eine gewisse Abneigung gegen Fremdwörter lässt sich bereits seit dem 17. Jahrhundert in der deutschen Öffentlichkeit wahrnehmen. Seit der Zeit hat es ständige Versuche gegeben, die Fachwörter fremden Ursprungs durch einheimische Wörter zu ersetzen. (Vgl. Weinrich 1989, 128.)

Bei einer Dublette *Fremdwort – indigenes Wort* gehört im Allgemeinen der aus der Fremdsprache übernommene Terminus einer fachsprachlich vertikal höher liegenden Schicht an als der indigene Terminus. (Vgl. Weinrich 1989, 128f.; Thurmair 1995, 251f.) Dies ist bis zu den Verdeutschungsversuchen von Joachim Heinrich Campe und anderen zurückzuverfolgen, die den indigenen Ausdruck für den Nichtfachmann einführten (vgl. Schiewe 1988, 102f.). Die vorgeschlagenen Verdeutschungen konnten entweder das Fremdwort verdrängen oder häufig neben dem Terminus fremder Herkunft bestehen bleiben. Dies ist einer der wichtigsten Gründe für das Existieren von Doppelterminologie. Terminologische Dubletten hält Campe nicht für einen Nachteil, „denn jede Sprache benötigt Synonyme für verschiedene Stilarten und Situationen des Sprechens und Schreibens"[265]. So bestehen seit den Verdeutschungsvorschlägen in den deutschen Fach- und Wissenschaftssprachen viele Dubletten (vgl. Thurmair 1995, 252).

---

262 Ähnlich hat auch Hyvärinen (2000, 46) festgestellt, dass das Finnische für terminologische Begriffe häufig ein entsprechendes Fremdwort und ein einheimisches Wort nebeneinander hat, vgl. *atonaalinen* : *sävellajiton* (‚atonal').

263 Zu Anglizismen s. Abschn. 6.7.2.1.3.

264 **Doline** aus slowen. *dolina* ‚Tal', „trichterförmige Vertiefung der Erdoberfläche bes. im Karst" (Geogr., D-DUW 2001).

265 Zitiert in Schiewe (1988, 92f.).

Sind die Eindeutschungsversuche charakteristisch für den deutschen Sprach- und Kulturraum, so wird die Benennung auch insbesondere in den Sprachen der kleineren Nationen von puristischen Tendenzen begleitet (Drozd/Seibicke 1973, 92).[266] Im Unterschied zum Finnischen betrachtet Heusinger (2004, 71) die deutsche Sprache als eine für Entlehnungen sehr offene Sprache. Die Finnen sind nie besonders offen für fremde Einflüsse oder für Wörter fremden Ursprungs gewesen und werden sogar für xenophob gehalten, die allem Fremden gegenüber negativ gestellt sind.[267] (Vgl. P. Sajavaara 1989, 72.) Die phonologischen[268] und strukturellen[269] Besonderheiten des Finnischen, das zu der finnisch-ugrischen

---

266 Im Hinblick auf unterschiedliche Mischungsgrade wird von *Mischsprachen*, *neutralen Sprachen* und von *introvertierten Sprachen* gesprochen. In den Mischsprachen, zu denen u.a. Englisch, Französisch und Rumänisch gehören, hat das Fremdelement einen sehr hohen Anteil erreicht. In introvertierten Sprachen dagegen, zu denen u.a. Finnisch, Deutsch, Russisch und Isländisch zu zählen sind, erreicht das Fremdelement nicht das übliche Maß, sondern die Sprachen bilden Ausdrücke für neue Begriffe hauptsächlich aus eigenen Mitteln. (Vgl. Braun 1998, 204.)

267 In der ersten Hälfte des 19. Jahrhunderts war man bestrebt, eine große Zahl von Wörtern fremden Ursprungs durch eigensprachiges Wortgut zu ersetzen, weil man die Verständlichkeit des Wortschatzes für jedermann hervorheben wollte. Eine solche Denkweise war für die damaligen Verhältnisse noch geeignet, denn die finnische Sprache, deren Entwicklung in eine Kultursprache erst begonnen hatte, brauchte dringend Werkzeuge für das begriffliche Denken und die begriffliche Ausdrucksweise. Auch der Grad der geistigen Bildung, den die finnischsprachige Bevölkerung generell erreicht hatte, war noch recht niedrig. Die Zeitabschnitte gegen Ende des 19. Jahrhunderts und in den 1930er Jahren, als besonders heftig und intolerant für den sprachlichen Purismus gekämpft wurde, waren wichtig für die Entwicklung des finnischen Nationalbewusstseins und der finnischen Sprache. (Vgl. P. Sajavaara 1989, 72, 89.)

268 Während das Deutsche über 24 Konsonantenphoneme verfügt, besitzt die finnische Sprache nur 13 Konsonanten. Laut Hall u.a. (1995, 35, 87) machen die Konsonanten in deutschsprachigen Äußerungen 61 Prozent der Laute aus, in finnischsprachigen dagegen nur 49,5 Prozent. Darüber hinaus zeichnet sich die finnische Sprache durch eine außerordentlich hohe Frequenz von Vokalen im Redefluss aus (L. Hakulinen 1967a, 62f.) sowie durch den hohen Anteil an Diphthongen. Im Finnischen gibt es 18, im Deutschen dagegen nur 3 Diphthonge. Hierzu ausführlicher in Hyvärinen (2001, 429) und (2003, 212–225).

269 Die Struktur des Finnischen als eine agglutinierende Sprache ist um vieles synthetischer als die des Deutschen. Die grammatischen Funktionen werden zum großen Teil durch das Anfügen von Flexionssuffixen an den Wortstamm ausgedrückt. Das Finnische verfügt über nur relativ wenige Präpositionen, dagegen aber über fünfzehn Kasusformen. Die Kasusendungen des Finnischen entsprechen Präpositionen und Postpositionen in anderen Sprachen. Ein typischer Zug des Finnischen ist weiter die reichliche Verwendung von Ableitungssuffixen. Präfixe kennt die finnische Sprache dagegen keine. Als einer ursprünglichen SOV-Sprache ist für das Finnische kennzeichnend, dass die Bestimmungen bis auf wenige Ausnahmen dem Bezugswort vorangestellt sind. Treten Adjektive attributiv auf, so stimmen sie in Numerus und Kasus mit ihrem Bezugswort überein. Zu den Besonderheiten des Finnischen im nominalen Bereich gehört darüber hinaus das

Sprachfamilie gehört und innerhalb dieser der Hauptvertreter der sog. Ostseefinnischen Sprachen[270] ist, waren laut L. Hakulinen (1967a, 80) der wichtigste Grund für den lexikalischen Purismus, der in Finnland stärker ausgeprägt war als in den anderen Sprachgemeinschaften in Europa.

Auch Martin (1973, 6ff.) thematisiert die im Vergleich mit dem Deutschen größere Neigung des Finnischen, Fremdwörter durch eigensprachliche Nachbildungen zu ersetzen. Die Charakteristika der finnischen Sprache[271] haben die Aufnahme von Internationalismen und gesamteuropäischen Kulturwörtern als solche nicht in dem Maße zugelassen, wie es für Fachsprachen ansonsten geradezu für typisch gehalten werden kann. Es bestand vielmehr die Herausforderung, für neue wissenschaftliche und technische Begriffe eigensprachliche Termini zu bilden (vgl. L. Hakulinen 1967a, 80; s. auch Stenvall 1999, 59). Als durchgehendes Prinzip für die finnische Sprache ist die Bildung von indigenen Benennungen für neue Begriffe festzustellen. Wenn fremdsprachige Termini aufgenommen werden, dann werden sie an das morphologisch-phonologische System des Finnischen stark angepasst und häufig neben dem finnischsprachigen Terminus verwendet. (Vgl. Järvi/Kallio/H. Schröder 1999, 1579, 1583.)

Mit der Übernahme eines fremden Gegenstandes, der auch nichtmaterieller Art sein kann, wird häufig auch dessen Bezeichnung entlehnt. Fremdworttermini bereichern die Fachwortschätze vor allem in stark spezialisierten und begrenzten Kommunikationsbereichen. Die parallele Verwendung eines Terminus fremden Ursprungs und eines indigenen Fachwortes wird insbesondere bei der Einführung eines neuen Begriffs akzeptiert, wenn sich die heimische Bezeichnung noch nicht durchgesetzt hat. Häufig können neben dem Fremdwort mehrere einheimische Bezeichnungen stehen, die stilistisch unterschiedlich sein können. (Vgl. Stenvall 1999, 60.) Beispiele aus dem Korpus: *antropogeeninen* : *ihmisperäinen* : *ihmislähtöinen* (‚anthropogen', EnDic2004, 134), *Akarizid* : *Milbenbekämpfungsmittel* : *Milbengift* (LFwbKÖ 2001, s. v. acaricide).

Die Entwicklung hat dazu geführt, dass im Bereich der Ökologie in erster Linie interlinguale Benennungskongruenz herrscht, im Umweltschutz-Vokabular dagegen neben den begrifflichen Gemeinsamkeiten (vgl. z. B. terminologische Dublet-

---

Fehlen der grammatischen Kategorie des Genus beim Nomen sowie der definiten und indefiniten Artikel. (Vgl. Järventausta/H. Schröder 1997, 34f.; Karlsson 2000, 17–19; Hyvärinen 2001, 429ff. u. 2003, 204, 212–225; s. hierzu auch Häkkinen 1990, 35 u. M. Korhonen 1990, 37.) Zur kurzen Charakteristik des Finnischen s. u. a. Martin (1973, 4–8) und Hyvärinen (2001). Einen Überblick über die deutsch-finnischen kontrastiven Forschungsschwerpunkte geben Hyvärinen (2001) und Piitulainen (2006).

270 Zu den ostseefinnischen Sprachen gehören Finnisch, Karelisch, Estnisch, Livisch, Wotisch, Ingrisch und Wepsisch (s. z. B. J. Korhonen/Schellbach-Kopra 1991, 2383).

271 Das Griechische und das Lateinische enthalten Lautkombinationen, die der Phonotaktik des Finnischen fremd sind. Die gräkolateinischen Ausdrücke sind für Finnen auch morphosemantisch schwer segmentierbar, da die antiken Sprachen nicht allgemein zur finnischen Schulbildung gehören. (Hyvärinen 2000, 41)

ten) auch Divergenzen (*Gewässer* vs. *vesistö*; *Abfall* bzw. *Müll* vs. *jäte*; *Nadel- und Blattverlust* vs. *harsuuntuminen*) anzutreffen sind.

### 6.7.2.1.3 Anglizismen in der Fachsprache der Ökologie und des Umweltschutzes

A) Einleitendes

Verglichen mit dem Einfluss des Lateinischen und des Französischen auf das Deutsche ist der des Englischen eine relativ junge Erscheinung. Das Englische begann erst im 19. Jahrhundert stärker auf die deutsche Sprache einzuwirken. (Vgl. Yang 1990, 1.) Die Zahl der Wörter aus dem Englischen hat zwar in den letzten Jahrzehnten beträchtlich zugenommen, ist aber verglichen mit anderen Fremdwörtern noch bescheiden (Der Sprachdienst 1999, 218).

Die Einwirkung anderer Sprachen ist immer ein sozialer Prozess und eng mit den technisch-wissenschaftlichen, ökonomischen, politischen oder kulturellen Machtverhältnissen in einer Kommunikationsgemeinschaft verbunden. Die Macht ausübende Rolle nehmen für die westeuropäischen Sprachen spätestens seit 1945 die USA ein. (Vgl. Jung 1994, 51.) Laut Schippan (1992, 269) muss die außerordentlich starke Einwirkung des Englischen zu den auffälligen charakteristischen Merkmalen der Entwicklung in der deutschen Sprache der Gegenwart gerechnet werden. Wilss (2006, 278) spricht von der Amerikanisierung der deutschen Sprache – die Anglisierung i. e. S. spielt derzeit, im Unterschied zu früher, nur eine weniger wichtige Rolle. Diese Amerikanisierung gilt – wenngleich vielleicht in geringerem Maße – auch für andere europäische und nicht-europäische Sprachen (Wilss, ebd.).

In den letzten Jahrzehnten ist, vor allem aus aufstrebenden Fachgebieten, eine ganze Flut von englischen Termini in eine Vielzahl von Sprachen eingedrungen (Arntz/Picht/Mayer 2002, 119f.). Das Englische übt seit dem Ende des Zweiten Weltkrieges den weitaus größten Einfluss beispielsweise auf die griechischen Wissenschafts- und Fachsprachen aus (Goy 2001, 49). Gärtner (1997, 138ff.) vertritt die Ansicht, dass sich viele englische Fachwörter aus Technik, Wirtschaft, Politik und Wissenschaft wie etwa *Chip, Laser, Recycling, Mobbing, Leasing, Bypass* nicht eindeutschen lassen. Anglizismen können laut Wolf (2004, 460) durchaus der Bereicherung der deutschen Sprache dienen. Als Beispiel nennt Wolf (ebd., 462) die Fachsprache der elektronischen Datenverarbeitung, in erster Linie der neuen Medien, des Internets. In diesen Fällen bereichern die Anglizismen, für die es gar keine deutsche Entsprechung gibt, die deutsche Sprache, indem sie ihre Ausdrucksmöglichkeiten erweitern.

„Englisch ist heutzutage die dominierende Wissenschaftssprache, mit der sich keine andere auch nur entfernt messen kann“ (Ammon 1998, 205)[272]. Auch Starke (1988, 68) und Viereck (1998, 764) stellen den überwiegenden Einfluss des Englischen auf die Fachlexik verschiedener Bereiche fest, beispielsweise der Wirtschaft (s. auch Kovtun 2000, 9) und der modernen Großindustrie. Von der verstärkten Ausbreitung des Englischen zeugen aber auch die Fachwortschätze der medizinischen (Starke 1988, 68; Wiese 1994, 20), der kerntechnischen (Schmitt 1985) und der computertechnischen Fachsprache (u. a. Chang 2005). Dasselbe gilt auch für die Fachsprache der Unterhaltungskultur, der Elektronik sowie der Luft- und Seefahrt (Viereck 1998, 764, 767). Es gibt aber auch noch – insbesondere technische – Terminologien, in denen Fremdworttermini und fremdsprachige Elemente auch derzeit nur eine Randerscheinung darstellen, z. B. in der Bautechnik und Wasserwirtschaft oder im Bergbau (vgl. Starke 1988, 70). Je höher der Abstraktionsgrad des Fachbereichs ist, desto höher ist laut Schmitt (1985, 214) der Anteil an Anglizismen in der Fachsprache.

### B) Zum Begriff *Anglizismus*

Der Begriff *Anglizismus* wird in der wissenschaftlichen Literatur auf Entlehnungen angewendet, die aus der englischen Sprache in andere Sprachen übernommen worden sind. In den meisten Arbeiten wird Anglizismus als Oberbegriff von Entlehnungen aus dem amerikanischen und dem britischen Englisch sowie den übrigen englischsprachigen Gebieten wie Kanada, Australien, Südafrika u. a. verstanden. Versucht man, Anglizismen nach ihrer Herkunft zu sondern, so stößt man dabei auf unüberwindbare Schwierigkeiten, da die amerikanische oder die britische Herkunft der entlehnten englischen Wörter und Termini in vielen Fällen nicht eindeutig und einwandfrei festgestellt werden kann (vgl. Carstensen 1975, 12; Yang 1990, 7f.).

Nach der Differenzierung der Entlehnungen und nach ihrer formalen Abhängigkeit vom englischen Vorbild wird zwischen den evidenten und den latenten Einflüssen des Englischen auf eine nicht englische Sprache unterschieden (vgl. Carstensen 1979, 90–94; s. auch Chang 2005, 32–35). Unter evidenten Einflüssen wird „die direkte Übernahme eines englischen Wortes, das durch seine Form und häufig durch seine Aussprache den englischen Ursprung erkennen läßt“ verstanden (Carstensen 1979, 90). Hierzu gehören in erster Linie die formal unintegrierten und die teilweise integrierten Entlehnungen, wie z. B. *Bottleneck*[273]

272 Eine ähnliche Charakterisierung findet sich auch u. a. bei Niederhauser (1999, 111f.): „Englisch ist heute zur lingua franca der Wissenschaften geworden, und zwar praktisch aller Wissenschaften.“

273 *Bottleneck* : *Flaschenhals*: „plötzlicher starker Schwund einer Population mit nachfolgender Konsolidierung“ (LFwbKÖ 2001, 39).

(LFwbKÖ 2001, 39), *konurbaatio*[274] (< conurbation, EnDic2004, 208), Buchstabenkurzwörter mit englischen Vollformen, z. B. *HSI* (< habitat suitability index, Habitateignungsindex LFwbKÖ 2001, 122) sowie hybride Komposita, wie etwa *Knockdown-Wirkung* : *Knockdown-Effekt*[275] (LFwbKÖ 2001, 143), *NIMBY-ilmiö* : *NIMBY-ajattelu*[276] (EnDic2004, 386) und Mehrwortbenennungen, z. B. *ökologische Kompatibilität*. Die im Deutschen übliche Großschreibung der Substantive, die Flexionsendungen wie auch die phonetische und die graphemische Integration des Anglizismus ins Deutsche bzw. ins Finnische bleiben unberücksichtigt. Unter Mischkompositum wird in der vorliegenden Arbeit ein Kompositum verstanden, dessen unmittelbare Konstituenten (UK) aus verschiedenen Sprachen stammen, d. h. ein Element aus dem Englischen und ein Element aus dem Deutschen bzw. aus dem Finnischen oder einer anderen nicht-englischen Sprache. (Zur Formunterschiedlichkeit durch Hybridbildungen ausführlicher in Abschn. 6.7.2.1.4.)

Unter latenten Einflüssen des Englischen auf eine nicht-englische Sprache werden alle Formen der semantischen Entlehnung verstanden, die durch die geringere formale Abhängigkeit vom englischen Vorbild von einem des Englischen nicht Kundigen nur schwer als von englischer Herkunft erkannt werden können. Die englischen Benennungen werden mit den Mitteln der nicht-englischen Sprache nachgebildet. (Vgl. Chang 2005, 34.) Hierzu gehören vor allem die Lehnübersetzung, Lehnbedeutung und Lehnübertragung. Die Ausdrücke *saurer Regen* und *hapan sade* sind Lehnübersetzungen des englischen *acid rain*. Wie in Abschn. 5.5 erwähnt, wurde der Ausdruck bereits 1872 für den Niederschlag in der Umgebung des englischen Manchester verwendet. Eine weitere Lehnübersetzung aus dem Englischen ist etwa *ekologisesti kestävä käyttö* nach *ecologically sustainable use* (YS 1998, 45).

Als Umweltanglizismen sind nicht-indigene Ausdrücke zu betrachten, die aus dem Englischen primär für die sprachliche Tätigkeit im Bereich der Ökologie und des Umweltschutzes übernommen worden sind. In der vorliegenden Arbeit werden sie als spezifische lexikalische Mittel der deutschen und der finnischen Fachsprache der Ökologie und des Umweltschutzes untersucht.

---

274 *Conurbation* „(urbaner) Ballungsraum, Ballungszentrum, Ballungsgebiet" (LFwbKÖ 2001, 63); „A large densely populated urban sprawl formed by the growth and coalescence of individual towns or cities" (EnDic2004, 208).

275 *Knockdown-Wirkung*: sofortige, aber rasch abklingende Wirkung bestimmter Pestizide (LFwbKÖ 2001, s. v. knockdown effect).

276 *NIMBY-ilmiö* : *NIMBY-ajattelu* : *ei minun [taka]pihalleni -asenne*: „Not In My Back Yard: a common expression indicating objection to a project or proposal solely on the grounds that it is unacceptable close to land, property, or activity in which the objector has an interest" (EnDic2004, 386).

C) Fragestellung der Untersuchung

Ziel der folgenden Ausführungen soll es sein, in dem deutschen und dem finnischen Korpus (s. Abschn. 6.6) diejenigen Anglizismen, die als Bezeichnungsvarianten verwendet werden, hinsichtlich ihrer Frequenz und Wortbildung sowie in Bezug auf ihre stilistischen Funktionen sowie Entlehnungsmotive zu untersuchen. Untersuchungsgegenstand sind direkte Übernahme, d. i. die formal nichtintegrierten und die teilweise integrierten Entlehnungen. Obwohl ein großer Teil der Anglizismen in Form von Lehnübersetzungen, Lehnschöpfungen und Lehnwendungen ins Deutsche und ins Finnische aufgenommen wird, bleibt der latente Einfluss des Englischen hier unberücksichtigt, da er schwer zu erfassen ist. Bei Entlehnungen, die nur aus deutschen bzw. finnischen Wortbildungsbestandteilen bestehen, entfällt in den Wörterbüchern in der Regel die Angabe des Entlehnungsweges. In den meisten Fällen, in denen von einer Lehnübersetzung gesprochen wird, wird damit argumentiert, dass die Erstverwendung eines Kompositums in der Gebersprache zeitlich eindeutig vor der Erstverwendung in der übernehmenden Sprache liegt. Den Zeitpunkt der Erstverwendung in den beiden Sprachen exakt festzustellen, ist wiederum ein Problem für sich.

Grundlage für die Aufnahme einer Entsprechung für ein englisches Stichwort im deutschen Korpus bzw. eines Lemmas im finnischen Korpus als Anglizismus ist die in den unten erwähnten Wörterbüchern getroffene Herkunftsangabe. Für die Herkunftsbestimmung der Anglizismen stützt sich die vorliegende Untersuchung auf die bisherige Forschung sowie auf die Angaben in den folgenden Werken:

- Anglizismen-Wörterbuch (1993–1996) (= AWb)
- Atomi ja missi: Vierassanojen etymologinen sanakirja (1990) (= Koukkunen 1990)
- Deutsches Fremdwörterbuch (1997) (= DFWb 1997)
- Etymologisches Wörterbuch der deutschen Sprache (1999) (= Kluge 1999)
- Duden. Das große Fremdwörterbuch (2000) (D-FWB 2000)
- Duden – Deutsches Universalwörterbuch (2006) (= D-DUW 2006)
- Lokarista sponsoriin (1984) (= Pulkkinen 1984)
- Uusi sivistyssanakirja (1993)
- Gummeruksen suuri sivistyssanakirja (2001) (= Nurmi u. a. 2001)
- Sivistyssanat (2001) (= Turtia 2001)
- Otavan uusi sivistyssanakirja (2005) (= Turtia 2005)
- Biologian sanakirja (2006) (= Tirri u. a. 2006)
- The New Oxford Dictionary of English (1998) (= OxDic 1998)
- The Chambers Dictionary (2003) (= Chambers 2003).

Bei der Auszählung von Anglizismen wurden die folgenden Prinzipien zu Grunde gelegt. Es wurden registriert:
- englische Simplizia, Komposita und hybride Komposita, z. B. *Krill*[277], *Fall-out*, *Feedback*, *Backgroundkonzentration*, *Ökosystem-Management*
- Derivate von Anglizismen, wie z. B. *Dekontaminierung*[278], *dumppaus*
- Buchstabenkurzwörter von Anglizismen, wie *BOD*, *BCF*.

Ausgeklammert wurden dagegen geographische Bezeichnungen sowie Namen von Institutionen, Organisationen, Kommissionen, Abkommen, Konventionen und Übereinkommen wie etwa *IPCC* (Intergovernmental Panel on Climate Change)[279]. Als Anglizismen werden alle Lemmata und Entsprechungen betrachtet, die in einem von den oben erwähnten Wörterbüchern die Herkunftsangabe *engl.*, *aus engl. x*, wobei x ein englisches Sprachzeichen ist, *nach engl. x*, *zu engl. x*, *amerik.*, *amer.*, *austr.*, *AE*, *BE* u. a. tragen. Anglizismus wird in der vorliegenden Arbeit als Oberbegriff für Britizismus, Amerikanismus, Australianismus etc. verstanden. Alle Anglizismen, die im deutschen und im finnischen Korpus angegeben werden, sind in den Anhängen 2 und 3 der Arbeit aufgelistet.

In der vorliegenden Arbeit werden als Anglizismen nur diejenigen Ausdrücke betrachtet, die in unveränderter bzw. in zum Teil veränderter Form aus dem Englischen in die aufnehmenden Sprachen Deutsch und Finnisch übertragen worden sind und die durch ihre Form und häufig durch ihre Aussprache den englischen Ursprung erkennen lassen. Gleichfalls werden Entlehnungen, die zwar in einer anderen Fremdsprache – z. B. im Lateinischen oder im Griechischen – entstanden, die aber erst durch das Englische und die englische Vermittlung ins Deutsche bzw. ins Finnische übernommen worden sind, hier in solchen Fällen als Anglizismen betrachtet, wo bei den Termini die etymologische Markierung *über engl.*/ *engl.* angeführt wird. Internationalismen, wie etwa *global*, *Habitat* etc., d. h. Termini gräkolateinischen Ursprungs, die in gleicher Bedeutung und gleicher oder ähnlicher Form im Deutschen, im Finnischen, im Englischen und in vielen anderen Sprachen verbreitet sind, werden hier nur in dem Fall behandelt, wenn die begründete Vermutung besteht, dass die deutschen bzw. die finnischen Termini

---

277 *Krill*, der; -[e]s, -e [engl. krill < norw. (mundartl.) kriłÿÿ= Fischbrut]: kleine Garnele von orangeroter Farbe (die in großer Zahl im Plankton antarktischer Meere vorkommt) D-DUW (2006).

278 *dekontaminieren* ‹nach *engl.* to decontaminate›: eine Dekontamination vornehmen, entgiften. *Dekontamination*, die; - ‹aus gleichbed. *engl.* decontamination […]›: a) Entgiftung, Entfernung von Neutronen absorbierenden Spaltprodukten aus dem Reaktor; b) Sammelbez. für alle Maßnahmen, durch die für ein von atomaren, biol. od. chem. Kampfstoffen verseuchtes Objekt die Voraussetzungen geschaffen werden, dass Menschen u. Tiere ohne Schutzvorkehrungen wieder mit ihm in Berührung kommen dürfen (D-FWB 2000, 302).

279 *IPCC*: Das 1988 von WMO [World Meteorological Organization] und UNEP [United Nations Environment Programme] gegründete zwischenstaatliche Gremium zum Problem der Klimaschwankung (vgl. Hupfer 1998, s. v. IPCC).

unter Einfluss der entsprechenden englischen Termini häufiger verwendet werden oder unter englischem Einfluss wiederbelebt worden sind. Schwierigkeiten ergeben sich bei der Zurückverfolgung des Entlehnungsweges mancher Termini, weil die etymologischen Angaben häufig mangelhaft sind. Insbesondere in den finnischen Fremdwörterbüchern werden die vermittelnden Sprachen nicht selten verschwiegen, und in den etymologischen Wörterbüchern für die finnische Sprache sind nur einige wenige Fachwörter lemmatisiert.

D) Forschungsstand

Die deutschen Sprachforscher haben sich bereits vor 1945 dem englischen Einfluss auf das Deutsche zugewandt, ihn aber erst mit dem massiven Auftreten von Anglizismen nach diesem Zeitpunkt, in erster Linie im westlichen Teil Deutschlands, intensiv untersucht (Fink/Fijas/Schons 1997, 6). Die meisten Monografien zum englischen Einfluss auf die deutsche Sprache stellen laut Busse (1993, 3) den Zustand um die vorige Jahrhundertwende bzw. die historische Entwicklung bis in die 1930er Jahre dar. Jüngere Arbeiten beschränken sich in erster Linie auf einzelne Zeitabschnitte oder Sachgebiete, insbesondere auf die Pressesprache, wie etwa die von Yang (1990), der Anglizismen im Deutschen am Beispiel des Nachrichtenmagazins *Der Spiegel* der Jahre 1950, 1960, 1970 und 1980 untersucht. Busse (1993) konzentriert sich auf die Darstellung englischen Wortguts in den Angaben des Rechtschreibdudens von 1880 bis 1986. Die Arbeit von Fink/Fijas/Schons (1997) stellt eine umfassende quantitative Analyse des Auftretens von Anglizismen und deren Rezeption in den neuen Bundesländern nach der Wiedervereinigung dar. Glahn (2002) zeigt an Hand methodisch ausgewählter Fernsehsendungen den Einfluss des Englischen auf gesprochenes Deutsch. Der Sammelband von Muhr/Ketteman (2002) thematisiert den Einfluss des Englischen auf verschiedene europäische Sprachen zur Jahrtausendwende. Was die Untersuchung von Fachsprachen anbelangt, so geht beispielsweise Alanne (1964) auf das Eindringen von Fremdwörtern in den Wortschatz der deutschen Handelssprache des 20. Jahrhunderts ein. Laut ihm (ebd., 355) war das Überwiegen angloamerikanischer Einflüsse in der deutschen Handelssprache – insbesondere im Außenhandel – bereits 1958 unverkennbar. Schmitt (1985) untersucht Anglizismen in der Fachsprache der Kerntechnik. Über den Einfluss des Englischen auf die deutsche medizinische Fachsprache informiert Wiese (1994, 20f.). Kovtun (2000) beschäftigt sich mit der Integration von Wirtschaftsanglizismen in die deutsche Sprache, während Chang (2005) Wortbildung und Bedeutungskonstitution von Anglizismen als einen zunehmend wichtigen Teil der deutschen Fachsprache der Computertechnik behandelt.[280]

280 Zum Stand der Erforschunbg von Anglizismen im Deutschen ausführlicher z.B. Yang (1990, 5–7), Busse (1993, 3–5) u. Fink/Fijas/Schons (1997, 6–21).

Was die finnische Sprache anbelangt, so hat sie im Laufe ihrer Geschichte Wörter aus zahlreichen verschiedenen Sprachen übernommen. Im finnischen Wortschatz existieren Entlehnungen aus sehr unterschiedlichen Zeitschichten. Die historisch orientierte Sprachwissenschaft kann uralte Lehnwörter nachweisen, die aus der Zeit stammen, als die finnougrische und die indoeuropäische Ursprache sich noch nicht in die späteren Einzelsprachen aufgeteilt hatten. Ebenfalls in prähistorischer Zeit hatten die Vorfahren der Finnen Kontakte zu den Balten, Germanen und Slawen, aus deren Sprachen sie zahlreiche Lehnwörter übernahmen. Der größte Teil der Entlehnungen im Finnischen stammt jedoch aus der schwedischen Sprache. Das heutige Finnland gehörte ab dem 12. Jahrhundert bis ins Jahr 1809 zum Königreich Schweden. Während dieser Zeit war die Oberschicht schwedischsprachig, und es wurden sehr viele Lehnwörter aus dem Schwedischen in die finnische Sprache übernommen. Jedoch nur ein geringerer Teil dieser Lehnwörter stammt ursprünglich aus dem Schwedischen. Der überwiegende Teil der Lehnwörter, die durch die schwedische Sprache ins Finnische entlehnt worden sind, geht auf das Lateinische, Griechische, Französische, Deutsche, Italienische, Spanische, Englische, Arabische, Lappische und andere Sprachen zurück. (Vgl. L. Hakulinen 1979, 349–382.)[281]

Die kurze Zugehörigkeit Finnlands zu Russland hat in der Sprache weit weniger Spuren hinterlassen, zumal Russisch nie Amtssprache war. Die bisher letzte Welle des Fremdspracheneinflusses stellen Wörter aus dem Englischen dar, die in erster Linie in den letzten Jahrzehnten ins Finnische übernommen worden sind und die daher für das heutige Finnisch besonders charakteristisch sind (vgl. P. Sajavaara 1989, 69f.) Grob geschätzt kann festgestellt werden, dass die älteren Fremd- und Lehnwörter aus verschiedenen Sprachen zum großen Teil durch die schwedische Sprache und die neueren durch das Englische übernommen worden sind (P. Sajavaara 1989, 67).

Um den englischen und amerikanischen Einfluss auf die finnische Sprache und Kultur zu eruieren, wurde in der Universität Jyväskylä gegen Ende der 1970er Jahre ein Forschungsprojekt ausgeführt. Ziel der Unternehmung war es, die Bereiche der Kommunikation und der sozialen Tätigkeit herauszufinden, in denen sich der Einfluss des Englischen in das alltägliche Leben der meisten Finnen erstreckt. Das Projekt suchte zu klären, wie und über welche Kanäle Anglizismen ins Finnische eindringen, wie sie verstanden werden, wie sie sich im Finnischen einbürgern sowie wie die Sprecher des Finnischen die kulturbedingten Bestandteile der Anglizismen interpretieren und modifizieren. (Vgl. K. Sajavaara/Lehtonen 1981, 290; s. auch K. Sajavaara 1983, 41.) Vor dem Projekt war das Niveau der

281 Zu etymologischen Schichten des finnischen Wortschatzes sowie zur Sprachkontakt- und Lehnwortforschung der indogermanischen und uralischen Sprachen siehe u. a. L. Hakulinen (1979, 11–15, 309–382); M. Korhonen (1990); Häkkinen (1996, 127–166 u. 1997, 162–273) sowie die Untersuchungen von Koivulehto, u. a. (1999). Schriftenverzeichnis von Koivulehto in Hyvärinen/Kallio/J. Korhonen (2004), 473–486.

Erforschung von Anglizismen in Finnland noch nicht über die Ebene von vereinzelten Qualifizierungsarbeiten (Magisterarbeiten) zu den Themenbereichen Wirtschaft und Sport hinausgekommen (vgl. K. Sajavaara/Lehtonen 1981, 290).

Eine umfassendere Abhandlung zum Thema Anglizismen in der finnischen Sprache hat Pulkkinen (1984) verfasst. Er (1984, 5) versucht, ein „Inventar" der Verbreitung des englischen Wortbestandes in der finnischen Gemeinsprache aufzustellen und beschäftigt sich sowohl mit evidenten als auch mit latenten Einflüssen. Pulkkinen (1984, 7) stellt fest, dass die ältesten Fremdwörter aus dem Englischen in erster Linie durch die schwedische Sprache übernommen worden sind und dass direkte Entlehnungen hauptsächlich erst nach dem Zweiten Weltkrieg üblicher wurden, da aus dem Englischen überaus viele Texte ins Finnische übersetzt werden.

Bemerkungen zu Anglizismen finden sich außerdem u. a. in P. Sajavaara (1989, 81–86), Stenvall (1999) und Nuolijärvi (1992). Die Entwicklung des Einflusses der englischen Sprache auf das Finnische in der neuesten Zeit legt Hiidenmaa (2004, 54–107) dar. Ungeachtet der Tatsache, dass die Ausbreitung von englischen Termini beispielsweise in der medizinischen Fachsprache (Maamies 1999), in der Fachsprache der Computertechnik (Kantonen 1998) wie auch in vielen anderen Bereichen der Wissenschaft und der Technik (Hiidenmaa (2004, 74) außerordentlich stark ist, ist der Einfluss, den das Englische auf die finnischen Fachsprachen erlangt hat, bisher sehr wenig thematisiert worden.

Mit der Erforschung von Anglizismen in der Fachsprache der Ökologie und des Umweltschutzes hat sich bisher nur Fill mit seinem Beitrag zu Anglizismen im deutschen Umweltwortschatz (2002) auseinandergesetzt. Laut ihm (2002, 88) spielen Anglizismen in der Fachsprache der Ökologie und des Umweltschutzes eine geringere Rolle als in vielen anderen Fach- und Wissenschaftssprachen. Beispielsweise unter den 45 000 Eintragungen in dem deutsch–englischen *Wörterbuch Umwelt* von Degering (1996) finden sich – so Fill (ebd.) – nur etwa 250 englischsprachige Fachwörter und Termini mit englischen Elementen. Dies entspricht ca. 0,55 Prozent von allen Eintragungen. In dieser Zahl zählt Fill (ebd.) bereits Ableitungen, Komposita und Mehrwortbenennungen mit *Container*, *Recycling* und anderen häufig vorkommenden Fachwörtern mit, die den Großteil der Anglizismen im Bereich des Umweltschutzes ausmachen. Im Stichwortverzeichnis des dtv-Atlasses *Ökologie* von Heinrich/Hergt (1990) beträgt der Anteil von Anglizismen 1,26 Prozent, d. h. von den 2 380 im Atlas verzeichneten Termini sind 30 Anglizismen (vgl. Fill 2002, 88). Auch in dem dreibändigen *Anglizismen-Wörterbuch* (= AWb 1993–1996) von Carstensen/Busse/Schmude, das ca. 3 500 Anglizismen verzeichnet, stammen nur einige wenige aus dem Umweltbereich.

E) Auswertung der untersuchten Korpora

Im Folgenden sollen einige auffällige Besonderheiten von Anglizismen im deutschen und im finnischen Korpus zu Bezeichnungen im Bereich Ökologie und Umweltschutz untersucht werden, ohne dass damit Anspruch auf Vollständigkeit erhoben wird.

E1) Anglizismen im deutschen Korpus

Im deutschen Korpus, das insgesamt 2 994 Eintragungen, d.h. 2 994 Übersetzungsäquivalente für englische Lemmata umfasst, konnten insgesamt 75 Anglizismen gefunden werden (s. Anhang 2). Dies entspricht 2,5 Prozent von allen Eintragungen. Demgemäß ist der Anteil der Anglizismen im untersuchten Korpus etwas größer als bei Fill (2002,88).[282]

Die eindeutige Klassifikation der Ausdrücke *global*, *Bio-* und *Habitat* bereitet Schwierigkeiten. Im D-DUW (2006) und D-FWB (2000) wird *global* als aus dem Lateinischen entlehnt angegeben, im etymologischen Wörterbuch von Kluge (1999) fehlt der Ausdruck. Im AWb (1994, 577) ist *global* zwar verzeichnet, da aber OED[283] (1989) *global* auf das Französische zurückführt und erst seit 1892 für das Englische belegt, kann laut AWb (1994, 577) nicht mit Sicherheit entschieden werden, ob *global* auf das Englische oder das Französische zurückgeht oder lediglich durch den Einfluss einer der beiden Sprachen frequenzgesteigert worden ist. *Global* wurde nicht in die Untersuchung aufgenommen.

Bei *Bio-*, *bio-* findet man in den untersuchten Wörterbüchern folgende Angaben:

> **Bio-, bio-,** seit früherem 18. Jh. als erster Bestandteil in Entlehnungen aus dem Lat. oder in gelehrtenlat. Bildungen, im weiteren Verlauf des 18. Jhs. zunehmend als initiale Lehn-Wortbildungseinheit in dtsch. oder international gebildeten Kombinationen, deren zweite Bestandteile zunächst aus dem Griech./Lat. stammen, im Laufe des 19. und 20. Jhs. aber zunehmend selbständige, häufig auch indigene Lexeme darstellen [...], zurückgehend auf das griech. Kompositionsglied *βio-* in subst. und adj. Komposita, zu *βioς* 'Leben, Lebenszeit, -dauer' [...] und 'Lebensart, -weise, -gewohnheit; Lebensunterhalt (von vernünftigen Wesen, Menschen)' (DFWb 1997, 312).

> In neuerer Zeit hat sich [Bio-] vor allem durch die Fortschritte auf dem Gebiet der ~technik und Gentechnologie zu einem produktiven Wortbildungselement entwickelt. Bei den

---

282 Einen viel größeren Stellenwert besitzen die Anglizismen dagegen z.B. in der deutschen Fachsprache der Computertechnik: Das Datenkorpus von Chang (2005, 69) besteht aus den in 24 Fachtexten vorkommenden Komposita. Die erfassten Komposita betragen insg. 4 969. Dabei fällt mit 62,47 Prozent (3 104 Belege) der größte Anteil auf Anglizismen.

283 OED (1989) = The Oxford English Dictionary (1989). Prepared by J. A. Simpson and E. S. C. Weiner. 20 vols., 2nd ed. Oxford: Clarendon Press (vgl. AWb 1993, 127).

neueren Bildungen mit ~ geht es meist nicht mehr nur um die Erforschung von Lebewesen und biologischen Abläufen, sondern auch um den Eingriff in die Genstruktur und die Nutzbarmachung biologischer Vorgänge für technische Zwecke. [...] ~ ist ein Internationalismus, der allerdings bes. durch die engl. Sprache verbreitet wird. Im Engl. sind Komp. mit *bio-* [...], bedingt durch die Fortschritte, die vor allem in den USA auf dem Gebiet der ~technik und Gentechnologie zu verzeichnen sind, sehr häufig geworden, so daß ~ im Dt. wahrscheinlich unter engl. Einfluß eine Frequenzsteigerung erfahren hat. (AWb 1993, 123)[284]

Bei *Biotest* – engl. *bioassay (test)* – ist nicht ohne Vorbehalt zu entscheiden, ob es sich um ein dem Englischen direkt entlehntes Kompositum oder um ein Mischkompositum aus griechischem und englischem Wortgut handelt. Keines der für die vorliegende Untersuchung herangezogenen Wörterbücher führt das Kompositum auf. Das Element des Kompositums, das eindeutig dem Englischen entlehnt worden ist, ist *Test*. Da aber *Bio-* im Deutschen bereits früher belegt ist als das Kompositum, wird *Biotest* in der vorliegenden Arbeit mit eingeschränkter Bestimmtheit als Mischkompositum klassifiziert. Ein direkt entlehntes Kompositum ist jedoch nicht auszuschließen.

Die Benennung *Habitat* wird in der Bedeutung ‚Lebensraum' von Fill (2002, 91) als Anglizismus bezeichnet. Im AWb (1994) fehlt dagegen der Ausdruck. Im D-FWB (2000, 529) ist *Habitat* als ursprünglich dem Lateinischen entlehnt registriert und in der Biologie und Ökologie mit „Standort, an dem eine Tier- od. Pflanzenart regelmäßig vorkommt" umschrieben (vgl. auch Meyers 1994, Bd. 1, 307). Im DicEnS (1998, 185) wird der Ausdruck wie folgt definiert:

**habitat** *n.* the place where an organism or species normally lives, characterized by the physical characteristics of the environment and/or the dominant vegetation or other stable biotic characteristics. Examples of habitats can be as general as lakes, woodland, soil, etc., or more specific, such as mudflats, the bark of an oak tree, chalk downland, etc.

In der Anthropologie wird *Habitat* als „Wohnplatz von Ur- und Frühmenschen" definiert (Meyers 1994, Bd. 1, 307; vgl. auch D-FWB 2000, 529). Im D-FWB (2000, 529) ist *Habitat* noch ergänzend mit dem semantischen Inhalt „Wohnstätte, Wohnraum, Wohnplatz" aufgeführt, der als sicher dem Englischen entlehnt dargestellt wird:

*Habitat*, das; -s, -e ‹aus *lat.* habitatio „das Wohnen, die Wohnung", Bed. 2 über gleichbed. *engl.* habitat›: 1a) Standort, an dem eine Tier- od. Pflanzenart regelmäßig vorkommt; b)

---

284 Zu *Bio-/bio-* mit dem Merkmalskomplex ‚Eingriff in die Baupläne des Lebens' siehe G. D. Schmidt (1984). Mit dieser Bedeutungserweiterung steht *Bio-/bio-* im Gegensatz zum *Bio-/bio-* mit dem weiteren Merkmal ‚Natur-/natürlich' oder ‚ohne Verwendung synthetischer Zusätze erzeugt' bzw. ‚ohne chemische Hilfsmittel erzeugt' (Olt 1983). Zur Bedeutungserweiterung von *Bio-/bio-* s. auch Haß (1989a, 438–446).

Wohnplatz von Ur- u. Frühmenschen. 2.a) Wohnstätte, Wohnraum, Wohnplatz; [...][285] (D-FWB 2000, 529).

Daraus ist zu schließen, dass es sich bei *Habitat* in der Bedeutung, die der Begriff in der Fachsprache der Ökologie und des Umweltschutzes hat, aller Wahrscheinlichkeit nach nicht um einen Anglizismus handelt. Aus diesem Grund wurde *Habitat* nicht in die Untersuchung aufgenommen.

Im deutschen Korpus finden sich unter den Anglizismen die Wortarten Substantiv, Adjektiv und Verb. Die weitaus größte Gruppe der festgestellten Anglizismen entfällt auf die Substantive, die mit 71 Vorkommen 94,7 Prozent der Gesamtzahl ausmachen. Die dominierende Stellung der Substantive unter Anglizismen ist nicht verwunderlich, da sich die meisten übernommenen Termini auf neue Begriffe, auf neue Techniken und Erfindungen beziehen, die zuerst in den englischsprachigen Ländern entstanden sind und für die es in der deutschen Sprache häufig keine entsprechende Benennung gibt. Mit Ausnahme von einigen wenigen Simplizia, z. B. *Klon* und *Krill*, sind die Entlehnungen Derivate, Komposita, Mehrwortbenennungen und Buchstabenkurzwörter.

An zweiter Stelle folgen mit weitem Abstand die Adjektive mit 3 Belegen. Sie machen 4 Prozent der Gesamtzahl der Anglizismen aus. Unter den Korpusbelegen sind drei Arten von Adjektiven zu unterscheiden, und zwar das formal unintegrierte *adult* (< engl. adult), die formal teilweise integrierte Entlehnung *konservativ* (< engl. conservative, D-DUW 2006) sowie das zusammengesetzte Adjektiv mit dem durch die englische Sprache entlehnten Substantiv als Bestimmungswort und dem deutschen Adjektiv als Grundwort: *canyonartig*. Die Wortklasse der Verben ist im Korpus nur mit einem Beleg vertreten: *dekontaminieren* (< decontaminate).

Die im untersuchten Korpus gefundenen Anglizismen – insgesamt 75 Belege – sind in zwei Gruppen zu teilen: die Gruppe A bilden solche Anglizismen (45 Belege), die zumindest eine Bezeichnungsvariante im Deutschen besitzen, und zur Gruppe B gehören diejenigen Anglizismen (30 Belege), die im Deutschen keine lexikalische Entsprechung haben. So haben also 60 Prozent aller belegten Anglizismen zumindest eine Entsprechung in der deutschen Sprache. Da sich dieses Kapitel die Beschreibung und Untersuchung der Bezeichnungsvariation zum Ziel gesetzt hat, werden im Folgenden nur diejenigen Anglizismen näher betrachtet, die wenigstens eine Entsprechung im Deutschen haben.

Wie bereits erwähnt, können als zur Gruppe A gehörig, d. h. Anglizismen mit Bezeichnungsvarianten in der deutschen Sprache (s. Anhang 2), insgesamt 45 Anglizismen gezählt werden, was 1,5 Prozent der Gesamtzahl aller Äquivalente für englische Lemmata ausmacht. In dieser Zahl werden auch bereits alle Ab-

---

285 Vgl. auch Chambers (2003, 665), in dem Habitat folgendermaßen beschrieben wird: „the normal abode or locality of an animal or plant (*biol*); the physical environment of any community; the place where a person or thing can usually be found (*facetious* or *inf*)".

leitungen, Komposita und Mehrwortbenennungen mitgezählt. Dabei fällt mit 68,9 Prozent (31 Belege) der größte Anteil auf Komposita. Bei den Komposita sind zwei Untergruppen zu unterscheiden: Die Untergruppe mit ausschließlich englischen Elementen (*Feedback*, *Leaf-Area-Index*) macht mit 2 Belegen 4,4 Prozent der gesamten Anglizismen und 6,5 Prozent der Gesamtzahl der Komposita (englische Komposita + hybride Komposita) aus. Die Untergruppe der hybriden Komposita, auch Mischkomposita genannt, ist mit Abstand die größte unter den Komposita. Der Anteil der hybriden Komposita beträgt mit 29 Belegen – z. B. *Nährstoffimport*, *Arten-Turnover* – 64,4 Prozent der gesamten Anglizismen und 93,5 Prozent der Gesamtzahl aller Komposita. Auch Fill (2002, 92) stellt in seinen Untersuchungen fest, dass viele Umweltanglizismen aus englischen und deutschen Teilen bestehen und erläutert das Gesagte durch die hybride Komposita *Cash-crop-Pflanzen*[286] und *Input-output-Beziehung* (‚Stoff-/Energietransfer' Fill, 2002, 91). Die Wortbildungsart hybrides Kompositum wird in der deutschen Sprache immer häufiger, und in vielen Fällen werden hybride Komposita ohne Anlehnung an ein englisches Vorbild gebildet (Chang 2005, 33f.).

Im Interesse der Kürze werden mehrgliedrige englische Komposita häufig in der dem Englischen eigenen Wortbildungsform übernommen. Dabei werden in ihrer englischen Form diejenigen Glieder belassen, die eine beschreibende Übersetzung bzw. eine längere Umschreibung erforderlich machen würden. Übersetzt werden nur diejenigen Glieder, die sich problemlos ins Deutsche übertragen lassen. (Vgl. Walter 1990, 250.) Die Umschreibungen lassen neben dem begrifflichen Inhalt des Anglizismus in der Regel auch die assoziativen, emotionalen, stilistischen und wertenden Nebenbedeutungen erkennbar werden. Die folgenden Beispiele sollen dies demonstrieren:

| | |
|---|---|
| decontamination programme | Dekontaminationsprogramm (LFwbKÖ 2001, 69) (< Entseuchung, Entgiftung (bes. eines durch atomare, biologische od. chemische Stoffe verseuchten Objekts od. Gebiets) (D-DUW 2006), |
| knockdown effect | Knockdown-Wirkung (< sofortige, aber rasch abklingende Wirkung bestimmter Pestizide) (LFwbKÖ 2001, 143). |

Simplizische Grundwörter und Derivate wie etwa *Klon* und *Dekontaminierung* machen mit 6 Belegen 13,3 Prozent der gesamten Anglizismen aus. Buchstabenkurzwörter mit englischen Vollformen kommen 5mal vor, was einem Prozentsatz von 11,1 entspricht. Darüber hinaus kommen Anglizismen auch in Mehrwortbe-

286 *Cash-crop-Pflanzen* crops, e.g. coffee and cocoa, that are cultivated primarily for export to earn hard currency, often at the expence of growing subsistence food crops for local consumption (DicEnS 1998, 65); zum Verkauf bestimmte Ernte (Fill 2002, 91); Handelspflanzen (Heinrich/Hergt 1998, 145).

nennungen mit 3 Belegen (6,7 Prozent) vor: *Flotation mit gelöster Luft*, *ökologische Kompatibilität*. Der Tendenz zur Begriffserweiterung steht die zur Benennungskürzung gegenüber. Im Unterschied zur Begriffserweiterung werden bei der Benennungsverkürzung begrifflich keine neuen Ausdrücke gebildet, sondern es handelt sich dabei um Benennungsvarianten, die als Wortbildungsvarianten bezeichnet werden können. Die Benennungskürzung dient zur Erleichterung der Kommunikation.

Am häufigsten kommt die unveränderte Übernahme vor, wie etwa in *adult*, *Knockdown-Effekt* oder in *Fallout*, in einer Bezeichnung aus der Kerntechnik, die aber weitgehend bekannt ist und die selbst in übertragener Bedeutung vorkommt. Ungeachtet dessen, dass die substantivischen Anglizismen im Deutschen nach den deutschen Rechtschreibregeln mit großen Anfangsbuchstaben geschrieben werden, werden unter unveränderter Übernahme Termini verstanden, die aus einer fremden Sprache übernommen und in der aufnehmenden Sprache ohne phonologische, orthographische, morphologische und semantische Veränderung verwendet werden und deren fremde Herkunft sich deutlich erkennen lässt (vgl. Yang 1990, 11). Im Korpus kommen aber auch Wörter englischer Herkunft vor, die sich an das morphologische und/oder phonologische und/oder orthographische System der deutschen Sprache angepasst haben, z. B. *Dekontamination* (< decontamination) und *Klimaimpakt* (< *impact of climate*).

E2) Anglizismen im finnischen Korpus

Im finnischen Korpus, das insgesamt 2 000 Lemmata mit 780 Bezeichnungsvarianten umfasst, konnten 52 Anglizismen gefunden werden (s. Anhang 3). Dies entspricht knapp 1,9 Prozent von allen Eintragungen.

Pulkkinen (1984, 61) bezeichnet *globaali(nen)* in der Bedeutung ‚weltweit, die ganze Welt betreffend < global‘[287] als Anglizismus. Koukkunen hingegen (1990, 154) belegt *globaalinen* in der Bedeutung ‚die ganze Welt betreffend, weltweit‘ wie folgt: < schwed. *global* (spätestens bereits Svensk uppslagsbok 1949) < frz. *global* (1864: ‚Total-‘) < *globe* ‚Kugel, Erdkugel‘ < lat. *globus* ‚kugelförmiger Körper, Kugel‘. Vgl. engl. *global* (1892: ‚weltweit‘ [1676: ‚kugelähnlich, kugelförmig‘] und dt. *global* (20. Jh.)[288]. Turtia (2001, 327 u. 2005, 169) führt *globaali*, *globaalinen*, *globaali-* in der Bedeutung (1) ‚die Erdkugel betreffend, die ganze Erde betreffend, weltweit‘, (2) ‚universal, komplett, total-,

---

287 Übersetzt von A. L.; *globaali(nen)*: „maailmanlaajuinen, yleismaailmallinen < global“ Pulkkinen (1984, 61).

288 Übersetzt von A. L.; *globaalinen* „yleismaailmallinen, maailmanlaajuinen < ruots. *global* (ainakin jo Svensk uppslagsbok 1949) < ransk. *global* (1864: 'kokonais-') < *globe* 'pallo, maapallo' < lat. *globus* 'pyöreä kappale, pallo'. Vrt. engl. *global* (1892: 'maailmanlaajuinen' [1676: 'pallomainen, pallonmuotoinen'] ja saks. *global* (1900-l)“ (Koukkunen 1990, 154).

allgemein' auf das lateinische Wort *globus* ,Kugel, Erdkugel' zurück[289]. Für die Klassifizierung des Ausdrucks *globaali(nen)* in der Bedeutung ,weltweit, die ganze Welt betreffend' als Anglizismus spricht nicht nur die Registrierung bei Pulkkinen (1984, 61), sondern auch die Verwendung von *global* in der Bedeutung ,weltweit' im Englischen zeitlich fast sechs Jahrzehnte früher als im Schwedischen (vgl. Koukkunen 1990, 154), wenn auch das Wort bei Koukkunen (ebd.) als ursprünglich lateinisches Wort ausgewiesen ist, das über das Französische und von dort erst gegen Mitte der 50er Jahre des 20. Jahrhunderts ins Finnische gelangt sei.

Im finnischen Korpus kommt *globaali* ,global' nur einmal vor, und zwar als Bestimmungswort in der Bezeichnung *globaalisäteily* ,Globalstrahlung'. Die Bezeichnung wird definiert als „Solar radiation, direct and diffuse, received from a solid angle of 2π steradians on a horizontal surface" (EnDic2004, 241). Mit Hilfe der Definition und der oben erwähnten Wörterbücher kann festgestellt werden, dass es sich bei *globaali* als Bestimmungswort des Kompositums *globaalisäteily* aller Wahrscheinlichkeit nach nicht um einen Anglizismus handelt.

Die im untersuchten finnischen Korpus gefundenen 52 Anglizismen lassen sich ebenfalls in zwei Gruppen teilen: die Gruppe A bilden Anglizismen mit zumindest einer Bezeichnungsvariante im Finnischen und zur Gruppe B gehören diejenigen Anglizismen (15 Belege), die im Finnischen keine lexikalische Entsprechung besitzen. Als zur Gruppe A gehörig (s. Anhang 3) können insgesamt 37 Anglizismen gezählt werden, was 71,2 Prozent von den belegten Anglizismen sowie gut 1,3 Prozent der Gesamtzahl aller Eintragungen ausmacht.

Im finnischen Korpus sind alle Anglizismen zur Wortart Substantiv zu zählen. Charakteristisch für das Finnische ist die Verwendung von Buchstabenkurzwörtern mit englischsprachigen Vollformen. Das englische Kurzwort wird selbst in den Fällen beibehalten, in denen versucht wird, den durch das Kurzwort bezeichneten Begriff mit einer finnischen Bezeichnung zu belegen. So wird etwa zusätzlich zum Terminus *ennustettu jakauma ympäristössä* das Kurzwort *PNEC* (< predicted no effect concentration) und zu *biologinen kertyvyystekijä* das Kurzwort *BCF* (< bioconcentration factor) verwendet. Die Buchstabenkurzwörter machen mit 28 Vorkommen 75,7 Prozent der Gesamtzahl der Anglizismen aus, für deren Bedeutung in der finnischen Sprache zumindest eine lexikalische Entsprechung existiert.

Die empirische Analyse nach dem Wortbildungsaspekt zeigt weiter, dass von den 37 festgestellten Anglizismen mit einer Entsprechung in der finnischen Sprache 4 auf Derivate sowie 4 auf Komposita fallen. Alle Komposita sind hybride Komposita. Wie den Belegen noch zu entnehmen ist, sind alle Anglizismen formal

289 Übersetzt von A.L.; *globaali, globaalinen, globaali-* „(lat. *globus* 'pallo, maapallo') 1) Maapalloa koskeva; yleismaailmallinen, maailmanlaajuinen. – 2) Yleinen, täydellinen, kokonais-, yleis-" (Turtia 2001, 327 u. 2005, 169).

teilweise integrierte Entlehnungen, vgl. z. B. *konurbaatio* (< conurbation) oder *elektroniikkaromu* (< electronic scrap).

Fremdwörter haben sich im Laufe der Übernahme in ihren phonetischen und orthographischen Eigenschaften in der Regel dem finnischen Sprachsystem angepasst. Besonders um die Flexion zu erleichtern, bekommen die Entlehnungen in der Regel ein wortartspezifisches indigenes Wortbildungssuffix angehängt, das dann keine spezifische Wortbildungsbedeutung hat. Neuere Lehnwörter werden meistens durch Anhängung des epenthetischen *-i* gebildet (A. Hakulinen u. a. 2004, 175f.), vgl. *komposti* < compost, *freoni* < freon. Üblich sind auch nominale Entlehnungen auf *-iO*[290] (Vesikansa 1978, 62; A. Hakulinen u. a. 2004, 221), vgl. *flotaatio* (< flotation), *konurbaatio* (< conurbation[291]). Nur sehr wenige Anglizismen werden in der finnischen Umweltterminologie in gleicher Weise ausgesprochen und geschrieben wie in der Herkunftssprache. Englische Termini und entsprechende Kurzwörter in unveränderter Form finden Verwendung in erster Linie bei der Darstellung neuer und neuester Erkenntnisse des technischen Umweltschutzes, z. B. *decoupling*, *factor 10* (Välimäki 2002), *rebound-ilmiö* (< rebound effect, Välimäki 2002; Perkonoja 2001, 105), *steady-state-talous*[292] (< steady-state economy), *factor 4* (Perkonoja 2001, 101), *CAFE-ohjelma* (< Clean Air for Europe, Lyytimäki 2006, 108).

## F) Ursachen für die Verwendung von Anglizismen

Zum Schluss soll der Blick auf die stilistischen Aspekte der Anglizismen gerichtet werden. Es soll zugleich gefragt werden, warum in vielen Fällen Anglizismen bevorzugt werden, obwohl es im Deutschen oder im Finnischen häufig eine Entsprechung gibt. Als wichtigste Gründe für die Übernahme englischen Wortschatzes werden die Funktion des Englischen als internationale Wissenschaftssprache und als übernationale Mittlersprache (Goy 2001, 50), die Intensivierung der internationalen Kommunikation, die wachsende Vernetzung der Welt sowie die Entlehnung mit der Sache aufgefasst (vgl. Schmitt 1985, 211; Schippan 1992: 268f.; Gärtner 1997, 138f.). Viele Fremdwörter werden wohl auch deshalb übernommen, weil die Entlehnung das einfachste Verfahren ist, neue Begriffe zu benennen (K. Sajavaara/Lehtonen 1981, 289). Für einen entlehnten Begriff wird zunächst einfach die Bezeichnung der Gebersprache verwendet, weil der fremdsprachige Terminus zur Bezeichnung des entlehnten Begriffs bereits verbindlich kodifiziert ist und weil eine geeignete eigensprachige Bezeichnung nicht vorhanden ist. Dass Fachleute in vielen Fällen keine ein-

---

290 Der Großbuchstabe steht für die durch die Vokalharmonie bedingte Variation: A = a/ä, O = o/ö, U = u/y.

291 *Conurbation* „L *con-* together, and *urbs* city" (Chambers 2003, 329).

292 *Steady state* ‚im Gleichgewicht, ausgeglichen' (Fill 2002, 92).

heimischen Äquivalente für neue im englischen Sprachraum entstandene Fachbegriffe anbieten können, ist laut Välimäki (2002) zum Teil darauf zurückzuführen, dass sich auch die Forscher nicht einigen können, was die Begriffe bedeuten. Sie stellen neuartige gesellschaftliche Entwicklungsprozesse sowie Bestrebungen und Risiken dar, die erst im Entstehen begriffen sind. Überdies bilden sich diese Begriffe hauptsächlich in der internationalen Fachkommunikation heraus, die auf Englisch geführt wird. (Vgl. Välimäki 2002.) Englische Benennungen werden laut Wiese (1994, 21) vor allem in spezialisierten wissenschaftlichen Texten offenbar identifizierend zur Absicherung der Kommunikation verwendet.

In einem neu entstandenen oder rasch fortgeschrittenen Wissenschaftszweig, wie etwa im Umweltschutz, ist in vielen Fällen nur für den englischen Terminus eine Definition vorhanden, wie z. B. für *GWB, Global Warming Potential*[293]. Im Interesse der einheitlichen Verwendung von neu gebildeten Termini aus dem englischsprachigen Raum geben die Fachleute dem aus der englischsprachigen Fachliteratur entnommenen Originalterminus gegenüber einer Übersetzungsvariante den Vorzug. Die Kenntnis und die Verwendung der englischen Originaltermini auf dem jeweiligen Fachgebiet sind für die internationale Verständigung der Fachexperten untereinander unerlässlich.

Eine wichtige Ursache für die Entlehnung ist das Vorhandensein einer bis ins Einzelne ausgearbeiteten Terminologie in der Sprache, aus der entlehnt wird. So können Termini aus einem Fachgebiet direkt aus dem Englischen übernommen werden, obgleich für die Termini indigene Äquivalente zu finden wären. (Vgl. Pfandl 2002, 124.) Englischsprachige Benennungen sind eindeutig, d. h. durch den fachlichen Kontext monosemiert, und erleichtern die Kommunikation unter Fachvertretern. Viele Anglizismen, die Benennungen und Bezeichnungen für neue Gegenstände, Sachverhalte, Erscheinungen u. a. darstellen und die als Termini vorkommen, sind laut Pfitzner (1978, 175) geeignet, größere Präzision zu erzielen, indem sie gewisse denotative oder konnotative Merkmale tragen, die den indigenen Entsprechungen fehlen (vgl. auch Yang 1990, 126; Hiidenmaa 2004, 27). Bestimmte Termini werden vorwiegend aus Präzisionsgründen in verschiedene Sprachen übernommen, um – völlig neutral – kommunikativen Missverständnissen vorzubeugen.

Die starke Zunahme des englischen Wortschatzes in den nicht-englischen Sprachen ist aber auch auf die große Flexibilität, Dynamik und Sprachökonomie des modernen Englischen zurückzuführen. Keine andere westliche Sprache verfügt über eine solche Vielzahl von kurzen Ausdrücken, die gleichzeitig auch noch prägnant sind, wie das Englische. (Vgl. Schippan 1992: 268f.; Gärtner

---

293 *GWP, Global Warming Potential*: „Kenngröße für die Klimawirksamkeit eines Treibhausgases, definiert als der Strahlungsantrieb des Klimas, der durch die einmalige Emission einer Masseneinheit (1 kg) des Treibhausgases relativ zum Treibhausverhalten der gleichen Masse $CO_2$ verursacht wird“ (Hupfer 1998, s. v. GWB).

1997, 138f.; s. auch Walter 1990, 249f.) Englischsprachige Benennungen lassen sich direkt oder modifiziert in das System der nicht-englischen Sprachen einordnen. Die Tendenz zur sprachlichen Ökonomie, die die Aspekte der Kürze der Benennung sowie die Präzision in der Wortwahl betont (vgl. Pfitzner 1978, 161), wird laut Yang (1990, 123) von vielen Linguisten als eines der wichtigsten Entlehnungsmotive für die Anglizismen betrachtet (s. auch Carstensen 1975, 30; Galinsky 1975, 71).

Im Deutschen und im Finnischen werden häufig Mehrworttermini, ganze Phrasen oder Sätze benötigt, um den Begriffsinhalt des entsprechenden englischen Terminus darzustellen, und selbst dann lässt sich nicht immer die gesamte Bedeutung wiedergeben. Beispiele dafür sind etwa die Termini *biodiversiteetti* (< biodiversity) vs. *luonnon monimuotoisuus* (Lyytimäki 2005, 21); *Fall-out* (Tox) (1) „Ablagern von Luftschadstoffen"; (2) „abgelagerte Luftschadstoffe"; i. e. S. „radioaktiver Fall-out" (LFwbKÖ 2001, 101); *Rainout* (1) „Ausfallen von Schadstoffen als Kondensationskerne atmosphärischer Niederschlagsteilchen", (2) „ausgefallene Schadstoffe" (LFwbKÖ 2001, 216); *Recycling*[294] „Aufbereitung und Wiederverwendung von Abfallstoffen, im Produktionsprozess anfallenden Nebenprodukten und insbes. von verbrauchten Endprodukten der Konsumgüterindustrie zur Herstellung neuer *Produkte*[295], um so die im Abfall enthaltenen Rohstoffe wieder in den Rohstoffkreislauf zurückzuführen" (AWb 1996, 1172). Anstelle von *Recycling* werden – so Haß (1989a, 508) – *Wiederverwertung* und *Rohstoffrückgewinnung* verwendet. Laut Pogarell/Schröder (2000, 132) können die Ausdrücke *recyceln* bzw. *recyclen* und *recycling* durch *wiederverwerten*, *Wiederverwertung*, *Wiederaufbereitung* und *(Wert-)Stoffkreislauf* ersetzt werden. Der Begriffsinhalt von *Recycling* ist aber viel umfangreicher, denn im Sprachgebrauch werden unterschiedliche Methoden als *Recycling* bezeichnet, und zwar die Wiederverwertung, Weiterverwendung, Weiterverwertung und Wiederverwendung (vgl. UL 1993, 583f.). Die eigensprachigen Entsprechungen für *Recycling* sind jedoch nur Benennungsvarianten des Anglizismus, denn vollsynonyme Bezeichnungen für *Recycling* gibt es im deutschen Wortschatz nicht. Die Verdeutschungen treffen nicht den Bedeutungsinhalt oder -umfang, sie sind nicht in gleichem Maße fähig zur Reihenbildung[296] und sie besitzen nicht die gleiche Neutralität.

294 Die Termini *recyclen* und *Recycling* wurden im März 2000 von dem Verein zur Wahrung der deutschen Sprache als „ärgerliche Angloamerikanismen" betrachtet. Als Ersatzwörter schlug der Verein die Ausdrücke *wiederverwerten* und *(Wert-)Stoffkreislauf* bzw. *Wiederverwertung* vor. (Vgl. Schiewe 2001, 285.)

295 Hervorhebung im Original.

296 Vgl. z.B. die Adjektivkomposita *recyclingaktiv, recyclingbedürftig, recyclingbewusst, recyclingfreudig, recyclingfreundlich, recyclinggeeignet, recyclingfähig, recyclinggerecht, recyclinggrau, recyclingoptimiert, recyclingorientiert, recyclingproblematisch, recyclingrelevant, recyclingswürdig, recyclingtauglich, recyclingunfreundlich, recyclingweiß, recyclingverdächtigt* (DW).

Neben den indigenen Termini dienen Anglizismen auch als Mittel der Ausdrucksvariation (Carstensen 1975, 30; Galinsky 1975, 71; Yang 1990, 126f.) und bereichern den heimischen Fachwortschatz, indem sie Bezeichnungsvarianten liefern und stilistische Variationsmöglichkeiten bieten. Manche Anglizismen eignen sich besonders dazu, unangenehm empfundene Sachverhalte, Gegenstände und Vorgänge zu benennen und zu umschreiben, denn sie haben einen Verfremdungs- und Verschleierungseffekt. (S. hierzu z. B. Carstensen 1975, 30, Galinsky 1975, 71 u. Yang 1990, 131.) Die Bezeichnung $LC_{50}$ (< Lethal Concentration Fifty vgl. SUL 2000, 703) etwa klingt häufig weniger hart als *keskimääräinen tappava pitoisuus* (EnDic2004, 220), *ADI-Wert* (< acceptable daily intake) freundlicher als *duldbare (zulässige) Tagesdosis* (LFwbKÖ 2001, 13).

Anglizismen sind auf vielfältige Weise geeignet, die Ausdrucksmöglichkeiten der deutschen und der finnischen Fachsprache des Umweltschutzes zu erweitern. Häufig lässt sich dabei funktional nicht eindeutig zwischen Sprachökonomie, Präzision, Erzeugung von Lokalkolorit oder semantischer Aufwertung unterscheiden, auch erfüllen sie nicht selten mehrere stilistische Aspekte. Stilistische Werte und Gebrauchsmotive von Anglizismen hängen eng zusammen. Viele Anglizismen erfüllen gleichzeitig mehrere stilistische Funktionen.

## G) Resümee

Auf Grund der begrenzten Anzahl der untersuchten Termini lässt die vorangegangene Übersicht noch keine endgültigen Schlussfolgerungen zu. Dennoch fallen bestimmte Ergebnisse ins Auge. Zusammenfassend lässt sich feststellen, dass die Zahl der nicht-integrierten und teilweise integrierten Entlehnungen aus dem Englischen in der Fachsprache der Ökologie und des Umweltschutzes nicht sehr groß ist, was auch die früheren Untersuchungsergebnisse von Fill (2002, 88) unterstützt. Eher handelt es sich um einige wichtige Begriffe, die durch Anglizismen besetzt sind, z. B. *$LD_{50}$, VOC, Dekontamination, Knockdown-Effekt, Recycling.* Für die meisten Anglizismen sind Bezeichnungsvarianten im Deutschen bzw. Finnischen vorhanden, einige müssen freilich umschrieben werden, z. B. *dumppaus mereen* : *jätteiden upotus mereen* (< ocean dumping, dumping at sea), *Klimaimpakt* : *Einfluss auf das Klima.*

Die Frequenz von Anglizismen scheint in der deutschen Fachsprache der Ökologie und des Umweltschutzes etwas höher zu sein als in der finnischen. Dazu enthält das deutsche Korpus mehr nicht-integrierte Direktübernahmen als das finnische. Bezüglich der Terminusbildung der Anglizismen sind zwei Tendenzen zu erkennen, und zwar die hybride Komposition und die Kurzwortbildung. Komposition und Kurzwortbildung sind das Resultat der sprachlichen Ökonomie und ermöglichen eine einfache und kurze Ausdrucksweise. Sie stellen eine wichtige Entwicklungstendenz sowohl der deutschen als auch der finnischen Gegenwartssprache bei der Terminusbildung dar. Während sich das Finnische durch Buchstabenkurzwörter mit englischen Vollformen auszeichnet (gut drei Viertel der Gesamtzahl der Anglizismen), scheint die gebräuchlichste Art der Verwendung englischsprachiger Termini im Deutschen die Form hybrider Komposita zu sein. Von den untersuchten Anglizismen machen die hybriden Komposita im deutschen Korpus gut 64 Prozent aus. Weitere Beispiele für hybride Komposita außerhalb des Korpus sind etwa die Bezeichnungen *Downstream-* und *End-of-Pipe-Technologie*[297] der Umweltschutzindustrie, für die es in der finnischen Sprache die aus finnischen Wortbildungsmitteln gebildeten Äquivalente *putkenpäätekniikka* und *piipunpäätekniikka* (YS 1998, 75; EnDic2004, 432) gibt.

Was die Bedeutungsäquivalenz anbelangt, so muss festgestellt werden, dass eine in allen Hinsichten vollständige Entsprechung der Bedeutungen der zur Verfügung stehenden Bezeichnungsvarianten prinzipiell nicht möglich ist. Die Unterschiede betreffen in der Regel den Bedeutungsumfang, die Konnotation, den Umfang und die Frequenz der Verwendung in den verschiedenen Kommunikationssituationen.

### 6.7.2.1.4 Formunterschiedlichkeit durch Hybridbildungen

Beachtung verdienen in der Umweltterminologie auch die zahlreichen Hybridbildungen. Als *Hybridbildungen* werden Wortbildungsprodukte bezeichnet, die durch Kombination indigener und fremder Elemente entstehen (Fleischer/Barz 1995, 62). Hoffmann (1985, 154), Starke (1988, 67) und (Schippan/Ehrhardt 2001, 102) sprechen in diesem Zusammenhang von *hybriden Bildungen* und bei Gärtner (1997, 135f.) ist von *Mischzusammensetzungen* die Rede. Durch Hybridisierung entstehen hybride Komposita und Derivate. Da die Analyse aller hybriden Bildungen im Rahmen der vorliegenden Arbeit keinesfalls geleistet werden kann, steht im Zentrum des Interesses nachfolgend die Bildung von hybriden Komposita. Darüber hinaus werden solche Mehrwortbenennungen durch Beispiele kurz verdeutlicht, die durch Verbindung indigener und fremder Wörter gebildet worden sind.

Wie oben bereits erwähnt, hat der infolge des wissenschaftlich-technischen Fortschritts entstandene übermäßig große Bedarf an neuen Termini zum verstärkten Auftreten von Fremdwörtern sowie von fremdsprachigen Wort- und Wortbildungselementen geführt. Fremdes Sprachmaterial stellt laut Neubert (1987, 35) eine Bereicherung des Fachwortschatzes dar, zumal es gegenüber den

297 *Downstream-* bzw. *End-of-Pipe-Technologie* „Pollution control technology applied to wastes before being released into the environment as opposed to practices that reduce the amount of pollutants generated“ (EnDic2004, 432); *downstream-Technologie* nachgeschaltete Technik (Fill 2002, 91).

indigenen Termini eine größere semantische Festigkeit besitzt, meist den Forderungen nach Kürze und Klarheit entspricht, sich problemlos mit indigenen Wörtern und Elementen verbindet und überdies für sprachliche Dynamik sorgt. Die Verknüpfbarkeit indigener und fremder Wort- und Wortbildungselemente kommt der nahezu unbegrenzten Möglichkeit insbesondere der deutschen, aber auch der finnischen Sprache, Komposita zu bilden, sehr entgegen. Fremde Benennungen werden vor allem dann bevorzugt, wenn sie handlicher sind als die indigenen Entsprechungen, die den Begriffsinhalt etwa durch mehrgliedrige Komposita, umständliche Mehrwortbenennungen oder gar durch Relativsätze wiedergeben. Die hybriden Konstruktionen nehmen sich auch bei der internationalen Verständigung recht günstig aus.

Als Folge der fehlenden Transparenz sind Fremdwörter in der aufnehmenden Sprache häufig semantisch weniger belastet als ein indigener Ausdruck und entsprechen somit der Forderung nach expressiver Neutralität. Veranlasst durch ihre Verwendungsbeschränkungen sind konnotierte Wörter laut Barz (1997, 267) nicht universell einsetzbar und in diesem Sinne von geringerer außersprachlicher Bedeutsamkeit. Demnach ist mit einer schwächer ausgeprägten Wortbildungsaktivität solcher Wörter zu rechnen (Barz (1997, 267).

Laut Yang (1990, 15) sind Mischkomposita (hybride Bildungen) im gegenwärtigen Deutsch besonders produktiv. Sie leisten einen wichtigen Beitrag zur Bildung neuer Termini und Fachwörter und daher zur Bereicherung des deutschen Wortschatzes. Die Hybridisierungsfähigkeit der deutschen Sprache ist am stärksten im Bereich der substantivischen und adjektivischen Komposition entwickelt. In Hybridbildungen kann das Fremdelement sowohl als Erst- als auch als Zweitglied fungieren. (Vgl. Fleischer/Barz 1995, 63.)

Hybride Komposita sind im Fachwortschatz der Ökologie und des Umweltschutzes aus lateinischen, griechischen, englischen bzw. anderen fremdsprachigen Bestandteilen mit deutschen bzw. finnischen Elementen zusammengesetzt und werden nach den deutschen bzw. finnischen Wortbildungsregeln gebildet. Einige Beispiele aus den Korpora sollen dies erläutern:

| | |
|---|---|
| aapa (mire) | **Aapamoor**[298] : Strangmoor (LFwbKÖ 2001, 13) |
| acid-tolerant | säureverträglich : Säure ertragend : säureunempfindlich : **säuretolerant** : azidotolerant (LFwbKÖ 2001, 15) |
| bactericidal | bakterizid : **bakterientötend** (LFwbKÖ 2001, 32) |
| degradation of the environment | Umweltverschlechterung : **Umweltdegradation** (LFwbKÖ 2001, 70) |
| import of nutrients | Nährstoffzufuhr : Nährstoffeintrag : **Nährstoffimport** (LFwbKÖ 2001, 134) |

298 Die hybriden Bildungen sind jeweils fett gedruckt.

B034 **biojäte** : eloperäinen jäte (‚Bioabfall', EnDic2004, 43)
B047 biologisesti helposti hajoava : helposti **biohajoava** (‚leicht biologisch abbaubar', EnDic2004, 45)
E058 **eläinplankton** : eläinkeijusto (‚Zooplankton, Schwebefauna', EnDic2004, 65)
E072 **endogeenihengitys** : endogeeninen respiraatio (‚endogene Atmung', EnDic2004, 66)
G005 **geenimuunnellut** organismit : **muuntogeeniset** organismit (‚gentechnisch veränderte Organismen', EnDic2004, 86)

Aus den Belegen ist ersichtlich, dass Fremdelemente im Bereich sowohl der adjektivischen als auch der substantivischen Komposition als Erst- wie auch als Zweitelemente mit indigenen Wörtern verbunden werden können.

Einen Spezialfall hybrider Bildungen stellen solche Mehrwortbenennungen dar, in denen das Fremdwort als Bezugswort, als Attribut, aber auch als Erst- oder Zweitglied des Bezugsworts und/oder des Attributs auftreten kann. Einige Beispiele aus den Korpora seien aufgeführt:

| | |
|---|---|
| acceptable daily intake | duldbare **Tagesdosis** : zulässige **Tagesdosis** : **ADI-Wert** (LFwbKÖ 2001, 13) |
| acid deposition | **saure Deposition** : saure Ablagerung : **Säuredeposition**: Säureablagerung (LFwbKÖ 2001, 14) |
| global warming | **globale Erwärmung** : **globaler Temperaturanstieg** (LFwbKÖ 2001, 117) |
| heat load(ing) | **thermische Belastung** : Wärmebelastung (LFwbKÖ 2001, 124) |

A082 aistein havaittavat ominaisuudet : **organoleptiset ominaisuudet (veden)** (‚organoleptische Eigenschaften (des Wassers)', EnDic2004, 10f.)
A115 **akviferin alaraja** : vedenjohteen alaraja (‚Grundwassersohle', EnDic2004, 15)
J161 jätteiden upotus mereen : **dumppaus mereen** (‚Abfallbeseitigung auf See', EnDic2004, 173)
K612 kostea ilmasto : **humidi ilmasto** (‚humides Klima, feuchtes Klima', EnDic2004, 249).

Außer als Nebeneinander von einem heimischen Terminus und einer hybriden Bildung erscheint die Hybridbildung in einem beträchtlichen Teil der Bezeichnungsvarianten des Belegmaterials auch neben einem Fremdwort oder wiederum einer hybriden Bildung. Im Nebeneinander wechselseitig austauschbarer Bezeichnungen nimmt die Hybridbildung gelegentlich eine Art „Vermittlerfunktion" (Neubert 1987, 37) zwischen Fremdwort und indigener Bezeichnung ein, so dass häufig drei, in einigen Fällen auch vier oder noch mehr Bezeichnungsvarianten miteinander konkurrieren. Einige Beispiele aus dem Korpus sollen dies belegen:

| | |
|---|---|
| Fremdwortterminus: | thermische Pollution |
| Hybridbildung$_1$: | thermische Schädigung |
| Hybridbildung$_2$. | thermische Verschmutzung |
| Indig. Terminus: | Schädigung durch Wärme (LFwbKÖ 2001, s. v. heat pollution) |

| | | |
|---|---|---|
| Fremdwortterminus: | azidotolerant | |
| Hybridbildung: | säuretolerant | |
| Indig. Terminus$_1$: | säureverträglich | |
| Indig. Terminus$_2$: | Säure ertragend | |
| Indig. Terminus$_3$: | säureunempfindlich | (LFwbKÖ 2001, s. v. acid-tolerant) |

| | | |
|---|---|---|
| Fremdwortterminus: | biodiversiteetti | (‚Biodiversität, |
| Hybridbildung: | biologinen monimuo-toisuus | biologische Vielfalt‘ |
| Indig. Terminus: | elonkirjo | EnDic2004, 41) |

| | | |
|---|---|---|
| Fremdwortterminus: | akuutti toksisuus | (‚akute Toxizität, |
| Hybridbildung: | akuutti myrkyllisyys | akute Giftigkeit‘ |
| Indig. Terminus: | välitön myrkyllisyys | EnDic2004, 14). |

### 6.7.2.2 Formunterschiedlichkeit durch Univerbierung

Im vorliegenden Abschnitt wird der Schwerpunkt auf die durch die Univerbierung verursachte Bezeichnungsvariation gelegt. Die Univerbierung ist bisher weder in der deutschen noch in der finnischen Sprache detailliert untersucht worden. Zu fragen ist in erster Linie, was lexisch identische, aber unterschiedlich strukturierte komplexe Bezeichnungsvarianten sind, in welchem Umfang sie ausgeprägt sind und ob der Sprecher mit den Univerbierungen und den entsprechenden Mehrworttermini fakultativ wählbare Strukturen zur Verfügung hat.

Der Abschnitt gliedert sich in drei Teile. Der erste Teil (Teil A) beschäftigt sich mit definitorischen Fragen und enthält eine Einführung zum Thema Univerbierung. Der zweite Teil (Teil B) konzentriert sich auf die Univerbierung in der ökologie- und umweltbezogenen Terminologie. Teil B1 geht auf die Verdichtung von Mehrwortbenennungen zu Einworttermini in der deutschen Sprache ein. Im nachfolgenden Teil B2 werden die finnischen Terminuspaare *Wortgruppenterminus* vs. *Wortbildungskonstruktion* untersucht. Im letzten Teil (Teil C) wird der Frage nachgegangen, wie sich die Varianten funktional und semantisch zueinander verhalten.

A) Zum Wesen der Univerbierung

Für die symbolische Darstellung begrifflichen Wissens stehen laut Galinski/Budin (1999, 2203) als wortsprachliche Bezeichnungen Einwort- und Mehrwortbenennungen zur Verfügung. Die ausführlichste Form unter den motivierten Bezeichnungen stellt die Mehrwortbenennung dar, bei der die Beziehungen zwischen den Konstituenten explizit ausgedrückt sind, so dass ein hoher Grad an Motiviertheit und Durchsichtigkeit erzielt werden kann. Durch den Einschub zusätzlicher determinierender Elemente ermöglichen Mehrwortbenennungen eine bemerkenswerte lexikalische Präzisierung. (Vgl. Neubert 1987, 38.) Wortgruppenbenennungen tauchen insbesondere in solchen Situationen verstärkt auf, in denen auf Grund einer schnellen fachlichen Entwicklung und Differenzierung ein erheblicher Benennungsbedarf entsteht (Möhn 1986, 121).

Die mit der Attribuierung verbundene Zunahme von begriffsbestimmenden Merkmalen, die einerseits dem Streben nach äußerster Motiviertheit, Eindeutigkeit und Präzision der Bezeichnung dient, andererseits aber recht komplizierte, sprachlich unökonomische und bisweilen unhandliche Termini entstehen lässt, führt unter dem Zwang einer möglichst effektiven Fachkommunikation in der Regel zur Kürzung und damit zur Entstehung von Bezeichnungsvarianten (vgl. Neubert 1987, 38f.). Neben den Übergängen zu Wortbildungsprodukten kommt in den Terminologien folglich gleichzeitig der Typ der Mehrwortbenennung vor. Bezeichnungsvarianten[299] im Bereich der terminologischen Mehrwortbenennungen sind mithin eine ganz natürliche Erscheinung. Schippan (1992, 111) bezeichnet das Nebeneinander von Konkurrenzformen dieser Art als Konstruktionssynonymie.

Wortbildungsprodukte als die überwiegende Erscheinungsform von Einwortbenennungen zeichnen sich in formal-struktureller Hinsicht dadurch aus, dass sie handlicher, ökonomischer, morphologisch und syntaktisch flexibler sind als die Mehrwortbenennungen (Poethe 2000, 208). Aus der Forderung nach Knappheit, die mit dem Streben nach Sprachökonomie, d. h. nach Kürze auf der Ausdrucksebene, gleichbedeutend ist, und insbesondere nach dem Kriterium der bequemen Handhabbarkeit der Termini in der fachlichen Kommunikation geht die Neigung zur Univerbierung und semantischen Kondensierung hervor (vgl. Neubert 1987, 39). In der Wortbildung ist unter Univerbierung laut Bußmann (2002, 722) der „Vorgang und [das] Ergebnis des Zusammenwachsens mehrgliedriger syntaktischer Konstruktionen zu einem Wort" zu verstehen. Univerbierung „entspricht einer allgemeinen Tendenz der (syntaktischen) Vereinfachung zum Zwecke der Informationsverdichtung, [sic!] sowie zur Vermeidung unhandlicher Konstruktionen" (ebd.).

Die Zusammenfassung von Mehrwortbenennungen zu Einwortbenennungen beginnt bereits in der Sprachgeschichte des Mittelalters (P. Braun 1991, 48; s. auch Erben 2000, 132–135). Laut P. Braun (1998, 168) kann die *„Zunahme und Verstärkung der Univerbierung [...] als Haupttendenz im Bereich der deutschen Wortbildung angesehen werden"*[300]. P. Braun (1991, 48) weist darauf hin, dass die Häufigkeit und die Möglichkeit der Wortzusammensetzung in der deutschen Gegenwartssprache Ausmaße angenommen haben, „wie sie in kaum einer anderen europäischen Sprache zu beobachten sind". Die deutsche Sprache verfügt in ihren

299 Auch Fleischer (1987, 46) weist unter Benennungsvarianten (Formativvarianten) auf den Fall „Wortgruppen neben WBK".

300 Hervorhebungen im Original.

vielfältigen Baumustern der Nominalkomposition über leistungsfähige Benennungsformen, die in den großen europäischen Nachbarsprachen ohne strukturelle Parallele sind (Erben 2000, 135).

Besonders effektiv ist die Univerbierung, in der syntaktische Fügungen durch semantische Kondensierung und Verschmelzung zu Einworttermini werden, für die fachliche Kommunikation. Die Univerbierung begegnet am häufigsten in deutschen Fachsprachen, häufig auch im Russischen, hingegen kaum beispielsweise im Englischen oder Französischen. (Vgl. Fijas 1998, 392.) Verglichen mit anderen Sprachen verfügt das Deutsche über die fast uneingeschränkte Möglichkeit, ein Attribut durch die erste Konstituente einer Wortzusammensetzung auszudrücken. Mithilfe eines Kompositums kann knapp ausgedrückt werden, wozu im anderen Fall eine Mehrwortbenennung erforderlich wäre. Die deutsche Fachwortbildung wertet die Kompositionsfreudigkeit des Deutschen maximal aus, um durch Verbindung der syntaktischen und lexikalischen Mittel die maximale Kondensierung zu erreichen. (Vgl. Beneš 1981, 204f.) Während Substantiv-Substantiv-Komposita die prototypischen Komposita der deutschen Sprache sind, werden in den romanischen Sprachen zur Versprachlichung von Begriffen Verbindungen aus zwei Substantiven und einer Präposition dazwischen verwendet (vgl. Arntz/Picht/Meyer 2002, 117; Donalies 2007, 45; s. auch Hoffmann 1998a, 194). Häufig kommt in den romanischen Sprachen auch die Verbindung Substantiv + Adjektiv vor. Typisch für die englische Terminusbildung ist die Aneinanderreihung von zwei oder mehr Wörtern. (Vgl. Arntz/Picht/Meyer 2002, 117.)

Anhand ihrer Korpusuntersuchungen zu Ähnlichkeiten und Differenzen zwischen den Benennungsstrukturen der deutschen und der finnischen Umwelttermini konnte Liimatainen (1998, 2000 u. 2003) feststellen, dass als wichtigste Form der Benennungsbildung in den beiden Sprachen die Komposition[301] zu betrachten ist. In der deutschen Umweltterminologie gibt es aber mehr und auch komplexere Komposita als in der finnischen, die sich zur Bildung von Termini wiederum häufiger der Mehrwortbenennung bedient als die deutsche. Unter den deutschen Umwelttermini sind fast zwei Drittel Komposita, unter den finnischen dagegen knapp die Hälfte. Der Anteil der Mehrwortbenennungen ist im Deutschen mit ca. 20 Prozent dagegen wesentlich kleiner als im Finnischen, wo ihr Anteil ca. 32 Prozent beträgt. Obwohl die Häufigkeit und die Möglichkeit der Wortzusammensetzung im Deutschen viel größer ist als im Finnischen, kann die Univerbierung als ein wesentliches Merkmal auch der finnischen Fachwortbildung betrachtet wer-

301 Auf die Kompositionsfreudigkeit sowohl des Deutschen als auch des Finnischen insbesondere im Nominalbereich weist auch Hyvärinen (1996, 198f. u. 2000, 33) hin. Verwiesen sei des Weiteren auf z.B. Vesikansas (1989b) und Tuomis (1990) Untersuchungen. Tuomi (1990, 279) stellt fest, dass die absolute Mehrheit aller Neuprägungen im neueren Finnisch Komposita sind und bei der Kompositabildung die Lehnübersetzung eine besonders wichtige Rolle spielt. Eine umfassende Darstellung zur Fachwortbildung liegt für das Finnische noch nicht vor.

den – jedoch nicht in dem Umfang wie im Deutschen. (Vgl. Liimatainen 1998, 90–92; 2000, 242f.; 2003, 78.)[302]

B) Univerbierung in der Fachsprache der Ökologie und des Umweltschutzes

B1) Univerbierung der deutschen Umwelttermini

Im untersuchten deutschen Korpus, das insgesamt 2 994 Übersetzungsäquivalente für 2 000 englische Stichwörter umfasst (s. Abschn. 6.6), konnten 55 substantivische und 2 adjektivische Mehrworttermini ermittelt werden, die jeweils mit Wortbildungskonstruktionen aus den gleichen Morphemsequenzen konkurrieren (s. Anhang 4).

Zwischen den substantivischen Wortbildungskonstruktionen und den entsprechenden Wortgruppentermini bestehen Entsprechungen der folgenden Art: Als pränominale Erweiterungen kommen durch ein (1) Adjektivattribut bzw. ein (2) Partizipialattribut erweiterte Mehrworttermini und als postnominale Erweiterungen durch ein (3) präpositionales bzw. ein (4) Genitivattribut erweiterte Wortgruppenbenennungen vor.

(1) Die meisten WBK entsprechen terminologischen Wortgruppen mit attributivem Adjektiv[303]. Konkurrenzformen **WBK vs. durch ein Adjektivattribut erweiterte Mehrwortverbindung** stellen gut 72,7 Prozent (genau 40) aller Belege dar. Als Beispiele können aus dem Korpus die folgenden terminologischen Dubletten angeführt werden:

absorptives Verfahren : Absorptionsverfahren
gasdichte Injektionsspritze : Gasinjektionsspritze
gesundheitliches Risiko : Gesundheitsrisiko
schädliche Auswirkung : Schadauswirkung.

302 In gleicher Weise hat Järvi (1999, 144), die EDV-Termini im Finnischen und im Schwedischen untersucht hat, festgestellt, dass das Zusammenwachsen und die Verdichtung mehrgliedriger syntaktischer Konstruktionen zu Komposita zu den typischsten Veränderungen zu zählen sind, die in der finnischen Terminologie vorkommen.

303 Auf Adjektiv-Substantiv-Syntagmen hat Möhn schon 1986 unter fachsprachlichem Aspekt aufmerksam gemacht. Nach P. Braun (1991, 57) macht der Strukturtyp Adjektiv + Nomen den Hauptteil der personalen Mehrwortbenennungen in der deutschen Gegenwartssprache aus. Anhand ihrer Untersuchungen zu mehreren Umweltwörterbüchern konnte Liimatainen (1998, 82f. u. 2000, 241) feststellen, dass die durch ein Adjektivattribut erweiterten Mehrworttermini einen Anteil von ca. 60 Prozent von allen Mehrwortbenennungen zum Thema Umwelt im Deutschen darstellen.

Abgesehen von einem einzigen komplexen adjektivischen Attribut (*aktivierter [biologischer] Schlamm*) sind alle anderen einfache adjektivische Attribute (z. B. *industrielles Abwasser*).

(1a) Nur in drei Terminuspaaren (7,5 Prozent von der Gesamtzahl der durch ein Adjektivattribut erweiterten Mehrwortverbindungen) ist das Adjektiv der Mehrwortbenennung kompositionsgliedfähig und erscheint als Erstglied des konkurrierenden Determinativkompositums[304]. Beide der kompositionsgliedfähigen Adjektive sind Derivate mit dem Fremdsuffix *-al*[305]:

| | |
|---|---|
| global | globales Modell : Globalmodell |
| | globale Prognose : Globalprognose |
| minimal | minimale Populationsgröße : Minimalpopulation |

In den meisten Fällen ist das Adjektiv nicht kompositionsgliedfähig[306], und als Erstglied der konkurrierenden WBK erscheint eine Ersatzform. Die morphologische Kompositionsbeschränkung der Adjektive wird ausgeglichen durch

(1b) ein lexisch identisches Substantiv (28 Belege, also 70 Prozent) wie z. B. bei

anmooriger Boden : Anmoorboden[307]
gesundheitliches Risiko : Gesundheitsrisiko

304 Im Vergleich zur Substantiv-Substantiv-Komposition ist die Adjektiv-Substantiv-Komposition morphologisch und semantisch deutlich stärker beschränkt (Fleischer/Barz 1995, 103). Das Innsbrucker Komposita-Korpus von insgesamt ca. 62 500 substantivischen Komposita enthält nur etwa 5 Prozent mit adjektivischem Bestimmungswort (DWB 1991, 36f.).

305 Adjektivderivate mit dem Fremdsuffix *-al* verfügen über eine hohe Produktivität und werden häufig fachsprachlich verwendet (Lohde 2006, 69).

306 Die Erstgliedunfähigkeit betrifft in erster Linie die Suffixderivate (Barz 1996, 134). Die Seltenheit von substantivischen Komposita mit adjektivischem Derivat als Bestimmungswort, soweit es sich um Adjektive mit heimischem Derivationssuffix handelt, ist morphologisch begründet (vgl. Fleischer/Barz 1995, 104). Nicht oder kaum üblich in der Erstgliedposition sind Adjektive auf *-bar*, *-isch*, *-lich*, *-los*, *-mäßig*, *-abel*, *-ant*, *-ent*, *-iell* (vgl. Barz 2005, 726). Abgesehen von Namen wie z. B. *Kölnisch-Wasser* geht das Suffix *-isch* „(so gut wie) nie in die Komposition" ein (DWB 1991, 41).

307 Als *Anmoor*, oder *anmoorige Böden* werden „Mineralböden bezeichnet, die einen sehr hohen Anteil an unzersetzter organischer Masse (über sieben Volumenprozent Rohhumus) besitzen. Anmoorige Böden sind im Wesentlichen durch die Verwitterung von Gestein entstanden. Anmoor ist kein Moor; Moore werden aus Pflanzenmaterial (Torfmoosen) gebildet. Der beigemengte Rohhumus ist dem Torf echter Moore in der Struktur sehr ähnlich, daher der Name." (Wikipedia, s. v. Anmoor. Stand 12.3.2008.)

trophische Ebene : Trophieebene[308]
östliche Winde : Ostwinde

Für eine Reihe desubstantivischer Adjektive sind für die Erstgliedposition in substantivischen Komposita Ersatzformen in Gestalt der Derivationsbasis dieser Adjektive üblich (Fleischer/Barz 1995, 104; Barz 1996, 134), vgl. etwa *gefährlicher Stoff* : *Gefahrstoff*; nicht *Gefährlichstoff; *industrieller Abfall* : *Industrieabfall*, nicht *Industriellabfall.

(1c) ein gebundenes Kompositionsglied (1 Beleg, 2,5 Prozent)

| | |
|---|---|
| End- | endgültige Beseitigung : Endbeseitigung |

Im Kompositum, das dem Wortgruppenterminus aus dem Adjektivattribut *endgültig* mit dem Bezugswort *Beseitigung* entspricht, wird als erste UK anstelle des Adjektivs eine wortbildungsspezifische Variante, nämlich das gebundene Kompositionsglied *End-*[309] verwendet. Soweit das Kompositionsglied *End-/end-* in einer WBK sinngemäß *endgültig* vertritt, kann es als Morphemvariante, die durch Kürzung entstanden ist, verstanden werden. Außerhalb von WBK existiert *End-* nicht, trägt aber eine lexikalisch-begriffliche Bedeutung, ist lexikalisiert, kompositionsgliedfähig und weist eine eingeschränkte Reihenbildungsmöglichkeit auf. Durch adjektivisches *endgültig* paraphrasierbar sind aus dem Umweltbereich auch z. B. *Enddeponie*, *Endlagerung*[310], *endlagern*, *endgelagert*.

(1d) ein Konfix (7 Belege, 17,5 Prozent) wie z. B. bei Bezeichnungsvarianten

| | |
|---|---|
| bio- | biologische Verfügbarkeit : Bioverfügbarkeit |
| öko- | ökologischer Faktor : Ökofaktor |
| geo- | geographische Landschaftsökologie : Geoökologie |

308 *Trophie* (griechisch trophé „Ernährung") bezeichnet in den Fächern der Biologie das Nährstoffangebot eines Standortes (Ökologie) oder die Ernährung von Pflanzen (Botanik). Trophie ist in der Ökologie „die Intensität der organischen photoautotrophen Produktion [...]. Die Trophie eines Biotopes oder eines Ökosystems ist aber auch ein abiotischer Standortfaktor, der die Herausbildung verschiedener Biozönosen (Lebensgemeinschaften von Pflanzen und Tieren) im Verlaufe der Sukzession mit prägt." (Wikipedia, s. v. Trophie. Stand 12.3.2008.)

309 *End-* „kennzeichnet das im Basiswort Genannte als den endgültigen Schlusspunkt nach mehreren Zwischenstationen oder -ergebnissen oder auch als letzten und somit eigentlichen oder ausschlaggebenden Abschnitt: Endabrechnung (*endgültige Abrechnung, Schlussabrechnung*)" (D-BWB 2002).

310 *Endlagerung* (meist von radioaktiven Abfallprodukten) endgültige Lagerung (D-DUW 2006).

In den obigen Belegen werden die Erstglieder der Komposita jeweils durch Tilgung des terminalen Konfixes (*-log* bzw. *-graph*)[311] und des Suffixes (*-isch*) gebildet. Hier muss jedoch die Aufmerksamkeit darauf gerichtet werden, dass die Adjektive *biologisch* und *ökologisch* in allen WBK in semantischer Hinsicht nicht nur einfach gekürzt worden sind; in der gekürzten Form kommen vielmehr ganze Bedeutungsfelder zum Ausdruck. Die Bezeichnung *Ökosteuer* etwa kann nicht einfach mit „ökologische Steuer" in die Vollform übertragen werden. Die *Ökosteuer* ist die „auf umweltbelastende Stoffe u. Energieträger erhobene Steuer mit dem Ziel, die Herstellung u. den Verbrauch zugunsten der Umwelt zu verringern" (D-DUW 2006). WBK mit *bio-* und *öko-* können dann als Kürzungen interpretiert werden, wenn als Paraphrasen mehr oder weniger synonyme Attributstrukturen zu den Komposita gebildet werden können. Eine andere Möglichkeit zur Bildung von WBK mit *bio-* und *öko-* bietet die Konfix-Nomen-Komposition.

(1e) durch ein Präfix (1 Beleg, 2,5 Prozent) wie in

| | |
|---|---|
| ekto-[312] | ektotrophe Mykorrhiza : Ektomykorrhiza[313] |

Auch hier wird die erste UK der WBK *Ektomykorrhiza* durch Tilgung des adjektivischen Zweitelements (*-troph*) gebildet.

(2) Die Bedeutung des Adjektivs für Fachtexte ergibt sich in erster Linie aus der starken Attribuierungstendenz, d. h. sie erwächst aus dem Verlangen nach Präzisierung und Differenzierung der Begriffe (Hoffmann 1985, 109). Daraus, dass die Attributfunktion die syntaktische, die Bezeichnung eines Begriffsmerkmals die semantische Hauptfunktion des Adjektivs ist, ergeben sich entsprechende Konsequenzen für die adjektivische Wortbildung (Fleischer 1993, 9). Die syntaktische Hauptfunktion des Adjektivs als Attribut hat dazu geführt, dass solche Wortbildungstypen, die diese Funktion gut bedienen, insbesondere entwickelt sind. Besonders geeignet zur Attribuierung sind Komposita mit Partizip I bzw. II als Zweitglied. (Vgl. Barz/M. Schröder 2001, 208.)

---

311 Vgl. z. B. Donalies (2002, 22).

312 *ekto* verdeutschte Form von ecto-. „**ecto+**, vor Vokalen ect+ (selten), *griech., in der Form ἐχτός selbstg. als Adv. und als Präp. (mit Gen.) in den Bedeutungen „außer, außerhalb, fern von, ohne*". Als Präfix vor Subst.: [...] 2. Lebensbereich: a) auf der Oberfläche anderer Organismen leben Ecto+ parasiten;" [...] (Werner (1968, 64f.). (Hervorhebungen im Original.)

313 *Mykorrhiza* „[griech.] (Pilzwurzel), Symbiose zw. den Wurzeln höherer Pflanzen und Pilzen, hauptsächl. Ständerpilzen. Wesentl. für die M. ist der wechselseitige Stoffaustausch der beteiligten Partner." (Meyers 1994, Bd. 2, 215.) *ektotroph* „[zu griech. trophe = das Ernähren; Nahrung] (Bot.): *(von symbiotisch an Pflanzenwurzeln lebenden Pilzen) außerhalb der Wirtspflanze lebend*" (D-DUW 2006).

Als Erstglied substantivischer Komposita sind Partizipien dagegen von untergeordneter Bedeutung (Barz 1996, 134; Lohde 2006, 70). Nur eine einzige Partizip-II-Bildung der belegten 6 **partizipialen Attribute** (10,9 Prozent aller Mehrwortbenennungen) bildet ein Partizip-Substantiv-Kompositum (*belebter Schlamm* : *Belebtschlamm*). Komposita mit Partizip I als Erstglied (vgl. z.B. *Stehendgewässer*) treten im Korpus nicht auf. Als Ersatzform für die Bildung *kalkliebend* kommt dagegen das auf das Erstglied gekürzte Substantiv *Kalk* vor, vgl. *kalkliebende Pflanze* : *Kalkpflanze*. Als Konkurrenzbildungen zum Mehrwortterminus *bodenanzeigende Pflanze* kann entweder *Zeigerpflanze* oder *Bodenanzeiger* in Betracht kommen. Die determinierende UK eines Kompositums tendiert zur Tilgung, wenn das Kompositum als Ganzes zum Bestimmungswort eines erweiterten Kompositums wird (Fleischer/Barz 1995, 97). So entfällt auch das Erstglied des partizipialen Kompositums *bodenanzeigend* und als Bestimmungswort des mit dem partizipialen Attribut konkurrierenden Kompositums *Zeigerpflanze* kommt ausschließlich das deverbale Substantiv auf *-er* mit getilgter Verbpartikel[314] *an* vor.

Bei der zweiten Variante wird die Gesamtbedeutung der Mehrwortbezeichnung *bodenanzeigende Pflanze* auf das partizipiale Attribut verlagert, das dann anstelle des Wortgruppenterminus verwendet wird. Bei *Bodenanzeiger*[315] handelt es sich um die Zusammenbildung, die als ein Spezialfall der Derivation bei Substantiv und Adjektiv betrachtet werden kann. In der Zusammenbildung dient eine verbale oder eine substantivische Wortguppe als Derivationsbasis für die Suffigierung. (Vgl. Barz 2005, 674; s. auch Erben 2000, 35, 119f.; zu adjektivischen Zusammenbildungen s. vor allem Hyvärinen 2005a u. 2005b.) So kann *Bodenanzeiger* als Kombination aus (*Bodenart* + *anzeigen*) + *-er* erklärt werden, denn *Bodenanzeiger* ist keine besondere Art von *Anzeiger*, sondern es handelt sich um „Pflanzenarten, aus deren Auftreten man auf eine bestimmte Bodenart schließen kann" (Meyers 1994, Bd. 1, 119). Mit der Bezeichnung *einfallende Strahlung* alterniert das Kompositum *Einstrahlung*, in der das Partizipialattribut auf die präpositionale Verbpartikel *ein*[316] gekürzt worden ist.

---

314 In Partikelverben kommt ein als Partikel zu bezeichnendes Element vor. Die Benennung *Partikel* hat ihren Ursprung hier in der älteren Definition der Wortart und umfasst unflektierbare Elemente. Die Verbindung dieser Partikel mit einem Verb ergibt ein Partikelverb. Die Partikeln werden Verbpartikeln genannt. Die Struktur der Partikelverben ist nicht morphologisch und die Bestandteile der Partikelverben sind im Satz distanzfähig. Die Verbpartikel kann im Satz also eine eigenständige Position besetzen. (Vgl. L. Kolehmainen 2006, 30–36.)

315 *Bodenanzeiger* „(bodenanzeigende Pflanzen, Indikatorpflanzen), Pflanzenarten, aus deren Auftreten man auf eine bestimmte Bodenart schließen kann, da sie nur oder vorzugsweise auf bestimmten Böden vorkommen (*Bodenstetigkeit*). Bekannte B. sind Kalkpflanzen, Nitratpflanzen und Salzpflanzen." Meyers (1994, Bd. 1, 119).

316 Barz (2005, 706) betrachtet die Verbpartikel *ein*, die der Präposition *in* entspricht, als präpositionale Verbpartikel.

(3) Bei 10,9 Prozent – in absoluter Zahl ausgedrückt sind es 6 – entsprechen die substantivischen Einwortbenennungen **Wortgruppen mit Präpositionalattribut**, z. B. *Umwelteinwirkung* : *Einwirkung auf die Umwelt*. Stark verdichtend wirkt das Kurzwort *Kfz* als Erstglied im Kompositum *Kfz-Abgase*, das neben seiner Vollform *Kraftfahrzeugabgase* als Konkurrenzbildung zu der Wortgruppenbezeichnung *Abgase aus Kraftfahrzeugen* vorkommt. Dem Terminuspaar *Bewohner von Süßwasserseen* : *Seenbewohner* ist wieder zu entnehmen, wie das Bestimmungswort des Präpositionalattributs getilgt worden ist, wenn die Entsprechung *See* das Bezugswort der syntaktischen Fügung als Erstglied des konkurrierenden Kompositums determiniert.

4) Drei der belegten Univerbierungen (bezogen auf den Gesamtbestand der durch ein Attribut erweiterten Mehrworttermini liegt ihr Anteil lediglich bei 5,5 Prozent) entsprechen **Wortgruppentermini mit einem Genitivattribut**, vgl. *Keimstimulierung* : *Stimulierung der Keimung*, *Eisrückzug* : *Rückzug des Eises*, *Gaskreislauf* : *Kreislauf der gasförmigen Stoffe*. Im letzten Terminuspaar ist das Genitivattribut durch ein Adjektivattribut erweitert worden. Vor der Univerbierung wird das erweiterte Genitivattribut auf das Erstglied *Gas* des Substantivkompositums *Gasform* (‚Zustandsform eines Gases' D-DUW 2006) gekürzt, das als Derivationsbasis für das Adjektivattribut *gasförmig* auftritt (vgl. hierzu Fleischer/Barz 1995, 256 u. Hyvärinen 2005b, 252f.).

Die quantitative Verteilung der miteinander konkurrierenden substantivischen Benennungsstrukturen (Mehrwortterminus – Wortbildungskonstruktion) stellt sich wie folgt dar:

| **Pränominale Erweiterungen** Insgesamt 46 | Struktur der WBK | Anzahl | Beispiel | Insges. |
|---|---|---|---|---|
| **Adjektivattr. + Bezugswort** | | | | |
| *globales Modell* | Adj.+Subst. | 3 | *Globalmodell* | |
| *industrielles Abwasser* | Subst.+Subst. | 28 | *Industrieabwasser* | |
| *endgültige Beseitigung* | geb.Kg[317]+Subst. | 1 | *Endbeseitigung* | 40 |
| *biologische Aktivität* | Konfix+Subst. | 7 | *Bioaktivität* | |
| *ektotrophe Mykorrhiza* | Präfix+Subst. | 1 | *Ektomykorrhiza* | |
| **Partizipialattr.+Bezugsw.** | | | | |
| *belebter Schlamm* | Part. II+Subst. | 1 | *Belebtschlamm* | |
| *kalkliebende Pflanze* | Subst.+Subst. | 4 | *Kalkpflanze* | 6 |
| *einfallende Strahlung* | Verbpart.+Subst. | 1 | *Einstrahlung* | |
| Insgesamt | | 46 | | 46 |
| **Postnominale Erw.** Insgesamt 9 | | | | |
| **Bezugsw.+Präpositionalattr.** | | | | |
| *Modellierung von Ökosystemen* | Subst.+Subst. | 5 | *Ökosystemmodellierung* | 6 |
| *Abgase aus Kraftfahrzeugen* | Kurzw.+Subst. | 1 | *Kfz-Abgase* | |
| **Bezugswort+Genitivattr.** | | | | |
| *Stimulierung der Keimung* | Subst.+Subst. | 3 | *Keimstimulierung* | 3 |
| Insgesamt | | 9 | | 9 |
| **Total** | | **55** | | **55** |

**Tab. 8**: Mehrwortterminus vs. Wortbildungskonstruktion im deutschen Korpus

Außer den 55 substantivischen Mehrworttermini konnten im Korpus noch 2 **adjektivische Wortgruppentermini** ermittelt werden, die jeweils mit Wortbildungskonstruktionen aus den gleichen Morphemsequenzen konkurrieren. Dem Kompositum *calciumreich* steht die syntaktische Parallelkonstruktion *reich an Calcium* gegenüber. Bei Adjektiven kann die Parallelität von Kompositum und Wortgruppe mit Unterschieden in der prädikativen bzw. attributiven Verwendung zusammenhängen (Fleischer/Michel/Starke 1993, 139). Während die syntaktische

317 geb.Kg = gebundenes Kompositionsglied

Position von attributiven Adjektiven von den eben genannten Varianten nur das Kompositum *calciumreich* einnehmen kann, sind in prädikativer Position beide Varianten möglich. Komposita sind als Univerbierungen einfacher zu handhaben als Wortgruppentermini, was zu der bevorzugten Verwendung der Erstgenannten führt.

Gut geeignet für die attributive Funktion sind u. a. Komposita mit simplizischen adjektivischen Zweitgliedern wie z. B. *-reich*[318], die adjektivische Wortbildungsreihen ausbilden. Das Zweitglied *-reich* signalisiert in Adjektivbildungen eine possessive Relation und erweitert die *haben*-Funktion um zusätzliche Merkmale der Intensität und Quantität. Bezieht sich das semantische Merkmal ‚viel' auf die Intensität, so ist das von der Basis Genannte bei dem, was das Bezugswort nennt ‚in hohem Grade vorhanden' (z. B. *einstrahlungsreiches Gebiet*). In den meisten Fällen bezieht sich das Merkmal ‚viel' auf die Quantität des Basissubstantivs, das hauptsächlich eine Stoffbezeichnung, gelegentlich aber auch eine Individuativbezeichnung ist. In dem Fall dient das Element *-reich* zur Feststellung, dass die Bezugsgröße ‚in großer Menge' bzw. ‚in großer Zahl' vorhanden ist. (Vgl.

---

318 In ihren Untersuchungen zu Umwelttermini konnte Liimatainen (2003, 78–80) feststellen, dass die adjektivische Wortbildung im Fachbereich der Ökologie und des Umweltschutzes insbesondere im Deutschen durch ein stark reihenhaftes Auftreten sowohl simplizischer als auch derivierter adjektivischer Bestimmungs- und Grundwörter gekennzeichnet ist. Starke Reihen weisen die Zweitglieder *-arm*, *-frei* und *-reich* sowie vor allem die Erstglieder *abfall-*, *müll-*, *umwelt-*, *klima-*, *recycling-* und *solar-* auf. In der finnischen Sprache sind Komposita mit den Bestimmungswörtern *ympäristö-* (‚umwelt-'), *jäte-* (‚abfall- bzw. müll-'), *ilmasto-* (‚klima-'), *kierrätys-* (‚recycling-'), *vähä-* (‚-arm') und *runsas-* (‚-reich') am häufigsten belegt. Entgegen der Auffassung von Donalies (2002, 82 u. 2007, 56f.), die zu verstehen gibt, dass auch die besonders zur Nomenkomposition herangezogenen Konfixe des Typs *bio-* als linke Einheiten von Adjektiven eher selten verwendet werden, treten laut Liimatainen (2003, 78–80) mehrere Konfixe griechischen und lateinischen Ursprungs auch in ökologischen und umweltbezogenen Adjektivkomposita stark reihenbildend auf. Am stärksten ausgebaut sind in der Fachsprache der Ökologie und des Umweltschutzes die Reihen mit den Konfixen *bio-* und *öko-*, die im Finnischen die Elemente *bio-* und *eko-* bzw. das Kurzwort *luomu* als Äquivalente haben. Das Konfix *bio-* verbindet sich im Deutschen sowohl mit entlehnten als auch mit indigenen Adjektiven sowie mit Partizip I und II. Dazu wird *bio-* mit einer begrenzten Anzahl von Konfixen zu Adjektiven kombiniert. Einige Zufallsfunde aus LFwbKÖ (2001, 328): *bioakkumulativ*, *bioakkumulatorisch*, *biodegradabel*, *biodestruktiv*, *biogen*, *biogeochemisch*, *bioklimatisch*, *biokybernetisch*, *biolumineszierend*, *biophag* weiter aus IDS-Korpora: *bio-abbaubar*, *bioähnlich*, *bioaktiv*, *bioakustisch*, *bioanalytisch*, *bio-anorganisch*, *bioartifiziell*, *bioaquatisch*, *bioäquivalent*, *biobäuerlich*, *biobeständig*, *bioakkumulierend*, *biostimulierend*, *biodeklariert*, *biogefärbt*, *bioklimatisiert*, *bioorientiert*, *biovermüllt*, *biomorph*, *biophil*, *biozid*. Zum Konfix *bio-/Bio-* als Wortbildungselement s. auch Olt (1983) und G. D. Schmidt (1984). Zur Wortbildungsproduktivität der Umwelttermini s. auch Haß (1989c, 156) und M. Schröder (1993). Laut Lohde (2006, 172) stößt man auf adjektivische Konfixkomposita häufig auch in den naturwissenschaftlichen Fachsprachen sowie in der Fachsprache der Medizin.

DWB 1978, 428–431.) In der Fachsprache der Ökologie und des Umweltschutzes dominieren Bildungen mit einem positiv wertenden Basissubstantiv, z.B. *artenreicher Bestand, individuenreiche Bodenfauna, humusreicher Oberboden, waldreiches Land, heizwertreiche Flüssigabfälle.*

Im Korpus ist des Weiteren eine Adjektivphrase mit einem adjektivischen Kern und dessen adverbialer Erweiterung belegt. Wenn die Konstruktion zu einem Adjektivkompositum univerbiert und kondensiert wird, wird die adverbiale Erweiterung *biologisch* um das terminale Konfix *-log*[319] und das Suffix *-isch* gekürzt: *biologisch verfügbar > bioverfügbar.*

B2) Univerbierung der finnischen Umwelttermini

Im untersuchten finnischen Korpus, das insgesamt 2 000 Lemmata mit 780 Bezeichnungsvarianten umfasst (s. Abschn. 6.6), konnten 1 adjektivische und 32 substantivische Mehrwortbezeichnungen ermittelt werden, die jeweils mit Wortbildungskonstruktionen aus den gleichen Morphemsequenzen konkurrieren (s. Anhang 5).

Zwischen den substantivischen Wortbildungskonstruktionen und den entsprechenden Wortgruppentermini bestehen Entsprechungen der folgenden Art: Als pränominale Erweiterungen kommen durch ein Adjektiv-, ein Partizipial- und ein Genitivattribut erweiterte Mehrworttermini sowie als postnominale Erweiterungen eine durch ein Lokalkasusattribut erweiterte Wortgruppenbenennung vor.[320]

(1) Die meisten substantivischen WBK entsprechen terminologischen Wortgruppen mit Genitivattribut[321]. Konkurrenzformen **WBK vs. durch ein Genitivattribut erweiterte Mehrwortverbindung** stellen die Hälfte (in absoluter Zahl ausgedrückt sind es 16) aller Belege dar.

---

319 Vgl. z.B. Donalies (2002, 22) u. (2007, 12).

320 A. Hakulinen u.a. (2004, 830) ziehen statt der Benennung *Attribut* den Ausdruck *substantiivin määrite* (‚Bestimmung des Substantivs') vor. Komplexe Nominalphrasen in deutschen und finnischen philologischen Fachtexten haben Järventausta/H. Schröder (1992 u. 1997) kontrastiert.

321 Anhand ihrer Untersuchungen zu mehreren Umweltwörterbüchern konnte Liimatainen (1998, 85–88 u. 2000, 241) feststellen, dass die durch ein Genitivattribut erweiterten Mehrworttermini einen Anteil von ca. 47 Prozent von allen Mehrwortbenennungen zum Thema Umwelt im Finnischen darstellen. Am zweithäufigsten kommt im Finnischen der Strukturtyp Adjektiv + Nomen mit ca. 34 Prozent vor. Bei 16 Prozent handelt es sich um durch ein Partizipialattribut erweiterte Mehrworttermini. Ähnlich weist u.a. Ikola (2001, 162) darauf hin, dass die meisten von allen Nominalphrasen mit attributiven Erweiterungen im Finnischen aus dem Kernsubstantiv und einem ihm vorangestellten Genitivattribut bestehen. Siehe hierzu auch L. Hakulinen (1979, 548f.). Zum Genitivattribut im Finnischen s. A. Hakulinen/Karlsson (1995, 116–117); A. Hakulinen u.a. (2004, 566–573).

Typisch für das Finnische ist, dass das Genitivattribut dem Bezugswort vorangestellt auftritt. Nach semantischen Gesichtspunkten lassen sich unterschiedliche Arten von Genitivattributen ansetzen. In den meisten Belegen realisiert das Genitivattribut den Genitivus objectivus: *jätteiden poltto* (‚Abfallverbrennung'), *energian säästäminen* (‚Energieeinsparung'). Der Genitivus subjectivus hat dieselbe semantische Rolle wie das Subjekt im entsprechenden Satz (*aaltojen murtuminen* ‚Wellenbruch') oder der Genitiv drückt eine Zugehörigkeit im weiten Sinne, laut Jaakola (2004, 148) eine Inklusion, aus (*joen suu* ‚Flussmündung'). Der Kern des Genitivattributs kann wiederum durch zusätzliche Attribute näher bestimmt werden. Auch im untersuchten Material kommen zwei zweifache Stufungen vor:

| | | |
|---|---|---|
| *ilman* | *laadun* | *seuranta* |
| [der Luft | der Qualität | Überwachung] |

‚Luftüberwachung, Immissionsüberwachung'

| | | |
|---|---|---|
| *kaatopaikan* | *pohjan* | *eristäminen* |
| [der Deponie | des Untergrundes/ der Basis | Abdichtung] |

‚Untergrundabdichtung (einer Deponie), Basisabdichtung (einer Deponie').

Wenn die Determinante aus einer Wortverbindung besteht, kann sie nicht mit einem gemeinsamen Grundwort kombiniert werden (vgl. Räikkälä/Maamies/Eronen 1996, 7; A. Hakulinen u. a. 2004, 391). So müssen auch die erweiterten Genitivattribute der obigen Bezeichnungen vor der Univerbierung entweder auf das Erst- bzw. das Zweitglied der Attributkonstruktion gekürzt werden, vgl.

ilman laadun seuranta : ilmanseuranta
kaatopaikan pohjan eristäminen : pohjaeristys.

Das Erstglied der untersuchten konkurrierenden Komposita steht in den meisten Fällen im Genitiv, kann aber auch im Nominativ stehen. Auch aus denselben Gliedern gebildete synonymische Komposita können jeweils eine andere Form des Erstglieds aufweisen, vgl. die miteinander konkurrierenden Komposita *joenuoma* und *jokiuoma* (‚Flussbett, Strombett'). In dem erstgenannten steht das Bestimmungswort im Genitiv, in *jokiuoma* dagegen im Nominativ. Manchmal kann die Form des Erstglieds eines zweigliedrigen Kompositums von der Grundform abweichen. So ist es etwa bei den Nomina, die auf *-(i)nen* enden, z. B. *ihminen* (‚Mensch'), *hyönteinen* (‚Insekt'). Als Bestimmungswort kommt die gebundene kompositionsspezifische Form vor, die von Penttilä (1963, 326f.), Vesikansa (1989b, 221) und A. Hakulinen u. a. (2004, 402ff.) als *yhdyssanamuoto* ‚Kompositionsform' (casus componens) bezeichnet wird. Die Kompositionsform bei den Nomina auf *-(i)nen* ist der Wortstamm (*ihmis-*; *hyönteis-*), vgl. *ihmisekologia* : *ihmisen ekologia* (‚Humanökologie'), *hyönteismyrkky* (‚Insektengift').

In vielen Belegen steht das Nomen des Genitivattributs im Plural, im konkurrierenden Kompositum dagegen im Singular, wenn auch der Inhalt pluralisch ist, vgl. *jätteiden lajittelu* : *jätteenlajittelu* (‚Sortierung der Abfälle : Abfallsortierung'). Dies ist darauf zurückzuführen, dass das substantivische Bestimmungswort des Determinativkompositums im Finnischen zwar auch im Plural vorkommen kann, weit häufiger aber im Singular auftritt (A. Hakulinen u. a. 2004, 391, 405). Die begriffliche Pluralität des singularischen Bestimmungswortes wird dadurch ermöglicht, dass es in allgemein gültigem Sinne gebraucht werden kann (ebd., 405). Das Suffix *-minen* wirkt in der Regel kompositionseinschränkend (vgl. Räikkälä u. a. 1996, 8; Jaakola 2004, 132, 147). Als Ersatzform für die Verbalsubstantive auf *-minen* fungieren die mit den gleichbedeutenden Suffixen *-Us* und *-O*[322] abgeleiteten Nomina Actionis, vgl. *kaatopaikan pohjan eristäminen* : *pohjaeristys*; *energian säästäminen* : *energiansäästö*.

(2) Konkurrenzformen **WBK** vs. **durch ein Adjektivattribut**[323] **erweiterte Mehrwortverbindung** stellen gut 34,4 Prozent (genau 11) aller Belege dar. Als Bestimmungswort der konkurrierenden Komposita erscheint

(2a) ein lexisch identisches Substantiv (2 Belege, also 18,2 Prozent):

batyaalinen vyöhyke : batyaalivyöhyke[324] (‚Bathyal')
hapan käyminen : happokäyminen (‚saure Gärung')

(2b) ein Konfix[325] (6 Belege, 54,5 Prozent) wie z. B. bei folgenden Bezeichnungsvarianten

| | |
|---|---|
| bio- | biologinen indikaattori : bioindikaattori (‚Bioindikator') |
| eko- | ekologinen selkäreppu : ekoreppu (‚ökologischer Rucksack')[326] |

322 Die Großbuchstaben stehen für die durch die Vokalharmonie bedingte Variation: A=a/ä, O=o/ö, U=u/y.

323 Zum Adjektivattribut im Finnischen s. A. Hakulinen u. a. (2004, 573–577).

324 Vgl. batyaalinen vyöhyke : batyaalivyöhyke : batyaali : matalan meren alue (EnDic2000, 59); batyaalinen vyöhyke : batyaalivyöhyke : batyaali (EnDic2004, 39). Vgl. auch: bathyal (Aqu) Bathyal *n* (Kontinetalabhang im Meer zwischen etwa 200 und 3 000 m) (LFwbKÖ 2001, 34).

325 Die entlehnten Elemente *bio-*, *eko-* und *geo-* werden von A. Hakulinen u. a. (2004, 402) als Kompositionsformen fremden Ursprungs betrachtet.

326 Der *ökologische Rucksack* ist definiert „als die Summe aller natürlichen Rohmaterialien von der Wiege bis zum verfügbaren Werkstoff oder zum dienstleistungsfähigen Produkt in Tonnen Natur pro Tonne Produkt, abzüglich dem Eigengewicht des Werkstoffes oder Produktes selbst, gemessen in Tonnen, Kilogramm oder Gramm" (Umwelt unter einem D, A, CH).

In den obigen Belegen werden die Erstglieder der Komposita jeweils durch Tilgung des terminalen Konfixes (*-log*) und des Suffixes (*-inen*) gebildet. Wie im Deutschen muss auch hier die Aufmerksamkeit darauf gerichtet werden, dass die Adjektive *biologinen* und *ekologinen* in allen WBK in semantischer Hinsicht nicht nur einfach gekürzt worden sind, sondern in der gekürzten Form vielmehr ganze Bedeutungsfelder zum Ausdruck kommen. Der Ausdruck *ekotoksikologia* etwa kann nicht einfach mit „ekologinen toksikologia" in die Vollform übertragen werden. *Ekotoksikologia* ‚Ökotoxikologie' ist ein Teilgebiet der Umweltwissenschaften, das sich mit der Einwirkung von Giften auf Ökosysteme befasst sowie Maßnahmen zur Gesundung des Ökosystems entwickelt und Prognosen abgibt (vgl. EnDic2004, 711; UL 1993, 515). WBK mit *bio-* und *eko-* können nur dann als Kürzungen interpretiert werden, wenn als Paraphrasen mehr oder weniger synonyme Attributstrukturen zu den Komposita gebildet werden können. Eine andere Möglichkeit zur Bildung von WBK mit *bio-* und *eko-* bietet die Konfix-Nomen-Komposition.

| | |
|---|---|
| keski-[327] | keskikarkea hiekka : keskihiekka (‚Mittelsand') |
| | keskimääräinen nopeus : keskinopeus (‚mittlere Geschwindigkeit') |

Penttilä (1963, 327) bezeichnet Elemente wie *keski-* als präfixartige Erstteile von Komposita, die das Zweitglied modifizieren. Karlsson (1983, 193) dagegen definiert das Element *keski-* als Restmorphem (jäännösmorfeemi). Restmorpheme sind nach ihm (ebd.) substantiv- bzw- adjektivähnliche Elemente, die nicht frei vorkommen, sondern als Teile von Komposita oder als Derivationsbasis fungieren. Als Bestimmungswort präzisiert das Adverb bzw. der adverbähnliche Erstteil *keski-* die Bedeutung des Zweitglieds und bezeichnet die Intensität bzw. die Leistungsfähigkeit der Eigenschaft, worauf das Zweitglied sich bezieht (vgl. Vesikansa 1989b, 239). A. Hakulinen u. a. (2004, 192) sprechen von präfixähnlichen Elementen, von Nominalstämmen, die als Bestimmungswörter von Komposita üblich sind, jedoch nicht frei vorkommen. Da Elemente wie *keski-* im Vergleich mit Affixen durch eine weit größere lexikalische Eigenbedeutung gekennzeichnet sind, betrachtet Hyvärinen (1994, 140 u. 1996, 200) sie in erster Linie auf Grund semantischer Kriterien als gebundene lexikalische Basismorpheme oder als Konfixe[328]. Ähnlich urteilt auch L. Kolehmainen (2006, 118–129), die weitere Kriterien zur Sprache bringt, die Hyvärinens Konfixanalyse stützen.

---

327 *keski-* als Erstglied von Komposita mit der Bedeutung ‚in der Mitte, mittendrin, inmitten, mitten in/an/auf/unter; der/die/das mittlere/mittelste; Mitte; Mittel-, Durchschnitts-; Zentral-; Zwischen-; mittel-, mäßig, durchschnittlich, mittelmäßig' (vgl. Kielitoimiston sanakirja 2004). Zu *keski-* s. auch L. Kolehmainen (2006, 127).

328 Ein prototypisches Konfix weist laut Seiffert (2005, 288) die Merkmale ‚syntaktisch nicht frei verfügbar', ‚Träger lexikalisch-begrifflicher Bedeutung', ‚als Basis von Derivaten belegt', ‚als Erst- oder Zweitglied von Komposita belegt', ‚lexikalisiert' und ‚fremd' auf. Als Konfixe definiert werden können laut Donalies (2000, 155) „alle unmit-

(2c) eine gebundene Kompositionsform (casus componens) (1 Beleg, 9,1 Prozent)

kirjo-[329] kirjava pillike : kirjopillike (‚Bunter Hohlzahn')

Als Bestimmungswort tritt die kompositionsspezifische Form *kirjo-* auf. Es handelt sich um ein abgeleitetes Wort, das in Analogie zu den regelmäßig derivierten gebundenen Formen wie etwa *kauko-* und *aito-* gebildet worden ist, die von Wörtern mit einem *a*-Auslaut herstammen, vgl. *kauko*juna < kauka- (‚fern'); *aito*vieri < aita (‚Zaun') (vgl. Penttilä 1963, 326f.; A. Hakulinen u.a. 2004, 402f.).

Bei zwei Terminuspaaren handelt es sich um Substantivierung der Adjektivattribute. Die Gesamtbedeutung der durch ein Adjektivattribut erweiterten Mehrwortbezeichnung wird auf die Attributkonstruktionen verlagert, die dann anstelle der Wortgruppentermini als eine Art Univerbierung verwendet werden: *epipelagiaali*[330] für *epipelaginen vyöhyke* (‚Epipelagial' für ‚epipelagische Tiefenzone'); *koliformit* für *koliformiset bakteerit* (‚Coliforme' für ‚coliforme Bakterien').

---

telbar oder mittelbar basisfähigen Einheiten". Unter unmittelbar basisfähig versteht sie Einheiten wie *therm-*, die sich mit anerkannten Wortbildungssuffixen kombinieren lassen, z.B. *therm* + *isch*. Unter mittelbar basisfähig sind Einheiten wie *geo-* und *öko-* zu verstehen, die zwar nicht direkt ableitbar sind, jedoch mit anderen Konfixen ein unmittelbar basisfähiges Konfix bilden können (Donalies 2000, 155), vgl. etwa *geo* + *log* + *isch* und *öko* + *log* + *ie*. G. D. Schmidt (1987, 50) dagegen beschreibt Konfixe als „basis- und/oder kompostionsgliedfähig", d.h. er betrachtet auch solche Einheiten, die ausschließlich kompostionsgliedfähig sind, als Konfixe. Konfixe sind in erster Linie Einheiten der Lehnwortbildung, Fleischer (1995) betrachtet aber auch einheimische Einheiten wie *stief-* und *zimper-*, die gebunden vorkommen und basisfähig sind, als Konfixe. (Vgl. hierzu auch Donalies 2002, 21–23 u. 2007, 12–14.) Die meisten Konfixe sind Eurolatinismen und werden in den klassischsprachig ausgerichteten Naturwissenschaften zur Bildung von Termini und Fachwörtern bevorzugt (vgl. insb. Volmert 1996). Zu Konfixen aus modernen Sprachen s. Donalies (2007, 14).

329 *kirjo-* insb. dichterisch und in Fachwörtern; häufig in der Bedeutung ‚[buntfarbig] verzieren; sticken; bunt' (NSSK 1996, Bd. 2, 396). Das Substantivderivat *kirjo* geht auf das ostseefinnische Wort *kirja* zurück (vgl. Penttilä 1963, 273; Häkkinen 2004, 436). *Kirja* „(yl.) 'kirja […], kirje, asiakirja; murt. myös piirto, merkki, kuvio, koriste, kirjonta (mm. puvussa) / Buch, Brief, Dokument, Urkunde; Stickerei'" (SSA 1992, 369). Die gebundene Form verfügt über eine gleich lautende, frei auftretende Entsprechung, die in den Fachsprachen der Physik und der Medizin mit der Bedeutung ‚Spektrum' existiert. Das Substantiv *kirjo* kommt auch in der Gemeinsprache in übertragener Bedeutung ‚Erscheinungsformen; bunte Vielfalt, große Mannigfaltigkeit' vor. (Vgl. Kielitoimiston sanakirja 2004.)

330 Der ozeanische Raum gliedert sich ökologisch nach der Tiefe in Epipelagial (0–200 m), Mesopelagial (200–1 000 m), Bathypelagial (1 000–3 000 m), Abyssopelagial (3 000–6 000 m) und Hadopelagial (6 000–10 000 m) (vgl. Heinrich/Hergt 1998, 124f.).

(3) Vier der belegten Univerbierungen (bezogen auf den Gesamtbestand der durch ein Attribut erweiterten Mehrworttermini liegt ihr Anteil bei 12,5 Prozent) entsprechen **Wortgruppentermini mit einem partizipialen Attribut**[331]. Vesikansa (1989b, 221) macht darauf aufmerksam, dass Partizipialformen selten als Erstglied erscheinen.[332] Auch alle im untersuchten Korpus gefundenen Partizipien sind erstgliedunfähig. Im Allgemeinen unterliegen die verbalen Bestimmungswörter größeren Beschränkungen als die substantivischen Erstglieder (A. Hakulinen u.a. 2004, 394).

Als Ersatzform für das Partizip II[333] *ahtautunut* (‚aufgepresst') fungiert das mit dem Suffix *-o* abgeleitete Nomen Acti *ahto*[334], das der Derivationsbasis des attributiven Partizips entspricht, vgl. *ahtojää* für *ahtautunut jää* (‚Packeis, aufgepresstes Eis')[335]. In den drei weiteren Bezeichnungen wird das Bezugswort jeweils durch das Partizip I[336] attribuiert. Ein im Wasser sich nicht lösender Stoff wie Sand, Kies bzw. Geröll, der von der Strömung fortbewegt oder abgelagert wird, wird als *kulkeutuva sedimentti* bezeichnet. Im konkurrierenden Kompositum wird das Partizipialattribut durch das Nomen Actionis *kulku*[337] ersetzt, vgl. *kulkusedimentti* für *kulkeutuva sedimentti* (‚Feststoffe').

Wie das Adjektivattribut, so ist auch das Partizipialattribut mit seinem Kern numerus- und kasuskongruent. Auch sonst ist das eingliedrige partzipiale Attribut dem Adjektivattribut sehr ähnlich. In der Regel integriert das attributiv gebrauchte Partizip jedoch zumindest einen Teil der Komplemente des Basisverbs in die Adjektivphrase. So muss auch das Partzip I *oleva* (‚liegend') obligatorisch durch eine Adverbialergänzung näher bestimmt werden:

| | | |
|---|---|---|
| alla | oleva | kerros |
| [unterhalb | liegende | Schicht] |

331 Zu den Partizipialattributen im Finnischen s. A. Hakulinen/Karlsson (1995, 368–378); A. Hakulinen u.a. (2004, 573–577).

332 Ähnlich hat Hyvärinen (2005a, 175) festgestellt, dass im Finnischen sowohl das Partizip I als auch das Partizip II als Anfangskomponenten auch in adjektivischen Zusammenbildungen auf *-(i)nen* möglich, wenngleich selten sind.

333 A. Hakulinen u.a. (2004, 148) bezeichnen das Partizip II als *NUT-partisiippi* (NUT-Partizip).

334 Das Derivat *ahto* geht auf das Verb *ahtaa* in der Bedeutung *ahdata* ‚tunkea, sulloa täyteen' (‚(an)füllen, (voll-)stopfen') zurück (SSA 1992, 55).

335 *Packeis*: hauptsächlich durch Wind zu großen Eismassen zusammengeschobene und -gepresste Eisschollen (Glossar zum Thema Antarktis).

336 Das Partizip I wird von A. Hakulinen u.a. (2004, 148) als *VA-partisiippi* (VA-Partizip) bezeichnet.

337 Das Wort *kulku* ist aus dem Verb *kulkea* (‚gehen, wandern, fahren') abgeleitet worden, das auf den uralten Wortstamm *kulke* zurückgeht (Häkkinen 2004, 502; s. auch SSA 1992, 429f.).

Im Kompositum wird die Partizipform durch das Derivat *alus*[338] mit der Bedeutung ‚jonkin alla oleva' (NSSK 1996, Bd. 1, 67) (‚unterhalb von etw. liegend') ersetzt, vgl. *aluskerros* für *alla oleva kerros* (‚Untergrund'). Für attributiv gebrauchte Partizipien können auch Verbalstämme als Erstglieder substantivischer Komposita eine Ersatzfunktion wahrnehmen wie im Terminuspaar *kelluva suo* : *kellusuo* (‚schwimmendes Moor[339]; Schwing[rasen]moor, Schwappmoor, Flottmoor[340]'). Doch treten laut A. Hakulinen u. a. (2004, 404) Komposita der Art Verbstamm + Substantiv wenig in Erscheinung. Als Erstglied möglich sind neben einigen zweisilbigen Verbalstämmen auf *-U* wie etwa *kellu-* nur einige wenige Verbstämme auf *-O* und *-i* möglich (ebd.). Die etymologischen Wörterbücher enthalten keine Informationen zum Verb *kellua* (‚floaten, schwimmen'). Das Verb gehört laut Häkkinen (1997, 225) jedoch zu den jüngsten Schichtungen des finnischen Wortschatzes.

(4) Ein bemerkenswerter Unterschied zwischen den deutschen und finnischen Mehrwortbenennungen ist die Tatsache, dass rechtserweiterte Nominalphrasen im Finnischen sehr spärlich belegt sind (vgl. Järventausta/H. Schröder 1997, 121f., 149; Liimatainen 1998, 88–92 u. 2000, 241f.). Dieser Unterschied ist strukturbedingt. Als eine ursprüngliche SOV-Sprache tendiert das Finnische im Allgemeinen zu pränominalen Erweiterungen (s. z. B. A. Hakulinen/Karlsson 1995, 121, 228). Vereinzelt kommen im Finnischen durch **Lokalkasusattribu-**

---

338 Das Derivat *alus* geht auf den uralten Wortstamm *ala* mit der Bedeutung *alaosa* (‚Unterteil, unterer/-s Teil') zurück und kann unterschiedliche unterhalb von etw. liegende Gegenstände, Flächen oder Unterlagen bzw. -seiten bedeuten (Häkkinen 2004, 48).

339 Direkt am Strandbad Sehestedt, an der Ostküste des Jadebusens in der Gemeinde Jade (Landkreis Wesermarsch), liegt das „Schwimmende Moor". Die heute noch rund 10 Hektar große Fläche ist der kleine Rest des riesigen Hochmoores, das einst den gesamten Jadebusen bedeckte. Das Schwimmende Moor ist weltweit das einzige Außendeich-Hochmoor, das bei Sturmfluten vom Untergrund abhebt und aufschwimmt. Vor Jahrhunderten war der heutige Jadebusen größtenteils noch Festland. Doch mit den großen Sturmfluten kam die See weit ins Land, und sogar Orte wie Jade und Bockhorn, die heute weit landeinwärts liegen, wurden zu Hafenstädten. Als die Wassergewalten das Moor der Süder-Kleihörne erreichte, klappte das Moor regelrecht hoch und stoppte die voran drängenden Fluten. Mit dem Ablaufen des Wassers senkte sich das Schwimmende Moor wieder auf seinen angestammten Platz. Dieser Vorgang wiederholt sich nunmehr seit 800 Jahren. Dabei verschiebt sich das Moor manchmal um einige Meter, und auch bei jeder Sturmflut von mehr als 1,70 Meter über mittlerem Tidehochwasser gehen einige Stücke des kostbaren Schutzgebietes verloren. (Vgl. <http://www.friebo.de/index.php?Main =entdecken__erleben&site=jade__wesermarsch&artikel=54>, zuletzt aufgerufen am 13.3.2008.)

340 *flott* Adj. aus niederd. flot maken = ein Schiff fahrbereit, schwimmfähig machen, zu mniederd. vlot = das Schwimmen, zu: vleten = fließen; schwimmen (D-DUW 2006). Vgl. auch: *Flottlehm* zu niederdt. *flot* ‚schwimmend, auf dem Wasser treibend' (Brockhaus 1997, Bd. 7, 411). *Floaten* engl. to *float*, eigtl. ‚schwimmen, treiben' (Duden 1999, Bd. 3, 1265).

te[341] erweiterte Nominalphrasen vor, die weitgehend den Präpositionalattributen im Deutschen entsprechen, vgl. *korkeus merenpinnasta* ‚Höhe über dem Meeresspiegel'; *päästö ilmaan* ‚Emission in die Luft'. In der Regel werden die Lokalkasusattribute den Verbalabstrakta nachgestellt (vgl. A. Hakulinen/Karlsson 1995, 121). Als postnominales Attribut tritt im untersuchten Material ein Elativattribut[342] in der Bezeichnung *esiselvitys toteuttamiskelpoisuudesta* (‚Vorstudie über die Durchführbarkeit') auf. In der konkurrierenden Bezeichnungsvariante erscheint das attribuierende Substantiv ohne die Elativendung *-sta* als Erstglied des Kompositums *toteuttamiskelpoisuusselvitys* (‚Ausführbarkeitsstudie, Durchführbarkeitsstudie').

341 Von den 15 Kasus des Finnischen bilden 6 ein einheitliches Teilsystem insofern, als sie in ihren Grundbedeutungen Ort und Richtung ausdrücken. Die betreffenden Kasus sind *Inessiv*, *Elativ*, *Illativ* (innere Lokalkasus) und *Adessiv*, *Ablativ*, *Allativ* (äußere Lokalkasus). Zu den Lokalkasusattributen im Finnischen siehe A. Hakulinen/Karlsson (1995, 120–122). A. Hakulinen u.a. (2004, 577–582 u. 830) bezeichnen die Lokalkasusattribute als Adverbiale des Substantivs.

342 Grundbedeutung des Elativs ist ‚aus dem Inneren heraus', manchmal ‚Ursprung' oder ‚Richtung weg von der Oberfläche' (s. z.B. Karlsson 2000, 129). Der Elativ kommt aber auch als Kasus der adverbialen Bestimmung von Verbalabstrakta vor, die eine mentale Tätigkeit ausdrücken (vgl. z.B. A. Hakulinen u.a. 2004, 578).

Die quantitative Verteilung der miteinander konkurrierenden substantivischen Benennungsstrukturen (Mehrwortterminus – Wortbildungskonstruktion) stellt sich wie folgt dar:

| **Pränominale Erw.**<br>Insgesamt 31 | Struktur der WBK | Anzahl | Beispiel | Insges. |
|---|---|---|---|---|
| **Genitivattribut+Bezugswort**<br>*jätteiden poltto* | Subst.+Subst. | 16 | *jätteenpoltto* | 16 |
| **Adjektivattr.+Bezugswort**<br>*batyaalinen vyöhyke*<br>*biologinen hajoaminen*<br>*kirjava pillike*<br>*epipelaginen vyöhyke* | Subst.+Subst.<br>Konfix+Subst.<br>geb.Kf[343]+Subst.<br>Derivat | 2<br>6<br>1<br>2 | *batyaalivyöhyke*<br>*biohajoaminen*<br>*kirjopillike*<br>*epipelagiaali* | 11 |
| **Partizipialattr.+Bezugswort**<br>*ahtautunut jää*<br>*kelluva suo* | Subst.+Subst.<br>VS[344]+Subst. | 3<br>1 | *ahtojää*<br>*kellusuo* | 4 |
| Insgesamt | | 31 | | 31 |
| **Postnominale Erw.**<br>Insgesamt 1 | | | | |
| **Bezugswort + Lokalkasusattr.**<br>*esiselvitys toteuttamiskelpoisuudesta* | Subst.+Subst. | 1 | *Toteuttamiskelpoi-suusselvitys* | 1 |
| Insgesamt | | 1 | | 1 |
| **Total** | | **32** | | **32** |

**Tab. 9**: Mehrwortterminus vs. Wortbildungskonstruktion im finnischen Korpus

Außer den 32 substantivischen Mehrworttermini ist im finnischen Korpus des Weiteren eine Adjektivphrase mit einem partizipialen Kern und dessen adverbialen Erweiterungen belegt. Die Erweiterungen sind untergeordnet zu interpretieren, so dass die erste Erweiterung *biologisesti* (‚biologisch') das Syntagma *helposti hajoava* (‚leicht abbaubar') determiniert. Wenn die Konstruktion zum Kompositum univerbiert und kondensiert wird, wird die erste Erweiterung *biologisesti* um das terminale Konfix *-log* und das Adverbialsuffix *-(ise)sti* gekürzt und mit dem partizipialen Kern kombiniert. Das entstandene partizipiale Kom-

343 geb.Kf. = gebundene Kompositionsform
344 VS = Verbalstamm

positum *biohajoava* (‚biologisch abbaubar') wird durch die Adverbialphrase *helposti* (‚leicht') erweitert: *biologisesti helposti hajoava* > *helposti biohajoava*[345] (‚leicht biologisch abbaubar').

C) Wie verhalten sich die Konkurrenten semantisch und funktional zueinander?

Die Univerbierung entspricht einer allgemeinen strukturellen Tendenz der syntaktischen Vereinfachung zum Zwecke der Informationsverdichtung in einem Einwortterminus sowie zur Vermeidung unhandlicher Konstruktionen. Die Frage, ob es sich bei jedem Fall der untersuchten Terminuspaare um die Univerbierung eines bereits vorhandenen Mehrwortterminus handelt, kann kaum beantwortet werden, und auch wo die Univerbierung zutrifft, müssen die Prozesse nicht gleichgeartet sein.

Das Nebeneinander von zwei Benennungsstrukturen (Mehrwortterminus – Kompositum) führt nicht zu einer prinzipiellen praktischen Koexistenz äquivalenter Termini in allen Kontexten. Die Verwendungsdifferenzen liegen u. a. auf textstruktureller und stilistischer Ebene. (Vgl. Fleischer/Barz 1995, 91.) Wer etwa statt *Industrieschadstoff* die Benennung *industrieller Schadstoff* verwendet, lenkt die Aufmerksamkeit stärker auf die Nominalphrase *Schadstoff*. Während die erste UK die WBK *Industrieschadstoff* entscheidend prägt und integrierter Bestandteil ist, dient das Adjektivattribut *industriell* in der Mehrwortbenennung eher dazu, die Nominalphrase *Schadstoff* nur zusätzlich zu charakterisieren. In manchen Fällen wird mit dem Kompositum die dem Sachverhalt als dauerndes begriffliches Merkmal anhaftende Qualität, mit der Mehrwortbenennung eher die augenblickliche Verwendung angegeben (Fleischer/Barz 1995, 91f.; s. auch Jaakola 2004, 48), vgl. *Säureeintrag* : *saurer Eintrag*.

Es können auch begriffliche Unterschiede zwischen der univerbierten Einwortbenennung und dem entsprechenden Wortgruppenterminus bestehen. Eine *industrielle Emission* etwa muss keine *Industrieemission* sein, sondern braucht nur die Ähnlichkeit des Industriellen (wie aus der Industrie) zu haben. Das finnische Genitivattribut kann als Teil einer Mehrwortbenennung in vielen Fällen auch einen gewissen Sachverhalt oder Gegenstand bezeichnen, d. h. eine konkrete Referenz haben, während es als Erstglied des entsprechenden Kompositums in allgemein gülti-

---

345 Wie im Deutschen, so ist das Präkonfix *bio-* auch im Finnischen stark reihenbildend und verbindet sich sowohl mit entlehnten als auch mit indigenen Adjektiven sowie gelegentlich auch mit Partizipien (Partizip I, Partizip II, sog. Negativpartizip auf *-mAtOn*). Dazu wird *bio-* mit einer begrenzten Anzahl von Konfixen zu Adjektiven kombiniert. Einige Zufallsfunde aus EnDic2004 (S. 41–43): *biodynaaminen, biogeeninen, biogeokemiallinen, biohajoamaton, biohajoava, biokemiallinen* sowie aus Lemmie: *bioettinen, biofossiilinen, biofunktionaalinen, biofysikaalinen, biogeneettinen, biokasvatettu, bioläaketieteellinen, biolannoitettu, biomagneettinen, biomekaaninen, biomuovinen, biosynteettinen, bioteknologinen, biotieteellinen.*

gem Sinne verwendet wird und das Kompositum als ein Terminus verstanden werden kann, vgl. *Porvoonjoen uoma* vs. *joenuoma* (wortwörtlich ‚Bett des Flusses Porvoonjoki vs. Flussbett') (s. auch Räikkälä u. a. 1996, 6; A. Hakulinen u. a. 2004, 390, 401).

Was die Variation WBK vs. Wortgruppenterminus angeht, so gelten laut Wiese (1988, zit. in Barz 1996, 132)[346] in den Fachwortschätzen offenbar modifizierte Normen. In den Fachsprachen scheint die freie Variation zwischen Einwortterminus und Mehrwortterminus in vielen Fällen ohne semantische Konsequenzen möglich zu sein (ebd.). Offenbar liegt ein Grund darin, dass Syntagmen aus Attribut und Bezugswort als Termini definiert sind und die Definition die Wirkung der an die Strukturvarianten gebundenen semantischen Unterschiede aufheben kann (Barz 1996, 132).

Univerbierung ist eine der Ursachen für die Bildung neuer Termini, wobei durch die Verdichtung syntaktisch komplexer Benennungen in Komposita und Derivate Ausdrucksprägnanz und Kohärenz erreicht werden soll. Einerseits haben Wortbildungsprodukte als die dominierende Erscheinungsform von Einworttermini gegenüber Mehrwortbenennungen verschiedene Vorzüge: sie sind nicht nur handlicher, ökonomischer, sondern sie bieten auch die Möglichkeit, entstandene WBK durch weitere Attribute zu bestimmen und zu definieren. Andererseits stellt aber die maximale semantische Verdichtung den Übersetzer gelegentlich vor erhebliche Probleme, so dass komplizierte Umschreibungen bei der Übersetzung erforderlich sind.

Bei der Konstruktionssynonymie (Einwortterminus vs. Mehrwortterminus) wird deutlich, wie im Deutschen durch Wortgruppentermini und integrierte Präpositionen Beziehungen zwischen den unmittelbaren Konstituenten ausgedrückt werden, die in entsprechenden Komposita nicht selten verborgen bleiben, denn gerade die Komposition erlaubt es, stark zu komprimieren. Die Beispiele gehen auf die untersuchten Wörterbücher *EnDic2004* (2004, s. v. lintudirektiivi) und *LFwbKÖ* (2001, s. v. irrigation water und resident) zurück: *Vogelrichtlinie* (< Richtlinie über die Erhaltung der wildlebenden Vogelarten); *Bewässerungswasser* (< Wasser für landwirtschaftliche Bewässerung); *Standvogel* (< standorttreuer Vogel).

Semantisch gesehen sind die finnischen Komposita der Struktur 'Substantiv im Genitiv (= $S_G$) + Substantiv im Nominativ (= $S_N$)' hauptsächlich nach dem gleichen Muster gebildet; das $S_G$ attribuiert das $S_N$ in derselben Weise wie in Substantivphrasen:

joenuoma = joen uoma (‚Flussbett')

346 Wiese, Ingrid (1988): Fragen fachsprachlicher Benennung. In: Zur Theorie der Wortbildung im Deutschen. Dem Wirken Wolfgang Fleischers gewidmet. Sitzungsberichte der Akademie d. Wiss. der DDR. 4 G. Berlin, S. 25–29 (vgl. Barz 1996, 146).

In beiden Varianten ist die unmittelbare Zugehörigkeit gegeben. Aber nicht alle $S_G$-$S_N$-Komposita gehören diesem Attributmuster an. So kann *ilmanseuranta* nicht unmittelbar als *ilman seuranta* beschrieben werden:

ilmanseuranta ≠ ilman seuranta (‚Luftüberwachung'≠ der Luft + Überwachung)

Vielmehr muss das Erstglied zuerst zweiteilig Sinn machen; ein Teil des Attributs muss aus sprachökonomischen Gründen weggefallen sein, denn der Genitiv bezieht sich logisch auf einen anderen Eigenschaftsträger als den im Erstglied benannten:

ilmanseuranta = ilman (laadun) seuranta (‚Luftqualitätsüberwachung, Immissionsüberwachung ')

Durch diese Erläuterungsfunktion erfüllen die Mehrwortbezeichnungen eine wichtige kognitive Funktion, denn sie können dabei helfen, die logischen Beziehungen zwischen den einzelnen Morphemen oder Bestandteilen von komplexen Komposita zu verstehen und deutlich zu machen, was von entscheidender Bedeutung u. a. für Fachübersetzer und Terminologen ist. Um für ein komplexes Kompositum ein brauchbares Äquivalent bilden zu können, müssen erst die Informationseinheiten hinzugefügt werden, die im ausgangssprachlichen Kompositum implizit enthalten sind. Was die lexikografische Darstellung der Konstruktionssynonymie betrifft, so muss sie unbedingt berücksichtigt werden.

### 6.7.2.3 Formunterschiedlichkeit durch Kurzwortbildung

A) Einleitendes

Die Tendenz zu sprachlicher Ökonomie in den Fachsprachen zeigt sich nicht nur in der Univerbierung, sondern auch bei der reduktiven Wortbildung. Kurzworttermini werden sowohl aus Komposita als auch aus Mehrwortbenennungen gebildet. Die sich so ergebenden neuen Möglichkeiten der Terminusbildung – z. B. Komposita, die mit einer Mehrwortbenennung nicht gebildet werden können wie *PAN-resistant* : *PAN-widerstandsfähig*[347] – bilden durchaus „ein Mittel der syntaktischen Komprimierung" (Steinhauer 2000, 75), d. h. der syntaktischen Vereinfachung und Verdichtung.

Die zunehmende Bildung und Verwendung von Kurzwörtern unterschiedlicher Art kann als eine besonders auffällige Erscheinung sowohl in der deutschen (vgl. Kobler-Trill 1994, 1, 155–158; Steinhauer 2000, 1; Barz/M. Schröder 2001, 200) als auch der finnischen Gegenwartssprache bezeichnet werden. Laut Steinhauer

347 *PAN* (Tox) Peroxyacetylnitrat (LFwbKÖ 2001, s. v. PAN, PAN-resistant)

(2000, 2) ist die Verwendung von Kurzwörtern eine Tendenz, die mit der Entwicklung der modernen Fachsprachen im letzten Jahrhundert immer mehr an Boden gewonnen hat. Kurzwörter sind – so Arntz/Picht/Mayer (2002, 120) – für nahezu alle Fachsprachen von Bedeutung. Auch Stolze (1999, 76) betrachtet Kurzwörter für die heutigen Fachsprachen als unentbehrlich. Mit der Wortkürzung haben die Fachsprachen laut ihr (ebd.) eine sehr ergiebige Quelle für sprachliche Neubildungen gefunden und nutzbar gemacht.

Durch Kurzwörter besitzt der Sprachbenutzer für sein gemeinsprachliches, insbesondere aber für sein fachsprachliches Verhalten „ein außerordentlich leistungsfähiges, flexibles, nicht selten ‚modisch gestyltes' Werkzeug [...], das unter textsortenspezifischem, printmedienspezifischem, textstrategischem, wissenspsychologischem, statistischem, (sprach-)vergleichendem und didaktischem Aspekt Beachtung verdient" Wilss (2002, 59). Auch in der Fachsprache der Ökologie und des Umweltschutzes weist die Kurzwortbildung eine große Produktivität auf, wovon u. a. das Wörterbuch *Anglo-amerikanische und deutsche Abkürzungen für den Bereich Umweltschutz* von Wennrich (1980) wie auch das *Lexikon der internationalen Abkürzungen Umwelt und Naturwissenschaften* von Baghdady (2002) zeugen.

Als ein eigenständiger Teil der Wortbildung wird die Kurzwortbildung seit etwa den 1980er Jahren betrachtet (Steinhauer 2000, 2). Dennoch gibt es noch große Lücken in der Kurzwortforschung[348] – insbesondere in den Fachsprachen. Aus dem Blickwinkel der Fachsprachenforschung wird die Wortkürzung als charakteristisches Mittel der Benennungsbildung in den Fachsprachen zum ersten Mal in der Publikation zur deutschen Fach- und Wissenschaftssprache von Drozd/Seibicke (1973, 160–165) beschrieben. Wortkürzungen in der naturwissenschaft-

348 Zum Stand der Erforschung von Kurzwörtern kann zusammenfassend festgestellt werden, dass Kurzwörter häufig nur als Randgebiet der deutschen Wortbildungslehre betrachtet und in entsprechenden Darstellungen verhältnismäßig knapp besprochen werden (Kobler-Trill 1994, 3, 34). Charakteristisch für die deutschsprachige Forschungsliteratur ist noch, dass über die verwendeten Termini nur beschränkt Übereinstimmung besteht. Inhalt und Umfang der Termini können beträchtlich voneinander abweichen. (Vgl. auch Kobler-Trill 2002, 452 u. Steinhauer 2000, 10f.)

Neben den Arbeiten, in denen die gesamte Wortbildung behandelt wird, sind vor allem Aufsätze zu nennen, die sich mit dem Kurzwort, dem Kürzungsverfahren und der Klassifikation der verschiedenen Kurzformen im Deutschen befassen. Als bedeutsam anzusehen sind die Untersuchungen u. a. von Bergstrøm-Nielsen (1952), Bellmann (1980), der neben einer Klassifikation besonders den pragmalinguistischen Aspekt dieses Bereichs herausstellt, weiter von Vieregge (1983), Wellmann (1984, 392–397), Kobler-Trill (1994, 1997 u. 2002), Greule (1996), Steinhauer (2000 u. 2001), Augst (2001), Weber (2002), Wiese (2002), die sich mit Buchstabenkurzwörtern im medizinischen Fachwörterbuch beschäftigt, sowie Barz (2005, 676, 741–749). Ausführlicher zum Forschungsstand zu den Kurzwörtern im Deutschen s. Kobler-Trill (1994, 33–62), Poethe (1997), Steinhauer (2000, 10–42). Zu Kurzwörtern in historischer Sicht hat sich Greule (2006) geäußert.

lichen und technischen Fachlexik im 19. Jahrhundert und in der älteren Sprache werden von Dückert (1981) erörtert. M. Schröder (1985) befasst sich mit der Verwendung von Kurzformen und kommt auf diese Weise auch auf Fachsprachen zu sprechen. Zu Erscheinungsformen und Verwendungsweisen der Kurzwörter in Tages-, Wochen- und Fachzeitschriften hat Wilss (2002) einen Beitrag geleistet.

Wenn auch sowohl in der Kurzwort- als auch der Fachsprachenforschung immer wieder darauf aufmerksam gemacht wird, dass die sprachliche Ökonomie und die Kurzwortbildung zu den charakteristischen Merkmalen der Fachsprachen gehören und auch die Vorteile der Verwendung von Kurzwörtern für die fachsprachliche Kommunikation durchaus gesehen werden (vgl. z.B. Starke 1988, 70f., Fluck 1996, 54f., Fijas 1998, Roelcke 2005, 75), so hat Kurzwörter in den Fachsprachen systematischer bisher nur Steinhauer in ihrer Dissertation (2000) untersucht. Auch in der Terminologielehre spielt die Kurzwortforschung eine eher bescheidene Rolle. Für die Verwendung von Kurzwörtern in den finnischen Fachsprachen liegen bisher keine empirischen Untersuchungen vor. Auch sonst haben die Kurzwörter in der Fennistik bisher keine große Beachtung gefunden.[349] Aus

349 Wie für die deutsche Forschungsliteratur, so ist auch für die finnische Kurzwortforschung eine terminologische Uneinheitlichkeit kennzeichnend. In den diversen Untersuchungen werden nicht nur gleiche Kürzungsprodukte jeweils unterschiedlich benannt, sondern häufig sind auch gleiche Bezeichnungen für unterschiedliche Kurzformen zu finden. Penttilä (1945) richtet in seinem Aufsatz das Interesse in erster Linie auf sprachpflegerische und orthographische Fragen und trifft noch keine Unterscheidung zwischen Kurzwort und Abkürzung. Eine ausführlichere und für die weitere Entwicklung der finnischen Kurzwortforschung wichtige Untersuchung nimmt 1955 Hämäläinen vor. Er sieht die Beziehung zwischen Fachsprachen und vermehrter Kurzwortbildung und benennt mehrere Gebiete, auf denen Kurzformen verwendet werden. Hämäläinen geht auch auf mögliche Ursachen für die Bildung von Kurzformen ein. Daneben versucht er, die verschiedenen Typen von Kurzformen zu beschreiben. In seiner Grammatik *Suomen kielioppi* zählt Penttilä (1963, 254) die Bildung von Kurzbezeichnungen bereits zu den wichtigsten Wortbildungsmitteln des Finnischen. Bei Penttilä gibt es ausdrücklich zwei Großgruppen, die insofern bemerkenswert sind, als er Buchstabenwörter (kirjainsana) allen anderen Kurzwörtern, die er als *tynkä-* bzw. *typistesana* (‚verstümmeltes Wort', ‚clipped word') bezeichnet, gegenüberstellt. Penttilä nennt bei den Buchstabenwörtern auch Belege, in denen außer den Initialen noch zusätzliche Buchstaben in das Kurzwort eingefügt werden. Die Typen der zweiten Hauptgruppe, der Kurzwörter, können dagegen sehr unterschiedlich sein. (Vgl. Penttilä 1963, 254–256.) In den folgenden Jahrzehnten erscheinen immer wieder kleinere Arbeiten zum Thema Kurzform – besonders mit Blick auf die Sprachpflege und Sprachrichtigkeit –, u.a. Vesikansa (1979), Häkkinen (1997, 108–109), Iisa/Oittinen/Piehl (2000, 15–37), Itkonen (2000, 30–35), Lehtinen (2000), Maamies (2000a u. 2000b). Hauptsächlich gibt es in diesen Arbeiten keine terminologische Abgrenzung des Begriffs *lyhennesana* ‚Kurzwort' von *lyhenne* ‚Abkürzung', sondern der Begriff Abkürzung wird häufig als Oberbegriff für alle Kurzformen verstanden. Die erste nach Gruppen geordnete Zusammenstellung verschiedener Kurzformen für die finnische Sprache, die mir bekannt wurde, steht bei Lehtinen (1996, 88f.). Der inzwischen auch im Finnischen weitgehend eingebürgerte Terminus *lyhennesana*

diesen Gründen werden Kurzwörter in der vorliegenden Arbeit einer ausführlicheren Betrachtung unterzogen.

Nach einem groben historischen Abriss der Kurzwortforschung in Bezug auf die deutsche und die finnische Sprache folgen einige definitorische Grundsätze. Im empirischen Teil werden die in Abschn. 6.6 vorgestellten Korpora auf Kurzwörter untersucht. Die gefundenen Kurzwörter werden nach der Art ihrer Bildung in Form einer Kurzworttypologie dargestellt. Anhand der Analyse der oben beschriebenen zwei Fachwörterbücher *LFwbKÖ* (2001) und *EnDic2004* soll ermittelt werden, welche Arten von Kurzwörtern in der Fachsprache der Ökologie und des Umweltschutzes vorkommen und wie sie in den beiden Sprachen verteilt sind. Zum Schluss soll den Ursachen der Kurzwortbildung sowie den kommunikativen Vorteilen, aber auch den Nachteilen nachgegangen werden, die das Kurzwort im Vergleich zur Vollform mitbringt.

B) Ein historischer Überblick über die Kurzwortforschung

Die ältesten Kurzwörter im heutigen Sinn lassen sich laut Bergstrøm-Nielsen (1952, 2f.) bis in die Mitte des 19. Jahrhunderts zurückverfolgen, und es gibt international verwendete Kurzwörter, die sehr alt sind (s. auch Hämäläinen 1955, 246f.). Die frühen Belege stammen aus unterschiedlichen, voneinander unabhängigen Bereichen. Sachgebiete, in denen Kurzwörter bereits früh eine Rolle gespielt haben, sind u. a. die Rechtssprache, das Zeitungs- und das Militärwesen sowie die Formelsprache der Chemie (vgl. Kobler-Trill 1994, 139). Der militärische Sprachgebrauch seit dem Ersten Weltkrieg, die Sprache der Technik, Wissenschaft, Wirtschaft und Verwaltung werden auch von Wellmann (1984, 392) erwähnt. Als Einflussfaktoren für die Wortkürzung nennt er (ebd.) ferner die Einwirkung des Englischen nach dem Zweiten Weltkrieg insbesondere in der Wirt-

---

‚Kurzwort' wird von Lehtinen als Oberbegriff für die verschiedenen Typen von Kurzwörtern angesehen. Ihrer Einteilung liegen die Bildungsweise sowie die Aussprache der Kürzungsprodukte zugrunde, so dass sie zu drei verschiedenen Typen von Kurzwörtern kommt. Der erste Typ *kirjain(lyhenne)sana* ‚Buchstaben(kurz)wort' besteht aus den Initialen der Komponenten der Vollform und wird buchstabiert gesprochen. Zu dem zweiten Typ *kooste(lyhenne)sana* ‚zusammengestelltes (Kurz)wort' werden außer den Initialen auch weitere Buchstaben der Vollform herangezogen, so dass das entstandene Kurzwort phonetisch gebunden ausgesprochen werden kann. Der dritte Typ *typistesana* ‚clipping, stump word' besteht aus einem zusammenhängenden Teil der Vollform. Übliche Bezeichnungen in der deutschsprachigen Literatur für diese unisegmentalen Kurzwörter sind Kopf-, Rumpf- und Endwörter (s. z. B. Kobler-Trill 1994, 21). A. Hakulinen u. a. (2004, 189–191) folgen der Typologisierung von Lehtinen (1996), die für das gegenwärtige Finnisch die oben genannten drei Haupttypen der Kurzwörter berücksichtigt. Bei A. Hakulinen u. a. (2004, 191) werden die Begriffe *lyhennesana* ‚Kurzwort' und *lyhenne* ‚Abkürzung' auch definiert.

schaftswerbung und der industriellen Produktion. Im Wirtschaftsleben war die Verwendung von Buchstabenkurzwörtern laut Hämäläinen (1955, 247) bereits gegen Ende des 19. Jahrhunderts nahezu global verbreitet. Aus dem Zeitabschnitt stammen u. a. die Kurzwörter *cif* (< cost, insurance, freight) und *fob* (< free on board), die immer noch weltweit verwendet werden. Die Verwendung von Initial- und Buchstabenkurzwörtern im heutigen Sinn geht auf Großbritannien und allgemein auf angelsächsische Länder zurück. (Vgl. Hämäläinen 1955, 247.)

Im 19. Jahrhundert und in der älteren Sprache werden Komposita in erster Linie durch Weglassung einer Konstituente gekürzt. Häufig fällt entweder das Bestimmungs- oder das Grundwort des Kompositums aus. Von der Tendenz zur Zweigliedrigkeit unter den Komposita zeugen solche Wortkurzwörter, die um das mittlere Segment gekürzt sind, während die gebliebenen zwei Segmente, das Anfangs- und das Endsegment, eine Art Klammer bilden. Kürzungen sind aber nicht nur bei Komposita, sondern auch in Mehrwortbezeichnungen zu beobachten, in denen sie im Zusammenhang mit der Tendenz zum Einwortlexem stehen. Wortkurzwörter als eine Erscheinung der sprachlichen Ökonomie werden durch monosemierend wirkende sprachliche oder situative Kontexte ermöglicht. Kürzungen auf die Anfangsbuchstaben finden sich im 19. Jahrhundert u. a. in der Elektrotechnik für die Maßeinheiten und in der chemischen Fachsprache für die Elemente. Gegen Ende des 19. Jahrhunderts werden auch Buchstabenkurzwörter gebräuchlich. (Vgl. Dückert 1981, 153–156.)

Jedoch gewinnt die Kurzwortbildung erst im 20. Jahrhundert größere Verbreitung, als in den 20er Jahren eine Fülle von Kurzwörtern entstand, die ihren Ursprung dem regen industriellen Leben verdanken (vgl. Bergstrøm-Nielsen 1952, 3)[350]. Drozd stellt bereits 1964 fest, dass „[d]ie Häufigkeit der Abkürzungen[351] und Abkürzungswörter in der Terminologie und im öffentlichen und wirtschaftlichen Leben und die bewusste Anwendung dieser Sprachformen sowie auch ihre allmähliche Einstufung ins Sprachsystem [...] zu der Annahme [berechtigen], daß es sich um eine neue Wortbildungsart handelt. Die Anzahl der Abkürzungen in der Terminologie, in den neueren DUDEN-Ausgaben, in MACKENSENS *Deutschem Wörterbuch* und vor allem in den Spezialwörterbüchern weisen [sic!] darauf hin, daß es sich um eine sehr produktive Wortbildungsart handelt." (Drozd, 1964, 338.)

Auch wenn die Reduktion im 20. Jahrhundert „einen Boom erlebt", ist sie laut Greule (1996, 202) keine neuzeitliche „Erfindung" (vgl. auch Wellmann 1984,

350 Augst (2001, 210) stellt in seinen Untersuchungen zu allgemeinsprachlichen Texten fest, dass die Kurzwörter ihren Anteil von 0,06 auf 1,54 Prozent von allen fortlaufenden Wörtern zwischen 1900 und 1999 steigern.

351 Unter Abkürzung wird in der vorliegenden Arbeit die reine Schriftabkürzung verstanden, die keine eigene, der Schreibung entsprechende Lautgestalt hat, sondern beim Sprechen in das zugrundeliegende Wort aufgelöst wird. Abkürzungen bleiben in der vorliegenden Arbeit aus der Betrachtung ausgeklammert.

392; Wilss 2002, 50 u. 2006, 281) und nicht auf eine begrenzte Zeit eingeschränkt; „Abkürzungen gibt es, seitdem es eine Schriftsprache gibt. Die Abkürzungspraxis hat aus ökonomischen Gründen in der Sprachverwendung seit jeher ihren festen Platz, und zwar in der Alltagssprache und, noch ausgeprägter, in der Fachsprache (einschließlich Werbe-, Anzeigen- und Verwaltungssprache und Internet-Sprache“ (Wilss 2002, 50; s. auch Wilss 2006, 281). Greule (1996, 202) vertritt die Auffassung, dass die Kurzwortbildung zu verschiedenen Zeiten unterschiedlich intensiv verwendet worden ist. „Kurzwörter haben ihren Ursprung in der sprachlichen Vergangenheit“, und ihr vermehrtes Auftreten in der Gegenwart kann wohl als Teil der Versuche betrachtet werden, die heutige Informationsflut sprachlich zu bewältigen (Vieregge 1983, 235).

## C) Definitorische Grundsätze

Ein Kurzwort entsteht, indem eine Wortbildungskonstruktion (im weiteren WBK) bzw. eine lexikalisierte Wortgruppe auf verschiedene Segmente gekürzt wird, d. h. aus der Vollform werden bestimmte Teile ausgewählt, aus denen dann das Kurzwort gebildet wird. Das Kurzwort hat in der Regel eine lange Ausgangsform, die parallel zu ihm besteht. Kurzwörter sind als eigenständige Wörter sowohl in der geschriebenen als auch der gesprochenen Sprache zu finden. Das Kurzwort wird also in dieser reduzierten Form ausgesprochen, hat als Substantiv ein grammatisches Geschlecht und wird flektiert. (Vgl. Steinhauer 2001, 2.) Als Definitionsmerkmal zieht Kobler-Trill (1994, 14) weiterhin die Synonymiebeziehung zwischen der Vollform und dem Kurzwort heran. Als ein zentrales Charakteristikum des Kurzwortes gilt, dass mit ihm innerhalb des Fachwortschatzes eine semantische Dublette zu der gleichbedeutenden, in der Regel weiterhin existierenden Langform geschaffen wird (vgl. Kobler-Trill 1994, 19). Greule (1996, 195) betont, dass ein Kurzwort nur in dem Fall ein Kurzwort ist, wenn ihm eine Vollform zur Seite steht. Somit sind Kurzwörter stets lexikalische Varianten[352] ihrer Vollformen (Greule 1996, 195). Im Vergleich zu den anderen Wortbildungsarten besteht die Besonderheit der Kurzwortbildung in erster Linie darin, dass die Reduktion die vorhandenen Vollformen als Ausgangseinheiten „nicht modifiziert oder transponiert, sondern sie ausdrucksseitig verkürzend variiert“ (Barz/M. Schröder 2001, 201).

Kurzwortvarianten kommen üblicherweise nur zu substantivischen Fachwörtern vor. Von Kurzwortbildung insbesondere betroffen sind mehrgliedrige und damit schwerfällige Komposita und lexikalisierte Mehrwortbezeichnungen,

---

352 Auch Bellmann und Fleischer haben in diesem Zusammenhang von Varianten im Lexikon gesprochen, vgl. den entsprechenden Titel *Zur Variation im Lexikon: Kurzwort und Original* von Bellmann (1980) sowie Fleischers Hinweis unter „Benennungsvarianten“ auf den Fall „Vollform neben Kurzform“ (Fleischer 1987, 46).

meist auf der Grundlage adjektivischer und genitivischer, im Deutschen auch präpositionaler Attribuierung. Darüber hinaus wird vorausgesetzt, dass die Langformen zu einem Gegenstandsbereich von hoher gesellschaftlicher Relevanz gehören und entsprechend in Texten häufig auftreten. (Vgl. Bellmann 1980, 370.)

## D) Eine Kurzworttypologie

Die Typologien der meisten Kurzwortforscher sind primär für die Alltagssprache aufgestellt worden. Diese Typologien weisen überdies methodische Unsicherheiten und inkonsequente Einteilungen mancher Kurzwörter in entsprechende Kategorien auf. Aus diesem Grund orientiert sich die vorliegende Arbeit in erster Linie an der Terminologie und den typologischen Überlegungen Greules (1996) und Steinhauers (2000, 51–53, 120–137 u. 2001, 7–8). Die Kurzwortbelege aus den Korpora, die im Folgenden als Beispiele dienen, werden ohne Angabe der Seitenanzahl der Quelle genannt. Diese Angaben finden sich in den Anhängen 6 (Typologisch geordnete Kurzwörter aus *Langenscheidts Fachwörterbuch Kompakt Ökologie* (2001), 7 (Typologisch geordnete Kurzwörter aus *EnDic2004*) und 8 (Chemische Elemente und Formeln).

Die Einordnung der im Korpus gefundenen Kurzwörter in die Typologie ist jedoch nicht immer ganz einfach. Auch die chemische Zeichen- und Formelsprache beruht auf dem Prinzip der Kürzung. Da aber vor allem die isolierten uni- und bisegmentalen chemischen Elementkürzel wie etwa *N* (< **N**itrogenium) für *Stickstoff* oder *Pb* (< **Pl**um**b**um) für *Blei* nicht regelmäßig phonisch in der Kurzform realisiert werden, können sie in dem in der vorliegenden Arbeit definierten Sinne nicht zu den Kurzwörtern gezählt werden. Da es sich in der vorliegenden Untersuchung auch eher um Formenvielfalt der Bezeichnungsvariation und die Vorkommenshäufigkeit von Bezeichnungsvarianten in der Fachsprache der Ökologie und des Umweltschutzes als um die Kurzwortbildung an sich handelt, werden die chemische Zeichen- und Formelsprache wie auch die mit chemischen Elementen und Formeln gebildeten Kurzwörter als eine Quelle für das Entstehen bedeutungsidentischer Bezeichnungsvarianten im Abschnitt 6.7.2.4 getrennt behandelt.

Die Kurzworttypologie baut auf der Ausdrucksseite der Kurzwörter auf. Die Beschreibung der Kurzwörter muss sich nach den Segmenten richten, die aus der Vollform als Ausgangseinheit ausgewählt worden sind. Die einzelnen Kurzworttypen unterscheiden sich strukturell durch die Qualität der ausgewählten Segmente (Buchstaben, Silben bzw. silbenartige Segmente oder ganze Wörter), durch deren Anzahl und Aussprache sowie bezüglich ihrer Vollformen durch die Position, die Kontinuität bzw. Diskontinuität der Segmente. (Vgl. Greule 1996, 197–199; Steinhauer 2001, 7f.)

Für die Typologisierung nach der Art der ausgewählten Segmente sind mit *YVA*, *ABA*, *Alu*, *Growian*, *Abyssal* und *Rückschlamm* bereits Beispiele für (1)

Buchstaben-, (2) Silben- und (3) Wortkurzwörter genannt worden. Buchstabenkurzwörter bestehen aus Buchstaben der Vollform wie in *ABA* für ***a**bscisic **a**cid* und *YVA* für ***y**mpäristö**v**aikutusten **a**rviointi* als Ausgangsform (,UVP, Umweltverträglichkeitsprüfung', YS 1998, 81). Wird das Buchstabenkriterium – nicht das Initialkriterium – zu Grunde gelegt, können auch solche Belege, die aus einzelnen Buchstaben bestehen, problemlos in die Typologie eingeordnet werden. Silbenkurzwörter bestehen aus Silben oder silbenartigen Segmenten wie etwa *Alu* für ***Alu**minium* (Steinhauer 2000, 300, 325) und *Growian* für ***gro**ße **Wi**nd-energie**an**lage* (SUL 2000, 533). *Alu* ist ein unisegmentales, zweisilbiges und *Growian* ein trisegmentales, dreisilbiges Silbenkurzwort. Wortkurzwörter – auch Morphemkurzwörter genannt – bestehen aus ganzen Wörtern wie z. B. *Abyssal*[353] für *Abyssalregion* oder *Rückschlamm* für *Rücklaufschlamm*.

Das Buchstabenkurzwort *TA* aus *Technische Anleitung* in *TA Abfall* (Technische Anleitung **Abfall**) bietet ein Beispiel für ein Reihen bildendes Muster der Benennungsbildung: Ähnlich gebildet sind *TA Luft* für ***T**echnische **A**nleitung zur Reinhaltung der **Luft***, *TA Lärm* für ***T**echnische **A**nleitung **Lärm***, *TA Sonderabfall* für ***T**echnische **A**nleitung **Sonderabfall*** und *TA Siedlungsabfall* für ***T**echnische **A**nleitung **Siedlungsabfall*** (SUL 2000, 1142–1144, 1150), die sich zwar nicht im Korpus finden, aber in der Fachsprache des Umweltschutzes durchaus geläufig sind.

Das Wortkurzwort besteht aus Teilen der zu Grunde liegenden Vollform, die ganze Morpheme repräsentieren. Wörter aus dem Ende der Vollformen – z. B. *Blöße* für *Waldblöße* (LFwbKÖ 2001, s. v. clearing) – können laut Steinhauer (2001, 8) in der Regel jedoch nicht als echte Wortkurzwörter betrachtet werden, sondern als auf ihr Grundwort gekürzte Determinativkomposita. Klammerformen sind in ihren zu Grunde liegenden Vollformen drei- bzw. Polymorphemische Determinativkomposita, die um das mittlere Segment gekürzt sind, während die gebliebenen zwei Segmente, die Anfangs- und die Endsegmente, eine Art Klammer bilden, vgl. *Detrituskette* für *Detritusnahrungskette* (LFwbKÖ 2001, s. v. detritus chain). Die Klammerformen entsprechen der Neigung der Sprachverwendung, mehrgliedrige WBK auf WBK mit zwei Grundmorphemen zu kürzen (vgl. Fleischer/Barz 1995, 220). Barz/M. Schröder (2001, 201) und Barz (2005, 744) betrachten Wortkurzwörter in der Zuordnung zur Kurzwortbildung als Grenzfälle. Unisegmentale Anfangssegmente[354], die in der Sprache bereits als mehrdeutige Wörter existieren, übernehmen in Wortkurzwörtern die Bedeutung des ganzen Kompositums, vgl. z. B. *isäntä* ,Wirt' für *isäntäorganismi* ,Wirtorganismus'.

Außer den Buchstaben-, Silben- und Wortkurzwörtern muss laut Greule (1996, 198) und Steinhauer (2000, 52 u. 2001, 8) als vierter Typ ein (4) Misch-

353 Abyssal: „Bereich des Meeresbodens von 1000 bis 6000 m Tiefe" LFwbKÖ (2001, 13).

354 Ein Wortkurzwort, das aus dem Anfang der Vollform gebildet wird, wird von Kobler-Trill (1994, 21) als *Kopfwort* bezeichnet.

typ angesetzt werden, der aus Segmenten unterschiedlicher Qualität wie in *TASi* für *Technische Anleitung **Siedlungsabfall*** (SUL 2000, 1144) oder in *REF* (< ***re**cycling **f**uel*) für *kierrätyspolttoaine* (Jäte ja ympäristö 6/2000, 20) besteht. In den beiden Fällen liegt eine Mischung aus Buchstaben- und Silbenkürzung vor.

Als Untergruppe des Buchstabenkurzwortes kann das Initialkurzwort, wie etwa *ABA* für ***A**bwasser**b**ehandlungs**a**nlage*, betrachtet werden. Die gebundene Buchstabenkurzform bildet dagegen eine Untergruppe der gebundenen Kurzformen. Gebundene Kurzformen kommen nicht frei, sondern nur gebunden an andere lexikalische Elemente (in der Mehrzahl der Fälle an die Grundwörter) vor. (Vgl. Steinhauer 2000, 130 u. 2001, 8.) In die Gruppe der gebundenen Buchstabenkurzwörter fällt etwa *SE-romu* (< sähkö- ja elektroniikkaromu[355] ,Elektro- und Elektronikaltgeräte'), in dem der erste Teil *SE* eine bisegmentale Buchstabenkurzform ist. In der WBK *SE-romu* sind die ersten Segmente auf ihre Anfangsbuchstaben gekürzt, die außerhalb der WBK mit der angegebenen Bedeutung nicht vorkommen. Einen weiteren Beleg für die gebundene Buchstabenkurzform bildet etwa der Ausdruck *F-Horizont* für *Fermentationshorizont*. Bellmann (1980, 372), Kobler-Trill (1994, 69ff.) und Barz (2005, 746) bezeichnen diese Kombinationen als partielle Kurzwörter.

Neue Aspekte der Kurzwortthematik im Vergleich zu Kurzwörtern der Gemeinsprache weisen die finnischen Belege $P_{tot}$ und $N_{kok}$ auf. Die zu bezeichnenden Elementkürzel *P* (< **P**hosphorus) und *N* (< **N**itrogenium) sind durch die Indizes *tot* (aus dem englischen **tot**al) und *kok* (aus dem finnischen **kok**onais- ,Gesamt-') spezifiziert: $P_{tot}$ steht für *kokonaisfosfori* (,Gesamtphosphor') und $N_{kok}$ für *kokonaistyppi* (,Gesamtstickstoff'). Bei den beiden Indizes, die zu Silbenkurzwörtern zu zählen sind, handelt es sich um gebundene Silbenkurzformen, denn sie treten nur zusammen mit den näher zu bezeichnenden Elementkürzeln auf. Diese Eigenheit, Kurzwörter mit weiteren Kurzformen als Indizes zu spezifizieren, ist laut Steinhauer (2000, 200) in erster Linie in den naturwissenschaftlich-technischen Fachsprachen geläufig.

An den Wortkontext gebunden bleiben auch die durch Kürzung entstandenen Konfixe (Donalies 2002, 153), z. B. *bio* in *bioverfügbar* (< *biologisch verfügbar* LFwbKÖ 2001, s. v. bioavailable) bzw. in *bioindikaattori* (< *biologinen indikaattori* ,Bioindikator', EnDic2004, 43). Wortbildungen mit gebundenen Erstgliedern dieser Art lassen sich laut Barz (2005, 746) je nach Betrachtungsaspekt sowohl unter den Komposita einordnen – sie modifizieren das Zweitglied – als auch unter den partiellen Kurzwörtern, die ein gekürztes Segment enthalten und eine semantisch äquivalente Vollform als Ausgangsform haben[356]. Hier muss jedoch die Auf-

---

355 Siehe z. B. Itä-Uudenmaan Jätehuolto Oy. Zugang: <http://www.ita-uudenmaan-jatehuolto.fi/Tiedotteet/Ser%202005.html>.

356 Siehe auch Weber (2002, 459), der *bio-* und *öko-* als Präfixe betrachtet.

merksamkeit darauf gerichtet werden, dass die Adjektive *biologisch*[357] und *ökologisch*[358] wie auch ihre finnischsprachigen Äquivalente *biologinen, ekologinen* und *luonnonmukainen*[359] (‚naturgemäß') in allen WBK in semantischer Hinsicht nicht nur einfach gekürzt worden sind. Wie oben bereits erwähnt, drücken sich in der gekürzten Form vielmehr ganze Bedeutungsfelder aus.

Etwa die Bezeichnungen *Ökoladen, Biokost* und *luomutuote* können nicht einfach mit „ökologischer Laden", biologische Kost" oder „luonnonmukainen tuote" in die Langform übertragen werden. *Ökoladen* ist ein Laden, „in dem nur Waren verkauft werden, die den Vorstellungen von der Erhaltung der natürlichen Umwelt entsprechen" (D-DUW 2006), *Biokost* ist Kost, „die nur aus natürlichen, nicht mit chemischen Mitteln behandelten Nahrungsmitteln besteht" (D-DUW 2006) und *luomutuote*[360] ist ein naturgemäß, ohne Mineraldünger und chemische Schädlingsbekämpfungsmittel angebautes Produkt (vgl. Nurmi 2002, 522).

Ebenso wenig steckt die Vollform *Ökologie* in Bildungen wie *Ökoaudit* oder *Ökolabel*. *Ökoaudit* bedeutet keineswegs die Auditierung der Ökologie, sondern die „freiwillige, von unabhängigen Gutachtern durchgeführte Betriebsprüfung eines Unternehmens nach ökologischen Gesichtspunkten" (D-DUW 2006). Unter *Ökolabel* ist ein Aufkleber oder ein Aufdruck auf (der Verpackung) einer Ware zu verstehen, der anzeigt, dass sie umweltverträglich hergestellt wurde (vgl. D-DUW 2006).

Die Kurzwörter, um die es sich in der vorliegenden Untersuchung handelt, sind qualitativ anders, denn erstens kommen sie als eigenständige Wörter in der geschriebenen Sprache vor und werden in der gekürzten Form ausgesprochen. Zweitens haben sie in der Regel noch eine Vollform, die parallel zu ihnen existiert.

---

357 **biologisch**: 1) die Biologie betreffend, zu ihr gehörend, auf ihr beruhend; 2) den Gegenstand der Biologie, die lebendige Natur, Lebensvorgänge u. -beschaffenheit, betreffend, dazu gehörend, darauf beruhend; 3) aus natürlichen Stoffen hergestellt (D-DUW 2006).

358 **ökologisch**: 1) die Ökologie betreffend; 2) die Wechselbeziehungen zwischen den Lebewesen u. ihrer Umwelt betreffend (D-DUW 2001).

359 **luonnonmukainen**: luontoon kuuluva, siihen soveltuva, sitä turmelematon, sitä mukaileva (Kielitoimiston sanakirja 2004). (‚naturgemäß: zu der Natur gehörend, den besonderen Bedingungen der Natur entsprechend, angepasst, naturverträglich, die Natur nicht belastend' [übers. von A.L.])

360 *luomutuote* „luonnonmukaisesti, ilman keinolannoitteita ja kemiallisia torjunta-aineita viljelty tuote" (Nurmi 2002, 522). Das Silbenkurzwort *luomu* taucht das erste Mal im Mai 1984 auf (Heinonen 2002, 340, 347).

Graphisch dargestellt sieht die der vorliegenden Arbeit zu Grunde liegende Typologie wie folgt aus:

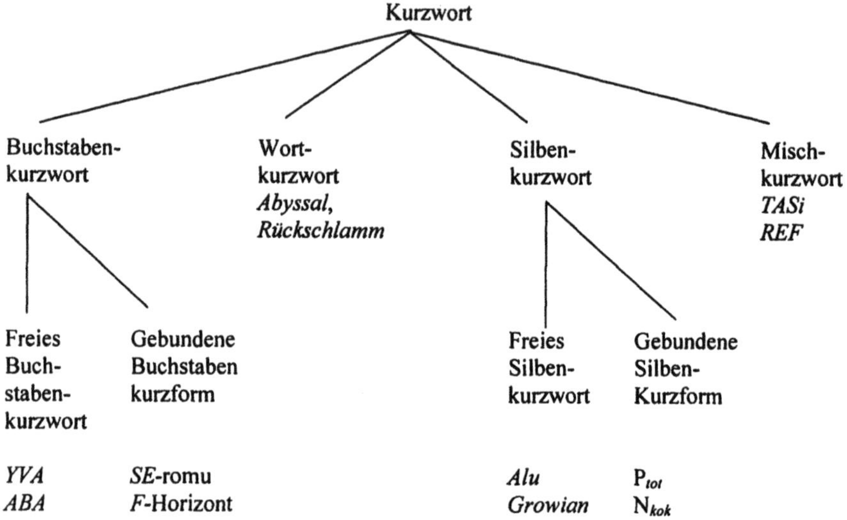


**Fig. 6**: Kurzworttypologie

E) Die Klassifizierung der Kurzwörter aus dem Fachbereich der Ökologie und des Umweltschutzes

An dieser Stelle sei auf die Anhänge 6 und 7 der vorliegenden Arbeit verwiesen, in denen alle diejenigen Kurzwörter und gebundenen Kurzformen aus den in Abschn. 6.6 dargestellten Korpora aufgeführt sind, die

1) im finnischen Korpus als ein dem Hauptlemma zugeordnetes Sublemma wie in

   B038 biokemiallinen hapentarve : BOD : BHT (EnDic2004, 43)

2) bzw. im deutschen Korpus als ein dem englischsprachigen Lemma zugeordnetes Äquivalent wie in

   **BCF** (*bioconcentration factor*) Biokonzentrationsfaktor : BCF (LFwbKÖ 2001, 34)

eine Bezeichnungsvariante bilden. Die Liste der deutschen Kurzwörter enthält 54 verschiedene Kurzwörter (s. Anhang 6). Die Anzahl der finnischen Kurzwortbelege beträgt 57 (s. Anhang 7). Die Kurzwörter sind nach der oben vorgestellten Typologie als Buchstaben-, Wort-, Silben- und Mischkurzwörter angeordnet. Die gebundenen Kurzformen werden in der Gruppe aufgeführt, die ihrer Bildungsweise entspricht.

### E1) Die Klassifizierung der Kurzwörter aus dem deutschen Korpus

Im deutschen Korpus, das insgesamt 2 994 Entsprechungen für 2 000 englische Stichwörter umfasst (s. Abschn. 6.6), können insgesamt 54 verschiedene Kurzwörter gezählt werden, was 1,8 Prozent der Gesamtzahl der Äquivalente für englische Lemmata ausmacht. Es sei hier jedoch betont, dass Kurzwörter, die im Deutschen keine lexikalische Entsprechung besitzen, in der Untersuchung nicht einbegriffen sind. Unter den deutschen Kurzwortbelegen sind das Buchstabenkurzwort und das Wortkurzwort die dominierenden Strukturtypen. Von den insgesamt 54 Kurzwortbelegen sind 26 Buchstaben- und 26 Wortkurzwörter; sie machen somit gut 96,3 Prozent von allen Kurzwörtern aus. Dazu konnte noch ein Beleg für den Kurzworttyp Silbenkurzwort und ein Beleg für den Kurzworttyp Mischkurzwort gefunden werden.

#### E1a) Buchstabenkurzwörter

Die folgende Tabelle zeigt die quantitative Verteilung der einzelnen Buchstabenkurzworttypen:

| Buchstabenkurzwörter (= Bkw)<br>Insgesamt 26 | uniseg-<br>mentale<br>Bkw | biseg-<br>mentale<br>Bkw | triseg-<br>mentale<br>Bkw | mehr<br>als tri-<br>seg. Bkw | Insge-<br>samt |
|---|---|---|---|---|---|
| Buchstabenkurzformen<br>Anzahl u. Beispiel | 3<br>*r-Stabilität* | 1<br>*KD-Effekt* | 2<br>*IAP-Wert* | - | 6 |
| (Potenziell) selbstständige Bkw<br>Anzahl u. Beispiel | - | 2<br>*KA* | 17<br>*AAS* | 1<br>GC-MS | 21 |
| Insgesamt | 3 | 3 | 19 | 1 | 26 |

**Tab. 10**: Deutsche Buchstabenkurzworttypen

Von den Buchstabenkurzwörtern sind 6 als gebundene Buchstabenkurzformen anzusehen, wie beispielsweise *KD* für den <knockdown>*-Effekt* (*KD-Effekt*) und *IAP* für den <Index of Atmospheric Purity>*-Wert* (*ADI-Wert* ‚duldbare (zulässige) Tagesdosis'). 19 von den Buchstabenkurzwörtern sind trisegmental (z.B. *HWZ* für *Halbwertszeit* und *EZG* für *Einzugsgebiet*), was gut 35,2 Prozent der Gesamtzahl aller belegten Kurzwörter und 73,1 Prozent der Gesamtzahl der

Buchstabenkurzwörter ausmacht. Die unisegmentalen Buchstabenkurzformen (insgesamt 3) kommen nur in an andere lexikalische Elemente gebundener Form vor, z.B. *r-Stabilität*. Dieser Kurzworttyp ist laut Steinhauer (2000, 256) in der Gemeinsprache selten anzutreffen[361], kommt aber in den naturwissenschaftlich-technischen Fachsprachen häufig vor. Unisegmentale Buchstabenkurzformen werden bevorzugt überall dort verwendet, wo mit Formeln und Gleichungen gearbeitet wird. In der Fachsprache der Ökologie und des Umweltschutzes werden unisegmentale Buchstabenkurzwörter etwa zur Bezeichnung der Bodenhorizonte verwendet.

In der bodenkundlichen Systematik werden die Haupthorizonte des Bodens mit großen Buchstaben benannt, z.B. *F-Horizont* < *Fermentationshorizont* und *H-Horizont* für *Humusstoff-Horizont*. Durch vorangestellte Kleinbuchstaben können Gesteine näher gekennzeichnet werden, während nachgestellte Kleinbuchstaben weitere Horizontmerkmale benennen, z.B. *Of-Horizont*, *O* < organischer Auflagehorizont, *f* < fermentiert (bei Humusauflagen).[362] (Vgl. SUL 2000, 214f.)

Buchstabenkurzwörter mit zwei Buchstaben kommen dreimal vor, z.B. *KA* für *Kläranlage*, während diejenigen mit vier Buchstaben mit einem einzigen Beleg den letzten Platz einnehmen. Belegt ist die Dublette *GC-MS* : *Gaschromatographie-Massenspektrometrie*. Längere Buchstabenkurzwörter sind im Korpus nicht belegt.

Wird noch kurz auf die Position der Segmente eingegangen, so werden in den meisten Fällen die initialen Segmente übernommen: die Anfangsbuchstaben einer Wortgruppe wie bei *ICP* : *inductively coupled plasma* (‚induktiv gekoppeltes Plasma') oder der Konstituenten der Komposita, etwa *KUK* : *Kationenumtauschkapazität*.

Eine auffällige Erscheinung in den gegenwärtig vom Englischen dominierten Fachsprachen sind laut Steinhauer (2000, 164) Buchstabenkurzwörter, die in gewissem Sinne ohne Vollform in Fachtexten existieren, da die Vollform nur in Englisch vorgelegt ist[363]. Da viele neuere Termini der Ökologie und des Umweltschutzes aus dem Englischen kommen, wird in vielen Fällen gleichzeitig das Kurzwort aus dem Englischen übernommen. Buchstabenkurzwörter sind eine durchaus sinnvolle Möglichkeit der Bildung neuer Termini, da sie das Fremdsprachige nicht so deutlich hervorheben wie die Vollformen. In deutschen und finnischen Texten werden die entsprechenden Vollformen in erster Linie übersetzt, um auch deutsche bzw. finnische Termini zur Verfügung zu haben. Die

---

361 Ähnlich auch Greule (1996, 198).

362 Zu Bodenhorizonte ausführlicher z.B. SUL (2000, 214f.); DicEnS (1998, s.v. soil horizon; soil profile); Tirri u.a. (2006, s.v. podsol).

363 Vgl. auch Wilss (2006, 283), der schreibt, dass fast alle fachsprachlichen Buchstabenkurzwörter auf englische Termini zurückgehen, ein Anzeichen dafür, dass mit der betreffenden Angelegenheit aus Vereinfachungsgründen auch die dazugehörige englische Terminologie übernommen wird.

Buchstabenkurzwörter, die sich schnell international durchsetzen, werden jedoch in erster Linie in der auf ein englisches Original zurückgehenden Form belassen. Daraus folgt, dass in deutschen und finnischen Texten der Ökologie und des Umweltschutzes englische Kurzwörter mit erläuternden deutschen bzw. finnischen Vollformen vorkommen, die von der Form her nicht zueinander passen,[364] vgl. z. B. *Habitateignungsindex* : *HSI* (< **H**abitat **s**uitability **i**ndex) und *Biokonzentrationsfaktor* : *BCF* (< ***b****io****c****oncentration* ***f****actor*). Im deutschen Korpus konnten 9 verschiedene Buchstabenkurzwörter mit englischen Vollformen gefunden werden. Von 6 Kurzwörtern kann nicht mit Sicherheit gesagt werden, ob sie auf ein englisches oder auf ein deutsches Original zurückgehen, da die Initialen gleich sind, vgl. z. B. *FES* für ***F****lammen****e****missions****s****pektroskopie* und *FES* für ***f****lame* ***e****mission* ***s****pectroscopy*. Das Kurzwort *ICP* kommt nicht nur als Kurzwort-Bezeichnungsvariante für *induktiv gekoppeltes Plasma* vor, sondern auch als Bestimmungswort des Kompositums *ICP-Anregung* in der Mehrwortbenennung *Emissionsspektroskopie mit ICP-Anregung* (LFwbKÖ 2001, s. v. ICP emission spectroscopy).

Kobler-Trill (1994, 177) kommt in ihren Untersuchungen zu Kurzwörtern in deutschen Zeitungstexten zu dem Befund, dass der Anteil der Fremdwörter an den Kurzwörtern „so hoch wie sonst wohl bei keinem anderen Wortbildungstyp ist". Fast alle fremdsprachigen Kurzwörter in ihrem Korpus sind englisch. Die fremdsprachigen Kurzwörter machen in ihrem Korpus ab 1949 etwa „*ein Viertel* der Kurzwortbelege und *mehr als ein Drittel* der verschiedenen KW aus" [365] (Kobler-Trill, ebd.).

Barz (2005, 741) dagegen betrachtet entlehnte Kurzwörter, die bereits in der Herkunftssprache Kurzwörter sind und deren Vollform in der Zielsprache wenig oder gar nicht geläufig ist, als Grenzfälle der Kurzwortbildung. Da das Kurzwort und die Vollform demnach in der Zielsprache üblicherweise keine Bezeichnungsalternativen sind, haben diese Kurzwörter laut Barz (ebd.) eher den Charakter der Wortentlehnungen.

Erleichtern die heimischen Kurzwörter das Verstehen verschiedener Texte, so vereinfachen die Kurzwörter aus englischen Vollformen überdies die internationale Kommunikation und die Fachübersetzung. Die Einführung englischsprachiger Kurzwörter dient der Absicherung der mitgeteilten Inhalte.

E1b) Wortkurzwörter

Laut Steinhauer (2000, 133, 176–178, 220) ist die Bildungsart Wortkurzwörter weder in den naturwissenschaftlich geprägten Fachsprachen noch in der Fachsprache der Wirtschaft sehr verbreitet. Vor allem in der formellen schriftlichen

---

364 Vgl. auch Wiese (1984a, 99) und Steinhauer (2000, 164f.), die dasselbe in medizinischen Texten festgestellt haben.

365 Hervorhebungen im Original.

Fachkommunikation haben sie wenig Platz, in der lockereren mündlichen Kommunikation kommen sie dagegen häufiger vor (Steinhauer 2000, 133, 176–178, 220). In *Langenscheidts Fachwörterbuch Kompakt Ökologie* (2001) ist jedoch eine hohe Anzahl von Wortkurzwörtern zu finden. Der Anteil der Wortkurzwörter an allen Kurzwörtern im untersuchten Korpus beträgt gut 48 Prozent. Zehn von den insgesamt 26 Wortkurzwörtern sind auf die Anfangssegmente gekürzt, wie etwa *Versatz* für *Versatzmaterial* oder *Abyssal* aus *Abyssalregion*. Sprachökonomische, aber polyseme Derivate bzw. Simplizia wie *Brache* für (1) *Brachland, Brachfläche, Brachacker, aufgelassene Fläche* oder für (2) *Bracheperiode* (vgl. LFwbKÖ 2001, 101) gewinnen ihre Eindeutigkeit in der jeweiligen Verwendungssituation. Sechs von den Wortkurzwörtern, die auf die Anfangssegmente gekürzt sind, gehen auf drei- bzw. viergliedrige Komposita zurück wie etwa *Krummholz* aus *Krummholzgebüsch* und *Standortzeiger* für *Standortzeigerpflanze*. Des Weiteren finden sich im Korpus 16 Klammerformen, die den Rest von den Wortkurzwörtern ausmachen. Einige Beispiele seien aufgeführt: *Bioklima* gekürzt aus *Biotopklima* und *Deponieort* aus *Deponiestandort*.

Die quantititative Verteilung der verschiedenen Wortkurzworttypen stellt sich wie folgt dar:

| | Anfangssegment | Klammerform | Insgesamt |
|---|---|---|---|
| Wortkurzwörter<br>Anzahl u. Beispiele | 10<br>*Abyssal*<br>*Standortzeiger* | 16<br>*Bioklima*<br>*Deponieort* | 26 |

**Tab. 11**: Deutsche Wortkurzworttypen

E1c) Sonstige Kurzwörter

Auffällig ist der geringe Anteil an Silben- und Mischkurzwörtern, der im deutschen Korpus der Ökologie und des Umweltschutzes festgestellt werden konnte. Das einzige Silbenkurzwort *Labor* kommt im Korpus als Teil des Kompositums *Freilandlabor(atorium)* vor. Unter die Gruppe Mischkurzwörter (ABS < **Abs**cisinsäure) fällt eins der 54 Kurzwörter, also 1,9 Prozent.

E2) Die Klassifizierung der Kurzwörter aus dem finnischen Korpus

Im finnischen Korpus, das insgesamt 2 000 Lemmata mit 780 Bezeichnungsvarianten umfasst, konnten 57 Kurzwörter gefunden werden (s. Anhang 7). Dies entspricht gut 2 Prozent von allen Eintragungen. Die finnischen Kurzwörter sind wie folgt aufzuschlüsseln:

E2a) Wortkurzwörter

Die größte Gruppe unter den finnischen Kurzwortbelegen bilden die Wortkurzwörter. Bei 29 Kurzformen (50,9 %) kommt die Einordnung in diese Kategorie in Betracht. Anhand der Belege aus der Ökologie und des Umweltschutzes scheint die These Steinhauers (2000, 182) gerechtfertigt, dass gemeinsprachliche Elemente zunehmend Platz in den Fachsprachen finden. Wortkurzwörter sind laut Steinhauer (2000, 244) häufig Merkmal umgangssprachlich geprägter Kommunikation. Auch in der schriftlichen Fachkommunikation finden sich immer häufiger Wortkurzwörter, und da insbesondere solche, die auf das Anfangssegment (das Simplex bzw. Derivat ist) gekürzt sind. Diese Anfangssegmente kommen häufig aus der Gemeinsprache, wie etwa der Beleg *isäntä* für *isäntäorganismi* (‚Wirt' für ‚Wirtorganismus') aus dem Korpus.

Interessant sind die Wortkurzwörter *hiivat* für *hiivasienet* (‚Hefen' für ‚Hefepilze'), *homeet* für *homesienet* (‚Schimmel' für ‚Schimmelpilze'). Wie die entsprechenden Vollformen *hiivasienet* und *homesienet*, so stehen auch die auf Anfangssegmente gekürzten Kurzwörter beide im Plural. Der Nominativ Plural wird gebildet, indem man die Endung *-t* direkt an die Grundform (*hiiva*) anhängt. Bei Nomina, die in ihrer Grundform auf *-e* enden, wie z. B. *home*, wird der kurze Vokal vor der Pluralendung ein langes *-ee*. Vgl. unten:

| **Grundform** | **Plural (Nominativ)** | |
|---|---|---|
| hiiva | hiivat (< hiiva + t) | |
| home | homeet (< home + e + t) | (S. z. B. Kielitoimiston sanakirja 2004) |

Einen Überblick über die Verteilung der verschiedenen Wortkurzworttypen gibt die folgende Tabelle:

| | Anfangssegment | Klammerform | Insgesamt |
|---|---|---|---|
| Wortkurzwörter<br>Anzahl u. Beispiele | 21<br>*aapa*<br>*kelo*<br>*komposti* | 8<br>*alivaluma*<br>*kaksoisjärjestelmä*<br>*hulevesi* | 29 |

**Tab. 12**: Finnische Wortkurzworttypen

Charakteristisch für die finnische Fachlexik ist auch die Verwendung solcher Wortkurzwörter, die um das mittlere Segment gekürzt sind. Beispiele aus dem Korpus: *kaksoisjärjestelmä* für *kaksoisviemäröintijärjestelmä* (‚Trennkanalisation, Trennsystem') und *alivaluma* mit *alivesivaluma* als Vollform (‚Mindestabflussspende').

Ein interessanter Sonderfall liegt mit den Kurzwörtern *jäteauto* (‚Müllfahrzeug') und *jätelaitos* (‚Abfallanlage') vor, die in der vorliegenden Arbeit zu den Klammerformen gerechnet werden. *Jäteauto* steht für *jätteenkuljetusauto* (‚Müllabfuhrfahrzeug') und *jätelaitos* für *jätteenkäsittelylaitos* (‚Abfallbehandlungsanlage'). In der WBK *jäteauto* stehen die beiden UK *jäte* und *auto* im Nominativ. Die erste UK *jätteenkuljetus* der Vollform *jätteenkuljetusauto* stellt ein Kompositum dar, dessen Erstglied *jätteen* im Genitiv und Zweitglied *kuljetus* im Nominativ stehen. Das Zweitglied ist ein deverbales Substantiv, das vom entsprechenden Verb eine semantische Leerstelle geerbt hat: *kuljettaa jtkn* ‚etw. abfahren' > *jnkn kuljetus* ‚Abfuhr von etw.'. Die Leerstelle wird im Kompositum vom Erstglied besetzt. Wenn das Zweitglied ein deverbales Substantiv ist, kann dem Objekt des Basisverbs im Finnischen häufig ein Bestimmungswort im Genitiv entsprechen (vgl. A. Hakulinen u. a. 2004, 398, 400f.), vgl. *kuljettaa jätettä – jätteen kuljetus – jätteenkuljetus* (Müll abfahren – Abfuhr des Mülls – Müllabfuhr). Die beiden Kurzformen *jäteauto* und *jätelaitos* wie auch ihre Vollformen sind auf gleiche Weise gebildet.

Außerdem ist zu beachten, dass das Anhängen von Endungen im Wortstamm (links vor der Endung) häufig einen Lautwechsel bewirkt. Der wichtigste dieser Wechsel ist der Stufenwechsel, der die Klusile *p, t, k* betrifft. Die Verschlusslaute *p, t* und *k* von zwei- oder mehrsilbigen Wörtern haben Stufenwechsel, wenn ihnen eine Endung folgt, die aus einem einzigen Konsonanten – wie die Genitivendung *-n* in den obigen Belegen – besteht. Ferner ist zu beachten, dass die Flexionsformen solcher Nomina, die in ihrer Grundform auf *-e* enden, auf einem Stamm mit langem *-ee* basieren[366]:

| Grundform | Flexionsstamm + Genitivendung | |
|---|---|---|
| jäte | jättee/n | (S. z. B. Kielitoimiston sanakirja 2004) |

Wird das Mittelglied – in diesem Fall die deverbalen Substantive *kuljetus* und *käsittely* – getilgt, besteht kein Grund mehr für die Verwendung der Genitivform *jätteen* als Anfangssegment, sondern sie wird durch die Grundform *jäte* ersetzt. Wie die kürzeren Formen *jäteauto* und *jätelaitos* wirklich entstanden sind, ist nicht eindeutig. Es ist auch nicht ausgeschlossen, dass sie ohne den Umweg über die längeren Wortformen *jätteenkuljetusauto* und *jätteenkäsittelylaitos* entstanden sind. Hier sollen diese Bildungen als ein Sonderfall zu den Wortkurzwörtern gerechnet werden.

Da Kürzungen, die Grundwörter von Determinativkomposita darstellen, laut Steinhauer (2000, 240) nicht zu den Kurzwörtern gehören, fallen Wörter wie

366 Zum Stufenwechsel s. ausführlicher u. a. Karlsson (2000, 40–51, 57–68) u. A. Hakulinen u. a. (2004, 70–75); zu Flexionstypen der Nomina u. a. Karlsson (2000, 57–68).

*eliöstö* für *kokonaiseliöstö* (‚Lebewesen' für ‚Gesamtheit der Lebewesen') aus der Kurzworttypologie heraus.

E2b) Buchstabenkurzwörter

Beim Rest der Kurzwortbelege überwiegen die Buchstabenkurzwörter. 43,9 Prozent von den Kurzwörtern entfallen auf die Buchstabenkurzwörter, d. h. dass von den 57 Kurzwörtern 25 Buchstabenkurzwörter sind. Was die Quantität der Segmente in den finnischen Buchstabenkurzwörtern anbelangt, so kann festgestellt werden, dass die Mehrzahl der Buchstabenkurzwörter (genau 13, also 52 %) drei Segmente aus der Vollform übernimmt, z. B. *AVL* für *asukasvastineluku* (‚Einwohnergleichwert, EGW'). Bei 36 Prozent handelt es sich um bisegmentale Buchstabenkurzwörter, in absoluter Zahl ausgedrückt sind es 9. Ein Beispiel: *Fr* für *Frouden luku* (‚Froude-Zahl'). Buchstabenkurzwörter mit vier Segmenten sind wesentlich seltener; zu dieser Gruppe können nur zwei Kurzwörter aus dem Korpus gerechnet werden, z. B. *PNEC* (< predicted no effect concentration) für *ennustettu vaikutukseton pitoisuus ympäristössä* (‚vorhergesagte Konzentration in der Umwelt ohne erkennbare Effekte'). Längere Buchstabenkurzwörter kommen im Korpus nicht vor. Die einzige unisegmentale Buchstabenkurzform *T* kommt nur gebunden in *T-kappale* (< tee[367]; ‚T-Stück') vor. Der Terminus stammt aus der Fachsprache der Technik.

Die folgende Tabelle zeigt die quantitative Verteilung der einzelnen Buchstabenkurzworttypen:

| Buchstabenkurzwörter (= Bkw) Insgesamt 25 | uniseg-mentale Bkw | biseg-mentale Bkw | triseg-mentalc Bkw | mehr als tri-seg. Bkw | Insge-samt |
|---|---|---|---|---|---|
| Buchstabenkurzformen Anzahl u. Beispiel | 1 *T-kappale* | - | - | - | 1 |
| (Potenziell) selbstständige Bkw Anzahl u. Beispiel | - | 9 *Fr* *$ID_{50}$* | 13 *AVL* *PED* | 2 *PNEC* *NOEC* | 24 |
| Insgesamt | 1 | 9 | 13 | 2 | 25 |

**Tab. 13**: Finnische Buchstabenkurzworttypen

Auffallend ist der hohe Anteil an Buchstabenkurzwörtern mit englischen Vollformen: 80 Prozent aller Belege gehen auf eine englische Vollform zurück, in absoluter Zahl sind es 20. Bei der Stellung, die das Englische derzeit in den Wis-

367 tee „a T-shaped object or mark" (Chambers 2003, 1556)

senschaften einnimmt, wie auch in Anbetracht des internationalen Charakters der Fachsprache der Ökologie und des Umweltschutzes, ist die hohe Anzahl der englischen Vollformen nicht weiter verwunderlich.

Für die englischen Vollformen gibt es in den meisten Fällen finnische Übersetzungen, so dass dann Kurzwort und Langform nicht so recht zusammenpassen. Es heißt etwa *kemiallinen hapentarve* : *COD* (< **c**hemical **o**xygen **d**emand, ‚chemischer Sauerstoffbedarf, CSB‘), *keskiylivesi* : *MHW* (< **m**ean **h**igh **w**ater [level], mittlerer höchster Wasserstand, MHW). Zum anderen gibt es auch die alternative Verwendung von begriffsidentischen Kurzwörtern aus dem Englischen und aus dem Finnischen: Es ist im Korpus sowohl von *BHT* als auch von *BOD* die Rede. Das erste Kurzwort steht für ***b**io**h**emiallinen **h**apen**t**arve* (biochemischer Sauerstoffbedarf, BSB), das zweite für ***b**iochemical **o**xygen **d**emand.*

E2c) Silbenkurzwörter

In der Kategorie der Silbenkurzwörter gibt es in dem finnischen Korpus nur 3 Belege (damit 5,3 %), die alle lediglich gebunden vorkommen. Sie finden sich als Indizes zu unisegmentalen Kurzformen der chemischen Elemente: $P_{kok}$ steht für <**kok**onais> fosfori und $P_{tot}$ für <**tot**al> phosphorus (‚Gesamtphosphor‘). Kurzformen, die als Indizes zur Spezifizierung anderer Bezeichnungen verwendet werden, werden laut Steinhauer (2000, 257) in verschiedenen Fachsprachen reichlich genutzt. Hier stellt die Kurzwortbildung solche Vorteile zur Verfügung, die anders kaum erreicht werden könnten (ebd.). Einige weitere Beispiele aus der Fachsprache der Ökologie und des Umweltschutzes außerhalb der Korpora seien noch aufgeführt: $LC_{Lo}$ (< Lethal Concentration Low, SUL 2000, 703), $LD_{Lo}$ (< Lethal Dose Low, SUL 2000, 703), $TC_{Lo}$ (< Toxic Concentration Low, SUL 2000, 1184), $TD_{Lo}$ (< Toxic Dose Low, SUL 2000, 1184), $S_{ox}$ (< S < Sulfur, oxidierter Schwefel, DZU 2001, 175), $N_{red}$ (< N < Nitrogenium, reduzierter Stickstoff, DZU 2001, 175). Sowohl die unisegmentalen Buchstabenkurzwörter als auch die Kurzformen, die als Indizes zur Spezifizierung anderer Ausdrücke verwendet werden, sind innerhalb der Wortbildungs- und der Fachsprachenforschung bisher noch kaum untersucht worden (vgl. auch Steinhauer 2000, 257).

Für den Kurzworttyp **Mischkurzwort** konnten keine Belege gefunden werden.

E3) Resümee

Die Verteilung der Belege auf die verschiedenen Kurzworttypen ist in den beiden Sprachen weitgehend ähnlich: Im deutschen Korpus machen Buchstabenkurzwörter 48,1 Prozent der hier analysierten Kurzwörter aus und im finnischen Korpus sind es 43,9 Prozent, wobei ihr Anteil deutlich geringer ist als der bei den von Steinhauer (2000, 182f., 201f., 219f., 237ff.) analysierten Fachsprachen. Laut Steinhauer (ebd.) überwiegen in den Fachwortschätzen der Medizin, Technik, Wirtschaft und der Rechtssprache die Buchstabenkurzwörter mit über 90 Prozent. Zum einen ist der in der vorliegenden Arbeit festgestellte geringere Anteil an Buchstabenkurzwörtern sicherlich darauf zurückzuführen, dass die chemische Zeichen- und Formelsprache als eine Quelle für das Entstehen bedeutungsidentischer Bezeichnungsvarianten in der vorliegenden Arbeit getrennt ausgewertet wird. Zum anderen wurden die Namen von Institutionen und Organisationen, Konventionen und Übereinkommen, die in den untersuchten Wörterbüchern vorkommen, in der Analyse außer Acht gelassen, weil sie keine Termini und Fachwörter sind. Viele von diesen haben eine Buchstabenkurzform zu ihrer Vollform gewählt. Bei Steinhauer (2000) wurden dagegen auch u. a. die Unternehmensnamen mit berücksichtigt. Drittens sind diejenigen Kurzwörter, die im Deutschen bzw. im Finnischen keine lexikalische Entsprechung besitzen, in der Untersuchung nicht einbegriffen.

Der Fremdwortanteil im finnischen Korpus weicht dagegen deutlich von dem des deutschen ab: Im Finnischen gehen 80 Prozent aller Buchstabenkurzwörter auf eine Vollform aus dem Englischen zurück. Auffällig im deutschen Korpus ist die Häufung von unisegmentalen Buchstabenkurzwörtern. Hier werden die Möglichkeiten der Sprachökonomie tatsächlich ausgiebig genutzt.

Interessant an der Auswertung des ökologischen Fachwortschatzes ist die Tatsache, dass gut 48 Prozent der Kurzwortbelege aus dem deutschen Korpus und sogar gut die Hälfte (50,9 %) aller finnischen Kurzwortbelege auf Wortkurzwörter zurückzuführen sind. In den von Steinhauer (2000) analysierten Fachsprachen spielen Wortkurzwörter dagegen nur eine untergeordnete Rolle.

Was die Fachsprache der Ökologie und des Umweltschutzes betrifft, hängt die große Zahl der Wortkurzwörter sicherlich damit zusammen, dass diese Fachsprache der Gemeinsprache näher steht als viele andere Fachsprachen und auch mehr Gebrauch vom gemeinsprachlichen Wortschatz macht.

Dagegen finden sich Silbenkurzwörter in den hier untersuchten Korpora ebenso selten wie in den von Steinhauer (2000) untersuchten Fachsprachen. Mit einem deutschen und drei finnischen Belegen liegen die Anteile bei knapp zwei und gut fünf Prozent. Für den Kurzworttyp Mischkurzwörter konnte nur ein Beleg gefunden werden.

## F) Ursachen der Kurzwortbildung

*BSE*, $LD_{50}$, $NO_X$, *Hg*, $P_{kok}$ bzw. $P_{tot}$, *TA Luft*, *kokonais-BOD*[368]: In unserer Kultur und in der Sprache finden sich Unmengen von Kurzwörtern, Formeln und Sym-

368 BSE (< bovine spongioforme encephalopathie, Rinderwahnsinn), $LD_{50}$ (< mittlere letale Dosis), $NO_X$ (< Stickoxide, Stickstoffoxide), Hg (< Quecksilber), $P_{kok}$ bzw. $P_{tot}$ (< koko-

bolen. Die Ursache für die Bildung von Kurzwörtern kann nie die Erstbenennung von Begriffen sein (Bellmann 1988, 11, 18). Durch Kurzwortbildung wird auch nicht beabsichtigt, den Begriffsinhalt der vorhandenen Bezeichnung zu modifizieren, noch wird damit ein Wortartwechsel bewirkt. Der Anlass zur Kürzung ist eher die kommunikativ bedingte und derzeit auch allgemeine Tendenz, bereits vorhandene Bezeichnungen zu formal kürzeren, normalerweise semantisch weitgehend identischen Benennungsvarianten zu verkürzen. Verglichen mit Komposition, Derivation und Konversion, erfüllt die Bildung von Kurzwörtern eine völlig andere Funktion, indem sie dem Bedürfnis nach ökonomischem Ausdruck entgegenkommt (Barz 2005, 676).

Die Computerisierung erzwingt von Jahr zu Jahr immer mehr Sprachökonomie; Raum und Zeit werden in der Welt der elektronischen Medien immer kostbarer (vgl. Wilss 2002, 51 u. 2006, 281). Mit Kurzwörtern wird normalerweise nach kommunikativer Erleichterung gestrebt. Sprachökonomie, das Bemühen um exakte Informationsübermittlung mit möglichst geringem Aufwand, ist eine wesentliche Triebkraft bei der Bildung und Verwendung von Kurzwörtern in der Fachkommunikation. Bei Mehrwortbezeichnungen hat die Tendenz, bereits vorhandene Bezeichnungen zu verkürzen, häufig ihre Ursache in der Univerbierung. (Vgl. Bellmann 1980, 374.) In den Fachwortschätzen gehören Mehrfachkomposita und Kurzwörter unmittelbar zusammen, denn die verstärkt zu registrierende Kurzwortbildung in den Fachsprachen scheint zumindest zum Teil auch eine Reaktion auf die gegenläufige Tendenz zu sein, immer mehr mehrgliedrige Komposita zu bilden (vgl. Steinhauer 2000, 75; Wiese 2002, 139)[369]. Die mehrgliedrigen Komposita sind u. a. deshalb so geläufig, weil der Terminus als eine Art Kurzdefinition betrachtet wird. Mit umfangreichen Mehrfachkomposita wird versucht, Selbstdeutigkeit, d. h. Kontextunabhängigkeit der Termini zu erreichen. (Vgl. Starke 1988, 65.) Häufig werden Mehrfachkomposita und Mehrwortbenennungen absichtlich so gebildet, dass sich gleichzeitig ein Kurzwort ergibt (Augst 2001, 235).

Sprachliche Ökonomie bezieht auch Kognitives ein (Pohl 1991, 125). Bei komplizierten Termini und Fachwörtern ist es für den Rezipienten eine gedächtnispsychologische Entlastung, dass er von dem Kurzwort aus unmittelbar auf den Begriff Bezug nehmen kann, ohne dass er sich immer den ungekürzten Terminus als eigenständiges Lexem ins Bewusstsein rufen muss. Befördert wird Kurzwortbildung darüber hinaus durch die wachsende Internationalisierung der Fachwort-

---

naisfosfori, total phosphorus ‚Gesamtphosphor, $P_{ges}$'), TA Luft (< Technische Anleitung zur Reinhaltung der Luft), kokonais-BOD (BOD < biochemical oxygen demand, ‚gesamter biochemischer Sauerstoffbedarf, Gesamt-BSB').

369 In der Gemeinsprache können die Kurzwörter laut Augst (2001, 234) dagegen nicht als Folge von Mehrfachkomposita betrachtet werden. Vielmehr gehen sowohl die Mehrfachkomposita als auch Kurzwörter auf Ökonomisierung und Verdichtung der Sprache zurück. Beiden gehen in vielen Fällen Mehrwortbenennungen voraus, die durch ein mehrgliedriges Kompositum und/oder ein Kurzwort univerbiert werden. (Vgl. Augst, ebd.)

schätze. Wie oben gezeigt wurde, gehen viele Kurzwörter auf englische Vollformen zurück[370].

Abgesehen von der ökonomischen Tauglichkeit der Kurzwörter wird ihre Verwendung auch durch andere Faktoren beeinflusst. Eine wichtige Leistung der Kurzwörter sind die neuen Wortbildungsmöglichkeiten, die sich durch sie ergeben. Als Ergebnis einer Kurzwort-Wortbildung (Fleischer/Barz 1995, 218) werden Kurzwörter zu unmittelbaren Konstituenten für WBK. Die Kurzwort-Wortbildung basiert auf der Kombination von Kurzwörtern mit anderen Benennungen (ebd.). Durch die unmittelbare Verknüpfbarkeit ist diese Art der Wortbildung sehr produktiv. Als Konstituenten von Derivaten und Komposita – in der Regel in Gestalt der Bindestrich-Komposition – eröffnen Kurzwörter Wortbildungsmöglichkeiten, die vorher nicht vorhanden waren. Mehrwortbenennungen sind erst durch Kürzung wortbildungsaktiv als Konstituenten von WBK. Buchstabenkurzwörter „sind die einzige Möglichkeit, um onymische Wortgruppen[371] und Nominationsstereotype[372] aus mehr als zwei Basiselementen als Kompositionsglieder verfügbar zu machen" (Fleischer 1997, 189). Mit Hilfe etwa der Kurzwörter *PAK* (polycyclischer aromatischer Kohlenwasserstoff) und *FCKW* (Fluorchlorkohlenwasserstoff) werden u.a. die Fachwörter *PAK-Verbindung*, *PAK-Konzentration* und *PAK-Gehalt* (DZU 2001, 244, 262) wie auch die Bezeichnungen *FCKW-frei* und *FCKW-haltig* (Marquardt-Mau/Mayer/Mikelskis 1993, 171) gebildet. Diese unmittelbare Verknüpfbarkeit wäre bei den Vollformen nicht denkbar; die Begriffsinhalte müssten durch eine Wortgruppe oder einen Nebensatz, eine Definition bzw. Beschreibung ausgedrückt werden. So bereichern Kurzwörter „nicht nur die lexikalische, sondern auch die syntagmatische Varianz" (Bellmann 1980, 374).

Die Wortbildungsarten Kurzwortbildung und Kurzwort-Wortbildung sind insbesondere in Fachsprachen von besonderer Bedeutung. Unter der variantenreichen Wortbildungsart Kurzwortbildung weisen die Buchstabenkurzwörter laut Fleischer/Barz (1995, 220) den höchsten Kürzungsgrad auf und sind in erster Linie eine Reaktion auf die Zunahme hochkomplexer Mehrwortbenennungen und polymorphemischer WBK zu verstehen. Die Verwendung von abgekürzten Wörtern, und zwar sowohl von Buchstaben- als auch von Silbenkurzwörtern, als „letzte Stu-

370 Laut Wiese (2002, 140) wird insbesondere bei den Buchstabenkurzwörtern der große Einfluss der angloamerikanischen medizinischen Fachsprache deutlich erkennbar.

371 Fleischer (1997, 70) betrachtet Wortgruppen wie z.B. *Schwarzes Meer*, *Europäische Union* und *Bündnis 90 / Die Grünen* als onymische Wortgruppen. Sie unterscheiden sich von nichtonymischen Benennungen dadurch, dass sie Einzelobjekte identifizierend benennen.

372 Als Nominationsstereotype bezeichnet Fleischer (1997, 58) solche „Wortverbindungen, die keine Idiomatizität aufweisen und deren Stabilität weniger (oder gar nicht) in lexikalisch-semantischen Austausch- und syntaktisch-strukturellen Abwandlungsbeschränkungen besteht, deren Komponenten einander aber doch in höherem Maße ‚determinieren' [sic!] als dies bei völlig freien Wortverbindungen der Fall ist".

fe der Straffung von Termini" (Hoffmann 1985, 175) ist neben der Univerbierung ein entscheidendes Mittel, das Bedürfnis und Streben nach Ausdrucksökonomie und effektiver Kommunikation zu unterstützen. Als entscheidende Vorteile der Kurzwörter können in erster Linie ihre Eindeutigkeit und die hohe Informationsverdichtung genannt werden.

Es gibt Kurzwörter, die wesentlich häufiger verwendet werden als ihre Vollformen, aber es gibt auch Kurzwörter, deren Vollformen kaum jemand kennt (Augst 2001, 223). In erster Linie verbreiten sich entlehnte Kurzwörter (z. B. *Castor*) im Sprachgebrauch ohne Kenntnis ihrer Ausgangsformen. Außerdem werden onymische Kurzwörter[373], die Einzelobjekte benennen, viel häufiger verwendet als ihre Vollformen. (Vgl. M. Schröder 2005, 279.) Bei der Einführung eines neuen Terminus kann das Kurzwort zunächst als Apposition zusammen mit seiner Vollform, wie in *cask for storage and transport of radioactive material CASTOR*, und zudem mit der möglichen Lehnübersetzung bzw. mit einer Umschreibung präsentiert werden. Im weiteren Sprachgebrauch wird dann zunehmend auf solche Zusätze verzichtet. Bei *Castor* liegt ein Beispiel dafür vor, dass gerade bei fremdsprachigen Kurzwörtern die Vollform völlig an Bedeutung verlieren kann. Das Kurzwort wird als eigenständige Bezeichnung verwendet und gar nicht als formativ-strukturelle Benennungsvariante rezipiert. Dies zeigt sich u. a. an den in den Medien gebrauchten Formen, wie etwa *Castor-Atomtransport, Castor-Transport, Castor-Behälter, Castor-Zwischenlager* (DW). Interessant ist in diesem Zusammenhang noch die Tatsache, dass sich inzwischen die Pluralform *Castoren*[374] etabliert zu haben scheint, was darauf hinweist, dass *Castor* nicht mehr als Kurzwort betrachtet wird (Steinhauer 2000, 44).

Kurzwörter dienen insbesondere in der fachinternen Kommunikation einer rationellen Verständigung (Barz 2005, 747). Mit der wachsenden Bedeutung der Fachsprachen ist eine ökonomische Verständigung sehr wichtig geworden – und dies nicht nur in der fachinternen Kommunikation. Für die interfachliche und fachexterne Kommunikation werden in vielen Fällen erst durch die Kurzwörter Bezeichnungsvarianten zur Verfügung gestellt, die mühelos auszusprechen und leicht

---

373 Augst (2001, 223) gibt als Beispiele die Parteinamen (*CDU, FDP*) oder die Namen von Zeitungen (*FAZ*). Castor ist das Buchstabenkurzwort für *cask for storage and transport of radioactive material*, also *Behälter für Lagerung und Transport radioaktiven Materials*, und in diesem Zusammenhang ein international geschützter Markenname der Gesellschaft für Nuklear-Service mbH (GNS). Im allgemeinen Sprachgebrauch wird das Kurzwort jedoch für Brennelementbehälter verwendet. (Wikipedia, Stand 29.2.2008)

374 Die deutschen *Castor*-Behälter für den Transport vom hochradioaktiven Abfall sind auch in der finnischen Presse bekannt, vgl. z. B. *Castor-säiliövaunut*, *Castor-säiliö* (‚Castor-Behälter' HS 29.3.2001, C1; HS 1.4.2001, D5), *Castor-kuljetus* (‚Castor-Transport' HS 29.3.2001, C1). Interessant ist, dass auch das Finnische die Pluralform für die Kurzwort-Bezeichnung gebildet hat, vgl. „Castor<u>it</u> sisältävät saksalaista ydinjätettä" (HS 1.4.2001, D5) (‚Die Castor<u>en</u> enthalten radioaktive Abfälle aus Deutschland' [Übersetzt von A. L., Hervorhebungen von A. L.).

zu erinnern sind. Zugleich mit der Kürzung wird somit auch ein Schritt getan in die Richtung der Popularisierung und darüber hinaus auf Übereinzelsprachlichkeit aktueller Bereiche der Terminologien. Wie daraus zu schließen ist, dient die Kurzwortbildung nicht nur der Sprachökonomie, sondern auch der Informationsökonomie. (Vgl. Bellmann 1980, 374.)

Durch ihre leichtere Handhabbarkeit können Kurzwörter auch eine „Mittlerrolle“ zwischen Fachsprachen und Alltagskommunikation spielen (Steinhauer 2001, 12). Manchmal können Kurzwörter gut geeignet sein, schwierige Inhalte in der Öffentlichkeit zu vermitteln. Die Sprachpraxis zeigt, dass solchen Faktoren wie Geläufigkeit und Vertrautheit des Kurzwortes eine große Bedeutung beizumessen ist (Pohl 1991, 123; s. auch Augst 2001, 223f.). So erleichtern beispielsweise die Kurzwörter *FCKW*, *DDT* und *PCB* es auch dem Nichtfachmann, der keine chemische Fachausbildung hat, über die Klima schädigenden *Fluorchlorkohlenwasserstoffe*, über das wohl bekannteste Insektizid *Dichlordiphenyltrichloräthan* oder über die *polychlorierten Biphenyle* zu sprechen, die sich in Nahrungsketten anreichern.

Wenn es für Kurzwörter englischer Herkunft nur die englische Vollform gibt und eine eigensprachliche Entsprechung nur wenig verbreitet ist, erleichtert das Kurzwort die Beschäftigung mit dem bezeichneten Sachverhalt in der fachexternen Kommunikation (Barz 2005, 747), vgl. *EMAS < environmental management and audit scheme* ‚System für das Umweltmanagement und die Umweltbetriebsprüfung‘ (BMU-Glossar); *BAT < best avilable technology* : *paras käyttökelpoinen tekniikka* (YS 1998, s. v. paras käytettävissä oleva tekniikka). Auch wenn eine eigensprachige Vollform bekannt ist, werden die Kurzwörter häufig bevorzugt, wenn sie sich leichter einprägen als die fachlichen Vollformen oder wenn sie die unkomplizierte Bildung neuer komplexer WBK ermöglichen (vgl. Barz 2005, 747), vgl. *BAT-selvitys*, *BAT-arviointi*, *BAT-tiedonvaihto*, *BAT-ryhmä* (Ympäristö 4/2000, 14f.).

Die Verwendung des Kurzwortes im Fachtext im Wechsel mit seiner Vollform dient nicht nur einer rationellen Textgestaltung, sondern in spezifischer Weise den „kommunikativen Isotopierelationen zum Ausdruck der Text- und Themenkohärenz“ (Agricola 1982, 18). Die paradigmatischen Beziehungen zwischen Kurz- und Vollform schaffen die Voraussetzungen für die Ausdrucksvariation (M. Schröder 1985, 204). Die Vollform und das Kurzwort werden vom Sprecher als Bezeichnungsalternativen betrachtet und bewusst für die stilistische Differenzierung verwendet. Einen großen Einfluss auf die Entscheidung für eine der Bezeichnungsvarianten (Vollform – Kurzwort) hat die gewählte Textsorte. Die fachliche und sachliche Kompetenz der Sprachteilnehmer muss berücksichtigt werden. (Vgl. Pohl 1991, 126f.) Durch den Wechsel mit ihren Vollformen können auch neue oder weniger geläufige Kurzwörter in Texten dem Leser bekannt gemacht werden.

Als Indizes zur Spezifizierung anderer Bezeichnungen wie in $BMT_A$ für *Biomassetiter-Algen* oder in $BMT_B$ für *Biomassetiter-Bakterien* (Heinrich/Hergt 1998, 221) bietet die Kurzwortbildung enorme Vorteile, wie sie kaum anders erreicht werden könnten. Die Verwendung von Kurzwörtern begünstigt zusätzlich ihre Unerlässlichkeit in Überschriften (s. Textbeispiele 1 und 2), Tabellen (Textbeispiel 3) und Wörterbuchartikeln (Textbeispiel 4), in denen Kurzwörter besonders beliebt sind, weil hier – und dies betrifft sowohl Tagespresse, Fachtexte als auch Wörterbücher und Enzyklopädien – möglichst knapp formuliert werden muss.

(1) **Die Zukunft der MBA**
**Neue Einsatzfelder und alte Streitpunkte der MBA-Technik standen im Mittelpunkt der 4. Potsdamer Abfalltage**[375]

Unter dem Titel „Die Zukunft der mechanisch-biologischen Abfallbehandlung" fanden im Mai 2000 die 4. Potsdamer Abfalltage statt. Wissenschaftler, Anlagenhersteller und Anwender stellten auf dieser Tagung aktuelle Forschungsergebnisse und technische Entwicklungen sowie Erfahrungen im Anlagenbetrieb vor. [...] (Hermann 2000, 60)

(2) **BAT-selvitykset tausta-aineistona lupien käsittelyssä**

Ympäristön kannalta parhaimman mahdollisen tekniikan (BAT) soveltamista valvotaan uudessa lupakäsittelyssä entistä tehokkaammin. (Ympäristö 4/2000, 14)

(3) **Tab. 17.10:** Jahresdepositionen ausgewählter POP [in µg/m²], Station Zingst

| | α-HCH | γ-HCH | HCB | Aldrin | Heptachlor | BaP |
|---|---|---|---|---|---|---|
| 1994 | 1,34 | 5,18 | 0,07 | 1,34 | 0,28 | - |
| 1995 | 0,77 | 2,99 | 0,11 | 0,06 | 0,11 | 1,76 |
| 1996 | 0,43 | [...] | | | | |

Quelle: Umweltbundesamt [17-56]
in DZU (2001, 259)

(4) **Innenraumluftqualität:** Für nicht gewerbliche Innenräume existieren keine Grenz- oder Richtwerte, anhand derer definitiv ungesunde Konzentrationen von Innenraumluftschadstoffen ausfindig gemacht werden können. Weder sind die für den gewerblichen Bereich geltenden MAK-Werte zur Orientierung geeignet, noch die von der VDI-Kommission zur Reinhaltung der Luft festgelegten MIK-Werte. Die vom Bundesgesundheitsamt für einige Holzschutzmittel-Wirkstoffe festgelegten MRK-Werte (Maximale Raumluftkonzentration) wären vom Anspruch geeignet, aber in den Größenordnungen selbst nach Aussagen des Bundesgesundheitsamtes völlig unangemessen. [...] (UL 1993, 350)

375 Hervorhebungen im Original.

Als eine weitere Ursache für die Kurzwortbildung nennen Pohl (1991, 123) und Greule (1996, 201) die Möglichkeit zur assoziationsfreien Kommunikation in der Fachkommunikation. Durch Kurzwörter können „– aus welchen Gründen auch immer – unerwünschte Motivationen, ein Zuviel an Informationen, ausgeschaltet werden“ (Greule 1996, 201). Veranlasst durch die fehlende Transparenz sind manche Kurzwörter auch als euphemistische Ausdrücke sehr gebräuchlich (Fleischer/Michel/Starke 1993, 148; s. dazu auch Pohl 1991, 123f.; Poethe 2000, 204 u. Weber 2002, 458), vgl. z. B. *KD-Effekt* (< Knockdown-Effekt), womit die sofortige, aber rasch abklingende Wirkung bestimmter Pestizide“ gemeint ist (LFwbKÖ 2001, 143). Laut Fill (2002, 92) dient etwa die englische Bildung *ADI* der Verschleierung von unangenehmen Tatbeständen: *ADI* (Acceptable Daily Intake) bezeichnet diejenige Höchstmenge eines Stoffes, die der Mensch „ohne erkennbares Risiko“ täglich auf Lebenszeit zu sich nehmen kann. Dabei bedeutet „ohne erkennbares Risiko“, dass der Mensch auch bei lebenslangem Zu-sich-Nehmen der angegebenen täglichen Dosis nicht geschädigt wird. (Vgl. SUL 2000, s. v. Acceptable Daily Intake [ADI].) (Zu Euphemismen siehe Kap. 7.)

Als Hauptproblem der Kurzwörter sehen Fleischer/Michel/Starke (1993, 147) die eingeschränkte Durchsichtigkeit des Bezeichnungsmotivs (vgl. auch Roelcke 2005, 75). Im Allgemeinen herrscht in der Forschung Einigkeit darüber, dass das Kurzwort die volle lexikalische Bedeutung der Vollform übernimmt (Vieregge 1983, 226). Viele Autoren weisen laut Weber (2002, 457) aber auch auf inhaltliche Unterschiede hin. Wird von pragmatischen Differenzen bei der Verwendung von Kurzwort und seiner Vollform abgesehen (vgl. Bellmann 1980, 375ff.), so unterscheiden sich die Kurzwörter von ihren Vollformen nicht nur ausdrucksseitig, sondern die „Kürzung bringt in vielen Fällen [auch] einen Verlust an morphologischer Motivation mit sich“ (Fleischer 1976, 233). Die Kurzwortbildung führt zum Verlust der partiellen oder totalen Transparenz der Vollform und dadurch zur Demotivation (vgl. Greule 1996, 201).

Welche Vollform einem Kurzwort zugrunde liegt, ist aus einem Buchstabenkurzwort weder strukturell noch semantisch zu erschließen (Barz 2005, 676), vgl. *AAS* für das Kompositum *Atomabsorptionsspektroskopie* als Vollform und *BSB* für die Mehrwortbezeichnung *biochemischer Sauerstoffbedarf* als Vollform. Ungeachtet der Unmotiviertheit kann auch die häufig vorkommende Mehrdeutigkeit der Kurzwörter das Verstehen erschweren (Weber 2002, 458; Barz 2005, 743), vgl. z. B. die verschiedenen Vollformen von *HWZ*: *Halbwertszeit*, *Heereswetterzentrale*, *Hochwasserzeit* und *Hochwasserzone* (D-WbdA 1994, 147). Auch wenn auf das Bedürfnis der Eindeutigkeit immer wieder hingewiesen wird, finden sich bei Kurzwörtern viele Homonyme. Meist sichert jedoch der Kontext eine passende Entschlüsselung der Vollform. Gerade bei Buchstabenkurzwörtern wird beim ersten Auftreten im Text in der Regel die Vollform angegeben.

Je weniger Segmente der Vollform im Kurzwort erhalten bleiben, desto weniger durchsichtig ist seine Bedeutung (vgl. u. a. Barz 2005, 742). Völlig unmotiviert ist etwa das Kurzwort *KUK*. Um das Kurzwort zu verstehen, muss man die Bedeutung der Vollform *Kationenumtauschkapazität* kennen. Eine gewisse Durchsichtigkeit bleibt dagegen den gebundenen Buchstabenkurzformen wie etwa *C-Bilanz* (< Kohlenstoffbilanz) und *SE-romu* (< sähkö- ja elektroniikkaromu ‚Elektro- und Elektronikaltgeräte') erhalten. Wie den Belegen *BAT-tekniikka* (Ympäristö 4/2000, 15; BAT < best available technology YS 1998, 74), *Castor-Behälter* und *Castor-Container* (*Der Spiegel* 39/1995, 34, 60; Castor < cask for storage and transport of radioactive material ‚Behälter für Lagerung und Transport von radioaktivem Material') zu entnehmen ist, können die starke Verdichtung, die Unmotiviertheit und die zunehmende Verselbstständigung des Kurzwortes dazu führen, dass in Komposita mit Kurzwörtern ein Segment doppelt vorkommen kann, ohne dass die Doppelung unbedingt für störend gehalten wird. Die Doppelung von Segmenten der Vollform mit UK des Kurzwortkompositums gehört laut Barz/M. Schröder (2001, 201f.) heutzutage zunehmend zum Sprachalltag, da sie das begriffliche Verständnis wie auch die grammatische Handhabung mit dem jeweiligen Kurzwort sichert.

Dass in den Fachsprachen gebildete Kurzwörter für Nichtfachleute unmotiviert sein können, liegt aber nicht grundlegend an den Kurzwörtern, sondern daran, dass das Wissen aus den Fachgebieten eben nicht allen zugänglich ist. Die Fachwörter und Termini wären dem Außenstehenden aller Wahrscheinlichkeit nach auch in der Vollform unverständlich. „Die Kenntnis der Benennungsmotive der Vollform kann zwar den Zugang zur Wortbedeutung aktivieren und erleichtern, jedoch ist bekannte Vollform nicht identisch mit Verstehen" (Pohl 1991, 123). Für Spezialisten erhöhen Kurzformen jedoch die Lesbarkeit des Textes. Die Kurzwörter aus nichtheimischen Vollformen vereinfachen überdies die internationale Kommunikation und die Fachübersetzung und erleichtern somit die wissenschaftlich-technische Zusammenarbeit. Um die riesige Flut der Kurzwörter zu bewältigen, d. h. sie verstehen, anwenden und korrekt übersetzen zu können, ist in vielen Fällen Fach- bzw. enzyklopädisches Wissen erforderlich.

Zusammenfassend kann festgestellt werden, dass Kurzwörter ihren Vollformen gegenüber mit zum Teil sehr nuancierten und differenzierten Sonderfunktionen ausgestattet sein können. Daraus folgt, dass Kurzwörter und ihre Vollformen nicht in allen Kontexten und Sprachverwendungssituationen voll austauschbar sind. Aufgrund ihrer stark herabgesetzten Durchschaubarkeit oder der völligen Demotivation ist die Verwendung von Kurzwörtern in stärkerem Maße sprechergruppengebunden sowie stärker von der jeweiligen Situation und vom Kontext abhängig als die der Originalausdrücke. Auch bei Thurmair (1995, 275f.) stellen ein Kurzwort und seine Vollform einen Spezialfall der Doppelterminologie dar: „beide sind synonym, aber Konnotationen und Kollokationen sind nicht deckungsgleich; meistens gehören beide der gleichen fachsprachlichen Ebene an."

### 6.7.2.4 Formunterschiedlichkeit durch die chemische Zeichen- und Formelsprache sowie durch Trivialnamen

Die Chemie als Lehre von Aufbau, Verhalten und Umwandlung der Stoffe sowie den dabei geltenden Gesetzmäßigkeiten hat eine sehr lange Tradition und war bereits in der Antike von Bedeutung. Die Entwicklung der Chemie in ihrer heutigen Form als exakte Naturwissenschaft setzte massiv jedoch erst zu Beginn des 19. Jahrhunderts ein (vgl. Ebel 1998, 1235). Auch die chemische Fachsprache, wie sie derzeit geläufig ist, entwickelt sich erst seit dieser Zeit. Schon seit sich die Chemie als Wissenschaft zu entwickeln begann, haben die internationale Zusammenarbeit und die Verständigung über die Sprachgrenzen hinweg zur erfolgreichen Forschung und damit zur Weiterentwicklung der Wissenschaft beigetragen. (Vgl. Steinhauer 2000, 101.) Im Hinblick auf die ständig wachsende Menge von entdeckten chemischen Substanzen und Verbindungen bemühen sich die Chemiker seit dem 18. Jahrhundert um eine systematische zweckmäßige Nomenklatur[376] (Winter 1986, 155). Der Wunsch nach einer einzelsprachübergreifenden Verständigung führte 1892 zum Genfer Nomenklaturkongress, auf dem die Grundsätze für die Bezeichnung chemischer Verbindungen festgelegt wurden (vgl. Steinhauer 2000, 100ff.). Die systematische chemische Nomenklatur zielt darauf, jede chemische Substanz so zu benennen, dass aus der Bezeichnung die chemische Struktur der Substanz und damit viele ihrer Eigenschaften abgeleitet werden können (vgl. Ebel 1998, 1238).

Die Zeichensprache der Chemie wurde von dem schwedischen Chemiker Jöns Jakob von Berzelius 1811 eingeführt (Dückert 1981, 155). Dieses wohl durchdachte System der Bezeichnung von chemischen Elementen und Verbindungen mit Schrift- und Zahlenzeichen ist in seinen wesentlichen Zügen auch noch heute gebräuchlich (vgl. Ebel 1998, 1237). Alle chemischen Elemente werden seitdem dadurch benannt, dass ihre lateinischen bzw. latinisierten Termini zunächst auf den ersten Buchstaben gekürzt werden. In den Fällen, in denen sich Überschneidungen ergeben, wird noch ein weiterer – in den meisten Fällen der zweite – Buchstabe der Benennung hinzugefügt. So hat beispielsweise das Element Kadmium (< *Cad*mium) das chemische Symbol *Cd*, da *C* bereits für Kohlenstoff (< *C*arbonium) steht, *Ca* für Kalzium (< *Ca*lcium), *Cm* für *C*uriu*m* und

376 *Nomenklatur*: „System der Namen u. Fachbezeichnungen, die für ein bestimmtes Fachgebiet, einen bestimmten Wissenschaftszweig o. Ä. [allgemeine] Gültigkeit haben" (D-DUW 2006). Die Festlegung der chemischen Nomenklaturen zählt neben der medizinischen Nomenklatur zu den ersten Arbeiten auf dem Gebiet der internationalen Sprachnormung (Fluck 1996, 125).

*Cu* für Kupfer (< *Cu*prum). Weil *H* bereits für Wasserstoff (< *H*ydrogenium) steht, hat Quecksilber das chemische Symbol *Hg* (< *H*ydrar*g*yrum).

Wenn auch viele Elementbezeichnungen und -symbole griechischen und lateinischen Ursprungs sind, so bedeutet dies nicht, dass die Hellenen und Römer des klassischen Altertums diese Elemente gekannt hätten (Ebel 1998, 1242). Von den in der gegenwärtigen Zeit bekannten Elementen waren in der Antike nur einige wenige bekannt. Bekannt waren Kupfer (cuprum), Zinn (stannum), Eisen (ferrum), Silber (argentum), Gold (aurum), Blei (plumbum), Quecksilber (hydrargyrum), die zu den sieben klassischen Metallen gehören, sowie Kohlenstoff (carbonium) und Schwefel (sulfur). (Vgl. Bauer 2000, 29f.) Die meisten Bezeichnungen sind erst in der Neuzeit gebildet worden (Ebel 1998, 1242). Da alle chemischen Verbindungen nur aus den chemischen Elementen in bestimmten Zusammensetzungen bestehen können, ermöglichen es die Symbole der entsprechenden Elemente, auch die Verbindungen als eine Kombination dieser Symbole darzustellen, vgl. z. B. $N_2O$ für *Distickstoffoxid* und $CH_4$ für *Methan.*

Neben den terminologischen Dubletten, die aus einem chemischen Symbol bzw. einer Formel und einem systematischen Stoffnamen bestehen, befinden sich häufig halbsystematische Bezeichnungen und Trivialnamen. Unter Trivialnamen werden in der Chemie alle Stoffnamen verstanden, die nicht nach den Regeln der Nomenklatur der IUPAC (International Union of Pure and Applied Chemistry) gebildet sind. Die Trivialnamen stammen hauptsächlich aus der Zeit, als noch keine Nomenklatur-Richtlinien existierten und die neu entdeckten chemischen Stoffe und Verbindungen etwa nach ihrem Entdecker, ihrer Herkunft oder Verwendung bezeichnet wurden. (Vgl. Winter 1986, 157f., 162.) Der unschätzbare Vorteil der Trivialnamen liegt in ihrer Kürze. Die Verbindung *Distickstoffoxid* (Dinitrogenoxid, $N_2O$) hat die Benennung *Lachgas* nach ihrer medizinischen Wirkung erhalten[377] (vgl. Fluck 1996, 85), vgl. auch die finnischen Entsprechungen *dityppioksidi* : *typpioksiduuli* : $N_2O$ : *ilokaasu* (EnDic2004, 55). Hierher gehören auch z. B. die Ausdrücke *Grubengas* und *Sumpfgas*, die anstelle von *Methan* ($CH_4$) verwendet werden (vgl. SUL 2000, s. v. Methan), wie auch ihre finnischsprachigen Äquivalente *kaivoskaasu* (‚Grubengas') : *suokaasu* (‚Sumpfgas') : *metaani* : $CH_4$ (Kaivossanasto 2001, s. v. metaani).

Die Trivialnamen sind bezüglich der Molekülstruktur nicht oder nur ungenau motiviert; die Molekülstruktur des Stoffes kann aus dem Trivialnamen also nicht abgelesen werden (vgl. Winter 1986, 157). Diese fehlende Möglichkeit führte dazu, dass bereits im 18. Jahrhundert die Notwendigkeit einer systematischen Nomenklatur propagiert wurde, die Möglichkeit zu Rückschlüssen auf die Zusammensetzung der zu bezeichnenden Verbindung gibt (vgl. Steinhauer 2000, 103f.).

377 Lachgas wird wegen seiner Rauschwirkung zur Inhalationsanästhesie verwendet (SUL 2000, s. v. Distickstoffoxid, Dinitrogenoxid).

Die begrifflich, inhaltlich und formal festgelegten Bezeichnungen der chemischen Elemente besitzen weitgehend einen internationalen Charakter. Um zu einer möglichst einheitlichen Terminologie zu kommen, bedient sich die chemische Fachsprache in erster Linie der Elemente des Griechischen und des Lateinischen (vgl. Fluck 1996, 84). Auch die Bezeichnungen der chemischen Verbindungen sind meistens gräkolateinischen Ursprungs. Darüber hinaus greifen die Normungsinstanzen häufig auf englisches und französisches Sprachmaterial zurück (Winter 1986, 156), so dass der chemische Fachwortschatz insgesamt stark von Internationalismen geprägt ist.

Auch in der Fachsprache der Ökologie und des Umweltschutzes sind chemische Symbole und Verbindungsformeln von Belang. In *Langenscheidts Fachwörterbuch Kompakt Ökologie* (= LFwbKÖ 2001), das das deutsche Korpus bildet, sind chemische Symbole und Verbindungsformeln jedoch nicht aufgeführt. Im finnischen Korpus, d.h. unter den 780 Bezeichnungsvarianten zu den ersten 2 000 Lemmata im *EnDic2004*, konnten dagegen 20 chemische Symbole und Formeln gefunden werden (s. Anhang 8). Dies entspricht gut 0,7 Prozent von allen Eintragungen und knapp 2,6 Prozent von allen Bezeichnungsvarianten. So entsteht eine große Anzahl von terminologischen Dubletten durch die parallele Verwendung eines systematischen Stoffnamens und eines international gängigen Symbols bzw. einer Formel zur Bezeichnung eines chemischen Elements bzw. einer chemischen Verbindung. Im finnischen Korpus sind u.a. folgende Belege aufgeführt: *P* für *fosfori*, $Al_2(SO_4)_3$ für *alumiini(tri)sulfaatti* und $FeCl_3$ für *ferrikloridi*.

Die chemischen Formeln wie etwa *NaOH* können laut Steinhauer (2000, 109) zu den Kurzwörtern gerechnet werden. Bei den isolierten chemischen Zeichen für die einzelnen chemischen Elemente handelt es sich dagegen um gebundene Kurzformen, die nur mit anderen Sprachzeichen kombiniert als Kurzform auch in der mündlichen Realisation erscheinen. Die Bezeichnung *C/N-Verhältnis* für *Kohlenstoff-Stickstoff-Verhältnis* wie auch ihr finnisches Äquivalent *C/N-suhde* für *hiili-typpisuhde* werden in der Kurzform ausgesprochen.

Die Verwendung von chemischen Symbolen und Formeln, die auf Kürzung beruhen, ist für die Bezeichnungsbildung vorwiegend in den naturwissenschaftlich-technischen Fachsprachen von entscheidender Bedeutung. In solchen Kurzformen stecken viele Möglichkeiten der weiteren sprachökonomischen Verwendung, die auch in der Fachsprache der Ökologie und des Umweltschutzes genutzt werden. Chemische Symbole und Formeln sind hochgradig kompositionsaktiv. Im Korpus finden sich Komposita, in denen das Bestimmungswort aus einem chemischen Symbol bzw. einer chemischen Formel besteht. Die Bestimmungswörter sind entweder selbstständig wie in *$CO_2$-Bilanz* für *Kohlendioxid-*

*bilanz* oder gebundene Kurzformen, z. B. *$^{14}$C-Methode*[378] für *Radiocarbonmethode* (zur Altersbestimmung organischer Substanzen).

Wie oben bereits erwähnt, steht *N* (< Nitrogenium) für *Stickstoff* und *typpi*. Mit Hilfe von Indizes können unkompliziert Differenzierungen getroffen werden, z. B. $N_{kok}$ (< **kok**onaistyppi) bzw. $N_{ges}$ (< ***Ges**amtstickstoff*). Diese Eigenheit, Kurzwörter mit weiteren Kurzformen als Indizes zu spezifizieren, kommt laut Steinhauer (2000, 200) hauptsächlich in den naturwissenschaftlich-technischen Fachsprachen vor. Bei den beiden oben genannten Indizes *ges* und *kok*, die zu den Silbenkurzwörtern zu zählen sind, handelt es sich um gebundene Silbenkurzformen, die nur zusammen mit den näher zu bezeichnenden Elementkürzeln auftreten. Durch die durch Indizes spezifizierten Bezeichnungen entstehen terminologische Dubletten, wenn die in der deutschen bzw. finnischen Fachkommunikation häufig auf die englischen Vollformen zurückgehenden Kurzwörter mit deutschen bzw. finnischen Vollformen alternieren. Ein Beispiel aus dem Korpus: $P_{kok}$ : $P_{tot}$ für *kokonaisfosfori* (total phosphorus: $P_{tot}$; Gesamtphosphor : $P_{ges}$). Chemische Symbole und Formeln sind als erste UK auch von adjektivischen Komposita anzutreffen, wie etwa in *$SO_2$-haltige Rauchgase* (Maxeiner/Miersch 2002, 413), *$NO_x$-arm* (SUL 2000, s. v. Abgasentstickung [DeNO$_x$]), *$O_x$-arm*, *$O_2$-stenök*[379] (Heinrich/Hergt 1998, 49, 185).

Die chemische Zeichen- und Formelsprache schafft die Voraussetzungen für einen effektiven Umgang mit chemischen Erkenntnissen, da mit Hilfe der Formeln chemische Strukturen deutlich und einfach bezeichnet werden können. Sie machen auch das Denken in chemischen Kategorien bedeutend einfacher. (Vgl. Steinhauer 2000, 108.)

Aus der Fachsprache der Ökologie und des Umweltschutzes werden immer wieder Kurzwörter, Symbole und Formeln auch in die fachexterne Kommunikation übernommen. Diese erleichtern es dann auch den naturwissenschaftlich bzw. chemisch nicht Vorgebildeten, über bestimmte fachliche Sachverhalte zu sprechen; mit extrem langen Fachausdrücken, wie sie beispielsweise durch die chemischen Verbindungsnamen häufig vorkommen, ist dies deutlich schwieriger. Und da viele ökologische Vorgänge und Umweltprobleme nicht nur die Fachleute etwas angehen, sondern ihre Auswirkungen auf alle Menschen häufig von nicht zu unterschätzender Bedeutsamkeit sind, ist eine Möglichkeit, über diese Sachverhalte zu sprechen, wichtig. Es sei hier nur an die Umweltprobleme beispielsweise durch den hohen Ausstoß des Gases Kohlendioxid erinnert. Er wird in der Um-

378 Carbon-14 > radiocarbon; *Radiocarbon* „radioactive isotope of carbon, usually referring to $^{14}$C, occurring naturally in small amounts in the atmosphere, used in biochemical and physiological research and as an indicator for dating in archaeology. *alt.* carbon-14" (DicEnS 1998, 344).

379 *Stenök* „[griech.], nur unter ganz bestimmten, eng begrenzten, gleichbleibenden Umweltbedingungen lebensfähig; von Tier- und Pflanzenarten mit geringer ökolog. Potenz gesagt; z. B. Ren, Lama, Grottenolm." (Meyers 1994, Bd. 3, 168.)

weltdiskussion als *$CO_2$-Emission* auch von chemischen Laien verstanden. Wenn die Konzentration der Stickoxide in Kraftfahrzeugabgasen gemeint ist, kann man kurz vom *$NO_x$-Gehalt* sprechen.

#### 6.7.2.5 Wortbildungssynonymie

Die für die Fachsprache der Ökologie und des Umweltschutzes charakteristische Bezeichnungsvielfalt ist weiter auf die „Wortbildungssynonymie" (Fleischer/Barz 1995, 73) zurückzuführen. Die Wortbildungssynonymie lässt sich als ein Spezialfall der lexikalischen Synonymie betrachten. Die Wortbildungssynonyme beinhalten zumindest ein gleiches Grundmorphem bzw. eine identische UK (ebd.; s. auch Fleischer/Michel/Starke 1993, 172f.). In der Regel handelt es sich um Synonympaare (*Lebensraumzerschneidung* : *Lebensraumzerstückelung* LFwbKÖ 2001, s. v. habitat fragmentation [insularization]), in Einzelfällen können aber auch Synonymreihen vorkommen (*vegetationslos* : *vegetationsfrei* : *vegetationsleer*; *Flachmoor* : *Wiesenmoor* : *Nieder(ungs)moor* LFwbKÖ 2001, s. v. bare of vegetation; carr). In synonymischen Relationen können WBK entweder der gleichen Wortbildungsart oder auch unterschiedlicher Wortbildungsarten stehen, vgl. *kasvilajisto* (aus Kompositum *kasvilaji* + Suffix *-sto*): *kasvisto* (aus Simplex *kasvi* + Suffix *-sto*) (‚Flora' EnDic2004, 203).

Bei den deutschen Derivaten beispielsweise werden Bezeichnungsvarianten durch unterschiedliche Affixe an derselben Basis hervorgerufen, wobei die Varianten jeweils der gleichen Wortbildungsgruppe angehören, d. h. sie verfügen nicht nur über ähnliche lexikalische Bedeutungen, sondern auch über die gleiche Wortbildungsbedeutung (vgl. Fleischer/Barz 1995, 74). Relativ häufig entsteht Bezeichnungsvariation durch den Wechsel von indigenem und entlehntem Affix bzw. von unterschiedlichen heimischen Affixen an derselben Basis, vgl. z. B. *beschmutzen* : *verschmutzen*; *bioakkumulativ* : *bioakkumulatorisch*; *dechlorieren* : *entchloren*; *zersetzlich* : *zersetzbar*; *Dekontamination* : *Dekontaminierung*; *Denitrifikation* : *Denitrifizierung*; *ökologische Degradation* : *ökologische Degradierung*; *Düngungsversuch* : *Düngeversuch*; *Filtrieren* : *Filtration* (von Suspensionen) (LFwbKÖ 2001, s. v. befoul; bioaccumulative; dechlorinate; decomposable; denitrification; ecological degradation; fertilization experiment; filtration).

Bei den finnischen Derivaten werden Synonyme dagegen durch unterschiedliche Suffixe an derselben Basis hervorgerufen, wobei auch hier Varianten jeweils der gleichen Wortbildungsart stehen. Dies soll mit den folgenden Belegen aus dem Korpus erläutert werden: *hajottaminen* : *hajotus* (‚Abbau, Zersetzung'), *laiduntaminen* : *laidunnus* (‚Beweidung' EnDic2004, 94, 275).

Wortbildungskonstruktionen können aber auch miteinander konkurrieren. Bezeichnungsvarianten lassen sich durch die Verwendung von sprachökonomischen, aber polysemen Derivaten anstelle von präzisen, jedoch unhandlichen Determinativkomposita bilden. In Bezeichnungsvariantenpaaren wie *Begleitart* : *Begleiter* (Pflanze oder Tier); *Belüftungseinrichtung* : *Belüfter*; *nützliches Tier* : *Nützling*; *Düngemittel* : *Dünger*; *bodenanzeigende Pflanze* : *Bodenanzeiger* (LFwbKÖ 2001, s. v. accessory species; aerator; beneficial organism; fertilizer; indicator plant) ist ein und dasselbe Wort sowohl UK eines Kompositums als auch eines Derivats. Hier liegt Bezeichnungsvariation zwischen Wortbildungskonstruktionen verschiedener Wortbildungsart vor. Die konkurrierenden Parallelbildungen sind bedeutungsähnlich. Zwischen ihnen sind allerdings Bedeutungsnuancierungen zu beachten, denn der Abstraktionsgrad der Suffigierungen ist um vieles höher als der der Komposita. Dies folgt aus dem Affixstatus der zweiten unmittelbaren Konstituente des Derivats. Mit den Komposita werden die Begriffe konkreter und deutlicher bezeichnet als mit den Derivaten, da die Kompositionselemente mehr spezielle Bedeutungsmerkmale enthalten. (Vgl. Fleischer/ Barz 1995, 74.) Auch nach Motsch (1987, 117) ist mit der Wortbildungssynonymie „in der Regel ein Bedeutungsunterschied verbunden".

Ähnliche Bezeichnungsvariantenpaare, in denen die Derivate als ökonomischere Kurzformen zu den längeren Komposita wirken, kommen auch in der finnischen Umweltterminologie vor, vgl. z. B. *hapettava aine* : *hapetin* (‚Oxidationsmittel, Oxidans'); *järviprosentti* : *järvisyys* (‚Seeanteil'); *kaskiviljely* : *kaskeaminen* (‚Brandrodungs-Feldbau'); *rotkoeroosio* : *rotkoutuminen* (‚Schluchtenerosion') (EnDic2004, 101, 164, 200, 512).

Wie auch den obigen Belegen zu entnehmen ist, können Wortbildungsmorpheme die gleiche Funktion haben wie die freien Morpheme. So kann etwa das deutsche Suffix *-er* wie auch das finnische Suffix *-in* für Lexeme wie *-mittel*, *-einrichtung*, *-gerät*, *-apparat*, *-laite*[380], *-aine* u. a. stehen. Deverbative Ableitungen auf *-er* bzw. auf *-in* dienen in vielen Fällen der Ersetzung von Komposita aus Verbstamm und Substantiv. Diese Konstruktion stellt mithin ein weiteres Verfahren fachsprachlicher Ausdrucksökonomie dar.

Zahlreiche miteinander konkurrierende Bezeichnungsvarianten entstehen auch dadurch, dass in Determinativkomposita zwei WBK über das gleiche Erstglied und synonyme Zweitglieder verfügen (vgl. Fleischer/Barz 1995, 74). Wie aus den Belegen unten ersichtlich ist, können in Einzelfällen auch drei synonyme WBK über das gleiche Erstglied verfügen. Aufgrund der begrifflichen Identität sind auch Komposita wie *Habitatwahl* : *Biotopwahl* (LFwbKÖ 2001, s. v. habitat selection) mit identischem Zweitglied und unterschiedlichen Erstgliedern als Wortbildungssynonyme anzusehen. Dies soll mit einigen Belegen aus beiden Korpora erläutert werden:

| | |
|---|---|
| belt of woodland | Gehölzriegel : Gehölzstreifen : Gehölzgürter (LFwbKÖ 2001, 34) |
| ecosystem management | Ökosystembewirtschaftung : Ökosystem-Management (LFwbKÖ 2001, 86) |

380 Vgl. hierzu auch Hyvärinen (2000, 48).

| | |
|---|---|
| filtration community | Schlussgesellschaft : Klimaxgesellschaft : Klimaxgemeinschaft (einer Sukzession) (LFwbKÖ 2001, 104) |
| habitat selection | Habitatwahl : Habitatspezialisierung : Habitatselektion : Biotopwahl (LFwbKÖ 2001, 122) |

| | |
|---|---|
| B041 | biokunnostus : biopuhdistus : bioremediaatio (‚mikrobiologische Sanierung', EnDic2004, 44) |
| E038 | elinkaariarviointi : elinkaaritarkastelu (‚Lebenszyklusanalyse', EnDic2004, 62) |
| I094 | indikaattorilaji : tunnuslaji : ilmentäjälaji (‚Indikatorart, Leitart', EnDic2004, 144) |
| J082 | järvikerrostumat : järvisedimentit (‚limnische Ablagerungen, lakustrine Ablagerungen', EnDic2004, 163). |

## 6.8 Zusammenfassung

Das Ziel des vorausgehenden Kapitels bestand darin, die unterschiedlichen Typen wie auch die Hauptursachen für die Entstehung miteinander konkurrierender Bezeichnungen im Fachwortschatz der Ökologie und des Umweltschutzes ausfindig zu machen. In der Analyse und Beschreibung der synonymischen Bezeichnungen ging es jedoch nicht nur um formale und quantitative Aspekte, sondern auch um funktionale und semantische Gesichtspunkte.

Die Diskussion begann mit einer Kritik an den idealistischen Vorstellungen der traditionellen Terminologielehre über die begriffliche Eineindeutigkeit der Fachwörter. Die allgemeine Terminologielehre wurde als ausschließlicher theoretischer Bezugsrahmen für die deskriptive und die übersetzungsbezogene Terminologiearbeit wie auch für die Übersetzungsproblematik fachlicher Texte in Frage gestellt. Im Unterschied zur traditionellen Terminologielehre unterstreichen die neueren Theorien der Fachsprachenforschung und der Terminologielehre die diachronische Betrachtungsweise und streben danach, neben dem kognitiven Gesichtspunkt auch pragmatische Faktoren und die sozialen Aspekte der Sprache zu beachten.

In der modernen Fachsprachenforschung und der Terminologielehre entspricht das Streben nach begrifflicher Eineindeutigkeit nicht der fachsprachlichen Wirklichkeit und ist auch nicht immer erstrebenswert. Terminologische Synonymie und Polysemie erfüllen ihre eigenen kommunikativen und der Verständigung dienenden Aufgaben.

Im empirischen Teil des Kapitels wurde der Bestand von synonymischen Bezeichnungen anhand von zwei Fachwörterbüchern herausgearbeitet. Es wurde dargestellt, dass Bezeichnungsvariation im Fachwortschatz der Ökologie und des Umweltschutzes sowohl in einer unerwartet hohen Frequenz als auch in einer bemerkenswerten Formenvielfalt begegnet. Als besonders synonymiefreundlich erwies sich die Wortart Adjektiv. Für ein finnisches Adjektiv treten im ökologischen Fachwortschatz durchschnittlich 1,8 synonymische Bezeichnungen auf. Während für ein deutsches Adjektiv wie auch für ein deutsches Substantiv duchschnittlich 1,5 Synonyme existieren, ist die entsprechende Zahl für ein finnisches Substantiv 1,4.

Die Bezeichnungsvariation in der Fachsprache der Ökologie und des Umweltschutzes hat ihren Grund in den fachlich-kognitiven Ansprüchen, in der Varianz der Kommunikationssituationstypen sowie in der Leistungsfähigkeit des für die Bildung von umwelt- und ökologiebezogenen Ausdrücken zur Verfügung stehenden sprachlichen Materials. Einerseits erfordert die Mehrdimensionalität und die Komplexität umweltbezogener Sachverhalte unterschiedliche Gesichtspunkte der Klassifizierung. Andererseits sind es nicht nur die Vertreter des Fachs, die sich verständigen müssen. Weiterhin ist die Verständigung zwischen Fachleuten verschiedener Fächer und die Kommunikation zwischen Fachwelt und Laien zum Zweck der Informationsvermittlung sicherzustellen.

Was den Fachwortschatz betrifft, so ist der Kontextrahmen jeweils durch die vertikale Schichtung bestimmt. Insbesondere bei fachexterner Kommunikation muss von dem kognitiven Wissensniveau der jeweiligen Adressaten ausgegangen werden, um das kommunikative Ziel der Vermittlung von Fachwissen zu erreichen. Wichtig ist dabei, die unmotivierten Termini und Bezeichnungsvarianten für den Nicht-Fachmann durchsichtig zu machen. Die Bezeichnung muss einem bestimmten Bedarf, der jeweiligen Abstraktionsstufe wie auch der jeweils relevanten sprachlichen Ebene entsprechen.

Die Ursachen für die Existenz von Bezeichnungsvarianten innerhalb des ökologischen Fachwortschatzes liegen zum einen im Auftreten von miteinander konkurrierenden Benennungen, die jeweils unterschiedliche Aspekte des bezeichneten Sachverhalts hervorheben. Diese Mehrfachbezeichnungen lassen sich nicht vermeiden und sind für den Erkenntnisgewinn innerhalb des Fachs der Ökologie und des Umweltschutzes unverzichtbar. Zum anderen sind die Ursachen für die Bezeichnungsvariation in der Verwendung formalsprachlich bedingter synonymischer Bezeichnungen begründet. Bezeichnungsvielfalt des Fachgebiets erklärt sich in erster Linie aus kommunikativen und kognitiven Bedürfnissen.

Bei den Fremdwörtern war die Frage nach dem Ausgangsgebiet der Bezeichnungen von besonderem Interesse. Dabei zeigte sich, dass das Lateinische und das Griechische in der Fachsprache der Ökologie und des Umweltschutzes die führende Rolle einnehmen. Zu beachten ist die bescheidene Stellung des Englischen. Untersuchungen zu Bezeichnungsvariantentypen des Belegmaterials ergaben, dass die parallele Verwendung von einem fremdsprachigen Fachwort und einem indigenen Terminus auffallend häufig belegt ist. Diese terminologischen Dubletten treten im Fachvokabular der Ökologie und des Umweltschutzes zum Teil regelhaft auf. Insbesondere im Finnischen sind adjektivische Dublettenpaare eher die Regel als die Ausnahme.

Wenn auch die Zahl der nicht-integrierten und teilweise integrierten Entlehnungen aus dem Englischen in der Fachsprache der Ökologie und des Umweltschutzes nicht sehr groß ist, so handelt es sich doch um einige wichtige Begriffe, die durch Anglizismen besetzt sind, z.B. *$LD_{50}$, VOC, Dekontamination, Knock-down-Effekt, Recycling*. Bezüglich der Terminusbildung der Anglizismen in der deutschen und der finnischen Fachsprache der Ökologie und des Umweltschutzes sind zwei Tendenzen zu erkennen, und zwar die hybride Komposition und die Kurzwortbildung. Wegen ihrer Kürze ermöglichen die Anglizismen häufig Komposita, die mit deutschen bzw. finnischen Wörtern gebildet zu lang oder umständlich wären.

Kommunikationsvorgänge sind ökonomischen Zwängen unterworfen. Dies gilt insbesondere für die Fachkommunikation, in der Sachverhalte möglichst eindeutig, präzise und in ökonomisch vertretbarer Form dargestellt werden müssen. Die Univerbierung entspricht einer allgemeinen strukturellen Tendenz der syntaktischen Vereinfachung zum Zwecke der Informationsverdichtung in einem Einwortterminus sowie zur Vermeidung unhandlicher Konstruktionen. Wie auch bei der Univerbierung sind Komposition, Kurzwortbildung, chemische Symbole und Formeln das Resultat der sprachlichen Ökonomie und ermöglichen eine einfache und präzise Ausdrucksweise. Komposita und Kurzwörter stellen eine wichtige Entwicklungstendenz sowohl der deutschen als auch der finnischen Gegenwartssprache bei der Terminusbildung dar.

Die zunehmende Bildung und Verwendung von Kurzwörtern unterschiedlicher Art kann als eine besonders auffällige Erscheinung sowohl in der deutschen als auch der finnischen Gegenwartssprache bezeichnet werden. Während im Finnischen 80 Prozent aller Buchstabenkurzwörter auf eine Vollform aus dem Englischen zurückgehen, ist im deutschen Korpus die Häufung von unisegmentalen Buchstabenkurzwörtern auffällig. – Als Index zur Spezifizierung anderer Bezeichnungen wie in *$BMT_A$* für *Biomassetiter-Algen* bietet die Kurzwortbildung enorme Vorteile, wie sie kaum anders erreicht werden könnten.

Was die Bedeutungsäquivalenz anbelangt, so muss festgestellt werden, dass eine in allen Hinsichten vollständige Entsprechung der Bedeutungen der zur Verfügung stehenden Bezeichnungsvarianten prinzipiell nicht möglich ist. Die Unterschiede betreffen in der Regel den Bedeutungsumfang, die Konnotation, den Umfang und die Frequenz der Verwendung in den verschiedenen Kommunikationssituationen. Untersuchungen der Fachkommunikation haben laut Fraas (1998, 433) jedoch ergeben, dass nicht nur gemeinsprachliche Lexeme ihre Bedeutung im Kontext entwickeln, sondern dass auch die Bedeutung von Termini und Fachwörtern kontextuell gestützt wird, wodurch die Verständigung behindernde Mehrdeutigkeiten nahezu gänzlich reduziert werden können.

Zwischen den Extremen der horizontalen Gliederung der Fachsprachen spannen sich, auf einer gleitenden Skala, verschiedene Typen der Fach- und Wissenschaftssprachen – zum Beispiel einer, der Kurzwörter bevorzugt und sich arbiträrer Symbole bedient (Chemie); ein anderer, der die gräkolateinische Terminologie verwendet (Medizin); ein dritter, der Ausdrücke der Umgangssprache terminologisiert (Psychoanalyse). Gezeigt wurde, dass die Fachsprache der Ökologie und des Umweltschutzes eine Fachsprache ist, die sich aller dieser Mittel bedient.

Wie gezeigt werden konnte, existieren Bezeichnungsvarianten in verschiedenen Formen, und ihr Bestehen ist auf die unterschiedlichsten Ursachen zurückzuführen. Künftigen Untersuchungen bleibt es überlassen herauszuarbeiten, wie und in welcher Funktion Bezeichnungsvarianten in wissenschaftlichen und populärwissenschaftlichen Texten Verwendung finden. Sicher ist jedenfalls, dass der Anteil und die jewilige Wahl in unterschiedlichen Texttypen variiert. Synonymie ist keineswegs ein Redundanzphänomen, sondern erfüllt auch in den Fachsprachen wichtige kommunikative und kognitive Funktionen.

## 7 Euphemismen in der öffentlichen Umweltdiskussion[381]

### 7.1 Vorbemerkung, Zielsetzung und Materialgrundlage

Zu den unterschiedlichen Umweltthemen melden sich viele gesellschaftliche Gruppen zu Wort, u.a. politische Parteien, staatliche Institutionen, Institutionen der Verwaltung, Ministerien, Naturschutzvereine, Umweltschutzverbände, Energieversorgungs- und Industrieunternehmen sowie wissenschaftliche Institute. In Übereinstimmung mit den unterschiedlichen Interessenlagen dieser Gruppen differieren ihre Zielsetzungen. Gemeinsam ist allen Beteiligten, die Bevölkerung über umweltrelevante Themen und ihre Zusammenhänge von ihrem jeweiligen Standpunkt aus zu informieren; je nach Betrachtungsweise unterscheidet sich die Deutung der Problematik. (Vgl. M.-L. Braun 2003, 49; s. auch Haß 1989a, 398.) Wegen der politischen Bedeutsamkeit und Strittigkeit vieler Umweltthemen bevorzugen die Sprechergruppen verschiedene Bezeichnungsvarianten für einen Sachverhalt. Mittels dieser sprechergruppengebundenen Ausdrucksvariation konkurrieren die Gruppen in der öffentlichen Umweltdiskussion, in der Phänomene aus dem natürlichen bzw. kulturell veränderten Lebensraum von Menschen, Tieren und Pflanzen thematisiert werden, um eine bestimmte Sichtweise und die damit zusammenhängenden Bewertungen eines Sachverhalts. In umweltpolitischen Auseinandersetzungen handelt es sich häufig um einen Streit um Bezeichnungen bzw. um Bedeutungszuschreibungen von Bezeichnungen. (Vgl. Liimatainen 2005b, 149f.)

Es können drei Hauptgruppen unterschieden werden, die mit verschiedenen Interessen in der öffentlichen Umweltdiskussion handeln: politische Parteien und Ministerien, Wirtschaftsakteure sowie Umweltbewegungen und -organisationen. Die Beteiligung der einzelnen Gruppen variiert jeweils mit dem Thema der Debatte. (Vgl. M.-L. Braun 2003, 52.) Die Brisanz des Themas Umwelt zwingt dazu, einerseits nach neuen ausdrucksstarken Bezeichnungen zu suchen, um die breite Öffentlichkeit wachzurütteln und zum notwendigen ökologischen Umdenken aufzufordern. So zielt das Sprachverhalten von gesellschaftlichen Gruppen, die eine Veränderung der Verhältnisse verlangen, darauf, Sachverhalte und Vorgänge beim richtigen Namen zu nennen. Es wird zunächst ein Bewusstmachen angestrebt, aus dem sich spätere Änderungen im menschlichen Tun ergeben. (Vgl. Liimatainen 2005b, 150.)

381 Das Kapitel 7 der vorliegenden Arbeit ist eine überarbeitete, stark ergänzte und erweiterte Fassung meines Vortrags *Euphemismen in der öffentlichen Umweltdiskussion* auf dem 13. Europäischen Fachsprachensymposion, das vom 20. bis 24. August 2002 stattfand und von der Universität Vaasa ausgerichtet wurde. Der Beitrag wurde in Porta Scientiae II, hrsg. von M. Koskela, C. Laurén, M. Nordman und N. Pilke (2002) veröffentlicht. Siehe ausführlicher im Literaturverzeichnis.

Andererseits kann aber die sprachliche Bloßstellung unbequemer Konsequenzen der Industrialisierung in manchen Kontexten auch unerwünscht sein. Gerade bei unterschiedlichen umweltpolitischen Themen wird manchen Beteiligten und Interessengruppen häufig der Vorwurf gemacht, Tatsachen zu verhüllen oder zu verschleiern bzw. auf Laien und politische Entscheidungsträger Einfluss nehmen zu wollen (Gerbig 1996, 175).

Ab Mitte der 70er Jahre hat sich in Deutschland der feste Glaube an die planmäßige Bewusstseinsmanipulation und die absichtliche sprachliche Täuschung vonseiten der Industrie, Behörden und Politiker mittels gesuchter Bezeichnungen verbreitet. Das Bewusstsein, dass der Umgang mit Bezeichnungen und Ausdrucksweisen in der Umweltdebatte interessenabhängig ist, artikulierte sich zum ersten Mal am Fall der Bezeichnung *Entsorgungspark*[382]. (Vgl. Haß 1989c, 157f.; Jung 1995, 639ff.) Der interessenabhängige Umgang mit dem Umweltwortschatz sowie die miteinander konkurrierenden Bezeichnungsvarianten, die aus dem Gegensatz zwischen fachsprachlich angemessenen Bezeichnungen auf der einen Seite und in der öffentlichen Diskussion adäquaten und etablierten Ausdrücken auf der anderen Seite resultieren, sind insbesondere für den Sprachgebrauch der Abfall- und Energiepolitik, speziell der Kernenergiediskussion, aber auch für die Bereiche chemische Industrie sowie Natur- und Umweltschutz charakteristisch.[383]

> Als Synonym für Waldsterben stehen "großflächige Forstschäden", Smog wird als "Industrienebel" umschrieben, Luftverschmutzung und **saurer Regen**[384] sind im Ergebnis allenfalls unter "Emissionschäden" [sic!] wiederzufinden (TAZ 1987. Zugang: <http://wortschatz.unileipzig.de>).

Euphemismen spielen in der seit den 1970er Jahren geführten öffentlichen Debatte über Umweltprobleme als Mittel beabsichtigter Sprachlenkung eine nicht unbedeutende Rolle. Euphemistische Ersatzausdrücke sind darauf abgezielt, die große Mehrheit der Sprachteilnehmer zu beruhigen bzw. irrezuführen oder vom Durchschauen bestimmter Zusammenhänge, die den Redner oder sein Anliegen in einem negativen Licht erscheinen lassen können, abzulenken. Verschleiernde Euphemismen werden verwendet, um die öffentliche Meinungsbildung zu beeinflussen, und dienen in der Umweltdiskussion der Behinderung der kritischen Hinterfragung und der Entwicklung des notwendigen ökologischen Umdenkens und Handelns. Interessenabhängigkeit und Wertungspotenziale von Ausdrücken werden laut Haß (1989c, 160) zum großen Teil in den in den Massenmedien geführten Diskussionen geschaffen.

---

382 Zum *Entsorgungspark* ausführlicher in 7.5.1.

383 Zum interessenabhängigen Umgang mit Wörtern in der öffentlichen Umweltdiskussion siehe ausführlicher u. a. Haß (1989a; 1989c u. 1991); Blühdorn (1991); Jung (1989, 1994 u. 1995).

384 Fettdruck im Original.

Das Ziel der folgenden Ausführungen ist es, für sprachliche Zusammenhänge in den brisanten Themenbereichen der nunmehr knapp 40 Jahre andauernden öffentlichen Diskussion über Umweltprobleme zu sensibilisieren. Das Interesse wird auf die Verwendungsweisen von Termini und Bezeichnungen der Fachsprache der Ökologie und des Umweltschutzes in ihrem gesamtgesellschaftlichen Kontext gelenkt. Es sollen Fragen der euphemistischen Verwendung von Fachwörtern und Termini in der öffentlichen Umweltdiskussion in deutschen und finnischen Printmedien erörtert werden. Daher sollen die semantischen und pragmatischen Bedingungen, unter denen Euphemismen eine beabsichtigte Wirkung erzielen, dargestellt werden. Doppelt kontrastiv erscheint daher die Fragestellung: Wie und warum unterscheidet sich der Sprachgebrauch der Umweltdiskussion in Deutschland und in Finnland? Einen Schwerpunkt der Untersuchung bildet weiter die Bestimmung kommunikativer Funktionen euphemistischer Bezeichnungen. Anschließend werden die verschiedenen Möglichkeiten vorgestellt, die sich zur Bildung euphemistischer Ausdrücke eignen. Abschließend wird der Versuch unternommen, einige Euphemismen auf Bildungsweise, Semantik und Pragmatik hin zu analysieren. Die zu analysierenden Euphemismen werden nach Sachgebieten geordnet dargestellt.

Aus der Fragestellung der Untersuchungen folgt, dass die Betrachtungsweise einen theoretischen, erörternden und deskriptiven Charakter hat. Die Untersuchung konzentriert sich jedoch nicht auf die Analyse einzelner systematischer Materialsammlungen, sondern sie zielt auf die Darstellung detaillierter Grundsätze ab. Die Analyse der Intentionen von Euphemismen soll im Grunde genommen als pragmatische Erforschung des ganzen Sprachsystems verstanden werden. In diesem Sinn ist die Untersuchung als sprachwissenschaftliche Grundlagenforschung zu interpretieren. Die Untersuchung von Euphemismen muss aber auch der angewandten Sprachwissenschaft zugeordnet werden, da sie sich mit der Wechselwirkung von Sprache, Kultur und Gesellschaft beschäftigt. Mit meiner Arbeit an einem solchen Thema habe ich nicht nur ein deskriptiv-sprachvergleichendes Ziel, sondern ich erhebe auch einen sprach- und ideologiekritischen Anspruch.

Das zugrunde liegende sprachliche Material ist deutsch- und finnischsprachigen Texten entnommen, die sich auf Fachliteratur, behördliche Publikationen, auf Zeitungs- und Zeitschriftentexte sowie auf Publikationen von Naturschutzvereinen, Umweltschutzverbänden, Energieversorgungs- und Industrieunternehmen verteilen. Zur Ergänzung wurden Beispiele aus der Forschungsliteratur herangezogen. Die Belege der Materialsammlung stammen aus Texten des Zeitraums vom Anfang der 70er Jahre bis zur Gegenwart.

## 7.2 Kommunikative Funktionen der Euphemismen

Euphemismen sind sprachliche Umschreibungen, mit denen für die Sprachteilnehmer unangenehme Dinge oder Sachverhalte mildernd bzw. beschönigend ausgedrückt werden oder mit denen Sachverhalte, die der Sprecher dem Hörer nicht in ihrer vollen Wahrheit mitteilen will, verschleiernd weitergegeben werden (vgl. Luchtenberg 1985, 127). Der Euphemismus tilgt aus einer Aussage solche Seme, die störend erscheinen, und ersetzt sie mit der Zielsetzung der Vermeidung unangenehmer Reaktionen durch neue. Die negativ geltende Konnotation wird entweder neutralisiert oder in eine positiv geltende Konnotation umgewandelt. (Vgl. Danninger 1982, 237.)

Euphemismen werden von Varis (1998, 166) als pragmatische Sprachbilder klassifiziert. Die Absicht euphemistischer Ersatzausdrücke ist laut ihm (ebd.) die Äußerung affektiver Bedeutungen. Nach Brauns (1986, 85) wird zu wenig betont, dass Euphemismus zu sein nicht eine Eigenschaft sprachlicher Ausdrücke ist, sondern dass erst eine bestimmte Verwendungsweise in einer konkreten Situation die Bezeichnung zum Euphemismus macht. Die Bestimmung einer Bezeichnung als Euphemismus ist in der Regel vom kontextuellen und pragmatischen Zusammenhang abhängig (Luchtenberg 1985, 23; Zöllner 1997, 76). Der Euphemismus ist zunächst pragmatisch zu erfassen unter Einbeziehung des Kontextes, der Intention des Sprechers, der Sprachstrategie und der Kommunikationssituation (vgl. Zöllner 1997, 408). Ob eine Bezeichnung als euphemistisch betrachtet wird oder nicht, ist vom Standpunkt desjenigen abhängig, der ihr begegnet oder sie verwendet (Gigon 1983, 418). Wenn nicht nachgewiesen werden kann, dass eine Bezeichnung der Wirklichkeit nicht angemessen ist, so muss der euphemistische Charakter einer in einem bestimmten Kontext verwendeten sprachlichen Bezeichnung durch ihre Konnotationen erklärt werden (Brauns 1986, 85). Da Euphemismen durch die zu bestimmten Zeiten gültigen, das Leben der jeweils betrachteten Gesellschaft bestimmenden geistigen, kulturellen, sozialen, ideologischen und politischen Bewegungen, Richtungen und Tendenzen bedingt sind (Zöllner 1997, 54; vgl. auch Luchtenberg 1985, 24), sind sie immer im Rahmen derjenigen Sprache zu betrachten, in der sie auftreten (Leinfellner 1971, 11).

Im Hinblick auf die Funktion von Euphemismen im aktuellen Sprachgebrauch zeichnet sich eine Zweiteilung ab: Euphemismen sind umschreibende, umbenennende Ausdrücke, die einerseits eine verhüllende, beschönigende, andererseits aber auch eine verschleiernde, manipulierende Funktion erfüllen können. (Vgl. Luchtenberg 1985, 24; Zöllner 1997, 110, 351.) Alle euphemistischen Ersatzausdrücke beinhalten ein Element der bewussten Täuschung (Zöllner 1997, 351). Die Zweiteilung der euphemistischen Funktion erschwert eine eindeutige Begriffsbestimmung des Euphemismus, wobei bereits die traditionellen, hauptsächlich die verhüllende Funktion des Euphemismus betreffenden Erläuterungen der Vielfalt von Euphemismen im aktuellen Sprachgebrauch nicht gerecht werden. Im Laufe der Zeit hat der Euphemismus eine deutliche Begriffserweiterung erfahren. Derzeit müssen bei der Bestimmung des Euphemismus sowohl rhetorische, soziolinguistisch-pragmatische als auch semantische Aspekte unterschieden und berücksichtigt werden. (Vgl. Zöllner 1997, 407.)

Der Euphemismus, der aufgrund von Normen, Regeln des sozialen Verhaltens und Dezenzansprüchen als Deckwort verwendet wird, hat eine abschwächende bzw. beschönigende Wirkung und erfüllt eine verhüllende Funktion (Zöllner 1997, 125). Verhüllende euphemistische Ausdrücke dienen in der Alltagssprache zur Kommunikation über Begriffe, die in Folge gesellschaftlicher, ideologischer bzw. religiöser Konventionen tabuisiert sind, oder sie werden aus Rücksicht auf Wertvorstellungen und Gefühle der Betroffenen gewählt. Mit verhüllenden Euphemismismen werden für die Sprachteilnehmer unangenehme Sachverhalte mildernd bzw. schonend ausgedrückt. Sie erleichtern den sozialen Diskurs. (Vgl. Dietl 1996, Sp. 1; Luchtenberg 1985, 24, 127, 167–172; Zöllner 1997, 110.) Sie verhüllen nicht – wie verschleiernde Euphemismen – unliebsame Fakten, sondern zu direkte Ausdrücke (Leinfellner 1971, 21f.; Zöllner 1997, 356).

Um soziale Harmonie in der Umweltdiskussion zumindest sprachlich herzustellen, werden unerfreuliche soziale und wirtschaftliche Verhältnisse häufig nicht direkt, sondern umschreibend benannt. In den 1950er Jahren wurden wirtschaftlich ausgebeutete Länder, vorwiegend ehemalige Kolonien, als *unterentwickelte Länder* bezeichnet. Sie hatten nicht den Entwicklungsstand der Industrieländer und brauchten Entwicklungshilfe. (Vgl. Luchtenberg 1985, 38; Schlosser 2000a, 40, s. v. unterentwickelte Länder.) Der Ausdruck *unterentwickelte Länder* wurde aber von den betroffenen Ländern als zu wertbehaftet und verletzend empfunden (Wengeler 1995, 680). In den 60er Jahren wurde die wirtschaftliche und politische Stellung der unterentwickelten Länder durch die Bezeichnung *Entwicklungsländer* – durch Nennung des Gegenteils – umschrieben. Die Benennung *Entwicklungsland* ist die gegenwärtig noch im öffentlichen Sprachgebrauch am häufigsten verwendete Bezeichnung für wirtschaftlich unterentwickelte Länder. Terminologisch ist auch der Bezeichnung *Entwicklungsland* Unangemessenheit vorgeworfen worden: Der Ausdruck enthielte einen bestimmten Begriff von Entwicklung und lege die Richtung der Entwicklung auf Industrialisierung fest. Verhüllend würde vorgetäuscht, die als *Entwicklungsländer* bezeichneten Länder seien auf dem Wege einer Entwicklung, was in Wirklichkeit jedoch nicht oder nur geringfügig stattfände. (Vgl. Stötzel/Eitz 2002, 110f.)

Zur Bezeichnungsentwicklung lässt sich weiterhin der Sammelbegriff *Dritte Welt* zählen. Die Bezeichnung *Dritte Welt* erhielten jene Staaten Afrikas, Asiens und Lateinamerikas, die in ihren wirtschaftlichen und sozialen Verhältnissen weit hinter den Industrieländern zurückblieben. (Vgl. Luchtenberg 1985, 38; Schlosser 2000a, 40, s. v. unterentwickelte Länder.) Der Ausdruck *Dritte Welt* ist auch immer wieder als unangemessen, pejorativ oder als zu pauschal kritisiert worden. Auf Grund des Unbehagens an der zusammenfassenden Benennung *Dritte Welt* ist versucht worden, sein Referenzobjekt zu verändern, indem zusätzliche Benennungen wie *Schwellenländer*, *Vierte* und *Fünfte Welt* eingeführt worden sind. Der Ausdruck *Schwellenländer* hat sich seit Anfang der 70er Jahre für die international *Newly Industrializing Countries* (NIC) genannten Länder durchgesetzt. (Vgl. Wengeler 1995, 684ff.) Als *Schwellenländer* werden solche Länder bezeichnet, die sich bis nahe an den ökonomischen Standard der Industrieländer heranentwickelt haben (Schlosser 2000a, 40, s. v. unterentwickelte Länder; Stötzel/Eitz 2002, 112). Die Bezeichnungen *Vierte* und *Fünfte Welt* – Sammelbegriffe für die am wenigsten entwickelten Länder – etablierten sich hingegen als Steigerung zum Ausdruck *Dritte Welt* (Stötzel/Eitz 2002, 112).

Der Euphemismus mit verschleiernder Funktion soll aufgrund von Interessenkonflikten einen harmlosen Teilaspekt hervorheben und unangenehme oder unbequeme Aspekte verschweigen oder unklar halten (Zöllner 1997, 126). Die verschleiernden Wendungen dienen in erster Linie dem Ziel und den Interessen des Redners und seinem ideologischen Umfeld. Sie werden im Wesentlichen der Sprache der Politik und der Wirtschaft zugeordnet und als bewusstes Mittel zur Manipulation eingesetzt, um dem Rezipienten eine bestimmte Meinung über eine Sache zu vermitteln. (Vgl. Luchtenberg 1985, 24, 127, 173–179; Zöllner 1997, 110.) Verschleiernde euphemistische Bezeichnungen werden für neue Sachverhalte beispielsweise der Energiepolitik eingeführt, die positiv bewertet werden sollen, vgl. etwa *Entsorgungspark* (Brauns 1986, 82). Auch die Gefährdung der Umwelt lässt sich sprachlich verschleiern. Ganze Felder mit verhüllenden und verschleiernden Bezeichnungen geben den Anschein von Naturbelassenheit und ökologischem Nutzen. Dies betrifft etwa zahlreiche Komposita mit *Bio-/bio-* oder mit *Umwelt-/umwelt-*. (Vgl. Schippan/Ehrhardt 2001, 97.) Die Funktion verschleiernder Euphemismen besteht darin, Einfluss auf die große Mehrheit der Sprachgemeinschaft auszuüben und/oder das Mitgeteilte so zu vermitteln, dass bestimmte Sachverhalte, Vorgänge oder Fakten günstiger erscheinen, als es der Wahrheit entspricht. Nur die Teile von Informationen werden übermittelt, die für die Absichten des Sprechers günstig sind, nicht die volle Wahrheit. (Vgl. Zöllner 1997, 110, 344, 347.) Als Sprechermotiv kann gewollte Irreführung genannt werden.

Verschleiernde Euphemismen tragen zu dem bei, was laut Zöllner (1997, 347) George Orwell unter dem Begriff *doublespeak* zusammengefasst hat: „eine Sprache, die die Wirklichkeit anders darstellt, als sie tatsächlich ist". Die Bedeutung des Begriffs *doublespeak* wird von Lutz (1990, 1)[385], zitiert nach Zöllner (1997, 349), folgendermaßen erläutert:

> Doublespeak is language that pretends to communicate but really doesn't. It is language that makes the bad seem good, the negative appear positive, the unpleasant appear attractive or at least tolerable. Doublespeak is language that avoids or shifts responsibility,

---

385 Lutz, William (1990): Doublespeak. New York: Harper Perennial. (Vgl. Zöllner 1997, 431.)

language that is at variance with its real or purported meaning. It is language that conceals or prevents thought; rather than extending thought, doublespeak limits it.

Viele Euphemismen mit verschleiernder Funktion sind auf die Idee des Fortschritts zurückzuführen (Danninger 1982, 238) und kommen in erster Linie in ökonomischen, ökologischen, politischen bzw. militärischen Bereichen vor (Zöllner 1997, 344). Die Gründe für die Verwendung verschleiernder Euphemismen sind unterschiedlicher Art und an einen Kontext gebunden. Sie liegen überwiegend in außersprachlichen Motiven, wie etwa Machtanspruch, Gewinnstreben sowie Beeinflussung der öffentlichen Meinungsbildung (vgl. Luchtenberg 1985, 173). Verschleiernde Euphemismen, die anstelle präziserer Ausdrücke stehen, werden als bewusstes Mittel zur Manipulation eingesetzt und bis zu einem gewissen Grad zur Irreführung der Mehrheit der Bevölkerung benutzt (vgl. Zöllner 1997, 13; Dietl 1996, Sp. 1; Luchtenberg 1985, 158). Ihre verschleiernde Funktion wird hauptsächlich in den Massenmedien verwirklicht (Luchtenberg 1985, 178). Dabei spielen die Interessen der Politik und Wirtschaft, insbesondere der Produktwerbung, eine bedeutende Rolle (vgl. Luchtenberg 1985, 177). Euphemistische Ausdrücke der politischen Sprache sind zeitrelativiert; sie sind nur für einen bestimmten, häufig nur für einen sehr kurzen Zeitabschnitt wirksam und verblassen sehr viel schneller als die gemeinsprachlichen Euphemismen (Leinfellner 1971, 10f.; Zöllner 1997, 357).

Zwischen dem Wortinhalt des zu vermeidenden Ausdrucks und dem des Euphemismus muss eine enge Beziehung denotativer bzw. konnotativer Art bestehen (Luchtenberg 1985, 130, 145; Zöllner 1997, 119). Die Beziehung wird durch Heraushebung eines gemeinsamen Aspekts ermöglicht. Bei verhüllenden Euphemismen darf der Teilaspekt des Ersatzausdrucks die Einsicht in das eigentlich Gemeinte nicht verdecken. Bei verschleiernden Euphemismen soll die Heraushebung eines Teilaspekts, der bei der Zielperson keine Kritik hervorruft, dagegen gerade verhindern, dass die übrigen inhaltlichen Aspekte wahrgenommen werden, bzw. diese unklar halten. (Vgl. Luchtenberg 1985, 130f., 140; Zöllner 1997, 159.)

In Fachsprachen treten im Allgemeinen vergleichsweise wenige Euphemismen auf, was auf die strenge Sachbezogenheit der Fachsprachen zurückzuführen ist. Verhüllende Euphemismen kommen in Fachsprachen im Wesentlichen nur dann vor, wenn sie im Wesen des Fachgebiets bzw. in der Beziehung zu anderen Gesprächsteilnehmern begründet sind. So finden sich verhüllende Euphemismen beispielsweise in der medizinischen Fachsprache wie auch in der Gerichtssprache. (Vgl. Luchtenberg 1985, 157f.) Ganze Reihen verhüllender euphemistischer Ersatzausdrücke entstehen laut Varis (1998, 22) auch in Texten der öffentlichen Verwaltung. Dies zeigt etwa die Bezeichnung *sosiaalisesti työrajoitteinen* ‚sozial beschränkt arbeitsfähig', die statt *työhaluton* ‚arbeitsscheu', *laiska* ‚faul' oder *juoppo* ‚Trinker' verwendet wird (Räisänen 1988, 33). In ähnlicher Weise als verhüllend und beschönigend betrachtet werden kann im Finnischen die Ersetzung von *sakko* ‚Strafzahlung, Geldstrafe' durch *tarkastusmaksu*[386] ‚Kontrollgebühr' als Bezeichnung für die Strafe in Form eines Bußgeldes, das ein Fahrgast zahlen muss, der ohne gültigen Fahrausweis in einem öffentlichen Verkehrsmittel angetroffen wird (Lyytikäinen 1995, 191).[387] Verschleiernde Ersatzausdrücke kommen dagegen in erster Linie in ökonomischen[388], ökologischen, politischen bzw. militärischen Bereichen vor, wo sie überwiegend zur Beeinflussung der öffentlichen Meinungsbildung und bis zu einem gewissen Grad zur Irreführung der Mehrheit der Bevölkerung benutzt werden (vgl. Zöllner 1997, 344; s. auch Dietl 1996: Sp. 1; Luchtenberg 1985, 158; Varis 1998, 118).

Die Wirtschaftssprache ist laut Fischer (2002, 616) keineswegs neutral. Eine bestimmte Bezeichnungswahl kann in einem gewissen Kontext Assoziationen hervorrufen, die Vertrauen oder Zustimmung zur Folge haben oder im anderen Fall Angst, Verunsicherung und Pessimismus bewirken. Dies ermöglicht die Beeinflussung der Meinungen bzw. Einstellungen und konsequent auch das Wirtschaftsverhalten der Adressaten. Durch die Ausdruckswahl können verdeckte Handlungsanweisungen an die Beteiligten erteilt werden. (ebd.)

Im politischen Sprachgebrauch zum Thema Umwelt ist die euphemistische Ausdrucksweise geeignet, Tatsachen zu verschleiern, politische Fehler zu vertuschen oder einer Panikstimmung entgegenzuwirken. Es geht – wie laut Leinfellner (1971, 21f.) bei politischen Euphemismen im Allgemeinen – nur selten um das Vermeiden harter Wendungen, sondern hauptsächlich um das Vermeiden von Ausdrücken, die zu transparent sind und somit zu deutlich sagen, worum es sich handelt. Es sollen eher harte Fakten verschleiert werden als zu transparente Bezeichnungen. Euphemismen treten besonders häufig in konfliktträchtigen Situationen auf, in denen die Sprecher versuchen, ihre Angelegenheit in ein positiveres Licht zu rücken, als es der Realität entspricht, um eine negative Reaktion von Seiten der Rezipienten zu vermeiden.

Um über wahre Sachverhalte zu täuschen, wird eine in ihrem Herkunftsbereich völlig akzeptable Bezeichnung in einem bestimmten Zusammenhang sachlich absolut unpassend eingesetzt. Ein Beispiel dafür ist der in der Fachsprache der Toxikologie völlig korrekte Begriff *mindergiftige Stoffe*, wenn er nach einem

---

386 *Tarkastusmaksu*: tarkastuksesta perittävä maksu (erik. sakon luonteinen maksu, joka peritään liikennevälineessä matkaliputta tavatulta matkustajalta) (Kielitoimiston sanakirja 2004). [Kontrollgebühr: für die Kontrolle im öffentlichen Verkehrsmittel zu bezahlender Betrag. Bei einer Fahrkartenkontrolle ohne gültigen Fahrausweis wird eine Kontrollgebühr zusätzlich zum Fahrpreis erhoben.]

387 In der finnischen Sprachwissenschaft hat euphemistische Umschreibungen insbesondere Nirvi untersucht. Das Thema seiner Dissertation (1944) sind die in den ostseefinnischen Sprachen vorkommenden Umschreibungen für das Wild- und Haustiervokabular. Nirvi stellt in seiner Arbeit fest, dass die Vielfalt synonymisch gebrauchter Tierbezeichnungen als Euphemismen zum großen Teil aus Scheu vor dem Aussprechen bestimmter alter Tabuwörter entstanden ist.

388 Zu Euphemismen in der Wirtschaftssprache s. Fischer (2002).

schweren Chemieunfall, der einen ganzen Stadtteil verseucht hat, in einer öffentlichen Erklärung des Verursachers zur Beruhigung der Bevölkerung verwendet wird. In der Regel sind sich die betroffenen Menschen nicht dessen bewusst, dass auch *mindergiftige Stoffe* durchaus ein hohes Risiko für die Gesundheit bergen. (Vgl. Schlosser 2000a, 8f., 54, s. v. mindergiftige Stoffe.)

## 7.3 Sprachliche Realisation von Euphemismen

Wie oben bereits festgestellt, sind die Ursachen für die Verwendung von Euphemismen gesellschaftlicher Natur, gebildet werden müssen sie jedoch aus dem einer Sprachgemeinschaft vorliegenden sprachlichen Material. Euphemismen sind sprachliche Ersatzausdrücke und können in unterschiedlicher Gestalt auftreten. Ein sprachlicher Ausdruck stellt jedoch nicht schon an sich einen Euphemismus dar. Er wird es erst aus einer bestimmten Perspektive heraus, in der Umweltdiskussion aus einer ökologischen. So zeigt sich die euphemistische Verwendung einer Bezeichnung erst im geeigneten Kontext bzw. in einer bestimmten Situation. Was als Euphemismus zu gelten hat, bestimmen die pragmatischen Verhältnisse.

### 7.3.1 Fachwörter und Termini

Laut Seibicke (1993, 321) scheinen Fachwörter und Termini in der Öffentlichkeit besonders häufig dem Verdacht der Verschleierung ausgesetzt zu sein. Fachwörter dienen zum einen der präzisen fachinternen und interfachlichen Kommunikation, sie sind eindeutig definiert und vielfach unentbehrlich. Anders ist ihre Verwendung zu bewerten, wenn mit Hilfe komplizierter Wortgebilde versucht wird, möglichst wenig Informationen zu geben (Zöllner 1997, 149), wo Fachwörter demnach eingesetzt werden, um einen Sachverhalt euphemistisch zu verschleiern. Ein Beispiel dafür ist, wenn der gemeinsprachliche Ausdruck *Problemabfall* durch die technische Bezeichnung *Sonderabfall* ersetzt wird. Man muss auch fragen, ob der Laie die volle Bedeutung von etwa *Dünnsäureverklappung* erkennt. Als Chemiekonzerne mit ihren Abfällen die Nordsee stark verschmutzten und diese Handlung laut Schlosser (2000b, 291) als *Dünnsäureverklappung* bezeichneten, wurde die Bereitschaft des Laien, kritisch zu widersprechen, auf ein Minimum eingeschränkt. *Verklappung* stammt aus dem technischen Wortschatz der Seemannssprache (Blühdorn 1991, 351) und wird wie folgt definiert:

> **verklappen** (Fachspr.): (Abfallstoffe) mit Klappschuten ins Meer versenken (D-GWbdS 1981, 2755)

**Verklappung** Entsorgung von flüssigen und festen Abfällen durch Einrühren oder Versenken im Meer (SUL 2000, 1245)

*Verklappen* verbirgt die Tatsache, dass für Lebewesen und Ökosysteme gefährliche Substanzen ins Meer geschüttet werden. Der Ausdruck richtet den Blick eher auf das Wegschaffen der Abfälle, nicht etwa auf das Meer als Ort des Ablagerns. (Vgl. Der Sprachdienst 1988, 128.) Besorgnis erregend war insbesondere die Verklappung von *Dünnsäuren* (Heinrich/Hergt 1998, 185). Als *Dünnsäure* wird ein Abfallprodukt bezeichnet, das in der chemischen Industrie entsteht und das bis zu 25 Prozent Schwefelsäure enthält, die bei der Produktion des Titan-Pigments und bei anderen chemischen Prozessen anfällt. Darüber hinaus enthält die *Dünnsäure* verschiedene Schwermetallsalze, vor allem $FeSO_4$, und halogenierte Kohlenwasserstoffe. (Vgl. UL 1993, s. v. Dünnsäure) Durch das Kompositum fällt der Wortakzent auf die erste unmittelbare Konstituente *Dünn-* und da verschwindet fast – so Der Sprachdienst (1988, 128) – die Gefährlichkeit der Säure. *Dünnsäureverklappung* wurde als eindeutig schädlich klassifiziert und 1989 vollständig eingestellt (UL 1993, s. v. Abfallbeseitigung auf See).

### 7.3.2 Fremdwörter

Ein weiteres wichtiges Mittel zur Bildung von euphemistischen Ersatzausdrücken sind Fremdwörter. Fremdwörter können euphemistisch verwendet werden, wenn der Sprecher seine innersten Intentionen verschleiern will. (Vgl. Varis 1996, 123f.) Besonders häufig kommen in der Fachsprache der Ökologie und des Umweltschutzes Fremdwörter aus dem Lateinischen und Griechischen, weniger aus dem Englischen vor, vgl. etwa die Bezeichnungen *Herbizid* statt *Unkrautvertilgungsmittel*, *thermisch* als Ersatzattribut für das Substantiv *Verbrennung* oder *Deponie* statt *Müllkippe*. Da häufig Unklarheit über die Bedeutung der Fachausdrücke und Fremdwörter herrscht, trägt ihre Verwendung zur Milderung der negativen Konnotationen und zur Verschleierung der unliebsamen Fakten bei. „Loans borrowed mainly from Latin and Greek seem less offensive: they are more technical, sophisticated, [...] and sometimes the meaning is not immediately apparent“ (Veisbergs 2000, 773).

Der Gefühlsinhalt von Fremdwörtern wird im Allgemeinen als neutral betrachtet, da die Wörter außerhalb der alltäglichen Erfahrung bleiben. Diese gefühlsinhaltliche Neutralität von Fremdwörtern kann insbesondere in solchen Sachgebieten verwendet werden, die dem menschlichen Gefühlsleben nahe sind: Fremdwörter schaffen Distanz zwischen dem Gesagten und den Sprachteilnehmern. Aber auch Fremdwörter bleiben nicht immer distanziert neutral. Auch sie können im Gebrauch starke positive oder negative Konnotationen erhalten, die intensiviert werden durch die Exotik der Unbestimmtheit hinsichtlich ihrer Bedeutung. Der begrifflichen Vagheit fremdsprachlicher Ausdrücke, die auf Unkenntnis beruht, bedient sich insbesondere die manipulierende Sprache, indem sie Wörter mit einer euphemistischen (beschönigenden, verschleiernden) Absicht anbietet. Durch die Unklarheit der Bedeutung vieler Fremdwörter kann ein Einfluss ausgeübt werden, der die Prozesse des Denkens und der Meinungsbildung in die vom Sprecher gewünschte Richtung zu steuern versucht. (Vgl. P. Sajavaara 1989, 93f.)

Umweltbezogene Fach- und Fremdwörter in verschleiernder Funktion sind jedoch nicht nur auf den öffentlichen Sprachgebrauch beschränkt, sondern sie werden auch für Werbezwecke eingesetzt, wo ihre Verwendung in besonderem Maße auffällig ist. Fachwörter und Termini dienen normalerweise einer effektiven und weitgehend emotionsfreien Kommunikation zwischen Fachleuten über die Sachverhalte eines Faches. In Werbetexten werden Termini jedoch in den meisten Fällen dahingehend zweckentfremdet, dass sie nicht für die Verständlichkeit der Begriffsinhalte bestimmt sein sollen, sondern nur äußerlich wie Fachwörter und Termini wirken und folglich Fachlichkeit und wissenschaftliche Autorität ausstrahlen sollen (Krieg 2005, 36).

So wird beispielsweise in der Reinigungsmittelwerbung eine objektive Beurteilung eines Produktes wie *bioaktives Waschmittel* durch den Gebrauch des Fachworts *bioaktiv*[389] erschwert. Durch die Ausnutzung der positiv bewertenden Wortbildungseinheit *bio-* wird das Waschmittel als ,umweltfreundlich', als ,die natürliche Umwelt nicht beeinträchtigend' charakterisiert. Die Verwendung von *bio-* zu Werbezwecken[390] wird in der öffentlichen Diskussion seit Anfang der 1980er Jahre immer häufiger kritisiert[391]. (Vgl. Haß 1989a, 438ff.) Es sei darauf hingewiesen, dass es ein die natürliche Umwelt nicht beeinträchtigendes Waschmittel „im Sinne von biologisch voll abbaubar oder umweltneutral bisher nicht gibt"[392]. Da der Maßstab, der der Bewertung zugrunde liegt, verdeckt bleibt und absichtlich unbestimmt ist, haben die Konsumenten es schwer, die Berechtigung der Wertung objektiv zu überprüfen (Haß 1991, 335). *Bio-/bio-* ist kein gesetzlich definiertes oder geschütztes Siegel für Qualität: Anders als beim Umweltzeichen – dem blauen Umweltengel – für Produkte, die verglichen mit echten Konkurrenzprodukten über besondere Umweltschutzvorteile verfügen (UL 1993, 755), ist nicht in jedem Zusammenhang, in dem *Bio-/bio-* vorkommt, zwangsläufig auch *Bio-/bio-* drin (vgl. WdGm 2001, 89f.; s. auch Schlosser 2000a, 50, s. v. Bio-).

Weitere bedeutungsmäßig positiv besetzte Ausdrücke, für die die inhaltliche Unbestimmtheit zutrifft, sind beispielsweise *ökologisch*, *Öko-/öko-*, *Umwelt-/umwelt-*, *recyclinggerecht*, die somit immer wieder neu besetzbar sind (vgl. Haß 1991, 335). Die Kürzung von *ökologisch* zu *öko-* ist laut Schlosser (2000a, 54f.,

---

389 *Bioaktiv*: biologisch aktiv, aufgrund biologischer (Abbau)prozesse wirksam (D-FWB 2000, 200).
390 Zu weiteren frühen Belegen für *bio-/biologisch* in der Werbung vgl. Römer (1971, 134).
391 Vgl. u. a. Natur 10/1988, 90–93; Walther (1988, 7).
392 Natur und Umwelt, Juli 1987, zitiert nach Haß (1989a, 545).

s.v. Öko-) als Konfix aller möglicher Wörter und Bezeichnungen „zu einem höchst trügerischen Gütesiegel für die verschiedensten Themen verkommen. Selbst Steuererhöhungen werden damit inzwischen propagandistisch angepriesen, ohne dass ein ökologischer Nutzen der Erhöhung von Energiepreisen wirklich erkennbar wird."

Der Beruhigung von Umweltschützern dient der Ausdruck *umweltfreundlich* für Produkte und Verfahren, die unter den möglichen Alternativen die die Umwelt am wenigsten belastende Lösung bieten (Schlosser 2000a, 57, s.v. umweltfreundlich). Die Bezeichnung *umweltfreundlich* scheint einen positiven Klang zu haben. Bei näherer Betrachtung ist sie aber nicht wie das Wort *freundlich* sonst, etwa ;„a) im Umgang mit anderen aufmerksam u. entgegenkommend; liebenswürdig, [...] b) angenehm, ansprechend, heiter [stimmend], [...] c) wohlwollend, freundschaftlich" (D-DUW 2006), sondern nur „die natürliche Umwelt nicht [übermäßig] beeinträchtigend" (D-DUW 2006). In der Bedeutung des Ausdrucks *umweltfreundlich* ist eine Negation enthalten und verborgen, so dass er als eine Art Euphemismus betrachtet werden kann, denn im Wortsinn wirklich umweltfreundliche Produkte und Verfahren gibt es in der Sprache gar nicht, sondern nur solche, die die Umwelt entweder nicht oder etwas weniger beeinträchtigen als andere Dinge und Handlungen. Was mit dem Wort *umweltfreundlich* betont wird, ist dem Anschein nach die Normalität, dass unsere Produkte und Taten die Umwelt beeinträchtigen. Bei häufiger Verwendung von *umweltfreundlich* muss aus diesem Grund der durch den Ausdruck erzeugte Gesamteindruck, dass die Umwelt dauernd in Gefahr ist, beeinträchtigt sein. (Vgl. Hermanns 1991, 245f.)

Lehnübersetzungen können auch Bedeutungsentlehnungen sein. Darunter ist der sprachliche Entlehnungsvorgang zu verstehen, bei dem ein Begriff mit spezifischem Bedeutungsgehalt aus einer Sprache in eine andere ohne unmittelbare Übernahme der Benennung übernommen wird. Der fremde Begriff wird dabei nicht einfach als Bezeichnung entlehnt, sondern ein heimischer Ausdruck erhält seinen semantischen Wert. Üblicherweise bedeutet dieser Vorgang nicht einen Ersatz, sondern eine Erweiterung des ursprünglichen Bedeutungsgehalts. Als Folge von Lehnübersetzungen hat man in den letzten Jahrzehnten auch im Finnischen begonnen, das Adjektiv *ystävällinen* ‚freundlich' als Zweitglied von Adjektivkomposita zu verwenden (vgl. Häkkinen 1997, 272). Als Grundwort von Adjektivkomposita drückt *ystävällinen* aus, dass die beschriebene Sache für etwas günstig oder gut geeignet, etwas fördernd u.a. ist (vgl. Kielitoimiston sanakirja 2004). Das Wortbildungsmuster ist entweder das Schwedische (*-vänlig*) oder das Deutsche (*-freundlich*) gewesen, das ursprünglich auch für das Schwedische als Muster gedient hat (Häkkinen 1997, 272; s. auch Nuutinen 1989, 119). Als ein typisches Beispiel für Bedeutungsentlehnung dieser Art kann *ympäristöystävällinen* ‚umweltfreundlich' erwähnt werden.

Für Werbezwecke scheinen *ympäristöystävällinen* wie auch die nach demselben Muster gebildeten Adjektive *vesistöystävällinen* (‚die Gewässer schonend', wortwörtlich: gewässerfreundlich) und *luontoystävällinen* (‚die Natur schonend', wortwörtlich: naturfreundlich) praktisch und sicher zu sein, weil sie über eine ziemlich unpräzise begriffliche Bedeutung verfügen. Mit ihnen können Produkte und Verfahren bezeichnet werden, die die natürliche Umwelt kaum oder nur geringfügig belasten (vgl. Palander 2002, 16). Es wird kritisiert, dass Lexeme wie etwa *umweltfreundlich* „Worthülsen" seien, mit denen „immer mehr Firmen auf das allgemein gewachsene Umweltbewusstsein" (TAZ 6.6.1990, S. 22)[393] ansprechen. Räikkälä (1991) betrachtet die Bedeutung von *ympäristöystävällinen* sogar als irreführend; es wird nicht klar, ob die mit dem Adjektiv *ympäristöystävällinen* bezeichneten Verpackungen, Waschmittel, Verkehrsmittel usw. die natürliche Umwelt gar nicht oder nur nicht übermäßig beeinträchtigen.

Der viel gebrauchte Ausdruck *Umweltauto* – das Wort des Jahres 1984 – wird als verschleiernd betrachtet (Walther/Nüssler 1985, 5): „Aus der Falschbenennung »umweltfreundliches Auto« ist jetzt mit sprachlicher Ökonomie das Umweltauto entstanden. Diese Klammerform ist nun die totale Verschleierung – vielfältig deutbar, Nährboden für unnötige Diskussionen, nichts erklärend und keinesfalls ein »Denkwort« (= »denkfreundliches Wort«)" (Der Sprachdienst 1984, 182). Man sollte eher von einem schadstoffärmeren Pkw sprechen, da der Autoverkehr auch in Zukunft – dann zwar schadstoffärmer, aber trotzdem – nach wie vor die Umwelt belastend ist (vgl. Stötzel/Eitz 2002, 409).

### 7.3.3 Leerformeln, Schlagworte, vage und vieldeutige Bezeichnungen

Eine wichtige Quelle für die Bildung sprachlicher Ersatzausdrücke findet sich in der Abstrahierung (Varis 1996, 99; s. auch Veisbergs 2000, 774). Gut zur Verschleierung des eigentlich Gemeinten und zur Irreführung eignen sich vor allem Leerformeln[394] sowie vage und mehrdeutige Ausdrücke, die auf Grund ihrer Vieldeutigkeit inhaltsschwach, nichts sagend und umstritten sind (vgl. Zöllner 1997, 153f.), wie etwa die Benennungen *Bioethik*[395], *Umweltethik*[396], *schadstoffarm* und

---

393 Zitiert nach Stötzel/Eitz (2002, 411).

394 *Leerformel* „(meist abwertend): nichtssagende, inhaltslose, formelhafte Äußerung, Redewendung o. Ä." (D-DUW 2006).

395 „Die in den USA weit entwickelten, inzwischen auch in Europa [...] aufgegriffenen Anschauungen, dass ethische Fragen nicht mehr nur nach traditionell auf den Menschen konzentrierten Normen beurteilt werden sollten, sondern nach naturwissenschaftlichen, insbesondere biologischen Einsichten entschieden werden können, haben in *Bioethik* ihren zusammenfassenden Begriff erhalten" (Schlosser 2000a, 50 s. v. Bioethik).

396 *Umweltethik* ist „im Kontext der gefühlsmäßigen Betroffenheit über zunehmende Naturzerstörung entstanden und setzt sich mit Wertvorstellungen auseinander, die den Umgang mit der außermenschlichen Natur betreffen, versucht also den Prozess der menschlichen Naturaneignung an ethische Normen zu binden. Dazu muss geklärt werden, ob dem Menschen (anthropozentrischer Ansatz), allen Lebewesen (biozentrischer Ansatz)

*umweltfreundlich*. Ein Redner, der Leerformeln verwendet, muss nicht festlegen, was er beispielsweise mit den Bezeichnungen *schadstoffarm* oder *umweltfreundlich* verbindet, erzeugt aber zwischen sich und den Hörern eine emotionale Übereinstimmung. Möglicherweise kann aber das, was der Redner zum einen und die Hörer zum anderen unter *schadstoffarm* oder *umweltfreundlich* verstehen, jedoch sehr voneinander abweichen. Während die chemischen Fachwörter *phosphatfrei* und *formaldehydfrei*, die seit den Diskussionen um die Schädlichkeit der betreffenden Stoffe auch schnell für Reklamezwecke entdeckt wurden, begriffsinhaltlich vergleichsweise eindeutig sind, erscheinen die Definitionen von Adjektiven auf *-arm* bzw. *-freundlich* deutlich relativer (vgl. Jung 1995, 669f.). So bezeichnen etwa *schadstoffarm* und *umweltfreundlich* relative Vorstellungen, die je nach Vergleichspunkt auf der Skala verschiebbar sind. Seit den 70er Jahren sind die Ansprüche an die Verwendung des Ausdrucks *umweltfreundlich* erheblich strenger geworden (Jung 1995, 671f.), und es hat sich ein ganzes Begriffssystem von Benennungen wie *umweltgünstig*, *umweltneutral*, *umweltschonend*, *umweltschützend*, *umweltunschädlich*, *umweltsicher*, *umweltsparend*, *umweltverträglich* (IDS-Textkorpora) ergeben. Aufgrund ihrer Vagheit sind die Leerformeln laut Zöllner (1997, 154) willkürlich manipulierbar und werden bewusst zur Beeinflussung der Hörer eingesetzt.

Die gemeinsprachliche Vagheit des Begriffs *Havarie* wurde 1986 ausgenutzt, als der Kernkraftunfall in Tschernobyl – „der bislang folgenschwerste Unfall des Industriezeitalters" (UL 1993, s. v. Tschernobyl) – in den Medien der DDR als *Havarie* bezeichnet wurde. Wie noch heutzutage im Versicherungswesen der Schifffahrt bedeutete *Havarie* im kommunistischen Machtbereich einen technischen Schaden. (Vgl. Schlosser 2000a, 52f., s. v. Havarie; s. auch Jung 1995, 661f.) Neben *Tschernobyl* und *Super-GAU*[397] gehört *Havarie* zu den Wörtern des Jahres 1986 (Walther 1988, 1).

Einen unbestimmten Begriffsinhalt haben darüber hinaus Schlagworte[398], die dafür sorgen, dass die eigene Betrachtungsweise vorteilhaft erscheint. Ein Redner, der Schlagworte verwendet, gibt keine Informationen über den Sachverhalt, son-

---

oder der belebten und unbelebten Natur (holistischer oder ökozentrischer Ansatz) ein eigenständiger Wert zugesprochen werden soll." UL (1993, 738).

397 Üblicherweise wird mit *Super-GAU* ein Unfall bezeichnet, der über *den größten anzunehmenden Unfall* (*GAU*) dergestalt hinausgeht, dass Radioaktivität in erheblichen Mengen aus der Anlage in die Umwelt gelang. Besonders häufig wurde *Super-GAU* bei der Katastrophe von Tschernobyl verwendet. (Vgl. z. B. Haß 1989a, 470–475; WdGm 2001, 106f.)

398 *Schlagwort* „[engl. *catchword*]. Häufig gebrauchtes, den öffentlichen Diskurs prägendes Wort, das einen komplexen Sachverhalt griffig benennt, interpretiert und bewertet. Als Programmwert für ein aktuelles gesellschaftliches Thema hat das S. solidarisierende und appellative Funktion, z. B. [...] *Waldsterben* [...] Auf Grund seiner stabilen Konnotation kann es als verkürztes Argument in öffentlichen Kontroversen gebraucht werden." (Bußmann 2002, 584). S. auch Fußnote 26.

dern er gibt seine eigenen Gefühle und Ansichten wieder. Er zielt darauf, die Hörer dazu zu verleiten, die eigenen Anschauungen ungeprüft als Faktum zu übernehmen. Die häufig, aber unspezifisch verwendeten Schlagworte verlocken zu einer simplifizierenden Bewertung und sind ein hilfreiches Mittel, die eigenen Ansichten in ein gutes Licht zu rücken. (Vgl. Zöllner 1997, 154f.) Typische Beispiele für diese Gruppe sind u. a. *kasvun rajat* ‚Grenzen des Wachstums', *kestävä kehitys* ‚nachhaltige Entwicklung' und *globaali ilmastonmuutos* ‚globale Klimaveränderung; Global Warming' (vgl. Väliverronen 1996, 45), *Altlasten*, *Entsorgung* und *Umweltverträglichkeit* (Haß 1991, 332). Ebenso verschleiernd wirkt auch u. a. *Störfall*[399] (Schlosser 2000a, 56, s. v. Störfall).

> Im Übrigen ist nicht jeder Störfall gleich ein „Störfall" im Sinne des Gesetzes. Selbst wenn dabei das Personal draufgeht, gilt eine Explosion höchstens als „Störung des bestimmungsgemäßen Betriebes". Was der Gesetzgeber als Störfall bezeichnet, nennt der Volksmund zutreffender Katastrophe. (natur 1/1987, 17)

Als *Störfall* wird der außerplanmäßige Betrieb einer Anlage der chemischen Industrie oder eines Kernkraftwerkes bezeichnet (Wikipedia, s. v. Störfall)[400]. Dieser sehr allgemeine Begriff umfasst nicht nur kleinere und unspektakuläre Unregelmäßigkeiten, sondern auch größere ebenso wie schwerste technische Unfälle insbesondere in der Chemie und Kernenergie, die in hohem Maße umweltsensible Sektoren sind (vgl. Schlosser 2000a, 56; Wikipedia, s. v. Störfall). Dieser Ausdruck stammt aus dem technischen Sprachgebrauch, wurde in den 1970er und frühen 80er Jahren von dort in juristische Texte übernommen und in bestimmter Weise begrifflich festgelegt. So ist *Störfall* fachsprachlich und fachintern durchaus unanstößig. (Vgl. Haß 1989a, 525.) Jedoch muss in Texten der öffentlichen Diskussion die Anwendung der Bezeichnung *Störfall* auf einen Schaden, der mit beträchtlichen Belastungen für die Bevölkerung der näheren oder weiteren Umgebung von Industrieanlagen und für die Umwelt verbunden ist, als Versuch einer Verschleierung gewertet werden. (Vgl. Schlosser 2000a, 56.)

Um der Öffentlichkeit mithilfe einer nachvollziehbaren Einstufung der Ereignisse eine rasche Information über die sicherheitstechnische Bedeutung von Störungen, Stör- und Unfällen in kerntechnischen Anlagen zu liefern und damit die gegenseitige Verständigung zwischen Fachwelt, Medien und Öffentlichkeit zu erleichtern, wurde eine internationale Bewertungsskala erarbeitet (Wikipedia[401]). Die *International Nuclear Event Scale* (auch als *INES-Skala* der IAEA bezeichnet) wurde Anfang der 90er Jahre erstmals probeweise angewendet. Die INES-Skala hat acht Stufen und lässt sich in einer Pyramide von unten von Stufe 0 (Ereignis unterhalb der Skala) über Stufe 1 (Störung), Stufe 2 (Störfall), Stufe 3

---

399 Zum Begriff *Störfall* s. ausführlicher Haß (1989a, 524–531) und (1991, 332f.); Jung (1994).

400 Stand 27.12.2007 (zuletzt aufgerufen am 16.3.2008).

401 Stand 19.10.2007.

(ernster Störfall/Beinahe-Unfall), Stufe 4 (Unfall), Stufe 5 (ernster Unfall), Stufe 6 (schwerer Unfall) bis auf die oberste Stufe der Skala, Stufe 7 (katastrophaler Unfall, z. B. der Reaktorunfall 1986 in Tschernobyl/Ukraine) darstellen.[402] Auf dieser Skala ist Störfall laut Wikipedia (Stand 19.10.2007) folgendermaßen zu beschreiben:

> **Stufe 2: Störfall**
> Auswirkungen innerhalb der Anlage: Erhebliche Kontamination und/oder unzulässig hohe Strahlenexposition beim Personal
> Merkmal hinsichtlich der Beeinträchtigung der Sicherheitsvorkehrungen: Begrenzter Ausfall der gestaffelten Sicherheitsvorkehrungen.

### 7.3.4 Kurzwortbildung und Kurzwort-Wortbildung

Eine Möglichkeit, euphemistische Wirkung zu erzielen, besteht in der Gestaltveränderung von Fachwörtern (Varis 1996, 129; Zöllner 1997, 138). Hier sind in erster Linie die Kurzwortbildung und die Kurzwort-Wortbildung[403] zu nennen. Sie dienen dazu, die mit einem unangenehmen Sachverhalt verbundenen Assoziationen abzuschwächen (vgl. Veisbergs 2000, 774). Kurzwörter sind eine einfache Möglichkeit, Euphemismen zu bilden, und sie treten infolgedessen in fast allen Bereichen auf, die der Verhüllung bzw. der Verschleierung bedürfen (vgl. Zöllner 1997, 139). So kann beispielsweise der Terminus *Müllverbrennungsanlage* durch den undurchsichtigen Ausdruck *MVA* ersetzt werden. Begrifflich unterscheiden sich die Vollform und das Kurzwort nicht voneinander, jedoch erhalten sie durch die emotive Unterschiedlichkeit differierende Bewertungsmöglichkeiten. Durch das Kurzwort werden die verschleierungsbedürftigen Elemente *Müll* und *Verbrennung* unkenntlich gemacht. Müllverbrennungsanlagen stehen insbesondere wegen ihrer Emissionen an Dioxinen, Furanen und Schwermetallen in der umweltpolitischen Diskussion (UL 1993, s. v. Müllverbrennung).

Die Möglichkeit einer Verschleierung des Begriffsinhalts durch Kurzwörter kann laut Steinhauer (2000, 49) als eine unerfreuliche Randerscheinung der Kurzwortbildung betrachtet werden, obwohl dies weniger auf das Wesen der Kurzwörter als vielmehr auf die Absicht des Redners zurückzuführen ist, der sein Ziel ebenso mit verschleiernden Vollformen verfolgen könnte (ähnlich auch Kobler-Trill (1994, 195). Solche Kurzwörter wie *TBT* und *MAK-Wert* sind auch dann, wenn sie ausgeschrieben werden, nur unter Zuhilfenahme eines Fachwörterbuchs und/oder Nachschlagewerkes zu ver-stehen. *TBT* steht für *Tributylzinn* und *MAK-Wert* für *maximale Arbeitsplatzkonzentration.* Die Vollformen sind ausdruckssei-

402 Siehe auch Säteilyturvakeskus: Ydinlaitostapahtumien vakavuusasteikko INES unter der Adresse <http://www.stuk.fi/ydinvoimalaitokset/ines.html> (zuletzt aufgerufen am 8.5. 2008).

403 Siehe hierzu auch Abschn. 6.7.2.3.

tig auch nicht aussagekräftiger als die Kurzwörter: Es wird nicht deutlich, was sich auf der Inhaltsseite der beiden Termini tatsächlich verbirgt. So erzielen die Termini im doppelten Sinn eine verschleiernde Wirkung.

Nach der Weltgesundheitsorganisation (WHO) ist *TBT* zu den giftigsten Stoffen zu zählen, die der Mensch in die Umwelt einleitet. TBT ist hauptsächlich als Wirkstoff in Antifouling-Schiffsfarben verwendet worden. Durch die ällmähliche Freisetzung aus diesen Schiffsanstrichen sind ganze Ökosysteme wie Meere und Seen belastet. Seit 2003 sind TBT-haltige Schiffsanstriche in den Mitgliedsländern der Internationalen Schifffahrts-Organisation (IMO) verboten.[404] Mit dem *MAK-Wert* „ist die höchstzulässige Konzentration eines Arbeitsstoffes als Gas, Dampf oder Schwebstoff in der Luft am Arbeitsplatz" gemeint, die auch bei wiederholter und langfristiger, üblicherweise täglich achtstündiger Exposition im Allgemeinen „die Gesundheit der Beschäftigten nicht beeinträchtigt und diese nicht unangemessen belästigt" (SUL 2000, 732f.). Laut Schatte (2002, 82) liegt das Wesentliche in diesem Kompositum dem Anschein nach nicht im Weglassen, „sondern – vielleicht in euphemistischer Absicht – im Weggelassenen". Die Bedeutung des Kompositums lässt sich nicht durch Ausschreibung der ihm zugrunde liegenden Vollform verstehen. Demzufolge liegt es nicht unbedingt am Kurzwort, wenn ein Verständigungsproblem entsteht, sondern am Fachwort – sei es als Kurzform oder als Vollform (Steinhauer 2000, 50).

Da sich aber viele Kurzwörter gegenüber ihren Vollformen als Benennungen weitgehend verselbstständigen – wie etwa *Castor* –, können sie ihre verschleiernde Wirkung besonders schnell verlieren. *Castor* steht für *cask for storage and transport of radioactive material* und dient zum Transport abgebrannter Brennstäbe aus Kernkraftwerken in ein Zwischenlager oder zu Wiederaufarbeitungsanlagen (Akt'00, 168). (Zum Kurzwort *Castor* ausführlicher in 6.7.2.3.)

### 7.3.5 Metaphern

Obwohl Euphemismen in der öffentlichen Umweltdebatte hauptsächlich mit Hilfe von Fach-, Fremd- und Kurzwörtern, Leerformeln und Schlagworten sowie von vagen und mehrdeutigen Bezeichnungen gebildet werden, ist darüber hinaus der metaphorische Euphemismus in der Umweltdiskussion anzutreffen. Verschleierungsbedürftige Sachverhalte lassen sich laut Zöllner (1997, 133ff.) neu bezeichnen, indem eine Ersatzbezeichnung gefunden wird, die einen harmlosen Teilaspekt des mitzuteilenden Inhalts unterstreicht. Diese Art der Euphemismenbildung beruht auf Sinnähnlichkeit und kann durch Metaphern realisiert werden (ebd.; s. auch Veisbergs 2000, 774). Da Metaphern eine Sichtweise und Bewertung unbe-

---

404 Greenpeace Redaktion 02.01.2003. Keine Schiffsanstriche mehr mit TBT. Zugang: <http://www.greenpeace.de/tip/themen/chemie/nachrichten/artikel/keine_schiffsanstriche_mehr_mit_tbt/> (zuletzt aufgerufen am 8.5.2008).

merkt vermitteln können, sind sie geeignet, in der öffentlichen Umweltdiskussion verschleiernde euphemistische Aufgaben zu übernehmen. Werden beispielsweise die Lagerplätze für radioaktive Abfälle als *Entsorgungsparks* bezeichnet, so wird dadurch zum einen die Vorstellung suggeriert, radioaktive Abfälle würden unschädlich gemacht, und zum anderen wird die Vorstellung von einem gepflegten Park geweckt (Zöllner 1997, 362).

Metaphorisch gebraucht wird das Zweitglied der Bezeichnungen *Abfalltourismus* bzw. *Mülltourismus*. Die Ausdrücke bezeichnen sowohl legale als auch illegale Importe und Exporte von Abfällen. (Vgl. Gallagher 1993, 116.) Jahrelang wurde ein Großteil von Abfällen in solche Länder – in erster Linie in den ehemaligen Ostblock und in Entwicklungsländer – exportiert, in denen die Deponierung oder Verbrennung billiger war als im eigenen Land. An den Grenzen wurden die Abfälle häufig als Wirtschaftsgut oder sogar als humanitäre Hilfe deklariert. (Vgl. UL 1993, s. v. Abfalltourismus; Akt'96, 12.) Im Jahre 1994 trat eine EU-Richtlinie in Kraft, die die Mitgliedstaaten verpflichtet, Abfälle im eigenen Land zu entsorgen und Müllverschiebungen in andere Länder nur in Ausnahmefällen zu ermöglichen. Darüber hinaus ist ab 1998 die Ausfuhr von Abfällen, die umwelt- oder gesundheitsgefährdend, explosiv oder brennbar sind oder Erreger von Krankheiten enthalten, aus den 24 OECD-Ländern in die übrige Welt in der Regel nicht mehr gestattet. (Vgl. Akt'96, 12.)

## 7.4 Exkurs: Zur Entstehung und Verwissenschaftlichung der Umweltdiskussion

### 7.4.1 Entstehung der Umweltdiskussion und ihre Frühphase

Wenn auch das Umweltbewusstsein in den USA bereits in den 60er Jahren stark entwickelt war (Jung 1995, 627), kann in Deutschland von einer Umweltdiskussion im eigentlichen Sinne kaum vor 1969/70 gesprochen werden (vgl. Jung 1989, 78 u. 1995, 620). Quantitative Untersuchungen und historische Fakten sprechen dafür, einen Umbruch im Umweltbewusstsein der finnischen Gesellschaft auf denselben Zeitpunkt einzugrenzen (vgl. Järvikoski 1991, 164–171; Kantola u. a. 1993, 12ff.). Inhaltsanalytische Studien für die Wochenzeitschrift *Stern* sowie für die Tageszeitung *Helsingin Sanomat* lassen eine Verdreifachung der Umweltberichterstattung in Deutschland ab 1970 (Jung 1995, 628) und in Finnland gegen Ende der 60er Jahre (Suhonen 1994, 84f.; s. auch Kantola u. a. 1993, 12ff.) erkennen. Das Eindringen des Themas Umwelt in das öffentliche Bewusstsein ist international zu beobachten, ohne dass zu jenem Zeitpunkt eine dramatische Verschlechterung der Umweltqualität festzustellen ist oder konkrete Umweltkatastrophen die breite Öffentlichkeit aufgerüttelt hätten (Jung 1989, 87 u. 1995, 627).

Als Grund für den Durchbruch des Umweltthemas zu einem Thema der öffentlichen Relevanz in den westlichen Industriegesellschaften können die Gründung von Bürgerinitiativen, die letztendlich die Grundlage für die heutige Umweltschutzbewegung bilden, sowie das gestiegene Bewusstsein von der sich immer deutlicher abzeichnenden Umweltzerstörung betrachtet werden (M.-L. Braun 2003, 50). Vereinzelte Wissenschaftler stellten drohende Gefahren, die die Laien nicht wahrnehmen konnten, zur Diskussion. Darüber hinaus hat die starke Entwicklung der Massenmedien zum umfassenden Umbruch der Umweltthemen beigetragen. (Vgl. Hakala/Välimäki 2003, 28f.) Anfang der 70er Jahre verändert sich zum Teil die Art der anthropogenen Umweltprobleme, die in den finnischen Medien behandelt wurden. Wurde in den Medien in den früheren Jahrzehnten in erster Linie über akute Unfälle berichtet, so wurde jetzt auch über die Verschmutzung der Umwelt und Zerstörung der natürlichen Ressourcen, d. i. über Umweltschäden und -probleme, die der Mensch auf lange Sicht verursacht hatte, informiert. (Vgl. Kantola u. a. 1993, 13f.)

Mit einem Problembewusstsein, das ihrer Zeit um viele Jahre voraus ist, wandte sich u. a. die amerikanische Biologin Rachel Carson an die breite Öffentlichkeit. Mit ihrem Werk *Silent Spring* (1962) erregte sie in den westlichen Industrieländern großes Aufsehen. Ihr Buch zum Pestizid-Problem[405] hatte eine große Wirkung auf die öffentliche Meinung und steht am Beginn der Umweltdiskussion. Zehn Jahre später hat das Erscheinen des Berichts *The Limits to Growth* von Meadows u. a. (1972) die Erschöpfung natürlicher Ressourcen zum Gegenstand der öffentlichen Diskussion gemacht. (Vgl. auch Hakala/Välimäki 2003, 28f.)

Typisch für die Frühphase der Umweltdiskussion Anfang der 70er Jahre waren Meldungen, die stark auf den sicht- und fühlbaren Teil der Umweltverschmutzung, wie Müllberge und stinkende Abwässer, eingehen (Jung 1989, 92 u. 1995, 629; s. auch M.-L. Braun 2003, 50). In der Frühphase wurde über konkrete Verschmutzungsprobleme und die drohende Ökokatastrophe geschrieben bzw. gesprochen (Lyytimäki/Palosaari 2004, 23). Eine kleine Auswahl von Schlagzeilen soll dies illustrieren:

Europas größter Abwässerkanal: Rhein (*Der Spiegel* 38/1970, 3)
Vergiftete Umwelt (*Spiegel*-Titel 41/1970)
Umwelt: Lochfraß am Großen Kurfürsten (*Der Spiegel* 22/1972, 123)
Kaatopaikan hajusta harmia Nakkilassa (*Helsingin Sanomat* 9.1.1972)
Sako kiistää vastuunsa Hangon syanidijätteestä. Missä on 9000 kiloa jätettä? (*Helsingin Sanomat* 9.11.1973)
Koitajoella pelätään kalakuolemia (*Helsingin Sanomat* 12.5.1974).

405 Carsons *Silent Spring* ist eine Anspielung auf die Vision einer von Pflanzenschutzmitteln vergifteten Umwelt ohne Tiere, vor allem Singvögel.

Die Umweltdiskussion beschäftigte sich mit der Thematisierung der Umweltverschmutzung – mit dem „Preis für den Fortschritt“[406] – und versuchte, die Bevölkerung für die Einleitungen und Emissionen, Abfälle und Giftstoffe zu sensibilisieren (vgl. Kantola u. a. 1993, 17). Diese sinnfällige Frühphase charakterisieren in der deutschen Sprache Komposita mit *Müll-* sowie Zusammensetzungen mit *Gift-* (Jung 1989, 92 u. 1995, 629). Als Beispiele hierfür mögen die Belege aus dem *Spiegel* (41/1970, 74–93) stehen: *Müll-Lawine, PVC-Müll, Müllmenge, Müllabfuhr, Müllkippe, Müllverbrennungsanlage, Festmüll, Insektengift, Giftstoffe, Umweltvergiftung, Giftausstoß, Quecksilbervergiftung, giftfrei.*

In der finnischen Sprache tritt der Terminus *saastuminen* ‚Verseuchung, Verschmutzung, Kontamination‘ in einer Karikatur in *Helsingin Sanomat* (im weiteren HS) bereits am 22.10.1963 auf. Auch in den Karikaturen in HS wird deutlich Stellung zu der Umweltverschmutzung genommen: Unterschiedliche Giftstoffe schleichen in unseren Alltag, wenn Quecksilber in Eiern gefunden wird. Das Individuum und die rauchende Industrieanlage werden jetzt einander gegenübergestellt. (Vgl. Korhonen R./Tolmunen 1993, 31.)

Im damaligen Wortgebrauch fallen die Fremdwortscheu sowie die häufige Verwendung emotionaler, nicht-fachspezifischer Bezeichnungen mit aus heutiger Sicht wenig präziser Bedeutung auf (vgl. Jung 1995, 623ff.; s. auch Niederhauser 1999, 83). Auch Fachwörter aus den jeweils betroffenen, damals aber noch nicht als solche verstandenen technischen Umweltdisziplinen werden fachextern nur sehr begrenzt verwendet. Dies ist auf die noch nicht erfolgte Verfachlichung des öffentlichen Sprachgebrauchs zurückzuführen. *Müll, Gift* und ähnliche gemeinsprachliche Wörter können erst einen ausgesprochen polemischen Charakter annehmen, nachdem sich die Umweltdiskussion nachhaltig verfachlicht hat. (Vgl. Jung 1995, 623ff.)

Das fortgeschrittene Umweltbewusstsein in den USA zeigt sich etwa im Fachwortgebrauch von Carson (1962). Carson spricht nicht einfach von Schmutz und Dreck, sondern verwendet präzisere Fachwörter wie *Schmutzstoffe* und *Rückstände*. Die Entwicklung in den USA war der deutschen in Bezug auf die Benennungsbildung im Bereich des Umweltschutzes damals fünf bis zehn Jahre voraus. (Vgl. Jung 1995, 626.) So haben sowohl die deutsche Übersetzerin[407] als auch der finnische Übersetzer[408] von Carson ihre Schwierigkeiten mit den Termini und Fachwörtern der Autorin gehabt. Während der aus der Ökologie stammende Terminus *food chain* mit *ravitsemusketju* statt der derzeit allgemein bekannten Benen-

406 Vgl. *Der Spiegel* 38/1970, 194ff.

407 Carson, Rachel (1971): Der Stumme Frühling. Aus dem Amerikanischen übertr. von Margaret Auer.

408 Carson, Rachel (1963): Äänetön kevät. Aus dem Amerikanischen übertr. von Pertti Jotuni.

nung *ravintoketju*[409] (1979 in *UUDISSANASTO 80* aufgenommen) ins Finnische wiedergegeben wird, handelt auch die deutsche Übersetzerin inkonsequent und verwendet in ihrer Übersetzung mal das richtige Äquivalent *Nahrungskette*[410] (1983 im D-DUW verzeichnet), mal das Wort *Futterkette*.

**Silent Spring**, S. 189: We poison the gnats in a lake and the poison travels from link to link of the food chain and soon the birds of the lake margins become its victims.
**Der stumme Frühling**, S. 193: Wir vergiften die Mücken in einem See, und das Gift wandert von einem Glied der Futterkette zum nächsten, und bald fallen ihm die Vögel am Ufer des Sees zum Opfer.
**Äänetön kevät**, S. 151f.: Kun myrkytämme järven veden hävittääksemme sen rannoilta hyttyset, vaeltaa myrkky ravitsemusketjun vaiheesta toiseen kunnes rannoilta elävistä linnuista tulee sen uhreja.

Werden die Termini *Insektizide* (insecticides) und *Biozide* (biocides) von der deutschen Übersetzerin nicht für erklärungsbedürftig gehalten, so scheinen sie dem finnischen Übersetzer gänzlich unbekannt zu sein und werden von ihm als *hyönteismyrkky* (Insektengift) und *elämänmyrkky* (wortwörtlich Lebensgift) wiedergegeben.

**Silent Spring**, S. 8: They should not be called "insecticides," [sic!] but "biocides".
**Der stumme Frühling**, S. 20: Man sollte die Stoffe nicht Insektizide, Insektenvertilgungsmittel, sondern »Biozide«, Töter allen Lebens, nennen.
**Äänetön kevät**, S. 13: Ei voida puhua enää mistään hyönteismyrkyistä, vaan elämänmyrkyistä.

### 7.4.2 Verwissenschaftlichung der öffentlichen Umweltdiskussion

Bei der Umweltdiskussion bestimmt der naturwissenschaftlich-technische Fachwortgebrauch mehr als bei anderen Themenfeldern die öffentliche Debatte. Es kann sogar behauptet werden, dass die Umweltdiskussion im heutigen Sinne durch die Verfachlichung der öffentlichen Debatte in den westlichen Industrieländern Ende der 1960er Jahre überhaupt erst entsteht – in Deutschland um 1969/70, in den USA und Großbritannien bereits früher. (Vgl. Jung 1996, 161; s. auch Jung 1989.)

Nicht zufällig wird aus industriefreundlicher Sicht die Verwendung gemeinsprachlicher Ausdrücke mit moralischem Unterton, die früher unproblematisch erschienen, thematisiert (Jung 1995, 634). Ihre inflationäre Verwendung, die zu-

409 *Ravintoketju* „eliölajien ketju, jossa edellinen laji on aina seuraavan ravintoa" (UUDISSANASTO 80 1979, 123).
410 *Nahrungskette*, die (Biol.): „Gruppe von Organismen, die (im Hinblick auf ihre Eigenschaft als Nahrung füreinander) in einer bestimmten Stufenfolge voneinander abhängen" (D-DUW 1983, 874).

nehmende Verfachlichung der öffentlichen Diskussion allgemein, insbesondere aber im Umweltbereich, sowie die neue Terminologie in Folge englischen Spracheinflusses lassen die wenig präzisen gemeinsprachlichen Ausdrücke in der öffentlichen Debatte kritisierbar werden (Jung 1989, 93). Parallel zum Auftreten unzähliger Komposita mit *Umwelt-* – etwa *Umweltschutz*, *Umweltbewusstsein*, *umweltfreundlich* – werden neue Fachwörter aus der Biologie, Ökologie sowie dem technischen Umweltschutz in die öffentliche Umweltdiskussion eingeführt (Jung 1989, 88). Statt *Müll*, *Dunsthaube* oder *gifthart* heißt es nun *Abfallstoffe*, *Smog* und *resistent*. Für *Gift* sind bedeutungsdifferenzierende bzw. phänomenbenennende und -präzisierende Ausdrücke wie *Smog*, *Pestizide*, *Entlaubungsmittel*, *toxisch*, *Schadstoffe*, *Insektenbekämpfungsmittel* (*Der Spiegel*, 38/1970, 197; 41/1970, 77, 85; 4/1972, 81; 22/1972, 123; 26/1972, 94) nachzuweisen. Dem gemeinsprachlichen transparenten Ausdruck *Umweltvergiftung* mit moralisierenden bzw. dramatisierenden Aspekten wird die Bezeichnung *Umweltverschmutzung* vorgezogen (vgl. Jung 1995, 633f.). Dieser Schlüsselbegriff der Umweltdiskussion als Lehnübersetzung für *environmental pollution* wird „als zu schwach empfunden“ (Jung 1989, 89), und in der sprachkritischen Literatur wird er als Euphemismus kritisiert, denn die Lexeme *Verunreinigung*, *Schmutz*, *Verschmutzung* erwecken keine auf eine ernsthafte Gefahr hindeutenden Assoziationen (vgl. Trampe 1991b, 145; Trampe/Trampe 1994, 279; Wullenweber 2002, 116). Das, was eigentlich geschieht, ist ja viel schlimmer als eine Verunreinigung bzw. eine Verschmutzung. Wird an die graduelle Abstufung der Gefährdungen gedacht, so handelt es sich Trampe (1991, 145) zufolge vielmehr um *Vermüllung* und *Vergiftung* bzw. *Zerstörung* der Umwelt.

Für die erste Phase der Umweltdiskussion zu Beginn der 70er Jahre sind aber in allen sprachkritischen Bemerkungen der Betrug und die absichtliche Manipulation mit der Sprache noch nicht typisch. Vielmehr handelt es sich darum, das ökologische Bewusstsein der Bevölkerung durch Informationsvermittlung zu stärken. (Vgl. Jung 1995, 634ff.) Mittlerweile hat sich auch für den Laien eine „Umweltsprache“ mit Bezeichnungen wie *Anreicherung in der Nahrungskette*, *DDT*, *Biosphäre*, *Ökologie* oder *biologische Schädlingsbekämpfung* erschlossen, ohne dass er diese Termini definieren könnte oder sie im gleichen Sinne wie der Fachexperte zu verstehen braucht. Diese Fachwörter bieten ihm jedoch Bewertungsmaßstäbe und Handlungsorientierungen. (Vgl. Jung 1996, 164.)

In den folgenden Phasen der öffentlichen Umweltdiskussion liegt das Schwergewicht immer stärker auf der nicht mehr sinnlich erfahrbaren Umweltproblematik. Viele der diskutierten Umweltprobleme sind global und nur mit wissenschaftlichen Methoden nachzuweisen, darüber hinaus häufig auch fachintern umstritten sowie von subjektiven Faktoren abhängig. (Vgl. Jung 1995, 652.) Diese Tatsachen lassen, zusammen mit der Verschärfung des Gegensatzes zwischen Ökonomie und Ökologie, die zum Entstehen einer organisierten und politisierten Umweltopposition führt, grundsätzliche ideologische Differenzen immer deutlicher hervortreten (vgl. Jung 1989, 96 u. Jung 1995, 639). Der Anfang einer Vollzugsphase im Umweltschutz komplettiert die Verfachlichung der Umweltdebatte. Die Umweltdiskussion wird zum Expertenstreit: Es wird über Grenzwerte, Langzeitfolgen und chemische Reaktionen gestritten (Jung 1989, 92). Daraus erklärt sich, dass einzelnen Fachausdrücken, die eine kondensierte Interpretation von hochkomplexen Sachverhalten, Fakten und Vorgängen darstellen, eine besondere Bedeutung zukommt (Jung 1995, 652).

Umweltschutz im heutigen Sinn könnte nicht ohne Forschung existieren, die auf solche Erscheinungen aufmerksam macht, die außerhalb der Alltagserfahrungen bleiben, wie etwa die Quecksilbergehalte der Hechte, der Abbau der atmosphärischen Ozonschicht oder der Rückgang der Vielfalt an Insektenarten (vgl. Lyytimäki/Palosaari 2004, 7). Umweltprobleme unterscheiden sich von den anderen gesellschaftlichen Problemen dadurch, dass in ihrer Feststellung und Präzisierung die Wissenschaft und die Forschung eine außergewöhnlich wichtige Rolle spielen. Die Aufgabe der Wissenschaft besteht darin, die Umweltprobleme sichtbar und erkennbar zu machen. (Vgl. Väliverronen 1996, 44.) Die Wichtigkeit der Stellung von Forschern als Spezialisten der Umweltprobleme schafft aber gleichzeitig Voraussetzungen für Streitigkeiten zwischen den Spezialisten (Väliverronen 1996, 58.) Der anthropogene Treibhauseffekt sowie die vom Menschen verursachte Verringerung der stratosphärischen Ozonkonzentration und die Ausdünnung der Ozonschicht stellen beispielsweise globale Problemkreise dar, die sich nicht mit bloßem Auge feststellen lassen. Die Rolle der Forscher schränkt sich nicht darauf ein, Veränderungen in der Umwelt zu erkennen und festzustellen. Umweltprobleme sind auch in der Öffentlichkeit bekannt zu machen. Hier erscheinen Politik und Medien auf der Bildfläche: Umweltprobleme müssen in die öffentliche Diskussion gebracht und allgemein bekannt gemacht werden, damit man auf sie einwirken kann. (Vgl. Väliverronen 1996, 44.)

Wie oben bereits erwähnt, hat sich ab Mitte der 1970er Jahre in Deutschland der feste Glaube an die systematische Bewusstseinsmanipulation und die vorsätzliche sprachliche Täuschung seitens der Industrie, Behörden und Politiker mittels gesuchter Benennungsvarianten verbreitet. Der interessenabhängige Umgang mit den Umwelttermini sowie die miteinander konkurrierenden Bezeichnungsvarianten, die aus dem Gegensatz zwischen fachsprachlich angemessenen Termini auf der einen und in der öffentlichen Diskussion adäquaten und etablierten Ausdrücken auf der anderen Seite resultieren, sind insbesondere für den Sprachgebrauch der Abfallbeseitigung und Energiepolitik, speziell der Kernenergiediskussion, aber auch für die Bereiche chemische Schadstoffe und Chemikalien sowie Natur- und Umweltschutz kennzeichend. Verhüllend bzw. verschleiernd wirken beispielsweise die Ausdrücke *Melioration*, *Algizid*, *MVA*, *TBT*, *Dünnsäureverklappung*, *energetische Verwertung*. Als Latinismen, Kurzwörter und technische Fachtermini erschweren sie den unmittelbaren Bezug zu Umweltproblemen. Weil der Begriffsinhalt undurchsichtiger Kurzwörter, Termini und Fremdwörter einem

Nicht-Spezialisten im Umweltbereich häufig unklar bleibt, können sie verwendet werden, um Ausdrücke zu ersetzen, die nicht-erwünschte Sachverhalte und Tatsachen bezeichnen.

## 7.5 Inhaltliche Analyse interessenabhängiger Bezeichnungsvarianten

### 7.5.1 Bezeichnungen für die Entsorgung von radioaktiven Abfällen[411]

Als Beispiel für einen dreisten Euphemismus gilt in der deutschen Umweltdiskussion die Bezeichnung *Entsorgungspark*[412]. Obwohl der Fachausdruck in der offiziellen Diskussion nur eine absolut marginale Rolle gespielt hat[413] und durch den Verzicht auf die Ersatzbezeichnung *Integriertes Entsorgungszentrum* in Gorleben 1979 auch sachlich keine Basis mehr besaß, lebt *Entsorgungspark* als ein Artefakt der Sprachkritik im öffentlichen Sprachbewusstsein fort (Jung 1995, 641).

> Noch hat die Bundesregierung nicht entschieden, wo der westdeutsche „Entsorgungspark" entstehen soll – eine euphemistische Vokabel, die eher an ein sorgenfreies Lunapark-Vergnügen denken läßt als an einen für eine Million Jahre strahlenden Atomfriedhof. (*Der Spiegel* 47/1976, 55)[414]

Mit dem Ausdruck *Entsorgungspark* lassen sich unterschiedliche positiv bewertete Assoziationen verbinden. Zur Bezeichnung von Handlungen und Verfahren des kommunal organisierten Ableitens von Abwässern und des Abtransportierens von Abfallstoffen wurde *Entsorgung* ursprünglich in erster Linie in fachinternen Texten über Kanalisationsbau, Wasser- und Abwassertechnik sowie Abfallabfuhr als Ergänzung zu *Versorgung*, dem Begriff für das kommunal organisierte Zuleiten von Wasser, Strom und Gas, verwendet (vgl. Haß 1989a, 463). *Entsorgung* unterstreicht den Funktionszusammenhang der Ermöglichung individuellen und gesellschaftlichen Lebens durch Dienstleistungen. Darüber hinaus legt der Ausdruck unterschwellig die Assoziation einer ‚Befreiung von Sorgen' nahe. (Vgl.

---

411 Der Schwerpunkt ‚Kernkraft und Entsorgung radioaktiver Abfälle' ist bereits mehrfach mit sprach- und ideologiekritischem Anspruch untersucht worden, siehe z.B. Brauns (1986); Haß (1989a, 1989c, 1991); Jung (1994, 1995); Stötzel/Eitz (2002, 33–41, 430–438).

412 „Entsorgungspark wird verwendet als Bezeichnung für die räumliche und organisatorische Gesamtheit von Fabrikanlagen und unterirdischen Anlagen, in denen einerseits das bei der Energieerzeugung in Kernkraftwerken anfallende Gemisch aus verschiedenen Uransorten und Plutonium mit mechanischen, physikalischen und chemischen Verfahren bearbeitet und entmischt wird, und in denen andererseits nicht weiter verwertbare radioaktive Überreste gelagert werden" (Haß 1989a, 466).

413 Siehe hierzu auch Haß (1987a, 4) und Jung (1994, 80).

414 Weitere Belege s. *Der Spiegel* 46/1976, 103, 105.

Blühdorn 1991, 345.) Das Verb *entsorgen* und das Substantiv *Entsorgung* sind von Anfang an der sprachpflegerischen Kritik unterzogen worden. Das was früher Abfall- bzw. Müllbeseitigung war, wurde jetzt ins Positive umzuwerten versucht, indem das Präfix *ent-*, das das Wegnehmen des in der Basis Bezeichneten ausdrückt, dem Wort *Sorge* beigefügt wurde. (Vgl. WdGm 2001, 76.)

Bei dem Grundwort *-park* wird dagegen gern – und durchaus in verschleiernder Absicht – ein äquivoker Ausdruck gewählt, indem ihm die Bedeutung ‚Grünanlage zur Erholung mit Bäumen, Sträuchern, Rasenflächen und Blumen' unterschoben wird, die jedoch eine relativ junge Bedeutungsentwicklung aus dem 17./18. Jahrhundert und entstehungsgeschichtlich[415] nicht zutreffend ist (vgl. Seibicke 1993, 321). Bei *Entsorgungspark* stellt sich die Frage nach der semantischen Kompatibilität der unmittelbaren Konstituenten des Kompositums. Es ist von einer Bedeutungserweiterung der Bezeichnung *-park* auszugehen: In dieser positionsfesten Form kennzeichnet sie nur eine allgemeine Ortsangabe. Die Ortsbezeichnung durch *-park* enthält positive Konnotationen (grün, gepflegt, sich erholen, spazieren gehen, Sport treiben), die auf den ersten Bestandteil des Kompositums übertragen werden. Ist das Bestimmungswort, wie *Entsorgung* in Entsorgungspark, negativ konnotiert, wird diese Nebenbedeutung relativiert. (Vgl. Hämmer 2002, 68.) (Zum Zweitglied *-park* in deutschen Komposita s. Hämmer 2002.)

---

415 „Die Wortform *Park* geht zurück auf mittellat. *parricus* 'Gehege', 'umzäunter Platz'. Durch den Einfluss französischer Gartenkultur wird seit Anfang des 16. Jhs. *parc* im Deutschen als 'Tiergehege' verwendet wie heute noch in *Tierpark*. Dagegen setzte der Einfluß englischer Gartenkultur ab etwa 1730 eine andere Verwendung von *Park*, nämlich als 'großflächige Gartenanlage', im Deutschen durch, worauf noch die heutigen Bildungen *Natur-(schutz)-*, *Stadt-*, *Kur-*, *Ferien-*, *Kinder-*, *Ausstellungs-*, *Sport-*, *Freizeitpark* bezogen sind.
Im Französischen wurde *parc* schon früh in den militärischen Sprachgebrauch übernommen als Bezeichnung für den Aufbewahrungsort und, übertragen, für die Gesamtheit der Geschütze und Fahrzeuge. Als Entlehnungen wurden im deutschen Militärsprachgebrauch ab Anfang des 19. Jhs. gebildet: *Artillerie-*, *Geschütz-*, *Munitions-*, *Sanitätspark* und allgemeinsprachlich *Fuhr-*, *Wagenpark* u. a.
Bei der Herausbildung des technisch-industriellen Wortschatzes, vor allem im Bereich Eisenbahn und Kraftfahrzeugverkehr, seit Ende des 19. Jhs. [sic! Wortfolge] griff man auf das Muster der militärischen Wortzusammensetzungen zurück wie heute noch bei *Reaktor-*, *Kraftwerkspark*.
Zusätzlich zu dieser Verwendung macht sich seit den sechziger Jahren im technisch-industriellen Wortschatz der anglo-amerikanische Einfluß im Sprachgebrauch bemerkbar. Die auf diese Weise entstehenden Lehnübersetzungen wie *Industriepark* aus *industrial park* fallen mit den älteren, ursprünglich militärischen Zusammensetzungen vom Typ 'Fuhrpark' zusammen und führen zur Bildung von *Fabrik-*, *Gewerbe-*, *Innovations-*, *Technologie-*, *Entsorgungs-*, *Windpark* u. a.
Deren äußerliche Ähnlichkeit mit den Zusammensetzungen vom Typ 'Tierpark' und vom Typ 'Naturpark' hat zur Folge, daß man die Ausdrücke in der öffentlichen Diskussion als euphemistisch […] bewertet (*Entsorgungspark*)." (Haß 1989a, 555) Siehe auch u. a. Grimm/Grimm (1889, Bd. 7, 1462).

Insbesondere Kernkraftgegner sahen in der Bezeichnung *Entsorgungspark* einen Versuch, das Ausmaß der Gefährdung zu verdecken, und sie bewerteten den Ausdruck als „extrem verschleiernd und verfälschend“ (Haß 1989a, 467). Beide Teile der Bezeichnung verhindern konkrete Vorstellungen von atomaren Stoffen und den Abfällen, um die es sich handelt, und verschleiern die Gefährlichkeit des über Jahrtausende radioaktiv strahlenden Materials. (Vgl. auch Blühdorn 1991, 345; Haß 1989a, 467; Jung 1995, 640f.) Durch *Entsorgung* können Schadstoffe verschiedenster Art, wie etwa die stark strahlenden und langlebigen radioaktiven Rückstände, selten ganz unschädlich gemacht werden. Sie sind aber fürs Erste in Zeit und Raum den Blicken der Öffentlichkeit entzogen, bis sie eines Tages als *Altlasten* neue Sorgen und zusätzliche Probleme bereiten werden. (Vgl. Schlosser 2000a, 51, s. v. Entsorgung.)

Mit der stark verschleiernden Bezeichnung *Entsorgungspark* wuchs in der Öffentlichkeit die kritische Aufmerksamkeit auch gegenüber anderen Ausdrücken in der Umweltdiskussion (Haß 1989a, 467 u. 1989c, 158). Als zwangsläufige Folge daraus verringert sich in der Debatte um radioaktive und besonders gefährliche Abfälle die Verwendung der Bezeichnung *Entsorgung*, vor allem in solchen Texten, mit denen sich Kernkraftbefürworter an die breite Öffentlichkeit wenden. (Vgl. Haß 1989a, 463, 467.) Der Vorwurf, Fachwörter wie etwa *GAU*, *Störfall* und *Entsorgung* verschleierten die Wahrheit und seien wie das ganze Nuklearvokabular zur Bewusstseinsmanipulation der Bevölkerung konzipiert, wird das erste Mal 1977 von Jürgen Dahl und Hartmut Gründler detailliert abgehandelt (Jung 1994, 95).

Anstelle von *Entsorgung* kommen in den Texten von Kernkraftbefürwortern als Mittel zur aktiven Perspektivenkorrektur Ausdrücke wie *geschlossener Brennstoffkreislauf* und *Wiederaufarbeitung* vor. Als *Wiederaufarbeitung* wird die physikalische und chemische Bearbeitung von ausgedienten Brennstäben aus Kernkraftwerken in so genannten *Wiederaufarbeitungsanlagen* (WAA) bezeichnet. Die Benennung *Wiederaufarbeitung* stammt aus den Zeiten, als noch gedacht wurde, dass das abgetrennte Plutonium für so genannte Brutreaktoren (Schneller Brüter) verwendet werden könnte. Brutreaktoren haben jedoch technisch keinen Erfolg gehabt und sind in Deutschland nie in Betrieb gegangen. (Vgl. Hänlein 2005.)[416] Mit dem Scheitern der Wiederaufarbeitungsanlage in Wackersdorf verliert das Thema Wiederaufarbeitung in der Umweltdebatte an Brisanz, wird aber von Seiten der Kernkraftgegner und von den Umweltorganisationen hauptsächlich im Zusammenhang mit den Transporten von radioaktiven Abfällen zur Wiederaufarbeitung ins Ausland weiterhin thematisiert (Stötzel/Eitz 2002, 437).

Die Bezeichnungen *geschlossener Brennstoffkreislauf* und *Wiederaufarbeitung* – wie auch ihre finnischen Entsprechungen *suljettu polttoainekierto* und *jälleenkäsittely* (Glossary 2000) – können als euphemistisch betrachtet werden. Die

416 Ausführlicher zu den Begriffen *Brennstoffkreislauf* und *Wiederaufarbeitung* siehe u. a. Haß (1989a, 456–461); Stötzel/Eitz (2002, 430–438).

Technik der Wiederaufarbeitung von abgebrannten Brennelementen wird von Kernkraftbefürwortern gern *Recycling* genannt, weil diese Benennung die einzelnen Aspekte von Rückgewinnung und Verwertung der noch nutzbaren spaltbaren Kernbrennstoffe in abgebrannten Brennelementen betonen (vgl. Haß 1989a, 463, 467f.; ...für immer und ewig 1993, 9; Stötzel/Eitz 2002, 436). Die Bezeichnung *Wiederaufarbeitung* führt nach Hänlein (2005) aber bewusst in die Irre: Es findet fast kein Recycling von ausgedientem Kernbrennstoff statt. Nur wenige Prozente des ursprünglichen radioaktiven Abfalls werden in neuen Brennstäben wieder verwendet, Teile des Abfalls gelangen über die Abluft bzw. die Abwässer der WAAs in die Atmosphäre oder ins Meer. Der Rest der behandelten abgebrannten Brennelemente – rund 98 bis 99 Prozent – muss von den Betreibern der Kernkraftwerke zurückgenommen und zwischengelagert werden, bis ein Endlager zur Verfügung steht. (Vgl. Hänlein 2005.)[417]

Ein Brennelement lässt sich circa drei Jahre zur Energieerzeugung nutzen, wonach das Element einen Zustand erreicht hat, in dem es durch die in ihm entstandenen Spaltprodukte hochradioaktiv und wegen ihrer Strahlung gefährlich ist. Dieser Zustand wird mit gleichbedeutenden Bezeichnungen wie *ausgedientes*, *abgebranntes* bzw. *verbrauchtes Brennelement* gekennzeichnet. Durch diese Bezeichnungsvarianten werden die Teilaspekte ‚hochradioaktiv' und ‚wegen der Strahlung gefährlich' ausgeblendet. Statt der negativ eingestuften Aspekte wird die Vorstellung harmlosen Verbrennens betont. (Vgl. Haß 1989a, 452.)

Gesellschaftliche Gruppen, die sich zu Kernenergie und Lagerung radioaktiver Abfälle unterschiedlich verhalten, bevorzugen teilweise auch verschiedene Bezeichnungen. Während das Unternehmen *Posiva*, das für die Endlagerung radioaktiver Abfälle in Finnland verantwortlich ist[418], von *käytetty ydinpolttoaine* ‚verbrauchtem Brennstoff' und *loppusijoitus* ‚Endlagerung'[419] spricht, ziehen *Suomen luonnonsuojeluliitto* (Finnischer Naturschutzverband) und *Greenpeace* die Ausdrücke *ydinjäte* ‚radioaktiver Abfall', *ydinjätteen hautaaminen* (wortwörtlich ‚Vergrabung radioaktiver Abfälle') und *kalliohautaaminen*[420] (wortwörtlich ‚Vergrabung in Felskavernen') vor. Verschiedene Benennungen, die ein und denselben Begriff repräsentieren, können unabhängig von ihrer Richtigkeit beim Leser bzw. Hörer unterschiedliche Assoziationen erwecken. (Vgl. Raittila 2000, 9, 47.)

---

417 Siehe auch http://www.greenpeace. fi > Ydinvoima > Ydinjätteet.

418 Das erste Kernkraftwerk Finnlands wurde 1977 in Loviisa erfolgreich in Betrieb genommen (HS 3.9.2000, D5). Anfangs wurden die radioaktiven Abfälle für die Entsorgung aus Finnland in die ehemalige Sowjetunion und nach Russland transportiert. Seit 1994 müssen alle in finnischen Kernkraftwerken entstehenden Abfälle im eigenen Land entsorgt und endgelagert werden. 1995 wurde *Posiva* gegründet, um die nuklearen Abfälle aus den finnischen Kernkraftwerken zu entsorgen. (Vgl. HS 7.2.2001, A9.)

419 *Endlagerung*: zeitlich unbefristete Deponierung radioaktiver Abfälle. Endlagerung ist die letzte Stufe der nuklearen Entsorgung. (Vgl. Akt'00, 169)

420 Vgl. http://www.greenpeace.fi > Ydinvoima > Ydinjätteet > Suomen ydinjätteistä.

Der präzise Terminus *käytetty ydinpolttoaine*, worunter abgebrannte radioaktive Brennstäbe und radioaktives Brennmaterial zu verstehen sind, hilft bei der Unterscheidung des hochaktiven Abfalls von dem restlichen bei der Kernenergieerzeugung entstehenden radioaktiven Abfall. Mit der Bezeichnung *käytetty ydinpolttoaine* soll auch der Gesichtspunkt der Neutralität betont werden: die Termini *käytetty polttoaine* ‚verbrauchter Brennstoff' und *käytetty polttoainesauva* ‚ausgedienter Brennstab' wirken weniger problematisch als der Ausdruck *ydinjäte* ‚radioaktiver Abfall'. Außer den Termini *käytetyn ydinpolttoaineen loppusijoitus* ‚Endlagerung von verbrauchtem Brennstoff' und *loppusijoitus* ‚Endlagerung' werden im Finnischen auch die Bezeichnungen *ydinjätteen sijoitus* ‚Endlagerung radioaktiver Abfälle' und *kallioperäsijoitus* ‚Ablagerung in Felskavernen' verwendet, die als neutral betrachtet werden können. *Suomen Luonnonsuojeluliitto* kann den Gedanken an die Endlagerung radioaktiver Abfälle ohne Rückholmöglichkeit vorläufig nicht akzeptieren und zieht den Ausdruck *ydinjätteen hautaaminen* ‚Vergrabung radioaktiver Abfälle' vor. (Vgl. Raittila 2000, 9, 47.) Demnach ist es nicht unwichtig, welche Benennungen in wissenschaftlichen Texten oder in Übersetzungen verwendet werden.

> Turvallisuusanalyysissä on tarkasteltu myös hyvin epätodennäköistä tilannetta, jossa suuren kalliosiirroksen oletetaan leikkaavan loppusijoitustilaa (Kainuun Sanomat 5.2.93).

> In der Sicherheitsanalyse ist auch die sehr unwahrscheinliche Situation erörtert worden, in der angenommen wird, dass eine große Felsenverschiebung den Endlagerraum einschneidet [übers. von A. L.].

In der obigen Nachricht wird über die Planung der Endlagerung radioaktiver Abfälle in einem Tunnel, der in Kuhmo tief unter der Erde eingerichtet werden soll, geschrieben. In Kuhmo ist das geplante Endlager auf den Widerstand der Bürgerinitiative gestoßen, die als ihre Begründungen unter anderem die Möglichkeit von Erdbeben vorbringt. In der Nachricht stammt die Berechnung der Endlagerung radioaktiver Abfälle aus dem Bericht des *VTT* (VTT Technical Research Centre of Finland), in dem der eingebürgerte Terminus *Erdbeben* durch ein Adjektiv und Substantiv als eine *große Felsenverschiebung* umschrieben wird, um die Möglichkeit zu verschleiern, dass radioaktive Abfälle unter der Erde in die Biosphäre austreten können. (Vgl. Varis 1996, 3 u. 1998, 86.) Im obigen Beleg ist auch der metaphorische Ausdruck *ydinhauta* ‚Grab für radioaktive Abfälle' durch die Bezeichnung *loppusijoitustila* ‚Endlagerraum' ersetzt worden, die sich in der Fachsprache eingebürgert hat. Auch wenn die Bezeichnungen *loppusijoitustila* und *suuri kalliosiirros* ‚große Felsenverschiebung' in der geologischen Fachsprache präzise und eindeutige Termini sind, sei hier betont, dass ihnen in der Gemeinsprache als Nebeneffekt eine zweite Funktion eigen ist, denn an diesem Punkt beginnt die Verwendbarkeit der Fachwörter für den verschleiernden Gebrauch. (Vgl. Varis 1998, 86f.)

Die Nutzung der Kernenergie löst auf Grund der Gefahr von Reaktorunfällen und der ungelösten Probleme bei der Sicherung und Endlagerung der über Jahrtausende strahlenden hochradioaktiven Abfälle Angstgefühle aus. Da aber ein Ausstieg aus der Kernenergienutzung zurzeit nicht ernsthaft in Erwägung gezogen wird, sehen sich die Vertreter der Regierungen und Industrie gezwungen, das Ausmaß der Risiken und Probleme zumindest sprachlich als eine geringfügige Angelegenheit darzustellen. (Vgl. Zöllner 1997, 362.) Dies zeigt sich beispielsweise darin, dass obwohl auch die finnischen Medien über die Demonstrationen gegen Transporte radioaktiver Abfälle in Deutschland ausgiebig berichteten, über die eigenen Transporte dagegen geschwiegen wurde, als die grundsätzlichen Beschlüsse über die Endlagerung radioaktiver Abfälle zur Diskussion standen (Raittila/Suominen 2002, 104).

Analog dazu existieren im Deutschen im Themenbereich der radioaktiven Abfälle auch viele Kurzwörter. Hier gibt es u.a. GAUs[421] (größter anzunehmender Unfall), gesteigert durch die Bildung *Super-GAU*, *WAAs* (Wiederaufarbeitungsanlage), *KKWs* (Kernkraftwerk) (vgl. *Der Spiegel* 1986, H. 30, 26f.), *WAU* (wiederaufgearbeitetes Uran), *TBLs* und *HAW-Glaskokillen* (Hänlein 2005). Da das *WAU* verglichen mit frischem Uran ziemlich unrein und sein Einsatz mit höheren Kosten verbunden ist, liegt ein Hauptteil des *WAU* bei den Wiederaufarbeitungsanlagen nach wie vor auf Halde (vgl. Hänlein 2005). Einige von den Kurzwörtern wie *TBL* und *HAW* sind auch dann, wenn sie ausgeschrieben werden – *Transportbehälterlager*, *High active waste-Glaskokillen*[422] –, nur unter Zuhilfenahme eines Fachwörterbuchs und/oder Nachschlagewerkes zu verstehen. So erzielen sie im doppelten Sinn eine verschleiernde Wirkung.

---

421 Zu den Ausdrücken *GAU* und *Super-GAU* ausführlicher u.a. Haß (1989a, 470–475); Jung (1994) und (1999, 202–205).

422 Der Name *TBL* (*Transportbehälterlager*) kommt daher, dass die radioaktiven Abfälle während der gesamten Zwischenlagerzeit von einigen Jahrzehnten in den Transportbehältern (zumeist CASTOR-Behältern) bleiben. Die Behälter müssen aus diesem Grund sowohl für den Transport als auch für eine Langzeitlagerung geeignet sein. – Hochaktive Abfälle liegen in Form so genannter *HAW* (*high active waste*)-Glaskokillen vor. Die hochradioaktive Lösung der Spaltprodukte aus der Wiederaufarbeitung der Brennelemente wird mit Glas verschmolzen und in Stahlbehälter gegossen. In Deutschland ist das Zwischenlager Gorleben das bisher einzige Zwischenlager, das die HAW-Kokillen annehmen darf. Die Verglasung der Spaltprodukte wird bisher nur in der Wiederaufarbeitungsanlage La Hague in Frankreich praktiziert. (Vgl. Greenpeace Redaktion 5.11.2004: Das Zwischenlager Gorleben. Zugang: <http://www.greenpeace.de/themen/atomenergie/atommuell_zwischen_endlager/artikel/das_zwischenlager_gorleben< (zuletzt aufgerufen am 8.5.2008).

### 7.5.2 Bezeichnungen für umweltzerstörende Chemikalien

Mitte der 1980er Jahre entdeckt die Industrie in Finnland, wie stark Vorstellungen Einfluss auf die öffentliche Meinung ausüben. Um vom Durchschauen bestimmter Zusammenhänge abzulenken, werden Sachverhalte und Vorgänge vielfach nicht mehr beim richtigen Namen genannt. (Vgl. Heimonen/Kaaro 1999, 178.) Grundlegend kritisiert werden in der öffentlichen Umweltdiskussion viele Fachtermini aus der industriellen Landwirtschaft. Dabei muss jedoch unterstrichen werden, dass keine Bezeichnung an sich einen Euphemismus darstellt, sondern sie es erst wird, wenn der Sachverhalt aus ökologischer Perspektive betrachtet wird. Es wird etwa von *kasvinsuojeluaineet* ‚Pflanzenschutzmittel' anstelle von *tuholaismyrkyt* (zur Schädlingsbekämpfung eingesetzte Gifte) gesprochen (ebd.).

Verschleierung kann durch die Verwendung von fachsprachlichen Termini als Mittel zur aktiven Perspektivenkorrektur erreicht werden. Mit Ausdrücken für Agrochemikalien wie etwa *Pflanzenschutzmittel* wird von den Problemaspekten (Zerstörung, Ausrottung, Toxizität, Nebenwirkungen der Chemikalien auf Bodenorganismen sowie Verunreinigung des Grundwassers) weg- und auf Gesichtspunkte der Problemlösung (Beschränkung bestimmter Schad- und Konkurrenzorganismen landwirtschaftlicher Nutzpflanzen in ihrer Aktivität) hingeführt. Ein weiteres diesbezügliches Beispiel ist der Ausdruck *Holzschutzmittel* wie auch seine finnischsprachige Entsprechung *puunsuoja-aine*.

Das Fachvokabular des Pflanzenschutzes, das sich in der finnischen Sprache bis Mitte der 1940er Jahre eingebürgert hatte, waren Lehnübersetzungen der internationalen Terminologie. Dementsprechend wurden die unterschiedlichen Pflanzenschutzmittel als *valmiste* ‚Mittel; Präparat' bezeichnet. Gegen Ende der 40er Jahre verzichteten die Wissenschaftler jedoch auf diese neutrale Terminologie. Als Ablösevokabeln zu den Bezeichnungen *valmiste* sowie *kasvinsuojelu-* und *torjunta-aine* ‚Pflanzenschutz- und Schädlingsbekämpfungsmittel' etablieren sich die Ausdrücke *kasvinsuojelu-*, *rikkaruoho-* und *tuholaismyrkky* (Gifte gegen Pflanzenschädlinge, Unkräuter und Schadorganismen). Damals hatte das Wort *myrkky* ‚Gift' in der finnischen Sprache einen positiv wertenden Inhalt. Mit dem Ausdruck *myrkky* sollte die Effizienz der Präparate betont werden, nicht ihre für die Gesundheit oder die Umwelt schädlichen Eigenschaften. Als Beweis für die positiven Vorstellungen, die mit der Bezeichnung *myrkky* verbunden waren, kam das Wort in den Namen der Verkäufer und Hersteller der Produkte in Finnland häufig vor. Nach dem Erscheinen der Übersetzung *Äänetön kevät* (1963) von Rachel Carsons Werk *Silent Spring*[423] hat das Wort *myrkky* aber einen sehr negativ wertenden Begriffsinhalt erhalten. Danach hat sich sein Gebrauch in der Vermarktung von Pflanzenschutzmitteln bedeutend vermindert. Anstelle von *myrkky* wurden von den finnischen Werbefachleuten neutralere Bezeichnungen

423 Originalausgabe 1962.

wie *ruiskute* ‚Spritzmittel' und *hävite* ‚Bekämpfungsmittel' eingeführt. Der Verzicht auf die Verwendung des Wortes *myrkky* hat den Ruf des chemischen Pflanzenschutzes in der Öffentlichkeit jedoch nicht wiederhergestellt, sondern das Werk von Carson hat das Image des chemischen Pflanzenschutzes viel stärker beschmutzt als das Wort *myrkky* allein. (Vgl. Siiskonen 2000, 80–87.)

Weitere Methoden, verschleierungsbedürftige Elemente unkenntlich zu machen, bieten zahlreiche Fremd- und Kurzwörter. Durch Ausdrücke wie *Biozide*[424], *Algizide, Antifoulingfarben, $LD_{50}$* oder *POP* wird die Bereitschaft der an die Gemeinsprache gebundenen Durchschnittssprecher, kritisch zu widersprechen, auf ein Minimum reduziert. In Fachausdrücken der Pestizidhersteller sehen viele Kritiker Euphemismen. In Bezeichnungen wie *Biozide, Akarizide, Algizide, Bakterizide, Fungizide, Herbizide, Insektizide, Molluskizide, Rodentizide* werden verschleierungsbedürftige Elemente durch undurchsichtige Latinismen unkenntlich gemacht (vgl. Fill 1993, 109). Ebenso wenig allgemein verständlich ist die Bezeichnung *Antifoulingfarbe* (UL 1993, s. v. Antifoulingfarben) wie auch ihre finnischsprachigen Entsprechungen *antifouling-valmiste* und *kiinnittymisenestoaine* (Ympäristö 4/2000, 3). *Antifoulingfarben* sind mit Schädlingsbekämpfungsmitteln ausgerüstete Unterwasserbewuchsschutzfarben, die zum Schiffanstrich verwendet werden, um den Bewuchs mit Algen und Muscheln zu verhindern. Die in den Farben enthaltenen zinnorganischen Verbindungen haben jedoch zum Absterben ganzer Muschelzuchten geführt. (Vgl. UL 1993, s. v. Antifoulingfarben.)

Das Kurzwort *$LD_{50}$* steht für *mittlere tödliche Dosis* (< Lethal Dose Fifty [SUL 2000, 703], *letale Dosis*, *Letaldosis*). Es handelt sich um einen Begriff aus der Toxikologie, der ein Maß für die Giftigkeit einer Substanz bezogen auf ihre Wirkung auf den lebenden Organismus innerhalb eines bestimmten Beobachtungszeitraums darstellt. Bei *$LD_{50}$* sterben 50 Prozent aller Versuchstiere, denen eine bestimmte Giftmenge verabreicht wurde. (Vgl. UL 1993, s. v. $LD_{50}$; s. auch Fill 1993, 109; EnDic2004, 220.) Im Finnischen kann der Begriff auch durch den nicht-euphemistischen Terminus *keskimääräinen tappava annos* bezeichnet werden (EnDic2004, 220). *POP* steht für *persistente organische Schadstoffe* (persistent organic pollutants) und ist der Oberbegriff für Pflanzenschutzmittel und Industriechemikalien wie etwa DDT, PCB, Aldrin und Chlordan sowie für die in Produktions- und Verbrennungsprozessen entstehenden unerwünschten Nebenprodukte wie die hochgiftigen Dioxine und Furane. Diese Schadstoffe – das „dre-

---

424 *Biozide* sind Substanzen, die biologisches Leben töten oder in anderer Form unterdrücken. Zu Bioziden gehören synthetische oder natürliche Wirkstoffe aus der Gruppe der Akarizide, Algizide, Bakterizide, Fungizide, Herbizide, Insektizide, Mikrobiozide, Molluskizide, Rodentizide, allg. Pestizide und Sterilantien. Nach der Biozidrichtlinie des Europaparlaments und des Rates über das Inverkehrbringen von Biozid-Produkten (1996) ist ein Biozid-Produkt ein solches, das, außer dass es biozide Eigenschaften besitzt, auch mit biozider Zweckbestimmung (vernichten, abschrecken, unschädlich machen, wirkungslos machen oder auf andere Weise schädliche Organismen kontrollieren) in den Verkehr gebracht wird. (Vgl. SUL 2000, 202.)

ckige Dutzend“ (Akt’01, 403) – gehören zu den gefährlichsten Verbindungen, die der Mensch je hergestellt hat. Sie zeichnen sich durch Langlebigkeit, Bioakkumulation, Öko- und Humantoxizität sowie das Potenzial zum Ferntransport in Luft, Wasser, Boden und Nahrungsketten aus. (Vgl. Umwelt 1999, 542ff.; Akt’01, 403.)

In der ehemaligen DDR wurden Medienberichte über Umweltkatastrophen untersagt: Trotz extremer Industrialisierung durfte es in dem von kapitalistischen Fehlentwicklungen vermeintlich freien Staat keine Umweltprobleme geben. Was sich trotzdem an Luftschadstoffen und Industrieabgasen unübersehbar und geruchsintensiv über das Land legte, wurde verschleiernd als *Industrienebel* bezeichnet. (Vgl. Schlosser 2000a, 53, s. v. Industrienebel.) Überaus verharmlosend erscheint darüber hinaus der Ausdruck *Vegetationskontrolle*, wenn es sich um die Methode der Deutschen Bundesbahn handelt, die Gleisanlagen von störendem Pflanzenbewuchs mittels Chemikalien freizuhalten, die von Spezialzügen versprüht werden (vgl. Schlosser 2000a, 57, s. v. Vegetationskontrolle). Auch in dem Ausdruck *Ölteppich*, der aus den 70er Jahren stammt und in dem das Grundwort *-teppich* großflächige Ausdehnung bedeutet (vgl. Förster 1997, 101), sehen sensible Kritiker einen Euphemismus, der in das Wörterbuch des Unmenschen gehört (Jung 1995, 645).

### 7.5.3 Bezeichnungen in Natur- und Umweltschutz

In den von verschiedenen Institutionen erstellten Roten Listen der gefährdeten Tiere und Pflanzen in Deutschland sowie in ähnlichen Publikationen werden Tier- und Pflanzenarten, die in einem Gebiet nicht mehr vorkommen, als *ausgestorben* bzw. *verschollen* bezeichnet. Die Tatsache, dass Arten auch ohne direkte und indirekte Wirkungen von Eingriffen des Menschen aussterben, lässt in solchen Listen bei den Bezeichnungen *ausgestorben* und *verschollen* das falsche Bild des spontanen Naturereignisses mit zum Ausdruck kommen. Aus Sicht des Natur- und Umweltschutzes erweisen sich beide Bezeichnungen als euphemistisch bis irreführend, da sie die Tatsache verschleiern, dass die Anzahl der durch den Menschen bewusst *ausgerotteten* Arten beträchtlich ist.[425] (Vgl. Gigon 1983, 418f.) Im Finnischen wird entsprechend, wenn es sich um ausgerottete oder verschollene Arten handelt, statt der nicht-euphemistischen Bezeichnung *sukupuuttoon hävitetyt lajit* (ausgerottete Arten) der verschleiernde Terminus *sukupuuttoon kuolleet lajit* (ausgestorbene Arten) verwendet (vgl. Heimonen/Kaarto 1999, 178). Auch bei den finnischsprachigen Bezeichnungen schwingt mit, dass es sich um einen

425 Die sprachliche Darstellung der Zerstörung naturnaher Biotope, die Ausrottung von Arten sowie weitere Begriffe mit euphemistischer Wirkung in Natur- und Umweltschutz sind von Gigon (1983) thematisiert worden. Den Umgang mit Pflanzen, Tieren und Landschaft in der Sprache der Landwirtschaft hat Trampe (1991b) untersucht.

Vorgang ohne direkte oder indirekte Beteiligung des Menschen, z. B. durch Herbizide, Bioakkumulation von anthropogenen Giften, Biotopveränderung oder Zerstörung von natürlichen Lebensräumen, handeln könnte.

Euphemistisch wirkt auch das Fremdwort *Melioration*, indem es den unmittelbaren Bezug zu Umweltproblemen erschwert. Unter *Melioration* werden „kulturelle Maßnahmen zu einer langfristigen Erhöhung oder Erhaltung der Fruchtbarkeit eines land- oder forstwirtschaftlich genutzten Bodens“ (UL 1993, s. v. Melioration) verstanden. Dazu gehören u. a. Deichbau, Entwässerung, Wildbachverbau, Kultivierung von Heide und Ödland (ebd.). Dass durch *Melioration* eines Gebietes Landschaften zerstört und häufig viele Tier- und Pflanzenarten lokal ausgerottet werden, wird verschleiert (vgl. Gigon 1983, 419): Durch Meliorationsmaßnahmen sind in Deutschland laut UL (1993, s. v. Melioration) außerordentlich viele Feuchtgebiete als unersetzliche Lebensräume für zahlreiche Pflanzen- und Tierarten verloren gegangen, was wesentlich zum Artensterben beiträgt.

Ähnlich schwingt beim Begriff *Waldsterben* mit, dass es sich beim Absterben von Bäumen eines ganzen Waldgebietes um einen natürlichen Vorgang, also nicht um einen anthropogenen, handeln könnte (Gigon 1983, 419). Wird der neutrale Terminus *Populationsschwund* dem emotionsbeladeneren Ausdruck *Populationszerstörung* vorgezogen, stellt sich die Frage, ob es gewissermaßen eine Eigenschaft der betreffenden Population ist, dass sie von selbst ausstirbt oder verschwindet. Durch *Populationsschwund* wird der wahre Sachverhalt verschleiert, da der Ausdruck nicht unmittelbar zur Frage nach dem Verursacher der Zerstörung der Population führt.

Des Weiteren erweisen sich solche Schlüsselbegriffe der Umweltdiskussion wie *Umwelt-*, *Luft-* und *Wasserverschmutzung* im ökologischen Kontext in den meisten Fällen als Euphemismen. Im Englischen und Amerikanischen wird von *pollution* gesprochen. Die Bezeichnung wird wie folgt definiert:

> **Pollution** *n.* any harmful or undesirable change in the physical, chemical or biological quality of air, water or soil as a result of the release of, e.g., chemicals, radioactivity, heat or large amounts of organic matter (as in sewage). Usually *appl.* changes arising from human activity although natural pollutants, e.g. volcanic dust, sea salt, are known. (DicEnS 1998, 322)

Während *Verschmutzung* etwas äußerlich Anhaftendes bezeichnet, sitzt *pollution* hingegen physiologisch in der Substanz und benennt den Sachverhalt, um den es sich handelt, vom Inneren der verdorbenen Gewebe der Natur her. Das Bedeutungsspektrum von *pollution* erstreckt sich von der Verschmutzung über die Besudelung bis zu Entweihung und Schädigung. (Vgl. FAZ 16.8.1971)[426] Infolgedessen betrachtet die *FAZ* (ebd.) den deutschen Ausdruck *Umweltverschmutzung* als begrifflich schwächer als den englischen Terminus *pollution*.

---

426 K.K.: *Pollution*. In: FAZ 16.8.1971 (vgl. Der Sprachdienst 1972, Heft 1, S. 36f.).

Das finnische Äquivalent für den Begriff *Umweltverschmutzung* lautet *ympäristön pilaantuminen*[427] (wortwörtlich Verderbung der Umwelt), womit die vom Menschen verursachte Verschlechterung im Zustand der Umwelt gemeint ist. Der Ausdruck *ympäristön likaantuminen* (wortwörtlich Verschmutzung der Umwelt) soll in der finnischen Gegenwartssprache als unkorrekt vermieden werden. Als Ursachen für die Verderbung der Umwelt können beispielsweise das Konsumverhalten des Menschen sowie seine Erwerbs- und Bautätigkeit, Emissionen, Verunreinigungen, Schadstoffe oder Abfälle genannt werden. (Vgl. YS 1998, s. v. ympäristön pilaantuminen.)

### 7.5.4 Bezeichnungen für die Abfallbeseitigung

Ein charakteristisches Merkmal für die in Deutschland geführte öffentliche Debatte über Müllprobleme ist die Verwendung von konkurrierenden Interpretationsvokabeln. Das Vokabular, das von Politikern, Behörden und Massenmedien verwendet wird, zeichnet sich durch Euphemismen unterschiedlicher Art aus (Blühdorn 1991, 338). Um das Müllproblem zumindest sprachlich in den Griff zu bekommen, blüht in der umweltpolitischen Diskussion „die linguistische Beseitigung des Mülls" (Blühdorn 1991, 338).

Aus den Definitionen von *Abfall* und *Müll* (s. Kap. 6.7.1) wird deutlich, dass die beiden Ausdrücke die Abfallstoffe in unterschiedlich gewichtete Funktionszusammenhänge einordnen: Thematisiert die Bezeichnung *Abfall* den Aspekt der Entstehung der Abfallstoffe in Produktionsprozessen, so steht bei dem Ausdruck *Müll* stärker die Betrachtungsweise der Beseitigungsbedürftigkeit im Zentrum des Interesses. Im Kontext der umweltpolitischen Diskussionen berühren die Funktionszusammenhänge unterschiedlich sensible Punkte, denn es sind in erster Linie Fragen der Abfallbeseitigung, viel weniger solche der Entstehung von Abfallstoffen, die sich mit Umweltschäden und -verschmutzung assoziieren lassen. (Vgl. Blühdorn 1991, 343.)

Da die fachsprachliche Bezeichnung *Abfall* im Vergleich zu dem gemeinsprachlichen Ausdruck *Müll* inhaltlich sehr allgemein und vage definiert sowie als semantisch entleert angesehen wird, eignet sich *Abfall* besonders gut für die Bildung von euphemistischen Termini (vgl. Blühdorn 1991, 347, 352). So existieren weder zu den Bezeichnungen *thermische Abfallverwertungsanlage, thermische Restabfallbehandlung* und *thermische Abfallbehandlungsanlage*, die die Müllverbrennung bezeichnen (Kneissl 1996, 215f.), noch zu den Termini *Abfallmaterial* oder *Abfallstoff*, in denen sowohl das Grundwort als auch das Bestimmungswort als Ersatz für *Müll* stehen (Blühdorn 1991, 348), keine Parallelformen mit *Müll-*.

427 *Ympäristön pilaantuminen* ihmisen toiminnasta johtuva ympäristön tilan muuttuminen huonoon suuntaan (YS 1998, 53).

Die Bezeichnung *Abfallbeseitigung* erweist sich als ebenso trügerisch wie der Ausdruck *Entsorgung*. Zwar wird versucht, Müllmengen mittels unterschiedlicher Methoden loszuwerden: Müll kann eingesammelt, abtransportiert, exportiert, deponiert, kompostiert, verschrottet, vergraben, verklappt, versenkt, ein- bzw. abgeleitet, zwischengelagert, endgelagert, verbrannt, recycelt, wiederverwertet – also aus dem Blickfeld geräumt –, aber nie so recht beseitigt werden. Keine von diesen Methoden bietet eine nachhaltige Lösung. (Ähnlich auch Blühdorn 1991, 348f.) So entspricht der Ausdruck *Abfallbeseitigung* mehr einer Wunschvorstellung als der Realität, denn es handelt sich in der Regel nicht um eine Beseitigung, sondern nur um eine Umverteilung von Abfällen (Kues u. a. 1984, 31). Alle Stoffe gelangen früher oder später in die Stoffkreisläufe. Abfallstoffe werden entweder nur in andere Trägermedien – Luft, Wasser bzw. Boden – versetzt, wie etwa beim Einleiten von Abwässern in Gewässer bzw. bei der Endlagerung von radioaktiven Abfällen in Felskavernen, oder Abfallstoffe werden von einem stofflichen Zustand in einen anderen gebracht. Bei diesem Prozess entstehen neue Abfallprodukte, die ihrerseits beseitigt werden müssen. So entstehen etwa bei der Müllverbrennung neben Wasserdampf und Kohlendioxid auch Schlacke, Asche und Rauchgase. Diese enthalten häufig hochtoxische, überwachungspflichtige Rückstände, die auf Sondermülldeponien gebracht werden müssen.

Charakteristisch für die Verwendung von Fachwörtern in der Umweltdiskussion ist die mit ihnen durchgeführte Perspektivierung, die von den Problemaspekten weg- und eher auf die Aspekte der Problemlösung hinführt. Ein Beispiel für Mittel zur Perspektivenkorrektur mit Fachausdrücken ist die Bezeichnung *Sonderabfall*, eine Verwaltungsbezeichnung aus dem Abfallrecht, wenn sie als Bezeichnungsalternative für den gemeinsprachlichen Ausdruck *Problemabfall* verwendet wurde. Während bei *Problemabfall* die Problemaspekte unterstrichen wurden, bestand bei *Sonderabfall* die Perspektivierung in der gesonderten und besonderen Behandlungsweise, die für diese Abfallart vorgesehen ist. (Vgl. Haß 1991, 333.) Der Ausdruck *Sonderabfall* kann für ein neutrales technisches Fachwort gehalten werden, das die Hochgefährlichkeit der überwachungspflichtigen Abfälle verschleiert (Marquardt-Mau/Mayer/Mikelskis 1993, 385). Solche sauberen, technischen Fachtermini wie *Sonderabfall* betrachtet Gigon (1983, 419) auch deshalb als verschleiernd, weil sie den Anschein erwecken können, dass Umweltprobleme im Bereich der Abfallbeseitigung auf dem sicheren Weg zur sauberen Lösung seien. Der Begriff *Sonderabfall* ist für das Kreislaufwirtschafts- und Abfallgesetz ein fremder Begriff und daher etwas unpräzise. Unter *Sonderabfall* wird derzeit in aller Regel *besonders überwachungsbedürftiger Abfall* verstanden (SUL 2000, s. v. Sonderabfall; Abfall ABC der U-plus-Gruppe), der in SUL (2000, s. v. besonders überwachungsbedürftiger Abfall) wie folgt definiert wird: „Bei der Beseitigung sind alle Abfälle, die nach Art, Beschaffenheit und Menge im besonderen Maße gesundheit- [sic!], luft- und wassergefährdend, explosibel oder brennbar sind oder Erreger übertragbarer Krankheiten enthalten oder hervorbringen können", besonders überwachungsbedürftige Abfälle.

> Sie mögen sich der *Deproduktion* oder der *energetischen Wiederverwendung* von Müll widmen – beides meint nichts als Verbrennen (Walther 1986, 13).

Ähnlich wird der Ausdruck *Müllverbrennung*, der sich mit solchen negativ bewerteten Aspekten wie Rauchgasbildung, Emissionen in die Umwelt und Geruchsbelästigungen verbinden lässt, unter einer anderen Perspektive präsentiert, wenn er von Vertretern der Industrie und Behörden durch Ausdrücke wie *stoffliche* und *energetische Verwertung*[428] (KLW 1995, 14; DZU 2001, 59), *thermische Verwertung, thermische Behandlung* (Kneissl 1996, 215f.) ersetzt wird, die den Aspekt der Energiegewinnung hervorheben (vgl. auch Blühdorn 1991, 345). Eine Bezeichnung wie *thermisches Recycling*, die fachsprachlich und von den Befürwortern der Müllverbrennung vielfach verwendet wird, ist laut UL (1993, s. v. Müllverbrennung) eher eine Ausrede zur Akzeptanzsteigerung von Müllverbrennungsanlagen, da Abfall auf Grund seiner Beschaffenheit ein geringwertiger Energieträger ist. Gegner von Müllverbrennungsanlagen lehnen laut Haß (1989a, 509) die Bezeichnung *thermisches Recycling* als verschleiernd ab. Die mögliche Gefahr giftiger, staubförmiger Niederschläge und Abgase wird durch die Umweltverträglichkeit signalisierende Wirkung von Recycling und Hervorhebung des Aspekts der entstandenen Heizwärme verdeckt (ebd.).

Insbesondere in Texten, die sich mit der Abfallproblematik beschäftigen, wird laut Fill (1991, 110) häufig ökologisches Umbenenen versucht. Er (ebd.) spricht von ökologischen Benennungen, wenn etwa der Ausdruck *Abfall* durch Bezeichnungen wie *Altöl*, *Altpapier*, *Altglas* ersetzt wird. Neue Bezeichnungen haben der Entdeckung Rechnung getragen, dass sich im Abfall verwertbare Stoffe befinden. Des Weiteren dient laut Blühdorn (1991, 348) das Grundwort *Stoff* in der Bezeichnung *Abfallstoff* seinerseits als Ausgangspunkt zur Bildung einer Vielzahl neuer umbenennender Ausdrücke für *Abfall* wie etwa *Wertstoff* (KLW 1995, 26), *Reststoff* (KLW 1995, 28, 30; Kneissl 1996, 216), *sekundäre Rohstoffe*[429] (KLW

---

428 *Energetische Verwertung* „Einsatz von Abfällen als Ersatzbrennstoff zur Gewinnung von Energie bzw. zur Strom- und Wärmeerzeugung" (Punktgenau 2002, s. v. Energetische Verwertung).

429 Als *Sekundärrohstoff* wird Altmaterial verstanden – Güter, Verpackungen etc., die nach der Verwendung wieder als Rohstoff in der Produktion eingesetzt werden (<http://www.agr.at/service-presse/glossar.html> [zuletzt aufgerufen am 8.5.2008]); s. auch Punktgenau 2002, s. v. Sekundärrohstoffe). *Sekundärrohstoff* wird bereits 1976 im Wörterbuch der deutschen Gegenwartssprache als „Rohstoff, der aus Altmaterial gewonnen wird" kodifiziert. Die Bezeichnung *Sekundärrohstoffe* (Kurzform *Sero*) war eine spezifische DDR-Prägung, die seit den 1970er Jahren verstärkt anstelle der Ausdrücke *Altpapier* und *Altmetall* verwendet wurde. Mit dem Kompositum *Sero-Läden* bezeichnete man die Erfassungsstellen, wo Abfallmaterialien oder gebrauchte Gegenstände abgekauft wurden. (Vgl. Kovtun 2000, 36.) Zum Begriff *Sekundärrohstoff* (SERO) s. auch Calice (2007).

1995, 28), die besonders häufig in Industriepublikationen vorkommen (s. auch Blühdorn 1991, 348). Um die unangenehmen Konnotationen zu vermeiden, die sich mit *Abfall* und *Müll* verbinden lassen, sprechen insbesondere Industrievertreter und Behörden nicht gern von *Abfall* und *Müll*, sondern von *Wertstoffen*[430] (Punktgenau 2002, s. v. Wertstoffe), *thermischen Behandlungsanlagen* und *Rückständen aus Wertstoffsammlung* (DZU 2001, 78f.), *Sortierresten*[431], *Recyclingparks*[432] bzw. *AVAs* (= Abfallverwertungsanlage, s. Kneissl 1996, 216). Statt *Abfallbehältern* gibt es u. a. *Wertstofftonnen*[433] (Marquardt-Mau/Mayer/Mikelskis (1993, 357), *Grüne Tonnen*[434] (Walther/Nüssler 1985, 7), *Komposttonnen* (Müller 1992, 19), *Gelbe Tonnen*[435] (UL 1993, s. v. Gelbe Tonne) und *Blaue Tonnen*[436] (SUL 2000, s. v. Blaue Tonne); „mancher »Abfall« ist freilich jetzt auch hierzulande ein *Sekundärrohstoff* (bisher nur in der DDR; dort mittlerweile abgekürzt zu *Sero*) und gehört in die *Wertstofftonne, grüne Tonne*“[437] (Walther/Nüssler 1985, 7).

In Hamburg wurde nach der Cholera-Epidemie 1893 die erste Müllverbrennungsanlage in Deutschland gebaut, da sich die Bauern weigerten, weiterhin Abfälle abzunehmen (Abfallberatung Unterfranken)[438]. Wegen ihrer Emissionen sto-

---

430 *Wertstoffe* Verwertbare Abfälle. Gebrauchte Verkaufsverpackungen aus Papier und Glas sowie gebrauchte Leichtverpackungen sollen in den Wertstoffbehältern des Dualen Systems gesammelt und somit als Wertstoffe in den Stoffkreislauf zurückgeführt werden. Im Gegensatz zum Restabfall werden aussortierte Wertstoffe nicht deponiert oder verbrannt, sondern dem Recycling zugeführt. (Punktgenau 2002, s. v. Wertstoffe).

431 *Sortierreste* Stoffe, die nicht in die gelbe Tonne oder in den Gelben Sack gehören und in den Sortieranlagen aussortiert werden (Punktgenau 2002, s. v. Sortierreste). Sogar die Hälfte von den Abfällen, die von den Deutschen als *Wertstoffe* für die Wiederverwertung gesammelt werden, kann als *Sortierrest* wie die normalen Abfälle auf Deponien landen oder verbrannt werden, denn alle Teile, die einen Durchmesser von weniger als sechs Zentimeter haben, fallen durch die Sortiersiebe. (Vgl. Schlosser 2001a, 56, s. v. Sortierrest; 58. s. v. Wertstoffe.)

432 *Recyclingpark* Bezeichnung für die räumliche und organisatorische Gesamtheit von Anlagen, in denen Abfälle stofflich bzw. thermisch behandelt oder kompostiert werden (Kneissl 1996, 216).

433 *Wertstoffbehälter* Behälter zur getrennten Sammlung von Verkaufsverpackungen, die über das Duale System entsorgt werden (Punktgenau 2002, s. v. Wertstoffbehälter).

434 Für die getrennte Sammlung von Abfällen wird den Haushalten ein zusätzlicher Abfallbehälter zur Verfügung gestellt. Wegen der gewöhnlich grünen Farbe des Behälters wird er als *Grüne Tonne* bezeichnet. Sie dient der Erfassung eines oder mehrerer Wertstoffe. (SUL 2000, s. v. Grüne Tonne; vgl. auch UL 1993, s. v. Grüne Tonne.)

435 *Gelbe Tonne* „Mülltonne zur Sammlung von Verpackungsmüll, die vom Dualen System bereitgestellt und entleert wird“ (UL 1993, s. v. Gelbe Tonne).

436 *Blaue Tonne* Biotonne (SUL 2000, 205).

437 Hervorhebungen im Original.

438 Abfallberatung Unterfranken. Die Technik schreitet voran, die Abfallwirtschaft hinkt hinterher. Eine Chronik der Abfallwirtschaft. Zugang <http://www.abfallberatung-unter franken.de/chronik.html> (zuletzt aufgerufen am 12.5.2008).

ßen die Müllverbrennungsanlagen bei der Bevölkerung sowohl in Deutschland als auch in Finnland[439] auf starken Widerstand. Zum Ausdruck *jätteenpolttolaitos* ‚Müllverbrennungsanlage' liegt in der finnischen Sprache als Alternativbezeichnung *jätevoimala* vor, in der der negative Aspekt der Verbrennung durch das Grundwort *voimala* ‚Kraftwerk' getilgt und durch die positiv bewertete Komponente der Energieerzeugung substituiert wird. Obwohl auch die Bezeichnung *jätehuolto* ‚Abfallentsorgung' als ein recht geschickter Euphemismus erscheinen mag, kommen in der finnischen Mülldiskussion Sprachthemasierungen nicht vor.

Mit einem finnischen und einem deutschen Textbeleg soll im Folgenden verdeutlicht werden, wie eine bestimmte Benennungswahl in einem gewissen Kontext Assoziationen erwecken kann, die Vertrauen und Zustimmung hervorrufen. Sowohl in Deutschland als auch in Finnland stehen den wachsenden Abfallmengen Deponien und Abfallverbrennungsanlagen mit begrenzten Kapazitäten gegenüber und das gewachsene Umweltbewusstsein der Bürger erschwert den Bau neuer Anlagen zur Entsorgung von Abfällen. Die Bürger befürchten schädliche Umwelteinflüsse und negative gesundheitliche Auswirkungen.

Durch die Einführung der Bezeichnungen *kierrätyspuisto*[440] und *Recyclingpark* wird versucht, Meinungen bzw. Einstellungen der Bürger zu beeinflussen, um die negativen Reaktionen von Seiten der Öffentlichkeit zu vermeiden. Die deverbalen Erstglieder der Komposita – *Recycling-* und *kierrätys-* – werden zur Bezeichnung von Verfahren verwendet, bei denen Wertstoffe aus Abfallmaterialien zurückgewonnen und erneut zur Herstellung von brauchbaren Produkten oder Energie eingesetzt werden. Der Terminus *Recycling* wie auch sein finnischsprachiges Äquivalent *kierrätys* wecken positive Assoziationen.

> Keravan nykyiselle kaatopaikka-alueelle Saviolle aiotaan rakentaa Euroopan nykyaikaisin kierrätyspuisto. Jätteiden käsittely siirtyy uudistuksen jälkeen kokonaan sisätiloihin. (HS 21.10.2004, C4)

> Auf dem gegenwärtigen Deponiegelände von Savio in Kerava soll der modernste Recyclingpark Europas errichtet werden. Nach der Erneuerung werden die Abfälle nur noch in Innenräumen behandelt. [übers. von A. L.]

> Im Oktober 1995 hat die thermische Abfallbehandlungsanlage in Wels den Betrieb aufgenommen. [...] Sie ist ein integrierter Bestandteil des Recyclingparks. (Kneissl 1996, 216)

Wie im Kompositum *Entsorgungspark* (vgl. 7.5.1) verändert sich die Bedeutung von *-park* auch in der Bezeichnung *Recyclingpark*. Sie wird allgemeiner und kennzeichnet nur eine Ortsangabe. Die Ortsbezeichnung durch *-park* enthält auch hier positive Konnotationen, die auf die erste Konstituente übertragen werden.

---

439 Siehe z. B. HS 19.7.2005, D1.

440 Ein weiterer Beleg für *kierrätyspuisto* s. z. B. HS 18.10.2005, C4.

Das finnische Wort *puisto* ist ein von dem Simplex *puu* ‚Baum, Holz‘ abgeleitetes Kollektivum und kommt in der finnischen Schriftsprache zum ersten Mal 1728 in einem Hochzeitsgedicht von Henrik Lilius vor. In der Gegenwartssprache hat das Wort die Bedeutung ‚Anlage mit entweder wilden oder Gartenpflanzen, wo man sich erholen kann‘. (Vgl. Häkkinen 2004, 965.) Seit Ende der 1980er Jahre ist aber eine Tendenz zur Reihenbildung der Konstruktionen mit *-puisto* als zweite Konstituente festzustellen, vgl. z. B. *kierrätyspuisto* ‚Recyclingpark‘, *energiapuisto* ‚Energiepark‘ und *tuulipuisto* ‚Windpark‘ in der Fachsprache der Ökologie und des Umweltschutzes.

Der Ausdruck *kierrätyspuisto* ist eine Lehnübersetzung des englischen *recycling park*. Da das Wort *puisto* in der finnischen Sprache etymologisch weder die Bestimmung als ‚Aufbewahrungsort‘ noch als ‚Gebiet mit mehreren Anlagen, Gebäuden usw., die einem bestimmten Zweck dienen‘[441] wie u. a. im Deutschen, Englischen und Französischen hat, betrachtet T. Kolehmainen (2005) den Ausdruck *kierrätyspuisto* als einen Übersetzungsfehler.

In vielen Kompositionen verändert sich die Bedeutung von *puisto*. Als gebundenes Kompositionsglied zeigt das Wort die Tendenz zur Abstraktion; es wird allgemeiner und konnotiert. Die neue übernommene Bedeutung findet man in den Wörterbüchern *Perussanakirja* (1997) und *Kielitoimiston Sanakirja* (2004), in denen *puisto* als Zweitglied eines Kompositums definiert wird als „jotakin toimintaa tms. varten rakennettu alue“ (‚Gebiet, das für eine Tätigkeit u. dgl. errichtet worden ist‘ [übers. von A. L.]).

Mit den Zweitgliedern *-park* und *-puisto* in *Recyclingpark* und *kierrätyspuisto* wird ein nach außen abgegrenztes Gelände bezeichnet, auf dem mehrere Anlagen einer bestimmten Art in ihrer Funktionsweise (für stoffliche bzw. thermische Verwertung der Abfälle) miteinander verbunden sind. (Vgl. auch Haß 1989a, 554.) Die Bedeutung des Ausdrucks *kierrätyspuisto* als verschleierndes Mittel zeigt sich u. a. darin, dass in Virrat in Finnland ein Vorhaben für die Errichtung eines Recyclingparks weit geplant werden konnte, ehe die Einwohner einsahen, dass es sich um ein Zentrum handelt, wo Abfälle gesammelt, sortiert, wiederverwertet, verbrannt, entsorgt und endgelagert werden (vgl. T. Kolehmainen 2005)[442].

### 7.5.5 Bezeichnungen für Waldschäden und Waldpflege

Gegen Ende der 1970er Jahre haben die Forscher begonnen, von *neuartigen Waldschäden* zu sprechen, deren Ursache die Luftverunreinigungen sowie die durch die Deposition von Luftschadstoffen beschleunigte Versauerung des Bodens sind. Waldschäden waren aber keine neue Erscheinung, denn bereits im 14. Jahrhundert wurden Rauchschäden an Wäldern festgestellt, in der Regel jedoch

441 Vgl. die Fußnote 415 Abschn. 7.5.1 sowie Hämmer (2002, 64).

442 Zum Thema *-puisto* als Zweitglied von Komposita s. auch Nissinen (1995).

nur kleinräumig. Seit dem 19. Jahrhundert treten Waldschäden als Folge der zunehmenden Industrialisierung verstärkt auf. (Vgl. Was ist los mit unserem Wald? 1986, 9.) Als neuartig wurden die Waldschäden insbesondere deshalb bezeichnet, weil auch die industriefemeren, zuvor unbelasteten Gebiete auffällige Schäden an den Wäldern zeigten. Diese Areale waren großflächiger als diejenigen in unmittelbarer Nähe der verschmutzenden Industrieanlagen. (Vgl. Väliverronen 1996, 21.) Zu Beginn der 80er Jahre ließen in Deutschland Berichte und Bilder vom Waldsterben die Öffentlichkeit erschrecken. Die bundesdeutsche Walddiskussion wurde 1981 mit der *Spiegel*-Titelserie *Das stille Sterben – Säureregen zerstört den deutschen Wald* (Hefte 47–49) eröffnet. Zugleich wurde die Debatte um das Waldsterben emotionalisiert. Selten hat ein Thema die öffentliche Debatte stärker beschäftigt als die sterbenden Wälder. 1983/84 beherrscht *Waldsterben* – laut Carstensen (1984, 88) ein Wort des Jahres 1983 – dann landesweit die Schlagzeilen. Nach 1985 wurde es allmählich wieder stiller um die deutschen Wälder (Väliverronen 1996, 27).

Die geschärfte Sprachsensibilität im Umgang mit umweltpolitischen Fachwörtern zeigt sich von Anfang an deutlich an der Bewertung des Ausdrucks *Waldsterben.* Radikale Umweltschützer halten die Benennung für zu schwach und bevorzugen die Bezeichnung *Waldmord.* (Vgl. Jung 1995, 649; s. auch Jung 1996, 159.) Mit dem Grundwort *-mord* implizieren die Umweltschützer, dass der Wald aktiv und mit Eigennutz von Industrie und Politikern zerstört wird (Stötzel/Eitz 2002, 426). In den Medien wurde der deutsche Wald auch mit solchen drastischen Wörtern wie *Baumsterben* (Allgemeine Forstzeitschrift 39/1982, 1173), *Baumleichen* und starken Metaphern wie *Waldfriedhof* totgeschrieben (Keßler 1995). Beim *Waldsterben* handelt es sich nicht um die Erkrankung einzelner Baumarten, sondern um die Erkrankung des gesamten Waldökosystems, das primär verursacht wird durch Luftschadstoffe. Insofern ist der Ausdruck *Waldsterben* treffend. (Vgl. UL 1993, s. v. Waldsterben; Marquardt-Mau/Mayer/Mikelskis 1993, 460.)

Die in der deutschen Presse übliche Bezeichnung *Waldsterben* wurde aber im offiziellen Sprachgebrauch aus politischen Gründen als unsachlich-emotional und terminologisch unangemessen kritisiert. Auch hier bemühte man sich um eine neutralere Bezeichnung, indem der Regierungsbericht vom Oktober 1983 versuchte, *Waldsterben* im offiziellen Sprachgebrauch durch *neuartige Waldschäden*[443] zu ersetzen (Carstensen 1984, 88). Die auffällige Verwendung der Benen-

---

443 Zum Beispiel Titelbild in der *Allgemeinen Forstzeitschrift* Nr. 51, 30.12.1983. Unter *neuartigen Waldschäden* werden die seit Beginn der 80er Jahre flächenhaft wahrgenommenen Waldschäden in Mitteleuropa, zuerst bei Tanne, später auch bei Fichte und Laubbäumen verstanden. Die neuartigen Waldschäden stellen eine Komplexkrankheit mit maßgeblicher Beteiligung luftgetragener Schadstoffe dar. (SUL 2000, s. v. Neuartige Waldschäden) Nicht neuartig sind die sichtbaren Schäden wie Blatt- und Nadelverlust, Kronenverlichtung und Schädlingsbefall. Neuartig sind dagegen das flächenhafte Auftreten der Schäden zunehmend in weiten Arealen fern von luftverschmutzenden Indus-

nung *neuartige Waldschäden* durch die chemische Industrie und die Bundesregierung provoziert den Vorwurf, hier werde die politisch missliche Bezeichnung *Waldsterben* bewusst vermieden und das unliebsame Faktum durch die Verwendung des Ausdrucks *neuartige Waldschäden* linguistisch heruntergespielt. Dieser verharmlosende Terminus lässt die Konsequenzen weit verbreiteter Waldschäden offen. (Vgl. Jung 1995, 649f.) In der ehemaligen DDR wurde laut Jung (1995, 650) nicht nur die Unwissenschaftlichkeit der Bezeichnung *Waldsterben* betont, sondern der Ausdruck wird auch als „eine Erfindung *westlicher* Medien" vermieden (ebd.). Hingegen wird die beschönigende Bezeichnung *großflächige Forstschäden* bevorzugt (Stötzel/Eitz 2002, 428).

Das Thema *Waldsterben* verliert in Deutschland Ende der 80er Jahre an Brisanz und wird nur noch im alljährlichen *Waldschadensbericht* thematisiert. Anfang der 90er Jahre wird die Bezeichnung *Waldschadensbericht* durch den Terminus *Waldzustandsbericht* ersetzt und somit der negativ konnotierte Ausdruck *Schaden* vermieden. (Vgl. Stötzel/Eitz 2002, 428f.)

Die Bezeichnung *Waldsterben*, die seit 1983 im Duden mit der Bedeutungsangabe „verstärkt auftretendes Absterben von Bäumen in Waldgebieten infolge zunehmender Verschmutzung der Luft" eingetragen ist, erwies sich als so zugkräftig, dass sie zumindest kurzzeitig als Germanismus Eingang in die internationale Presse (Jung 1995, 649) und in andere Sprachen, in erster Linie in die französische[444] und die englische, fand (WdGm 2001, 83f.). *Waldsterben* wird z.B. in Collins *Dictionary of Ecology and the Environment* (1988, 192) lemmatisiert:

> **Waldsterben** *noun* (German word meaning "the dying of trees") forest dieback, a disease affecting pine trees, where the pine needles turn yellow
>
> QUOTE · since 1980, many forests in the eastern US and parts of Europe have suffered a loss of vitality – a loss that could not be linked to any of the familiar causes, such as insects, disease or direct poisoning by a specific air or water pollutant. The most dramatic reports have come from Germany, where scientists, stunned by the extent and speed of the decline, have called it Waldsterben.

Weiter kommt *Waldsterben* u.a. im *Longman Dictionary of Environmental Science* (= DicEnS) (1998, 445) mit den Bedeutungsangaben „extensive decline and death of trees that has occurred in Central Europe since the 1970s. *see* recent forest decline"[445] vor. *The New Oxford Dictionary of English* (= OxDic) (1998,

---

trieanlagen und die Tatsache, dass alle Baumarten betroffen sind. (Was ist los mit unserem Wald? 1986, 9) Der Begriff „neuartige Waldschäden" sollte darüber hinaus zum Ausdruck bringen, dass es sich um eine Vielzahl von Schadsymptomen handelte (Möhring 1992, 12).

444 Siehe auch *Der Spiegel* (39/1995, 60).

445 *Recent forest decline* „the as yet unexplained widespread damage to forest trees observed over large areas of Europe, eastern Canada and north-east USA. This phenomenon was first noticed in the early 1970s in Germany, but treering studies suggest that, in

2077) bringt die folgende Definition: „disease and death in forest trees in central Europe as a result of atmospheric pollution. – Origin 1980s: from German, from *Wald* 'forest' + *Sterben* 'death'". Als sprachliche Entlehnung aus dem Deutschen begegnet in DicEnS (1998, 274) auch der Terminus *neuartige Waldschäden* mit der Bedeutungsangabe „(German) ‚new kind of forest damage'. *see* recent forest decline".

Obwohl Gelegenheitskomposita wie *Baumsterben* und *Tannensterben*[446] sich bereits lange nachweisen lassen, bildet sich der Begriff *Waldsterben* erst Anfang der 80er Jahre zum festen Schlagwort heraus (Jung 1995, 649; WdGm 2001, 83). Der Neologismus *Waldsterben* etabliert sich als Oberbegriff zu den Komposita *Tannen-*, *Fichten-* und *Baumsterben* und ersetzt allmählich die ‚Vorläufer'-Bezeichnungen (Stötzel/Eitz 2002, 423). Darüber hinaus dient der Ausdruck *Waldsterben* als Vorbild für ein produktives Wortbildungsmuster zur Benennung von Umweltkatastrophen wie *Fischsterben, Grünsterben, Bergsterben, Robbensterben, Nordseesterben, Schilfsterben* (Jung 1995, 649; vgl. auch Bär 2003, 248). Weitere ähnlich gebildete Komposita sind etwa *Bienensterben* (Der Spiegel 2/1984, 51), *Meeressterben, Gebäudesterben* (Walther/Nüssler 1985, 6), *Bodensterben* (Walther 1986, 13), *Blatt-* und *Laubsterben, Pflanzensterben, Natursterben, Flechtensterben, Kleintiersterben* (Walther 1988, 6), *Bergfinkensterben, Schneefinkensterben, Möwensterben, Eichensterben, Bergwaldsterben* (Walther 1989, 67), *Pilzsterben* (Akt'89, 248), *Seehundsterben* (Heinrich/Hergt 1998, 261), *Artensterben, Korallensterben* (Akt'00, 477, 489), *Vegetationssterben* (WdGm 2001, 84), *Nordseesterben* (Bär 2003, 248), *Buchensterben, (Weiß-)Kiefernsterben* (Lexikon Waldschädigende Luftverunreinigungen).

> Als ein paar Jahre später die ersten Symptome des Waldsterbens sichtbar wurden, traf es die Nation ins Herz: Der deutsche Wald, die romantische Heimstatt der Volksseele, vom sauren Regen zerfressen und in ein Totengerippe verwandelt – solcher Frevel schlug den Nachfahren Joseph von Eichendorffs schwer aufs Gewissen.
>
> Staunend nahmen die Nachbarn den fast religiösen Eifer wahr, der die deutsche Ökologiebewegung von Beginn an beseelte. „Le waldsterben" ging, wie „le blitzkrieg" und „l'ersatz", als Fremdwort ins Französische ein. (*Der Spiegel* 39/1995, 60)

---

some areas at least, the problem may date back to the 1950s. Atmospheric pollution is most commonly cited as the principal causative agent. *alt.* neuartige waldschäden, tree dieback, waldsterben." (DicEnS 1998, 348).

446 Die Bezeichnung *Tannensterben* wird als Fachwort bereits seit 1964 verwendet (Stötzel/Eitz 2002, 422). Sie bezeichnet zunächst eine Krankheit, die bereits im 19. Jahrhundert registriert wurde und stets regional begrenzt, nur bei extremen klimatischen Bedingungen vorkam. Anfang der 1970er Jahre wird die Extension der Bezeichnung *Tannensterben* erweitert, indem sie nun auch eine Krankheit bezeichnet, die großflächige Schäden an Tannen verursacht und fast in ganz Europa festzustellen ist. Als auch an Fichten ähnliche Schäden vorkommen, etabliert sich der Ausdruck *Fichtensterben* ab ca. 1981 im allgemeinen Sprachgebrauch. (ebd.)

Waldschäden blieben aber nicht nur auf Deutschland beschränkt, obgleich sie von seinen Nachbarn im Westen zunächst als eine neue deutsche Krankheit namens „le Waldsterben" belächelt wurden (Möhring 1992, 11). Anzeichen auffälliger Schäden in den Wäldern wurden auch in anderen europäischen Ländern sowie in Nordamerika festgestellt (Was ist los mit unserem Wald? 1986, 59). Ob das Waldsterben als einheitliches Phänomen aufzufassen ist, ist bis heute umstritten geblieben (Rögener in SZ 15.12.1999, M24). In den anderen Ländern wurde aber über Waldschäden in den 80er Jahren nicht so ausführlich und heftig diskutiert wie in Deutschland. Am nächsten dürften in dieser Hinsicht Österreich und die Schweiz sowie Finnland gewesen sein. In Finnland fing die Debatte freilich deutlich später an als in den anderen Ländern. Im Hintergrund der bundesdeutschen Walddebatte hatten Einfluss die Zunahme der Umweltprobleme und die Entwicklung des Umweltbewusstseins, aber auch die politischen Konjunkturen. Das Waldsterben hätte aber nie eine solche Karriere machen können, wenn nicht der Wald in der deutschen Kultur als Schauplatz von Märchen, als Gegenstand von Sprichwörtern und Redensarten sowie vor allem in der romantischen Lyrik und der schönen Literatur eine so bedeutende Rolle gespielt hätte.[447] Auch das deutsche Liedgut scheint nicht ohne den Wald auskommen zu können.

> Denn soviel hat mittlerweile jeder begriffen oder halbwegs kapiert, daß außer dem Frieden und bißchen Gerechtigkeit mehr, endlich der Wald, nicht nur der deutsche, der Wald überhaupt, wenn er schon nicht mehr zu retten ist, gefilmt werden muß immerhin. Und zwar in allen Stimmungen und in Farbe zu jeder Jahreszeit, damit er als Dokument erhalten und nicht aus unserem Gedächtnis und dem unserer Kinder. Denn ohne Wald, Ratte, sind wir arm dran. Weshalb wir schon deshalb und weil wir uns schuldig sind das, uns fragen müssen, was uns der Wald, nicht nur der deutsche, aber das sagte ich schon, bedeutet, nein, sagt, damit wir später, zumindest im Film mit unseren Kindern, solange noch Zeit ist ein wenig. (Grass 1999, 47)

Für die Deutschen ist der Wald in zweierlei Hinsicht sehr wichtig, einerseits als Lebensraum, andererseits aber auch „als geistiges Zuhause, eben im Sinne des kulturellen Gedächtnisses" (Yalin 2006, 285). Beispielsweise in Günter Grass' Roman *Die Rättin* macht das Waldsterben laut Yalin (2006, 284) den wichtigsten ökologischen Aspekt aus. Für Grass bedeutet der Waldverlust eine kulturelle Verarmung (Yalin 2006, 285), denn der Abschied vom Wald heißt nach Grass auch „Abschied von allen Wörtern, die aus dem Wald kommen" (Grass 1999, 120).

> Denn das Waldsterben bedeutet nicht nur die Zerstörung menschlicher Lebenswelt mit der Folge einer ökologischen Katastrophe, sondern er reißt alles mit in den Untergang, was kulturell im Laufe der deutschen Geschichte mit dem Wald zusammengewachsen ist, vor allem aber das Märchen. (Yalin 2006, 285)

---

447 Vgl. hierzu auch Yalin (2006, 284).

In Frankreich etwa ist das Umweltbewusstsein wie auch die Rolle der Umweltbewegungen deutlich schwächer gewesen als in Deutschland. Darüber hinaus entwickelten sich in Deutschland bereits gegen Ende des 19. Jahrhunderts eine neue Disziplin, die Ökologie, sowie unterschiedliche naturphilosophische Richtungen. (Vgl. Väliverronen 1996, 25f.)

Hatten die Versauerung des Bodens und die Waldschäden als Gesprächsthema in vielen Ländern bereits Mitte der 1980er Jahre an Bedeutung verloren, so rückten sie in Finnland erst gegen Ende des Jahrzehnts stärker in den Vordergrund. Damals kristallisierte sich die finnische Diskussion über Umweltprobleme vielfach gerade in den Waldschäden. Sie waren nicht nur ein Umweltproblem unter den anderen, sondern viel mehr: die Waldschäden wurden zum Symbol der Umweltverschmutzung und der ökologischen Katastrophe. (Vgl. Väliverronen 1996, 36f.)

Wie oben bereits erwähnt, hat das Wort *Waldsterben* den Fremdwortschatz der Nachbarländer Deutschlands bereichert. In den frühen 80er Jahren wurde auch in der finnischen Presse zunächst nur über das mitteleuropäische *Waldsterben* geschrieben. In dem Zusammenhang wurden für den Begriff *Waldsterben* häufig die direkten Übersetzungsäquivalente *metsien kuolema, metsien kuoleminen*[448] bzw. *metsäkuolema*[449] verwendet. Der Zustand der eigenen Wälder war in Finnland eine wichtige gesellschaftliche Frage erst gegen Ende der 1980er Jahre, als die durch die Wirkung von Luftschadstoffen verursachten Waldschäden in Lappland entdeckt wurden (vgl. Väliverronen 1996, 12, 25, 59ff.; Kuusela 1996, 5ff.). Über Waldschäden wurde in der wissenschaftlichen Literatur, in forstwirtschaftlichen Fachzeitschriften und in einigen allgemeinen Zeitschriften überwiegend in den Jahren 1988–1992 geschrieben, und der umfangreichste Diskurs wurde in Finnland 1990 geführt (Väliverronen 1996, 61f.).

In der finnischen Walddiskussion kommt, insbesondere wenn es sich um die eigenen Wälder handelt, in erster Linie der Ausdruck *metsätuhot* ‚Waldschäden' vor. In wissenschaftlichen Texten (siehe z.B. Huttunen 1988) werden die Ausdrücke *metsätuhot* und *metsävauriot*[450] parallel verwendet. In der öffentlichen Diskussion erweist sich das Wort *metsätuhot* jedoch als semantisch gesättigt, ausdrucksstärker und dramatischer als die weniger bedrohliche Bezeichnung *metsävauriot* (vgl. Väliverronen 1996, 34). Wie die Bedeutung der gemeinsprachlichen Wörter, so kann sich auch die Bedeutung der Fachwörter mit der Zeit ändern. Über *Waldschäden* hat man auch in Finnland schon lange gesprochen, aber bis Ende der 1970er Jahre wurden mit dem Begriff in der Regel Schäden

448 Frühbelege z.B. in *Suomen Kuvalehti* 41/1983, 66f., 19/1984, 49 u. 48/1984, 26.

449 Der Ausdruck *metsäkuolema* in der Bedeutung ‚metsien kuolema, vars. saasteiden vaikutuksesta', (das Sterben von Wäldern, vor allem als Folge von Verunreinigungen) wird von Huhtala (1984, 117) neben u.a. den Bezeichnungen *hapan laskeuma* ‚saure Deposition' und *hapan sade* ‚saurer Regen' zu den Wörtern des Jahres 1984 gezählt.

450 *metsätuhot* etwa ‚sehr starke Waldschäden'; *metsävauriot* ‚Waldschäden'.

gemeint, die auf natürliche Witterungsereignisse wie Trockenheit, Frost und Sturm oder auf Krankheitserreger und Baumschädlinge zurückgehen, oder Rauchschäden, die an Wäldern in unmittelbarer Nachbarschaft von Industrieanlagen registriert wurden. (Väliverronen 1996, 33) Lokales Absterben ist aber auch in finnischen Wäldern vorgekommen. In der Nähe von Industrieanlagen (z. B. in Harjavalta und Siilinjärvi) und Siedlungsgebieten sind abgestorbene Bäume und ganze absterbende Wälder aufgetreten. (Vgl. Jukola-Sulonen 1990, 300; s. auch Kuusela 1996, 3.)

Ab Anfang der 80er Jahre tritt in der wissenschaftlichen Literatur auch in Finnland der Terminus *uudentyyppiset metsätuhot* ‚neuartige Waldschäden' auf, worunter Waldschäden in zuvor unbelasteten Arealen fern von luftverschmutzenden Quellen verstanden wurden. Zur gleichen Zeit veränderte sich der Begriffsinhalt des Ausdrucks *metsätuhot* ‚Waldschäden'. Wurden klassische Walderkrankungen in früheren Zeiten überwiegend durch natürliche Einflussfaktoren (Witterung, Insekten usw.) hervorgerufen, so entstehen die Waldschäden jetzt in erster Linie durch die direkte Wirkung von anthropogenen Luftverunreinigungen auf die oberirdischen Pflanzenteile und die langfristige Zufuhr und Anreicherung von Schadstoffen aus Industrieanlagen, Kraftwerken, Verkehr, Haushalt und Landwirtschaft im Boden. Die Ausdrücke *metsätuho* ‚Waldschäden' und *metsäkuolema* ‚Waldsterben' haben in der Forschung eine deutlich unterschiedliche Bedeutung: Waldschäden führen nicht unbedingt zum Sterben des ganzen Waldes. Beim Waldsterben handelt es sich um eine Störung der gesamten Beziehung zwischen den Bäumen, dem Boden und der Luft, um eine Erkrankung des gesamten Waldökosystems. (Vgl. Väliverronen 1996, 33f.) Viele Wissenschaftler bevorzugen darüber hinaus den in der finnischen Sprache undurchsichtigen Fachterminus *harsuuntuneet*[451] *metsät* (‚verlichtete Wälder, Wälder mit Blatt- und Nadelverlusten') vgl. z. B. Huttunen 1988, 97–106; Wahlström u. a. 1994, 116–121; Kuusela 1996, 3).

In einen richtigen Dschungel von Begriffen ist man in Finnland in der forstwirtschaftlichen Terminologie geraten. Bereits in den 1980er Jahren, als es sich um *avohakkuu* ‚Kahlschlag'[452] handelte, wurde, um Assoziationen mit einem negativ belegten Sachverhalt zu unterbinden, von *päätehakkuu* ‚Endhieb, Endnutzung'[453] oder von *metsänuudistaminen*[454] ‚Verjüngungshieb'[455] gesprochen. Spä-

451 *harsu* kasv. harva (tiheän vastakohtana) (Kielitoimiston sanakirja 2004), ‚*harsu* Bot. licht (im G. zu dicht)' [übersetzt von A. L.].

452 *Aavohakkuu* „metsän uudistustapa, jossa hakkuualueelta kaadetaan kaikki rungot; edellyttää aina metsän uudistamista" (Avain Suomen metsäteollisuuteen 1998, 100). *Kahlschlag* „vollständige Nutzung der auf einer Fläche stockenden Bäume" (Wikipedia).

453 *Päätehakkuu* ‚Endhieb, Endnutzung' (Lexicon forestale 1979, 147). *Päätehakkuu* ks. uudistushakkuu (Avain Suomen metsäteollisuuteen 1998, 111). S. Fußnote *uudistushakkuu* unten.

ter hat *Metsähallitus* (die staatliche Forstverwaltung) versucht, ihre Verpflichtungen zum Schutz der Natur zu umgehen, indem sie Naturschutzwälder (*luonnonhoitometsä*) gründete. Der Terminus an sich klingt gut. Trotzdem genossen die Naturschutzwälder keinen vollen Schutz, sondern wurden von *Metsähallitus* durch forstwirtschaftliche Nutzung vielfach beeinträchtigt. Das Modewort, das *Metsähallitus* in den 90er Jahren besonders gern verwendet hat, ist *alue-ekologinen suunnittelu* ‚regional-ökologische Planung'. Die regional-ökologische Planung ist das Werkzeug, mit dessen Hilfe *Metsähallitus* alte Wälder in Nord-Finnland zu schützen suchte. In der Praxis bedeutete dies aber, dass *Metsähallitus* Teile von den unter Schutz gestellten alten Wäldern abholzen durfte. (Vgl. Heimonen/Kaaro 1999, 178.)

Der Beginn der Diskussion über die sterbenden Wälder in Deutschland ist auf einige aktive Forscher zurückzuführen. Später haben Industrie, Umweltverbände und die Bundesregierung an der Diskussion teilgenommen, die sich ihrerseits auf ihre eigenen wissenschaftlichen Sachverständigen stützten. So entwickelten sich die Auseinandersetzungen in der Öffentlichkeit zu Auseinandersetzungen zwischen Experten und Gegen-Experten. (Vgl. Väliverronen 1996, 45.) In der finnischen Diskussion über Waldschäden hatten die Wissenschaftler dagegen eine führende Stellung und die Naturschützer und Umweltverbände haben an der Diskussion deutlich weniger teilgenommen als in Deutschland oder in Österreich (Väliverronen 1996, 73). Verglichen mit den anderen westlichen Industrieländern haben die Umweltverbände in Finnland in der Regel eine verhältnismäßig unbedeutende Rolle gespielt, wogegen die Behörden als Informationsquelle im Bereich der Umwelt eine beachtliche Position erlangt haben. (Vgl. Lyytimäki/Palosaari 2004, 23.) In Umweltfragen, und insbesondere wenn es sich um den Wald handelt, vertrauen die Finnen den Fachleuten der Forstbranche. In dieser Hinsicht unterscheiden sich die Finnen laut einer Eurobarometer-Umfrage deutlich von den anderen EU-Bürgern, die das größte Vertrauen den Umweltorganisationen schenken. (Vgl. Lotti 1997, 36.)

Kein anderes Umweltproblem hätte in Finnland eine ebenso große Aufmerksamkeit erregen können wie die Waldschäden: In sterbenden Wäldern vereinigten sich die wirtschaftlichen, die ökologischen und die kulturellen Werte. Die Viel-

---

*Endnutzung* „Ernte eines Waldbestandes bzw. einer Forstabteilung, die das in der Forsteinrichtung langfristig geplante Erntealter, die so genannte Umtriebszeit erreicht hat" (Wikipedia).

454 wortwörtlich: Walderneuerung

455 *Uudistushakkuu* „hakkuutapa, jossa poistetaan vanha puusukupolvi uuden puusukupolven luontaista tai viljellen uudistamista varten. Viljely on joko kylvöä tai istutusta, luontainen paikalla olevien puiden luonnon siemennystä" (Avain Suomen metsäteollisuuteen 1998, 114).

*Verjüngungshieb*: „Ablösung eines in der Regel hiebsreifen alten Waldbestandes durch einen jungen" (Glossar Waldwachstum, s. v. Verjüngung).

falt, die Gesundheit und die Lebenskraft der finnischen Wälder waren bedroht. (Vgl. Heimonen/Kaaro 1999, 195.)

Der Wald ist für die Finnen immer wichtig gewesen. Die traditionelle Lebensform wie auch der heutige Wohlstand Finnlands stützen sich auf Wälder. Die Holz verarbeitende Industrie ist für die finnische Volkswirtschaft von erstrangiger Bedeutung. Ungefähr jeder fünfte Finne verdient direkt oder indirekt seinen Lebensunterhalt in der Forstwirtschaft oder der Holz verarbeitenden Industrie. Außer der Forstwirtschaft gründen sich auch die meisten ältesten Formen der Nahrungsgewinnung des Landes auf Wälder (Heimonen/Kaaro 1999, 195). Im Wald haben die Finnen früher Schutz gesucht, wenn der Feind sie bedrohte. Der Wald hat das Baumaterial für die Häuser und geeignetes Material zum Heizen geliefert. Im Wald hat der Finne Nahrung gefunden – Pilze, Beeren und Wild. Heutzutage sucht der Finne dort Ruhe, Erholung und Entspannung. (Vgl. Heimonen/Kaaro 1999, 195; Lotti 1997, 34.) In den Wäldern finden viele finnische Künstler wertvolle Anregungen. Im Wald liegt darüber hinaus ein Schwerpunkt der wissenschaftlichen Aktivitäten Finnlands. (Vgl. Heimonen/Kaaro 1999, 195.)

Die brennendsten Umweltprobleme der Gegenwart sind globaler Natur, wie etwa der Klimawandel und seine Auswirkungen auf die Wälder. Als neue internationale Frage ist in der Umweltdebatte der 1990er Jahre der Schutz der Biodiversität, d. i. der biologischen Vielfalt, in den Vordergrund gerückt. Die Diskussion über die Vielfalt der Wälder hat die Diskussion über Schadstoffe und Versauerung verdrängt. (Vgl. Väliverronen 1996, 80.)

## 7.6 Zusammenfassung

Die Belege aus 7.5.1–7.5.5 zeigen die thematischen Bereiche, in denen in der deutschen und finnischen Umweltdiskussion hauptsächlich Euphemismen auftreten. Eine wesentliche Frage, die durch die Analyse der aufgezeigten Belege in den Vordergrund rückte, ist die Tatsache, dass Euphemismen, die keinen Eingang in Wörterbücher finden, in der öffentlichen Debatte ohne gesellschaftlichen Kontext unverständlich bleiben. Die Rolle des jeweiligen Kontextes bedarf somit für eine Untersuchung von Euphemismen in der öffentlichen Debatte über Umweltprobleme besonderer Aufmerksamkeit.

Wird nach der sprachlichen Realisation von Euphemismen sowie den Ursachen für die Verwendung von euphemistischen Bezeichnungen gefragt, so lässt sich Folgendes feststellen: Zum einen haben Euphemismen im Kontext die Funktion, Unangenehmes zu verhüllen, aufzuwerten und zu mildern. Zum anderen lässt sich der Euphemismus als ein Mittel zur Manipulation einsetzen, der auf Grund von Interessenkonflikten bestimmte inhaltliche Aspekte verschweigen oder undurchsichtig halten soll und mithin verschleiernd wirkt. Allgemein tragen Euphemismen dazu bei, einen unangenehmen Sachverhalt besser hinzunehmen und auszuhalten. Viele *Insektengifte* lassen sich beispielsweise als *Pflanzenschutzmittel* bezeichnen. Bestimmte Bezeichnungen, die einen Bezug zum Verursacherprinzip herstellen (z. B. *ausgerottet*), können durch neutralere Fachwörter (z. B. *ausgestorben*) ersetzt werden. Häufig werden Umweltprobleme durch bestimmte Fachwörter und Termini derart bezeichnet, als ob sie Naturereignisse seien. Der wahre Sachverhalt wird verschleiert und die Frage nach dem Verursacher kommt nicht unmittelbar auf. Durch die Verwendung von Fach- und Fremdwörtern kann das Prestige in der öffentlichen Umweltdiskussion erhöht werden. Einige von den Bezeichnungen wie etwa *Melioration* sind erst durch einen Wandel der Wertmaßstäbe zu Euphemismen geworden. Moderne neutrale Fachwörter und Termini werden verwendet, um den wahren Sachverhalt zu verschleiern und dadurch den unmittelbaren Bezug zu den Umweltproblemen zu erschweren. Im Weiteren kann die Verwendung von technischen Termini dazu beitragen, die Verantwortung auf Fachleute und Behörden zu übertragen und sich selbst weniger betroffen zu fühlen, vgl. z. B. *thermisches Recycling* statt *Müllverbrennung*.

Im Bereich des Umweltwortschatzes lässt sich generell bemerken, dass die Fachsprachlichkeit eines Terminus, d. h. die in ihm unterstellte Zugehörigkeit zu einem sachbezogenen, wertneutralen und unpolitischen Bereich der Kommunikation, zur Euphemisierung brisanter Tatsachen und Sachverhalte verwendet werden kann (vgl. Haß 1989c, 171). Durch die Verwendung von neutralen Fachwörtern und technischen Termini zielt der Sprecher darauf ab, die Aufmerksamkeit des Hörers auf den Teilaspekt eines unbequemen Sachverhalts zu lenken, der bei ihm keine Kritik hervorruft. Eine weitere Art der Bildung von Euphemismen in verhüllender und verschleiernder Funktion besteht in der Gestaltveränderung des zu ersetzenden Ausdrucks mit Hilfe von Kurzwörtern. In Kurzwortbezeichnungen wie *MVA* oder *$LD_{50}$* scheint der wahre Sachverhalt kaum durch. Zur Verschleierung des eigentlich Gemeinten eignen sich darüber hinaus Metaphern, Leerformeln sowie vage und mehrdeutige Ausdrücke wie etwa *Umweltethik* und *schadstoffarm*, die auf Grund ihrer Vieldeutigkeit inhaltsschwach, nichts sagend und umstritten erscheinen. Einen unbestimmten Begriffsinhalt haben weiter Schlagworte. Ein Redner, der Schlagworte verwendet, zielt darauf, den Hörer dazu zu verleiten, die eigenen Anschauungen ungeprüft als Faktum zu übernehmen. Typische Beispiele für diese Gruppe sind u. a. *nachhaltige Entwicklung* und *Umweltverträglichkeit*.

Euphemistische Ausdrücke werden häufig bewusst gebildet und sind darauf angelegt, die große Mehrheit der Sprachgemeinschaft zu beruhigen oder über die unbequeme Wirklichkeit hinwegzutäuschen. Euphemismen in verschleiernder Funktion zielen darauf ab, den Hörer von den Teilen eines Sachverhalts abzulenken, die den Sprecher oder seine Angelegenheit in einem ungünstigen Licht erscheinen lassen. Da eine Lösung ökologischer Fragen in absehbarer Zeit nicht in Sicht ist, sehen Regierungs-, Energieversorgungs- und Industrievertreter sich gezwungen, ökologische Probleme und umweltpolitische Fehler zu vertuschen, die negativ bewerteten Gesichtspunkte in den Hintergrund zu drängen, die positiv besetzten Aspekte stärker zu betonen sowie das Ausmaß der Risiken zumindest sprachlich herunterzuspielen.

Zum Schluss wurden einige Euphemismen aus den Bereichen Entsorgung von radioaktiven Abfällen, umweltzerstörende Chemikalien, Natur- und Umweltschutz, Abfallbeseitigung sowie Waldsterben und Waldpflege zusammengestellt und diskutiert. Die Bestimmung eines Fachwortes oder Terminus als Euphemismus ist weitgehend von der Gesprächssituation abhängig, da das Thema, die Gesprächspartner, Sprecherintention, Sprachstrategie und Zeitkonventionen mitbestimmen, ob eine Bezeichnung als Euphemismus zu betrachten ist oder nicht. In der Regel ist es möglich, einen Euphemismus in verschleiernder Funktion erst zu entlarven, wenn die Sprecherintention und die außersprachlichen Zustände, die der Euphemismus betrifft, bekannt sind.

Im Zusammenhang mit der öffentlichen Umweltdebatte steht eine große Anzahl sprachlicher Bezeichnungen im Brennpunkt: Die oben untersuchten Bezeichnungen haben in der Umweltschutzdiskussion zum einen besonders starke Aufmerksamkeit erregt, zum anderen unterscheiden sie sich aber auch kennzeichnenderweise in ihrem Kommunikationsschicksal und lassen sich als stellvertretend für eine ganze Reihe ähnlicher Bezeichnungen betrachten, ganz besonders auch wegen ihrer lexikologisch-pragmatischen Heterogenität.

Ein besonderes Problem der öffentlichen Umweltdebatte ist es, dass zum einen die Umwelt jedem sinnlich unmittelbar zugänglich erscheint. Seit die sinnfällige Frühphase der Umweltdiskussion vorbei ist, sind aber zum anderen viele der diskutierten ökologischen Probleme nur mit wissenschaftlichen Methoden nachzuweisen. Darüber hinaus sind sie häufig innerfachlich umstritten und von subjektiven Faktoren abhängig. So ist einzelnen Termini und Bezeichnungen, die eine kondensierte Interpretation von hochkomplexen Sachverhalten und Vorgängen darstellen, eine besondere Bedeutung beizumessen. Daraus erklärt sich auch, zusammen mit dem Problem der Entterminologisierung im öffentlichen Sprachgebrauch, warum Wortthematisierungen, Konkurrenz- und Alternativbezeichnungen, d. h. interessenabhängige Bezeichnungsvarianten, gerade in der Umweltdiskussion besonders häufig sind.

Einen Schwerpunkt der Untersuchungen bildet die Frage, wie und warum sich der Sprachgebrauch der Umweltdiskussion in Deutschland und in Finnland unterscheidet. Die Deutschen sind international dadurch bekannt, dass sie das Themengebiet Umweltverschmutzung sehr eingehend diskutieren (Chichorro Ferreira 1996, 199). Es ist charakteristisch für die in Deutschland öffentlich geführte Diskussion zum Thema Umwelt, dass die Auseinandersetzung über Sachverhalte und Handlungen stärker als bei anderen Diskussionsthemen verknüpft ist mit Kontroversen über die dabei verwendeten Bezeichnungsvarianten, die für viele Menschen vieldeutig, vage und umstritten sind. Die deutsche Umweltdebatte ist zum einen durch die besondere Rolle der Fachtermini im öffentlichen Meinungsstreit, zum anderen durch die ideologische Polarisierung typischer Vokabeln charakterisiert. Im Verlauf der Diskussion haben sich einige gesellschaftlich besonders umstrittene Themenbereiche herausgebildet. Im Streit der Meinungspositionen und Weltbilder sind sie stärker emotional aufgeladen als andere Themen. Diese Themen werden in den Medien ausgiebig diskutiert. Je politisch brisanter ein Thema ist, umso zahlreicher sind die miteinander konkurrierenden Bezeichnungen. Man muss beispielsweise nur an die Vielfalt von Benennungen denken, die zur Bezeichnung und Bewertung des Begriffes „Waldschäden" zur Verfügung stehen.

Mit der wachsenden Aufmerksamkeit für die Umweltproblematik verbreitet sich seit den 1970er Jahren in Deutschland der feste Glaube an die planmäßige Bewusstseinsmanipulation und die absichtliche sprachliche Täuschung über bestimmte Bezeichnungen. Verglichen mit Finnland werden in Deutschland von offizieller Seite mehr und raffiniertere Euphemismen verwendet, deren Gebrauch von der deutschen Ökologiebewegung kritisiert wird. Der offizielle Einsatz raffinierter Euphemismen ist charakteristisch insbesondere für den Sprachgebrauch der Abfall- und Energiepolitik. Auf verhüllende und verschleiernde Bezeichnungen stößt man aber auch in den Bereichen chemische Industrie sowie Natur- und Umweltschutz.

Wenn auch die Auseinandersetzung mit der Förderung und der Nutzung verschiedener Energiegewinnungsarten – insbesondere mit dem Bau des fünften Kernkraftwerkes – in Finnland rege, sogar heftige Diskussionen erregt hat (vgl. z.B. HS 3.9.2000, D5 u. Timgren/Unkuri 2001), hat weder die Kernkraft noch die Endlagerung radioaktiver Abfälle in Finnland eine ebenso leidenschaftliche Polemik hervorgerufen wie in Deutschland. Radioaktiver Abfall ist in Deutschland ein besonders heikles Thema. Nirgends in der Welt sind ebenso starke und weitgehende Bürgerinitiativen und Proteste gegen Endlagerung und Transporte von radioaktiven Abfällen entstanden wie in Deutschland. (Vgl. HS 29.3.2001, C1.)

In Finnland erweckt die wachsende Aufmerksamkeit für Umweltprobleme eine längst nicht so intensive Diskussion wie in Deutschland. Das Vokabular, das in finnischen Texten verwendet wird, scheint weder kontrovers noch auffällig genug zu sein, um auf eine ähnliche Weise thematisiert zu werden wie in Deutschland. Jedoch sind auch die finnischsprachigen Bezeichnungen nicht immer wertneutral und die Wahl der Bezeichnungen ist nicht ohne jede Bedeutung: Jede von ihnen kann unterschiedliche Assoziationen erwecken und somit unterschiedliche Perspektiven zu einem Sachverhalt eröffnen, vgl. z.B. *avohakkuu* ‚Kahlschlag' vs. *metsänuudistaminen* (‚Verjüngungshieb', wortwörtlich ‚Walderneuerung'). Es fehlen noch Untersuchungen zu Auswirkungen der Umweltschutzdebatte auf die finnische Sprache. Darüber hinaus ist auch eine systematische Kommunikationsgeschichte der öffentlichen Diskussion über Umweltprobleme in Finnland bisher nicht vorgelegt worden.

Die festgestellten Unterschiede in der öffentlichen Diskussion über Umweltprobleme in den beiden Ländern lassen sich durch politische und andere außersprachliche Faktoren erklären. Auf dem Gebiet des Umweltschutzes gehört Deutschland zu den führenden Nationen (Goy 2001, 17). Kein anderes Volk reagiert – so *Der Spiegel* (39/1995, 60) – ebenso empfindsam auf die zunehmende Umweltverschmutzung und -zerstörung wie das deutsche. Nirgendwo sonst sind die Leute so leicht mobilisierbar, wenn in ihrem Umfeld beispielsweise eine neue Autobahn oder ein Flugplatz gebaut werden soll oder wenn es sich um *Castor*-Transporte handelt (ebd.). Während es bei den Diskussionen in Deutschland in der Öffentlichkeit immer wieder zu Auseinandersetzungen zwischen Expertenmeinungen und folglich zum Streit um die Angemessenheit sprachlicher Bezeichnungen kommt, haben in der finnischen Diskussion die Wissenschaftler eine führende Stellung. Die Naturschützer und Umweltverbände haben in Finnland an der Diskussion zum Thema Umwelt deutlich weniger teilgenommen. Im Vergleich zu Deutschland und den anderen westlichen Industrieländern haben die Umweltverbände in Finnland in der Regel eine verhältnismäßig unbedeutende Rolle gespielt. In Umweltfragen vertrauen die Finnen den Fachleuten und unterscheiden sich in dieser Hinsicht deutlich von den anderen EU-Bürgern, die das größte Vertrauen den Umweltorganisationen schenken.

Charakteristisch für die finnische Umweltdiskussion ist die Beobachtung, dass man andere Beteiligte meidet. Einer direkten Begegnung wird möglichst ausgewichen, womit versucht wird sicherzustellen, dass man im Recht ist. (Vgl. Rinne/Linnanen 1998, 9.) Auch dann, wenn die Finnen Diskussionen über Umweltschutzfragen führen, sind diese knapp und kurz gefasst. Die finnische Kommunikationskultur zeichnet sich auch im Allgemeinen dadurch aus, dass sich die Kommunikationsteilnehmer streng auf Fakten stützen und eigene Stellungnahmen vermeiden. Man geht davon aus, dass der Hörer auch zwischen den Zeilen lesen und daraus seine eigenen Schlussfolgerungen ziehen kann. (Halme/Markkanen 1998, 28f.)

Nicht uninteressant ist in diesem Zusammenhang die Tatsache, dass die Deutschen laut Oksaar (1988, 56ff.) zu einer Kultur des Redens gehören, während die Finnen zu einer Kultur des Schweigens zu zählen sind. Trotz der starken Amerikanisierung lässt sich der östliche Einfluss in Finnland – so Widén (1988, 15) – immer noch als Grundkommunikationsmuster spüren. Man kann den Finnen auch ein ruhiges Temperament und einen ausgeprägten Konservatismus zugestehen. Die Reserviertheit der Finnen ist als Zeichen des Respekts vor dem anderen auszulegen. (Vgl. Widén ebd.)

Die obigen Erläuterungen und die angeführten Beispiele zeigen, dass, wenn man Euphemismen in der Umweltdiskussion aufdecken will, die kommunikativen und außersprachlichen Zusammenhänge analysiert werden müssen. Aus dem Gesagten geht weiterhin hervor, dass Euphemismen in sehr unterschiedlicher Gestalt vorkommen können, wobei in den meisten Fällen erst die kontextuellen und pragmatischen Umstände eine Bezeichnung zu einem Euphemismus machen. Die Fragen der Wortbildung wie auch der Syntax sind für die Euphemismenbildung von geringerer Bedeutung als die semantisch-pragmatischen Fragestellungen. Zum größten Teil sind die Euphemismen in der Umweltdiskussion verschleiernde Euphemismen.

Die Euphemismen der Umweltdiskussion erweisen sich von ihrer Funktion her als eine vielschichtige sprachliche Erscheinung. Sie aufzuzeigen und sie beurteilen zu lernen sollte eine nicht zu unterschätzende Aufgabe jeder Spracherziehung sein. Die Analyse von Euphemismen kann unter anderem im Journalismus angewendet werden, wo Redakteure und Reporter häufig die wirklichen Zwecke der Euphemismen erörtern müssen, die die Prominenz verwendet. In der Regel kann das Erkennen und Auffinden von Euphemismen auf solche Situationen übertragen werden, in denen kritisches Verstehen von Texten benötigt wird, wie etwa beim Übersetzen.

## 8 Schlussbemerkungen und Ausblick

Die vorliegende Arbeit, die einen Beitrag zur kontrastiven Fachsprachenforschung leisten will, hat sich in erster Linie mit der wissenschaftlichen Fachsprache der Ökologie und des Umweltschutzes beschäftigt. Aber auch Gesichtspunkte der fachexternen Kommunikation wurden in die Überlegungen einbezogen. Die Untersuchung stellte sich die Aufgabe, zur qualitativen Wesensbestimmung der Fachsprache der Ökologie und des Umweltschutzes beizutragen sowie ihre Eigenschaften in der deutschen und der finnischen Sprache zu beschreiben und miteinander zu vergleichen.

Die Fachsprache der Ökologie und des Umweltschutzes mit ihren Charakteristika ist nur vor dem Hintergrund des Fachs zu verstehen. Das weitgefächerte inhaltliche Spektrum des Fachgebiets Ökologie reicht von der theoretischen Ökologie und der Systemökologie über die Geo-, Tier- und Pflanzenökologie bis zur angewandten Ökologie und weist demgemäß zahlreiche Überlappungen zu naturwissenschaftlichen Nachbardisziplinen auf, was sich in fachsprachlichen Besonderheiten zu erkennen gibt. Die politische und gesellschaftliche Relevanz des Fachbereichs Ökologie und seiner anwendungsbezogenen Derivate wie dem Umweltschutz bedingt sprachliche Überlappungen auch mit gesellschaftswissenschaftlichen und politischen Fachsprachen. Ebenso umfasst der Umweltschutz, auch wenn die Benennung im Singular gebraucht wird, eine Vielzahl von Teilgebieten. Insgesamt hat sich bestätigt, dass die Fachsprache der Ökologie und des Umweltschutzes sehr heterogen ist.

Die spezifischen fachsprachlichen Merkmale der Ökologie und des Umweltschutzes betreffen hauptsächlich die Lexem- und Textsortenebene, weniger die Syntaxebene, die für alle Wissenschafts- und Fachsprachen verbindliche Merkmale aufweist. Die Fachsprache der Ökologie und des Umweltschutzes ist im Hinblick auf Anwendungssituationen, Textsorten und Adressaten vertikal vielfältig gegliedert. Diese reichen von fachinternen über interfachliche bis zu fachexternen Kommunikationssituationen. Das Spezifikum dieser Fachsprache im Unterschied zu vielen anderen Fachsprachen ist es, dass eine enge Beziehung besteht zwischen der Sprache der Fachtexte und ihren jeweiligen Anwendern auf der einen Seite und der öffentlichen Verständigungssprache auf der anderen Seite. Demnach muss diese Fachsprache als Kommunikationsmittel unterschiedlichen und gegenläufigen Ansprüchen gerecht werden.

Eine strikte Grenzziehung zwischen der wissenschaftlichen und der umweltpolitischen Kommunikation ist im ökologischen Fachgebiet nicht möglich. Viele der diskutierten ökologischen Probleme sind häufig innerfachlich umstritten und von subjektiven Faktoren abhängig. So ist einzelnen Fachwörtern und Termini, die eine kondensierte Interpretation von hochkomplexen Sachverhalten darstellen, eine besondere Bedeutung beizumessen. Darüber hinaus stellen die Autoren in den umwelt- und ökologiebezogenen Texten nicht nur Sachverhalte dar, sondern wollen häufig auch bewerten und überzeugen. Daraus folgt, dass auch pragmatische Faktoren bereits auf der Ebene der Termini berücksichtigt werden müssen.

Der wissenschaftliche Text unterschiedlicher Fächer und Wissensgebiete gilt als eindeutig, abstrakt, statisch und objektiv. Ausdruck und besonders Appell, der den Sprachteilnehmer zu provozieren und in seinem Verhalten zu beeinflussen versucht, sind traditionellerweise für wissenschaftliche Texte am wenigsten typisch. Das Thema Umwelt ist ein sehr sensibler Lebensbereich der Menschheit. Gegner und Befürworter von Umweltschutzmaßnahmen hatten bereits sehr früh die Gewohnheit, ihre Standpunkte mit Nachdruck und einseitig interessenorientiert zu vertreten. Gerade hier sind sprachliche Entwicklungen stark von der Einstellung des Sprechers zu diesem außersprachlichen Lebensbereich geprägt. Ein umstrittenes Thema wird nicht selten durch unterschiedliche miteinander konkurrierende Ausdrucksvarianten bezeichnet, je nachdem welcher Interessengruppe der Sprecher angehört. Die Fachtexte zum Thema Umwelt besitzen häufiger als in anderen Disziplinen einen appellativen Charakter.

In umweltpolitischen Auseinandersetzungen geht es häufig um einen Streit um Ausdrücke bzw. um Bedeutungszuschreibungen von Ausdrücken. Die Bedeutung eines Ausdrucks kommt im Gespräch zustande, indem der Ausdruck von den Beteiligten festgelegt wird, in unterschiedliche Kontexte gestellt und dabei semantisch angereichert und/oder pragmatisch funktionalisiert wird. Die lexikalische Bedeutung verblasst und die Ausdrücke bekommen eine eigene gesprächsspezifische semantische Kontur und pragmatische Relevanz, was beispielsweise beim Übersetzen berücksichtigt werden muss.

Die deutsche Umweltdebatte und ihre Untersuchung boten einen ertragreichen Orientierungsrahmen für die Betrachtung der finnischen Umweltdiskussion, die bisher kaum Beachtung gefunden hat. Zusätzlich ging die Arbeit aus kontrastiver Sicht auf die Unterschiede zwischen der deutschen und der finnischen Umweltdiskussion ein. Der Vergleich anhand der deutschen Euphemismen schuf zusätzlich Voraussetzungen dafür, die in der finnischen Umweltdiskussion auftretenden Euphemismen zu enthüllen.

Auch das Textsortenspektrum des Fachgebiets muss als ungewöhnlich weit aufgefasst werden. Die Textsorte ökologisches Fachwörterbuch wurde besonders eingehend diskutiert. Die Ausführungen befassten sich mit ihrer Vielzahl und Vielfalt und stellten heraus, dass verglichen mit den zahlreichen ökologischen Fachwörterbüchern mit Deutsch als Ausgangs- bzw. Zielsprache der finnische Fachwortschatz zum Thema Ökologie und Umweltschutz bisher nicht hinreichend lexikografisch erfasst worden ist. Unentbehrlich u. a. für Übersetzer, aber auch für jeden, der sich für Umweltprobleme interessiert, wäre auch ein in finnischer Sprache verfasstes Fachwörterbuch, das zu sämtlichen Themenkomplexen, die in der Umweltdiskussion von Bedeutung sind, über Begriffsdefinitionen hinaus umfassende Hintergrundinformationen bietet.

Die im Anhang 1 zusammengestellte Gesamtbibliografie über die Fachlexikografie zum Themenkomplex Umwelt und Ökologie für die deutsche und die finnische Sprache ist gedacht als Orientierungs- und Hilfsmittel sowohl für Fachleute, Fachsprachenlerner, Übersetzer, Dolmetscher, (Fach-)Lexikographen, Fachsprachenforscher und alle Interessierten. Darüber hinaus zielt die Arbeit darauf, das Interesse der Wörterbuch- und Fachsprachenforschung für die ökologische Fachlexikografie – wie auch für die finnische Fachlexikografie überhaupt – zu wecken sowie zu weiteren Untersuchungen in diesen bisher kaum beachteten Bereichen anzuregen.

Obgleich die Fachsprachenforschung in den letzten Jahrzehnten ihr Hauptaugenmerk immer stärker auf komplexe Einheiten wie Satz und Text gerichtet hat, sind Fachwortschatz und Terminologie immer noch wichtige Untersuchungsgegenstände, da ein wesentliches Merkmal der Fachsprache darin liegt, neue Sachverhalte bzw. Gegenstände, Eigenschaften, Prozesse, Verfahren und Vorgänge möglichst eindeutig zu bezeichnen.

Der stürmische wissenschaftlich-technische Fortschritt im Bereich der Ökologie und des Umweltschutzes seit den 1970er Jahren ist nicht ohne Konsequenzen für die Sprache geblieben. Das Umweltvokabular ist eines der wichtigsten innovativen sprachlichen Felder der Gegenwart. Es ist ein Bereich, der sich in den letzten Jahrzehnten geradezu explosionsartig gewandelt hat.

Die Synonymie, deren Existenz in der traditionellen Terminologielehre und der älteren Fachsprachenforschung umstritten ist, wurde besonders ausführlich erörtert. Die Ausführungen befassten sich mit den verschiedenen Typen von Bezeichnungsvarianten wie auch mit ihrer Verwendung und Funktion in der Fachkommunikation. Die allgemeine Terminologielehre als ausschließlicher theoretischer Bezugsrahmen für die Übersetzungsproblematik fachlicher Texte wurde in der vorliegenden Arbeit in Frage gestellt. Vielmehr müssen die pragmatischen Faktoren und die sozialen Aspekte wie auch die diachrone Betrachtungsweise berücksichtigt werden.

Die Untersuchungen zur Bezeichnungsvielfalt im ökologischen Fachwortschatz enthüllten interessante Einzelheiten auch in der deutschen und der finnischen Fachwortbildung. Die Arbeit diskutierte mehrere Wortbildungsarten und ging auch auf solche Verfahren – wie Univerbierung, chemische Zeichen und Formeln, Anglizismen, hybride Komposita – ein, die in den Fachsprachen bisher sehr wenig oder gar nicht untersucht worden sind. Die vorliegende Arbeit zeigt auch, wie die kontrastive Methode die Ergebnisse einer einzelsprachlichen Analyse vervollständigen kann (vgl. die herausgearbeiteten finnischen Kurzworttypen).

Die Ergebnisse ergänzen die für andere Fachsprachen bereits vorliegenden diachronen und synchronen terminologischen, kontrastiven bzw. lexikografischen Untersuchungen. Dennoch bietet die Fachsprache der Ökologie und des Umweltschutzes auch künftig noch zahlreiche Forschungsthemen, von denen als konkrete Beispiele die Folgenden erwähnt werden können: Adjektive und attributiv gebrauchte Partizipien machen einen kleineren, aber produktiven Teil des Fachwortschatzes aus, mussten aber aus der vorliegenden Arbeit wegen des Umfangs leider gestrichen und auf später verschoben werden. Darüber hinaus treten mehrere fachlich spezifische Verben auf, die in der Arbeit ebenfalls unbeachtet bleiben mussten. Es fehlen noch Untersuchungen zu Auswirkungen der Umweltschutzdebatte auf die finnische Sprache. Darüber hinaus ist auch eine systematische Kommunikationsgeschichte der öffentlichen Diskussion über Umweltprobleme in Finnland bisher nicht vorgelegt worden.

Ist auf der Lexemebene die fachsprachliche Terminusbildung in der deutschen Sprache im Allgemeinen verhältnismäßig gut erforscht[456], so bestehen insbesondere bei der sprachwissenschaftlichen Beschreibung und Analyse von Mehrwortbenennungen, von adjektivischen und verbalen Termini sowie bei der Darstellung produktiver Fachwortbildungsmodelle nach wie vor Mängel[457]. Die vorliegende Arbeit ist auch als erster Schritt zur Untersuchung von Kurzwörtern in den finnischen Fachwortschätzen zu sehen. Darüber hinaus soll sie Anregungen für die weitere Fremdwortbildungsforschung in finnischen Fachsprachen geben. Zu Angabetypen in Fachwörterbüchern liegen keine eigenen Untersuchungen vor. Sehr zu wünschen wären auch ausführliche Untersuchungen zum Stand der finnischen Fachlexikografie mit Fächerdifferenzierung und detaillierten Ergebnissen zur Sprachenverteilung sowie zur Berücksichtigung einzelner Fachgebiete.

456 Zur Wortbildung in deutschen Fachsprachen s. Fluck (1996, 301–303) u. (1998, 17–18) sowie Barz/M. Schröder (2000, 322f.).

457 Siehe hierzu auch Fäßler (1998, 1261). Laut Hoffmann (1998b, 252) ist die unterschiedliche Ausdehnung und Komplexität der Nominal- ud Verbalgruppen bisher genauer nur für die Fachsprachen des Englischen, Französischen und Russischen, dagegen nur in geringerem Maße für die deutschen Fachsprachen beschrieben worden.

## Literaturverzeichnis

### Primäre Quellen

Die ausgewerteten Zeitschriften und Zeitungen werden hier nicht eigens aufgeführt: die Angaben sind im Text jeweils so formuliert, dass sie sich bei Bedarf mühelos nachrecherchieren lassen, z.B. *Der Spiegel* (33/1986, 122), *HS* (21.10.2004, C4). Siehe auch Verzeichnis der verwendeten Abkürzungen und Symbole.

Die in den elektronischen Korpora vorkommenden Belege sind unter den unten erwähnten Adressen nachrecherhierbar; auch noch genauere Literaturangaben finden sich dort.


Carson, Rachel (1962): Silent Spring. Boston.

Carson, Rachel (1963): Äänetön kevät. Titel der Originalausgabe: Silent Spring (1962). Aus dem Amerikanischen übertragen v. Pertti Jotuni. Helsinki.

Carson, Rachel (1971): Der stumme Frühling. Titel der Originalausgabe: Silent Spring (1962). Aus dem Amerikanischen übertragen v. Margaret Auer. 3., ungekürzte Ausgabe. München (= DTV 476).

DW = Deutscher Wortschatz (1998–2007). Universität Leipzig. Zugang: <http://wortschatz.uni-leipzig.de> (zuletzt aufgerufen am 19.3.2008).

DZU (2001) = Daten zur Umwelt (2001). Der Zustand der Umwelt in Deutschland 2000. Umweltbundesamt. 7. Ausgabe. Berlin.

EEuNE (1999) = Erneuerbare Energien und Nachhaltige Entwicklung (1999). Natürliche Ressourcen – umweltgerechte Energieversorgung. Hrsg. v. Bundesumweltministerium für Umwelt, Naturschutz und Reaktorsicherheit (BMU). 2., aktualis. Aufl. Berlin.

EnDic2004 (2004): YMPÄRISTÖSANAKIRJA. KESKKONNASÕNARAAMAT. ENVIRONMENTAL DICTIONARY. DICTIONNAIRE DE L'ENVIRONNEMENT. UMWELTWÖRTERBUCH. MILJÖORDBOK. VIDES VĀRDNĪCA. APLINKOS APSAUGOS ŽODYNAS. ЭКОЛОГИЧЕСКИЙ СЛОВАРЬ. Hrsg. v. A. Maastik u.a. Finnish Environment Institute (SYKE). Helsinki/Tartu.

Grass, Günter (1999): Die Rättin. 2. Aufl. München (= dtv 12528).

Hermann, Tim (2000): Die Zukunft der MBA. In: Müllmagazin 3/00, S. 60–63.

IDS-Textkorpora. Korpora der deutschen geschriebenen Sprache. Korpusdienste des Instituts für deutsche Sprache, Mannheim. Zugang: <http://www.ids-mannheim.de> (zuletzt aufgerufen am 19.3.2008).

Kim, Yong-Min (1991): Vom Naturgedicht zur Ökolyrik in der Gegenwartspoesie. Zur Politisierung der Natur in der Lyrik Erich Frieds. Frankfurt a. M. u.a. (= Bochumer Schriften zur deutschen Literatur 23).

KLW (1995) = Kreislaufwirtschaft statt Abfallbeseitigung (1995). Eine Information des Bundesumweltministeriums (BMU), Bonn.

Kneissl, P. J. (1996): Moderne Müllverbrennungsanlagen in Österreich. In: VGB Kraftwerkstechnik 3/96, S. 215–219.

Lemmie = Elektronisches Korpus der finnischen Gegenwartssprache. Zugang: CSC - Finnish IT Center for Science. Zugang: <http://www.csc.fi> (zuletzt aufgerufen am 19.3.2008).

LFwbKÖ (2001) = Langenscheidts Fachwörterbuch Kompakt Ökologie (2001): Englisch–Deutsch/Deutsch–Englisch. Langenscheidt's Dictionary of Ecology Concise Edition: English–German/German–English. Hrsg. v. der Technischen Universität Dresden. Berlin u.a.

Umwelt (1999). [Ohne Autor]: Weltweites Verbot für zwölf gefährliche Chemikalien geplant. Heft 11, S. 542–545.

Walther, Helmut (1989): Deutsch 1988. In: Der Sprachdienst 3/89, S. 65–77.

**Atlasse, Glossare, Lexika, Nachschlagewerke, Standards, Wörterbücher:**

Abfall ABC der U-plus-Gruppe. Zugang: <http://www.geba-kompost.de/html/abfallabc.html> (zuletzt aufgerufen am 19.3.2008).

Akt'84 = Aktuell – Das Lexikon der Gegenwart (1984). Dortmund.

Akt'89 = Aktuell'89 – Das Lexikon der Gegenwart (1988). Das aktuellste Lexikon der Welt mit mehr als 250 000 Daten zu Themen unserer Zeit. Dortmund.

Akt'91 = Aktuell'91 (1990). Das Lexikon der Gegenwart. 250 000 Daten zu Themen unserer Zeit. Dortmund.

Akt'96 = Aktuell'96 (1995). 300 000 Daten zu den Themen unserer Zeit. Dortmund.

Akt'00 = Aktuell 2000 (1999). Das Jahrbuch Nr. 1. 300 000 aktuelle Daten zu den Themen unserer Zeit. Dortmund.

Akt'01 = Aktuell 2001 (2000). Das Jahrbuch Nr. 1. 300 000 aktuelle Daten zu den Themen unserer Zeit. Dortmund.

AWb = Anglizismen-Wörterbuch (1993–1996): Der Einfluss des Englischen auf den deutschen Wortschatz nach 1945. 3. Bde. Begr. v. Broder Carstensen, fortgef. v. Ulrich Busse unter Mitarbeit v. Regina Schmude. Berlin/New York.

Baghdady, Nabil H. (2002): Lexikon der internationalen Abkürzungen Umwelt und Naturwissenschaften. Lampertheim (= Dictionary of international abbreviations environment and natural sciences).

Bioenergy Glossary Finnish–English–German–Russian. Zugang: <http://gis.joensuu.fi/ter mit> (zuletzt aufgerufen am 19.3.2008).

BMU-Glossar. Busdesministerium für Umwelt, Naturschutz und Reaktorsicherheit. Zugang: <http://www.bmu.de> (zuletzt aufgerufen am 8.5.2008).

Böger, Joachim/Diekmann, Helmut/Lenk, Hartmut/Schröder, Caren/Kärnä, Aino (2007): Suomi–saksa–suomi-sanakirja. 9., laajennettu ja päivitetty painos. Helsinki.

Brockhaus (1934) = Der Große Brockhaus (1934). Handbuch des Wissens in zwanzig Bänden. 15., völlig neubearb. Aufl. v. Brockhaus' Konversationslexikon. Bd. 19. Leipzig.

Brockhaus (1974). Enzyklopädie in zwanzig Bänden. 17., völlig neubearb. Aufl. des großen Brockhaus. Bd. 19. Wiesbaden.

Brockhaus (1998). Die Enzyklopädie in 24 Bänden. 20., überarb. u. aktualis. Aufl. Bd. 16. Leipzig/Mannheim.

Brockhaus' Konversations-Lexikon (1885). Allgemeine deutsche Real-Enzyklopädie. 13., vollständig umgearb. Aufl. in sechzehn Bänden. Bd. 12. Leipzig.

Brockhaus' Konversations-Lexikon (1894). 14., vollständig neubearb. Aufl. in sechzehn Bänden. Bd. 12. Leipzig/Berlin/Wien.

Brockhaus' Konversations-Lexikon (1903). 14., vollständig neubearb. Aufl. Neue revidierte Jubiläums-Ausgabe. Bd. 12. Leipzig/Berlin/Wien.

Bußmann, Hadumod (Hg.) (2002): Lexikon der Sprachwissenschaft. 3., aktualis. u. erw. Aufl. Stuttgart.

Chambers (2003) = The Chambers Dictionary (2003). New 9th Edition. Edinburgh.

Collin, Peter Hodgson (1988): Dictionary of Ecology and the Environment. Teddington.

D-BWB (1970) = Duden Bedeutungswörterbuch (1970). 24 000 Wörter mit ihren Grundbedeutungen. Bearb. v. Paul Grebe u.a. Mannheim/Wien/Zürich (= Der Große Duden in 10 Bänden, Bd. 10).

D-BWB (2002) = Duden. Das Bedeutungswörterbuch. 3., neu bearb. u. erw. Aufl. Hrsg. v. der Dudenredaktion. Mannheim u.a. (= Der Duden in zwölf Bänden, Bd. 10).

D-DUW (1983) = Duden. Deutsches Universalwörterbuch (1983). Hrsg. u. bearb. vom Wiss. Rat u. d. Mitarb. d. Dudenred. unter Leitung v. Günther Drosdowski. Mannheim/Wien/Zürich.

D-DUW (2001) = Duden – Deutsches Universalwörterbuch auf CD-ROM (2001). Mannheim.

D-DUW (2006) = Duden – Deutsches Universalwörterbuch auf CD-ROM (2006). 6. Aufl. Mannheim.

Degering, Klaus (Hrsg.) (1996): Wörterbuch Umwelt: Englisch–Deutsch, Deutsch–Englisch. 1. Aufl. Berlin: Cornelsen Girardet. 2 Bde.

DFWb (1997) = Deutsches Fremdwörterbuch (1997). Begonnen v. Hans Schulz, fortgef. v. Otto Basler. 2. Aufl., völlig neubearb. im Institut für deutsche Sprache. Bd. 3: Baby – Cutter. Berlin/New York.

D-FWB (2000) = Duden. Das große Fremdwörterbuch (2000). Herkunft und Bedeutung der Fremdwörter. 2., neu bearb. u. erw. Aufl. Hrsg. u. bearb. vom Wissenschaftlichen Rat der Dudenredaktion. Mannheim u.a.

D-GWbdS = Duden. Das große Wörterbuch der deutschen Sprache in 6 Bänden (1976–1981). Hrsg. u. bearb. vom Wissenschaftlichen Rat u. den Mitarbeitern der Dudenredaktion unter Leitung v. Günther Drosdowski. Mannheim/Wien/Zürich.

DicEnS (1998) = Lawrence, Eleanor/Jackson, Andrew R.W./Jackson, Julie M (1998): Longman Dictionary of Environmental Science. [Ohne Ort.]

DIN 2342, Teil 1 (Oktober 1992): Begriffe der Terminologielehre: Grundbegriffe. Berlin/Köln.

DUDEN – Das große Wörterbuch der deutschen Sprache in zehn Bänden (1999). 3., völlig neu bearb. u. erw. Aufl. Hrsg. vom Wissenschaftlichen Rat der Dudenredaktion. Mannheim u.a.

Duodecimin Sanaluettelo Suomen lääkäreille (1898). Duodecim-seuran toimittama ja kustantama. Toinen painos. Helsinki.

D-WbdA (1994) = Duden Wörterbuch der Abkürzungen. Rund 38 000 Abkürzungen und was sie bedeuten. 3., neu bearb. u. erw. Aufl. v. Josef Werlin. Mannheim u.a. (= Duden-Taschenbücher 11).

Eberhard (1904) = Johann August Eberhards synonymisches Handwörterbuch der deutschen Sprache (1904). 16. Aufl. Durchgängig umgearb., vermehrt u. verb. v. Otto Lyon. Leipzig.

E DIN 2342:2004-09 Begriffe der Terminologielehre. Zugang: <http://www.iim.fh-koeln.de/dtp/kriterientvs/glossar.html> (zuletzt aufgerufen am 16.3.2008).

EnDic2000 (2000): YMPÄRISTÖSANAKIRJA. KESKKONNASÕNASTIK. ENVIRONMENTAL DICTIONARY. UMWELTWÖRTERBUCH. MILJÖORDBOK. VIDES VĀRDNĪCA. ЭКОЛОГИЧЕСКИЙ СЛОВАРЬ. Hrsg. v. A. Maastik u.a. Finnish Environment Institute. Helsinki/Tartu.

EnDic2004 (2004): YMPÄRISTÖSANAKIRJA. KESKKONNASÕNARAAMAT. ENVIRONMENTAL DICTIONARY. DICTIONNAIRE DE L'ENVIRONNEMENT. UMWELTWÖRTERBUCH. MILJÖORDBOK. VIDES VĀRDNĪCA. APLINKOS APSAUGOS ŽODYNAS. ЭКОЛОГИЧЕСКИЙ СЛОВАРЬ. Hrsg. v. A. Maastik u.a. Finnish Environment Institute (SYKE). Helsinki/Tartu.

Environmental Dictionary EnDic. Environmental terms in nine languages: Finnish, Estonian, English, French, German, Swedish, Lithuanian, Latvian and Russian. Zugang: <http://mot.kielikone.fi/mot/endic/netmot.exe?UI=ened> (zuletzt aufgerufen am 19.3.2008).

Erwast, Karl (1888): Suomalais–saksalainen sanakirja. Finnisch–Deutsches Wörterbuch. Hämeenlinna (= SKS 69).

Glossar Waldwachstum. Eidgenössische Forschungsanstalt für Wald, Schnee und Landschaft WSL. Zugang: <http://www.wsl.ch/forest/waldman/vorlesung/ww_gloss.ehtml> (zuletzt aufgerufen am 15.3.2008).

Glossar zu Nachwachsenden Rohstoffen. Informationssystem Nachwachsende Rohstoffe INARO. Zugang: <http://www.inaro.de/Deutsch/ALLGEMEI/Glossa.htm> (zuletzt aufgerufen am 19.3.2008).

Glossar zum Thema Antarktis. Zugang: <http://www.antarktis.ch/94.htm> (zuletzt aufgerufen am 19.3.2008).

Glossary 2000: Finnish, Swedish, English, French, German, Russian (2000). CD-ROM. Hg. v. Suomen Atomiteknillinen Seura ATS – Atomtekniska Sällskapet i Finland – Finnish Nuclear Society.

Godenhjelm, B. F. (1873): Saksalais–Suomalainen Sanakirja. Deutsch–Finnisches Wörterbuch. Helsinki (= SKS 49).

Grimm, Jacob/Grimm, Wilhelm (1889): Deutsches Wörterbuch. Bearb. v. Matthias v. Lexer. Siebenter Band. Leipzig.

Grimm, Jacob/Grimm, Wilhelm (1956): Deutsches Wörterbuch. Bearb. v. Victor Dollmayer. Elfter Band. Leipzig.

Häkkinen, Kaisa (2004): Nykysuomen etymologinen sanakirja. Juva.

Haß, Ulrike (1989a): Lexikonausschnitt Umwelt. In: Gerhard Strauß/Ulrike Haß/Gisela Harras: Brisante Wörter von Agitation bis Zeitgeist. Ein Lexikon zum öffentlichen Sprachgebrauch. Berlin/New York (= Schriften des Instituts für deutsche Sprache 2), S. 395–557.

Heinrich, Dieter/Hergt, Manfred (1998): dtv-Atlas Ökologie. 4. Aufl. [1. Aufl. 1990] München (= dtv-Atlas 3228).

Hellwig, Gerhard (1972): Kennen Sie die neuesten Wörter? München.

Heyne, Moriz (1892): Deutsches Wörterbuch. Zweiter Band. Leipzig.

Heyse (1903) = Joh. Christ. Aug. Heyses Fremdwörterbuch (1903). Durchaus neu bearb. v. Carl Böttger. 14., durch einen Anhang auf ca. 100 000 Worterklärungen verm. Aufl. Leipzig.

Hirvensalo, Lauri (1963): Saksalais–suomalainen sanakirja. Deutsch–finnisches Wörterbuch. 1. painos. Porvoo.

Hist. WB Philos. (1984) = Ritter, Joachim/Gründer, Karlfried (Hrsg.) (1984): Historisches Wörterbuch der Philosophie. Völlig neubearb. Ausg. des ‹Wörterbuchs der philosophischen Begriffe› v. Rudolf Eisler. Bd 6. Basel/Stuttgart.

Hist. WB Philos. (2001) = Ritter, Joachim/Gründer, Karlfried/Gabriel, Gottfried (Hrsg.) (2001): Historisches Wörterbuch der Philosophie. Völlig neubearb. Ausg. des ‹Wörterbuchs der philosophischen Begriffe› v. Rudolf Eisler. Bd 11. Basel.

Hupfer, Peter (1998): Glossar. In: José L. Lozán/Hartmut Graßl/Peter Hupfer (Hrsg.): Warnsignal KLIMA. Wissenschaftliche Fakten. Hamburg, S. 432–438.

IATE. Inter-Active Terminology for Europe. EU inter-institutional terminology database. Zugang: <http://iate.europa.eu> (zuletzt aufgerufen am 19.3.2008).

Ilmakehä ABC. Ilmatieteen laitos. Zugang: <http://www.fmi.fi/abc/index.html> (zuletzt aufgerufen am 19.3.2008).

Ilmansuojelusanasto (1988). Luftvårdsterminologi. Air quality. Vocabulary. 2. painos. Standardi SFS 3867. Suomen Standardisoimisliitto SFS. Helsinki.

IMTG (1984) = **РУССКО**–АНГЛИЙСКО–НЕМЕЦКО–ФИНСКО–ШВЕДСКИЙ СЛОВАРЬ ПО ТОРФУ. RUSSIAN–**ENGLISH**–GERMAN–FINNISH–SWEDISH PEAT DICTIONARY. RUSSISCH–ENGLISCH–**DEUTSCH**–FINNISCH–SCHWEDISCHES TORFWÖRTERBUCH. VENÄLÄIS–ENGLANTILAIS–SAKSALAIS–**SUOMALAIS**–RUOTSALAINEN TURVESANAKIRJA. RYSK–ENGELSK–TYSK–FINSK–**SVENSK** TORVORDBOK (1984). INTERNATIONAL PEAT SOCIETY. INTERNATIONALE MOOR- UND TORFGESELLSCHAFT. МЕЖДУНАРОДНОЕ ОБЩЕСТВО ПО ТОРФУ. HELSINKI.

ISO 6107-3 = INTERNATIONAL STANDARD ISO 6107-3 : 1993 (E/F/R). NORME INTERNATIONALE. МЕЖДУНАРОДНЫЙ СТАНДАРТ. Water quality – Vocabulary – Part 3. Qualité de l'eau – Vocabulaire – Partie 3. Качество воды - Словарь, Часть 3. Wasserbeschaffenheit – Begriffe – Teil 3. Zweite Ausgabe.

ISO 6107-8 = INTERNATIONAL STANDARD ISO 6107-8 : 1993 (E/F/R). NORME INTERNATIONALE. МЕЖДУНАРОДНЫЙ СТАНДАРТ. Water quality – Vocabulary – Part 8. Qualité de l'eau – Vocabulaire – Partie 8. Качество воды – Словарь – Часть 8. Wasserbeschaffenheit – Begriffe – Teil 8. Erste Ausgabe 1993-05-15.

Juslenius, Daniel (1968): SUOMALAISEN SANA-LUGUN COETUS. Faksimile. Helsinki (= SKST 288).

Kaivossanasto (2001). Kaivosalaan liittyviä termejä ja niiden selitteitä suomi–ruotsi–englanti. Teknologiateollisuus. Zugang: <http://www.teknologiateollisuus.fi/minisites/Sanasto/index.htm> (zuletzt aufgerufen am 16.3.2008).

KATALYSE Umweltlexikon. KATALYSE Institut für angewandte Umweltforschung. Zugang: <http://www.umweltlexikon-online.de> (zuletzt aufgerufen am 19.3.2008).

Katara, Pekka/Schellbach-Kopra, Ingrid (1974): Suomalais–saksalainen suursanakirja. Finnisch–deutsches Großwörterbuch. Porvoo.

Katara, Pekka/Schellbach-Kopra, Ingrid (1997): Suomi–saksa-suursanakirja. Großwörterbuch Finnisch–Deutsch. 8. painos, laajennettu ja perust. tark. laitos. Porvoo/Helsinki/Juva.

*Kielitoimiston sanakirja* (2004). CD-ROM-Version 1.0. Kielikone Oy und KKTK. Helsinki.

Kielitoimiston sanakirja (2006). Osat 1–3. KKTK. Helsinki (= KKTKJ 140).

Kluge, Friedrich (1999): Etymologisches Wörterbuch der deutschen Sprache. 23. erw. Aufl. Berarb. v. Elmar Seebold. Berlin/New York.

Korhonen, Jarmo (Hrsg.) (erscheint 2008): Saksa–suomi-suursanakirja. Großwörterbuch Deutsch–Finnisch. Helsinki.

Kostera, Paul (1999): Saksalais–suomalais–saksalainen yleiskielen käyttösanakirja ja kieliopas. *Deutsch–finnisch–deutsches gemeinsprachliches Gebrauchswörterbuch mit Sprachführer*. Helsinki.

Koukkunen, Kalevi (1990): Atomi ja missi: Vierassanojen etymologinen sanakirja. Porvoo/Helsinki/Juva.

K/R (1992) = Klemmt, Rolf/Rekiaro, Ilkka (1992): Suomi–saksa–suomi sanakirja. Jyväskylä/Helsinki.

LEXICON FORESTALE (1979). Metsäsanakirja. Skogsordbok. Forest dictionary. Forstwörterbuch. Лесной словарь. Hg. v. Suomen Metsätieteellinen Seura. Porvoo/Helsinki/Juva.

Lexikon Waldschädigende Luftverunreinigungen mit Index Deutsch-Englisch und Englisch-Deutsch von St. Smidt. Zugang: <http://bfw.ac.at/publ/neu/berichte99/lexikon.pdf> (zuletzt aufgerufen am 19.3.2008).

LFwbKÖ (2001) = Langenscheidts Fachwörterbuch Kompakt Ökologie (2001): Englisch–Deutsch/Deutsch–Englisch. Langenscheidt's Dictionary of Ecology Concise Edition: English–German/German–English. Hrsg. v. der Technischen Universität Dresden. Berlin u.a.

Maatalouden sanakirja. Lantbrukets ordbok. Landwirtschaftliches Wörterbuch. Acricultural Dictionary (1958). Compiled under the auspices of the Scientific Agricultural Society of Finland by Liisa Mali. Helsinki.

Maatalouden tietosanakirja (1928). 1. osa. Helsinki.

Marquardt-Mau, Brunhilde/Mayer, Jürgen/Mikelskis, Helmut (1993): Umwelt. Lexikon ökologisches Grundwissen. Unter Mitarbeit v. Nicoline Henkel. Reinbek bei Hamburg (= rororo Handbuch 6337).

Maxeiner, Dirk/Miersch, Michael (2002): Lexikon der Öko-Irrtümer. Fakten statt Umweltmythen. München/Zürich (= Serie Piper 3794).

Metsäsanakirja (1944) = Suomalais–ruotsalais–saksalais–englantilainen Metsäsanakirja. Finsk –svensk–tysk–engelsk Skogsordbok. Finnisch–Schwedisch–Deutsch–Englisches Forstwörterbuch. Finnish–Swedish–German–English Forest dictionary. Helsinki.

Metsäsanasto (2006) = Tuhat tärkeää termiä – Metsäsanasto (2006). Metsäkustannus. Hämeenlinna.

Meyers (1994) = Meyers Taschenlexikon Biologie in 3 Bänden (1994). Hrsg. u. bearb. v. Meyers Lexikonredaktion. 3., überarb. u. aktualis. Aufl. Mannheim u.a.

Meyers Großes Konversations-Lexikon (1906). Ein Nachschlagewerk des allgemeinen Wissens. 6., gänzlich neubearb. u. vermehrte Aufl. Bd. 15. Leipzig/Wien.

MMM (1988) = Mitä Missä Milloin 1988 (1987). Kansalaisen vuosikirja. Helsinki.

MMM (2000) = Mitä Missä Milloin 2000 (1999). Kansalaisen vuosikirja syyskuu 1998–elokuu 1999. Helsinki.

MMM (2007) = Mitä Missä Milloin 2007 (2006). Kansalaisen vuosikirja syyskuu 2005–elokuu 2006. Helsinki.

MOT Sanakirjapalvelu – sanakirjat Internetissä – Kielikone. Zugang: <http://mot.kielikone.fi> (zuletzt aufgerufen am 19.3.2008).

NORDISK FAMILJEBOK. KONVERSATIONSLEXIKON OCH REALENCYKLOPEDI (1899). Upplysningar och förklaringar om märkvärdiga namn, föremål och begrepp. Tjugonde bandet. Supplement II. Stockholm.

NSSK (1996) = Nykysuomen sanakirja (1996). Lyhentämätön kansanpainos. 14. painos. Osat 1–6. Porvoo/Helsinki/Juva.

NSSK/ESK (1987) = Nykysuomen sanakirja (1987). Etymologinen sanakirja. Osa 6. Hrsg. v. Kaisa Häkkinen. Porvoo/Helsinki/Juva.

NSSK/VESK (1990) = Nykysuomen sanakirja (1990). Vierassanojen etymologinen sanakirja. Osa 8. Verfasst v. Kalevi Koukkunen. Porvoo/Helsinki/Juva.

Nurmi, Timo (2002): Uusi suomen kielen sanakirja. 2., tarkistettu painos. Helsinki.

Nurmi, Timo/Rekiaro, Ilkka/Rekiaro, Päivi/Sorjanen, Timo (2001): Gummeruksen Suuri sivistyssanakirja. Jyväskylä/Helsinki.

OxDic (1998) = The New Oxford Dictionary of English (1998). Ed. by Judy Pearsall. Oxford.

Paul, Hermann (2002): Deutsches Wörterbuch. Bedeutungsgeschichte und Aufbau unseres Wortschatzes. 10., überarb. u. erw. Aufl. v. Helmut Henne, Heidrun Kämper u. Georg Objartel. Tübingen.

Perussanakirja (1997) = CD-Perussanakirja (1997). Uusin tieto nykysuomen sanoista. Päätoim. Risto Haarala, Marja Lehtinen. CD-ROM. Helsinki (= KKTKJ 94).

Pogarell, Reiner/Schröder, Markus (Hrsg.) (2000): Wörterbuch überflüssiger Anglizismen. 3., erneut erw. Aufl. Paderborn.

Pulkkinen, Paavo (1984): Lokarista sponsoriin. Englantilaisia lainoja suomen kielessä. Helsinki.

Punktgenau. Das Duale System von A – Z (2002). Hrsg.: Der Grüne Punkt – Duales System Deutschland AG. Köln.

Saksalais–suomalais–ruotsalainen teknillinen sanasto (1918). Suomenkielisten Teknikkojen Seuran julkaisuja. Kuopio.

Schlosser, Horst Dieter (2000a): Lexikon der Unwörter. [Ohne Ort.]

Schroderus, Ericus (Ubsal.) (1941): Lexicon Latino-Scondicum 1637. Utgivet med alfabetiska register över de svenska och de finska orden av Bengt Hesselman. Uppsala.

SSA (1992) = Suomen sanojen alkuperä (1992). Etymologinen sanakirja. Osa 1. Helsinki (= SKS 556; KKTK 62).

SSA (2000) = Suomen sanojen alkuperä (2000). Etymologinen sanakirja. Osa 3. Helsinki (= SKS 556; KKTK 62).

Stjerncreutz, Albin (1863): Suomalainen Meri-sanakirja. Helsinki (= SKS 28).

Stötzel, Georg/Eitz, Thorsten (Hrsg.) (2002): Zeitgeschichtliches Wörterbuch der deutschen Gegenwartssprache. Unter Mitarbeit v. Astrid Jährling-Marienfeld u.a. Hildesheim/Zürich/New York.

Stråhlman, Adolf Eberhard (1866): Ruotsalais–suomalainen luettelo tawallisista wirka- ja lakisanoista. Svensk–finsk förteckning öfver vanligen förekommande kurial- och lagtermer. Helsinki (= SKS 40).

SUL (2000) = Bahadir, Müfit/Parlar, Harun/Spiteller, Michael (Hrsg.) (2000): Springer Umweltlexikon. Mit einem Geleitwort der Bundesministerin für Bildung und Forschung. 2. Aufl. Berlin u. a.

Suosanasto. Moorterminologie. Myrterminologi. Peat land terminology. (1956). Hg. v. Liisa Mali. Suoseura ry. Helsinki

Talvitie, Jyrki K./Kynäslahti, Marjut/Lehto, Maija (1983): Suomalais–saksalainen tekniikan ja kaupan sanakirja. 1. painos. Espoo.

Talvitie, Yrjö (1952): Englantilais–suomalainen tekniikan ja kaupan sanakirja. 1. p. Helsinki.

Talvitie, Yrjö (1968): Saksalais–suomalainen tekniikan ja kaupan sanakirja. 1. p. Helsinki.

Tietosanakirja (1910). Hrsg. v. Jalmar Castrén u.a. Toinen osa. Helsinki.

Tirri, Rauno/Lehtonen, Juhani/Lemmetyinen, Risto/Pihakaski, Seppo/Portin, Petter (2006): Biologian sanakirja. Uudistetun laitoksen 3. painos. Helsinki.

Turtia, Kaarina (2001): Sivistyssanat. Helsinki.

Turtia, Kaarina (2005): Otavan uusi sivistyssanakirja. 2., tarkistettu painos. Helsinki.

UL (1993) = Das Umweltlexikon (1993): Hrsg. v. KATALYSE e. V. Institut für angewandte Umweltforschung. Köln.

Umwelt unter einem D, A, CH. Das Umwelt-Lexikon. Zugang: <http://www.umweltdatenbank.de/lexikon.htm> (zuletzt aufgerufen am 19.3.2008).

UUDISSANASTO 80 (1979). Hg. v. Kotimaisten kielten tutkimuskeskuksen kielitoimisto. Porvoo/Helsinki/Juva.

Uusi sivistyssanakirja (1993). Toim. Annukka Aikio. Uusinut Rauni Vornanen. 12. painos. Helsinki (= Suomen kielen sanakirjat 1).

UUSI TIETOSANAKIRJA (1966). 24 osaa. Osa 24. Helsinki.

Wasser Lexikon. Wasser-Wissen-Lexikon für Wasser und Abwasser. Wasser Wissen Das Internetportal für Wasser und Abwasser. Institut für Umweltverfahrenstechnik – Universität Bremen. Zugang: <http://www.wasser-wissen.de/abwasserlexikon.htm> (zuletzt aufgerufen am 19.3.2008).

WdGm (2001) = Wörter, die Geschichte machten (2001). Schlüsselbegriffe des 20. Jahrhunderts. Hrsg. v. der Gesellschaft für deutsche Sprache. Gütersloh/München.

Wennrich, Peter (1980): Anglo-American and German abbreviations in environmental protection. Anglo-amerikanische und deutsche Abkürzungen für den Bereich Umweltschutz. München.

Wikipedia. Die freie Enzyklopädie. Zugang: <http://www.wikipedia.de> (zuletzt aufgerufen am 19.3.2008).

Wörterbuch der deutschen Gegenwartssprache (1976). Hrsg. v. Ruth Klappenbach u. Wolfgang Steinitz. 5. Band. Berlin.

Ympäristösanakirja EnDic (2006). Suomen ympäristökeskus. Helsinki. Zugang: <http://www.ymparisto.fi/default.asp?contentid=229815&lan=FI> (zuletzt aufgerufen am 29.1.2008).

YS (1998) = Ympäristösanasto (1998). Miljöordlista. Environment Vocabulary. Umweltglossar. Vocabulaire de l'environnement. Jyväskylä/Helsinki (= TSK 27).

YSA = Yleinen suomalainen asiasanasto. Zugang: <http://vesa.lib.helsinki.fi/ysa/index.html> (zuletzt aufgerufen am 19.3.2008).

**Wissenschaftliche Literatur:**

Aalto, Seija/Hakulinen, Auli/Laalo, Klaus/Leino, Pentti/Lieko, Anneli (Hrsg.) (1990): Kielestä kiinni. 2. painos. Helsinki (= Tietolipas 113).

Agricola, Erhard (1982): Ein Modellwörterbuch lexikalisch-semantischer Strukturen. In: Erhard Agricola/Joachim Schildt/Dieter Viehweger (Hrsg.): Wortschatzforschung heute. Aktuelle Probleme der Lexikologie und Lexikographie. Leipzig (= Linguistische Studien), S. 9–22.

Ahonen, Piia (2005): Ympäristöongelmat puhuttivat jo sata vuotta sitten. In: Suomen Luonto 10/05, S. 17.

Alanne, Eero (1964): Das Eindringen von Fremdwörtern in den Wortschatz der deutschen Handelssprache des 20. Jahrhunderts mit besonderer Berücksichtigung der neuesten Zeit. In: Neuphilologische Mitteilungen 65, S. 332–360.

Albrecht, Jörn/Baum, Richard (Hrsg.) (1992): Fachsprache und Terminologie in Geschichte und Gegenwart. Tübingen (= FFF 14).

Ammon, Ulrich (1998): Ist Deutsch noch internationale Wissenschaftssprache? Englisch auch für die Lehre an deutschsprachigen Hochschulen. Berlin/New York.

Arntz, Reiner (2003): Terminologie der Terminologie. In: Mary Snell-Hornby u.a. (Hrsg.) (2003), S. 77–82.

Arntz, Reiner/Eydam, Erhard (1993): Zum Verhältnis von Sprach- und Sachwissen beim Übersetzen von Fachtexten. In: Theo Bungarten (Hrsg.) (1993): Fachsprachentheorie. Bd. 1, S. 189–227.

Arntz, Reiner/Picht, Heribert/Mayer, Felix (2002): Einführung in die Terminologiearbeit. 4., gründlich überarb. Aufl. Hildesheim/Zürich/New York (= Studien zu Sprache und Technik 2).

Augst, Gerhard (2001): Gefahr durch lange und kurze Wörter? Lang- und Kurzwortgefahr? LKW-Gefahr? In: Gerhard Stickel (Hrsg.): Neues und Fremdes im deutschen Wortschatz: aktueller lexikalischer Wandel. Berlin/New York (= IdS, Jahrbuch 2000), S. 210–238.

Avain Suomen metsäteollisuuteen (1998). Metsäteollisuus ry. Helsinki.

Bär, Jochen A. (Hrsg.) (2003): Von »aufmüpfig« bis »Teuro«. Die »Wörter der Jahre« 1971–2002. Mannheim u.a. (= Thema Deutsch 4).

Barz, Irmhild (1996): Komposition und Kollokation. In: Clemens Knobloch/Burkhard Schaeder (Hrsg.): Nomination – fachsprachlich und gemeinsprachlich. Opladen, S. 127–146.

Barz, Irmhild (1997): Die Ökonomie des Lexikons. Zum Kompositionsverhalten von Synonymen. In: Irmhild Barz/Marianne Schröder (Hrsg.) (1997): Nominationsforschung im Deutschen. Festschrift für Wolfgang Fleischer zum 75. Geburtstag. Frankfurt a.M. u.a., S. 265–276.

Barz, Irmhild (2005): Die Wortbildung. In: Duden. Die Grammatik. Unentbehrlich für richtiges Deutsch. Hrsg. v. der Dudenredaktion. 7., völlig neu erarb. u. erw. Aufl. Mannheim u.a. (= Der Duden in zwölf Bänden 4), S. 641–772.

Barz, Irmhild/Bergenholtz, Henning/Korhonen, Jarmo (Hrsg.) (2005): Schreiben, Verstehen, Übersetzen, Lernen. Zu ein- und zweisprachigen Wörterbüchern mit Deutsch. Frankfurt a. M. u.a. (= Finnische Beiträge zur Germanistik 14).

Barz, Irmhild/Fix, Ulla (Hrsg.) (1997): Deutsch-deutsche Kommunikationserfahrungen im arbeitsweltlichen Alltag. Heidelberg (= Sprache – Literatur und Geschichte 16).

Barz, Irmhild/Fix, Ulla/Lerchner, Gotthard (Hrsg.) (2002): Das Wort in Text und Wörterbuch. Stuttgart/Leipzig (= Abhandlungen der Sächsischen Akademie der Wissenschaften zu Leipzig · Philologisch-historische Klasse · Bd. 76, H. 4).

Barz, Irmhild/Schröder, Marianne (2000): Bibliographie zur Wortbildung der deutschen Gegenwartssprache von 1990–2000. In: Irmhild Barz/Marianne Schröder/Ulla Fix (Hrsg.) (2000), S. 317–346.

Barz, Irmhild/Schröder, Marianne (2001): Grundzüge der Wortbildung. In: Wolfgang Fleischer/Gerhard Helbig/Gotthard Lerchner (Hrsg.) (2001), S. 178–217.

Barz, Irmhild/Schröder, Marianne/Fix, Ulla (Hrsg.) (2000): Praxis- und Integrationsfelder der Wortbildungsforschung. Heidelberg (= Sprache – Literatur und Geschichte 18).

Bauer, Helmut (2000): Wie die chemischen Elemente zu ihren Namen und Symbolen kamen – ein Beitrag zum Thema Fachsprache. In: Klaus Detering (Hrsg.) (2000): Wortschatz und Wortschatzvermittlung: linguistische und didaktische Aspekte. Frankfurt a. M. u.a. (= Folia didactica 5), S. 29–33.

Baumann, Klaus-Dieter (1992): Integrative Fachtextlinguistik. Tübingen (= FFF 18).

Baumann, Klaus-Dieter (1998a): Das Postulat der Exaktheit für den Fachsprachengebrauch. In: Lothar Hoffmann u.a. (Hrsg.) (1998), S. 373–377.

Baumann, Klaus-Dieter (1998b): Textuelle Eigenschaften von Fachsprachen. In: Lothar Hoffmann u.a. (Hrsg.) (1998), S. 408–416.

Baumann, Klaus-Dieter (1998c): Fachsprachliche Phänomene in den verschiedenen Sorten von populärwissenschaftlichen Vermittlungstexten. In: Lothar Hoffmann u.a. (Hrsg.) (1998), S. 728–735.

Beier, Rudolf (1983): Fachexterne Kommunikation im Englischen: Umrisse eines forschungsbedürftigen Verwendungsbereichs der Sprache. In: LiLi, Heft 51–52/83: Fachsprache und Fachliteratur, S. 91–109.

Bellmann, Günter (1980): Zur Variation im Lexikon: Kurzwort und Original. In: Wirkendes Wort 6/80, S. 369–383.

Bellmann, Günter (1988): Motivation und Kommunikation. In: Horst Heider Munske/Peter von Polenz/Oskar Reichmann/Reiner Hildebrandt (Hrsg.) (1988): Deutscher Wortschatz: lexikologische Studien. Ludwig Erich Schmitt zum 80. Geburtstag von seinen Marburger Schülern. Berlin/New York, S. 3–23.

Beneš, Eduard (1981): Die formale Struktur der wissenschaftlichen Fachsprachen in syntaktischer Hinsicht. In: Theo Bungarten (Hrsg.) (1981): Wissenschaftssprache. Beiträge zur Methodologie, theoretischen Fundierung und Deskription. München, S. 185–212.

Bergenholtz, Henning (1994): Zehn Thesen zur Fachlexikographie. In: Burkhard Schaeder/Henning Bergenholtz (Hrsg.) (1994), S. 43–56.

Bergenholtz, Henning/Hyvärinen, Irma/Korhonen, Jarmo (2000): Internationale Lexikografiekonferenz in Helsinki, 30.3. bis 1.4.2000. In: Lexicographica 16/00, S. 252–258.

Bergenholtz, Henning/Kromann, Hans-Peder/Wiegand Herbert Ernst (1999): Die Berücksichtigung der Fachlexikographie in der neueren Wörterbuch- und Fachsprachenforschung: eine sachliche und bibliographische Übersicht. In: Lothar Hoffmann u.a.(Hrsg.) (1999), S. 1889–1909.

Bergenholtz, Henning/Pedersen, Jette (1999): Fachwörterbücher als Hilfsmittel bei der Übersetzung von Fachtexten. In: Lothar Hoffmann u.a.(Hrsg.) (1999), S. 1884–1889.

Bergenholtz, Henning/Schaeder, Burkhard (1994): Fachlexikographie. Fachwissen und seine Repräsentation in Wörterbüchern. Ein Vorwort. In: Burkhard Schaeder/Henning Bergenholtz (Hrsg.) (1994), S. 1–8.

Bergstrøm-Nielsen, Henrik (1952): Die Kurzwörter im heutigen Deutsch. In: Moderna Språk 46, S. 2–22.

Berninger, Kati/Tapio, Petri/Willamo, Risto (1997): Ympäristönsuojelun perusteet. 2. painos. Tampere.

Bick, Hartmut (1989): Ökologie: Grundlagen, terrestrische und aquatische Ökosysteme, angewandte Aspekte. Stuttgart/New York.

Blühdorn, Hardarik (1991): Entsorgungspark Sprache: Von der linguistischen Beseitigung des Mülls. In: Frank Liedtke/Martin Wengeler/Karin Böke (Hrsg.) (1991), S. 338–354.

Bowler, Peter J. (1997): Ympäristötieteiden historia. Original: The Fontana History of The Environmental Sciences (1992). London. Übers. v. Kimmo Pietiläinen. Juva.

Braun, Marie-Luise (2003): Umweltkommunikation im Lokalteil von Tageszeitungen. Eine Untersuchung zur Kritik am Umweltjournalismus. Frankfurt a. M. (= Europäische Hochschulschriften. Reihe XL. Kommunikationswissenschaft und Publizistik 80).

Braun, Peter (1991): Personale Mehrwortbenennungen in der deutschen Gegenwartssprache. In: Muttersprache 1/91, S. 48–60.

Braun, Peter (1998): Tendenzen in der deutschen Gegenwartssprache: Sprachvaritäten. 4. Aufl. Stuttgart/Berlin/Köln (= Kohlhammer Urban-Taschenbücher 297).

Brauns, Peter (1986): Harte Energie und sanfte Sprache. Zum Sprachgebrauch der Energiepolitik und der Ökologiebewegung in der BRD und in Frankreich. In: OBST 33, S. 80–99.

Breuer, Ulrich/Hyvärinen, Irma (Hrsg.) (2006): Wörter – Verbindungen. Festschrift für Jarmo Korhonen zum 60. Geburtstag. Frankfurt a. M. u.a.

Bungarten, Theo (Hg.) (1992): Beiträge zur Fachsprachenforschung. Sprache in Wissenschaft und Technik, Wirtschaft und Rechtswesen. Tostedt (= Hamburger Arbeiten zur Fachsprachenforschung 1).

Bungarten, Theo (Hrsg.) (1993): Fachsprachentheorie. Bd. 1: Fachsprachliche Terminologie, Begriffs- und Sachsysteme, Methodologie. Bd. 2: Konzeptionen und theoretische Richtungen. Tostedt.

Busse, Ulrich (1993): Anglizismen im Duden: eine Untersuchung zur Darstellung englischen Wortguts in den Ausgaben des Rechtschreibdudens von 1880–1986. Tübingen (= Germanistische Linguistik 139).

Cabré, M. Teresa (1999): Terminology: theory, methods and applications. Original title: Cabré, M. Teresa (1992): La Terminologia: la teoria, els mètodes, les applicacions. Barcelona. Translated by Janet Ann DeCesaris. Amsterdam/Philadelphia (= Terminology and lexicography research and practice 1).

Calice, Jakob (2007): Abfälle – Materialien, die ihren ursprünglichen Gebrauchswert verloren haben. Kleine (Begriffs-)Geschichte des Recyclings in der DDR. In: Sprachreport 1/07, 18–22.

Carstensen, Broder (1972): Die Wörter des Jahres 1971. In: Der Sprachdienst 2/72, S. 49–50
Carstensen, Broder (1975): Amerikanische Einflüsse auf die deutsche Sprache. In: Broder Carstensen/Hans Galinsky (1975), S. 11–32.
Carstensen, Broder (1979): Evidente und latente Einflüsse des Englischen auf das Deutsche. In: Peter Braun (Hrsg.) (1979): Fremdwort-Diskussion. München (= Uni-Taschenbücher 797), S. 90–94.
Carstensen, Broder (1984): Wörter des Jahres 1983. In: Deutsche Sprache 1984, S. 85–92.
Carstensen, Broder/Galinsky, Hans (1975): Amerikanismen der deutschen Gegenwartssprache. Entlehnungsvorgänge und ihre stilistischen Aspekte. 3., verb. Aufl. mit umfassenden bibliographischen Nachträgen. Heidelberg.
Chang, Youngick (2005): Anglizismen in der deutschen Fachsprache der Computertechnik. Eine korpuslinguistische Untersuchung zu Wortbildung und Bedeutungskonstitution fachsprachlicher Komposita. Frankfurt a. M. u. a. (= Europäische Hochschulschriften, Reihe XXI Linguistik 280).
Chichorro Ferreira, Adelaide (1996): Sanfte Bräuche, sanfte Sprache(n)? Ambiente/Umwelt kontrastiv. In: Alwin Fill (Hrsg.) (1996a), S. 187–204.
Collander, Runar (1964): Kasvitieteen historia. Helsinki (= Tiedekirjasto 30).
Cruse, D. Alan/Hundsnurscher, Franz/Job, Michael/Lutzeier, Peter Rolf (Hrsg.) (2002): Lexikologie. Ein internationales Handbuch zur Natur und Struktur von Wörtern und Wortschätzen. Bd. 1. Berlin/New York (= HSK 21.1).
Danninger, Elisabeth (1982): Tabubereiche und Euphemismen. In: Werner Welte (Hrsg.) (1982): Sprachtheorie und angewandte Linguistik. Festschrift für Alfred Wollmann zum 60. Geburtstag. Tübingen (= Tübinger Beiträge zur Linguistik 195), S. 237–251.
Dieter, Hermann H. (1994): Die Sprache der politischen Ökologie. Plädoyer für *Responsible Care* beim *Recycling* englischsprachiger Texte. In: Sprachreport 4/94, S. 9–12.
Dietl, Cora (1996): Euphemismus. In: Gert Ueding (Hg.): Historisches Wörterbuch der Rhetorik, Bd. 3. Tübingen, Sp. 1–10.
Dobrovol'skij, Dmitrij (2002): Polysemie aus kontrastiver Sicht. In: Irmhild Barz/Ulla Fix/ Gotthard Lerchner (Hrsg.) (2002), S. 49–61.
Donalies, Elke (2000): Das Konfix. Zur Definition einer zentralen Einheit der deutschen Wortbildung. In: Deutsche Sprache 2/00, S. 144–159.
Donalies, Elke (2002): Die Wortbildung des Deutschen: Ein Überblick. Tübingen (= Studien zur Deutschen Sprache 27).
Donalies, Elke (2007): Basiswissen Deutsche Wortbildung. Tübingen/Basel (= UTB 2876).
Dressler, Stephan (1994): Bibliographie [sic!][458]. In: Stephan Dressler/Burkhard Schaeder (Hrsg.) (1994a), S. 171–279.
Dressler, Stephan/Schaeder, Burkhard (Hrsg.) (1994a): Wörterbücher der Medizin. Beiträge zur Fachlexikographie. Tübingen (= Lexicographica: Series maior 55).
Dressler, Stephan/Schaeder, Burkhard (1994b): Wörterbücher der Medizin. Ein Vorwort. In: Ders. (Hrsg.) (1994a), S. 1–12.
Drozd, Lubomir (1964): Grundfragen der Terminologie in der Landwirtschaft. Teil II. In: Muttersprache 11/64, S. 336–344.
Drozd, Lubomir (1966): Die Fachsprache als Gegenstand des Fremdsprachenunterrichts. In: Deutsch als Fremdsprache 2/66, S. 23–31.
Drozd, Lubomir/Seibicke, Wilfried (1973): Deutsche Fach- und Wissenschaftssprache: Bestandsaufnahme - Theorie - Geschichte. Wiesbaden.

458 In der Inhaltsübersicht: Bibliographie der Medizinwörterbücher.

Dückert, Joachim (1981): Naturwissenschaftliche und technische Fachlexik. In: Auswirkungen der industriellen Revolution auf die deutsche Sprachentwicklung im 19. Jahrhundert. Von einem Autorenkollektiv unter Leitung v. Joachim Schildt. Berlin (= Bausteine zur Sprachgeschichte des Neuhochdeutschen 60), S. 99–189.

DWB (1978) = Deutsche Wortbildung (1978). Typen und Tendenzen in der Gegenwartssprache. Eine Bestandsaufnahme des Instituts für deutsche Sprache, Forschungsstelle Innsbruck. 3. Hauptteil. Ingeburg Kühnhold/Oskar Putzer/Hans Wellmann. Das Adjektiv. Düsseldorf (= Sprache der Gegenwart 43).

DWB (1991) = Deutsche Wortbildung (1991). Typen und Tendenzen in der Gegenwartssprache. Eine Bestandsaufnahme des Instituts für deutsche Sprache, Forschungsstelle Innsbruck. 4. Hauptteil. Lorelies Ortner/Elgin Müller-Bollhagen/Hanspeter Ortner/Hans Wellmann/Maria Pümpel-Mader/Hildegard Gärtner. Substantivkomposita (Komposita und kompositionsähnliche Strukturen 1). Berlin/New York (= Sprache der Gegenwart 79).

DZU (2001) = Daten zur Umwelt (2001). Der Zustand der Umwelt in Deutschland 2000. Umweltbundesamt. 7. Ausgabe. Berlin.

Ebel, Hans F. (1998): Die neuere Fachsprache der Chemie unter besonderer Berücksichtigung der Organischen Chemie. In: Lothar Hoffmann u. a. (Hrsg.) (1998), S. 1235–1259.

Eichhoff-Cyrus, Karin M./Hoberg, Rudolf (Hrsg.) (2000): Die deutsche Sprache zur Jahrtausendwende. Sprachkultur oder Sprachverfall? Mannheim u. a. (= Thema Deutsch 1).

Elgert, Ingrid Christel (2004): Interdependenz von Sachnorm und Wortgebildetheit. Eine kontrastive Untersuchung zur Terminologie der Neokeynesianischen Theorie. Frankfurt a. M. u. a. (Bonner Romanistische Arbeiten 88).

Engelberg, Stefan/Lemnitzer, Lothar ([2001] 2004): Lexikographie und Wörterbuchbenutzung. 2. Aufl. Tübingen (= Stauffenburg Einführungen 14).

Erben, Johannes (2000): Einführung in die deutsche Wortbildungslehre. 4., aktualis. u. erg. Aufl. Berlin (= Grundlagen der Germanistik 17).

Fachsprachen. Ein internationales Handbuch zur Fachsprachenforschung und Terminologiewissenschaft. Hrsg. von Lothar Hoffmann, Hartwig Kalverkämper, Herbert Ernst Wiegand. Berlin/New York. Bd. 1.: 1998 (= HSK 14.1); Bd. 2.: 1999 (= HSK 14.2).

Fäßler, Peter E. (1998): Die neuere Fachsprache der Biologie seit der Mitte des 19. Jahrhunderts unter besonderer Berücksichtigung der Genetik. In: Lothar Hoffmann u. a. (Hrsg.) (1998), S. 1260–1269.

Felber, Helmut (1984): Terminology Manual. General Information Programme and UNISIST. United Nations Educational, Scientific and Cultural Organization. International Information Centre for Terminology (Infoterm). Paris.

Felber, Helmut (1995): Allgemeine Terminologielehre und Wissenstechnik: theoretische Grundlagen. 2., korrigierte Aufl. Wien (= IITF-Series 1).

Felber, Helmut/Budin, Gerhard (1989): Terminologie in Theorie und Praxis. Tübingen (= FFF 9).

Felber, Helmut/Schaeder, Burkhard (1999): Typologie der Fachwörterbücher. In: Lothar Hoffmann u. a. (Hrsg.) (1999), S. 1725–1743.

Fijas, Liane (1998): Das Postulat der Ökonomie für den Fachsprachengebrauch. In: Lothar Hoffmann u. a. (Hrsg.) (1998), S. 390–397.

Fill, Alwin (1993): Ökolinguistik: eine Einführung. Tübingen (= Narr Studienbücher).

Fill, Alwin (Hrsg.) (1996a): Sprachökologie und Ökolinguistik. Referate des Symposions Sprachökologie und Ökolinguistik an der Universität Klagenfurt 27.–28.Oktober 1995. Tübingen (= Stauffenburg Linguistik).

Fill, Alwin (1996b): Erläuterung der Termini. In Alwin Fill (Hrsg.) (1996a), S. X.

Fill, Alwin (1996c): Ökologie der Linguistik – Linguistik der Ökologie. In: Alwin Fill (Hrsg.) (1996a), S. 3–16.

Fill, Alwin (2002): Anglizismen im deutschen Umwelt-Wortschatz. In: Rudolf Muhr/Bernhard Kettemann (Hrsg.) (2002), S. 87–100.

Fill, Alwin/Penz, Hermine/Trampe, Wilhelm (Eds/Hrsg.) (2002): Colourful Green Ideas. Papers from the conference *30 years of language and ecology* (Graz, 2000) and the symposium *Sprache und Ökologie* (Passau, 2001). Vorträge der Tagung *30 Jahre Ökolinguistik* (Graz 2000) und des Symposions *Sprache und Ökologie* (Passau 2001). Bern u. a.

Fink, Hermann/Fijas, Liane/Schons, Danielle (1997): Anglizismen in der Sprache der Neuen Bundesländer: eine Analyse zur Verwendung und Rezeption. Frankfurt a. M. u. a. (= Freiberger Beiträge zum Einfluss der angloamerikanischen Sprache und Kultur auf Europa 4).

Fischer, Fiorenza (2002): Euphemismen in der Wirtschaftssprache. Pragmatische und morphopragmatische Aspekte ihres Gebrauchs. In: Merja Koskela/Christer Laurén/Marianne Nordman/Nina Pilke (ediderunt) (2002), S. 610–620.

Fix, Ulla/Lerchner, Gotthard/Schröder, Marianne/Wellmann, Hans (2005): Zwischen Lexikon und Text. Lexikalische, stilistische und textlinguistische Aspekte. Stuttgart/Leipzig (= Abhandlungen der Sächsischen Akademie der Wissenschaften zu Leipzig · Philologisch-historische Klasse · Bd. 78, H. 4).

Fleischer, Wolfgang (1976): Wortbildung der deutschen Gegenwartssprache. 4., durchges. Aufl. Leipzig.

Fleischer, Wolfgang (1987): Lexikologische Grundlagen. In: Wortschtaz der deutschen Sprache in der DDR: Fragen seines Aufbaus und seiner Verwendungsweise. Von einem Autorenkollektiv unter Leitung von Wolfgang Fleischer. Leipzig, S. 41–65.

Fleischer, Wolfgang (1993): Sprachbau und Wortbildung. In: Hans Wellmann (Hg.) (1993): Synchrone und diachrone Aspekte der Wortbildung im Deutschen. Heidelberg (= Sprache – Literatur und Geschichte 8), S. 7–17.

Fleischer, Wolfgang (1995): Konfixe. In: Inge Pohl/Horst Ehrhardt (Hrsg.) (1995): Wort und Wortschatz. Beiträge zur Lexikologie. Tübingen, S. 61–68.

Fleischer, Wolfgang (1997): Phraseologie der deutschen Gegenwartssprache. 2., durchges. u. erg. Aufl. Tübingen.

Fleischer, Wolfgang/Barz, Irmhild (1995): Wortbildung der deutschen Gegenwartssprache. 2., durchges. u. erg. Aufl. Tübingen.

Fleischer, Wolfgang/Helbig, Gerhard/Lerchner, Gotthard (Hrsg.) (2001): Kleine Enzyklopädie – deutsche Sprache. Frankfurt a. M. u. a.

Fleischer, Wolfgang/Michel, Georg/Starke, Günter (1993): Stilistik der deutschen Gegenwartssprache. Frankfurt a. M. u. a..

Fluck, Hans-Rüdiger (1996): Fachsprachen: Einführung und Bibliographie. 5., überarb. u. erw. Aufl. Tübingen/Basel (= UTB für Wissenschaft: Uni-Taschenbücher 483).

Fluck, Hans-Rüdiger (1998): Fachsprachen und Fachkommunikation. Heidelberg (= Studienbibliographien Sprachwissenschaft 26).

Fluck, Hans-Rüdiger (2001): Naturwissenschaftliche und technische Fachtexte. In: Gerhard Helbig/Lutz Götze/Gert Henrici/Hans-Jürgen Krumm (Hrsg.) (2001), S. 549–565.

Förster, Uwe (1974): Was ist Recycling? In: Der Sprachdienst 10/74, S. 161–162.

Förster, Uwe (1994): Deutsch 1993 (Fortsetzung und Schluß). In: Der Sprachdienst 3–4/94, S. 85–97.

Förster, Uwe (1997): Deutsch der fünfziger bis neunziger Jahre: Die siebziger Jahre. In: Der Sprachdienst, 3/97, S. 100–102.

Fraas, Claudia (1998): Lexikalisch-semantische Eigenschaften von Fachsprachen. In: Lothar Hoffmann u. a. (Hrsg.) (1998), S. 428–438.
...für immer und ewig... Wohin mit dem Atommüll? (1993) Niedersächsisches Umweltministerium (Hrsg.). Hannover.
Galinski, Christian/Budin, Gerhard (1999): Deskriptive und präskriptive Terminologieerarbeitung. In: Lothar Hoffmann u. a. (Hrsg.) (1999), S. 2183–2207.
Galinski, Christian/Cluver, August D. de V./Budin, Gerhard (1999): Terminologieplanung und Sprachplanung. In: Lothar Hoffmann u. a. (Hrsg.) (1999), S. 2207–2215.
Galinsky, Hans (1975): Stylistic Aspects of Linguistic Borrowing. A Stylistic View of American Elements in Modern German. In: Broder Carstensen/Hans Galinsky (1975), S. 35–72.
Gallagher, John D. (1993): Müll-Tourismus: Ein neues Schlagwort. In: Lebende Sprachen 3/93, S. 116–119.
Gambier, Yves (2001): Socioterminologie: une terminologie remise sur ses pieds. In: Terminogramme, 101–102, S. 107–118.
Gardt, Andreas (1998): Sprachtheoretische Grundlagen und Tendenzen der Fachsprachenforschung. In: ZGL 26/98, S. 31–66.
Gärtner, Georg-Heinz (1997): No future für Deutsch? Amerikanismen in unserer Standardsprache. In: Der Sprachdienst 4–5/97, S. 133–142.
Gaudin, François (2003): Socioterminologie. Une approche sociolinguistique de la terminologie. Publié avec le concours de la Communauté française de Belgique, Service de la langue française. Bruxelles (= Champs linguistiques).
Geeb, Franziska (2003): Diatechnische Markierungen im GWDS. In: Herbert Ernst Wiegand (Hrsg.) (2003): Untersuchungen zur kommerziellen Lexikographie der deutschen Gegenwartssprache I. »Duden. Das große Wörterbuch der deutschen Sprache in zehn Bänden«. Print- und CD-ROM-Version. Tübingen (= Lexicographica. Series Maior 113), S. 209–217.
Gerbig, Andrea (1996): Sprachliche Konstruktion politischer Realität: stilistische Variation in der Ozondebatte. In: Alwin Fill (Hrsg.) (1996a), S. 175–185.
Gerzymisch-Arbogast, Heidrun (1996): Termini im Kontext: Verfahren zur Erschließung und Übersetzung der textspezifischen Bedeutung von fachlichen Ausdrücken. Tübingen (= FFF 31).
Gigon, Andreas (1983): Ausgestorben oder ausgerottet? Beschönigende Begriffe (Euphemismen) in Natur- und Umweltschutz. In: Natur und Landschaft 11/83, S. 418–421.
Glahn, Richard (2002): Der Einfluss des Englischen auf gesprochene deutsche Gegenwartssprache: eine Analyse öffentlich gesprochener Sprache am Beispiel von „Fernsehdeutsch". 2., durchges. Aufl. Frankfurt a. M. u. a. (= Angewandte Sprachwissenschaft 4).
Gläser, Rosemarie (1990): Fachtextsorten im Englischen. Tübingen (= FFF 13).
Gläser, Rosemarie (1998a): Fachtextsorten der Wissenschaftssprachen I: der wissenschaftliche Zeitschriftenaufsatz. In: Lothar Hoffmann u. a. (Hrsg.) (1998), S. 482–488.
Gläser, Rosemarie (1998b): Fachtextsorten der Techniksprachen: die Patentschrift. In: Lothar Hoffmann u. a. (Hrsg.) (1998), S. 556–562.
Göpferich, Susanne (1992): Eine pragmatische Typologie von Fachtextsorten der Naturwissenschaften und der Technik. In: Klaus-Dieter Baumann/Hartwig Kalverkämper (Hrsg.): Kontrastive Fachsprachenforschung. Tübingen (= FFF 20), S. 190–210.
Göpferich, Susanne (1995): Textsorten in Naturwissenschaften und Technik: pragmatische Typologie – Kontrastierung – Translation. Tübingen (= FFF 27).
Göpferich, Susanne (1998): Fachtextsorten der Naturwissenschaften und der Technik: ein Überblick. In: Lothar Hoffmann u. a. (Hrsg.) (1998), S. 545–556.

Goy, Ina (2001): Neugriechische Fachwortschätze und zweisprachige Terminologiedokumentation: exemplarisch dargestellt am Fachgebietsausschnitt »Umweltbereich Wasser«. Frankfurt a. M. u. a. (= Leipziger Fachsprachen-Studien 17).

Greule, Albrecht (1980): Erbwort – Lehnwort – Neuwort. Grundzüge einer genetischen Lexikologie des Deutschen. In: Muttersprache 5–6/80, S. 263–275.

Greule, Albrecht (1996): Reduktion als Wortbildungsprozess der deutschen Sprache. In: Muttersprache 3/96, S. 193–203.

Greule, Albrecht (2006): Kurzwörter in historischer Sicht. In: Neuphilologische Mitteilungen 4/06, S. 423–434.

Haarmann, Harald (1980): Multilingualismus (2). Elemente einer Sprachökologie. Tübingen (= Tübinger Beiträge zur Linguistik 116.2).

Haeckel, Ernst (1866): Generelle Morphologie der Organismen. Allgemeine Grundzüge der organischen Formen-Wissenschaft, mechanisch begründet durch die von Charles Darwin reformirte Descendenz-Theorie. Zweiter Band: Allgemeine Entwicklungsgeschichte der Organismen. Berlin.

Hahn, Marion (2002): Die Synonymenlexikografie vom 16. bis zum 20. Jahrhundert. Historische Entwicklung und kommentierte Bio-Bibliografie. Heidelberg (= Sprache – Literatur und Geschichte 21).

Hahn, Walther v. (1973): Fachsprachen. In: Hans-Peter Althaus/Helmut Henne/Herbert Ernst Wiegand (Hrsg.): Lexikon der Germanistischen Linguistik. Tübingen, S. 283–286.

Hahn, Walther v. (1980): Fachsprachen. In: Hans-Peter Althaus/Helmut Henne/Herbert Ernst Wiegand (Hrsg.): Lexikon der Germanistischen Linguistik. 2., vollst. neu bearb. u. erw. Aufl. Tübingen, S. 390–395.

Hahn, Walther v. (1983): Fachkommunikation: Entwicklung · linguistische Konzepte · betriebliche Beispiele. Berlin/New York (= Sammlung Göschen 2223).

Hakala, Harri/Välimäki, Jari (2003): Ympäristön tila ja suojelu Suomessa. Suomen Ympäristökeskus. Helsinki.

Häkkinen, Kaisa (1990): Kielihistorian tavoitteista ja metodeista. In: Seija Aalto/Auli Hakulinen/Klaus Laalo/Pentti Leino/Anneli Lieko (Hrsg.) (1990), S. 24–36.

Häkkinen, Kaisa (1994): Agricolasta nykykieleen. Suomen kirjakielen historia. Porvoo/Helsinki/Juva.

Häkkinen, Kaisa (1996): Suomalaisten esihistoria kielitieteen valossa. Helsinki (= Tietolipas 147).

Häkkinen, Kaisa (1997): Mistä sanat tulevat. Suomalaista etymologiaa. 2. painos. Helsinki (= Tietolipas 117).

Häkkinen, Kaisa (2007): Suomen kielen sanakirjat. In: H. K. Riikonen/Urpo Kovala/Pekka Kujamäki/Outi Paloposki (Hrsg.): Suomennoskirjallisuuden historia I. Helsinki (= SKS 1084), S. 43–47.

Hakulinen, Auli/Karlsson, Fred ([1979] 1995): Nykysuomen lauseoppia. 3. muuttamaton painos. Helsinki (= SKS 350).

Hakulinen, Auli/Vilkuna, Maria/Korhonen, Riitta/Koivisto, Vesa/Heinonen, Tarja Riitta/Alho, Irja (2004): ISO suomen kielioppi. Helsinki (= SKS 950).

Hakulinen, Lauri (1967a): Suomen kielen rakenne. In: Lauri Hakulinen/Osmo Ikola/Paavo Ravila (1967), S. 57–82.

Hakulinen, Lauri (1967b): Suomen sanakirjoista. In: Lauri Hakulinen/Osmo Ikola/Paavo Ravila (1967), S. 83–107.

Hakulinen, Lauri (1974): Die finnische lexikographische Literatur. In: Ural-Altaische Jahrbücher 46, S. 84–98.

Hakulinen, Lauri (1979): Suomen kielen rakenne ja kehitys. 4., korjattu ja lisätty painos. Helsinki (= Otavan korkeakoulukirjasto).

Hakulinen, Lauri/Ikola, Osmo/Ravila, Paavo (1967): Kirjoituksia suomen kielestä. Helsinki (= Tietolipas 51).

Hall, Christopher/Natunen, Martina/Fuchs, Bertold/Freihoff, Roland (1995): Deutsche Aussprachelehre. Ein Hand- und Übungsbuch für Sprecher des Finnischen. Helsinki.

Halme, Minna/Markkanen, Elina (1998): Suomalaisetko maailman parhaita ympäristönsuojelijoita? In: Pasi Rinne/Lassi Linnanen (Hrsg.): Ympäristöviestintä ja -raportointi. Helsinki, S. 27–34.

Hämälä, Sirpa/Laine, Jouko/Vesa Paula (1992): Ilmansuojelutekniikka. Jyväskylä.

Hämäläinen, Simo (1955): Kirjain- ja typistesanoista. In: Virittäjä 59, S. 241–257.

Hämmer, Karin (2002): Das Zweitglied *-park* in deutschen Komposita. Eine semantische Beschreibung. In: Irmhild Barz/Ulla Fix/Gotthard Lerchner (Hrsg.) (2002), S. 63–73.

Hänlein, Rotraud (2005): Wiederaufarbeitung: Die wichtigsten Fakten. Zugang: <http://www.greenpeace.de/themen/atomenergie/atommuell_wiederaufarbeitung/artikel/wiederaufarbeitung_die_wichtigsten_fakten> (zuletzt aufgerufen am 8.5.2008).

Hanski, Ilkka/Lindström, Jan/Niemelä, Jari/Pietiäinen, Hannu/Ranta, Esa (1998): Ekologia. Porvoo/Helsinki/Juva.

Haß, Ulrike (1987a): Kurze Karriere – oder: wo ist der Entsorgungspark? In: Sprachreport 1/87, S. 4.

Haß, Ulrike (1987b): Zum Beispiel: Recykeln. In: Sprachreport 4/87, S. 5.

Haß, Ulrike (1987c): Etymologie oder Begriffsgeschichte? In: Sprachreport 4/87, S. 7–10.

Haß, Ulrike (1989b): Öko-Lexikographie. In: Antonín Kučera/Alain Rey/Herbert Ernst Wiegand/Ladislav Zgusta (Ed.): Lexicographica. Internationales Jahrbuch für Lexikographie 5/89. Tübingen, S. 250-252.

Haß, Ulrike (1989c): Interessenabhängiger Umgang mit Wörtern in der Umweltdiskussion. In: Josef Klein (Hrsg.): Politische Semantik. Bedeutungsanalytische und sprachkritische Beiträge zur politischen Sprachverwendung. Opladen, S. 153–186.

Haß, Ulrike (1991): Das Besetzen von Begriffen: Kommunikative Strategien und Gegenstrategien in der Umweltdiskussion. In: Frank Liedtke/Martin Wengeler/Karin Böke (Hrsg.) (1991), S. 330– 337.

Haß-Zumkehr, Ulrike (1997): Von Umweltmessen und Öko-Schafen. Die sprachliche Konstitution von Umwelt. In: Sprachreport 3/97, S. 1–3.

Haß-Zumkehr, Ulrike (1998): Die Fachsprache der Ökologie im 20. Jahrhundert. In: Lothar Hoffmann u.a. (Hrsg.) (1998), S. 1363–1369.

Haugen, Einar (1972a): The Ecology of Language. Essays by Einar Haugen. Selected and Introduced by Anwar S. Dil. Stanford.

Haugen, Einar (1972b): The Ecology of Language. In: Ders.(1972a), S. 325–339.

Hausmann, Franz Josef/Reichmann, Oskar/Wiegand, Herbert Ernst/Zgusta, Ladislav (Hrsg.) (1990): Wörterbücher. Ein internationales Handbuch zur Lexikographie. Zweiter Teilband. Berlin/New York (= HSK 5.2).

Heberth, Alfred (1977): Neue Wörter: Neologismen in der deutschen Sprache seit 1945. Wien.

Heimonen, Jyrki/Kaaro, Jani (Hrsg.) (1999): Luonto-Liiton historia 1943–1998: Jatkosodan varjosta Jerisjärven tielle. Luonto-Liitto ry. Helsinki.

Heinonen, Sampsa (2002): Suomalaisen luomun juurilla. In: Anna Saukkonen (Hrsg.) (2002), S. 327–347.

Heiskala, Risto (Hrsg.) (1993): Materiaalia ympäristötietoisuudesta 1: Helsingin Sanomat, Suomen Kuvalehti ja Suomen Luonto vuosina 1951–90. Helsinki (= Helsingin yliopiston sosiologian laitoksen monisteita 55).

Helbig, Gerhard/Götze, Lutz/Henrici, Gert/Krumm, Hans-Jürgen (Hrsg.) (2001): Deutsch als Fremdsprache. Ein internationales Handbuch. Bd. 1. Berlin/New York (= HSK 19.1).

Helin, Eila (1989): Suomalaiset tekniikan sanakirjat 1637–1943. Tekniikan Sanastokeskus. Helsinki.

Helin, Irmeli (1998): Vom Brodverein zur co op: Terminigeschichte der deutschen Genossenschaftssprache. Ein Beitrag zur Terminologieforschung. Frankfurt a. M. u. a. (= Nordeuropäische Beiträge aus den Human- und Gesellschaftswissenschaften 17).

Herberg, Dieter/Kinne, Michael/Steffens, Doris (2004): Neuer Wortschatz. Neologismen der 90er Jahre im Deutschen. Berlin/New York (= Schriften des Instituts für Deutsche Sprache 11).

Hermanns, Fritz (1990): "Umwelt" als deontischer Begriff: Abriss einer Skizze der Geschichte der Karriere eines für uns heute (1988) aus gutem Grund nicht ganz unwichtigen Wortes. In: Bernd, Spillner (Hrsg.) (1990), S. 112–114.

Hermanns, Fritz (1991): "Umwelt". Zur historischen Semantik eines deontischen Wortes. In: Dietrich Busse (Hg.): Diachrone Semantik und Pragmatik: Untersuchungen zur Erklärung und Beschreibung des Sprachwandels. Tübingen (= Germanistische Linguistik 113), S. 235–257.

Hertwig, Richard (1893): Lehrbuch der Zoologie. Zweite revidirte und theilweise umgearb. Aufl. Jena.

Hesseling, Ulla (1982): Praktische Übersetzungskritik: vorgeführt am Beispiel einer deutschen Übersetzung von Erich Fromm's "The Art of Loving". Tübingen.

Heusinger, Siegfried (2004): Die Lexik der deutschen Gegenwartssprache: eine Einführung. München.

Hiidenmaa, Pirjo (2004): Suomen kieli – who cares? 1.-2. painos. Helsinki.

Hoberg, Rudolf (1996): Fremdwörter. Wie soll sich die Gesellschaft für deutsche Sprache dazu verhalten?. In: Der Sprachdienst 5/96, 137–142.

Hoberg, Rudolf (2000): Sprechen wir bald alle Denglisch oder Germeng? In: Karin M. Eichhoff-Cyrus/Rudolf Hoberg (Hrsg.) (2000), S. 303–316.

Hoffmann, Lothar (1985): Kommunikationsmittel Fachsprache: eine Einführung. 2., völlig neu bearb. Aufl. Tübingen (= FFF 1).

Hoffmann, Lothar (1988): Vom Fachwort zum Fachtext: Beiträge zur Angewandten Linguistik. Tübingen (= FFF 5).

Hoffmann, Lothar (1992): Fachtextsorten in der Fremdsprachenausbildung. In: Fachsprache 3-4/92, S. 141–149.

Hoffmann, Lothar (1998a): Fachsprachen als Subsprachen. In: Lothar Hoffmann u. a. (Hrsg.) (1998), S. 189–199.

Hoffmann, Lothar (1998b): Anwendungsmöglichkeiten und bisherige Anwendung von linguistischen Methoden in der Fachsprachenforschung. In: Lothar Hoffmann u. a. (Hrsg.) (1998), S. 249–269.

Hoffmann, Lothar (2001): Fachsprachen. In: Gerhard Helbig/Lutz Götze/Gert Henrici/Hans-Jörgen Krumm (Hrsg.) (2001), S. 533–543.

Hoffmann, Lothar u. a. (Hrsg.) (1998) = Hoffmann, Lothar/Kalverkämper, Hartwig/Wiegand, Herbert Ernst (Hg.) (1998): Fachsprachen. Ein internationales Handbuch zur Fachsprachenforschung und Terminologiewissenschaft. Bd. 1. Berlin/New York (= HSK 14.1).

Hoffmann, Lothar u.a. (Hrsg.) (1999) = Hoffmann, Lothar/Kalverkämper, Hartwig/Wiegand, Herbert Ernst (Hg.) (1999): Fachsprachen. Ein internationales Handbuch zur Fachsprachenforschung und Terminologiewissenschaft. Bd. 2. Berlin/New York (= HSK 14.2).

Hohnhold, Ingo (1990): Übersetzungsorientierte Terminologiearbeit. Eine Grundlegung für Praktiker. Stuttgart.

Huhtala, Aarre (1984): Vuoden sanoja. In: Mitä Missä Milloin 1985. Kansalaisen vuosikirja. Helsinki, S. 114–118.

Huhtala, Aarre (1989): Vuoden sanoja. In: Mitä Missä Milloin 1990. Kansalaisen vuosikirja. Helsinki, S. 111–114.

Huttunen, Satu (1984): Hapan sade tuhoaa Suomen metsiä ja järviä. In: Mitä Missä Milloin 1985. Kansalaisen vuosikirja. Helsinki, S. 234–238.

Huttunen, Satu (1988): Pelastakaa metsät. Helsinki.

Huutoniemi, Katri/Estlander, Alec/Hahkala, Matti/Hämekoski, Kari/Kulmala, Antti/Lahdes, Risto/Laukkanen, Timo (2006): Savuntarkastajista päästökauppiaisiin – Suomalaisen ilmansuojelun historiaa. Ilmansuojeluyhdistys ry. Helsinki.

Hyvärinen, Irma (1994): Wörterbücher im Dienste der kontrastiven Wortbildung. Überlegungen anhand von finnischen und deutschen adjektivischen Wortbildungsantonymen mit *epä-/un-* und *-tOn/-los*. In: Irma Hyvärinen/Rolf Klemmt (Hg.): Von Frames und Slots bis Krambambuli: Beiträge zur zweisprachigen Lexikographie. Referate der zweiten internationalen Lexikographiekonferenz Jyväskylä, Finnland 24.–26.3.1994. Jyväskylä (= Studia Philologica Jyväskyläensia 34), S. 131–160.

Hyvärinen, Irma (1996): Suomen ja saksan sananmuodostus vertailun kohteena. In: Minna-Riitta Luukka/Aila Mielikäinen/Paula Kalaja (eds.): Kielten kuulossa. Kielitieteen päivät Jyväskylässä 5. ja 6.5.1995. Jyväskylä, S. 193–204.

Hyvärinen, Irma (2000): Zur Wortbildung in einem deutsch-finnischen Großwörterbuch im Werden – Probleme der Lemmatisierung von Wortbildungsmitteln. In: Irmhild Barz/Marianne Schröder/Ulla Fix (Hrsg.) (2000), S. 31–54.

Hyvärinen, Irma (2001): Kontrastive Analysen Deutsch–Finnisch: eine Übersicht. In: Gerhard Helbig/Lutz Götze/Gert Henrici/Hans-Jürgen Krumm (Hrsg.) (2001), S. 429–436.

Hyvärinen, Irma (2003): Deutsch aus finnischer Sicht – Überblick über die sprachliche Situation in Finnland mit einer kontrastiven Betrachtung von Wort- und Wortformstrukturen. In: Gerhard Stickel (Hrsg.) (2003): Deutsch von außen. Institut für Deutsche Sprache Jahrbuch 2002. Berlin/New York, S. 203–238.

Hyvärinen, Irma (2005a): Adjektivische Zusammenbildungen im finnisch-deutschen Vergleich. In: Ulla Fix/Gotthard Lerchner/Marianne Schröder/Hans Wellmann (Hrsg.) (2005), S. 168–184.

Hyvärinen, Irma (2005b): Finnische und deutsche adjektivische Zusammenbildungen in der Wortbildungslehre und in ein- und zweisprachigen Wörterbüchern. In: Irmhild Barz/Henning Bergenholtz/Jarmo Korhonen (Hrsg.) (2005), S. 251–267.

Hyvärinen, Irma/Kallio, Petri/Korhonen, Jarmo (Hrsg.) (2004): Etymologie, Entlehnungen und Entwicklungen. Festschrift für Jorma Koivulehto zum 70. Geburtstag. Helsinki (= Mémoires de la Société Néophilologique de Helsinki, Tome LXIII).

Ickler, Theodor (1997): Die Disziplinierung der Sprache: Fachsprachen in unserer Zeit. Tübingen (= FFF 33).

Iisa, Katariina/Oittinen, Hannu/Piehl, Aino (2000): Kielenhuollon käsikirja. 5., lisätty ja muutettu painos. Jyväskylä.

Ikola, Osmo (2001): Nykysuomen opas. 2. painos. Turku (= Turun yliopiston suomalaisen ja yleisen kielitieteen laitoksen julkaisuja 65).

Ischreyt, Heinz (1965): Studien zum Verhältnis von Sprache und Technik. Institutionelle Sprachlenkung in der Terminologie der Technik. Düsseldorf (= Sprache und Gemeinschaft, Studien 4).

Itkonen, Terho (2000): Uusi kieliopas. Tarkistanut ja uudistanut Sari Maamies. Helsinki.

Jaakola, Minna (2004): Suomen genetiivi. Helsinki (= SKS 995).

Jakob, Karlheinz (1998): Fachsprachliche Phänomene in der Alltagskommunikation. In: Lothar Hoffmann u.a. (Hrsg.) (1998), S. 710–717.

Järventaus, Kaarina (2001a): Suomen ympäristöhistoria on vielä kirjoittamatta. In: Helsingin Sanomat 02.06.2001, S. C13.

Järventaus, Kaarina (2001b): Pilaantumisen ja pelastumisen tarinat tarpeen. In: Helsingin Sanomat 02.06.2001, S. C13.

Järventausta, Marja/Schröder, Hartmut (1992): Nominalstil und Fachkommunikation - Ergebnisse einer funktionalen Analyse von komplexen Nominalphrasen in finnischsprachigen philologischen Fachtexten. In: Marianne Nordman (Hrsg.) (1992b), S. 59–77.

Järventausta, Marja/Schröder, Hartmut (1997): Nominalstil und Fachkommunikation: Analylyse komplexer Nominalphrasen in deutsch- und finnischsprachigen philologischen Fachtexten. Frankfurt a. M. u.a. (= Werkstattreihe Deutsch als Fremdsprache 54).

Järvi, Outi (1999): ATK-terminologiaa ennen ja nyt. In: Fachsprachen und Übersetzungstheorie. VAKKI-Symposium XIX. Vaasa 13.–14.2.1999. Vaasa (= Publikationen der Studiengruppe für Fachsprachenforschung und Übersetzungstheorie an der Universität Vaasa 25), S. 138–150.

Järvi, Outi/Kallio, Mika/Schröder, Hartmut (1999): Die finnischen Fachsprachen im 20. Jahrhundert und ihre Erforschung: eine Übersicht. In: Lothar Hoffmann u.a. (Hrsg.) (1999), S. 1579–1585.

Järvikoski, Timo (1991): Ympäristöliike suomalaisessa politiikassa. In: Ilmo Massa/Rauno Sairinen (Hg.): Ympäristökysymys. Ympäristöuhkien haaste yhteiskunnalle. Helsinki, S. 162–179.

Jokisalo, Jouko (1991): Saksalaisesta ympäristöhistoriallisesta tutkimuksesta. In: Historiallinen Aikakauskirja 1/91, S. 301–309.

Jukola-Sulonen, Eeva-Liisa (1990): Metsien terveydentila Suomessa. In: Mitä Missä Milloin 1991. Kansalaisen vuosikirja. Helsinki, S. 296–300.

Jung, Matthias (1989): Der öffentliche Sprachgebrauch und die Umweltdebatte in der BRD. Versuch der Kommunikationsgeschichte eines Themas. In: Sprache und Literatur in Wissenschaft und Unterricht 63, S. 76–98.

Jung, Matthias (1994): Öffentlichkeit und Sprachwandel: zur Geschichte des Diskurses über die Atomenergie. Opladen.

Jung, Matthias (1995): Umweltstörfälle. Fachsprache und Expertentum in der öffentlichen Diskussion. In: Georg Stötzel/Martin Wengeler (1995), S. 619–678.

Jung, Matthias (1996): Ökologische Sprachkritik. In: Alwin Fill (Hrsg.) (1996a), S. 149–173.

Jung, Matthias (1999): Experten- und Laiensemantik in der öffentlichen Arena. Ein besonderer Typus der Wissensdissemination? In: Jürg Niederhauser/Kirsten Adamzik (Hrsg.) (1999): Wissenschaftssprache und Umgangssprache im Kontakt. Frankfurt a. M. u.a. (= Germanistische Arbeiten zu Sprache und Kulturgeschichte 38), S. 193–214.

Kaempfert, Manfred (1990): Das Schlagwörterbuch. In: Franz Josef Hausmann/Oskar Reichmann/Herbert Ernst Wiegand/Ladislav Zgusta (Hrsg.) (1990), S. 1199–1206.

Käge, Otmar (1982): Noch "ugs." oder doch schon "derb"? Bemerkungen und Vorschläge zur Praxis der stilistischen Markierung in deutschen einsprachigen Wörterbüchern. In: Herbert

Ernst Wiegand (Hrsg) (1982): Studien zur neuhochdeutschen Lexikographie II. Hildesheim/New York (= Germanistische Linguistik 3–6/80), S. 109–120.
Kajander, Juha (2001): EnDic2000 – seitsenkielinen ympäristösanakirja. In: Terminfo 1/01, S. 8–9.
Kalliokuusi, Virpi (1998): Ympäristösanasto – suuri haaste sanaston laatijalle. In: Terminfo 1/98, S. 11–15.
Kalliokuusi, Virpi (2000): EURALEX 2000 -konferenssin satoa terminologeille. In: Terminfo 3/00, S. 14–17.
Kalverkämper, Hartwig (1988): Verständlichkeit, Verständnis und Verständigung im Fadenkreuz: der Wissenschaftstransfer. In: Ars Semeiotica 3–4/88, S. 311–325.
Kalverkämper, Hartwig (1998a): Fach und Fachwissen. In: Lothar Hoffmann u.a. (Hrsg.) (1998), S. 1–24.
Kalverkämper, Hartwig (1998b): Rahmenbedingungen für die Fachkommunikation. In: Lothar Hoffmann u.a. (Hrsg.) (1998), S. 24–47.
Kalverkämper, Hartwig/Baumann, Klaus-Dieter (Hrsg.) (1996): Fachliche Textsorten: Komponenten – Relationen – Strategien. Tübingen (= FFF 25).
Kann, Hans-Joachim (1976): »Bürgerinitiative« – Geschichte und Wortfeld. In: Muttersprache 6/76, S. 441–444.
Kantola, Jouko/Långvik, Merja/Nylander, Mika/Pälsi, Sanna/Salminen, Henry (1993): Helsingin Sanomien pääuutiset. In: Risto Heiskala (Hrsg.) (1993), S. 6–21.
Kantonen, Marja (1998): Suomen kieli bittien pyörteissä. In: Kielikello 1/98. CD-ROM-Version.
Kapiala, Ulla-Helena (2003): Voiko mielenterveyden häiriöitä ymmärtää ja nimetä? Psykiatria ja sen diagnoosinimikkeet. Vaasa (= Acta Wasaensia 121. Kielitiede 25).
Karihalme, Oili (1996): Muotoilun teoriasanaston termistyminen. Vaasa (= Acta Wasaensia 51. Kielitiede 10).
Karlsson, Fred (1983): Suomen kielen äänne- ja muotorakenne. Porvoo/Helsinki/Juva.
Karlsson, Fred (2000): Finnische Grammatik. Übertr. aus dem Finn. v. Karl-Heinz Rabe. 3., durchgehend bearb. Aufl. Hamburg.
Kelletat, Andreas F. (1988): Hundert Jahre finnisch-deutsches Wörterbuch. In: LSP and Theory of Translation. Papers from a seminar. Vaasa (= Research Group for LSP and Theory of Translation [VAKKI] 11), S. 220–226.
Keßler, Helga (1995): Mit Kassandra im Wald. Ist das Waldsterben eine Erfindung der Journalisten? In: Die Zeit Nr. 45, 3.11.1995 (CD-ROM-Version).
Kobler-Trill, Dorothea (1994): Das Kurzwort im Deutschen. Eine Untersuchung zu Definition, Typologie und Entwicklung. Tübingen (= Reihe Germanische Linguistik 149).
Kobler-Trill, Dorothea (1997): Vergleichende Analyse zum Gebrauch von Kurzwörtern in Wirtschaftsteilen von Zeitungen neuer und alter Bundesländer. In: Irmhild Barz/Ulla Fix (Hrsg.) (1997), S. 181–194.
Kobler-Trill, Dorothea (2002): Die Formseite der Abkürzungen und Kurzwörter. In: D. Alan Cruse/Franz Hundsnurscher/Michael Job/Peter Rolf Lutzeier (Hrsg.) (2002), S. 452–456.
Koivulehto, Jorma (1999): Verba mutuata. Quae vestigia antiquissimi cum Germanis aliisque Indo-Europaeis contactus in linguis Fennicis reliquerint. Ed. Klaas Ph. Ruppel. Helsinki (= Mémoires de la Société Finno-Ougrienne 237).
Kolehmainen, Leena (2006): Präfix- und Partikelverben im deutsch-finnischen Kontrast. Frankfurt a. M. u.a. (= Finnische Beiträge zur Germanistik 16).
Kolehmainen, Taru (2005): Monet uudet puistot ovat käännösvirheitä. In: HS 18.10.2005, C4.

Korhonen, Jarmo (2001a): Deutsch–finnische Großwörterbücher. Geschichte und Gegenwart. In: Germanistentreffen Deutschland – Dänemark – Finnland – Island – Norwegen – Schweden 9.–13.10.2000. Dokumentation der Tagungsbeiträge. Hrsg. vom DAAD. Scheßlitz, S. 169–178.

Korhonen, Jarmo (Hrsg.) (2001b): Von der mono- zur bilingualen Lexikographie für das Deutsche. Frankfurt a. M. u. a. (= Finnische Beiträge zur Germanistik 6).

Korhonen, Jarmo (2005): Zu allgemeinen deutsch–finnischen Hand- und Großwörterbüchern. Ein historischer Überblick. In: Irmhild Barz/Henning Bergenholtz/Jarmo Korhonen (Hrsg.) (2005), S. 43–58.

Korhonen, Jarmo/Schellbach-Kopra, Ingrid (1991): Die Lexikographie der uralischen Sprachen II: Finnisch. In: Franz Josef Hausmann/Oskar Reichmann/Herbert Ernst Wiegand/ Ladislav Zgusta (Hrsg.): Wörterbücher. Ein internationales Handbuch zur Lexikographie. Dritter Teilband Berlin/New York (= HSK 5.3), S. 2383–2388.

Korhonen, Mikko (1990): Lehvät lännessä, juuret idässä. In: Seija Aalto/Auli Hakulinen/ Klaus Laalo/Pentti Leino/Anneli Lieko (Hrsg.) (1990), S. 37–46.

Korhonen, Rainer/Tolmunen, Tapio (1993): Helsingin Sanomien pilapiirrokset ja ympäristö: kolme maailmaa. In: Risto Heiskala (Hrsg.) (1993), S. 22–37.

Korpimies, Liisa (1984): Fachsprachlicher Fremdsprachenunterricht und Fachsprachenforschung in Finnland. In: InfoDaF 84/85, S. 11–17.

Koskela, Merja/Laurén, Christer/Nordman, Marianne/Pilke, Nina (ediderunt) (2002): Porta Scientiae I–II. Lingua specialis. Vaasa (= Proceedings of the University of Vaasa. Reports 95).

Koskela, Merja/Pilke, Nina (2001): Exempel på exempel – en studie i populärvetenskapliga texter. In: LSP and Theory of Translation. 21st VAKKI Symposium, Vaasa 10.–11.2.2001. Vaasa (= Publications of the Research Group for LSP and Theory of Translation at the University of Vaasa 28), S. 152–166.

Kosunen, Riina (2002): Monimuotoinen polysemia hyödyllinen kielessä – miten esittää se sanastossa? In: Terminfo 2/02, S. 16–18.

Koukkunen, Kalevi (1993): Kritik der finnischen Wörterbücher. In: Lexikographica 9, S. 133–157.

Kovtun, Oksana (2000): Wirtschaftsanglizismen: zur Integration nicht-indigener Ausdrücke in die deutsche Sprache. Münster u. a. (= Mehrsprachigkeit 7).

Kretzenbacher, Heinz L. (1992): Zur Linguistik und Stilistik des wissenschaftlichen Fachworts (2). In: Deutsch als Fremdsprache 1/92, S. 38–46.

Kretzenbacher, Heinz L. (1998): Fachtextsorten der Wissenschaftssprachen III: Abstract und Protokoll. In: Lothar Hoffmann u. a. (Hrsg.) (1998), S. 493–499.

Krieg, Ulrike (2005): Wortbildungsstrategien in der Werbung. Zur Funktion und Struktur von Wortneubildungen in Printanzeigen. Hamburg (= Beiträge zur germanistischen Sprachwissenschaft 18).

Kudashev, Igor (2007): Proektirovanie perevodčeskih slovarej special'noj leksiki. Helsinki.

Kues, Jörg/Matzner, Egbert/Murach, Dieter (1984): Saurer Regen und Waldsterben. Unterrichtsmaterialien. Göttingen.

Kühn, Peter (1978): Deutsche Wörterbücher: eine systematische Bibliographie. Tübingen (= Germanistische Linguistik 15).

Kulmala, Antti (1987): Otsonikerroksen ohentuminen. In: Mitä Missä Milloin 1988. Kansalaisen vuosikirja. Helsinki, S. 296–299.

Kuusela, Kullervo (1996): Metsäkuoleman mediakupla 1980- ja 1990-luvulla. Metsämiesten Säätiö. Vantaa.

Kuusisto, Esko/Kauppi, Lea/Heikinheimo, Pirkko (Hrsg.) (1996): Ilmastonmuutos ja Suomi. Helsinki.

Laakkonen, Simo (1999): Historiaton ympäristö. In: Simo Laakkonen/Sari Laurila/Marjatta Rahikainen (Hrsg.): Harmaat aallot. Ympäristönsuojelun tulo Suomeen. Helsinki (= Suomen Historiallinen Seura, Historiallinen Arkisto 113), S. 7–13.

Laakkonen, Simo (2001): Vesiensuojelun synty. Helsingin ja sen merialueen ympäristöhistoriaa 1878–1928. Helsinki.

Laakkonen, Simo (2003): Kun Helsingin henki haisi. Interviewt v. Elisabet Pakarinen in Yliopisto 3/03, S. 12–13.

Laakkonen, Simo (Hrsg.) (2007): Itämeri historian kaatopaikkana. Itämeren ympäristöhistoriaa. In: Historiallinen Aikakauskirja 1/07, S. 4–56.

Laakkonen, Simo/Laurila, Sari/Kansanen, Pekka/Schulman, Harry (Hrsg.) (2001): Näkökulmia Helsingin ympäristöhistoriaan. Kaupungin ja ympäristön muutos 1800- ja 1900-luvuilla. Helsinki.

Laine, Päivi (2007): Suomi tiellä sivistyskieleksi. Suomenkielisen maantieteen sanaston kehittyminen ja kehittäminen 1800-luvulla. Turku (= Publications of the Department of Finnish and General Linguistics of the University of Turku 77).

Laurén, Christer (1993): Fackspråk. Form, innehåll, funktion. Lund.

Laurén, Christer/Myking, Johan/Picht, Heribert (1997): Terminologi som vetenskapsgren. Med bidrag av Anita Nuopponen och Nina Puuronen. Lund.

Laurén, Christer/Myking, Johan/Picht, Heribert (1998): Terminologie unter der Lupe. Vom Grenzgebiet zum Wissenschaftszweig. Mit Beiträgen v. Anita Nuopponen u. Nina Pilke. Wien (= IITF Series 9).

Laurén, Christer/Nordman, Marianne (1987): Från kunskapens frukt till Babels torn. En bok om fackspråk. Stockholm.

Laurén, Christer/Picht, Heribert (1993): Vergleich der terminologischen Schulen. In: Heribert Picht/Christer Laurén (Hrsg.) (1993), S. 493–539.

Lehtinen, Raija (1996): Abloy aukene! Lyhennesanoja asiatyylin rajan molemmilta puolin. In: Kielen kannoilla: Kotimaisten kielten tutkimuskeskus 20 vuotta. Hg. v. Ritva Liisa Pitkänen/Helena Suni/Satu Tanner. Helsinki (= KKTKJ 86), S. 76–89.

Lehtinen, Raija (2000): Mitä Kata ja Tane tänään? Lyhennesanojen suosiosta ja ymmärrettävyydestä. In: Kielikello 4/00, S. 30–34.

Leinfellner, Elisabeth (1971): Der Euphemismus in der politischen Sprache. Berlin (= Beiträge zur Politischen Wissenschaft 13).

Lerchner, Gotthard (2005): Wie werden Lexeme zu Schlag-, Mode- oder Leitwörtern? In: Ulla Fix/Gotthard Lerchner/Marianne Schröder/Hans Wellmann (Hrsg.) (2005), S. 57–63.

Liedtke, Frank/Wengeler, Martin/Böke, Karin (Hrsg.) (1991): Begriffe besetzen: Strategien des Sprachgebrauchs in der Politik. Opladen.

Liimatainen, Annikki (1998): Zur umwelt- und ökologiebezogenen Terminologie des Deutschen und Finnischen: einzelsprachspezifisch – kontrastiv. Ungedruckte Magisterarbeit, Germanistisches Institut der Universität Helsinki.

Liimatainen, Annikki (2000): Zur fachsprachlichen Benennungsbildung des Deutschen und des Finnischen. Ergebnisse einer Korpusuntersuchung äquivalenter Termini zum Thema Umwelt. In: LSP and Theory of Translation. 20th VAKKI Symposium, Vaasa 11.–13.2. 2000. Vaasa (= Publications of the Research Group for LSP and Theory of Translation at the University of Vaasa 27), S. 235–247.

Liimatainen, Annikki (2001): Mehrfachbenennungen in der Fachsprache der Umwelt und Ökologie. In: LSP and Theory of Translation. 21st VAKKI Symposium. Vaasa 10.–11.2.

2001. Vaasa (= Publications of the Research Group for LSP and Theory of Translation at the University of Vaasa 28), S. 179–189.

Liimatainen, Annikki (2002): Euphemismen in der öffentlichen Umweltdiskussion. In: Merja Koskela/Christer Laurén/Marianne Nordman/Nina Pilke (ediderunt) (2002), S. 720–731.

Liimatainen, Annikki (2003): Übereinzelsprachliche Regelmäßigkeiten und einzelsprachspezifische Besonderheiten adjektivischer Wortbildung im Fachbereich der Ökologie und des Umweltschutzes. In: Mariann Skog-Södersved/Mona Enell/Benedikt Faber (Hrsg.): Lexikon und Verstehen. Beiträge auf der 3. Tagung zur kontrastiven Lexikologie, Vaasa 4.–6.10.2002. Vaasa (= Proceedings of the University of Vaasa. Reports 106. SAXA Sonderband 9), S. 75–83.

Liimatainen, Annikki (2005a): Fachgebietsangaben in allgemeinen deutsch–finnischen und finnisch–deutschen Wörterbüchern. In: Irmhild Barz/Henning Bergenholtz/Jarmo Korhonen (Hrsg.) (2005), S. 403–413.

Liimatainen, Annikki (2005b): Transparent-harte und undurchsichtig-sanfte Wörter der Umweltdiskussion im Deutschen und im Finnischen. In: Dagmar Neuendorff/Henrik Nikula/Verena Möller (Hrsg.): Alles wird gut. Beiträge des Finnischen Germanistentreffens 2001 in Turku/Åbo, Finnland. Frankfurt a.M. u.a. (= Finnische Beiträge zur Germanistik 15), S. 149–159.

Liimatainen, Annikki (2006): Die finnische Lexikographie und ihre Erforschung unter besonderer Berücksichtigung der Fachlexikographie: eine historische Übersicht. In: Ulrich Breuer/Irma Hyvärinen (Hrsg.) (2006), S. 91–101.

Liimatainen, Annikki/Neudeck, Anja (2000): Internationale Lexikographiekonferenz vom 30. März bis 1. April 2000 an der Universität Helsinki (Finnland). In: Info DaF 4/00, S. 454–459.

Lohde, Michael (2006): Wortbildung des modernen Deutschen. Ein Lehr- und Übungsbuch. Tübingen (= Narr Studienbücher).

Lotte, D. S. (1993 [1961]): Einige grundlegende Fragen über Auswahl und Bildung wissenschaftlich-technischer Termini. In: Heribert Picht/Christer Laurén (Hrsg.) (1993), S. 159–189.

Lotti, Leila (1997): Finnisches Holz aus finnischen Familienforsten. In: Evergreen. Finnische Forstindustrie. Verband der Finnischen Forstindustrie. Helsinki, S. 34–36.

Louekari, Sami (2002): Ympäristö suomalaisessa historiankirjoituksessa. In: Anna Saukkonen (Hrsg.) (2002), S. 15–86.

Lozán, José L./Graßl, Hartmut/Hupfer, Peter (1998): Warnsignal KLIMA. Wissenschaftliche Fakten. Hamburg.

Luchtenberg, Sigrid (1985): Euphemismen im heutigen Deutsch: mit einem Beitrag zu Deutsch als Fremdsprache. Frankfurt a.M./Bern/New York. (= Europäische Hochschulschriften: Reihe 1, Deutsche Sprache und Literatur 834).

Ludwig, Klaus-Dieter (2002): Die Markierungsangaben im DE GRUYTER WÖRTERBUCH DEUTSCH ALS FREMDSPRACHE. In: Herbert Ernst Wiegand (Hrsg.): Perspektiven der pädagogischen Lexikographie des Deutschen II. Untersuchungen anhand des »de Gruyter Wörterbuch Deutsch als Fremdsprache«. Tübingen (= Lexicographica. Series Maior 110), S. 147–160.

Ludwig, Klaus-Dieter (2005): Pragmatische Angaben in Wörterbüchern. In: Irmhild Barz/Henning Bergenholtz/Jarmo Korhonen (Hrsg.) (2005), S. 389–402.

Lyytikäinen, Erkki (1995): Bikinirajaus. Näkökulmia kieleen. Helsinki (= SKS 623).

Lyytimäki, Jari (2004): Mistä ympäristöstä puhutaan? Zugang: <http://www.ymparisto.fi> (zuletzt aufgerufen am 12.5.2008).

Lyytimäki, Jari (2005): Hiilinielusta luomurintoihin – ympäristönsuojelu kartuttaa kielen kirjoa. In: Kielikello 3/05, S. 19–21.

Lyytimäki, Jari (2006): Unohdetut ympäristöongelmat. Helsinki.

Lyytimäki, Jari/Palosaari, Marika (2004): Ympäristöviestinnän tutkimus Suomessa. Helsinki (= Suomen ympäristö 683).

Maamies, Sari (1999): Omaa vai vierasta? In: Kielikello 3/99. CD-ROM-Version.

Maamies, Sari (2000a): Lyhenteestä virsi kaunis? In: Kielikello 4/00, S. 3.

Maamies, Sari (2000b): Lyhentäminen. In: Kielikello 4/00, S. 4–10.

Mackensen, Lutz (1959): Muttersprachliche Leistungen der Technik. In: Helmut Gipper (Hrsg.): Sprache – Schlüssel zur Welt. Festschrift für Leo Weisgerber. Düsseldorf, S. 293–305.

Malachowa, Olga (1996): Der grüne Punkt in der deutschen Lexik. In: Alwin Fill (Hrsg.) (1996a), S. 205–213.

Martin, Hans (1973): Untersuchungen zur sprachlichen Interferenz. Auf der Grundlage finnlanddeutschen Materials. Turku (= Annales Universitatis Turkuensis, B 129).

Mattila, Heikki E. S. (2002): Vertaileva oikeuslingvistiikka. Helsinki.

Mattila, Jussi (2003): Kun vesi oli mustaa. Varhaista ympäristökeskustelua 1. In: Suomen Luonto 2/03, S. 50.

Maxeiner, Dirk/Miersch, Michael (2002): Lexikon der Öko-Irrtümer. Fakten statt Umweltmythen. München/Zürich (= Serie Piper 3794).

Mayer-Tasch, Peter Cornelius (1985): Aus dem Wörterbuch der Politischen Ökologie. München (= DTV Sachbuch).

Meadows, Donella H./Meadows, Dennis L./Randers, Jørgen/Behrens III, William W. (1972): The Limits to Growth. A Report for the Club of Rome's Project on the Predicament of Mankind. London.

Möhn, Dieter (1986): Determinativkomposita und Mehrwortbenennungen im deutschen Fachwortschatz. Hinweise auf einen vernachlässigten Benennungstyp. In: Jahrbuch Deutsch als Fremdsprache, Bd. 12. München, S. 111–133.

Möhn, Dieter/Pelka, Roland (1984): Fachsprachen: eine Einführung. Tübingen (= Germanistische Arbeitshefte 30).

Möhring, Caroline (1992): 10 Jahre Waldschadenforschung: Bilanz und Ausblick. Der Bundesminister für Forschung und Technologie – Referat Öffentlichkeitsarbeit. Bonn.

Morgenthaler, Erwin (2000): Von der Ökonomie der Natur zur Ökologie: die Entwicklung ökologischen Denkens und seiner sprachlichen Ausdrucksformen. Berlin (= Philologische Studien und Quellen 160).

Motsch, Wolfgang (1987): Fortschritt und Tradition in der Wortbildungsforschung. In: Werner Neumann/Bärbel Techtmeier (Hrsg.): Bedeutungen und Ideen in Sprachen und Texten. Berlin (= Sprache und Gesellschaft 20), S. 112–119.

Muhr, Rudolf/Kettemann, Bernhard (Hrsg.) (2002): Eurospeak: der Einfluss des Englischen auf europäische Sprachen zur Jahrtausendwende. Frankfurt a. M. u. a. (= Österreichisches Deutsch – Sprache der Gegenwart 1).

Müller, Gerhard (1992): Deutsch 1991. Bemerkungen zur Gegenwartssprache. In: Der Sprachdienst 1/92, S. 1–26.

Müller, Heinrich H. (1999): Die englische Fachsprache der Datenverarbeitung unter besonderer Berücksichtigung der Lexik. In: Lothar Hoffmann u. a. (Hrsg.) (1999), S. 1444–1451.

Müller, Peter O. (2005): Deutsche Fremdwortbildung. Probleme der Analyse und der Kategorisierung. In: Ders. (Hrsg.): Fremdwortbildung. Theorie und Praxis in Geschichte und Gegenwart. Frankfurt a.M. u.a. (= Dokumentation Germanistischer Forschung 6), S. 199–218.

Myking, Johan (2000): Sosioterminologi – ein modell for Norden? In: Anita Nuopponen/ Bertha Toft/Johan Myking (red.): I terminologins tjänst. Festskrift för Heribert Picht på 60-årsdagen. Vaasa (Proceedings of the University of Vaasa. Reports 59), S. 92–109.

Myllyntaus, Timo (1991a): Ympäristöhistoria – mitä se on? In: Historiallinen Aikakauskirja 4/91, S. 291–294.

Myllyntaus, Timo (1991b): Suomalaisen ympäristöhistorian kehityslinjoja. In: Historiallinen Aikakauskirja 1/91, S. 321–331.

Neubert, Gottfried (1980): Eigennamen als Bestandteil von Benennungen. In: Deutsch als Fremdsprache 17, S. 331–336.

Neubert, Gottfried (1987): Zur Synonymproblematik in der terminologischen Lexik technischer Fachsprachen. In: Special Language. Fachsprache 1–2/87, S. 31–44.

Niederhauser, Jürg (1999) Wissenschaftssprache und populärwissenschaftliche Vermittlung. Tübingen (= FFF 53).

Niemikorpi, Antero (1996): Liekepostista tuikeilmaisimeen ja sulhasesta kuraenkeliin. Erikoiskielten rakenteellisesta ja tyylillisestä vaihtelusta. Vaasa (= Vaasan yliopiston julkaisuja. Tutkimuksia 213. Kielitiede 34).

Nikula, Henrik (1992): Zur Beziehung zwischen fachsprachlicher und gemeinsprachlicher Bedeutung im Wörterbuch. In: Marianne Nordman (Hrsg.) (1992b), S. 15–31.

Nirvi, Ruben Erik (1944): Sanakieltoja ja niihin liittyviä kielenilmiöitä itämerensuomalaisissa kielissä: riista- ja kotieläintalous. Helsinki (= SKS 223).

Nissilä, Niina/Pilke, Nina (2004): Variation på uttrycksnivå – om synonymi i en ordlista. In: Fachsprachen und Übersetzungstheorie, VAKKI-Symposium XXIV. Vaasa 7.–8.2.2004. (= Publikationen der Studiengruppe für Fachsprachenforschung, Übersetzungstheorie und Mehrsprachigkeit an der Universität Vaasa 31), S. 200–210.

Nissinen, Irma (1995): Sanaoksien uudet versot. In: Kielikello 4/95. CD-ROM-Version.

Nordman, Marianne (1992a): Svenskt fackspråk. Lund.

Nordman, Marianne (Hrsg.) (1992b): Fachsprachliche Miniaturen. Festschrift für Christer Laurén. Frankfurt a.M. u.a. (= Nordeuropäische Beiträge aus den Human- und Gesellschaftswissenschaften 2).

Novak, P./Moffat, A. I. B./Nalluri C./Narayanan, R. (2001): Hydraulic Structures. 3rd Edition. London.

Nuolijärvi, Pirkko (1992): Markkinointimixistä valuuttafactoringiin. Taloussanaston kehtitystendensseja. In: Pirkko Nuolijärvi/Liisa Tiittula (Hrsg.): Talous ja kieli 1. Seminaari 24.–25.4.1992 Helsingin kauppakorkeakoulu. Helsinki (= Helsingin kauppakorkeakoulun julkaisuja D-169), S. 247–257.

Nuopponen, Anita (1994): Begreppssystem för terminologisk analys. Vasa (= Acta Wasaensia 38, Språkvetenskap 5).

Nuopponen, Anita/Harakka, Terttu/Tatje, Rolf (Hrsg.) (2002): Interkulturelle Wirtschaftskommunikation: Forschungsobjekte und Methoden. Vaasa (= Proceedings of the University of Vaasa. Reports 93).

Nuutinen, Olli (1989): Käännöslainat. In: Jouko Vesikansa (Hg.) (1989a), S. 110–126.

Nykänen, Olli (1999): Tietotekniikan sanakirjoissa on eroja. In: Terminfo 2/99, S. 11–21.

Nyström, Lars (2000): Alg, pytare och skridstång: sälfångstens och säljaktens terminologi i finlandssvenska folkmål. Helsingfors (= Skrifter utgivna av Svenska litteratursällskapet i Finland 623).

Oeser, Erhard/Picht, Heribert (1998): Terminologieforschung in Europa: ein historischer Überblick. In: Lothar Hoffmann u.a. (Hrsg.) (1998), S. 341–347.

Oksaar, Els (1986): Gutes Wissenschaftsdeutsch – Perspektiven der Bewertung und der Problemlösungen. In: Hartwig Kalverkämper/Harald Weinrich (Hrsg.): Deutsch als Wissenschaftssprache. 25. Konstanzer Literaturgespräch des Buchhandels, 1985. Tübingen (= FFF 3), S. 100–118.

Oksaar, Els (1988): Kulturemtheorie: Ein Beitrag zur Sprachverwendungsforschung. Hamburg (= Berichte aus den Sitzungen der Joachim-Jungius-Gesellschaft der Wissenschaften e.V., Hamburg, 3/88).

Olt, Reinhard (1983): *Bio* – ein lebhaftes Wortbildungselement. In: Der Sprachdienst, 11–12/83, S. 163–165.

Palander, Marjatta (2002): Yhdysadjektiivit – muuttuvia muoti-ilmauksia. In: Kielikello 1/02, S. 15–17.

Pasanen, Päivi (2001): Perinteisestä terminologiasta sosioterminologiaan. In: Pirjo Kukkonen/ Ritva Hartama-Heinonen (ed.): Mission, Vision, Strategies, and Values. A Celebration of Translator Training and Translation Studies in Kouvola. Helsinki, S. 179–186.

Penttilä, Aarni (1945): Sanain lyhentämisestä. In: Virittäjä 49, S. 619–626.

Penttilä, Aarni (1963): Suomen kielioppi. 2., tarkistettu painos. Porvoo/Helsinki.

Perkonoja, Maarit (2001): Materiaalitehokkuutta vai luonnonvaratuottavuutta? Deskriptiivinen sanastotyö ekotehokkuus- ja materiaalivirtatarkastelujen käsitteistöstä. Ungedruckte Magisterarbeit, Institut für Deutsch, Russisch und Schwedisch der Universität Turku.

Perkonoja, Maarit (2002a): Ekotehokas sanasto. In: Terminfo 1/02, S. 6–7.

Perkonoja, Maarit (2002b): Ekologisia selkäreppuja sanastossa. In: Kääntäjä-Översättaren, 10/02, S. 9.

Pfandl, Heinrich (2002): Wie gehen die slawischen Sprachen mit Anglizismen um? (Am Beispiel des Russischen, Tschechischen und Slowenischen). In: Rudolf Muhr/Bernhard Kettemann (Hrsg.) (2002), S. 117–154.

Pfitzner, Jürgen (1978): Der Anglizismus im Deutschen. Ein Beitrag zur Bestimmung seiner stilistischen Funktion in der heutigen Presse. Stuttgart (= Amerikastudien 51).

Picht, Heribert/Laurén, Christer (Hrsg.) (1993): Ausgewählte Texte zur Terminologie. Wien (= IITF Infoterm).

Pihkala, Teija (2001): Sosioterminologia: lyhyt oppimäärä. In: Terminfo 1/01, S. 6–7.

Piitulainen, Marja-Leena (2006): Von Grammatik und Wortschatz bis zu Textsorten und Kulturunterschieden. Eine Übersicht zum Sprach- und Kommunikationsvergleich Finnisch-Deutsch. In: Hartmut E. H. Lenk (Hrsg.): Finnland. Vom unbekannten Partner zum Vorbild Europas? Landau (= Beiträge zur Fremdsprachenvermittlung. Sonderheft 10/06), S. 315–345.

Pilke, Nina (2000): Dynamiska fackbegrepp. Att strukturera vetande om handlingar och händelser inom teknik, medicin och juridik. Vasa (= Acta Wasaensia 81, Språkvetenskap 15).

Pinkal, Manfred (1985): Logik und Lexikon – Die Semantik des Unbestimmten. Berlin/New York.

Poethe, Hannelore (1997): Kurzwörter – Bestand und Gebrauch vor und nach 1989. In: Irmhild Barz/Ulla Fix (Hrsg.) (1997), S. 195–211.

Poethe, Hannelore (2000): Fachsprachliche Aspekte der Wortbildung. Die Leistung der Wortbildung für Fachsprache und Fachtext. In: Irmhild Barz/Marianne Schröder/Ulla Fix (Hrsg.) (2000), S. 199–218.

Pohl, Inge (1991): Rom-Speicher, Interlauch, Plantainer – Spielräume in der Verwendung von Kurzformen. In: Karl-Ernst Sommerfeldt (Hrsg.): Sprachwissenschaft und Sprachkultur.

Tagungsband der Konferenz in Neubrandenburg am 10. und 11. Mai 1990. Frankfurt a. M. u.a. (= Sprache – System und Tätigkeit 1), S. 121–133.

Pörksen, Uwe (1986): Deutsche Naturwissenschaftssprachen: historische und kritische Studien. Tübingen (= FFF 2).

Püschel, Ulrich (1998): Die pragmatischen Angaben in LANGENSCHEIDTS GROSSWÖRTERBUCH DEUTSCH ALS FREMDSPRACHE. In: Herbert Ernst Wiegand (Hrsg.): Perspektiven der pädagogischen Lexikographie des Deutschen: Untersuchungen anhand von «Langenscheidts Großwörterbuch Deutsch als Fremdsprache». Tübingen (= Lexicographica. Series Maior 86), S. 144–156.

Räikkälä, Anneli (1984): Hapan laskeuma. In: Kielikello 2/84. CD-ROM-Version.

Räikkälä. Anneli (1991): Lukijakysymys. In Kielikello 2/91. CD-ROM-Version.

Räikkälä, Anneli/Maamies, Sari/Eronen, Riitta (1996): Yhdyssanat. In: Kielikello 4/96, S. 5–12.

Räisänen, Alpo (1988): Byrokratian eufemismit. In: Kieliposti 3/88, S. 32–34.

Raittila, Pentti (2000): Ydinjätteen loppusijoitus mediassa. Julkishallinnon ydinjätetutkimusohjelmaan (JYT 2001) liittyvä joukkoviestinnän seurantatutkimus. Journalismin tutkimusyksikkö. Tampereen yliopisto. Tiedotusopin laitos. Julkaisuja C 30. Tampere.

Raittila, Pentti/Suominen, Petteri (2002): Keskustelu ydinjätteen loppusijoitusta koskevasta periaatepäätöksestä eduskunnassa ja mediassa. In: Pentti Raittila/Pekka Hokkanen/Matti Kojo/Tapio Litmanen: Ydinjäteihme suomalaisittain. Tampere, S. 92–113.

Ranta, Osmo (1989): Tekniikka suomeksi. Suomen kielen kehitys tekniikan kieleksi. Tekniikan sanastotoiminnan vaiheet 1900-luvulla. Tekniikan sanastokeskus. Helsinki.

Reiter, Hanns (1885): Die Consolidation der Physiognomik als Versuch einer Oekologie der Gewaechse. Mit einem Anhang: Das System der Erdkunde. Graz.

Rinne, Pasi/Linnanen, Lassi (1998): Ympäristöviestinnän kymmenen käskyä. In: Ders. (Hrsg.): Ympäristöviestintä ja -raportointi. Helsinki, S. 9–17.

Ripfel, Martha (1998): Fachtextsorten der Wissenschaftssprachen II: die wissenschaftliche Rezension. In: Lothar Hoffmann u.a. (Hrsg.) (1998), S. 488–493.

Rödel, Michael (2005): *Nachhaltigkeit* – Karriere eines Schlüsselworts. In: Der Sprachdienst 5–6/05, S. 156–161.

Roelcke, Thorsten (1991): Das Eineindeutigkeitspostulat der lexikalischen Fachsprachensemantik. In: ZGL 19/91, S. 194–208.

Roelcke, Thorsten (2004): Stabilität statt Flexibilität? Kritische Anmerkungen zu den semantischen Grundlagen der modernen Terminologielehre. In: Inge Pohl/Klaus-Peter Konerding (Hrsg.): Stabilität und Flexibilität in der Semantik. Strukturelle, kognitive, pragmatische und historische Perspektiven. Frankfurt a.M. u.a. (= Sprache – System und Tätigkeit 52), S. 137–150.

Roelcke, Thorsten (2005): Fachsprachen. 2., durchges. Aufl. Berlin (= Grundlagen der Germanistik 37).

Rögener, Wiebke (1999): Es begann im „Stummen Frühling". Umweltprobleme sensibilisieren seit den siebziger Jahren die Öffentlichkeit. In Süddeutsche Zeitung 15.12. 1999, M24.

Rogers, Margaret (1997): Synonymy and Equivalence in Special-language Texts. A Case Study in German and English Texts on Genetic Engineering. In: Anna Trosborg (Ed.): Text Typology and Translation. Amsterdam/Philadelphia (= Benjamins Translation Library 26), S. 217–245.

Römer, Ruth (1971): Die Sprache der Anzeigenwerbung. 2., revidierte Aufl. Düsseldorf (= Sprache der Gegenwart 4).

Rossenbeck, Klaus (1987): Zur Gestaltung zweisprachiger Fachwörterbücher. In: Beads or Bracelet? How do we approach LSP? Selected papers from the Fifth European Symposium on LSP. Held at the Catholic University of Leuven, Belgium, August 26–30, 1985. Eds. A-m Cornu/ J. Vanparijs/M. Delahaye/L. Baten, S. 274–283.

Rossenbeck, Klaus (1994): Enzyklopädische Information im zweisprachigen Fachwörterbuch. In: Burghard Schaeder/Henning Bergenholtz (Hrsg.) (1994), S. 133–159.

Sager, Juan C. (1990): A Practical Course in Terminology Processing. Amsterdam/Philadelphia.

Sager, Juan C./Dungworth, David/McDonald, Peter F. (1980): English special languages: principles and practice in science and technology. Wiesbaden.

Sajavaara, Kari (1983): Anglo-American Influence in Finnish. In: Eero Kuparinen/Keijo Virtanen (eds.): The Impact of American Culture. Proceedings of an International Seminar in Turku, April 17–18, 1982. Turku (= Publications of the Institute of History, General History 10), S. 36–49.

Sajavaara, Kari/Lehtonen, Jaakko (1981): Anglismit nykysuomessa. In: Virittäjä 1981, S. 289–306.

Sajavaara, Paula (1989): Vierassanat. In: Jouko Vesikansa (Hg.) (1989a), S. 64–109.

Saukkonen, Anna (Hrsg.) (2002): Ympäristöhistorian monet kasvot. Kirjoituksia suomalaisesta ympäristöhistoriasta. Turku (= Turun yliopiston Historian laitoksen julkaisuja 62).

Schaeder, Burkhard (1994): Zu einer Theorie der Fachlexikographie. In: Burkhard Schaeder/ Henning Bergenholtz (Hrsg.) (1994), S. 11–41.

Schaeder, Burkhard (1996): Wörterbuchartikel als Fachtexte. In: Hartwig Kalverkämper/ Klaus-Dieter Baumann (Hrsg.): Fachliche Textsorten: Komponenten – Relationen – Strategien. Tübingen (= FFF 25), S. 100–124.

Schaeder, Burkhard/Bergenholtz, Henning (Hrsg.) (1994): Fachlexikographie: Fachwissen und seine Repräsentation in Wörterbüchern. Tübingen (= FFF 23).

Schatte, Christoph (2002): Zur Theorie eines fachtextsortenspezifischen Valenzlexikons. In: Bogdan Kovtyk/Gabriele Wendt (Hrsg.): Aktuelle Probleme der angewandten Übersetzungswissenschaft: sprachliche und außersprachliche Faktoren der Fachübersetzung. Frankfurt a.M. u. a., S. 77–83.

Schiewe, Jürgen (1988): Sprachpurismus und Emanzipation. Joachim Heinrich Campes Verdeutschungsprogramm als Voraussetzung für Gesellschaftsveränderungen. Hildesheim/ Zürich/New York (= Germanistische Linguistik 96-97).

Schiewe, Jürgen (2001): Aktuelle wortbezogene Sprachkritik in Deutschland. In: Gerhard Stickel (Hg.): Neues und Fremdes im deutschen Wortschatz: aktueller lexikalischer Wandel. Berlin/New York (Institut für deutsche Sprache, Jahrbuch 2000), S. 280–296.

Schippan, Thea (1992): Lexikologie der deutschen Gegenwartssprache. Tübingen.

Schippan, Thea/Ehrhardt, Horst (2001): Lexik. In: Wolfgang Fleischer/Gerhard Helbig/Gotthard Lerchner (Hrsg.) (2001), S. 62–107.

Schlosser, Horst Dieter (2000b): 525 Jahre »Unwort«. Gesamt-, West- und Ostdeutsches im Spiegel der Sprachkritik. In: Karin M. Eichhoff-Cyrus/Rudolf Hoberg (Hrsg.) (2000), S. 289–301.

Schmidt, Günter Dietrich (1984): Die anderen *Bio*-Wörter. Zur Bedeutung eines produktiven Wortbildungselements. In: Der Sprachdienst. 3–4/84, S. 37–39.

Schmidt, Günter Dietrich (1987): Das Kombinem. Vorschläge zur Erweiterung des Begriffsfeldes und der Terminologie für den Bereich der Lehnwortbildung. In: Gabriele Hoppe/ Alan Kirkness/Elisabeth Link/Isolde Nortmeyer/Wolfgang Rettig/Günter Dietrich Schmidt: Deutsche Lehnwortbildung. Beiträge zur Erforschung der Wortbildung mit entlehnten

WB-Einheiten im Deutschen. Tübingen (= Forschungsberichte des IdS Mannheim 64), S. 37–52.

Schmidt, Wilhelm (1969): Charakter und gesellschaftliche Bedeutung der Fachsprachen. In: Sprachpflege 1/69, S. 10–21.

Schmitt, Peter A. (1985): Anglizismen in den Fachsprachen. Eine pragmatische Studie am Beispiel der Kerntechnik. Heidelberg (= Anglistische Forschungen 179).

Schneider, Franz (1998): Studien zur kontextuellen Fachlexikographie: das deutsch-französiche Wörterbuch der Rechnungslegung. Tübingen (= Lexicographica, Series Maior 83).

Schönwiese, Christian-Dietrich/Diekmann, Bernd (1988): Der Treibhauseffekt: der Mensch ändert das Klima. 2. unveränderte Aufl. Stuttgart.

Schramm, Engelhardt (Hrsg.) (1984): Ökologie-Lesebuch. Ausgewählte Texte zur Entwicklung des ökologischen Denkens. Von Beginn der Neuzeit bis zum Club of Rome (1971). Frankfurt a. M.

Schröder, Hartmut (1987): Aspekte sozialwissenschaftlicher Fachtexte. Ein Beitrag zur Fachtextlinguistik. Hamburg (= Papiere zur Textlinguistik 60).

Schröder, Hartmut (Hrsg.) (1993): Fachtextpragmatik. Tübingen (= FFF 19).

Schröder, Marianne (1985): Zur Verwendung von Kurzformen. In: Beiträge zur Erforschung der deutschen Sprache 5, S. 199–209.

Schröder, Marianne (1993): Warum nicht *umweltlich und *Umweltler? In: DaF 3/93, S. 172–177.

Schröder, Marianne (2005): Lexikographische Angaben zum richtigen, typischen und bevorzugten Gebrauch von Kurzwörtern. In: Irmhild Barz/Henning Bergenholtz/Jarmo Korhonen (Hrsg.) (2005), S. 269–284.

Seibicke, Wilfried (1993): Wortgeschichte und Sprachkritik. Ein Beitrag zur Diskussion über Euphemismen. In: Hans Jürgen Heringer/Georg Stötzel (Hg.): Sprachgeschichte und Sprachkritik: Festschrift für Peter von Polenz zum 65. Geburtstag. Berlin/New York, S. 311–324.

Seiffert, Anja (2002): Probleme synchroner Fremdwortbildungsforschung. In: Neuphilologische Mitteilungen 2/02, S. 161–178.

Seiffert, Anja (2005): Das Konfix im einsprachigen Lernerwörterbuch. Eine Untersuchung anhand des „Duden. Deutsch als Fremdsprache". In: Irmhild Barz/Henning Bergenholtz/ Jarmo Korhonen (Hrsg.), S. 285–297.

Seiler, Wolfgang/Hahn, Jürgen (1998): Der natürliche und anthropogene Treibhauseffekt – Veränderung der chemischen Zusammensetzung der Atmosphäre durch menschliche Aktivitäten. In: José L. Lozán/Hartmut Graßl/Peter Hupfer (Hrsg.) (1998), S. 114–121.

Serra Borneto, Carlo (1986): Einsteins Relativitätstheorie. Strategien der Popularisierung vom Comics [sic!] bis zum Sachbuch. In: Bungarten, Theo (Hrsg.): Wissenschaftssprache und Gesellschaft. Aspekte der wissenschaftlichen Kommunikation und des Wissenstransfers in der heutigen Zeit. Hamburg, S. 350–366.

Siiskonen, Harri (2000): Myrkyttäkää, ruiskuttakaa, hävittäkää... Ruotsalaisten ja suomalaisten maatalouden ammattilehtien kasvinsuojeluvalistus 1940–1980. Helsinki (= Historiallisia tutkimuksia 209).

Sittel, Cornelia (1990): Das Schlagwort in der politischen Sprache. Allgemeine Charakteristika und Versuch einer funktionsbezogenen Typologie. In: Bernd Spillner (Hrsg.) (1990), S. 181–183.

Sivula, Jaakko (1989): Synonyymit. In: Jouko Vesikansa (Hg.) (1989a), S. 183–199.

Snell-Hornby, Mary (2003a): Kontrastive Linguistik. In: Mary Snell-Hornby u. a. (Hrsg.) (2003), S. 66–70.

Snell-Hornby, Mary (2003b): Wörterbücher. In: Mary Snell-Hornby u.a. (Hrsg.) (2003), S. 181–184.

Snell-Hornby, Mary/Hönig, Hans G./Kußmaul, Paul/Schmitt, Peter A. (Hrsg.) (2003): Handbuch Translation. Unveränderter Nachdruck der 2. Aufl 1999. Tübingen.

Snellman, Ritva Liisa (2001): Viherpesu ekosunnuntaina. In: Helsingin Sanomat 11.11.2001, D3.

Sommerfeldt, Karl-Ernst (Hrsg.) (1988): Entwicklungstendenzen in der deutschen Gegenwartssprache. Leipzig.

Spiegel, Carmen (1994): Schlüsselwörter in umweltpolitischen Auseinandersetzungen. Wie Wörter beim Reden ihre Bedeutung erhalten. In: Sprachreport 1/94, S. 6–7.

Spillner, Bernd (Hrsg.) (1990): Sprache und Politik. Kongressbeiträge zur 19. Jahrestagung der Gesellschaft für Angewandte Linguistik GAL e.V. Frankfurt a.M. u.a. (= forum ANGEWANDTE LINGUISTIK 18).

Spillner, Bernd (Hrsg.) (1994): Fachkommunikation. Kongressbeiträge zur 24. Jahrestagung der Gesellschaft für Angewandte Linguistik GAL e.V. Frankfurt a.M. u.a. (= forum ANGEWANDTE LINGUISTIK 27).

Der Sprachdienst (1980). [Ohne Autor]: Umweltschutz. Heft 7–8/80, S. 127–128.

Der Sprachdienst (1984). [Ohne Autor]: Umweltauto. Heft 11–12/84, S. 182.

Der Sprachdienst (1988). [Ohne Autor]: Algenpest und Robbensterben. Heft 4/88, S. 128.

Der Sprachdienst (1999). [Ohne Autor]: Deutsch und Englisch: Stellungnahme der Gesellschaft für deutsche Sprache zum englischen Einfluss auf die deutsche Gegenwartssprache. Heft 6/99, S. 217–220.

Stagneth, Thomas (2001): Wirtschaftswörterbücher (Deutsch-)Finnisch–Deutsch im Vergleich. In: Jarmo Korhonen (Hrsg.) (2001), S. 303–315.

Starke, Günter (1988): Entwicklungstendenzen in den Fach- und Gruppensprachen. In: Karl-Ernst Sommerfeldt (Hrsg.) (1988), S. 61–80.

Steinhauer, Anja (2000): Sprachökonomie durch Kurzwörter: Bildung und Verwendung in der Fachkommunikation. Tübingen (= FFF 56).

Steinhauer, Anja (2001): Von »Azubi« bis »Zivi«, von »ARD« bis »ZDF«. Kurzwörter im Deutschen. In: Der Sprachdienst 1/01, S. 1–14.

Stenvall, Elisa (1999): Vierassanoilla sijansa. In: Toimikunnasta termitalkoisiin. 25 vuotta sanastotyön asiantuntemusta. TSK. Helsinki, S. 58–61.

Stolze, Radegundis (1999): Die Fachübersetzung: eine Einführung. Tübingen (= Narr Studienbücher).

Stork, Yvonne (1994): Morphosyntaktischer und semantischer Wandel im Rahmen der Popularisierung des französischen Umweltvokabulars. In: Bernd Spillner (Hrsg.) (1994), S. 105–108.

Stork, Yvonne (1998): Ecologie. Die Geschichte zentraler Lexien des französischen Umweltvokabulars seit 1968. Tübingen/Basel (= Kultur und Erkenntnis. Schriften der Philosophischen Fakultät der Heinrich-Heine-Universität Düsseldorf 21).

Stötzel, Georg (2000): Wandel im öffentlichen Sprachgebrauch nach 1945. In: Karin M. Eichhoff-Cyrus/Rudolf Hoberg (Hrsg.) (2000), S. 129–142.

Stötzel, Georg/Wengeler, Martin (1995): Kontroverse Begriffe: Geschichte des öffentlichen Sprachgebrauchs in der Bundesrepublik Deutschland. In Zusammenarbeit mit Karin Böke u.a. Berlin/New York (= Sprache, Politik, Öffentlichkeit 4).

Suhonen, Pertti (1994): Mediat, me ja ympäristö. Helsinki.

Suomalainen, Johanna (2002): Erikoiskielistä yleiskieleen – termeistä sanoiksi. In: Kielikello 1/02. CD-ROM-Version.

Suonuuti, Heidi (1997): Guide to Terminology. Helsinki (Nordterm 8).
Talvitie, Jyrki K./Hytönen, Ahti (1997): Puoli vuosisataa tekniikan ja kaupan sanakirjoja. In: Terminfo 3/97, S. 10–14.
Tekniikan sanastoja 1987 (1988). Tekniska ordlistor 1987. Hrsg. v. Elisa Stenvall. 4. painos. Helsinki (= TSK 11).
Temmermann [sic!], Rita (2000a): Training Terminographers: the Sociocognitive Approach. In: Ulrich Heid/Stefan Evert/Egbert Lehmann/Christian Rohrer (Eds.): Proceedings of the Ninth EURALEX International Congress; EURALEX 2000. Stuttgart, Germany, August 8th–12th, 2000. Vol. I. Stuttgart, S. 453–460.
Temmerman, Rita (2000b): Towards new ways of terminology description: the sociocognitive-approach. Amsterdam/Philadelphia (= Terminology and lexicography research and practice 3).
Thurmair, Maria (1995): Doppelterminologie im Text oder: hydrophob ist wasserscheu. In: Heinz L. Kretzenbacher/Harald Weinrich (Hrsg.): Linguistik der Wissenschaftssprache. Berlin/New York (= Akademie der Wissenschaften zu Berlin, Forschungsbericht 10), S. 247–280.
Thurmair, Maria (2001): Text, Texttypen, Textsorten. In: Gerhard Helbig/Lutz Götze/Gert Henrici/Hans-Jürgen Krumm (Hrsg.) (2001), S. 269–280.
Tiittula, Liisa (2006): Wörterbücher als Spiegel des gesellschaftlichen Wandels. In: Ulrich Breuer/Irma Hyvärinen (Hrsg.) (2006), S. 125–133.
Timgren, Henrikki/Unkuri, Juhana (2001): Suuri energiaparadoksi. In: Yliopisto 11/01, S. 6–8.
Tischer, Valentina (1997): "Grüne Lexik" im Russischen, ihre Entwicklung und ihr Vergleich mit dem Deutschen. In: Inge Pohl (Hrsg.): Methodologische Aspekte der Semantikforschung: Beiträge der Konferenz "Methodologische Aspekte der Semantikforschung" an der Universität Koblenz-Landau/Abteilung Landau (1966). Frankfurt a.M. u.a. (= Sprache – System und Tätigkeit 22), S. 239–250.
Toschi Nobiloni, Agnese (1994): Das grüne "Deutsch". Beobachtungen über die Wechselbeziehungen zwischen ökologischer Fachsprache und Gemeinsprache. In: Bernd Spillner (Hrsg.) (1994), S. 109–111.
Trampe, Cristina/Trampe, Wilhelm (1994): Zur Bedeutungskonstitution von Begriffen in Ökologie-Lexika in Spanien und Deutschland. In: Dieter W. Halwachs/Irmgard Stütz (Hrsg.): Sprache – Sprechen – Handeln: Akten des 28. Linguistischen Kolloquiums, Graz 1993, Bd. 1. Tübingen (= Linguistische Arbeiten 320), S. 275–282.
Trampe, Wilhelm (1990): Ökologische Linguistik: Grundlagen einer ökologischen Wissenschafts- und Sprachtheorie. Opladen.
Trampe, Wilhelm (1991a): Ökologie der Sprache: Eine ökologische Perspektive in der Linguistik. In: Eberhard Klein/Françoise Pouradier Duteil/Karl Heinz Wagner (Hrsg.): Betriebslinguistik und Linguistikbetrieb: Akten des 24. Linguistischen Kolloquiums, Universität Bremen, 4.–6. September 1989. Band 1. Tübingen (= Linguistische Arbeiten 260), S. 125–132.
Trampe, Wilhelm (1991b): Sprache und ökologische Krise. Aus dem Wörterbuch der industriellen Landwirtschaft. In: Elisabeth Feldbusch/Reiner Pogarell/Cornelia Weiß (Hrsg.): Neue Fragen der Linguistik. Akten des 25. Linguistischen Kolloquiums, Paderborn 1990. Bd. 2: Innovation und Anwendung. Tübingen (= Linguistische Arbeiten 271), S. 143–149.
Trampe, Wilhelm (2002): Ökologische Linguistik und Humanökologie. In: Alwin Fill/Hermine Penz/Wilhelm Trampe (Eds/Hrsg.) (2002), S. 89–101.

Trepl, Ludwig (1987): Geschichte der Ökologie: vom 17. Jahrhundert bis zur Gegenwart. Frankfurt a. M. (= Athenäum-Taschenbücher 4070).

Trojanus, Karl-Heinz (1999): Die Fachlexikographie der Biologie: eine Übersicht. In: Lothar Hoffmann u. a. (Hrsg.) (1999), S. 1937–1945.

Tuomi, Tuomo (1990): Viime vuosikymmenten uudissanoja. In: Seija Aalto/Auli Hakulinen/ Klaus Laalo/Pentti Leino/Anneli Lieko (Hrsg.) (1990), S. 277–285.

Välimäki, Jari (2002): Keisari ekovaatteissa. Ympäristöstä pitää puhua suomeksi nykyistä osuvammin käsittein. In: Vihreä Lanka 18.1.2002. Zugang: <http://arkisto.vihrealanka.fi/ 2002/3/valimaki.html> (zuletzt aufgerufen am 19.3.2008).

Välimäki, Jari (2006): Unohdetut ympäristöongelmat. Helsinki.

Väliverronen, Esa (1996): Ympäristöuhkan anatomia. Tiede, mediat ja metsän sairaskertomus. Jyväskylä.

Varantola, Krista (1998): Mitä kääntäjä odottaa sanakirjaltaan? In: Terminfo 3/98, S. 14–16.

Varantola, Krista (2004): Sanakirjoista ja sanakirjojen käyttäjistä. In: Riitta Oittinen/Pirjo Mäkinen (Hrsg.): Alussa oli käännös. 4. painos. Tampereen yliopisto. Tampere, S. 215–238.

Varis, Markku (1996): Hankalaa sanontaa: Kiertoilmausten muodostaminen nykysuomessa. Oulu (= Publications of the Department of Finnish, Saami and Logopedics 3).

Varis, Markku (1998): Sumea kieli. Kiertoilmauksen muoto ja intentio nykysuomessa. Helsinki (= SKS 717).

Vehmas-Lehto, Inkeri (2002): Vastineongelmia erikoisalan kaksikielisessä sanastotyössä. In: Terminfo 2/02, S. 8–11.

Veisbergs, Andrejs (2000): Euphemisms in General (Monolingual and Bilingual) Dictionaries. In: Ulrich Heid/Stefan Evert/Egbert Lehmann/Christian Rohrer (Eds.): Proceedings of the Ninth EURALEX International Congress; EURALEX 2000. Stuttgart, Germany, August $8^{th}$–$12^{th}$, 2000. Vol. II. Stuttgart, S. 773–780.

Vesikansa, Jouko (1978): Johdokset. Porvoo/Helsinki/Juva (= Nykysuomen oppaita 2).

Vesikansa, Jouko (1979): Lyhenteet. Porvoo/Helsinki/Juva (= Nykysuomen oppaita 3).

Vesikansa, Jouko (Hg.) ( 1989a): Nykysuomen sanavarat. Porvoo/Helsinki/Juva.

Vesikansa, Jouko (1989b): Yhdyssanat. In: Ders. (Hg.) (1989a), S. 213–258.

Viereck, Wolfgang (1998): Die Rolle von Fachsprachen im Kontakt von Einzelsprachen I: Englisch–Deutsch im 20. Jahrhundert. In: Lothar Hoffmann u. a. (Hrsg.) (1998), S. 764–771.

Vieregge, Werner (1983): Zum Gebrauch von Kurzwörtern im Neuhochdeutschen. In: Sprachwissenschaft 8, S. 207–235.

Virtanen, Pia (1993): Zur Geschichte der finnisch–deutschen Lexikographie 1888–1991. Studien zur Makrostruktur. Mit einem Geleitwort von Herbert Ernst Wiegand. (= Studien zur zweisprachigen Lexikographie mit Deutsch I. Hrsg. v. Herbert Ernst Wiegand). Hildesheim/New York (= Germanistische Linguistik 114).

Volmert, Johannes (1996): Die Rolle griechischer und lateinischer Morpheme bei der Entstehung von Internationalismen. In: Horst Haider Munske/Alan Kirkness (Hg.) (1996): Eurolatein. Das griechische und lateinische Erbe in den europäischen Sprachen. Tübingen (= Germanistische Linguistik 169), S. 219–235.

Vuorisalo, Timo (2002): Ympäristöekologia. Ympäristönsuojelun ekologiset perusteet ja alkuperäisen luonnon suojelu. 5., uudistettu painos. Turku (= Turun yliopiston täydennyskoulutuskeskuksen julkaisuja A:86).

Wahlström, Erik/Reinikainen, Tapio/Hallanaro, Eeva-Liisa ([1992] 1994): Ympäristön tila Suomessa. Vesi- ja ympäristöhallitus – Ympäristötietokeskus. 2. painos. Helsinki.

Walter, Bernd (1990): Der englischsprachige Terminus im deutschen Fachtext. In: Fremdsprachen 4/90, S. 247–253.
Walther, Helmut (1986): Deutsch 1985. In: Der Sprachdienst 1/86, S. 1–18.
Walther, Helmut (1988): Deutsch 1987. In: Der Sprachdienst 1/88, S. 1–16.
Walther, Helmut/Nüssler, Otto (1985): Momentaufnahmen. Beobachtungen zum sprachlichen Geschehen 1984. In: Der Sprachdienst 1–2/85, S. 1–20.
Was ist los mit unserem Wald? (1986) Was bedeutet es für uns? Wie schlimm ist es wirklich? Wie können wir ihn retten? Presse- und Informationsamt der Bundesregierung. Reihe: Politik – Informationen. Aktualisierte Aufl. [Ohne Ort.]
Weber, Heinrich (2002): Die Inhaltsseite von Kurzwörtern und Abkürzungen. In: D. Alan Cruse/Franz Hundsnurscher/Michael Job/Peter Rolf Lutzeier (Hrsg.) (2002), S. 457–460.
Weinrich, Harald (1989): Formen der Wissenschaftssprache. In: Akademie der Wissenschaften zu Berlin. Jahrbuch 1988. Berlin/New York, S. 119–158.
Wellmann, Hans (1984): Die Wortbildung. In: Duden Grammatik der deutschen Gegenwartssprache. 4., völlig neu bearb. u. erw. Aufl. Hrsg. u. bearb. v. Günter Drosdowski in Zusammenarbeit mit Gerhard Augst u.a. Mannheim/Wien/Zürich (= Der Duden in 10 Bänden 4), S. 386–501.
Wendt, Susanne (1998): Die Fachsprache im Bereich der Wärmetechnik/Feuerungstechnik. In: Lothar Hoffmann u.a. (Hrsg.) (1998), S. 1188–1192.
Wengeler, Martin (1995): Von der *Hilfe für unterentwickelte Gebiete* über den *Neokolonialismus* bis zur *Entwicklungszusammenarbeit*. Der sprachliche Umgang mit dem Nord-Süd-Konflikt. In: Georg Stötzel/Martin Wengeler (Hrsg.) (1995), S. 679–710.
Werner, Fritz Clemens (1968): Wortelemente lateinisch-griechischer Fachausdrücke in den biologischen Wissenschaften. 3., überarb. u. erw. Aufl. Halle (Saale).
Wey, Klaus-Georg (1982): Umweltpolitik in Deutschland. Kurze Geschichte des Umweltschutzes in Deutschland seit 1900. Opladen.
Wichter, Sigurd (1994): Experten- und Laienwortschätze: Umriss einer Lexikologie der Vertikalität. Tübingen (= Reihe Germanistische Linguistik, 144: Kollegbuch).
Widén, Pertti (1988): Ruhe ist die erste Bürgerpflicht in Finnland. In: Informationen der deutsch-finnischen Handelskammer 1/88, S. 15–16.
Wiegand, Herbert Ernst (1988): Was eigentlich ist Fachlexikographie? Mit Hinweisen zum Verhältnis von sprachlichem und enzyklopädischem Wissen. In: Horst Haider Munske/Peter von Polenz/Oskar Reichmann/Reiner Hildebrandt (Hrsg.): Deutscher Wortschatz: lexikologische Studien. Ludwig Erich Schmitt zum 80. Geburtstag von seinen Marburger Schülern. Berlin/New York, S. 729–790.
Wiegand, Herbert Ernst (1990): Die deutsche Lexikographie der Gegenwart. In: Franz Josef Hausmann/Oskar Reichmann/Herbert Ernst Wiegand/Ladislav Zgusta (Hrsg.) (1990), S. 2100–2246.
Wiese, Ingrid (1984a): Fachsprache der Medizin. Eine linguistische Analyse. Leipzig.
Wiese, Ingrid (1984b): Zum Gebrauch wissenschaftlicher Termini in fachexternen Texten. In: ZPSK 37, 4/84, S. 447–453.
Wiese, Ingrid (1988): Fachwortschatz und Allgemeinwortschatz. In: Karl-Ernst Sommerfeldt (Hrsg.) (1988), S. 145–158.
Wiese, Ingrid (1994): Medizinische Fachsprache und Fachlexikographie – Theoretische Aspekte. In: Stephan Dressler/Burkhard Schaeder (Hrsg.) (1994a), 13–24.
Wiese, Ingrid (1998): Die neuere Fachsprache der Medizin seit der Mitte des 19. Jahrhunderts unter besonderer Berücksichtigung der Inneren Medizin. In: Lothar Hoffmann u.a. (Hrsg.) (1998), S. 1278–1285.

Wiese, Ingrid (2000): Textsorten des Bereichs Medizin und Gesundheit. In: Klaus Brinker/Gerd Antos/Wolfgang Heinemann/Sven F. Sager (Hrsg.): Text- und Gesprächslinguistik. Ein internationales Handbuch zeitgenössischer Forschung. Bd. 1. Berlin/New York (= HSK 16.1), S. 710–718.

Wiese, Ingrid (2001): Fachsprachen. In: Wolfgang Fleischer/Gerhard Helbig/Gotthard Lerchner (Hrsg.) (2001), S. 458–469.

Wiese, Ingrid (2002): Abkürzungen im medizinischen Fachwörterbuch. In: Irmhild Barz/Ulla Fix/Gotthard Lerchner (Hrsg.) (2002), S. 139–143.

Wilss, Wolfram (2002): Neue Formen und Verwendungsweisen der „AKÜsprache". In: Fachsprache 1–2/02, S. 50–61.

Wilss, Wolfram (2006): Modernisierungstendenzen in der deutschen Gegenwartssprache. In: Neuphilologische Mitteilungen 3/05, S. 273–288.

Winter, Horst (1986): Benennungsmotive für chemische Stoffnamen. In: Special language – Fachsprache 3–4/86, S. 155–162.

Wittwer, Michael (2001): Textmerkmale zur Bestimmung der Verständlichkeit popularisierender Fachtextsorten in der Pädiatrie. In: LSP and Theory of Translation. 21st VAKKI Symposium, Vaasa 10.–11.2.2001. Vaasa (= Publications of the Research Group for LSP and Theory of Translation at the University of Vaasa 28), S. 314–323.

Wolf, Norbert Richard (2004): Anglizismen (bzw. Fremdwörter) im Sprachgebrauch. Eine Wortmeldung in einer immer wiederkehrenden Debatte. In: Irma Hyvärinen/Petri Kallio/Jarmo Korhonen (Hrsg.) (2004), S. 459–470.

Worster, Donald (1994): Nature's Economy: a history of ecological ideas. 2nd Ed. Cambridge.

Wullenweber, Karin (2002): Zur Ökolinguistik in der Slawistik und den ökologischen Diskursen in Russland und Bulgarien. In: Alwin Fill/Hermine Penz/Wilhelm Trampe (Hrsg.) (2002), S. 103–118.

Wüster, Eugen (1973): Kaleidoskop der Fachsprachen. Geleitwort. In: Lubomir Drozd/Wilfried Seibicke (1973), S. VIII–X.

Wüster, Eugen (1991): Einführung in die allgemeine Terminologielehre und terminologische Lexikographie. Mit einem Vorw. v. Richard Baum. 3. Aufl. Bonn (= Abhandlungen zur Sprache und Literatur 20).

Yalin, Feng (2006): „...durch Rückgriffe Zukunft herstellen". Ökologische Aspekte in Günter Grass' „Die Rättin". Erinnerung als konstituierender und reflektierender Prozess. In: Zeitschrift für Germanistik 2/06, S. 280–291.

Yang, Wenliang (1990): Anglizismen im Deutschen: am Beispiel des Nachrichtenmagazins DER SPIEGEL. Tübingen (= Reihe Germanistische Linguistik 106).

Ympäristöhistoria. In: Historiallinen Aikakauskirja 4/91, S. 291–331.

Zöllner, Nicole (1997): Der Euphemismus im alltäglichen und politischen Sprachgebrauch des Englischen. Frankfurt a. M. u. a. (= Forum Linguisticum 35).

## Anhang 1

## Die Fachlexikografie der Ökologie und des Umweltschutzes

**Bibliographische Hilfsmittel** (Webseiten zuletzt aufgerufen am 16.2.2008)

Deutsche Nationalbibliothek. Katalog der deutschen Nationalbibliothek. Zugang: <http://www.d-nb.de>.

Einsprachige deutsche Wörterbücher (1988). Systematisches Bestandsverzeichnis mit einem alphabetischen Register der Verfasser, Bearbeiter und Herausgeber. Hrsg.: Deutsche Bibliothek, Helsinki. 6. Aufl. Jyväskylä.

Fachbibliothek Umwelt des Umweltbundesamtes. Öffentlicher Bibliothekskatalog OPAC/ULIDAT. Zugang: <http://doku.uba.de>.

Fachwörterbücher und Lexika: Ein internationales Verzeichnis (1972). International Bibliography of Dictionaries. 5. Ausg. München-Pullach/Berlin (= Handbuch der technischen Dokumentation und Bibliographie).

Haß, Ulrike (1989a): Lexikonausschnitt Umwelt. In: Gerhard Strauß/Ulrike Haß/Gisela Harras: Brisante Wörter von Agitation bis Zeitgeist. Ein Lexikon zum öffentlichen Sprachgebrauch. Berlin/New York (= Schriften des Instituts für deutsche Sprache 2), S. 395–557.

Haß, Ulrike (1989b): Öko-Lexikographie. In: Antonín Kučera/Alain Rey/Herbert Ernst Wiegand/Ladislav Zgusta (Ed.): Lexicographica. Internationales Jahrbuch für Lexikographie 5/89. Tübingen, S. 250-252.

Kühn, Peter (1978): Deutsche Wörterbücher: eine systematische Bibliographie. Tübingen (= Germanistische Linguistik 15).

Lenk, Hartmut E. H./Vietinghoff, Gertrud/Vietinghoff, Wilhelm (1988): Fachsprachliche und Sachwörterbücher aus der DDR 1975–1987. Eine Auswahlbibliographie. In: Das Ginkgo Blatt. Beiheft zum Germanistischen Jahrbuch für Nordeuropa. Nr. 8–9/88, 3–16.

Mehrsprachige Fachwörterbücher (1983). Bestandsverzeichnis. Teil 1: Naturwissenschaften, Technik, Land- und Forstwirtschaft, Medizin. Berichtszeit 1960–1972, Nachtrag 1973–1980. Berlin (= Bibliographische Mitteilungen, Deutsche Staatsbibliothek 28).

Tekniikan sanastoja 1987 (1988). Tekniska ordlistor 1987. Hrsg. v. Elisa Stenvall. 4. painos. Helsinki (= TSK 11).

Umweltbibliothek Leipzig. Zugang: <http://www.umweltbibliothek-leipzig.de>.

Wasser-Wissen. Das Internetportal für Wasser und Abwasser. Umweltlexika – Wörterbücher relevante Nachschlagewerke und frei zugängliche Datenbanken. Zugang: <http://www.wasser-wissen.de/linklisten/umweltlexika_und_relevante.htm>.

### A) Fachwörterbücher für die deutsche Sprache

### 1 Printwörterbücher

### 1.1 Monolinguale Wörterbücher

Abercron, Michael von (1987): Begriffe aus dem Umweltschutz. Hrsg.: Verband Deutscher Landwirtschaftlicher Untersuchungs- und Forschungsanstalten. 4. Aufl. (3. Aufl. 1982 unter dem Titel: Zarges, Helmut: Begriffe aus dem Umweltschutz) Darmstadt: VDLUFA (= VDLUFA-Schriftenreihe 2). 51 S.

Ahlhaus, Otto/Boldt, Gerhard/Klein, Klaus (1988): Taschenlexikon Umweltschutz. 10. Aufl. [1. Aufl. 1979] Düsseldorf: Schwann. 288 S. Ill.

Bahadir, Müfit/Parlar, Harun/Spiteller, Michael (Hrsg.) (2000): Springer Umweltlexikon. 2. Aufl. [1. Aufl. 1995] Berlin u.a.: Springer. 1 455 S. Ill., graph. Darst.

Bartels, Dietlev (1995): Das SINA-Lexikon. Hrsg.: Geschäftsführung der SINA-Gruppe. SINA-Industrieservice. Erstausg., 1. Aufl. Karlsruhe: Goerner. 127 S.

Bartsch, Wolfgang (1973): Umwelt-ABC [nach d. Ausg. d. Hess. Min. f. Landwirtschaft u. Umwelt (Gruppe Koordinierung u. Planung)]. Frankfurt a. M.: Fischer (= Fischer Taschenbücher 1383). 126 S.

Baxter, Nicola (1994): Sticker Natur-Lexikon: Wissenswertes über die Zusammenhänge in der Natur. Aus dem Englischen von Gabriele Colditz. Giessen: Brunnen. 16 S.

Begriffe aus Ökologie, Landnutzung und Umweltschutz (1994). Hrsg.: Bayerische Akademie für Naturschutz und Landschaftspflege (ANL). Dachverband Wissenschaftlicher Gesellschaften der Agrar-, Forst-, Ernährungs-, Veterinär- u. Umweltforschung e.V. 3., neu bearb. Aufl. [1. Aufl. 1984 u. d. T.: Begriffe aus Ökologie, Umweltschutz und Landnutzung]. Laufen/Salzach: ANL.; Frankfurt a. M.: Dachverb. Agrarforschung. 139 S.

Beier, Ernst (1994): Umweltlexikon für Ingenieure und Techniker. Weinheim u.a.: VCH. 392 S. Ill., graph. Darst.

Beier, Ernst (2002): Umwelt-Lexikon. 2., aktualis. u. erg. Ausg. Bochum: Ponte Press. 335 S. Graph. Darst.

Billen-Girmscheid, Gerd/Schmitz, Otmar (1986): Das Öko-Lexikon unserer Ernährung. Frankfurt a. M.: Krüger. 639 S. Ill., graph. Darst.

Bio-Lexikon (1988): mit rund 1 000 Stichwörtern zur biologischen Lebenshaltung. Ernährung, Heilpflanzen, Kräuter und ihre Wirkung. Salzburg: Ed. Terra. 134 S.

Bischofsberger, Wolfgang/Hegemann, Werner (2000): Lexikon der Abwassertechnik. 6. Aufl. [1. Aufl. 1974] Essen: Vulkan. 828 S.

Brilling, Oskar/Kleber, Eduard W. (Hrsg.) (1999): Hand-Wörterbuch Umweltbildung. Baltmannsweiler: Schneider-Verl. Hohengehren. 339 S. Graph. Darst.

Callenbach, Ernest (2000): Ökologie von A–Z: ein Wegweiser. Aus dem Amerikanischen v. Michael Haupt. Hamburg: Rotbuch. 170 S.

Dauwe-Arnold, Elisabeth/Müller, Peter/Bettels, Godehard (2000): Planungslexikon: ein Leitfaden durch das Labyrinth der Planersprache. Hrsg. vom Institut Wohnen und Umwelt. 4., vollst. überarb. u. aktualis. Aufl. [3. Aufl. 1978 u. d. T.: Planungsbegriffe: ein Leitf. durch das Labyrinth der Planersprache] Opladen/Wiesbaden: Westdt. Verl. 381 S. Ill.

Dreyhaupt, Franz Joseph (Hrsg.) (1992): Umwelthandwörterbuch. Umwelt-Management in der Praxis für Führungskräfte in Wirtschaft, Politik und Verwaltung. Berlin/Bonn/Regensburg: Walhalla. 581 S.

Dreyhaupt, Franz Joseph (Hrsg.) (1994): VDI-Lexikon Umwelttechnik. Düsseldorf: VDI-Verlag. 1 349 S. Ill., graph. Darst.

Dreyhaupt, Franz Joseph (Hrsg.) (1996): VDI-Taschenlexikon Immissionsshutz. Mit englischem Register. Düsseldorf: VDI-Verlag. 406 S. Ill., graph. Darst.

Düsseldorfer, Emmanuela (Hrsg.) (1993): Umweltfreundliche Haushaltstips von A bis Z. Niedernhausen/Ts.: Bassermann. 299 S.

Frey, Rudolf (1980): Wasser, Abwasser, Abfall: Lexikon von A bis Z. 2., völlig überarb. Aufl. [1. Aufl. 1975 u. d. T.: Kommunale Wasserversorgung, Abwasserreinigung, Abfallbeseitigung] Stuttgart: Krämer. 148 S. Ill., graph. Darst.

Gräff, Bruno/Spegele, Herbert (1972): Wörterbuch des Umweltschutzes: Begriffe, Erläuterungen, Abkürzungen. Stuttgart: Franckh. 143 S.

Große, Holm (Hrsg.) (1995): Fachlexikon Umwelt: betrieblich relevante Umwelt-Fachbegriffe im thematischen Umfeld. Augsburg: WEKA, Fachverl. für Techn. Führungskräfte. Losebl.-Ausg.

Hagenau, Günther (1994): Lexikon Technik und Umwelt. Stuttgart: Holland und Josenhans. 232 S. Graph. Darst.

Hallesches Abfall-Lexikon (1994). 2., überarb. Ausg. Halle: Dezernat für Umwelt- und Naturschutz, Umweltamt, Abt. Abfallwirtschaft. 50 S.

Haß, Ulrike (1989): Lexikonausschnitt Umwelt. In: Gerhard Strauß/Ulrike Haß/Gisela Harras: Brisante Wörter von Agitation bis Zeitgeist. Ein Lexikon zum öffentlichen Sprachgebrauch. Berlin/New York: de Gruyter (= Schriften des Instituts für deutsche Sprache 2). S. 395–557.

Herder-Lexikon Umwelt (1979). Bearb. im Auftrag der Lexikonredaktion v. Udo Becker. 4. Aufl. [1. Aufl. 1973] Freiburg im Breisgau/Basel/Wien.: Herder. 215 S. Ill., graph. Darst.

Hintermaier-Erhard, Gerd/Zech, Wolfgang (1997): Wörterbuch der Bodenkunde. Systematik, Genese, Eigenschaften, Ökologie und Verbreitung von Böden. Stuttgart: Enke. 338 S. Abb., Tab., Farbtafeln.

Höcker, Karl H./Weimer, Karl (Hrsg.) (1959): Lexikon der Kern- und Reaktortechnik. Bd. 1: A–K, Bd. 2: L–Z. Stuttgart: Franckh. 703 S. + 982 S.

Hofmann, Manfred (1986): Lexikon für Alternative, für Öko-Freaks und Gesundheitsfreunde. Hamburg: Rasch und Röhring. 103 S. Ill.

Holländer, Reinhard/Euler, Birgit (1996): Lexikon der Hygiene und Krankenhausökologie. Stuttgart/Jena/New York: Fischer. 205 S. Ill., graph. Darst.

Honomichl, Klaus/Jacobs, Werner (1998): Biologie und Ökologie der Insekten: ein Taschenlexikon. 3., überarb. Aufl. [2. Aufl. 1988/89 u. d. T.: Jacobs, Werner/Renner, Maximilian: Biologie und Ökologie der Insekten; 4. Aufl. 2007 u. d. T. Bellmann, Heiko/Honomichl, Klaus/Jacobs, Werner: Biologie und Ökologie der Insekten: ein Taschenlexikon]. Stuttgart u. a.: Fischer. 678 S. Ill.

Hopfenbeck, Waldemar/Jasch, Christine/Jasch, Andreas (1996): Lexikon des Umweltmanagements. Landsberg/Lech: Verl. Moderne Industrie. 553 S.

Hulpke, Herwig/Koch, Herbert A./Nießner, Reinhard (Hrsg.) (2000): Römpp Lexikon Umwelt. 2., völlig überarb. Aufl. [1. Aufl. 1993 u. d. T.: Hulpke, Herwig u. a. (Hrsg.): Römpp-Lexikon Umwelt] Stuttgart/New York: Thieme. 926 S. Ill., graph. Darst.

Hulpke, Herwig/Koch, Herbert A./Wagner, Rudolf (Hrsg.) (1993): Römpp-Lexikon Umwelt. 1. Aufl. Stuttgart/New York: Thieme. 856 S. Ill., graph. Darst.

Hülsmann, Wulf (1995): Glossar der raumbezogenen Umweltplanung. Berlin: Umweltbundesamt. 64 S.

Humboldt-Umwelt-Lexikon (1990). Hrsg. u. bearb. v. Meyers Lexikonredaktion in Zusammenarbeit mit Klaus Wegmann. München: Humboldt-Taschenbuchverlag Jakobi (Humboldt 925: Die großen Bücher: Moderne Information). 360 S. Ill., graph. Darst.

Jacobs, Werner/Renner, Maximilian (1988/89): Biologie und Ökologie der Insekten: ein Taschenlexikon. 2., überarb. Aufl. [1. Aufl. u. d. T.: Jacobs, Werner: Taschenlexikon zur Biologie der Insekten. Ab 3. Aufl. 1998 u. d. T.: Honomichl, Klaus/Jacobs, Werner: Biologie und Ökologie der Insekten.] Stuttgart/New York/Jena: Fischer. 690 S. Ill.

Jägemann, Hans (1993): Das BARMER-Umweltlexikon von A–Z: Wissenswertes, Tips und Ratschläge zum richtigen Umgang mit der Umwelt. Köln: Echo. 161 S. Ill.

Kaub, Siegmund (2001): Umwelt-Ratgeber Bau: Praxishandbuch für Bau- und Immobilienfachleute. Stuttgart/Berlin/Köln: Kohlhammer. 104 S. Graph. Darst.

Kimminich, Otto (Hrsg.) (1994): Handwörterbuch des Umweltrechts. Bd. 1: Abfallabgabe – Mosel, Bd. 2: Nachbarrecht – Zweitanmeldung. 2., überarb. Aufl. [1. Aufl. 1987/88]. Berlin: Schmidt.

Kluge, Heidelore (1987): Umweltlexikon: von Januar – Dezember. Rastatt: Moewig. 176 S.

Koelzer, Winfried (2001): Lexikon zur Kernenergie. Forschungszentrum Karlsruhe Technik und Umwelt. Vollst. überarb. [1. Aufl. 1981] Karlsruhe: Forschungszentrum, Stabsabt. Öffentlichkeitsarbeit. 251 S. Ill., graph. Darst.

Kohlen, Dorothee (1999): Umweltlexikon: Tips für eine gesunde Umwelt in unserer Stadt. 2., völlig überarb. Aufl. [Stand: März 2005 Kohlen, Dorothee: Umweltlexikon] Rheda-Wiedenbrück: Leitstelle Umwelt. 99 S. Ill., graph. Darst.

König, Felix von (1982): Das praktische Windenergie-Lexikon. 1 700 Stichwörter. Karlsruhe: Müller. 140 S. Ill., graph. Darst.

Korff, Jens Jürgen (1994): Der Umweltratgeber von A–Z: 1000 Tips und noch mehr Infos für eine intakte Umwelt. 1. Aufl. Köln: Dreisam (= Dreisam-Ratgeber: Umwelt). 222 S. Ill., graph. Darst.

Koswig, Michael (1992): Ratgeber Umwelt: Lexikon von Abbeizer bis Zigarette; über 400 Stichwörter mit Tips, Einkaufshilfen, Verhaltensregeln und vielen Hintergrundinformationen. Stiftung Warentest. Stuttgart: Zenit-Pressevertrieb. 315 S. Ill., graph. Darst.

Kowalewski, Josef B. (1993): Altlastenlexikon: ein Nachschlagewerk für die praktische Arbeit. Essen: Glückauf. 199 S. Ill., graph. Darst.

Kursawa-Stucke, Hans-Joachim (1994): Knaurs Umweltlexikon. Orig. Ausg. München: Droemer Knaur. 383 S. Ill., graph. Darst.

Leonhardt, J. (Hrsg.) (1982): Radioaktivität. 1. Aufl. Leipzig: VEB Bibliograph. Institut (= BI-Taschenlexikon). 344 S. Abb.

Leser, Hartmut (Hrsg.) (1994): Westermann-Lexikon Ökologie & Umwelt. Mit Beitr. v. Hans-Dieter Haas. Braunschweig: Westermann. 667 S. Ill., graph. Darst.

Leser, Hartmut u. a. (1993): Diercke-Wörterbuch Ökologie und Umwelt. Bd. 1: A–M (dtv, 3419), Bd. 2: N–Z (dtv, 3420). 1. Aufl. München: Dt. Taschenbuch-Verl.; Braunschweig: Westermann. 241 S. + 233 S.

Lexikon der Abfallwirtschaft (1993). Stand September 1993. Büro für Umwelt-Pädagogik Media (BUP). Freiburg, o. V. 183 S.

Lexikon Energie, Wasser, Abfall, Abwasser (1986). 1. Aufl. Hamburg: Baubehörde Hamburg: Staatl. Pressestelle. 99 S.

Malz, Friedrich (1974): Taschenwörterbuch der Umweltplanung: Begriffe aus Raumforschung u. Raumordnung. Orig.-Ausg. München: List. 671 S. Graph. Darst.

Marquardt, Brunhilde/Mikelskis, Helmut/Westhoff, Conrad unter Mitarb. v. Karl-Heinz Mau (1984): Jugendlexikon Umwelt: Umweltwissen in Stichworten. Reinbek bei Hamburg: Rowohlt (= rororo-Handbuch 6301). 341 S. Ill., graph. Darst.

Marquardt-Mau, Brunhilde/Mayer, Jürgen/Mikelskis, Helmut (1993): Umwelt. Lexikon ökologisches Grundwissen. Neu bearb. u. erw. Ausg. des 1984 erschienenen Jugendlexikons Umwelt. Reinbek bei Hamburg: Rowohlt. 509 S. Abb., graph. Darst., Tab.

Martinetz, Christina/Martinetz, Dieter (1999): Lexikon der Entgiftung v. Abgasen, Abwässern, Abfällen und Altlasten. 1. Aufl. Thun/Frankfurt a. M.: Deutsch. 237 S. Ill., graph. Darst.

Martinetz, Dieter (1997): Umwelt- und Alltagsgifte: das Lexikon für Ihre Gesundheit. Orig. Ausg. Berlin: Urania. 279 S.

Maxeiner, Dirk/Miersch, Michael (1998): Lexikon der Öko-Irrtümer: Überraschende Fakten zu Energie, Gentechnik, Gesundheit, Klima, Ozon, Wald und vielen anderen Umweltthemen. Frankfurt a.M.: Eichborn. 415 S. Abb., graph. Darst., Tab.

Maxeiner, Dirk/Miersch, Michael (2000): Lexikon der Öko-Irrtümer: Fakten statt Umweltmythen. München/Zürich: Piper (= Serie Piper 2873). 491 S. Graph. Darst.

Maxeiner, Dirk/Miersch, Michael (2002): Lexikon der Öko-Irrtümer. Fakten statt Umweltmythen. München/Zürich: Piper. (= Serie Piper 3794). 494 S. Graph. Darst., Tab.

Meyers kleines Lexikon Ökologie (1987). Hrsg. v. Meyers Lexikonredaktion in Zusammenarbeit mit Klaus Wegmann. Mannheim/Wien/Zürich: Meyers Lexikonverlag. 376 S. Ill., graph. Darst.

Mielke, Hans-Jürgen (1979): Umweltschutz von A bis Z. Köln: Aulis. 332 S. Ill., graph. Darst.

Moll, Walter L. H. (1987): Chemikalien in der Umwelt: ausgew. Stoffe. München/Basel: Reinhardt. (= Taschenbuch für Umweltschutz 4; UTB für Wissenschaft 1449). 376 S.

Neumann-Adrian, Michael/Neumann-Adrian, Edda (1992): Das Grüne Lexikon: Umwelt verstehen, Umwelt schützen. 2., überarb. u. aktualis. Aufl. [1. Aufl. 1986] München: Schneider. 406 S. Ill., graph. Darst.

Nickel, Friedhelm G./Schmid, Gerhard (1990): Wörterbuch der Umwelttechnik. 1. Aufl. Würzburg: Vogel. 292 S. Ill., graph. Darst.

Nohlen, Dieter (Hrsg.) (1980): Lexikon Dritte Welt. Baden-Baden: Signal-Verlag Frevert. 384 S.

Nohlen, Dieter (Hrsg.) (2002): Lexikon Dritte Welt: Länder, Organisationen, Theorien, Begriffe, Personen. Vollst. überarb. Neuausgabe. [1. Aufl. 1980] Reinbek bei Hamburg: Rowohlt (= rororo Sachbuch 60684). 947 S.

Olsson, Michael/Piekenbrock, Dirk (1998): Gabler Kompakt-Lexikon Umwelt- und Wirtschaftspolitik. 3., aktualis. Aufl. [1. Aufl. 1993, 2., überarb. u. erw. Aufl. 1996]. Wiesbaden: Gabler. 418 S.

Philipps-Schwesig, Marlies/Begemann, Joachim (1992): Fachbegriffe des Umweltschutzes. Zentrum für Energie-, Wasser- und Umwelttechnik (ZEWU) der Handwerkskammer Hamburg. Stuttgart: Dt. Sparkassenverl. 118 S.

Planungsbegriffe : e. Leitf. durch d. Labyrinth d. Planersprache (1978). Institut Wohnen und Umwelt. 3. Aufl. [4. Aufl. 2000 u. d. T. Dauwe-Arnold, Elisabeth u.a.: Planungslexikon]. Opladen: Westdeutscher Verlag. 497 S. Ill.

Popp, Walter (1998): Diagnoselexikon Arbeits- und Umweltmedizin: Krankheitsursachen in Umwelt und Arbeitswelt. Stuttgart/New York: Thieme. 308 S.

Pschyrembel-Wörterbuch: Radioaktivität, Strahlenwirkung, Strahlenschutz (1987). Bearb. v. der Pschyrembel-Redaktion unter der Leitung v. Christoph Zink. 2., aktualis. Aufl. [1. Aufl. 1986] Berlin/New York: de Gruyter. 108 S. Ill., graph. Darst.

Punktgenau. Das Duale System von A–Z (2002). Hrsg.: Der Grüne Punkt – Duales System Deutschland. Köln. 63 S.

Quarg, Martin (Hrsg.) (1976): ABC Umweltschutz: unter bes. Berücks. d. Umweltschutztechnologie. Arbeitsgruppe ABC Umweltschutz d. FUA d. Umweltschutztechnologie im Chemieanlagenbau, Fachverband Chem. Technik d. KDT. 1. Aufl. Leipzig: Deutscher Verlag für Grundstoffindustrie, VEB. 267 S. Ill., graph. Darst.

Quillmann, Heinrich (1982): Kernenergie, Abkürzungen und Kurzzeichen. Düsseldorf/Frankfurt: Handelsblatt-GmbH. 192 S.

Rippen, Gerd (1984): Handbuch der Umwelt-Chemikalien: physikal.-chem. u. ökotoxikolog. Daten ausgw. chem. Stoffe. Landsberg/Lech: ecomed. 260 S.

Rittershofer, Werner (1997): Lexikon Wirtschaft, Arbeit, Umwelt. 8., aktualis. u. erw. Ausg. Köln: Bund-Verl. 639 S.

Sanders, Stefanie (1991): Umweltschutz: ein fröhliches Wörterbuch für die wachsende Schar von Umweltschützern und Naturliebhabern. 1. Aufl. München: Tomus. 95 S. Zeichn.

Schaefer, Matthias (1992): Ökologie: mit englisch–deutschem Register. 3., überarb. u. erw. Aufl. Jena: Fischer (= Wörterbücher der Biologie, UTB für Wissenschaft 430). 433 S. Ill., graph. Darst.

Schaefer, Matthias (2003): Wörterbuch der Ökologie. 4. neu bearb. u. erw. Aufl. Heidelberg/ Berlin: Spektrum. 452 S. Ill., graph. Darst.

Schaefer, Matthias/Tischler, Wolfgang (1983): Ökologie: mit englisch–deutschem Register. 2., überarb. u. erw. Aufl. [1. Aufl. 1975 u. d. T.: Tischler, Wolfgang: Ökologie] Jena: Fischer (= Wörterbücher der Biologie; Ökologie). 354 S. Ill.

Scheibe, Rudolf (Hrsg.) (1984): ABC Umweltschutz: unter bes. Berücksichtigung der Umweltschutztechnologie. Hrsg. v. der Arbeitsgruppe ABC Umweltschutz der Kommission Umweltschutz beim Präsidium der Kammer der Technik. 3., überarb. u. erw. Aufl. [1. Aufl. 1976 u. d. T.: Quarg, Martin (Hrsg.): ABC Umweltschutz: unter bes. Berücks. d. Umweltschutztechnologie] Leipzig: VEB Deutscher Verlag für Grundstoffindustrie. 356 S. Ill., graph. Darst.

Schmid, Gerhard/Patzies, Michael/Sibich, Klaus (1996): Umwelttechnisches Lexikon. 1. Aufl. Würzburg: Vogel (= Umweltschutz: Entsorgungstechnik). 452 S. Ill., graph. Darst.

Schneider, Christian (1983): Natur & Umwelt: Minilexikon. München: Bayer. Vereinsbank. 256 S.

Schuh, Bernd (2003): Das visuelle Lexikon der Umwelt. 2. Aufl. [1. Aufl. 2001] Hildesheim: Gerstenberg. 447 S. Ill., graph. Darst.

Schülerduden. Die Ökologie (1988). Hrsg. u. bearb. v. Meyers Lexikonredaktion unter der Leitung v. Karl-Heinz Ahlheim. Mannheim/Wien/Zürich: Dudenverlag. 368 S. Ill.

Schulz, Werner F. (Hrsg.) (2001): Lexikon nachhaltiges Wirtschaften. München/Wien: Oldenbourg (= Lehr- und Handbücher zur ökologischen Unternehmensführung und Umweltökonomie). 618 S.

Schütt, Peter (2004): Lexikon der Nadelbäume: Verbreitung – Beschreibung – Ökologie – Nutzung. Hamburg: Nikol. 639 S. Ill.

Schwedt, Georg (1995): Toxikologisches Lexikon zum Umweltchemikalienrecht (ChemG, GefStoffV und ChemVerbotsV). Umweltschutz Entsorgungstechnik. 1. Aufl. Würzburg: Vogel. 132 S. Ill., graph. Darst.

Simonis, Udo Ernst (Hrsg.) (1993): Lexikon der Ökologie-Experten mit über 500 Biographien von Fachleuten aus den Bereichen Abfall bis Umweltpsychologie. Frankfurt a. M.: Öko-Test. 639 S. Ill.

Simonis, Udo Ernst (Hrsg.) (2003): Öko-Lexikon. In Zusammenarbeit mit Günter Altner. München: Beck (= Beck'sche Reihe 1548). 270 S.

Stock, Wolfgang (1995): Ökologisch-geographisches Rechtswörterbuch: Natur-Verkehr-Tourismus. Graz: Leykam. 127 S.

Stoeckle, Bernhard (Hrsg.) (1986): Wörterbuch der ökologischen Ethik. Orig.-Ausg. Freiburg im Breisgau/Basel/Wien: Herder (= Herderbücherei 1262). 158 S. Graph. Darst.

Streit, Bruno (1994): Lexikon Ökotoxikologie. 2., akt. u. erw. Aufl. [1. Aufl. 1991] Weinheim u.a.: VCH. 899 S. Ill., graph. Darst.

Streit, Bruno/Kentner, Elke (1992): Umwelt-Lexikon. 1. Aufl. Freiburg im Breisgau/Basel/ Wien: Herder. 384 S. Ill., graph. Darst.

Teutsch, Gotthard M. (1985): Lexikon der Umwelttechnik. Göttingen/Düsseldorf: Vandenhoeck & Ruprecht; Düsseldorf: Patmos. 157 S.

Thiel, Hans Peter/Würmli, Marcus (1990): Wir schützen unser Leben: das BILD-Umwelt-Lexikon. Orig. Ausg. Frankfurt a. M./Berlin: Ullstein (= Ullstein-Buch 34734). 551 S. Ill.

Tischler, Wolfgang (1975): Ökologie, mit besonderer Berücksichtigung der Parasitologie. 1. Aufl. Jena: Fischer, VEB (= Wörterbücher der Biologie). 125 S. Ill.

Tourbier, Peter/Ullrich, Christian (1991): Umwelttechnik von A–Z. 1. Aufl. Düsseldorf: Cornelsen Girardet. 195 S. Ill.

Ulmer, Günter A. (1989?) (sic!): Kleines Umwelt-Lexikon: mit Beiträgen aus den Bereichen Natur, Umwelt, Lebensschutz, Ernährung und gesundes Wohnen. Tubingen: Ulmer. 226 S. Ill., graph. Darst.

Umwelt und Chemie von A–Z (1978). Mit 1350 Stichwörtern. Hrsg. vom Verb. der Chem. Industrie in Zusammenarbeit mit d. Lexikonred. d. Verl. Herder. 3., verb. Aufl. [1. Aufl. 1975] Freiburg: Herder. 160 S. Ill., graph. Darst.

Umwelt und Chemie von A–Z (1979). Mit rund 1200 Stichwörtern sowie Tabellen. Hrsg. vom Fachverband der Chemischen Industrie Österreichs in Zusammenarbeit mit dem Verband der Chemischen Industrie e.V. Frankfurt am Main und der Lexikonredaktion des Verlages Herder Freiburg im Breisgau. 2. Aufl. Wien: Herder. Umfang/Format nicht mitget.

Das Umwelt-Lexikon (1993). Hrsg. v. Katalyse e. V. Institut für angewandte Umweltforschung. 3. Aufl. [1. Aufl. 1985] Köln: Kiepenheuer & Witsch. 842 S. Abb., graph. Darst., Tab.

Urmann, Bruno Peter/Rudy, Erich (1974): Österreichisches Umweltschutz-Handbuch. Wien: Hollinek. 177 S.

Walletschek, Hartwig/Graw, Jochen (Hrsg.) (1995): Öko-Lexikon: Stichworte und Zusammenhänge. 5., neubearb. u. erw. Aufl. [1. Aufl. 1988] München: Beck. (= Beck'sche Reihe 344). 268 S. Ill., graph. Darst.

Was Sie schon immer über Abfall und Umwelt wissen wollten (1993). Hrsg.: Umweltbundesamt, Fachgebiet „Umweltaufklärung". 3., überarb. Aufl. [1. Aufl. 1981] Stuttgart u. a.: Kohlhammer. 256 S. Ill., graph. Darst.

Was Sie schon immer über Auto und Umwelt wissen wollten (1996). Hrsg.: Umweltbundesamt, Fachgebiet „Umweltaufklärung". 5., verb. Aufl. [2. Aufl. 1980] Stuttgart/Berlin/Köln: Kohlhammer. 208 S. Ill., graph. Darst.

Was Sie schon immer über Lärmschutz wissen wollten (1997). Hrsg.: Umweltbundesamt, Fachgebiet „Umweltaufklärung". Neuausg., 3., verb. Aufl. [1. Aufl. 1982]. Stuttgart/Berlin/Köln: Kohlhammer. 240 S. Ill., graph. Darst.

Was Sie schon immer über Luftreinhaltung wissen wollten (1992). Hrsg.: Umweltbundesamt, Fachgebiet „Aufklärung der Öffentlichkeit in Umweltfragen". Wörterbuchausg., Neuausg. [1. Ausg. 1983]. Stuttgart/Berlin/Köln: Kohlhammer. 146 S. Ill., graph. Darst.

Was Sie schon immer über Umweltchemikalien wissen wollten (1991). Hrsg.: Umweltbundesamt, Fachgebiet „Aufklärung der Öffentlichkeit in Umweltfragen". Neuausg. [3. Aufl. 1980] Stuttgart/Berlin/Köln: Kohlhammer. 189 S.

Was Sie schon immer über Umweltschutz wissen wollten (1984/85). Hrsg. vom Bundesministerium des Innern. (Erarb. vom Umweltbundesamt, Fachgebiet „Aufklärung d. Öffentlichkeit in Umweltfragen"). 2., verb. u. erw. Aufl. [1. Aufl. 1981] Stuttgart u. a.: Kohlhammer. 312 S. Ill., graph. Darst.

Was Sie schon immer über Wasser und Umwelt wissen wollten (1993). Hrsg.: Umweltbundesamt. 3., verb. Aufl. [1. Aufl. 1984] Stuttgart u. a.: Kohlhammer. 224 S. Ill., graph. Darst.

Weber, Rudolf (1988): Kernenergie. 4. Aufl. Oberbözberg: Olynthus (= Webers Taschenlexikon 1). 293 S. Ill., graph. Darst.

Weber, Rudolf (1992): Energie + Umwelt: Fakten, Maßnahmen, Zusammenhänge. 1. Aufl. Vaduz: Olynthus (= Webers Taschenlexikon 5). 372 S. Ill., graph. Darst.

Weber, Rudolf (1995): Erneuerbare Energie: Energieformen, Nutzungstechniken, Umwelteinflüsse. 2. Aufl. [1. Aufl. 1986] Vaduz: Olynthus. (= Webers Taschenlexikon 2). 399 S. Ill., graph. Darst.

Weber, Rudolf (1996): Abfallwirtschaft: Vermeidung, Verwertung, Entsorgung. 2., aktualis. u. erw. Aufl. [1. Aufl. 1994] Vaduz: Olynthus (= Webers Taschenlexikon 6). 411 S. Ill., graph. Darst.

Weik, Helmut (2000): Expert-Praxislexikon Sonnenenergie und solare Techniken. 1750 Begriffe von A bis Z zum Verständnis der solaren Techniken und zur Nutzung der Sonnenenergie für eine umweltschonende Energiebereitstellung. 1. Aufl. [2., vollst. überarb. und aktualisierte Aufl. 2006] Renningen-Malmsheim: expert-Verl. 340 S. Ill., graph. Darst.

Winter, Carl-Jochen (1993): Energie von A–Z: Lexikon rationeller Energieeinsatz – erneuerbare Energien – solarer Wasserstoff; Begriffe und Praxistips für Unternehmer und Berater. Hrsg. vom Forum für Zukunftsenergien. Köln: Dt. Wirtschaftsdienst. 262 S. Graph. Darst.

Zarges, Helmut (1982): Begriffe aus dem Umweltschutz. Hrsg.: Verb. Dt. Landwirtschaftl. Unters.- u. Forschungsanst. 3. Aufl. [Ab 4. Aufl. u. d. T.: Abercron, Michael von: Begriffe aus dem Umweltschutz.] Darmstadt: VDLUFA. 18 S.

Zwiener, Gerd (1995): Ökologisches Baustoff-Lexikon: Daten – Sachzusammenhänge – Regelwerke. 2., überarb. Aufl. [1. Aufl. 1994] Heidelberg: Müller. 358 S.

### 1.2 Bilinguale Wörterbücher

Baghdady, Nabil H. (1994): Umweltwörterbuch Naturwissenschaften: Deutsch–Englisch/ Englisch–Deutsch. 1. Aufl. Berlin: Cornelsen Girardet. 519 S.

Baghdady, Nabil H. (2002): Lexikon der internationalen Abkürzungen Umwelt und Naturwissenschaften (= Dictionary of international abbreviations environment and natural sciences). Lampertheim: ALPHA-Informations-Ges. 246 S.

Baumgartner, Peter (2001): Wörterbuch der Energietechnik. Mit Anwendungsbeispielen unter besonderer Berücksichtigung aktueller Technologien wie Biomasse, Brennstoffzellen, Geothermie, Kombikraftwerke, Kraft-Wärme-Kopplung, Solarenergie, Wasserkraft und Windenergie. Deutsch–Englisch/Englisch–Deutsch. (Energy technology dictionary) 1. Aufl. Wiesbaden: Brandstetter. 211 S.

Bongaerts, Jan C./Newland, Amy R. (1997): Routledge Langenscheidts Fachwörterbuch Umwelttechnik: Deutsch–Englisch/Englisch–Deutsch. Orig. Routledge German dictionary of environmental technology. Berlin u.a.: Langenscheidt. 271 S.

Borst, Bettina (1996): Taschenwörterbuch Umweltschutz Englisch–Deutsch/Deutsch–Englisch. Pocket dictionary of environmeltal care. Frankfurt a. M.: Breidenstein. 200 S.

Collin, Peter H. (1991): PONS-Fachwörterbuch Umwelt: Englisch–Deutsch/Deutsch–Englisch. 1. Aufl. Stuttgart/Dresden: Klett-Verl. für Wissen und Bildung. 294 S.

Degering, Klaus (Hrsg.) (1996): Wörterbuch Umwelt: Englisch–Deutsch, Deutsch–Englisch. 1. Aufl. Berlin: Cornelsen Girardet. 2 Bde. 536 S.

Europa-Glossar der Rechts- und Verwaltungssprache (1982). Bd. 29: Umweltpolitik, Umweltschutz, Umweltgestaltung Deutsch–Englisch. Environmental policy, protection and management of the environment. Internationales Institut für Rechts- und Verwaltungssprache. Berlin (West) u. a.: Langenscheidt. 160 S.

Fachwörterbuch Angewandte Ökologie (1994): Englisch–Deutsch/Deutsch–Englisch mit je etwa 14 000 Wortstellen. Dictionary applied ecology. Hrsg. v. der Technischen Universität Dresden. 1. Aufl. Berlin/Paris: Hatier. 328 S.

Franzen, Ludwig Ferdinand/Hardt, Lothar/Muszynski, Günter (1957): Wörterbuch der Kernenergie: Englisch–Deutsch. Düsseldorf: VDI. 240 S.

Goutfer, Béatrice (2002): Deutsch–englische Fachterminologie Umwelt und Umweltrecht. 1. Aufl. Baden-Baden: Nomos (= Umweltrecht und Umweltpolitik 8). 284 S.

Kohlschmitt, Albert (2002): PONS Fachwörterbuch Umwelt Englisch–Deutsch. Vollst. Neuentwicklung. Barcelona u. a.: Klett. 413 S.

Langenscheidts Fachwörterbuch Kompakt Ökologie (2001): Englisch–Deutsch/Deutsch–Englisch. Langenscheidt's Dictionary of Ecology Concise Edition. Hrsg. v. der Technischen Universität Dresden. 1. Aufl. Berlin u. a.: Langenscheidt. 541 S.

Lerch, Leopold (1981): Deutsch–japanisches Fachwörterbuch der Naturwissenschaften: Medizin, Chemie, Pharmazie, Umweltschutz. 1. Aufl. Darmstadt-Eberstadt: Lerch. 547 S.

Lukhaup, Dieter (1992): Dictionary of environmental protection: English–German/German–English. Wörterbuch Umweltschutz. Weinheim u. a.: VCH. 531 S.

Lukhaup, Dieter (1993): Wörterbuch Umweltschutz Französisch–Deutsch/Deutsch–Französisch. Dictionnaire de la protection de l'environnement. Weinheim u. a.: VCH. 527 S.

Meinck, Fritz (1949): Englisch–deutsche und deutsch–englische Fachausdrücke aus dem Gebiete der Wasserversorgung und Abwasserbeseitigung. (English–German and German–English technical Terms relating to water-supply and sewage disposal) 2. Aufl. Stuttgart: Piscator (= Schriftenreihe des Vereins für Wasser-, Boden- und Lufthygiene, Berlin-Dahlem 2). 109 S.

Novikov, Jurij N. (1998): Ochrana okruzajuscej sredy: slovar' sokrascenij nemecko-russkij (okolo 1600 edinic). Umweltschutz. Moskau: ETS; Hamburg: Jourist. 96 S.

Ohrbach, Karl-Heinz (2000): Dictionary of ecology English–German/German–English. Wörterbuch Ökologie. Englisch–Deutsch/Deutsch–Englisch. 2., stark erw. Aufl. [1. Aufl. 1991] Weinheim u. a.: Wiley-VCH (= Parat dictionaries). 484 S.

Ohrbach, Karl-Heinz (2001): Dictionary of environmental and occupational medicine. Wörterbuch Umwelt- und Arbeitsmedizin. Weinheim u. a.: Wiley-VCH. 551 S.

Schreiner, Johann (2004): Praxis-Wörterbuch Umwelt, Naturschutz und Landnutzungen: Deutsch–Englisch (= Practical dictionary of environment, nature conservation and land use). Hrsg. v. Claus-Peter Hutter. Stuttgart: Wissenschaftliche Verlagsgesellschaft. 556 S.

Soukup, Frantisek (2000): Nemecko-ceský slovník jaderné energetiky. Deutsch–Tschechisches Wörterbuch der Kernenergietechnik. Publ. byla vyd. za prispení spolecnosti CEZ, a.s. Praha: Leda. 284 S.

Wennrich, Peter (1980): Anglo-American and German abbreviations in environmental protection. Anglo-amerikanische und deutsche Abkürzungen für den Bereich Umweltschutz. München u. a.: Saur. 624 S.

Wingrich, Horst (1983): Fachwörter der Wasserwirtschaft: Deutsch–Russisch–Deutsch. Leipzig: VEB Projektierung Wasserwirtschaft, BT Forschungszentrum, Ast. Leipzig. 146 S. Graph. Darst.

### 1.3 Multilinguale Wörterbücher

Avfallsordlista (1977). Nordiska termer med motsvarigheter på engelska, franska och tyska samt definitioner på svenska och engelska. Glossary of waste management. Sv–Da–No–Fi–E–F–D. Stockholm (= Tekniska nomenklaturcentralens publikationer nr 62. Swedish Centre of Technical Terminology Publication No. 62). 187 S. Graph. Darst.

Elstner, Peter (Hrsg.) (1985): Glossary of preventive toxicology: engl.-russ.-dt. Glossarij profilaktičeskoj toksikologii. Wörterbuch der präventiven Toxikologie. UNO-Umweltschutz-Programm (UNEP), Internat. Reg. potentiell tox. Chemikalien (IRPTC); Staatl. Komitee d. UdSSR für Wiss. u. Technik, UNEP-Komm. d. UdSSR. 1. Aufl. Berlin: Tribüne. 109 S.

EnDic2000 (2000): YMPÄRISTÖSANAKIRJA. KESKKONNASÕNASTIK. ENVIRONMENTAL DICTIONARY. UMWELTWÖRTERBUCH. MILJÖORDBOK. VIDES VĀRDNĪCA. ЭКОЛОГИЧЕСКИЙ СЛОВАРЬ. Hrsg. v. A. Maastik u.a. Finnish Environment Institute. Helsinki/Tartu. 702 S.

EnDic2004 (2004): YMPÄRISTÖSANAKIRJA. KESKKONNASÕNARAAMAT. ENVIRONMENTAL DICTIONARY. DICTIONNAIRE DE L'ENVIRONNEMENT. UMWELTWÖRTERBUCH. MILJÖORDBOK. VIDES VĀRDNĪCA. APLINKOS APSAUGOS ŽODYNAS. ЭКОЛОГИЧЕСКИЙ СЛОВАРЬ. Hrsg. v. A. Maastik u.a. Finnish Environment Institute (SYKE). Helsinki/Tartu. 1 085 S.

Energiasanasto suomi–ruotsi–englanti–saksa (1989). Energieordlista. Energy vocabulary. Helsinki: LVI-Kustannus (= TSK 16). 140 S.

Evert, Klaus-Jürgen (Hrsg.) (2001): Lexikon – Landschafts- und Stadtplanung: mehrsprachiges Wörterbuch über Planung, Gestaltung und Schutz der Umwelt dt., engl., franz., span. (= Dictionary – landscape and urban planning/Bearb. v. der IFLA-Arbeitsgruppe „Übersetzung technischer Begriffe". Berlin u.a.: Springer. 1 068 S.

Huber, Tibor/Szimm, Rainer (1995): Huanbao-cidian: chinesisch–deutsch–englisch = Umweltwörterbuch. Environmental dictionary. Wiesbaden: Harrassowitz. 396 S.

Kärnenergiordlista med svenska definitioner samt motsvarigheter på engelska, franska och tyska (1975). Glossary of Nuclear Energy with definitions in Swedish and equivalents in English, French and German. Stockholm (= Tekniska nomenklaturcentralens publikationer 55. Swedish Centre of Technical Terminology Publication 55). 385 S.

Kaupert, Walter (1966): Dictionary of waste disposal and public cleansing in three languages: German, English, French. Amsterdam/London/New York: Elsevier. 225 S.

Kaupert, Walter (1966): Fachwörterbuch Abfallbeseitigung und Städtereinigung Deutsch–Englisch–Französisch. *Dictionary of waste disposal and public cleansing*. Dictionnaire de l'élimination de déchets et du nettoiement des villes. Köln/Berlin: Grote. 228 S.

Kierrätyssanastoa (1994): suomi–ruotsi–englanti–saksa. Paperinkeräys Oy.

Loat, Roberto/Meier, Elmar (2003): Wörterbuch Hochwasserschutz. Dictionnaire de la protection contre les crues. Dizionario della protezione contro le piene. Dictionary of flood protection. Bundesamt für Wasser und Geologie, Schweiz. 1. Aufl. Bern/ Stuttgart/Wien: Haupt. 424 S.

Meinck, Fritz/Möhle, Helmut (1963): Wörterbuch für das Wasser- und Abwasserfach. Dictionary of water and sewage engineering. Dictionnaire technique de l'eau et de l'assainissement. Dizionaria tecnico delle acqua e delle acque di rifiuto. München/Wien: Oldenbourg. 449 S.

Meinck, Fritz/Möhle, Helmut (1977): Dictionary of water and sewage engineering. Wörterbuch für das Wasser und Abwasserfach. Text dt., engl., franz., ital. 2., rev. and enl. ed. Amsterdam u.a.: Elsevier. München: Oldenbourg. 737 S.

Meinck, Fritz/Möhle, Helmut (1994): Wörterbuch für das Wasser- und Abwasserfach Deutsch–Englisch–Französisch–Italienisch. Dictionary on water and sewage engineering. 4. Aufl., unveränd. Nachdr. der 3. Aufl. München/Wien: Oldenbourg. 937 S.

Miljöordlista (1972): Svensk–engelsk–fransk–tysk. Glossary of environmental terms: Swedish–English–French–German. Stockholm (= Tekniska Nomenklaturcentralens publikationer 50. Swedish Centre of Technical Terminology Publication 50). 86 S.

Multilingual dictionary of conservation terms (1976). Wörterbuch aus dem Bereich des Naturschutzes engl.-franz.-dt.-span.-russ. Morges (= IUCN publications, N.S. 41). 116 S.

Ordbok. Vannforsyning og avløp (1969). Wörterbuch. Wasser und Abwässer. Norweg., engl. franz., dt. Oslo (Rådet för Teknisk Terminologi 20).

Osnovni ponjatija po radiacionnata bezopasnost, zaštita ot izläčvanija na AEC i kontrol na vänšnata sreda. Sugárbiztonśag, sugárzás elleni védelem és külső környezetellenőrzés az atomerőmüben. Hauptbegriffe für Strahlensicherheit, Strahlenschutz in Kernkraftwerken und Umweltchutz (1978). Deutsch–Russisch–Bulgarisch–Polnisch–Rumänisch–Tschechisch–Ungarisch. Hrsg. vom Inst. für Energetik, Leipzig, im Auftr. d. Ständigen Komm. für Elektroenergie d. Rates für Gegenseitige Wirtschaftshilfe. 1. Aufl. Leipzig: Deutscher Verlag für Grundstoffindustrie, VEB. 227 S.

Osnovni ponjatija v energetikata. Otstranjavane, obrabotvane i s'chranjavane na radioaktivnite otpad'c i chimicesko ocistvane na vodata. Radioaktiv hulladékanyagok feldolgozása, tárolása, eltávolitása és viztistitási eljarások. Hauptbegriffe der Beseitigung, Behandlung und Lagerung radioaktiver Abfälle sowie der chemischen Wasseraufbereitung. (1975) Bulgarisch–Deutsch–Polnisch–Rumänisch–Russisch–Tschechisch–Ungarisch. Hrsg. vom Institut für Energetik, Leipzig, im Auftr. d. Ständigen Komm. für Elektroenergie d. Rates für Gegenseitige Wirtschaftshilfe. 1. Aufl. Leipzig: Deutscher Verlag für Grundstoffindustrie, VEB. 171 S.

Seidel, Egon (Hrsg.) (1987): Umweltschutztechnik Englisch–Deutsch–Französisch–Russisch mit etwa 14 000 Wortstellen. 1. Aufl. Berlin: Verlag Technik. 527 S.

Seidel, Egon (1988): Wörterbuch Umweltschutztechnik: Englisch–Deutsch–Französisch–Russisch. Mit etwa 14 000 Wortstellen. Thun/Frankfurt a.M.: Deutsch. 527 S.

Seidel, Egon (Hrsg.) (1988): Dictionary of Environmental Protection Technology. English–German–French–Russian. New York: Elsevier. 527 S.

Seidel, Egon (Hrsg.) (1990): Umweltschutztechnik Englisch–Deutsch–Französisch–Russisch–Bulgarisch mit etwa 14 000 Wortstellen. 2., um die bulgar. Sprache erw. Aufl. Berlin: Verl. Technik. 661 S.

Tutzauer, Otto E./Tutzauer, Ingrid M. (1979):
- Dictionary of Environmental Protection. Vol. 1. English–French–German. 344 S.
- Fachwörterbuch zum Umweltschutz. Bd. 2. Deutsch–Englisch–Französisch. 314 S.
- Dictionnaire de la protection de l'environnement. Vol. 3. Français–Anglais–Allemande. 319 S. Köln u.a.: Heymann.

Umwelt-Terminologie (1976). Erarb. im Generalsekretariat des Europäischen Parlaments vom Terminologiebüro der Direktion Übersetzung und Terminologie. Fünfsprachiges, ergänzbares Loseblattwerk. 2. Lieferung. (Beiträge zur Umweltgestaltung, Heft B 9) Berlin: Schmidt.

Vattenordlista 1 (1968). Hydrobiologiska termer med definitioner samt motsvarigheter på engelska, franska, tyska och finska. Glossary of water 1. Hydrobiological terms and definitions with equivalents in English, French, German and Finnish. Stockholm (= Tekniska Nomenklaturcentralens publikationer 41. Swedish Centre of Technical Terminology Publication 41). 83 S.

Vattenordlista 2 (1970). Geologiska, hydrologiska, meteorologiska termer med definitioner samt motsvarigheter på engelska, franska, tyska och finska. Glossary of water 2. Geological, hydrobiological, meteorological terms and definitions with equivalents in English, French, German and Finnish. Stockholm (= Tekniska Nomenklaturcentralens publikationer 45. Swedish Centre of Technical Terminology Publication 45). 77 S.

VESIENSUOJELUN SANAKIRJA (1988): suomi–englanti–saksa–ruotsi–venäjä–viro. WATER POLLUTION CONTROL DICTIONARY: Finnish–English–German–Swedish–Russian–Estonian. WÖRTERBUCH FÜR GEWÄSSERSCHUTZ: Finnisch–Englisch–Deutsch–Schwedisch–Russisch–Estnisch. ORDBOK FÖR VATTENSKYDD: finsk–engelsk–tysk–svensk–rysk–estnisk. СЛОВАРЬ ПО ОХРАНЕ ВОД: финско–английско–немецко–шведско–русско–эстонский. VEEKAITSE SÕNARAAMAT: soome–inglise–saksa–rootsi–vene–eesti. Hrsg. v. A. Maastik und S. Mustonen. Vesi- ja ympäristöhallitus. Helsinki. 350 S.

Ydinvoimatekniikan sanasto (1988). Kärnkraftteknisk ordlista. Vocabulary of Nuclear Power Engineering. Fachwörterbuch Kernkraftenergietechnik. Suomen Atomiteknillinen Seura ry. Vantaa: ATS. 156 S.

Ympäristösanasto (1998). Miljöordlista. Environment Vocabulary. Umweltglossar. Vocabulaire de l'environnement. Jyväskylä/Helsinki: Gummerus (= TSK 27). 163 S. Graph. Darst.

## 2 Elektronische Wörterbücher

### 2.1 CD-ROM- und Diskettenwörterbücher

#### 2.1.1 Monolinguale Wörterbücher

Anti-AKW-Lexikon (1998): Namen, Firmen, Standorte, Atomenergie international, Widerstand, Verflechtungen, Glossar, Adressen, Störfälle, Literatur, Chroniken, Energiepolitik, Abkürzungen. Hrsg. vom Forschungsprojekt Energiepolitik. Göttingen: Werkstatt. CD-ROM.

Best, Volker (1995): Ökologikum: das Umweltlexikon auf CD-ROM. Braunschweig/Wiesbaden: Vieweg. CD-ROM.

Honomichl, Klaus/Bellmann, Heiko (1996): Biologie und Ökologie der Insekten: CD-ROM-Lexikon. Stuttgart/Jena/New York: Fischer. CD-ROM farb., mit Ton und Videosequenzen.

Kimminich, Otto (1996): Handwörterbuch des Umweltrechts: HdUR. 2., überarb. Aufl. Berlin/Bielefeld/München: Schmidt. CD-ROM.

Korff, Jens Jürgen (1997): Das Umwelt-Lexikon mit Biß. 1. Aufl. Troisdorf: CED, Elektronische Datenbanken, CD-ROM-Verl.

Kursawa-Stucke, Hans-Joachim (1995): Das elektronische Knaurs Umweltlexikon: über 1000 Stichworte von A wie Abbeizer bis Z wie Zink. Das PC-Nachschlagewerk für Fachleute in der Umweltarbeit und alle, die sich für umweltbewusstes Leben einsetzen; mit vielen Tips für umweltverträgliches Verhalten und zahlreichen weiterführenden Literaturhinweisen. München: Droemer Knaur. 1 Diskette.

Marquardt-Mau, Brunhilde/Mayer, Jürgen/Mikelskis, Helmut (1995): Umwelt: Lexikon der Grundbegriffe; ökologisches Grundwissen. München: Systhema. 3 Disketten.

Meyers Lexikon Ökologie (1993): Ein Sachlexikon über die Beziehungen zwischen belebter und unbelebter Welt. Hrsg. u. bearb. v. Meyers Lexikonredaktion. Mannheim u.a.: Meyers Lexikonverl. 2 Disketten.

Römpp, Hermann/Hulpke, Herwig (1996): Römpp-Lexikon Umwelt: A–Z. 1. Aufl. Stuttgart/ New York: Thieme. CD-ROM farb., mit Ton und Videosequenzen.

### 2.1.2 Bilinguale Wörterbücher

Bidlingmaier, Werner (2002): Waste glossary: German–English, Englisch–Deutsch. Weimar: Orbit. CD-ROM.

Eickelkamp, Barbara/Renetzki, Peter (1997): Brachflächen-Recycling: Deutsch–Englisch. Recycling derelict land. Essen: Glückauf. CD-ROM.

Langenscheidts Fachwörterbuch Kompakt Ökologie (2002): Englisch–Deutsch/Deutsch–Englisch. Langenscheidt's Dictionary of Ecology Concise Edition. Aktueller Fachwortschatz mit insgesamt rund 34 000 Fachbegriffen. Hrsg. v. der Technischen Universität Dresden. München: Langenscheidt. CD-ROM.

Routledge Langenscheidts Fachwörterbuch Umwelttechnik Englisch (1997): Englisch–Deutsch/ Deutsch–Englisch. Aktueller Fachwortschatz mit rund 50 000 Fachbegriffen. Berlin: Langenscheidt. CD-ROM.

Utke, Alfred (1996): ECO.DIC: Universal- und Fachwörterbuchprogramm für Umwelt, Naturwissenschaften, Technik Deutsch–Englisch, Englisch–Deutsch. Berlin u.a.: Springer. 4 Disketten.

### 2.1.3 Multilinguale Wörterbücher

ATV-DVWK-Bildwörterbuch Kanalisation Kläranlage (2002): Deutsch–Englisch–Französisch–Portugiesisch–Polnisch–Tschechisch–Ungarisch. ATV-DVWK, Deutsche Vereinigung für Wasserwirtschaft, Abwasser und Abfall e.V. Hennef: ATV-DVWK. CD-ROM.

ATV-Fachwörterbuch Abwasser-Abfall (1999): Deutsch–Englisch–Französisch. ATV-DVWK Deutsche Vereinigung für Wasserwirtschaft, Abwasser und Abfall. Hennef: ATV. CD-ROM.

Glossary 2000: Finnish–Swedish–English–French–German–Russian. Suomen Atomiteknillinen Seura, ry, ATS. Atomtekniska Sällskapet i Finland rf. Finnish Nuclear Society. CD-ROM.

Loat, Roberto/Meier, Elmar (2003): Wörterbuch Hochwasserschutz. Dictionnaire de la protection contre les crues. Dizionario della protezione contro le piene. Dictionary of flood protection. Bundesamt für Wasser und Geologie, Schweiz. Bern/ Stuttgart/Wien: Haupt. CD-ROM.

## 2.2 Internetwörterbücher

Webseiten zuletzt aufgerufen am 16.2.2008.

### 2.2.1 Monolinguale Wörterbücher

Abfall ABC der U-plus-Gruppe. Zugang: <http://www.geba-kompost.de/html/abfallabc. html>.

Abfall-Lexikon. Das kleine ZAW Abfall-Lexikon. Zweckverband Abfallwirtschaft Westsachsen. Zugang: <http://www.zaw-wachau.de/lexikon/lexikon.htm>.

Abwasserlexikon für Begriffe rund ums Abwasser. Aktionsbündnis für dezentrale Abwasserbehandlung ADAB. Zugang: <http://www.dezentrales-abwasser.de/Allgemein/lexikon. htm>.

Bad Heilbrunner Umweltlexikon. Zugang: <http://www.tee.org/ulexikon>.

BMU-Glossar. Das Bundesministerium für Umwelt, Naturschutz und Reaktorsicherheit. Zugang: <http://www.bmu.de/service/weitere_angebote/glossar/doc/4047.php>.

ENSO-Lexikon. Das ENSO-Phänomen. Informationen zum ozeanisch-atmosphärischen Phänomen El Niño / Southern Oscillation. Zugang: <http://www.enso.info/index.html>.

Gewässerökologisches Lexikon. KLS Gewässerschutz. Konzepte, Lösungen, Sanierungen im Gewässerschutz KLS. Zugang: <http://www.kls-gewaesserschutz.de/lexikon.html>.

Glossar zu Begriffen rund um nachwachsende Rohstoffe. INARO Informationssystem Nachwachsende Rohstoffe. Zugang: <http://www.inaro.de/Deutsch/Suche_index.htm>.

Der Grüne Punkt - Duales System Deutschland AG. Zugang: <http://www.gruener-punkt.de>.

Hochwasserlexikon. Hochwasser.de. Bayerisches Landesamt für Wasserwirtschaft. Zugang: <http://www.hochwasser.de/index.php?id=18>.

KATALYSE Umweltlexikon. KATALYSE Institut für angewandte Umweltforschung. Zugang: <http://www.umweltlexikon-online.de/fp/archiv/RUBhome/index.php>.

Lexikon Abwasser. ARA Region Bern AG. Zugang: <http://www.ara-bern.ch/d/lexikon>.

Lexikon der Nachhaltigkeit. Aachener Stiftung Kathy Beys. Zugang: <http://nachhaltigkeit. aachener-stiftung.de>.

Lexikon Energiewelten. Frankfurt a.M.: VDEW. Zugang: <http://www.energiewelten.de/elexi kon/lexikon/index3.htm>.

Lexikon Waldschädigende Luftverunreinigungen von St. Smidt. Mit Index Deutsch–Englisch und Englisch–Deutsch. Hrsg: Forstliche Bundesversuchsanstalt Wien Zugang: <http://www. bfw.ac.at/publ/neu/berichte99/lexikon.pdf>.

Lexikon zur Kernenergie. Das Informationsportal zur friedlichen Nutzung der Kernenergie – kernenergie.de. Zugang: <http://www.kernenergie.de/r2/de/Gut_zu_wissen/Lexikon/?navanchor =1210056>.

re-natur. Fach-Glossar. Zugang: <http://www.re-natur.de/fach-glossar_13.html>

Schadstofflexikon. Ingenieurbüro Oetzel. Zugang: <http://www.umweltanalytik.com/lexikon/ ing1.htm>.

Schlagwortkatalog Luft. Umweltinformation Steiermark. Saubere Luft. Zugang: <http://www. umwelt.steiermark.at/cms/ziel/2222433/DE>.

Schlagwortkatalog Wasser. Umweltinformation Steiermark. Zugang: <http://www.umwelt.steier mark.at/cms/ziel/1451970/DE>.

Umweltlexikon. Bayerisches Staatsministerium für Landesentwicklung und Umweltfragen. Zugang: <http://www.gapinfo.de/gesundheitsamt/alle/umwelt/lex/index.htm>.

Umwelt-Lexikon. Bayerisches Staatsministerium für Umwelt, Gesundheit und Verbraucherschutz. Zugang: <http://www.stmugv.bayern.de/service/lexikon/index.htm>.

Umweltlexikon bei ecocentury.de. Zugang: <http://www.ecocentury.sepeur-media.de/fp/archiv/ lexikon/index.php>.

Umweltlexikon. Bundesverband Druck und Medien – bvdm. Zugang: <http://www.bvdm-online. de/uwlexikon/index.html>.

Umwelt-Lexikon. Lexikon von 'Wassergefährdungsklasse' bis 'Wechselrichter'. Forum Umweltmanagement und Umweltschutz 2008. Zugang: <http://www.umweltdatenbank.de/lexi kon/wasserwirtschaft.htm>.

Umweltlexikon. ÖkoPlus AG - Fachhandelsverbund für ökologisches Bauen und Wohnen. Zugang: <http://www.oekoplus.oekoserve.net/FrontPublisher/search.cgi?order=alphabet&stichwort=Schnellsuche&rubrik=Bauen_Wohnen&abschicken=Suchen>.

Umwelt unter einem D, A, CH. Das Umwelt-Lexikon. Zugang: <http://www.umweltdatenbank.de/lexikon.htm>.

Wasserlexikon. Zweckverband zur Wasserversorgung Moosrain. Zugang: <http://www.wasserlexikon.de>.

Wasser-Wissen-Lexikon für Wasser und Abwasser. Das Internetportal für Wasser und Abwasser. Institut für Umweltverfahrenstechnik – Universität Bremen. Zugang: <http://www.was ser-wissen.de/abwasserlexikon.htm>.

### 2.2.2 Bilinguale Wörterbücher

Fachwörterbuch Deponie Deutsch–Englisch/Englisch–Deutsch. Zugang: <http:www.deponie-stief.de/woerterbuch/index.htm>.

Fachwörterbuch Umweltschutz Deutsch–Englisch/Englisch–Deutsch. Umweltbundesamt für Mensch und Umwelt. Zugang: <http://www.umweltbundesamt.de/service/glossar/index.htm>.

Lexikon der Hydrologie Deutsch–Englisch. Ingenieurhydrologie und Wasserbewirtschaftung (ihwb). Technische Universität Darmstadt. Zugang: <http://www.ihwb.tu-darmstadt.de/lehre/lexikon.tud>.

Solarlexikon. Solar Lexicon from A to S. Der Solarserver. Das Internetportal zur Sonnenenergie. The Solarserver. Forum for Solar Energy. Zugang: <http://solarserver.de/lexikon/index.html>.

### 2.2.3 Multilinguale Wörterbücher

Bioenergy Glossary Finnish–English–German–Russian. Zugang: <http://gis.joensuu.fi/termit>.

EEA multilingual environmental glossary. European Environment Agency. Zugang: <http://glos sary.eea.eu.int/EEAGlossary>.

Environmental Dictionary EnDic. Environmental terms in nine languages: Finnish, Estonian, English, French, German, Swedish, Lithuanian, Latvian and Russian. Zugang: <http://mot.kielikone.fi/mot/endic/netmot.exe?UI=ened>.

INTERNATIONALES HYDROLOGISCHES GLOSSAR. Unesco. المصطلحات الدولية للهيدرولوجيا قاموس. INTERNATIONAL GLOSSARY OF HYDROLOGY. GLOSSÁRIO INTERNATIONAL DE HIDROLOGIA. GLOSSAIRE INTERNATIONAL D'HYDROLOGIE. GLOSARIO HIDROLOGICÓ INTERNACIONAL. GLOSAR INTERNAŢIONAL DE HIDROLOGIE. МЕЖДУНАРОДНЫЙ ГИДРОЛОГИЧЕСКЫЙ СЛОВАРЬ. ULUSLARARASI HİDROLOJİ SÖZLÜĞÜ. Zugang: <http://webworld.unesco.org/water/ihp/db/glossary/glu/in dexde.htm>.

Lenntech Wasser-Lexikon Deutsch–Polnisch–Englisch. Lenntech Water- & Luchtbeh. Holding b.v. Zugang: <http://www. lenntech.com/deutsch/wasser-lexikon.htm>.

Paperinkeräyssanasto suomi–saksa–englanti–ruotsi. Paperinkeräysyhtiöt. Zugang: <http://www.paperinkerays.fi/956>.

Wörterbuch der Entsorgungswirtschaft Deutsch–Englisch–Französisch. Bundesverband der Deutschen Entsorgungswirtschaft e.V - BDE. Wirtschafts- und Arbeitgeberverband. Zugang: <http://www.bde.org/01seiten_b/documents/Woerterbuch_A_Z_000.pdf>.

## B) Fachwörterbücher für die finnische Sprache

### 1 Printwörterbücher

#### 1.1 Multilinguale Wörterbücher

Avfallsordlista (1977). Nordiska termer med motsvarigheter på engelska, franska och tyska samt definitioner på svenska och engelska. Glossary of waste management. Sv–Da–No–Fi–E–F–D. Stockholm (= Tekniska nomenklaturcentralens publikationer nr 62. Swedish Centre of Technical Terminology Publication No. 62). 187 S. Graph. Darst.

EnDic2000 (2000): YMPÄRISTÖSANAKIRJA. KESKKONNASÕNASTIK. ENVIRONMENTAL DICTIONARY. UMWELTWÖRTERBUCH. MILJÖORDBOK. VIDES VĀRDNĪCA. ЭКОЛОГИЧЕСКИЙ СЛОВАРЬ. Hrsg. v. A. Maastik u.a. Finnish Environment Institute. Helsinki/Tartu. 702 S.

EnDic2004 (2004): YMPÄRISTÖSANAKIRJA. KESKKONNASÕNARAAMAT. ENVIRONMENTAL DICTIONARY. DICTIONNAIRE DE L'ENVIRONNEMENT. UMWELTWÖRTERBUCH. MILJÖORDBOK. VIDES VĀRDNĪCA. APLINKOS APSAUGOS ŽODYNAS. ЭКОЛОГИЧЕСКИЙ СЛОВАРЬ. Hrsg. v. A. Maastik u.a. Finnish Environment Institute (SYKE). Helsinki/Tartu. 1 085 S.

Energiasanasto suomi–ruotsi–englanti–saksa (1989). Energieordlista. Energy vocabulary. Helsinki: LVI-Kustannus (= TSK 16). 140 S.

Ilmansuojelusanasto (1988). Luftvårdsterminologi. Air quality. Vocabulary. Standardi SFS 3867. Helsinki: SFS. 30 S.

Kierrätyssanastoa (1994): suomi–ruotsi–englanti–saksa. Paperinkeräys Oy.

Maa- ja pohjavesisanasto (1976). Soil water and groundwater terminology. Mark- och grundvattenterminologi. Vesihallitus – National Board of Waters, Finland. Työryhmä Seppo Mustonen et al. Helsinki (= Vesihallituksen julkaisuja, 18. Publications of The National Board of Waters 18) 142 S. Ill., graph. Darst.

Vattenordlista 1 (1968). Hydrobiologiska termer med definitioner samt motsvarigheter på engelska, franska, tyska och finska. Glossary of water 1. Hydrobiological terms and definitions with equivalents in English, French, German and Finnish. Stockholm (= Tekniska Nomenklaturcentralens publikationer 41. Swedish Centre of Technical Terminology Publication 41). 83 S.

Vattenordlista 2 (1970). Geologiska, hydrologiska, meteorologiska termer med definitioner samt motsvarigheter på engelska, franska, tyska och finska. Glossary of water 2. Geological, hydrobiological, meteorological terms and definitions with equivalents in English, French, German and Finnish. Stockholm (= Tekniska Nomenklaturcentralens publikationer 45. Swedish Centre of Technical Terminology Publication 45). 77 S.

VESIENSUOJELUN SANAKIRJA (1988): suomi–englanti–saksa–ruotsi–venäjä–viro. WATER POLLUTION CONTROL DICTIONARY: Finnish–English–German–Swedish–Russian–Estonian. WÖRTERBUCH FÜR GEWÄSSERSCHUTZ: Finnisch–Englisch–Deutsch–Schwedisch–Russisch–Estnisch. ORDBOK FÖR VATTENSKYDD: finsk–engelsk–tysk–svensk–rysk–estnisk. СЛОВАРЬ ПО ОХРАНЕ ВОД: финско–английско–немецко–шведско–русско–эстонский. VEEKAITSE SÕNARAAMAT: soome–inglise–saksa–rootsi–vene–eesti. Hrsg. v. A. Maastik u. S. Mustonen. Vesi- ja ympäristöhallitus. Helsinki. 350 S.

Ydintekniikan sanasto englanti–suomi–ruotsi–venäjä (1972). Kärnteknisk ordlista engelska–finska–svenska–ryska. Glossary of Terms in Nuclear Engineering. Краткий ядерно – технический словарь. Suomen Atomiteknillinen Seura – Atomtekniska Sällskapet i Finland. Suomen Fyysikkoseura – Finlands Fysikerförening. 83 S.

Ydinvoimatekniikan sanasto (1988). Kärnkraftteknisk ordlista. Vocabulary of Nuclear Power Engineering. Fachwörterbuch Kernenergietechnik Suomen Atomiteknillinen Seura ry. Vantaa: ATS. 156 S.

Ympäristösanasto (1998). Miljöordlista. Environment Vocabulary. Umweltglossar. Vocabulaire de l'environnement. Jyväskylä/Helsinki: Gummerus (= TSK 27). 163 S. Graph. Darst.

## 2 Elektronische Wörterbücher

### 2.1 CD-ROM-Wörterbücher

#### 2.1.1 Multilinguale Wörterbücher

Glossary 2000: Finnish–Swedish–English–French–German–Russian. Suomen Atomiteknillinen Seura, ry, ATS. Atomtekniska Sällskapet i Finland rf. Finnish Nuclear Society. CD-ROM.

### 2.2 Internetwörterbücher

Webseiten zuletzt aufgerufen am 14.2.2008.

#### 2.2.1 Monolinguale Wörterbücher

Itämeri-sanakirja. Merentutkimuslaitos Itämeriportaali. Zugang: <http://www.itameriportaali.fi/fi/sanasto>.

Jätehuollon ja kierrätyksen keskeistä sanastoa. Ympäristöyritysten Liitto YYL. Zugang: <http://www.ymparistoyritykset.fi/keskeista-sanastoa>.

Pilaantuneen maa-alueen ekotehokkaan kunnostamisen tukijärjestelmä. Sanasto. Suomen ympäristökeskus. Zugang: <http://www.ymparisto.fi/default.asp?contentid=197360&lan=fi>.

RiverLife-jokitietopaketti. Sanasto. Suomen ympäristökeskus. Zugang: <http://www.ymparisto.fi/default.asp?contentid=166171&lan=FI>.

Säteilyturvakeskuksen sanasto. STUK Säteilyturvakeskus. Zugang: <http://www.stuk.fi/sateilytietoa/sanasto/fi_FI/sanasto>.

Vihreä konsti. Ympäristösanasto. Zugang: <http://www.mindcom.fi/vihreakonsti/sanastoa.htm>.

Ympäristösanakirja. Pääkaupunkiseudun yhteistyövaltuuskunta ytv. Zugang: <http://www.ytv.fi/FIN/fiksu/ammattia_oppimassa/aloita_tasta/ymparistosanasto/etusivu.htm>.

#### 2.2.2 Bilinguale Wörterbücher

Ilmakehä ABC suomi–englanti. Ilmatieteen laitos. Zugang: <http://www.fmi.fi/abc/index.html>.

### 2.2.3 Multilinguale Wörterbücher


Bioenergy Glossary Finnish–English–German-Russian. Zugang: <http://gis.joensuu.fi/termit>.

EEA multilingual environmental glossary. European Environment Agency. Zugang: <http://glossary.eea.eu.int/EEAGlossary>.

Environmental Dictionary EnDic. Environmental terms in nine languages: Finnish, Estonian, English, French, German, Swedish, Lithuanian, Latvian and Russian. Zugang: <http://mot.kielikone.fi/mot/endic/netmot.exe?UI=ened>.

Jätehuollon sanastoa suomi–ruotsi–englanti. Jätelaitosyhdistys. Zugang: <http://www.jly.fi/sanasto.php>.

Kuusela-Opas, Pia/Reuter, Mikael (1990): Återvinningsord svenska–finska–engelska. Zugang: <http://kaino.kotus.fi/www/ordlistor/aterart.html>. (Auch in: Språkbruk 2/90, 12–18 mit Graph. Darst.)

Pakkausalan ympäristörekisteri PYR. Sanasto suomi–ruotsi–englanti. Zugang: <http://www.pyr.fi/sanasto.htm>.

Paperinkeräyssanasto suomi–saksa–englanti–ruotsi. Paperinkeräysyhtiöt. Zugang: <http://www.paperinkerays.fi/956>.


## 3 Miniaturwörterverzeichnisse

### 3.1 Bilinguale Wörterverzeichnisse


Pienimäki, Minna/Kalliokuusi, Virpi (1995): Kompostisanasto suomi–ruotsi. In: Terminfo 3/95, S. 3–8. Graph. Darst.


### 3.2 Multilinguale Wörterverzeichnisse


Alaraudanjoki, Kaija/Paasikallio, Outi (1998): Ydinjätesanasto suomi–ruotsi–englanti–saksa–ranska. In: Terminfo 4/98, S. 3–11. Graph. Darst.

Energiaratkaisun minisanasto (1993). Suomi–ruotsi–englanti–saksa. In: Terminfo 2/93, S. 3–6. Graph. Darst.

Kalliokuusi, Virpi (1994): Paperinkierrätyssanasto suomi–ruotsi–englanti–saksa. In: Terminfo 3/94, S. 3–11. Graph. Darst.

Kuusela-Opas, Pia/Reuter, Mikael (1990): Återvinningsord svenska–finska–engelska. In: Språkbruk 2/90, 12-18. Graph. Darst. (Auch als Internetwörterverzeichnis. Zugang: <http://kaino.kotus.fi/www/ordlistor/aterart.html>.

Toivonen, Tero/Kuusela-Opas, Pia: Kierrätyssanastoa (1989): In: Terminfo 4/89, S. 5–7.

Ympäristö- ja kierrätysmerkit (1995) suomi–ruotsi–englanti–saksa. In: Terminfo 4/95, S. 10–11.

**Anhang 2**

**Die Klassifizierung der Anglizismen aus**
***Langenscheidts Fachwörterbuch Kompakt Ökologie***
Englisch–Deutsch/Deutsch–Englisch (2001)

Das Korpus umfasst im englisch-deutschen Teil des Wörterbuchs unter den Buchstaben A–I jeweils die 200 ersten englischsprachigen Hauptlemmata mit ihren deutschsprachigen Entsprechungen, unter den Buchstaben J und K alle (insgesamt 68) sowie unter dem Buchstaben L die ersten 132 englischsprachigen Stichwörter mit ihren deutschsprachigen Entsprechungen. Alles zusammengenommen beläuft sich die Gesamtzahl der Hauptlemmata auf 2 000. Zum Korpus s. ausführlicher Abschnitt 6.6.1.

Die der Klassifizierung zu Grunde liegenden Anglizismen sind fett gedruckt.

**A) Anglizismen mit Bezeichnungsvarianten**

**I Simplizia, Derivate**

| **engl. Stichwort** | **deutsche Äquivalente** |
|---|---|
| canyon | **Canyon** : Cañon (S. 45) |
| decontamination | **Dekontamination** : **Dekontaminierung** (S. 69) |
| adult | erwachsen : **adult** (S. 16) |
| genet | **Klon** : Genet : Condividuum (S. 115) |
| impaction | Pralleffekt : **Impaktion** (S. 133) |

**II Komposita**

**a) Englische Komposita**

| | |
|---|---|
| feedback | Rückkopplung : **Feedback** (S. 102) |
| LAI (leaf area index) | Blattflächenindex : **Leaf-Area-Index** : Blattfläche je $m^2$ : Bodenfläche : BFI (S. 143) |

**b) Hybride Komposita**

| | |
|---|---|
| acceptable daily intake | duldbare (zulässige) Tagesdosis : **ADI**-Wert (S. 13) |
| background concentration | Hintergrundkonzentration : **Background**konzentration (S. 32) |
| beta diversity | Beta-Diversität : strukturelle Vielfalt : Biotopdiversität : Arten-**Turnover** : Habitatdiversität : Habitatvielfalt : Lebensraumdiversität (S. 35) |
| bioassay (test) | Bioassay : Bio**test** : biologischer Test (S. 35) |
| $C_4$ pathway | $C_4$-Säurenzyklus : Hatch-**Slack**-Kortschak-Zyklus : $C_4$-Dicarbonsäure-Weg : $C_4$-Zyklus (S. 43) |
| campground | Zeltplatz : **Camping**platz (S. 44) |

| | |
|---|---|
| capillarity | Kapillarität : Kapillar**attraktion** : Kapillarwirkung : Haarröhrchenwirkung (S. 45) |
| DAF (dissolved-air floatation) | Flotation mit gelöster Luft : Entspannungs**flotation** (S. 67) |
| decontamination programme | **Dekontamination**sprogramm : **Dekontaminierungs**programm (S. 69) |
| ECD (electron capture detector) | Elektroneneinfang**detektor** : ECD (S. 84) |
| ecosystem management | Ökosystembewirtschaftung : Ökosystem-**Management** (S. 86) |
| feedback control | Regelung : Rückkopplungskontrolle : **Feedback**kontrolle (S. 102) |
| feedback mechanism | Rückkopplungsmechanismus : **Feedback**-Mechanismus (S. 102) |
| filtration stage | Endstadium : **Terminal**stadium (S. 104) |
| gene pool | Gen**pool** : Gen**bank** (S. 115) |
| habitat diversification [diversity] | β-Diversität : Habitatdiversität : Biotopdiversität : Arten-**Turnover** : Habitatvielfalt (S. 121) |
| habitat selection | Habitatwahl : Habitatspezialisierung : Habitat**selektion** : Biotopwahl (S. 122) |
| headspace analyser | Dampfraumanalysator : Kopfraumanalysator : **Headspace**analysator (S. 124) |
| headspace analysis | Dampfraumanalyse : Kopfraumanalyse : **Headspace**-analyse (S. 124) |
| headspace technique | Dampfraumtechnik : Kopfraumtechnik : **Headspace**-technik (S. 124) |
| IAP (Index of Atmospheric Purity) | **IAP**-Wert : Luftreinheitsindex (S. 132) |
| ICP emission spectroscopy | Emissionsspektroskopie mit induktiv gekoppeltem Plasma : Emissionsspektroskopie mit **ICP**-Anregung (< inductively coupled plasma) (S. 132f.) |
| impact of climate | Einfluss auf das Klima : Klima**impakt** (S. 133) |
| import of nutrients | Nährstoffzufuhr : Nährstoffeintrag : Nährstoff**import** (S. 134) |
| knockdown effect | **Knockdown**-Wirkung : **Knockdown**-Effekt : **KD**-Effekt (S. 143) |

### III Buchstabenkurzwörter

| | |
|---|---|
| BCF (bioconcentration factor) | Biokonzentrationsfaktor : **BCF** (S. 34) |
| ECD (electron capture detector) | Elektroneneinfangdetektor : **ECD** (S. 84) |
| gas-solid chromatography | Gas-fest-Chromatographie : Gas-Feststoff-Chromatographie : **GSC** (S. 114) |
| habitat suitability index | Habitateignungsindex : **HSI** (S. 122) |
| ICP (inductively coupled plasma) | induktiv gekoppeltes Plasma : **ICP** (S. 132) |

**IV Mehrwortbenennungen**

| | |
|---|---|
| bioassay (test) | Bioassay : Biotest : biologischer **Test** (S. 35) |
| DAF (dissolved-air floatation) | **Flotation** mit gelöster Luft : Entspannungsflotation (S. 67) |
| ecological compatibility | ökologische Verträglichkeit : ökologische **Kompatibilität** (S. 85) |

**B) Anglizismen ohne Bezeichnungsvariante**

| | |
|---|---|
| absorber | **Absorber** (S. 13) |
| baby boom | **Baby-Boom** (S. 32) |
| banking | Emission-**Banking** (S. 33) |
| batch culture | **Batch-Kultur** (S. 34) |
| Batesian mimicry | batessche **Mimikry** (S. 34) |
| benefit/cost coefficient | **B/C**-Koeffizient (S. 34) |
| bioaccumulation data | Bioakkumulations**daten** (S. 35) |
| calomel electrode | Kalomel**elektrode** (S. 44) |
| CAM plant | **CAM**-Pflanze[459] (S. 44) |
| canyon-like | **canyonartig** (S. 45) |
| cascade impactor | Kaskaden**impaktor** (S. 46) |
| catalytic converter | **Katalysator** (S. 46) |
| catalytic converter | Abgas**katalysator** (S. 46) |
| data bank | **Datenbank** (S. 68) |
| data collection | **Daten**erfassung (S. 68) |
| data-gathering technique | **Daten**sammeltechnik (S. 68) |
| decontaminate | **dekontaminieren** (S. 69) |
| ecological monitoring | ökologisches **Monitoring** (S. 85) |
| ecosystem preservation | **konservativer** Ökosystemschutz (S. 86) |
| fallout | **Fall-out**; i.e.S. radioaktiver **Fall-out** (S. 101) |
| ferric ion | Eisen(III)-**Ion** (S. 103) |
| FID (flame ionization detector) | Flammen**ionisationsdetektor** (S. 103) |
| gilgai | **Gilgai** (S. 116) |
| golf course | **Golf**platz (S. 117) |
| habitat management | Biotop-**Management** (S. 121) |
| ICP excitation | **ICP**-Anregung (S. 133) |
| impactor | **Impaktor** (S. 133) |
| krill | **Krill** (S. 143) |

---

459 **CAM-Pflanzen** (< crasslulacean acid metabolism = Crassulazeen-Säurestoffwechsel), „Gruppe meist sukkulenter Pflanzen mit spezieller Anpassung ihrer Photosynthese an extreme trockene oder salzreiche Standorte. Neben der normalen Kohlenstoffassimilation am Tage können sie nachts zusätzl. zur Assimilation von atmosphär. Kohlendioxid auch respirator. entstandene Kohlendioxid assimilieren.“ (Meyers 1994, Bd. 1, 135)

## Anhang 3

### Die Klassifizierung der Anglizismen aus *EnDic2004*

Das Korpus bilden alle Hauptlemmata unter den Buchstaben A–J sowie die ersten 616 Hauptlemmata unter dem Buchstaben K, insgesamt 2 000 Hauptlemmata. Zum Korpus s. ausführlicher Abschnitt 6.6.1.

Die der Klassifizierung zu Grunde liegenden Anglizismen sind fett gedruckt.

### A) Anglizismen mit finnischer Entsprechung

#### I Simplizia, Derivate

F015 **flotaatio** : vaahdotus (< flotation, S. 82)
K268 kaupunkien yhteensulauma : **konurbaatio** (< conurbation, S. 208)
K506 kloorifluorihiilivedyt : **freonit** (< Freon[460], S. 236)
K569 **komposti** : kompostikasa (< compost heap, compost pile, S. 244)

#### II Hybride Komposita

B023 bio**filmi** : bioketto (< biological film, S. 41)
E034 **elektroniikka**romu : sähkö- ja **elektroniikka**[laite]romu (< electronic scrap, waste electrical and electronical equipment, WEEE, S. 62)
K569 komposti : **komposti**kasa (< compost heap, compost pile, S. 244)

#### III Buchstabenkurzwörter

A146 alivaluma : alivesivaluma : **Nq**[461] (< minimum [specific] runoff, minimum specific discharge, S. 19)
A153 alivirtaama (jakson) : minimivirtaama : **NQ**[462] (< minimum discharge, minimum flow, S. 20)
B038 biokemiallinen hapentarve : **BOD** : BHT (< biochemical oxygen demand, S. 43)
B044 biologinen kertyvyystekijä : **BCF** (< bioconcentration factor, S. 45)
D013 deoksiribonukleiinihappo : **DNA** : DNH (< deoxyribonucleic acid, S. 52)
E092 ennustettu jakauma ympäristössä : **PED** (< predicted environmental distribution, S. 69)
E093 ennustettu pitoisuus ympäristössä : **PEC** (< predicted environmental concentration, S. 69)
E094 ennustettu vaikutukseton pitoisuus ympäristössä : **PNEC** (< predicted no effect concentration, S. 69)

---

460 *Freon*®, das -s (Kunstw. zu engl. to *freeze* ‚gefrieren machen‘): halogenierter Kohlenwasserstoff, der als Kältemittel u. Treibgas verwendet wird (D-FWB 2000, 474); „trade name for some chlorofluorocarbons“ (DicEnS 1998, 162).
461 Main symbols: *q* specific discharge (Novak u.a. 2001, xxi).
462 Main symbols: *Q* discharge (Novak u.a. 2001, xxi).

H028 haihtuva orgaaninen yhdiste : **VOC** (< volatile organic compound, S. 91)
H100 hapensiirtokyky puhtaassa vedessä : **OC** (< oxygen transfer capacity in clean water, S. 100)
H155 havaittavaa vaikutusta aiheuttamaton pitoisuus : **NOEC** (< no observed effect concentration, S. 106)
K321 kemiallinen hapentarve : **COD** (< chemical oxygen demand, S. 214)
K357 keskialivaluma : **MNq** (< mean minimum specific discharge, mean minimum [specific] runoff, S. 219)
K358 keskialivesi : keskialivedenkorkeus : **MNW** (< mean low water [level][463], S. 219)
K359 keskialivirtaama : **MNQ** (< mean minimum discharge (flow), S. 219)
K364 keskimääräinen estävä annos : **ID**$_{50}$ (< median inhibitory dose, S. 219f.)
K365 keskimääräinen estävä pitoisuus : **IC**$_{50}$ (< median inhibitory concentration, S. 220)
K367 keskimääräinen tappava annos : **LD**$_{50}$ (< median lethal dose, S. 220)
K368 keskimääräinen tappava pitoisuus : **LC**$_{50}$ (< median lethal concentration, S. 220)
K369 keskimääräinen vaikuttava annos : **ED**$_{50}$ (< median effective dose, S. 220)
K370 keskimääräinen vaikuttava pitoisuus : **EC**$_{50}$ (< median effective concentration, S. 221)
K375 keskivaluma : **Mq** (< mean specific discharge, mean [specific] runoff, S. 221)
K376 keskivesi : keskivedenkorkeus : **MW** (< mean water level, S. 221)
K377 keskivirtaama : **MQ** (< average flow, average discharge, mean flow, mean discharge, S. 221)
K378 keskiylivaluma : **MHq** (< mean maximum specific discharge, mean maximum [specific] runoff, S. 222)
K379 keskiylivesi : keskiylivedenkorkeus : **MHW** (< mean high water [level], S. 222)
K380 keskiylivirtaama : **MHQ** (< mean maximum flow (discharge), S. 222)
K538 kokonaisfosfori : $P_{kok}$ : **P**$_{tot}$ (< total phosphorus, S. 240)

## IV Mehrwortbenennungen

J161 jätteiden upotus mereen : **dumppaus** mereen (< ocean dumping, dumping at sea, S. 173

## B) Anglizismen ohne finnische Entsprechung

A195 ammoniakin **strippaus** (S. 25)
B024 bio**filmin** poishuuhtoutuminen[464] (S. 41)
B025 bio**filmireaktori** (< fixed film reactor, S. 41)
B055 bio**reaktori** (< bioreactor, S. 46)
B069 bio**testi** (< biotest, S. 48)
B073 **BOD**-kuormitus (< BOD-load (< biochemical oxygen demand, S. 49)
C001 **CAS**-numero (< CAS-number[465], S. 50)

---

463 *Keskialivesi* mean low water level, mean neap water (Wasserbau) (MOT Sanakirjapalvelu).
464 The continuous release of zoogloeal film material from the supporting medium of a biological filter, in the form of humus sludge (ISO 6107-3:1993) (EnDic2004, 41).

D017 **detergentti** (< detergent, S. 52)
G016 **golfkenttä** (< golf course, S. 87)
K537 kokonais-**BOD** (< total BOD (< biochemical oxygen demand, S. 239)
K568 **komposti** (< compost, S. 244)
K570 **kompostiauma** (< compost windrow, compost row, S. 244)
K571 **kompostikäymälä** (< compost[ing] toilet, biotoilet, S. 244)
K572 **kompostointi** (< composting, S. 244)
K573 **kompostori** (< composter, S. 244)

---

465 CAS-Registry-Number: Der Chemical Abstract Service (CAS), eine Abteilung der American Chemical Society, teilt seit 1965 jeder Verbindung eine Registry-Number zu, die zur eindeutigen Kennzeichnung einer Verbindung verwendet wird (SUL 2000, 255).

**Anhang 4**

**Durch Univerbierung entstandene Bezeichnungsvarianten:**
**Wortbildungskonstruktion vs. entsprechender Wortgruppenterminus aus**
***Langenscheidts Fachwörterbuch Kompakt Ökologie* (2001)**
Englisch–Deutsch/Deutsch–Englisch

Das Korpus umfasst im englisch-deutschen Teil des Wörterbuchs unter den Buchstaben A–I jeweils die 200 ersten englischsprachigen Hauptlemmata mit ihren deutschsprachigen Entsprechungen, unter den Buchstaben J und K alle (insgesamt 68) sowie unter dem Buchstaben L die ersten 132 englischsprachigen Stichwörter mit ihren deutschsprachigen Entsprechungen. Alles zusammengenommen beläuft sich die Gesamtzahl der Hauptlemmata auf 2 000. Zum Korpus s. ausführlicher Abschnitt 6.6.1.

## I Substantive

### A) Pränominale Erweiterungen

#### 1 Wortbildungskonstruktion vs. durch ein Adjektivattribut erweiterter Wortgruppenterminus

| **engl. Stichwort mit Fachgebiets- und Seitenangabe** | **deutsche Äquivalente: Wortbildungskonstruktion** | **entsprechender Wortgruppenterminus** | **Bezeichnungsvarianten** |
|---|---|---|---|
| absorption process (Tech) (S. 13) | Absorptionsverfahren | absorptives Verfahren | |
| acid deposition (S. 14) | Säuredeposition<br>Säureablagerung | saure Deposition<br>saure Ablagerung | |
| acid digestion (Tech) (S. 14) | Säureaufschluss | saurer Aufschluss | |
| acid input (S. 14) | Säureeintrag | saurer Eintrag | |
| activated sludge (Hyd) (S. 15) | Bioschlamm | aktivierter [biologischer] Schlamm | belebter Schlamm, Belebtschlamm |
| adsorption process (S. 16) | Adsorptionsverfahren | adsorptives Verfahren | |
| bioactivity (S. 35) | Bioaktivität | biologische Aktivität | |
| bioassay (test) (S. 35) | Biotest | biologischer Test | Bioassay |
| bioavailability (S. 35) | Bioverfügbarkeit | biologische Verfügbarkeit | |
| dangerous substance (S. 68) | Gefahrstoff | gefährlicher Stoff | gefährliche Substanz |
| decomposer chain (S. 69) | Detritus(nahrungs)kette | detritische Nahrungskette | Destruentennahrungskette, Zersetzerkette |
| easterlies (S. 84) | Ostwinde | östliche Winde | (i.e.S.) Passat |
| ecological factor (S. 85) | Ökofaktor | ökologischer Faktor | Umweltfaktor |

| | | | |
|---|---|---|---|
| ecological system (S. 86) | Ökosystem | ökologisches System | Holozön |
| ectomycorrhiza (Bot) (S. 87) | Ektomykorrhiza | ektotrophe Mykorrhiza | (Myzelhülle um die Wirtswurzeln) |
| effective population size (S. 87) | Minimal-population | minimale Populationsgröße | Mindestpopulatiosgröße, minimalgroße [dauerhaft überlebensfähige] Population |
| family planning (Hum) (S. 101) | Familienplanung | familiäre Planung | |
| feedback level (S. 102) | Trophiestufe Trophieebene | trophische Stufe trophische Ebene | trophisches Niveau, Trophiegrad, Ernährungsstufe, Ernährungsebene |
| filtration disposal (Tech) (S. 104) | Endbeseitigung | endgültige Beseitigung | |
| gas phase (S. 114) | Gasphase | gasförmige Phase | |
| gas syringe (S. 114) | Gasinjektionsspritze | gasdichte Injektionsspritze [Spritze] | |
| geoecology (S. 115) | Geoökologie | geographische Landschaftsökologie | (als Gegensatz zur Bioökologie) |
| global model (S. 116) | Globalmodell | globales Modell | Weltmodell |
| global projection (S. 116) | Globalprognose | globale Prognose | Weltprognose |
| half-bog soil (S. 122) | Anmoorboden | anmooriger Boden | |
| harmfulm effect (S. 123) | Schadeffekt Schadauswirkung | schädlicher Effekt schädliche Auswirkung | |
| harmful gas (S. 123) | Schadgas | schädliches Gas | |
| harmful substance (S. 123) | Schadstoff | schädlicher Stoff | schädliche Substanz |
| health danger [hazard] (S. 124) | Gesundheitsgefahr | gesundheitliche Gefahr | |
| health risk (S. 124) | Gesundheitsrisiko | gesundheitliches Risiko | |
| industrial emission (Tox) (S. 135) | Industrie-Emission | industrielle Emission | |
| industrial input (Tox) (S. 135) | Industrieeintrag | industrieller Eintrag | |
| industrial pollutant (Tox) (S. 135) | Industrieschadstoff | industrieller Schadstoff | |
| industrial sewage (Hyd) (S. 135) | Industrieabwasser | industrielles Abwasser | |
| industrial sludge (S. 135) | Industrieschlamm | industrieller Schlamm | |
| industrial waste (S. 136) | Industrieabfall | industrieller Abfall | |
| industrial water (S. 136) | Industriewasser | (industrielles) Brauchwasser | |

**2 Wortbildungskonstruktion vs. durch ein Partizipialattribut erweiterter Wortgruppenterminus**

| | | | |
|---|---|---|---|
| activated sludge (Hyd) (S. 15) | Belebtschlamm | belebter Schlamm | Bioschlamm, aktivierter [biologischer] Schlamm |
| calcicole (Bot) (S. 43) | Kalkpflanze | kalkliebende Pflanze | Kalkbodenpflanze |
| damage effect (S. 67) | Schädigungseffekt | schädigender Effekt | Schadwirkung |
| indicent radiation (Meteo) (S. 134) | Einstrahlung | einfallende Strahlung | |
| indicator plant (Bod) (S. 135) | Bodenanzeiger | bodenanzeigende Pflanze | Zeigerpflanze, Weiserpflanze, Standortzeiger, Standortweiser, Standortzeigerpflanze |
| indicator plant (Bod) (S. 135) | Zeigerpflanze | bodenanzeigende Pflanze | Bodenanzeiger, Weiserpflanze, Standortzeiger, Standortweiser, Standortzeigerpflanze |

**B) Postnominale Erweiterungen**

**1 Wortbildungskonstruktion vs. durch ein Präpositionalattribut erweiterter Wortgruppenterminus**

| | | | |
|---|---|---|---|
| action on the environment (S. 15) | Umwelteinwirkung | Einwirkung auf die Umwelt | |
| car exhaust gases (Tox) (S. 45) | Kraftfahrzeugabgase | Abgase aus Kraftfahrzeugen | Kfz-Abgase, Autoabgase, Auspuffabgase |
| car exhaust gases (Tox) (S. 45) | Kfz-Abgase | Abgase aus Kraftfahrzeugen | Kraftfahrzeugabgase, Autoabgase, Auspuffabgase |
| ecosystem modelling (S. 86) | Ökosystemmodellierung | Modellierung von Ökosystemen | |
| lake-dweller (S. 144) | Seenbewohner | Bewohner von Süßwasserseen | |
| lake water (S. 144) | Seewasser | Wasser aus Seen | |

**2 Wortbildungskonstruktion vs. durch ein Genitivattribut erweiterter Wortgruppenterminus**

| | | | |
|---|---|---|---|
| gaseous cycle (Bot) (S. 114) | Gaskreislauf | Kreislauf der gasförmigen Stoffe | (Stickstoff, Sauerstoff, Kohlendioxid) |
| germination stimulation (S. 116) | Keimstimulierung | Stimulierung der Keimung | |

| | | | |
|---|---|---|---|
| ice retreat (Geol) (S. 132) | Eisrückzug | Rückzug des Eises | Zurückweichen des Eises |

**II Adjektive**

| engl. Stichwort mit Fachgebiets- und Seitenangabe | deutsche Äquivalente: Wortbildungs-konstruktion | entsprechender Wortgruppen-terminus | |
|---|---|---|---|
| bioavailable (S. 35) | bioverfügbar | biologisch verfügbar | (i.e.S.) pflanzen-verfügbar |
| Ca-rich (Bod) (S. 43) | calciumreich | reich an Calcium | |

**Anhang 5**

**Durch Univerbierung entstandene Bezeichnungsvarianten: Wortbildungskonstruktion vs. entsprechender Wortgruppenterminus aus *EnDic2004***

Das Korpus bilden alle Hauptlemmata unter den Buchstaben A–J sowie die ersten 616 Hauptlemmata unter dem Buchstaben K, insgesamt 2 000 Hauptlemmata. Zum Korpus s. ausführlicher Abschnitt 6.6.1.

**I Substantive**

**A) Pränominale Erweiterungen**

**1 Wortbildungskonstruktion vs. durch ein Genitivattribut erweiterter Wortgruppenterminus**

| Platz- u. Seitenangabe | Wortbildungs-konstruktion | entsprechender Wortgruppen-terminus | Bezeichnungsvarianten mit Fachgebietsangabe |
|---|---|---|---|
| A021, S. 3 | aallonmurtuminen | aaltojen murtuminen | |
| E081, S. 68 | energiansäästö | energian säästäminen | säästävä energiankäyttö |
| H375, S. 133 | höyrynpaine | vesihöyryn osapaine | (meteorol.) |
| I007, S. 134 | ihmisekologia | ihmisen ekologia | |
| I046, S. 138 | ilmanseuranta | ilman laadun seuranta | |
| J026, S. 157 | joenuoma | joen uoma | jokiuoma |
| J026, S. 157 | jokiuoma | joen uoma | joenuoma |
| J027, S. 157 | jokiranta | joen ranta | joen äyräs |
| J037, S. 158 | jokisuu | joen suu | |
| J143, S. 171 | jätteenpoltto | jätteiden poltto | |
| J151, S. 172 | jätteenkeräys | jätteiden keräys | |
| J154, S. 172 | jätteenkäsittely | jätteiden käsittely | |
| J155, S. 172 | jätteenlajittelu | jätteiden lajittelu | |
| J163, S. 174 | jätteenvarastointi | jätteiden varastointi | |
| K015, S. 180 | pohjaeristys (kaato-paikan) | kaatopaikan pohjan eristäminen | |
| K094, S. 189 | permanganaatti-kulutus | kaliumpermanganaatin kulutus | |

**2 Wortbildungskonstruktion vs. durch ein Adjektivattribut erweiterter Wortgruppenterminus**

| | | | |
|---|---|---|---|
| B012, S. 39 | batyaalivyöhyke | batyaalinen vyöhyke | batyaali |
| B033, S. 43 | bioindikaattori | biologinen indikaattori | |
| B042, S. 44 | biolammikko | biologinen lammikko | |
| B043, S. 44 | biohajoaminen | biologinen hajoaminen | |
| E017, S. 59 | ekoreppu | ekologinen selkäreppu | |

| | | |
|---|---|---|
| E100, S. 70 | epipelagiaali | epipelaginen vyöhyke |
| H083, S. 98 | happokäyminen | hapan käyminen |
| K360, S. 219 | keskihiekka | keskikarkea hiekka |
| K372, S. 221 | keskinopeus | keskimääräinen nopeus |
| K470, S. 232 | kirjopillike | kirjava pillike |
| K558, S. 242 | koliformit | koliformiset bakteerit |

**3 Wortbildungskonstruktion vs. durch ein Partizipialattribut erweiterter Wortgruppenterminus**

| | | | |
|---|---|---|---|
| A068, S. 9 | ahtojää | ahtautunut jää | röykkiöitynyt jää |
| A164, S. 21 | aluskerros | alla oleva kerros | (geol.) |
| K297, S. 212 | kellusuo | kelluva suo | pallesuo |
| K438, S. 228 | kulkusedimentti | sedimentti (kulkeutuva) | kiintoaine[s] (kulkeutuva) |

**B) Postnominale Erweiterungen**

**1 Wortbildungskonstruktion vs. durch ein Lokalkasusattribut erweiterter Wortgruppenterminus**

| | | |
|---|---|---|
| E136, S. 75 | toteuttamis-kelpoisuusselvitys | esiselvitys toteuttamis-kelpoisuudesta |

**II Adjektive**

| Platz- u. Seitenangabe | Zusammensetzung | entsprechender Wortgruppenterminus | Bezeichnungsvarianten mit Fachgebietsangabe |
|---|---|---|---|
| B047, S. 45 | helposti biohajoava | biologisesti helposti hajoava | |

**Anhang 6**

**Typologisch geordnete Kurzwörter aus**
***Langenscheidts Fachwörterbuch Kompakt Ökologie* (2001)**
Englisch–Deutsch/Deutsch–Englisch

Das Korpus umfasst im englisch-deutschen Teil des Wörterbuchs unter den Buchstaben A–I jeweils die 200 ersten englischsprachigen Hauptlemmata mit ihren deutschsprachigen Entsprechungen, unter den Buchstaben J und K alle (insgesamt 68) sowie unter dem Buchstaben L die ersten 132 englischsprachigen Stichwörter mit ihren deutschsprachigen Entsprechungen. Alles zusammengenommen beläuft sich die Gesamtzahl der Hauptlemmata auf 2 000. Zum Korpus s. ausführlicher Abschnitt 6.6.1.

Die im Kurzwort verbliebenen Segmente der Vollform sind durch Fettdruck und Unterstreichung hervorgehoben.

**A) Buchstabenkurzwörter**

| engl. Stichwort mit Fachgebiets- und Seitenangabe | Buchstabenkw | Vollform mit Bezeichnungsvarianten |
|---|---|---|
| AAS (Anal) (S. 13) | AAS | **A**tom**a**bsorptions**s**pektroskopie |
| BCF (bioconcentration factor) (S. 34) | BCF | **b**io**c**oncentration **f**actor<br>Biokonzentrationsfaktor |
| biochemical oxygen demand (Hyd) (S. 35) | BSB | **b**iochemischer **S**auerstoff**b**edarf |
| car exhaust gases (Tox) (S. 45) | Kfz (-Abgase) | **K**raft**f**ahr**z**eug(abgase)<br>Abgase aus Kraftfahrzeugen : Autoabgase : Auspuffgase |
| catchment (Hyd) (S. 47) | EZG | **E**in**z**ugs**g**ebiet<br>Wassereinzugsgebiet |
| cation capacity (Bod) (S. 47) | KUK | **K**ationen**u**mtausch**k**apazität<br>Kationenaustauschkapazität : T-Wert |
| ECD (electron capture detector) (Anal) (S. 84) | ECD | **e**lectron **c**apture **d**etector<br>Elektroneneinfangdetektor |
| effluent treatment plant (S. 87) | ABA | **A**bwasser**b**ehandlungs**a**nlage<br>Abwasserreinigungsanlage : Kläranlage : KA : Klärwerk (für Betriebsabwasser) |
| effluent treatment plant (S. 87) | KA | **K**lär**a**nlage<br>Abwasserbehandlungsanlage : ABA : Abwasserreinigungsanlage : Klärwerk (für Betriebsabwasser) |
| FES (flame emission spectroscopy) (S. 103) | FES | **F**lammen**e**missions**s**pektroskopie |
| gas chromatography (S. 114) | GC | **G**as**c**hromatographie |
| gas chromatography-mass spectrometry (S. 114) | GC-MS | **G**as**c**hromatographie-**M**assen**s**pektrometrie |

| | | |
|---|---|---|
| gas-liquid chromatography (S. 114) | GLC | Gas-Liquidus-Chromatographie<br>Gas-flüssig-Chromatographie |
| gas-solid chromatography (S. 114) | GSC | gas-solid chromatography<br>Gas-fest-Chromatographie : Gas-Feststoff-Chromatographie |
| glutamate-oxaloacetate transaminase (S. 117) | GOT | Glutamat-Oxalacetat-Transaminase |
| glutamate-pyruvate transaminase (S. 117) | GPT | Glutamat-Pyruvat-Transaminase |
| habitat suitability index (Natsch) (S. 122) | HSI | habitat suitability index<br>Habitateignungsindex : (für bestimmte Zielarten) |
| half-life (Meth) (S. 122) | HWZ | Halbwertszeit |
| inductively coupled plasma (Anal) (S. 135) | ICP | inductively coupled plasma<br>induktiv gekoppeltes Plasma |
| LAI (leaf area index) (S. 143) | BFI | Blattflächenindex<br>Leaf-Area-Index : Blattfläche je $m^2$ Bodenfläche |

**B) Gebundene Buchstabenkurzwörter**

| **engl. Stichwort mit Fachgebiets- und Seitenangabe** | **Buchstabenkw** | **Vollform mit Bezeichnungsvarianten** |
|---|---|---|
| acceptable daily intake (Tox) (S. 13) | ADI | acceptable daily intake<br>*ADI-Wert* (in mg/kg Körpermasse) : duldbare (zulässige) Tagesdosis |
| adjustment stability (S. 16) | r | resilience<br>*r-Stabilität* (von Ökosystemen) : elastische Stabilität : Resilienz (Fähigkeit zur Wiederherstellung des Ausgangszustandes nach Störung, S. 223) |
| F-layer (Bod) (S. 101) | F | fermentation (lat. fermentare)[466]<br>*F*-Horizont : Fermentationshorizont : Grobhumushorizont : Vermoderungshorizont : Of-Horizont : Vermoderungsschicht : Fermentationsschicht |
| H layer (Bod) (S. 121) | H | humification (lat. humus)[467]<br>*H*-Horizont : Humifizierungshorizont : Humusstoff-Horizont : Feinhumus-Horizont : Oh-Horizont : Humusschicht : Humusstoffschicht : Humusauflage |
| IAP (Index of Atmospheric Purity) (Anal) (S. 132) | IAP | Index of Atmospheric Purity<br>*IAP*-Wert : Luftreinheitsindex |

466 Vgl. Tirri u.a. (2006, 165).
467 Vgl. Tirri u.a. (2006, 248).

| | | |
|---|---|---|
| knockdown effect (Tox) (S. 143) | KD | knockdown effect<br>*KD*-Effekt : Knockdown-Wirkung : Knockdown-Effekt (sofortige, aber rasch abklingende Wirkung bestimmter Pestizide) |

**C) Wortkurzwörter**

| **engl. Stichwort mit Fachgebiets- und Seitenangabe** | **Wortkurzwort** | **Vollform mit Bezeichnungsvarianten** |
|---|---|---|
| abyssal region (Aqu) (S. 13) | Abyssal | **Abyssal**region |
| aciculilignosa (Syst) (S. 14) | Nadelwälder | **Nadel**holz**wälder** |
| backfill (Tech) (S. 32) | Versatz | **Versatz**material |
| backwashed sludge (Hyd) (S. 32) | Rückschlamm | **Rück**lauf**schlamm** |
| baghouse (Tech) (S. 32) | Schlauchfilter | **Schlauchfilter**anlage |
| bioclimate (Meteo) (S. 35) | Bioklima | **Bio**top**klima**<br>Ökoklima : Standortklima |
| Calvin cycle (Bot) (S. 44) | Calvin-Zyklus | **Calvin**-Benson-**Zyklus**<br>$C_3$-Zyklus : reduktiver Pentosephosphatzyklus |
| carbon monoxide (S. 45) | Kohlenmonoxid | **Kohlen**stoff**monoxid** |
| carbonate soil (S. 46) | Solonez | **Solonez**boden<br>Alkaliboden : Natriumboden : Ton-Szikboden |
| daily mean (Meteo) (S. 67) | Tagesmittel | **Tagesmittel**wert |
| decision(-making) process (Jur)(S. 68) | Entscheidungsprozess | **Entscheidungs**findungs**prozess** |
| decomposer chain (S. 69) | Detrituskette | **Detritus**nahrungs**kette**<br>detritische Nahrungskette : Zersetzerkette : Destruenten-nahrungskette |
| early-flowering species (S. 84) | Frühblüher | **Früh**jahrs**blüher**<br>Frühlingsblüher |
| earthworm casts (S. 84) | Regenwurmkot | **Regenwurmkot**ballen |
| fallow period (S. 101) | Brache | **Brache**periode |
| fatality (bes. tödlicher) (S. 102) | Unfall | **Un**glücks**fall** |
| filter backwash water (Hyd) (S. 104) | Filterspülwasser | **Filter**rück**spülwasser** |
| gas exchange (S. 114) | Gaswechsel | **Gas**stoff**wechsel**<br>Gasaustausch |

| | | |
|---|---|---|
| gnarled forest (S. 117) | Krummholz | **Krummholz**gebüsch |
| H layer (Bod) (S. 121) | Humusschicht | **Humus**stoff**schicht**<br>Humifizierungshorizont : Humusstoff-Horizont : Feinhumus-Horizont : Oh-Horizont : Humusauflage : H-Horizont |
| indicator plant (Bod) (S. 135) | Standortzeiger | **Standortzeiger**pflanze<br>Zeigerpflanze : Weiserpflanze : bodenanzeigende Pflanze : Bodenanzeiger : Standortweiser |
| keep-fit trail (S. 142) | Trimmpfad | **Trimm**-dich-**Pfad** |
| kind of life form Bot (S. 143) | Lebensform | **Lebensform**typ(us)<br>Wuchsform |
| land facet (Land) (S. 144) | Microchore | **Micro**-Geo**chore**<br>Ökotopgefüge : Ökotopenmosaik |
| landfill site (Tech) (S. 145) | Deponieort | **Deponie**stand**ort** (in Geländemulden) |
| landscape designing (S. 145) | Landschaftsplanung | **Landschafts**entwicklungs-**planung** |

**D) Silbenkurzwörter**

| **engl. Stichwort mit Fachgebiets- und Seitenangabe** | **Silbenkurzwort** | **Vollform mit Bezeichnungsvarianten** |
|---|---|---|
| field laboratory (S. 103) | (Freiland)**labor** | Freiland**labor**(atorium)<br>Versuchsfläche |

**E) Mischkurzwörter**

| | | |
|---|---|---|
| ABA (abscisic acid) (Bot) (S. 13) | ABS | **Ab**scisin**s**äure |

## Anhang 7

### Typologisch geordnete Kurzwörter aus *EnDic2004*

Das Korpus bilden alle Hauptlemmata unter den Buchstaben A–J sowie die ersten 616 Hauptlemmata unter dem Buchstaben K, insgesamt 2 000 Hauptlemmata. Zum Korpus s. ausführlicher Abschnitt 6.6.1.

Die im Kurzwort verbliebenen Segmente der Vollform sind durch Fettdruck und Unterstreichung hervorgehoben.

#### A) Buchstabenkurzwörter

| Platz- u. Seiten-angabe | Buchstaben-kurzwort | Vollform | Bezeichnungsvarianten |
|---|---|---|---|
| A257, S. 33 | AVL | asukasvastineluku | |
| B038, S. 43 | BHT | biokemiallinen hapentarve | BOD |
| B038, S. 43 | BOD | biochemical oxygen demand | biokemiallinen hapentarve : BHT |
| B044, S. 45 | BCF | bioconcentration factor | biologinen kertyvyystekijä |
| B077, S. 49 | BKT | bruttokansantuote | |
| D013, S. 52 | DNA | deoxyribonucleic acid | deoksiribonukleiinihappo : DNH |
| D013, S. 52 | DNH | deoksiribonukleiinihappo | DNA |
| E092, S. 69 | PED | predicted environmental distribution | ennustettu jakauma ympäristössä |
| E093, S. 69 | PEC | predicted environmental concentration | ennustettu pitoisuus ympäristössä |
| E094, S. 69 | PNEC | predicted no effect concentration | ennustettu vaikutukseton pitoisuus ympäristössä |
| F032, S. 84 | Fr | Frouden luku[468] | |
| H028, S. 91 | VOC | volatile organic compound | haihtuva orgaaninen yhdiste |
| H100, S 100 | OC | oxygen transfer capacity in clean water | hapensiirtokyky puhtaassa vedessä |
| H155, S. 106 | NOEC | no observed effect concentation | havaittavaa vaikutusta aiheuttamaton pitoisuus |
| K321, S. 214 | COD | chemical oxygen demand | kemiallinen hapentarve |
| K358, S. 219 | MNW | mean low water [level][469] | keskialivesi : keskialivedenkorkeus |

---

468 *Froude number*: „A numerical quantity used as an index to characterize the type of flow (sub- or supercritical) in an open channel or hydraulic structure“ (EnDic2004, 84).

469 *Keskialivesi* mean low water level, mean neap water (Wasserbau) (MOT Sanakirjapalvelu).

| | | | |
|---|---|---|---|
| K364, S. 219 | $ID_{50}$ | **median** inhibitory dose | keskimääräinen estävä annos |
| K365, S. 220 | $IC_{50}$ | **median** inhibitory concentration | keskimääräinen estävä pitoisuus |
| K367, S. 220 | $LD_{50}$ | **median** lethal dose | keskimääräinen tappava annos |
| K368, S. 220 | $LC_{50}$ | **median** lethal concentration | keskimääräinen tappava pitoisuus |
| K369, S. 220 | $ED_{50}$ | **median** effective dose | keskimääräinen vaikuttava annos |
| K370, S. 221 | $EC_{50}$ | **median** effective concentration | keskimääräinen vaikuttava pitoisuus |
| K376, S. 221 | MW | mean water level | keskivesi : keskiveden-korkeus |
| K379, S. 222 | MHW | mean high water [level] | keskiylivesi : keskiyli-vedenkorkeus |

**B) Gebundene Buchstabenkurzwörter**

| Platz- u-Seiten-angaben | Gebundene Buchstaben-kurzform | Vollform | Beleg mit Bezeichnungs-varianten |
|---|---|---|---|
| H012, S. 89 | T | tee[470] | T-kappale : haarayhde |

**C) Gebundene Silbenkurzwörter**

| Platz-u. Seiten-angaben | Gebundene Silbenkurz-form | Vollform | Belege mit Bezeichnungsvarianten |
|---|---|---|---|
| K538, S. 240 | kok | kokonais- | $P_{kok}$ : kokonaisfosfori : $P_{tot}$ |
| K538, S. 240 | tot | total | $P_{tot}$ : kokonaisfosfori : $P_{kok}$ |
| K550, S. 241 | kok | kokonais- | $N_{kok}$ : kokonaistyppi |

470 *tee* „a T-shaped object or mark“ (Chambers 2003, 1556)

**D) Wortkurzwörter**

| Platz- u. Seiten-angaben | Wortkurzwort | Vollform | Bezeichnungsvarianten |
|---|---|---|---|
| A024, S. 3 | aapa | **aapa**suo | |
| A146, S.19 | alivaluma | **ali**vesi**valuma** | Nq |
| A193, S. 25 | amiraali | **amiraali**perhonen | |
| A286, S. 37 | avokokooja | **avokokooja**oja | |
| B012, S. 39 | batyaali | **batyaali**vyöhyke | batyaalinen vyöhyke |
| E034, S. 62 | sähkö- ja elektroniikka-romu | **sähkö- ja elektroniikka**-laite**romu** | elektroniikkaromu |
| E067, S. 66 | emäkivi | **emäkivi**laji | |
| E113, S. 72 | kaksois-järjestelmä | **kaksois**viemäröinti-**järjestelmä** | erillisviemärijärjestelmä : erillisviemäristö |
| H080, S. 97 | hanki | **hanki**kanto | hankiainen |
| H145, S. 105 | harvennus | **harvennus**hakkuu | metsänharvennus |
| H234, S. 115 | hiivat | hiivasienet[471] | |
| H256, S. 118 | homeet | homesienet[472] | |
| H267, S. 119 | hulevesi | **hule**jäte**vesi** | hulevesi-jätevesiseos |
| H267, S. 119 | hulejätevesi | **hule**vesi-**jätevesi**seos | |
| H297, S. 123 | huuhtelu | **huuhtelu**puhdistus | |
| H366, S. 132 | härkäpää | **härkäpää**kehrääjä | |
| I161, S. 152 | isäntä | **isäntä**organismi | |
| J092, S. 164 | jäteauto | jätteenkuljetusauto[473] | |
| J140, S. 170 | jäteöljy-direktiivi | **jäteöljy**huolto**direktiivi** | |
| J141, S. 170 | jätelaitos | jätteenkäsittelylaitos[474] | |
| J178, S. 175 | jäänlähtö | **jäänlähtö**prosessi | |
| K006, S. 179 | kaasu | **kaasu**mainen aine | |
| K262, S. 208 | kaukolämpö | **kaukolämpö**järjestelmä | kaukolämmitys |
| K300, S. 212 | kelo | **kelo**honka | |
| K523, S. 238 | kohva | **kohva**jää | |
| K526, S. 238 | koiranheisi | **koiranheisi**puu | |
| K535, S. 239 | koivuntuulen-pesä | **koivuntuulenpesä**sieni | |
| K569, S. 244 | komposti | **komposti**kasa | |
| K595, S. 247 | korpi | **korpi**maa | |

---

471 Zur Vollform und Bildung des Kurzwortes s. 6.7.2.3 Abschn. E, S. 267.
472 Zur Vollform und Bildung des Kurzwortes s. 6.7.2.3 Abschn. E, S. 267.
473 Zur Vollform und Bildung des Kurzwortes s. 6.7.2.3 Abschn. E, S. 268.
474 Zur Vollform und Bildung des Kurzwortes s. 6.7.2.3 Abschn. E, S. 268.

**Anhang 8**

**Chemische Elemente und Formeln**

**I Chemische Elemente und Formeln aus *Langenscheidts Fachwörterbuch Kompakt Ökologie* Englisch–Deutsch/Deutsch–Englisch (2001)**

Das Korpus umfasst im englisch-deutschen Teil des Wörterbuchs unter den Buchstaben A–I jeweils die 200 ersten englischsprachigen Hauptlemmata mit ihren deutschsprachigen Entsprechungen, unter den Buchstaben J und K alle (insgesamt 68) sowie unter dem Buchstaben L die ersten 132 englischsprachigen Stichwörter mit ihren deutschsprachigen Entsprechungen. Alles zusammengenommen beläuft sich die Gesamtzahl der Hauptlemmata auf 2 000. Zum Korpus s. ausführlicher Abschnitt 6.6.1.

Die der Klassifizierung zu Grunde liegenden chemischen Elemente und Formeln sind fett gedruckt.

| **engl. Stichwort** | **deutsche Äquivalente inkl. Vollform, mit Fachgebiets- u. Seitenangaben** |
|---|---|
| $^{14}$C method | **$^{14}$C**-Methode[475] : Radiocarbonmethode (zur Altersbestimmung organischer Substanzen) (Meth) (S. 43) |
| C/N ratio | **C/N**-Verhältnis : Kohlenstoff-Stickstoff-Verhältnis (S. 43) |
| $C_4$ pathway[476] | **$C_4$**-Säurenzyklus : **$C_4$**-Dicarbonsäure-Weg : **$C_4$**-Zyklus : Hatch-Slack-Kortschak-Zyklus (Bot) (S. 43) |
| $C_3$-plant[477] | **$C_3$**-Pflanze : Calvinpflanze (mit Dreikohlenstoffverbindungen als ersten Assimilationsprodukten) (S. 43) |
| Calvin cycle[478] | **$C_3$**-Zyklus : Calvin(-Benson)-Zyklus : reduktiver Pentose- |

475 Carbon-14 > radiocarbon; *Radiocarbon* „radioactive isotope of carbon, usually referring to $^{14}$C, occurring naturally in small amounts in the atmosphere, used in biochemical and physiological research and as an indicator for dating in archaeology. *alt.* carbon-14" (DicEnS 1998, 344).

476 *$C_4$ pathway* „alternative pathway of carbon dioxide fixation present in many tropical plants in which $CO_2$ is incorporated into four-carbon compounds, first oxaloacetate, then malate and aspartate, which are transported to chloroplasts of bundle sheath cells where the $CO_2$ is released and enters the Calvin cycle, ensuring an adequate and continuous supply of $CO_2$ for photosynthesis under tropical conditions. *alt* Hatch-Slack pathway" (DicEnS 1998, 59).

477 *$C_3$ plant* „any plant in which carbon dioxide fixation is solely via the Calvin cycle (q.v.), as in most temperature plants" (DicEnS 1998, 59).
*$C_3$-kasvit*, C3 plants (C < lat. carbo = hiili) (Tirri u. a. 2006, 94).

478 *Calvin cycle* „the cycle of reactions in the stroma of chloroplasts in which ATP and NADPH produced during the light reaction of photosynthesis provide energy and reducing power for the incorporation of carbon dioxide into carbohydrate. The first reaction is that of ribulose-1,5-bisphosphate with carbon dioxide to form 3-phosphoglycerate. This is converted in several stages to reform ribulose-1,5-bisphosphate, producing in the process the three-carbon sugar glyceraldehyde-3-phosphate, which is the precursor of starch, amino acids, fatty acids and sucrose." (DicEnS 1998, 61.)

| | |
|---|---|
| | phosphatzyklus (Bot) (S. 44) |
| carbon balance | C-Bilanz :Kohlenstoffbilanz (Bot) (S. 45) |
| carbon dioxide balance | $CO_2$-Bilanz : Kohlendioxidbilanz (S. 45) |

## II Chemische Elemente und Formeln aus *EnDic2004*

Das Korpus bilden alle Hauptlemmata unter den Buchstaben A–J sowie die ersten 616 Hauptlemmata unter dem Buchstaben K, insgesamt 2 000 Hauptlemmata. Zum Korpus s. ausführlicher Abschnitt 6.6.1.

| **Platz- u. Seiten-Angabe im Wb** | **Chem. Elemente u. Formeln** | **Vollform u. Bezeichnungsvarianten** |
|---|---|---|
| A187, S. 24 | $Al_2(SO_4)_3$ | alumiini(tri)sulfaatti : aluna |
| A196, S. 26 | $NH_3$ | ammoniakki |
| A198, S. 26 | $NH_4^+$ | ammonium |
| D037, S. 55 | $N_2O$ | dityppioksidi : typpioksiduuli : ilokaasu |
| E048, S. 64 | Hg | elohopea |
| F010, S. 81 | $FeCl_3$ | ferrikloridi |
| F018, S. 82 | F | fluori |
| F022, S. 83 | P | fosfori |
| H112, S. 102 | O | happi |
| H221, S. 114 | C | hiili |
| H222, S. 114 | $CO_2$ | hiilidioksidi |
| H224, S. 114 | CO | hiilimonoksidi |
| K029, S. 182 | Cd | kadmium |
| K092, S. 189 | K | kalium |
| K111, S. 191 | $Ca(OH)_2$ | kalsiumhydroksidi |
| K112, S. 191 | $CaCO_3$ | kalsiumkarbonaatti |
| K502, S. 236 | Cl | kloori |
| K504, S. 236 | $ClO_2$ | klooridioksidi |
| K275, S. 209 | NaOH | natriumhydroksidi : kaustinen sooda : lipeäkivi |

Die der Klassifizierung zu Grunde liegenden chemischen Elemente sind fett gedruckt.

| | | |
|---|---|---|
| H226, S. 114 | **C**/**N**-suhde | hiili-typpisuhde |
| K538, S. 240 | $\mathbf{P}_{kok}$ | kokonaisfosfori |
| K538, S. 240 | $\mathbf{P}_{tot}$ | kokonaisfosfori |
| K550, S. 241 | $\mathbf{N}_{kok}$ | kokonaistyppi |

**Finnische Beiträge zur Germanistik**

Herausgegeben von Irma Hyvärinen und Jarmo Korhonen

Band 1 Timo Reko: Über das Passiv in einigen spätmittelalterlichen Stadtchroniken. Ein Beitrag zur Theorie und Praxis der historischen Syntaxforschung. 2000.

Band 2 Cora Dietl: Jacob Person Chronander: Bele-Snack. Ein universitäres Hochzeitsspiel aus dem 17. Jahrhundert. 2000.

Band 3 Ulrich Breuer: Bekenntnisse. Diskurs – Gattung – Werk. 2000.

Band 4 Ulrich Breuer / Jarmo Korhonen (Hrsg.): Mediensprache · Medienkritik. 2001.

Band 5 Kari Keinästö: "Unberechtigtes Altes umstoßen und berechtigtes Neues einführen". Franz Kern als Vorläufer der deutschen Dependenzgrammatik. Eine Fallstudie zur deutschen Grammatikographie am Ende des 19. Jahrhunderts. 2001.

Band 6 Jarmo Korhonen (Hrsg.): Von der mono- zur bilingualen Lexikografie für das Deutsche. 2001.

Band 7 Marjo Vesalainen: Prospektwerbung. Vergleichende rhetorische und sprachwissenschaftliche Untersuchungen an deutschen und finnischen Werbematerialien. 2001.

Band 8 Carmela Ahokas: Die Förderung der deutschen Sprache durch die Schweiz. Möglichkeiten und Einschränkungen. 2003.

Band 9 Jouko Parad: Biblische Verbphraseme und ihr Verhältnis zum Urtext und zur Lutherbibel. Ein Beitrag zur historisch-kontrastiven Phraseologie am Beispiel deutscher und schwedischer Bibelübersetzungen. 2003.

Band 10 Doris Wagner: *Kulturbier.* Deutsche Kultur in der Bierplakatwerbung. 2003.

Band 11 Kirsi Pakkanen-Kilpiä: Zur Verwendbarkeit des Partizips II als Attribut. 2004.

Band 12 Ahti Jäntti / Jarkko Nurminen (Hrsg.): Thema mit Variationen. Dokumentation des VI. Nordischen Germanistentreffens in Jyväskylä vom 4.-9. Juni 2002. 2004.

Band 13 Ewald Reuter / Tiina Sorvali (Hrsg.): Satz – Text – Kulturkontrast. Festschrift für Marja-Leena Piitulainen zum 60. Geburtstag. 2005.

Band 14 Irmhild Barz / Henning Bergenholtz / Jarmo Korhonen (Hrsg.): Schreiben, Verstehen, Übersetzen, Lernen. Zu ein- und zweisprachigen Wörterbüchern mit Deutsch. 2005.

Band 15 Dagmar Neuendorff / Henrik Nikula / Verena Möller (Hrsg.): Alles wird gut. Beiträge des Finnischen Germanistentreffens 2001 in Turku/Åbo, Finnland. 2005.

Band 16 Leena Kolehmainen: Präfix- und Partikelverben im deutsch-finnischen Kontrast. 2006.

Band 17 Tuomo Fonsén: *Kunstlöbliche Sprachverfassung unter den Teutschen.* Studien zum *Horrendum Bellum Grammaticale* des Justus Georg Schottelius (1673). 2006.

Band 18 Antje Heine: Funktionsverbgefüge in System, Text und korpusbasierter (Lerner-)Lexikographie. 2006.

Band 19 Deutsche Sprache, deutsche Kultur und finnisch-deutsche Beziehungen. Festschrift für Ahti Jäntti zum 65. Geburtstag. Herausgegeben von Christopher Hall und Kirsi Pakkanen-Kilpiä. 2007.

Band 20 Ulrike Richter-Vapaatalo: *Da hatte das Pferd die Nüstern voll.* Gebrauch und Funktion von Phraseologie im Kinderbuch. 2007.

Band 21 Mariikka Majorin: Zur Sättigung der Valenz in den „Kleinen Meldungen" des Typus Notiz. Eine pragmatisch fundierte Analyse. 2008.

Band 22 Annikki Liimatainen: Untersuchungen zur Fachsprache der Ökologie und des Umweltschutzes im Deutschen und Finnischen. 2008.

www.peterlang.de

www.ingramcontent.com/pod-product-compliance
Ingram Content Group UK Ltd.
Pitfield, Milton Keynes, MK11 3LW, UK
UKHW021919290926
8980IPUK00015B/1348

9 783631 581513